Lecture Notes in Mathematics

Edited by A. Dold and B. Eckmann

Series: Institut de Mathématiques, Université de Strasbourg
Adviser: P.A. Meyer

866

Jean-Michel Bismut

Mécanique Aléatoire

Springer-Verlag
Berlin Heidelberg New York 1981

Auteur

Jean-Michel Bismut
Département de Mathématiques, Bâtiment 425
Université Paris-Sud
91405 Orsay, France

AMS Subject Classifications (1980): 58 D 05, 58 F 05, 58 G 32, 60 H 05,
60 H 10, 60 H 15, 60 J 60, 70 H 05, 70 H 20, 70 H 25, 93 E 03, 93 E 20

ISBN 3-540-10840-8 Springer-Verlag Berlin Heidelberg New York
ISBN 0-387-10840-8 Springer-Verlag New York Heidelberg Berlin

CIP-Kurztitelaufnahme der Deutschen Bibliothek

Bismut, Jean-Michel: Mécanique aléatoire / Jean-Michel Bismut.
Berlin; Heidelberg; New York: Springer, 1981.
(Lecture notes in mathematics; 866)
ISBN 3-540-10840-8 (Berlin, Heidelberg, New York)
ISBN 0-387-10840-8 (New York, Heidelberg, Berlin)
NE: GT

© by Springer-Verlag Berlin Heidelberg 1981
Printed in Germany

Printing and binding: Beltz Offsetdruck, Hemsbach/Bergstr.
2141/3140-543210

A Annalisa, au mois d'Avril

SUMMARY

The purpose of this volume is to apply the methods of classical mechanics to a class of stochastic optimization problems, wich include classical mechanics systems submitted to random perturbations. In order to do this, the tools which are necessary to formulate and solve these problems are constructed. They include the extension of classical differential analysis, which is done on differentiable curves or surfaces, to a generalized differential analysis which may be done a.s. on a class of random curves or surfaces. These tools include :

1. The building of stochastic flows of difféomorphisms of a manifold, which are constructed via the solutions of certain stochastic differential equations, and which may be considered as diffusions taking their values in the group of diffeomorphisms of a manifold.

2. The proof of a generalization of the classical Ito-Stratonovitch formula of change of variables, which shows in particular that the image of a continuous semi-martingale via a diffusion in the group of diffeomorphisms is still a diffusion.

3. The systematic use of non-monotone stochastic integrals, which are extensions of classical stochastic integrals, to a class of paths which are parametrized by a parameter which is a non-monotone function of time.

4. The development of a stochastic differential calculus, which includes the integration of "Brownian" differential forms on random surfaces, so that the classical formula of Stratonovitch appears as a special case of a Stokes type formula.

Special care is given to showing that once a fixed negligible set in the considered probability space is eliminated, all the previously considered functions, integrals ... behave like their corresponding deterministic counterparts.

Once this is done a class of a.s. optimization problems is defined and solved, where the integral criterion which should be extremalized includes certain stochastic integrals. These problems are solved in the corresponding Lagrangian and Hamiltonian formalism. The properties of the generalized Poincaré-Cartan form are investigated. In expectation form, these problems are compared with the classical stochastic optimization problems, which are shown to exhibit an implicit Hamiltonian behaviour. The motion of a particle in a random electromagnetic field is studied. Connections with filtering theory are underlined.

All these tools are developed in the setting of Stratonovitch calculus, which is the "natural" extension of the classical differential calculus : a geometric Ito calculus is then developed on a manifold which is endowed with a linear connection, an the geometric nature of the Ito calculus is underlined. In particular intrinsic local Ito characteristics of a continuous semi-martingale are defined by means of the considered linear connection. The classical formula of change of variables of Ito is then given in geometric terms. The problem of reversibility is studied with the Stratonovitch calculus and the Ito calculus. The importance of the Ito characteristics of a semi-martingale is shown when approximating a diffusion by geodesic polygons.

All the previously described differential analysis is done in covariant coordinates. Stochastic optimization problems are then formulated on semi-martingales, with an integral criterion which is a function of the geometric Ito characteristics. Pseudo-hamiltonian equations are then given for this new type of problem, and their relations to the classical optimization problems are studied as well. These hamiltonian equations are equivalent to a generalized geometric maximum principle.

Remerciements

La rédaction de ce texte n'aurait pas été possible sans la bienveillance et le soutien de J.M. Bony, D. Dacunha-Castelle, F. Laudenbach et D. Trotman, qui m'ont aidé de diverses manières à l'écrire.

A Vancouver, Y. Le Jan, U. Haussmann et J. Walsh ont été des auditeurs particulièrement stimulants d'une série d'exposés consacrés aux problèmes variationnels stochastiques. Je remercie tout particulièrement U. Haussmann d'avoir rendu possible mon séjour à Vancouver.

J'ai pu également exposercertains résultats au Séminaire de Probabilités de Paris. Je remercie Messieurs J. Neveu et L. Schwartz pour les discussions que j'ai pu avoir avec eux au sujet de ce texte.

S. K. Mitter est à l'origine de certains résultats du chapitre VI concernant le filtrage. La discussion que nous avons eue à ce sujet m'a été très utile.

Monsieur R. Dautray m'a constamment soutenu et aidé au cours de la rédaction de ce texte. Je l'en remercie très vivement.

P. A. Meyer m'a soutenu de tant de manières que je serais bien en peine de les citer toutes. Ses critiques et ses encouragements m'ont considérablement aidé pour la rédaction de ce texte.

Avertissement

Ce travail a été rédigé par un probabiliste pour des probabilistes. Pour cette raison, nous avons développé les arguments de géométrie différentielle plus qu'il ne serait nécessaire pour un public d'experts en géométrie.

Pour une introduction aux méthodes de géométrie différentielle en mécanique classique, nous renvoyons à Arnold [3], Abraham et Marsden [2] et Weinstein [58], et Westenholz [59].

Pour une étude rapide des connexions linéaires, nous renvoyons à Milnor [48], et Abraham-Marsden [2]. Pour une étude plus approfondie, le lecteur devra se référer à Kobayashi-Nomizu [40].

Cet article trouve certaines de ses bases techniques et méthodologiques dans les travaux de Malliavin [42] - [43] - [44], sur les liens entre des techniques probabilistes et des techniques de géométrie différentielle. La lecture de [43] peut être particulièrement utile.

En théorie des probabilités proprement dite, les connaissances préalables sont assez minces : théorie du mouvement brownien, de l'intégrale stochastique, des intégrales stochastiques continues et des équations différentielles stochastiques classiques. Nous renvoyons à Meyer [45] et Stroock et Varadhan [54]. Les techniques de Stroock et Varadhan sont la base des méthodes d'approximation utilisées ici.

Ce travail est également fortement lié à des travaux d'Azencott [4], Baxendale [5-6], Dynkin [22], Eells et Elworthy [23]-[24], Elworthy [25]-[26], Ito [35]-[38], D. Michel [46]-[47], Schwartz [50]-[51]. Dans l'introduction, nous avons systématiquement cherché à relier les résultats obtenus ici à ces travaux. Nous nous excusons par avance de toute omission.

Nous nous sommes inspirés également de nos travaux antérieurs. Nous renvoyons en particulier à [15] et [17].

Préface

La rédaction de ce texte a été entreprise entre Septembre 1978 et Octobre 1979. La frappe du texte a commencé en Janvier 1980 et elle s'est achevée en Décembre 1980. C'est dire que nous n'avons pu tenir compte que des livres et articles parus avant Janvier 1979.

Les résultats qui sont contenus dans ce livre ont été annoncés dans les notes [71], [72], [73], [74]. La note [71] recouvre le contenu des chapitres IX, X, XII, la note [72] les chapitres I et II, la note [73] les chapitres III et IV, la note [74] les chapitres V et VI. Certains résultats des chapitres I et II ont fait l'objet des articles [76] et [77]. Certains résultats de l'ensemble du texte, ainsi que des compléments, ont fait l'objet du cours [75].

Nous n'avons pris connaissance du livre à paraître de Ikeda et Watanabe "Diffusion on manifolds" [65] qu'une fois terminée la rédaction de ce texte. Bien que les objectifs de ce livre soient différents des nôtres - nous nous intéressons essentiellement aux problèmes variationnels - il recoupe le présent texte sur plusieurs points. Nous renvoyons donc ici à [65], faute d'avoir pu le faire dans le texte. Certains résultats des chapitres I et II, annoncés dans [72], ont été améliorés par Kunita dans [66], qui montre que la propriété de difféomorphisme est encore vraie quand w est remplacé par une semi-martingale continue. Nous renvoyons le lecteur à [66].

Enfin, les applications des techniques de flots au calcul de Malliavin [43] - [44] sont absentes de ce volume, et ont été renvoyées à [78]- [79].

Pour l'utilisation du calcul différentiel d'ordre 2 en géométrie stochastique, nous renvoyons au livre de Schwartz [51] et à l'article de Meyer [80].

MECANIQUE ALEATOIRE

Table des Matières.

Notations

$(\Omega,F,\{F_t\}_{t\geq 0},P)$ désigne un espace de probabilité filtré possédant les propriétés de [20]-[45]. x_t désigne une semi-martingale continue adaptée à $\{F_t\}_{t\geq 0}$. H est un processus prévisible localement borné.

$\int_0^t H.\vec{\delta}x$ désigne l'intégrale stochastique définie en [45]-IV-20, que nous appellerons aussi intégrale de Ito. Si H est assez régulier-voir [45] VI-$\int_0^t H.dx$ désigne l'intégrale stochastique de Stratonovitch de H par rapport à x définie en [45]-VI. En particulier, si H est une semi-martingale continue, on a

$$\int_0^t H.dx = \int_0^t H.\vec{\delta}x + \frac{1}{2} \langle H,x\rangle_t$$

où $\langle H,x\rangle_t$ est défini par polarisation des variations quadratiques de H et x.

Dans la pratique, nous ne considérerons que des semi-martingales x où la partie martingale est une somme d'intégrales stochastiques relativement à un mouvement brownien fixe $w^1 \ldots w^m$.

Nous dirons dans ces conditions qu'une telle semi-martingale x_t est une semi-martingale de Ito (resp. de Stratonovitch) s'il existe A_t continu adapté à variation finie et $H_1 \ldots H_m$ ayant les propriétés convenables tels que

$$x_t = A_t + \int_0^t H_1.\vec{\delta}w^1 + \ldots + \int_0^t H_m.\vec{\delta}w^m$$

(resp.

$$x_t = A_t + \int_0^t H_1.dw^1 + \ldots + \int_0^t H_m.dw^m)$$

Pour des raisons pratiques, nous avons renoncé à adopter les notations courantes de géométrie différentielle pour désigner l'image d'un tenseur par une application différentiable sur une variété. Ainsi si N est une variété, si φ est un difféomorphisme de N sur N, si K est un champ de tenseurs sur N, pour $x \in N$, on note $\overset{*}{\varphi}(x)K$ le tenseur en $\varphi(x)$ image de $K(x)$ par φ, et par $(\overset{*-1}{\varphi}K)(x)$ le tenseur en x image de $K(\varphi(x))$ par φ^{-1}. Naturellement, même si φ est une application C^{∞} de N dans N non nécessairement surjective, si K est un champ de tenseurs covariant, $(\overset{*-1}{\varphi}K)(x)$ garde un sens, bien que la dérivée de φ ne soit pas surjective. Nous avons préféré cette notation à la notation habituelle (qui consiste à rendre l'étoile mobile) parce qu'elle rend très facile la manipulation des dérivées de Lie.

Introduction

1. Préliminaires

Rappelons la formulation "moderne" des problèmes de mécanique classique [2], [3]. On considère en effet une variété différentiable M, sur laquelle sont définies une famille de courbes différentiables $t \to q_t$ telles que

$$(1.1) \quad \frac{dq}{dt} = \dot{q}$$

Soit L une fonction suffisamment régulière définie sur le fibré tangent TM . Etant donnés c et d fixés dans M on cherche q_t vérifiant (1.1) et rendant extrémal le critère

$$(1.2) \quad \int_0^T L(q_t,\dot{q}_t)dt$$

parmi tous les q_t vérifiant (1.1) et tels que $q_0 = c$, $q_T = d$. En coordonnées locales, on trouve alors des conditions nécessaires et suffisantes d'extrémalité, dites conditions d'Euler-Lagrange [3]-13 qui s'écrivent

$$(1.3) \quad \frac{d}{dt}\,\frac{\partial L}{\partial \dot{q}}\,(q,q) - \frac{\partial L}{\partial q}(q,\dot{q}) = 0$$

Une autre formulation de (1.3) consiste à définir les équations différentielles d'Hamilton du système considéré. En effet si L est hyperrégulière [2]-3, i.e. si l'application FL du fibré tangent TM dans le fibré cotangent T*M définie par

(1.4) $FL: \quad (q,\dot{q}) \in TM \to (q,\frac{\partial L}{\partial \dot{q}}(q,\dot{q})) \in T^*M$

est un difféomorphisme, on peut définir l' Hamiltonien du système H, qui est une fonction définie sur le fibré cotangent T^*M par

(1.5) $H(q,p) = [<\frac{\partial L}{\partial \dot{q}}(q,\dot{q}),\dot{q}> - L(q,\dot{q})](FL)^{-1}(q,p)$

On sait alors que le fibré cotangent T^*M est muni d'une forme symplectique canonique, i.e. de la 2-forme fermée non dégénérée S qui est la différentielle extérieure de la 1-forme $\theta_0 = <p,dq>$. En coordonnées locales, S s'écrit

(1.6) $S = \sum_1^d dp_i \wedge dq^i$

Sur la variété T^*M, la forme symplectique S réalise un isomorphisme linéaire I entre les fibres de $T^*(T^*M)$ et les fibres de $T(T^*M)$ défini par la relation: $f \in T^*_{(q,p)}(T^*M)$, $i_{If}S = -f$.

dH étant une 1-forme sur T^*M, IdH est donc un champ de vecteurs tangents à T^*M. On remarque alors qu'en posant

(1.7) $p_t = \frac{\partial L}{\partial \dot{q}}(q_t,\dot{q}_t)$

alors si q_t est tel que (1.3) est vérifié, $x_t = (q_t,p_t)$ est solution de l'équation différentielle de Hamilton

(1.8) $\frac{dx}{dt} = (IdH)(x_t)$

En coordonnées locales, (1.8) s'écrit

$$(1.9)\qquad \begin{aligned} \frac{dq}{dt} &= \frac{\partial H}{\partial p}(q_t,p_t) \\ \frac{dp}{dt} &= -\frac{\partial H}{\partial q}(q_t,p_t) \end{aligned}$$

On trouve donc que pour résoudre un problème d'extrémalité sur des trajectoires à valeurs dans M, on se ramène à intégrer une équation différenticlle sur une variété plus grande, qui est ici T^*M, puis à projeter la solution trouvée sur la variété M.

La formulation préeédente a plusieurs propriétés remarquables :

a) Elle est intrinsèque, i.e. les différents objets qui apparaissent dans (1.7)-(1.9) sont définis géométriquement, i.e. indépendemment de tout système de coordonnées.

b) Elle est réversible, i.e. aucun sens du temps n'a été fixé à priori. En particulier les équations de Hamilton (1.8) sont réversibles.

Dans nos précédents travaux, [8], [9], [14], [17] nous avons cherché à traiter une classe de problèmes d'optimisation stochastique avec des techniques se rapprochant au moins formellement des techniques de la mécanique classique. On considère en effet un espace de probabilité filtré $(\Omega,F,\{F_t\}_{t\geq 0},P)$, vérifiant les conditions traditionnelles de la théorie des processus [20], ou "conditions habituelles" pour les habitués. On suppose définie sur Ω une martingale brownienne m-dimensionnelle $w = (w^1,\ldots,w^m)$ adaptée à $\{F_t\}_{t\geq 0}$.

On considère alors une classe de semi-martingales sur Ω à valeurs dans R^d qui s'écrivent sous la forme

$$(1.10)\quad q_t = q_0 + \int_0^t \dot{q}\, ds + \int_0^t H_i.\vec{\delta w}^i$$

où $\dot{q}, H_1, \ldots, H_m$ sont des processus mesurables adaptés, et où $\int_0^t H_i.\vec{\delta w}^i$ est l'intégrale stochastique de Ito de H_i par rapport à w^i. On fait naturellement les hypothèses convenables pour que (1.10) ait un sens. On se donne alors une fonction $L(\omega,t,q,\dot{q},H_1,\ldots,H_m)$ définie sur $\Omega \times R^+ \times (R^d)^{m+2}$ à valeurs dans R, et on suppose que pour $(q,\dot{q},H_1,\ldots,H_m) \in (R^d)^{m+2}$ fixé, $L(\omega,t,q,\dot{q},H_1,\ldots,H_m)$ est un processus adapté à $\{F_t\}_{t\geq 0}$. On suppose enfin $L(\omega,t,\cdot,\cdot,\cdot)$ suffisamment régulière en $(q,\dot{q},H_1,\ldots,H_m)$. De même, on se donne une fonction coût terminal $\Phi(\omega,q)$ définie sur $\Omega \times R^d$ à valeurs dans R, qu'on suppose F_T-mesurable en ω pour $q \subset R^d$ fixé, et suffisamment régulière en q.

On veut alors rendre extrémal le critère

$$(1.11)\quad E[\int_0^T L(\omega,t,q,\dot{q},H_1,\ldots,H_m)dt + \Phi(\omega,q_T)]$$

quand q_t vérifie (1.10). Les variables de contrôle sont ici $q,\dot{q},H_1,\ldots,H_m$. On fait encore les hypothèses adéquates pour que (1.11) ait un sens.

Dans [9], [14], [17], nous avons utilisé sur (1.10) - (1.11) les mêmes techniques que pour la dérivation des équations d' Euler-Lagrange de la mécanique classique. Sous certaines hypothèses, on trouve qu'une condition nécessaire et suffisante pour que q défini par (1.10) rende extrémal le critère (1.11) est qu'il existe une semi-martingale p_t à valeurs dans R^d, s'écrivant sous la forme

$$(1.12)\quad p_t = p_0 + \int_0^t \dot{p}\, ds + \int_0^t H_i'.\vec{\delta w}^i + M_t$$

où $\dot{p}, H_1', \ldots, H_m'$ sont des processus mesurables adaptés et où M est une martingale nulle en 0 non nécessairement continue, orthogonale à w [45], i.e. telle que $Mw^1 \ldots Mw^m$ soient des martingales, telle que les conditions suivantes soient satisfaites

$$
(1.13)\quad
\begin{aligned}
\dot{p} &= \frac{\partial L}{\partial q}(\omega,t,q,\dot{q},H_1,\ldots,H_m) \quad dP \otimes dt \quad \text{p.s.}\\
p &= \frac{\partial L}{\partial \dot{q}}(\omega,t,q,\dot{q},H_1,\ldots,H_m) \quad dP \otimes dt \quad \text{p.s.}\\
H_i^! &= \frac{\partial L}{\partial H_i}(\omega,t,q,\dot{q},H_1,\ldots,H_m) \quad dP \otimes dt \quad \text{p.s.}\\
p_T &= -\frac{\partial \Phi}{\partial q}(\omega,q_T) \quad \text{p.s.}
\end{aligned}
$$

De telles conditions sont à première vue satisfaisantes. En effet elles généralisent convenablement les conditions d'Euler-Lagrange. Elles permettent d'effectuer des calculs complexes même lorsque la théorie des processus de Markov n'est pas utilisable [10]-[13]. Elles rendent enfin compte d'une grande partie des autres principes du maximum relatives au contrôle stochastique. On peut aussi chercher à mettre (1.13) sous la forme d'équations de Hamilton généralisées. En effet si $H(\omega,t,q,\dot{q},H_1',\ldots,H_m')$

est la transformée de Legendre--quand elle existe--de la fonction $L(\omega,t,q,\dot{q},H_1,\ldots,H_m)$ en les variables $(\dot{q},H_1,\ldots,H_m)$, (1.13) peut se mettre sous la forme [17]

$$(1.14)\quad \begin{cases} dq = \frac{\partial H}{\partial p}(\omega,t,q,p,H_1' \ldots H_m')dt + \frac{\partial H}{\partial H_i'}(\omega,t,q,p,H_1',\ldots,H_m').\vec{\delta w}^i \\ q(0) = q \\ dp = -\frac{\partial H}{\partial q}(\omega,t,q,p,H_1',\ldots,H_m')dt + H_i'.\vec{\delta w}^i + dM \\ p_T = -\frac{\partial \Phi}{\partial q}(\omega,q_T) \end{cases}$$

Si $\overline{H}(\omega,t,q,p,H_1,\ldots,H_m)$ est la transformée de Legendre--quand elle existe--de $L(\omega,t,q,\dot{q},H_1,\ldots,H_m)$ en la variable $\dot{q}$, (1.14) peut se mettre sous la forme

$$(1.15)\quad \begin{cases} dq = \frac{\partial \overline{H}}{\partial p}(\omega,t,q,p,H_1,\ldots,H_m)dt + H_i.\vec{\delta w}^i \\ q(0) = q \\ dp = -\frac{\partial \overline{H}}{\partial q}(\omega,t,q,p,H_1,\ldots,H_m)dt - \frac{\partial \overline{H}}{\partial H_i}(\omega,t,q,\dot{q},H_1,\ldots,H_m).\vec{\delta w}^i + dM \\ p_T = -\frac{\partial \Phi}{\partial q}(\omega,q_T) \end{cases}$$

(1.14) et (1.15) sont donc des formes assez symétriques en q, p . On a montré dans [9] que cette symétrie provient d'une dualité entre problèmes d'optimisation vérifiés par q et p , et qu'en particulier la dissymétrie provenant de la présence de dM dans l'équation de p n'est qu'apparente. Notons enfin que si (Ω,F,F_t,P) est l'espace canonique du mouvement brownien w , on a [45] $M = 0$.

La situation est beaucoup moins satisfaisante du point de vue de la géométrie différentielle. En effet les règles du calcul différentiel de Ito montrent que $\dot{q}$ n'est pas un objet intrinsèque, i.e. invariant par changement de coorodonnées. La fonction L est donc dès le départ mal définie. Les équations (1.14) et (1.15) ne peuvent en aucun cas être sous une forme invariante puisque les drifts $\dot{q},\dot{p}$ ne varient pas dans un fibré convenable. Les fonctions H et $\overline{H}$ sont elles même mal définies. Enfin --et ceci est naturel-- les équations (1.14)-(1.15) n'ont plus aucun caractère de réversibilité.

On peut mieux évaluer la gravité de la situation sur le contrôle des équations différentielles de Ito. En effet considérons une équation différentielle stochastique de Ito dans qui s'écrit

$$(1.16)\quad dq = f(\omega,t,q_t,u_t)dt + \sigma_i(\omega,t,q_t,u_t).\delta\vec{w}^i$$
$$q(0) = q$$

où $f,\sigma_1,\ldots,\sigma_m$ sont adaptés en (ω,t) , suffisamment régulières en (q,u) . u varie dans un compact U , qu'on suppose pour simplifier une variété compacte. Sous des conditions classiques, si $u(\omega,t)$ est adapté à $\{F_t\}_{t\geq 0}$, (1.16) a une solution unique. On considère alors un critère de la forme

$$(1.17)\quad E\left[\int_0^t K(\omega,t,q_t,u_t)dt + \Phi(\omega,q_T)\right]$$

où K est encore adaptée en (ω,t) régulière en (q,u) et Φ est choisie comme précédemment. On montre alors dans [9] , [15], [17] que sous certaines conditions, une condition nécessaire et suffisante d'extrémalité de (1.17) est qu'il existe une semi-martingale p_t et des processus mesurables adaptés $H_1', \ldots, H_m'$ tels que si on pose

$$(1.18)\quad H(\omega,t,q,p,H_1',\ldots,H_m',u) = \langle p,f(\omega,t,q,u)\rangle + \langle H_i',\sigma_i(\omega,t,q,u)\rangle - K(\omega,t,q,u)$$

alors le système suivant soit vérifié

$$dq = \frac{\partial H}{\partial p}(\omega,t,q,p,H'_1,\ldots,H'_m,u)dt + \frac{\partial H}{\partial H'_i}(\omega,t,q,p,H'_1,\ldots,H'_m,u).\vec{\delta w}^i$$

$$q(0) = q$$

(1.19) $$dp = -\frac{\partial H}{\partial q}(\omega,t,q,p,H'_1,\ldots,H'_m,u)dt + H'_i.\vec{\delta w}^i + dM$$

$$p_T = -\frac{\partial \Phi}{\partial q}(\omega,q_T)$$

$$\frac{\partial H}{\partial u}(\omega,t,q,p,H'_1,\ldots,H'_m,u) = 0 \quad dP \otimes dt \quad \text{p.s.}$$

où M est encore une martingale orthogonale à w, nulle en 0 et nulle si (Ω,F,F_t,P) est exactement l'espace canonique du mouvement brownien w.

Ce principe du maximum prolonge le principe de Pontryagin qui s'applique dans le cas déterministe. On peut aussi noter la similitude de (1.14) et de (1.19). En fait on montre dans [9] que sous certaines hypothèses, le problème d'extrémalité (1.16)-(1.17) est une forme du problème (1.10)-(1.11).

Il est naturel de supposer que (q_t,p_t) varie dans T^*R^d. Grâce à la formule de Ito, on voit que $(H'_i,\sigma_i(\omega,t,q_t,u_t)) \in T_{(q,p)}(T^*M)$.

Toutefois le "produit scalaire" $\langle H'_i,\sigma_i(\omega,t,q_t,u_t)\rangle$ n'a aucun caractère intrinsèque comme on le voit facilement en effectuant un changement local ou global de coordonnées. Le pseudo-hamiltonien H n'a donc aucun caractère intrinsèque, bien que la condition d'extremum $\frac{\partial H}{\partial u} = 0$ soit vérifiée pour tous les systèmes de coordonnées simultanément.

Le caractère non intrinsèque de H est particulièrement irritant dès qu'on suppose que l'espace des états de q n'est pas R^d mais une variété. En effet, contrairement au cas déterministe, on définit par le procédé précédent des fonctions pseudo-hamiltoniennes dépendant de la carte locale par laquelle on examine le système et qu'en principe il est impossible de connecter entre elles. Il va de soi que l'origine de ces difficultés est que le drift d'une semi-martingale ne varie pas dans un fibré intrinsèque.

Nous avons été naturellement amenés à nous interroger sur l'origine exacte des différences entre les calculs effectués dans le cas déterministe ou dans le cas stochastique, sur les raisons pour lesquelles la structure symplectique de T^*M n'apparaît plus dans toute sa force dans le cas stochastique.

Il est immédiatement apparu que les problèmes du type (1.10)-(1.11) ou (1.16)-(1.17) ne sont pas un modèle adéquat pour développer des calculs formellement similaires à ceux de la mécanique classique. En effet l'extrémalisation d'un critère en moyenne nécessite l'agrégation entre elles de trajectoires différentes par le procédé de moyenne, ce qui n'est pas le cas de la mécanique classique. Nous avons donc été amenés à traiter des problèmes d'extrémalisation p.s. de certains lagrangiens généralisés, qui présentent formellement des analogies avec les problèmes correspondants de la mécanique classique. Pour traiter les problèmes correspondant à (1.10)-(1.11), (1.16)-(1.17), nous avons été amenés à supposer que la variété des états N est munie d'une connexion.

Ces deux points de vue sont développés successivement dans les chapitres I-VII et VIII-XII.

2. Généralisations des principes de la mécanique classique à la mécanique aléatoire

L'appareil de la mécanique classique est lourd et complexe. Sa généralisation à la mécanique aléatoire exige qu'a priori nous puissions effectivement généraliser l'ensemble de ses concepts.

1) Flots: Sections I-1, I-2, I-3, I-4, XI-2

Considérons une équation différentielle sur une variété N qui s'écrit sous la forme

$$(2.1) \quad \begin{aligned} dx &= X(x)dt \\ x(0) &= x \end{aligned}$$

Si X est un champ de vecteurs suffisamment régulier, (2.1) a une solution unique $\phi_t(x)$ prolongeable jusqu'à l'infini, qui dépend différentiablement de x, et qui définit ainsi un semi-groupe de difféomorphismes ϕ_t.

Soit maintenant (Ω, F, F_t, P) l'espace canonique du mouvement brownien m-dimensionnel. Considérons l'équation différentielle de Stratonovitch sur une variété

$$(2.2) \quad \begin{aligned} dx &= X_0(t,x)dt + X_i(t,x).dw^i \\ x(0) &= x \end{aligned}$$

où dw^i est la différentielle de Stratonovitch de w^i.

L'idée d'associer un flot de difféomorphismes $\phi.(\omega,\cdot)$ à l'équation (2.2) a été développée par divers auteurs:

Baxendale [5]-[6], Malliavin [43]. De plus Malliavin [43] a montré que les flots associés à certaines équations différentielles convergent p.s. uniformément sur tout compact ainsi que leurs dérivées vers $\phi_.(\omega,\cdot)$.

Au chapitre I, nous avons repris un certain nombre de ces idées. Nous avons tout d'abord supposé que $N = R^d$, et considéré les flots d'équations différentielles définies par

$$(2.3)\quad \begin{aligned} dx &= (X_0(t,x) + X_i(t,x)\dot{w}^{i,n})dt \\ x(0) &= x \end{aligned}$$

où $\dot{w}^{i,n}(t) = 2^n(w^i(\frac{[2^n t]+1}{2^n}) - w^i(\frac{[2^n t]}{2^n}))$

Les approximations (2.3) sont exactement les approximations de Stroock et Varadhan [54] de la diffusion de point de départ x. L'équation (2.3) définit un flot $\phi^n_.(\omega,\cdot)$. Or pour chaque $\omega,\phi^n_.(\omega,\cdot)$ est un élément de $C(R^+\times R^d;\, R^d)$. Pour démontrer que $\phi^n_.(\omega,\cdot)$ converge en probabilité uniformément sur tout compact (P.U.C.) vers $\phi_.(\omega,\cdot)$, on se ramène à montrer que les mesures images de P par $\phi^n_.(\omega,\cdot)$ forment un ensemble étroitement compact de mesures sur $C(R^+\times R^d;\, R^d)$ et à utiliser les résultats de Stroock et Varadhan [54]. Par les résultats de Billingsley [7], il suffit pour cela d'établir des majorations uniformes du type

$$(2.4)\quad E|\phi^n_t(\omega,y) - \phi^n_s(\omega,x)|^{2p} \le C(|x-y|^{2p} + |t-s|^p)$$

où p est strictement plus grand que le nombre de paramètres réels dont dépend $\phi^n_.(\omega,\cdot)$, i.e. $d+1$. Notons par ailleurs que l'établissement d'une inégalité du type (2.4) pour les solutions de (2.2) i.e. si x_t^x, x_t^y sont les solutions de (2.2) de point de départ x et y on a

$$(2.5) \quad E|x_t^y - x_s^x|^{2p} \leq C(|x-y|^{2p} + |t-s|^p)$$

a un caractère trivial, ce qui permettrait immédiatement de montrer l'existence d'une régularisation p.s. continue en (t,x) de x_t^x.

On montre la convergence des dérivées de $\phi_.^n(\omega,\cdot)$ vers les dérivées de $\phi_.(\omega,\cdot)$ dans les mêmes conditions. En utilisant une technique de retournement du temps, déjà utilisée par Ito [37] et Malliavin [43], on montre que pour tout t, $\phi_t(\omega,\cdot)$ est p.s. un difféomorphisme surjectif. On en déduit sans difficulté que p.s., pour tout t, $\phi_t(\omega,\cdot)$ est un difféomorphisme de R^d sur une partie de R^d. En utilisant la propriété de Markov du flot, on montre alors que p.s. les $\phi_t(\omega,\cdot)$ sont des difféomorphismes de R^d sur R^d. A notre connaissance, le caractère p.s. surjectif des $\phi_t(\omega,\cdot)$ n'avait pu être complètement établi que pour les variétés compactes.

Par ailleurs, et conformément à l'esprit de [37]-[43], on montre qu'en chaque temps T fixe, on peut effectivement retourner le temps, c'est à dire montrer qu'il existe un flot $\psi_.(\omega,\cdot)$ provenant d'une équation différentielle stochastique retournée tel qu'on ait p.s. pour tout t

$$(2.6) \quad \begin{aligned} \phi_t(\omega,\psi_T(\omega,\cdot)) &= \psi_{T-t}(\omega,\cdot) \\ \phi_t(\omega,\cdot) &= \psi_{T-t}(\omega,\phi_T(\omega,\cdot)) \end{aligned}$$

En particulier la trajectoire $s \to \phi_{T-s}(\omega,x)$ est la trajectoire de la diffusion $\psi_s(\omega,\cdot)$ partant d'un point $\phi_T(\omega,x)$ qui anticipe sur les tribus retournées $B(w_T - w_{T-s} | s \leq t)$

Les résultats qui précèdent sont très simplement appliqués aux équations de Stratonovitch sur une variété quelconque quand $X_0, X_1, \ldots, X_m$ sont à support compact --ce qui revient quasiment à supposer que N est compacte. Ils sont par ailleurs étendus au chapitre XI à des équations sur des variétés riemaniennes à courbure sectionnelle négative et bornée en module dans des conditions sur lesquelles nous reviendrons.

D'autres techniques pour aborder certains des problèmes évoqués ici ont été utilisées par Baxendale [5]-[6], Eells et Elworthy [23]-[24], Elworthy [25]-[26], essentiellement par l'étude de diffusions sur la variété de dimension infinie du groupe des difféomorphismes d'une variété donnée. Notre approche est plus liée à celle de Malliavin [43].

2) Formule de Ito généralisée : Section 1-5

Considérons une semi-martingale z_t à valeurs dans $N = R^d$. Il nous est indispensable dans la suite de pouvoir décrire complètement le processus $\phi_t(\omega,z_t)$, qui sera lui-même une semi-martingale. Ceci donne lieu à l'établissement d'une formule de Ito généralisée. Son établissement est considérablement compliqué par le fait que $\phi_.(\omega,\cdot)$ dépend de ω .

3) Propriétés d'intersection du flot $\phi_.(\omega,\cdot)$: Sections II-1, II-2, II-3.

Dans toute la suite, nous serons très souvent amenés à considérer des tubes aléatoires dans $R^+ \times N$ du type

$$\{(t,\phi_t(\omega,x))\}_{(t,x)\in R^+\times L} \tag{2.7}$$

où L est une sous-variété de N. On s'intéresse à certaines diffusions construites sur ces tubes, en particulier pour pouvoir décrire l'intersection d'un tel tube avec une sous-variété de $R^+ \times N$. On montre en particulier qu'on peut faire vivre sur de telles intersections certaines diffusions, généralement explosives.

4) Intégrales stochastiques : Chapitre III

En utilisant les techniques du chapitre I, il est clair qu'on va pouvoir définir l'intégrale de Stratonovitch $\int_0^t f_i(s,\phi_s(\omega,x)).dw^i$ de fonctions f suffisamment régulières comme une fonction définie sur $\Omega \times R^+ \times N$ à valeurs réelles, p.s. continue en (t,x).

Une telle définition va nous permettre d'élargir considérablement les possibilités de définition d'une intégrale stochastique, en nous permettant dans certains cas de nous affranchir de l'hypothèse d'adaptation, et surtout de monotonie du temps. En effet si $s \to (t_s,x_s)$ désigne un 1-simplexe différentiable à valeurs dans $R^+ \times N$, on considère le 1-simplexe de $R^+ \times N$ défini par

$$s \to (t_s,\phi_{t_s}(\omega,x_s))$$

Notons que t_s ne croît pas nécessairement avec s. En posant

$$I_{f_t}(\omega,x) = \int_0^t f_i(u,\phi_u(\omega,x)).dw^i \tag{2.8}$$

on définit $\int_0^s f_i(t_u,\phi_{t_u}(\omega,x_u)).dw^i_{t_u}$ par la relation

$$(2.9)\quad \int_0^s f_i(t_u,\phi_{t_u}(\omega,x_u)).dw^i_{t_u} = I_{f_{t_s}}(\omega,x_s) - I_{f_{t_0}}(\omega,x_0) - \int_0^s \frac{\partial I_{f_{t_u}}}{\partial x}(\omega,x_u).dx_u$$

Cette relation permet de généraliser au mouvement brownien des intégrales qui s'écriraient sous la forme $\int_0^s f_i(t_u,\phi_{t_u}(\omega,x_u))\frac{dw^i}{dt}\,t_u\,\frac{dt_u}{du}\,du$ si effectivement $\frac{dw^i}{dt}$ existait.

Elle a aussi l'autre avantage majeur que l'expression (2.9) est p.s. continue sur l'espace des 1-simplexes qui est de dimension infinie. On peut même montrer qu'il existe une sous-suite n_k dépendant de $f_1,\ldots,f_m$, et un négligeable fixe N , tels que si $\omega \notin N$, pour tout 1 simplexe $s \to (t_s,x_s)$, alors

$$(2.10)\quad \int_0^s f(t_u,\phi^{n_k}_{t_u}(\omega,x_u))\dot{w}^{i,n_k}(t_u)\,\frac{dt_u}{du}\,du$$

converge vers $\int_0^s f(t_u,\phi_{t_u}(\omega,x_u)).dw^i_{t_u}$, i.e. la convergence a lieu p.s. sur un ensemble de dimension infinie.

Naturellement on peut montrer qu'une telle définition est réversible, en notant en particulier que si T est un réel fixe, $s \to \phi_T(\omega,x_s)$ est encore un 1-simplexe C^∞ dans N . Rien n'empêche de supposer que $s \to (t_s,x_s)$ est lui-même aléatoire, ce qui élargit considérablement la classe des intégrations possibles.

Si $s \to (t_s,x_s)$ est un simplexe déterministe, on peut exprimer $\int_0^s f_i(t_u,\phi_{t_u}(\omega,x_u)).dw^i_{t_u}$ comme une intégrale de Stratonovitch classique, i.e. sous la forme $\int_0^t h_{i_t} . dw^i$. Cela revient à intégrer en s conditionnellement à t, puis à intégrer en t. Un tel calcul est effectué à la section III-3. Il est particulièrement lourd et fait perdre toute souplesse à l'emploi de ces intégrales.

5) Calcul différentiel stochastique : Chapitre IV

On peut relever naturellement $\phi.(\omega,\cdot)$ dans les fibrés tensoriels au dessus de N , en considérant les images de tels tenseurs par $\phi.(\omega,\cdot)$. C'est essentiellement ce qui est fait par Malliavin dans [43]. Dans la section IV.1, on construit rapidement un semi-groupe de générateur infinitésimal $L_{X_0} + \frac{1}{2} L_{X_i}^2$ opérant sur les champs de tenseurs.

L'objet de la section IV-2 est d'étendre ce que nous avons fait pour les 1-simplexes à des k-simplexes ou des k-chaînes plus générales. Dans la note [46] et l'article [47], D. Michel a considéré un problème lié. Elle examine en effet une diffusion à deux paramètres sur laquelle elle intègre des 1-formes classiques, et obtient une formule de Stokes en exprimant l'intégrale de la 1-forme le long d'un contour fermé à l'aide d'une formule de Stokes stochastique. Un problème similaire est étudié par Ikeda et Manabe dans [34], qui étudient l'intégration de 1-formes le long des trajectoires de diffusions classiques.

Notre objectif est différent. En effet les intégrales de [47] et [34] sont définies par des intégrales de Stratonovitch ou de Ito classiques, donc à un négligeable près qui dépend de la chaîne considérée. Nous souhaitons pouvoir intégrer sans ambiguité des formes différentielles généralisées sur des chaînes de $R^+ \times N$ qui ne sont pas naturellement décrites de manière monotone, et de telle sorte, que p.s., de telles intégrales dépendent continûment de la k-chaîne considérée. C'est ce programme qui est rempli à la section IV-2.

On considère en effet une k-forme différentielle généralisée γ sur $R^+ \times N$ qui s'écrit

$$(2.11)\quad \gamma = \alpha_0(t,x) + dt \wedge \beta_0(t,x) + dw^1 \wedge \beta_1(t,x) + \ldots + dw^m \wedge \beta_m(t,x)$$

où α_0 est une k-forme sur N et $\beta_0 \ldots \beta_m$ sont des k-1 -formes sur N . Si $\sigma: s \to (t_s, x_s)$ est un k-simplexe différentiable à valeurs dans $R^+ \times N$, on considère le k-simplexe continu

$$(2.12)\quad c: s \to (t_s, \phi_{t_s}(\omega, x_s))$$

On peut alors donner une définition sans ambiguité de $\int_c \gamma$ qui soit en particulier telle qu'il existe une sous-suite et un négligeable fixe $\mathcal{N}$ tels que si $\omega \notin \mathcal{N}$, pour tout k-simplexe différentiable $\sigma: s \to (t_s, x_s)$, si c^n est le k-simplexe

$$(2.13)\quad c^n: s \to (t_s, \phi^n_{t_s}(\omega, x_s))$$

et si γ^n est la k-forme

$$(2.14)\quad \gamma^n = \alpha_0(t,x) + dt \wedge (\beta_0(t,x) + \beta_1(t,x)\dot{w}^{1,n} + \ldots + \beta_m(t,x)\dot{w}^{m,n})$$

alors $\int_{c^n} \gamma^n \to \int_c \gamma$.

Ici encore, on définit sans ambiguïté une famille de variables aléatoires dépendant d'un paramètre variant dans un espace de dimension infinie, qui est l'espace des k-chaînes.

Rien n'empêche de supposer le k-simplexe $s \to (t_s, x_s)$ aléatoire. Les définitions utilisées sont réversibles en un sens convenable.

Si ce simplexe ne dépend pas de ω, on peut exprimer l'intégrale $\int_c \gamma$ à partir d'intégrales de Stratonovitch ou de Ito classiques, avec tous les inconvénients que nous avons déja mentionnés plus haut, en particulier la perte de toute régularité apparente de ces intégrales relativement à la k-chaîne σ. Notons aussi que les formules de type Fubini qu'on peut établir affaiblissent considérablement les propriétés de ces intégrales.

Une formule de Stokes convenable, i.e. telle qu'en dehors d'un négligeable fixe, elle soit vraie pour toute une classe de σ est alors immédiatement démontrée à la section IV-3 par approximation. Notons que D. Michel a montré dans [46]-[47] une formule de Stokes appliquable à certaines surfaces aléatoires.

Les résultats sont étendus à certaines surfaces aléatoires engendrées par des semi-martingales, qui ne sont naturellement plus réversibles.

6) Diffusions symplectiques : Chapitre V

La nécessité d'étendre la mécanique classique nous impose maintenant de revenir à la géométrie symplectique. On montre en effet très simplement que si N est une variété symplectique, pour que les $\phi_{\cdot}(\omega,\cdot)$ soient p.s. des difféomorphismes symplectiques, i.e. qui conservent la forme symplectique, il faut et il suffit que $X_0, \ldots, X_m$ soient localement hamiltoniens.

On est donc amené à s'intéresser au cas où les champs $X_0, \ldots, X_m$ sont précisément les champs hamiltoniens de hamiltoniens $H_0, \ldots, H_m$ i.e. définis par

(2.15) $X_i = IdH_i$

On s'intéresse alors au problème des intégrales premières, et on montre très simplement que pour que H soit intégrale première du flot, il faut et il suffit que H commute avec $H_0, \ldots, H_m$, i.e. que les crochets de Poisson $\{H,H_0\}, \ldots, \{H,H_m\}$ soient nuls. Nous verrons plus loin que de telles conditions sont souvent vérifiées dans la "pratique".

On étudie rapidement les problèmes de diffusions hamiltoniennes à symétrie [2]-4, [3], [58] ce qui permet de réduire l'espace des phases.

On spécialise alors le problème aux variétés symplectiques qui sont des fibrés cotangents T^*M. On montre alors que la 1-forme généralisée

(2.16) $\gamma = pdq - H_0 dt - H_i . dw^i$

joue exactement le même rôle que la forme de Poincaré-Cartan [3]-9 dans le cas de la mécanique classique. En particulier le flot hamiltonien peut être interprété comme le flot des caractéristiques de la forme γ. On montre en particulier l'analogue du Théorème de l'invariant intégral de Poincaré-Cartan [3]-9, i.e. il existe un négligeable fixe N tel que si $\omega \notin N$, si σ est une 1-chaîne différentiable de $R^+ \times T^*M$ sans bord, si d_0 est sa projection sur T^*M, si c est la 1-chaîne image de σ par $(t,x) \to (t, \phi_t(\omega,x))$, alors on a

$$(2.17)\quad \int_c \gamma = \int_{d_0} pdq$$

Un tel résultat est très satisfaisant. Il montre en effet qu'une fois éliminé un négligeable fixe, pour une classe suffisamment vaste de courbes entourant une famille de tubes aléatoires, les résultats de la mécanique classique sont intégralement conservés. En particulier l'irritant problème de la monotonie du temps est à peu près complètement évacué. Les résultats énoncés ont un caractère réversible.

7) Problèmes variationnels et diffusions hamiltoniennes : Chapitre VI

Le chapitre VI est le chapitre central de la première partie. Il s'agit en effet d'utiliser l'ensemble des techniques exposées précédemment pour aborder des problèmes d'extrémalité p.s..

Par analogie avec la mécanique classique [3]-9, on veut généraliser le principe de moindre action dans l'espace des phases au cas stochastique. Dans ce contexte, notre souci a été de définir une classe de variations possibles suffisamment vaste pour que, une fois éliminé un négligeable fixe, pour toute variation prise dans cette classe, on ait effectivement extrémalité. C'est ce qui est accompli à la section VI-2. On considère en effet une variété différentiable M et son fibré cotangent T*M , sur lequel sont définis m+1 hamiltoniens $H_0, H_1, \ldots, H_m$. On considère alors la 1-forme généralisée

$$(2.18)\quad \gamma = pdq - H_0 dt - H_1.dw^1 - \ldots - H_m.dw^m$$

Si $X_0,\ldots,X_m$ sont les champs de hamiltonien $H_0,\ldots,H_m$ et si $\phi.(\omega,\cdot)$ est le flot associé, on montre alors qu'une fois éliminé un négligeable fixe N , pour tout $\omega \notin N, x \in T^*M$, pour toute fonction $x_{(t,s)}$ qui est définie sur $R^+ \times R$ à valeurs dans T^*M telle que

$$\begin{aligned} &\pi x_{(0,s)} = \pi x \\ (2.19)\quad &\pi\phi_T(\omega, x_{(T,s)}) = \pi\phi_T(\omega,x) \\ &x_{(t,0)} = x \end{aligned}$$

si c^s est le 1-simplexe

$$(2.20)\quad c^s : t \in [0,T] \to (t, \phi_t(\omega, x_{(t,s)}))$$

alors

$$(2.21)\quad \frac{d}{ds}\left[\int_{c^s} \gamma\right]_{s=0} = 0$$

Un tel résultat est satisfaisant: en effet il étend de manière naturelle les résultats de la mécanique classique, tout en étant de caractère parfaitement réversible. En particulier, dans la formulation précédente de l'extrémalité, x peut être lui-même une variable aléatoire anticipative. Notons par ailleurs qu'il est indispensable que la paramétrisation du temps t soit fixe, i.e. ne dépende pas de s, si on veut que $\int_{c^s}\gamma$ soit effectivement dérivable en s.

On procède au calcul de la seconde variation dans les mêmes conditions que dans le cas déterministe. On étend les résultats d'extrémalité à une classe de variations semi-martingales de Stratonovitch ou de Ito, i.e. qui s'expriment à l'aide d'intégrales de Stratonovitch ou de Ito relativement à $w^1, \ldots, w^m$. Les résultats cessent alors d'être réversibles, et sont vrais à un négligeable près qui dépend de la variation considérée.

On peut également considérer le problème d'extrémalité de l'espérance de l'intégrale de la forme γ sur une classe de semi-martingales. Les hamiltoniens $H_1, \ldots, H_m$ interviennent dans l'espérance puique l'espérance d'une intégrale de Stratonovitch n'est pas nulle en général. On montre alors l'extrémalité du critère $E[\int_c \gamma]$ sur les trajectoires du flot hamiltonien pour une classe de variations semi-martingales très générale. On peut naturellement faire le même type de calculs en retournant le sens du temps.

Un tel résultat est insuffisant pour obtenir une formulation lagrangienne convenable du problème d'extrémalité p.s. ou en espérance résolu précédemment. Pour résoudre cette difficulté, on est amené à montrer que le flot hamiltonien rend extrémal un critère sur des trajectoires à valeurs dans le fibré cotangent "éclaté" $\overset{m+1}{\underset{1}{\oplus}} T^*M$, qui ne s'exprime plus comme l'intégrale d'une forme différentielle généralisée le long de ces trajectoires. C'est ce qui est accompli à la section VI-3. A la section VI-4, on peut donner la formulation lagrangienne du problème d'extrémalité précédent. En effet, soit $L_0, L_1, \ldots, L_m$ les transformées de Legendre-quand elles existent - de $H_0, H_1, \ldots, H_m$.

Soit q_t une semi-martingale qui s'écrit sous la forme

$$(2.22) \quad q_t = q_0 + \int_0^t Q_0 ds + \int_0^t Q_i . dw^i$$

On considère alors le critère

$$(2.23) \quad \int_0^T L_0(t, q_t, Q_{0_t}) dt + \int_0^T L_i(t, q_t, Q_{i_t}) . dw^i$$

En utilisant les résultats précédents, on montre alors que les projections sur M du flot hamiltonien rendent extrémal le critère (2.23). On prend naturellement toutes les précautions pour pouvoir définir une vaste classe de variations telles qu'une fois un négligeable éliminé, on ait extrémalité pour toutes les variations envisagées simultanément. On a encore réversibilité de ce type de résultats. On a par ailleurs des résultats d'extrémalité p.s. pour des variations qui sont de "vraies" semi-martingales. Il faut à cet égard remarquer qu'en général, le critère ne peut pas être étendu aux semi-martingales de Ito relativement à w , i.e. aux semi-martingales q_t qui s'écriraient sous la forme

$$(2.24)\quad q_t = q_0 + \int_0^t \tilde{Q}ds + \int_0^t \tilde{Q}_i . \vec{\delta w}^i$$

sans pouvoir être mises sous la forme (2.22) . Ce fait, à lui seul, est l'une des clés qui explique que les problèmes d'optimisation stochastique classique ne peuvent se mettre facilement sous la forme des problèmes d'extrémalisation (2.22)-(2.23) . Par ailleurs, on interprète la structure particulière du problème (2.22)-(2.23) par une technique d'approximation.

A la section VI-5, on calcule explicitement la fonction génératrice de la transformation symplectique $\phi.(\omega,\cdot)$ à l'aide de l'intégrale de la forme γ le long des trajectoires du flot $\phi.(\omega,\cdot)$. Ce calcul prolonge le calcul correspondant du cas déterministe.

A la section VI-6, on cherche à donner un sens à la solution d'une équation de Hamilton-Jacobi du type

$$(2.25)\quad \partial_t \tilde{S}' + H_0(t,q,\frac{\partial \tilde{S}'}{\partial q})dt + H_i(t,q,\frac{\partial \tilde{S}'}{\partial q}).dw^i = 0$$

Cette équation généralise l'équation de Hamilton-Jacobi dans le cas déterministe [3]-9 et [3]- Appendice 11. L'une des difficultés essentielles dans la résolution de l'équation de Hamilton-Jacobi dans le cas déterministe est l'apparition de singularités dans certaines variétés lagrangiennes. On retrouve ce problème ici, considérablement compliqué par le fait que le mouvement brownien w rend ces singularités difficilement contrôlables. On donne cependant un sens précis à l'équation (2.25) dans des conditions raisonnables.

La solution de (2.25) est en général une fonction aléatoire de ω, i.e. s'écrit sous la forme $\tilde{S}'_t(\omega,q)$. . Par référence aux problèmes de contrôle de diffusions markoviennes, on est amené à se demander sous quelles conditions il existe une solution non aléatoire de l'équation (2.25). On peut également se demander à quelles conditions les techniques de changement de variable, qui sont en mécanique classique l'un des instruments les plus puissants pour intégrer explicitement les équations de Hamilton-Jacobi, sont applicables ici. Ces deux problèmes sont liés, et aboutissent tous deux à faire des hypothèses de commutation sur les hamiltoniens $H_0, H_1, \ldots, H_m$.

Dans ce chapitre on est amené à considérer la situation aléatoire qu'on étudie comme une limite de situations classiques, où l'ensemble des techniques de la mécanique classique sont applicables. On ne peut cependant passer à la limite sur tous les objets considérés. Ainsi si on pose

$$(2.26) \quad H^n(\omega,t,(q,p)) = H_0(t,(q,p)) + H_i(t,(q,p))\dot{w}^{i,n}$$

et si $\phi^n_{\cdot}(\omega,\cdot)$ est le flot hamiltonien de hamiltonien $H^n(\omega,\cdot)$, alors il est classique que si L est une sous-variété lagrangienne de T^*M,

(2.27) $\{(\phi_t^n(\omega,(q,p)),t, -H^n(\omega,t,\phi_t^n(\omega,(q,p)))\}_{(q,p)\in L}$

est une sous-variété lagrangienne par morceau de $T^*(M\times R^+)$. Il va de soi qu'un tel résultat ne passe pas convenablement à la limite. On s'intéresse donc dans ce chapitre au problème de l'explosion de certaines structures différentiables.

8) Reconstruction de la structure hamiltonienne dans les problèmes d'optimisation stochastique classique : Chapitre VII

L'objet du Chapitre VII est de reconstruire a posteriori une structure hamiltonienne convenable pour les problèmes d'optimisation stochastique classique, i.e. pour les systèmes du type (1.16)-(1.17). Une difficulté majeure de ce problème est qu'en optimisation classique, on contrôle des équations de Ito, et qu'en général la solution optimale ne peut pas se mettre sous la forme d'une équation de Stratonovitch. On est donc amené à faire l'hypothèse que la solution optimale, quand elle existe , du problème considéré est aussi solution d'une équation de Stratonovitch, et à déterminer une structure hamiltonienne, i.e. à trouver un problème d'extrémalisation p.s. équivalent dont la solution coincide avec la solution d'extrémalisation en espérance. Cette idée est très proche de la technique classique des multiplicateurs de Lagrange, et elle fonctionne effectivement en rajoutant à l'intégrale $\int_0^T K(\omega,t,q,u)dt$ certaines intégrales stochastiques.

On détermine ainsi une structure hamiltonienne convenable. On vérifie en particulier que les hamiltoniens qu'on a trouvés vérifient les conditions de commutation déterminées à la section VI-7, ce qui justifie a posteriori le fait que la fonction coût du système soit effectivement markovienne.

III-Optimisation sur des variétés munies d'une connexion

Dans la seconde partie de ce travail, on développe un appareil mathématique permettant de rendre effectivement intrinsèque l'ensemble de calculs que nous avons décrit dans I, et qui correspondent à nos travaux [9], [15], [17]. Pour cela il faut rendre intrinsèques les différentes quantités sur les quelles on optimise.

1) Formulation géométrique du calcul différentiel de Ito : Chapitre VIII

Dans [22], Dynkin a défini le transport parallèle d'un tenseur le long d'une diffusion à valeurs dans une variété dont le fibré des repères est muni d'une connexion Γ (voir aussi Ito [36]). Dans la section VIII-1 nous reprenons ce problème, en effectuant une généralisation élémentaire aux semi-martingales à valeurs dans une variété. Nous utilisons pour cela les résultats de Schwartz [50].

Le transport parallèle nous sera très utile pour définir les caractéristiques locales d'une semi-martingale continue de manière intrinsèque.

En effet, par les résultats de [40]-III-4, si $s \to x_s$ est une courbe différentiable à valeurs dans une variété N munie d'une connexion linéaire Γ , on peut définir la courbe $s \to C_s$ développement de $s \to x_s$ dans $T_{x_0}(N)$ relativement à la connexion affine associée. Par la Proposition III -4.1 de [40] on a

$$(3.1) \quad C_t = \int_0^t \tau_0^s . dx_s$$

On montre alors facilement que la théorie du développement se prolonge facilement aux semi-martingales continues à valeurs dans N . Si z_t

est une semi-martingale continue à valeurs dans N , et si τ_0^t est l'opérateur de transport parallèle de $T_{z_t}(N)$ dans $T_{z_0}(N)$ le long de $s \to z_s$, on définit le développement y_t de z_t dans $T_{z_0}(N)$ par la relation

$$(3.2) \quad y_t = \int_0^t \tau_0^s . dz_s$$

où l'intégrale stochastique est une intégrale de Stratonovitch. y_t est alors une semi-martingale à valeurs dans l'espace vectoriel $T_{z_0}(N)$, dont on peut prendre la décomposition de Meyer

$$(3.3) \quad y_t = M_t + A_t \; .$$

Si A_t est absolument continu par rapport à la mesure de Lebesgue, A_t s'écrit sous la forme

$$(3.4) \quad A_t = \int_0^t \dot{y}_s ds$$

On montre alors que $\dot{z}_t = \tau_t^0 \dot{y}_t$ définit la partie "moyenne locale" relativement à la connexion Γ de la semi-martingale z_t . Si la partie martingale de z_t ne comprend que des intégrales relativement au mouvement brownien w , on écrira alors

$$(3.5) \quad z_t = z_0 + \int_0^t \dot{z}_s d^\Gamma s + \int_0^t H_i . \delta \vec{w}^i$$

$(\dot{z}, H_1, \dots, H_m)$ sont les caractéristiques locales de z relativement à la connexion Γ . Notons que [23] Eells et Elworthy avaient déjà constaté que le mouvement brownien sur une variété riemanienne peut être interprété comme la courbe développée du mouvement brownien d'un plan tangent à N dans N relativement à la connexion de Levi-Civita de N . De même, la méthode utilisée par Malliavin [42]-[43] pour construire le mouvement brownien d'une variété riemanienne repose implicitement sur la théorie du développement.

De manière plus directement liée aux remarques précédentes, notons que Baxendale dans [5]-[6] avait remarqué qu'une équation différentielle de Stratonovitch du type

$$(3.6)\quad \begin{cases} dx = X_0(x)dt + X_i(x).dw^i \\ x(0) = x \end{cases}$$

peut aussi être décrite à l'aide de

$$(3.7)\quad (\dot{X}(x) = X_0(x) + \frac{1}{2}\nabla_{X_i} X_i(x), X_1(x), \ldots, X_m(x))$$

Notons que $(\dot{X}, X_1, \ldots, X_m)$ sont alors exactement les caractéristiques locales de la semi-martingale x_t relativement à la connexion Γ .

On montre alors une formule géométrique de Ito. En effet soit N et N' deux variétés différentiables, dont les fibrés des repères $L(N)$ et $L(N')$ sont munis de connexions Γ et Γ' . Soit f une application C^∞ de N dans N' et $R(f)(x)$ le tenseur de défaut d'affinité de f qui est une application bilinéaire de $T_x(N) \times T_x(N)$ dans $T_{f(x)}N'$. Si z_t s'écrit sous la forme

$$(3.8)\quad z_t = z_0 + \int_0^t \dot{z} d^\Gamma s + \int_0^t H_i . \vec{\delta w}^i$$

on a

$$(3.9)\quad f(z_t) = f(z_0) + \int_0^t [f'(z_s)\dot{z}_s + \frac{1}{2} R(f)(z_s)(H_i, H_i)] d^{\Gamma'} s + \int_0^t f'(z_s) H_i . \vec{\delta w}^i$$

Les caractéristiques locales $(\mathring{X},X_1,\ldots,X_m)$ d'une diffusion sont en fait liées à l'approximation d'une diffusion par des polygones géodésiques alors que les caractéristiques locales $(X_0,X_1,\ldots,X_m)$ de Stratonovitch sont liées à l'approximation de la diffusion par des solutions d'équations différentielles ordinaires. La convergence de la suite d'approximations d'une diffusion par des polygones géodésiques sur R^d muni d'une connexion linéaire ne provenant pas nécessairement d'une structure riemanienne est effectuée dans la section IX-4. Elle sera généralisée au chapitre XI aux diffusions sur des variétés à courbure négative. Les caractéristiques locales $(\mathring{X},X_1,\ldots,X_m)$ ne sont pas seulement un outil technique de calcul, mais elles sont aussi fondamentalement liées au comportement analytique des diffusions qu'elles décrivent.

Notons également que l'existence de plusieurs descriptions possibles de la même diffusion - que ce soit par ses caractéristiques locales de Stratonovitch ou de Ito - permet de poser de manière différente le problème de l'irréversibilité des phénomènes physiques qui sont décrits. En effet, nous avons vu au chapitre I que les équations différentielles de Stratonovitch sont très convenablement réversibles, i.e. on peut bien décrire une trajectoire de la diffusion retournée. Cette réversibilité se retrouve dans les approximations des solutions de l'équation par des solutions d'équations différentielles ordinaires, qui sont réversibles. Par contre, l'approximation de la diffusion par des polygones géodésiques est par essence irréversible. En particulier deux polygones géodésiques peuvent se rencontrer alors qu'ils partent de points différents. Cette irréversibilité se retrouve dans la description géométrique de Ito d'une diffusion - i.e. relativement à une connexion. En particulier la description géométrique de Ito d'une diffusion de Stratonovitch n'est pas la même pour la diffusion elle-même ou pour sa retournée. Il apparaît en fait que ce n'est pas tant le phénomène physique décrit qui est irréversible que l'appareil mathématique qui le décrit, et qui privilégie un sens du temps, soit par les techniques de conditionnement du futur relativement au passé, soit par la description de certaines martingales de la diffusion considérée. La situation est naturellement compliquée par les faits suivants :

a) Au plan technique, pour pouvoir effectivement construire une diffusion de Stratonovitch ou le flot associé, on utilise comme instruments sa description par ses caractéristiques locales $(\dot{X},X_1,\ldots,X_m)$, et ceci au chapitre I comme au chapitre XI.

b) La régularité sur les caractéristiques locales $(\dot{X},X_1,\ldots,X_m)$ peut être moindre que la régularité sur les caractéristiques locales $(X_0,X_1,\ldots,X_m)$.

Notons que pour nos problèmes de calcul des variations, cette double description possible du même phénomène aboutit à deux calculs des variations complètement différents. Le premier calcul s'effectue sur les caractéristiques locales de Stratonovitch d'une semi-martingale : c'est ce que nous avons vu chapitre VI. Le second calcul des variations que nous allons voir est un calcul sur les caractéristiques locales $(\dot{z},H_1,\ldots,H_m)$ d'une semi-martingale relativement à une connexion. Les conditions d'optimalité seront de nature essentiellement différente, bien qu'elles soient parfois relatives au même phénomène.

2) Calcul différentiel stochastique coordonnées covariantes : Chapitre IX

A la section IX-1, on examine les problèmes de diffusion de tenseurs étudiés par Dynkin [22]. A la section IX-2, on exprime essentiellement le calcul différentiel stochastique du chapitre IV à l'aide des caractéristiques locales $(\dot{X},\ldots,X_m)$ d'une diffusion relativement à une connexion Γ . Dans la section IX-3 est examiné le problème de la description de diffusions symplectiques en coordonnées covariantes.

3) Relèvement de connexions dans un fibré cotangent et relèvement de diffusions : Chapitre X

Dans un problème de contrôle de semi-martingales de Ito nous utiliserons comme paramètres de contrôle ses caractéristiques locales $(\dot{q},H_1,\ldots,H_m)$ relativement à une connexion Γ . Or nous avons vu dans les Préliminaires que nous souhaitons faire apparaître un processus (q_t,p_t) à valeurs dans le fibré cotangent T^*M dont la projection sur M soit exactement la semi-martingale extrémale que nous cherchons. Il est donc indispensable qu'on puisse également décrire de manière convenable les semi-martingales de Ito à valeurs dans le fibré cotangent d'une variété M , et ceci de manière compatible avec la description des semi-martingales à valeurs dans M .

On est donc amené à s'intéresser au problème du relèvement de connexions dans les fibrés tangents et cotangents d'une variété M munie elle-même d'une connexion linéaire Γ . Ce problème est complètement traité par Yano et Ishihara dans [61]. On établit en particulier le lien entre les différentes connexions naturelles sur T^*M et la description des semi-martingales continues à valeurs dans T^*M .

4) Approximation d'une diffusion de Ito sur des variétés à courbure négative : Chapitre XI

L'objet du chapitre XI est de reprendre l'ensemble des méthodes d'approximation du chapitre I et de la section VIII-4 pour les appliquer aux variétés à courbure négative bornée en module. Une propriété essentielle de ces variétés est l'instabilité du flot géodésique, qui garantit en particulier que le mouvement brownien a une durée de vie infinie (Azencott [4]). En reprenant en partie certains arguments d'Azencott [4] et des techniques de transport parallèle, on montre en particulier qu'on peut reprendre les techniques du Chapitre I et de la section VIII-4 pour approcher une diffusion de Ito ou de Stratonovitch et les flots associés. On remarque en particulier que les caractéristiques locales $(\dot{X}, X_1, \ldots, X_m)$ relativement à la connexion de Levi-Civita jouent un rôle essentiel dans l'établissement de majorations a priori.

5) <u>Calcul variationnel en coordonnées covariantes sur des semi-martingales de Ito</u> : Chapitre XII

On reprend le problème traité dans les préliminaires mais en faisant apparaître les caractéristiques locales d'une semi-martingale continue à valeurs dans une variété M munie d'une connexion linéaire Γ , i.e. q_t s'écrit

$$(3.10) \quad q_t = q_0 + \int_0^t \dot{q}\, d^\Gamma s + \int_0^t H_i . \vec{\delta w}^i$$

On veut rendre extrémal un critère de la forme

$$(3.11) \quad E\left[\int_0^T L(\omega, t, q_t, \dot{q}_t, H_1, \ldots, H_m)\, dt + \Phi(\omega, q_T)\right]$$

On écrit alors l'équivalent des conditions I-(1.13). L'écriture des ces nouvelles conditions plus générales tient en particulier comptedu fait qu'à l'aide de la connexion Γ , on peut procéder à l'identification de

$T^*_{(q,\dot q,H_1\ldots H_m)}(\overset{m+1}{\underset{1}{\oplus}} TM)$ et $T^*_q(M) \oplus (\overset{m+1}{\underset{1}{\oplus}} T^*_q(M))$.

On montre alors des conditions suffisantes et quasiment nécessaires d'extrémalité, qui font en particulier intervenir le tenseur de courbure de la connexion. On donne une formulation pseudo-hamiltonienne des équations trouvées où le pseudo-hamiltonien dépend de la connexion choisie. On décrit le passage d'un pseudo-hamiltonien à un autre par changement de connexion et on montre un principe d'extrémalité pour une forme de Poincaré-Cartan généralisée. On examine également dans ce contexte les problèmes d'extrémalité p.s.. On examine enfin les problèmes de contrôle de systèmes du type (1.16)–(1.17) mis sous forme intrinsèque relativement à une connexion, et on donne un principe du maximum géométrique relativement à une connexion, qui fait encore intervenir le tenseur de courbure.

CHAPITRE I

FLOTS ASSOCIÉS À DES DIFFUSIONS

L'objet de ce chapitre est d'établir avec précision un certain nombre de résultats sur les diffusions du type

$$(0.1)\qquad \begin{aligned} dx &= X_0(t,x)dt + X_i(t,x).dw^i \\ x(0) &= x \end{aligned}$$

où $X_0, X_1, \ldots, X_m$ sont une famille de champs de vecteurs, et $dw^1, \ldots, dw^m$ désignent les différentielles de Stratonovitch d'un mouvement brownien m-dimensionnel.

Ces résultats sont établis à l'aide d'une technique d'approximation des diffusions par des équations différentielles ordinaires exposée par Wong-Zakai dans [60] pour les diffusions unidimensionelles, et largement étendue par Stroock et Varadhan dans [54]. Certains résultats sur les diffusions peuvent être établis directement sans utiliser d'approximations; celles-ci sont indispensables pour l'obtention de résultats techniques cruciaux, et pour l'extension rapide des techniques de géométrie différentielle classique effectuée dans les chapitres II, III, IV.

Dans la section 1, on établit qu'une suite $\phi_t^n(\omega,\cdot)$ de flots associés à des équations différentielles ordinaires converge en probabilité uniformément sur tout compact de $R^+ \times R^d$ vers le flot $\phi.(\omega,\cdot)$ associé à l'équation (0.1), ainsi que des majorations uniformes du type

$$(0.2)\qquad \begin{aligned} |\phi_t^n(\omega,x) - x| &\leq L_{\beta,T}^n(\omega)(1 + |x|^\beta) \qquad t \in [0,T],\ \beta > 1 \\ E|L_{\beta,T}^n|^p &\leq C'_{\beta,T,p} \qquad p \geq 1 \end{aligned}$$

qui jouent un rôle très important dans la suite.

Dans la section 2, on établit le même type de résultats pour les dérivées successives du flot $\phi.(\omega,\cdot)$, ainsi que des majorations du type (0.2) pour ces dérivées.

Dans la section 3, en suivant certaines idées indiquées par Ito dans [37], on montre que p.s., pour tout $t \in R^+$, $\phi_t(\omega,\cdot)$ est un difféomorphisme de R^d sur R^d. On utilise pour cela la propriété de Markov forte du flot $\phi.(\omega,\cdot)$, et le théorème de section optionnel [20]-IV-T84 .

Dans la section 4, les résultats des sections précédentes sont appliqués aux variétés. Nous nous sommes placés dans un cadre où ces applications ont un caractère essentiellement trivial, i.e. s'établissent par plongement et ne nécessitent pas de calculs compliqués liés à la structure riemanienne de la variété. L'extension de ces résultats aux diffusions sur les variétés à courbure négative est effectuée au chapitre XI.

Dans la section 5, on établit une formule de type Ito-Stratonovitch permettant de décrire la semi-martingale $\phi_t(\omega,z_t)$, lorsque z_t est une semi-martingale. Lorsque le calcul de Stratonovitch est utilisé , la formule trouvée est algébriquement triviale mais analytiquement difficile à obtenir du fait du grand nombre de termes à contrôler.

Enfin dans la section 6, les résultats des sections précédentes sont appliqués aux flots définis par des équations de Ito vérifiant les hypothèses classiques de croissance à l'infini.

Certaines idées liées à la reversibilité partielle du flot $\phi.(\omega,\cdot)$ trouvent leur origine dans Ito [37]. Mais le travail le plus approfondi dont nous ayons eu connaissance dans ce domaine est celui de Malliavin [43], où avec des objectifs et des techniques différents se trouvent établis certains des résultats donnés ici. Nous y renverrons le lecteur.

1. Convergence C^o des flots $\phi^n.(\omega,\cdot)$ sur R^d

Ω désigne l'espace des fonctions continues définies sur R^+ à valeurs dans R^m , muni de la topologie de la convergence compacte. Un point de Ω est noté ω , et la trajectoire de ω est notée w_t .

On pose

$F_t = B\{w_s | s \le t\}$

P désigne la mesure brownienne sur Ω , telle que $P(w_0=0) = 1$.

$\{F_{t^+}\}_{t\ge 0}$ est la filtration régularisée à droite et complétée de $\{F_t\}_{t\ge 0}$ par les négligeables de F_∞ au sens de Dellacherie-Meyer [20].

$X_0, \ldots, X_m$ désignent m + 1 champs de vecteurs définis sur $R^+ \times R^d$ à valeurs dans R^d , qu'on suppose C^∞ , bornés ainsi que toutes leurs dérivées.

On considère l'équation différentielle stochastique de Stratonovitch sur (Ω, F_∞^+, P)

$$(1.1)\quad \begin{aligned} dx &= X_0(t,x)dt + X_i(t,x).dw^i \\ x(0) &= x \end{aligned}$$

où dw^i est la différentielle de Stratonovitch de w^i .

On montre trivialement que (1.1) a une solution unique. Suivant les notations de Stroock et Varadhan dans [54], on pose

$$(1.2)\quad t_n = \frac{[2^n t]}{2^n} \quad t_n^+ = \frac{[2^n t]+1}{2^n} \quad \dot{w}^{i,n}(t) = 2^n(w^i(t_n^+) - w^i(t_n))$$

On considère la suite d'équations différentielles ordinaires

$$(1.3)\quad \begin{aligned} dx^n &= (X_0(t,x^n) + X_i(t,x^n)\dot{w}^{i,n})dt \\ x^n(0) &= x \end{aligned}$$

Alors pour tout $\omega \in \Omega$, pour tout $x \in R^d$, (1.3) a une solution unique, qui dépend différentiablement de la condition initiale x. On note $\phi_t^n(\omega,\cdot)$ le flot de difféomorphismes de R^d dans R^d associé à (1.3), i.e.

$$(1.4)\quad \phi_t^n(\omega,x) = x_t^n$$

où x_t^n est la solution de (1.3) avec $x^n(0) = x$.

Avant d'énoncer le premier résultat, on pose la définition suivante :

<u>Définition 1.1</u> : Soit (E,d) un espace métrisable localement compact dénombrable à l'infini, f^n une famille de fonctions définies sur $\Omega \times R^+ \times E$ à valeurs dans E mesurables en $\omega \in \Omega$ pour $(t,x) \in R^+ \times E$ fixé, et continues en $(t,x) \in R^+ \times E$ pour $\omega \in \Omega$ fixé. On dit que f^n converge en probabilité uniformément sur tout compact de $R^+ \times E$ vers la fonction f mesurable sur $\Omega \times R^+ \times E$ à valeurs dans E si pour tout compact $K \subset R^+ \times E$, $\sup_{(t,x)\in K} d(f^n(\omega,t,x),f(\omega,t,x))$ tend vers 0 en probabilité.

<u>Notation</u>: On écrira aussi que f^n converge P.U.C. vers f .

Notons alors qu'en modifiant f sur un négligeable de Ω , f peut être prise telle que pour $(t,x) \in R^+ \times E$ fixé elle est mesurable en ω et pour $\omega \in \Omega$ fixé elle est continue en (t,x) . Notons également que par un procédé diagonal, il existe une sous-suite n_k de N telle que, sauf sur un négligeable N, la suite d'applications $f^{n_k}(\omega,\cdot)$ de $R^+ \times E$ dans E converge vers $f(\omega,\cdot)$ pour la topologie de la convergence uniforme sur les compacts de $R^+ \times E$.

On a alors le résultat suivant:

<u>Théorème 1.2</u> : La suite $\phi^n_\cdot(\omega,\cdot)$ d'applications de $\Omega \times R^+ \times R^d$ dans R^d converge P.U.C. vers une application $\phi_\cdot(\omega,\cdot)$ qui peut être prise mesurable en ω pour $(t,x) \in R^+ \times R^d$ fixé, continue en $(t,x) \in R^+ \times R^d$ pour tout $\omega \in \Omega$ fixé, et telle que pour tout $\omega \in \Omega$, $\phi_0(\omega,\cdot)$ soit l'application identique. De plus, pour tout $x \in R^d$, le processus $\phi_t(\omega,x)$ est solution de l'équation (1.1).

Enfin pour tout $\beta > 1$, tout $\alpha > 0$ et tout $T > 0$, il existe une constante $C_{\alpha,\beta,T} \geq 0$, et des variables aléatoires $L^n_{\beta,T}$ et $L_{\beta,T}$ telles que

(1.5) $(t,x) \in [0,T] \times R^d \quad |\phi^n_t(\omega,x) - x| \leq L^n_{\beta,T}(\omega)(1+|x|^\beta)$

$$|\phi_t(\omega,x) - x| \leq L_{\beta,T}(\omega)(1+|x|^\beta)$$

(1.6) $L > 0 \quad P(L^n_{\beta,T} \geq L) \leq \frac{C_{\alpha,\beta,T}}{L^\alpha} \quad P(L_{\beta,T} \geq L) \leq \frac{C_{\alpha,\beta,T}}{L^\alpha}$

Les variables aléatoires $\{L^n_{\beta,T}\}_{n\in N}$ et $L_{\beta,T}$ sont uniformément bornées dans tous les L_p $(1 \leqslant p < +\infty)$.

Preuve: La preuve va essentiellement consister à montrer que les mesures $\tilde{P}_n$ sur $\Omega \times C(R^+ \times R^d; R^d)$ images de la mesure brownienne par les applications $\omega \to (\omega, \phi^n_\cdot(\omega,\cdot))$ forment un ensemble étroitement relativement compact. On va pour cela prouver le résultat suivant:

Proposition 1.3: Pour tout $T > 0$ et tout $p \geq 2$, il existe une constante $C_{T,p}$ telle que pour tout n, et tout (s,x) et $(t,y) \in [0,T] \times R^d$, on ait:

$$(1.7) \quad E|\phi^n_s(\omega,x) - \phi^n_t(\omega,y)|^{2p} \leq C_{T,p}(|s-t|^p + |x-y|^{2p})$$

Preuve: Pour éviter de surcharger les calculs, toutes les constantes intervenant dans les calculs seront notées C. On note x^x_t la trajectoire $\phi^n_t(\omega,x)$, en omettant l'indice n. On écrit également X^x_i au lieu de $X_i(t,x^x_t)$.

On procède comme en [54] lemme 4.1, mais les calculs sont plus difficiles. On doit montrer

$$(1.8) \quad E|x^x_s - x^y_t|^{2p} \leq C(|t-s|^p + |x-y|^{2p})$$

a) Majoration de $E|x^x_t - x^x_s|^{2p}$

On suppose $t \geq s$. On procède comme en [54] lemme 4.1 où le calcul est effectué pour p=2. On a:

$$(1.9) \quad E|x^x_t - x^x_s|^{2p} \leq C[E|\int_s^t X^x_0 du|^{2p} + E|\int_s^t X^x_i \dot{w}^{i,n} du|^{2p}]$$

Trivialement,

$$(1.10) \quad E|\int_s^t X^x_0 du|^{2p} \leq C(t-s)^{2p}$$

Pour $i \geq 1$, on pose

$$(1.11) \quad \alpha^n_i(u) = X_i(u, x^x_{u_n})$$

Comme $\dot{w}^{i,n}$ est constant sur les intervalles $\left[\frac{k}{2^n}, \frac{k+1}{2^n}\right[$, il vient

$$(1.12)\quad \int_s^t X_i^x \dot{w}^{i,n} du = \int_s^t \alpha_i^n \dot{w}^{i,n} du + \int_s^t du \int_{u_n}^u \frac{\partial X_i}{\partial x}(u,x_v)(X_0(v,x_v) + X_j(v,x_v)\dot{w}^{j,n})\dot{w}^{i,n} dv$$

Or

$$(1.13)\quad \int_s^t \alpha_i^n \dot{w}^{i,n} du = \int_{s_n}^{t_n^+} Y_i^n . \vec{\delta} w^i$$

avec

$$(1.14)\quad Y_i^n(u) = 2^n \int_{u_n \vee s}^{u_n^+ \wedge t} \alpha_i^n(v) dv$$

Par l'inégalité de Doob sur les martingales, comme X_i est borné, on a

$$(1.15)\quad E\left|\int_s^t \alpha_i^n \dot{w}^{i,n} dv\right|^{2p} \le C\, E\left[\int_{s_n}^{t_n^+} |Y_i^n|^2 du\right]^p \le C\, E\left[\int_{s_n}^{t_n^+} du\; 2^n \int_{u_n \vee s}^{u_n^+ \wedge t} |\alpha_i^n|^2(v) dv\right]^p$$

$$= C\, E\left[\int_s^t |\alpha_i^n|^2 du\right]^p \le C(t-s)^p$$

De plus par l'inégalité de Hölder, on a aussi

$$(1.16)\quad E\left|\int_s^t du \int_{u_n}^u \frac{\partial X_i^x}{\partial x} X_j^x \dot{w}^{i,n} \dot{w}^{j,n} dv\right|^{2p} \le (t-s)^{2p-1} E \int_s^t du \left|\int_{u_n}^u \frac{\partial X_i^x}{\partial x} X_j^x \dot{w}^{i,n} \dot{w}^{j,n} dv\right|^{2p}$$

$$\le \frac{C|t-s|^{2p-1}}{2^{2np}} \int_s^t [E|\dot{w}^{i,n}|^{4p}]^{1/2} [E|\dot{w}^{j,n}|^{4p}]^{1/2} dv$$

Or, par une propriété élémentaire des gaussiennes, il vient

$$(1.17)\quad E|\dot{w}^{i,n}|^{2q}(k/2^n) \le C_q 2^{nq}$$

Donc (1.16) est majoré par

(1.18) $C(t-s)^{2p}$

La majoration de $E|\int_s^t du \int_{u_n}^u \frac{\partial X_i^x}{\partial x} X_0^x \dot{w}^{i,n} dv|^{2p}$ s'effectue de la même manière, en majorant $E|\dot{w}^{i,n}|^{2p}$ par $C2^{np}$. On a donc

(1.19) $E|x_t^x - x_s^x|^{2p} \le C(t-s)^p$

b) Majoration de $E|x_t^x - x_t^y|^{2p}$

Elle est plus délicate à obtenir. On a

(1.20) $E|x_t^x - x_t^y|^{2p} \le |x-y|^{2p} + CE|\int_0^t (X_0^x - X_0^y)du|^{2p} + CE|\int_0^t (X_i^x - X_i^y)\dot{w}^{i,n}du|^{2p}$

Alors

(1.21) $E|\int_0^t (X_0^x - X_0^y)du|^{2p} \le CE\int_0^t |X_0^x - X_0^y|^{2p}du \le CE\int_0^t |x_u^x - x_u^y|^{2p}du$

On pose

(1.22) $\gamma_i^n(u) = X_i(u, x_{u_n}^x) - X_i(u, x_{u_n}^y)$

Alors

(1.23) $$\int_0^t (X_i^x - X_i^y)\dot{w}^{i,n}du = \int_0^t \gamma_i^n \dot{w}^{i,n}du + \int_0^t du \int_{u_n}^u \left[\frac{\partial X_i^x}{\partial x} X_0^x - \frac{\partial X_i^y}{\partial x} X_0^y\right]\dot{w}^{i,n}dv$$
$$+ \int_0^t du \int_{u_n}^u \left[\frac{\partial X_i^x}{\partial x} X_j^x - \frac{\partial X_i^y}{\partial x} X_j^y\right]\dot{w}^{i,n}\dot{w}^{j,n}dv$$

Comme en (1.15), on a

(1.24) $$E|\int_0^t \gamma_i^n \dot{w}^{i,n}du|^{2p} \le CE\left[\int_0^t |\gamma_i^n|^2 du\right]^p \le Ct^{p-1}E\int_0^t |\gamma_i^n|^{2p} du$$
$$\le CE\int_0^t |x_{u_n}^x - x_{u_n}^y|^{2p} du$$

On note η_t^n le troisième terme du membre de droite de (1.23). On a

$$(1.25)\quad E|\eta_t^n|^{2p} \le CE|\int_0^t du \int_{u_n}^u |x_v^x - x_v^y||\dot w^{i,n}|^2 dv|^{2p}$$

$$\le Ct^{2p-1}E\int_0^t du\left|\int_{u_n}^u |x_v^x - x_v^y||\dot w^{i,n}|^2 dv\right|^{2p} \le \frac{Ct^{2p-1}}{2^n(2p-1)}E\int_0^t du\int_{u_n}^u \left[|x_v^x - x_v^y||\dot w^{i,n}|^2\right]^{2p} dv$$

$$\le \frac{Ct^{2p-1}}{2^{2np}}\int_0^t ds\ E\left[|x_s^x - x_s^y||\dot w^{i,n}|^2(s_n)\right]^{2p}$$

Comme sur les intervalles $\left[\frac{k}{2^n}, \frac{k+1}{2^n}\right[$, les $\dot w^{i,n}$ restent constants, on a aussi

$$(1.26)\quad |x_s^x - x_s^y| \le |x_{s_n}^x - x_{s_n}^y| + \int_{s_n}^s [|X_0^x - X_0^y| + |X_i^x - X_i^y|\dot w^{i,n}]du$$

$$\le |x_{s_n}^x - x_{s_n}^y| + C(1 + |\dot w^n|(s_n))\int_{s_n}^s |x_u^x - x_u^y|du$$

De (1.26), on tire, par le lemme de Gronwall

$$(1.27)\quad |x_s^x - x_s^y| \le |x_{s_n}^x - x_{s_n}^y|\exp[C(1 + |\dot w^n|(s_n))(s-s_n)]$$

Or il est clair que $x_{s_n}^x - x_{s_n}^y$ et $\dot w^n(s_n)$ sont des variables aléatoires indépendantes. Donc de (1.27) on tire

$$(1.28)\quad E\left[|x_s^x - x_s^y||\dot w^{i,n}|^2\right]^{2p} \le E\left[|x_{s_n}^x - x_{s_n}^y|^{2p}(\exp[\frac{C}{2^n}(1 + |\dot w^n|(s_n)])|\dot w^{i,n}|^{4p}\right]$$

$$= E|x_{s_n}^x - x_{s_n}^y|^{2p}E\left[(\exp[\frac{C}{2^n}(1 + |\dot w^n|(s_n)])|\dot w^{i,n}|^{4p}\right]$$

Or, de l'indépendance des $\dot w^{i,n}$, on tire

(1.29) $E\left[(\exp[\frac{C}{2^n}(1+|\dot{w}^n|(s_n)]])|\dot{w}^{i,n}|^{4p}(s_n)\right] \leq CE(\exp[\frac{C}{2^n}|\dot{w}^{i,n}|(s_n)])|\dot{w}^{i,n}|^{4p}(s_n))$

$\prod_{j\neq i} E(\exp\frac{C}{2^n}|\dot{w}^{j,n}|(s_n))$

Si X est une gaussienne centrée de variance σ^2 , on a $E(e^{\lambda X}) = e^{\lambda^2\sigma^2/2}$ et donc

(1.30) $E(e^{\lambda|X|}) \leq 2e^{\lambda^2\sigma^2/2}$

Alors

(1.31) $E(\exp[\frac{C}{2^n}|\dot{w}^{i,n}|(s_n)]|\dot{w}^{i,n}|^{4p}(s_n)) \leq [E(\exp\frac{C}{2^{n-1}}|\dot{w}^{i,n}|(s_n))]^{1/2}[E|\dot{w}^{i,n}|^{8p}(s_n)]^{1/2}$

$\leq C2^{2np}\exp(C^2/2^n) \leq C2^{2np}$

De même

(1.32) $E(\exp \frac{C}{2^n}|\dot{w}^{j,n}|(s_n)) \leq C\exp\frac{C^2}{2^{n+1}} \leq C$

On majorera de même le deuxième terme du membre de droite de (1.23). Si on pose

(1.33) $h_t = E|x_t^x - x_t^y|^{2p}$

on tire de (1.20), (1.21), (1.24), (1.25), (1.28), (1.31), (1.32)

(1.34) $h_t \leq |x-y|^{2p} + C[\int_0^t h_s ds + \int_0^t h_{s_n} ds]$

On pose

(1.35) $r_t = \sup_{s\leq t} h_s$

r est la plus petite fonction croissante majorant h . Comme le membre de droite de

(1.34) est une fonction croissante, il majore aussi r . Donc

(1.36) $r_t \leq |x - y|^{2p} + C[\int_0^t h_s ds + \int_0^t h_{s_n} ds]$

Or

(1.37) $h_s \leq r_s \quad h_{s_n} \leq r_{s_n} \leq r_s$

Donc

(1.38) $r_t \leq |x - y|^{2p} + C\int_0^t r_s ds$

Par le lemme de Gronwall, on a

(1.39) $r_t \leq |x - y|^{2p} e^{Ct}$

et donc

(1.40) $E|x_t^x - x_t^y|^{2p} \leq C|x - y|^{2p}$

De (1.19) et (1.40), on tire bien la Proposition 1.3. □

Preuve du Théorème 1.2.

Pour la loi $\tilde{P}_n$, on a

(1.41) $\tilde{P}_n(\phi_0(0) = 0) = 1$

Choisissons $p > d + 1$ (i.e. > le nombre de paramètres réels dont dépend $\phi.(\omega, \cdot)$) . Soit K le cube de $R^+ \times R^d$

(1.42) $K = \{(t,x);\ 0 \le t \le L,\ |x_i| \le L\}$

où L est un entier. Si $\delta_m = 2^{-m}$, il y a exactement $C\delta_m^{-(d+1)}$ points à coordonnées dyadiques d'ordre m dans K. Si $z_t(x) = (w_t, \phi_t(x))$ est le point générique de $\Omega \times C(R^+ \times R^d; R^d)$ on a par (1.7) et par l'inégalité de Bienhaimé-Tchebitcheff

(1.43) $\tilde{P}_n[|z_t(x) - z_{t'}(x')| \ge \alpha$ pour (t,x), (t',x') dyadiques d'ordre

m, $|(t,x) - (t',x')| \le \delta_m] \le C\delta_m^{(p-d-1)}\alpha^{-2p}$

En choisissant $\alpha = \alpha_m \downarrow 0$ tel que $\Sigma\delta_m^{(p-d-1)}\alpha_m^{-2p} < +\infty$, on en déduit

(1.44) $\tilde{P}_n(|z_t(x) - z_{t'}(x')| \ge \alpha_m$, $(t,x),(t',x')$ dyadiques,

$$m \ge m_0,\ |(t,x) - (t',x')| \le \delta_m) \le C \sum_{m \ge m_0} \frac{\delta_m^{p-d-1}}{\alpha_m^{2p}}$$

De (1.41), (1.44), du Théorème d'Ascoli et du Théorème de Prokhorov, on en déduit que les $\tilde{P}_n$ forment un ensemble étroitement relativement compact de mesures de probabilité sur $\Omega \times C(R^+ \times R^d;\ R^d)$ (pour un développement complet de cet argument classique, voir Billingsley [7]).

Soit $\tilde{P}$ la limite étroite d'une sous-suite $\tilde{P}_{n_k}$. On va identifier $\tilde{P}$.

a) Soit $x_1,\dots,x_\ell$ une famille finie de points de R^d. Soit P_n^ℓ la mesure sur $\Omega \times C(R^+; (R^d)^\ell)$ image de P par l'application

$$\omega \to (w_t^n = \int_0^t \dot{w}_s^n\, ds, \phi_t^n(\omega,x_1),\dots,\phi_t^n(\omega,x_\ell))$$

Par le Théorème 4.1 de [54], la famille de mesures P_n^ℓ converge étroitement vers une mesure P^ℓ. De plus, par le Théorème 2.2 de [54], w_t est un mouvement brownien pour P^ℓ, et les composantes $x_1,\dots,x_\ell$ sur $C(R^+; (R^d)^\ell)$ sont solution de l'équation de Stratonovitch

$$(1.45)\quad \begin{cases} dx_1 = X_0(t,x_1)dt + X_i(t,x_1).dw^i \\ x_1(0) = x_1 \\ \vdots \\ dx_\ell = X_0(t,x_\ell)dt + X_i(t,x_\ell).dw^i \\ x_\ell(0) = x_\ell \end{cases}$$

La loi image $\tilde{P}^\ell_{n_k}$ de $\tilde{P}_{n_k}$ par l'application

$$\omega \to (w_t, \phi_t^{n_k}(\omega,x_1),\ldots,\phi_t^{n_k}(\omega,x_\ell))$$

converge alors trivialement vers P^ℓ. En effet si F est continue bornée sur Ω et si G est continue bornée sur $C(R^+;(R^d)^\ell)$, on a

$$(1.46)\quad |E^P[(F(w^{n_k}) - F(w))(G(\phi.^{n_k}(\cdot,x_1),\ldots,\phi.^{n_k}(\cdot,x_\ell)))]| \le CE^P|F(w^{n_k}) - F(w)|$$

Comme w^{n_k} converge uniformément vers w, la limite du membre de droite de (1.46) est nulle. On en déduit que pour $\tilde{P}$, la loi de $(w_{t_1},\ldots,w_{t_n},\phi_{s_1}(\omega,x_1),\ldots,\phi_{s_\ell}(\omega,x_\ell))$ est déterminée de manière unique.

La loi limite $\tilde{P}$ est donc unique et toute la suite $\tilde{P}_n$ converge étroitement vers $\tilde{P}$. La loi $\tilde{P}$ est naturellement la loi obtenue par régularisation des solutions de (1.1). On montre en effet trivialement par le calcul de Ito une inégalité du type (1.7) pour les solutions de (1.1), et l'existence d'une régularisation continue $\phi.(\omega,\cdot)$ en découle immédiatement (l'existence d'une telle régularisation est de nature triviale et n'est pas l'objet du Théorème).

b) Montrons maintenant que $\phi.^n(\omega,\cdot)$ converge P.U.C. vers $\phi.(\omega,\cdot)$. Soit H une fonction continue bornée sur $C(R^+\times R^d;\ R^d)$, H' une fonction continue bornée sur Ω. Comme $\tilde{P}_n$ converge étroitement vers $\tilde{P}$, on a

$$(1.47)\quad \int_\Omega H(\phi^n.(\omega,\cdot))H'(\omega)dP \to \int_\Omega H(\phi.(\omega,\cdot))H'(\omega)dP$$

Par un argument de densité, on peut choisir H' dans $L_1(\Omega,P)$ et avoir encore (1.47). En particulier

$$(1.48) \quad \int_\Omega H(\phi_.^n(\omega,\cdot))H(\phi_.(\omega,\cdot))dP \to \int_\Omega H^2(\phi_.(\omega,\cdot))dP$$

Comme

$$(1.49) \quad \int_\Omega |H(\phi_.^n(\omega,\cdot)) - H(\phi_.(\omega,\cdot))|^2 dP = \int_\Omega H^2(\phi_.^n(\omega,\cdot))dP + \int_\Omega H^2(\phi_.(\omega,\cdot))dP - 2\int_\Omega H(\phi_.^n(\omega,\cdot))H(\phi_.(\omega,\cdot))dP$$

on a

$$(1.50) \quad \int_\Omega |H(\phi_.^n(\omega,\cdot)) - H(\phi_.(\omega,\cdot))|^2 dP \to 0$$

Donc si H est continue bornée sur $C(R^+ \times R^d; R^d)$, $H(\phi_.^n(\omega,\cdot))$ converge vers $H(\phi_.(\omega,\cdot))$ en probabilité. Comme $C(R^+ \times R^d; R^d)$ est une limite projective d'espaces polonais - i.e. les espaces de Banach séparables $C(\bar{B}_n, R^d)$, où $\bar{B}_n$ est la boule de rayon n dans $R^+ \times R^d$ - on peut trouver une famille dénombrable $\{H_m\}$ de fonctions continues bornées définissant la topologie de $C(R^+ \times R^d; R^d)$. On en déduit bien que $\phi_.^n(\omega,\cdot)$ converge P.U.C. vers $\phi_.(\omega,\cdot)$.

Montrons enfin (1.5) et (1.6). On fixe T , et $p>d+1$. Par la Proposition 1.3, en omettant encore l'indice n, pour l'un quelconque des ϕ^n , on a pour $s,t \in [0,T]$, $x,y \in R^d$

$$(1.51) \quad \begin{aligned} &E|x_t^x - x|^{2p} \le C \\ &E|(x_s^x - x) - (x_t^y - y)|^{2p} \le C[|t-s|^p + |x-y|^{2p}] \end{aligned}$$

La relation (1.51) reste encore valable pour le flot ϕ grâce à la convergence étroite de $\tilde{P}_n$ vers $\tilde{P}$.

On raisonne alors comme Stroock et Varadhan dans [53] Théorème A3 (en remarquant qu'à la fin des calculs de [53] $1/N^{\alpha(1-\beta)}$ doit être remplacé par $1/N^{\alpha(\beta-1)}$ et $1/N^{\alpha}$ par $1/N^{\alpha\beta}$). A de légères transformations près - dues en particulier au fait que contrairement aux hypothèses de [53], les exposants à gauche et à droite de (1.51) ne sont pas identiques - les calculs s'effectuent de la même manière. On tire en particulier du Théorème A3 de [53] que pour $T > 0$, $\beta > 1$ fixés, et p tel que $p > d + 1$ $\beta > 1 + \frac{1}{2p}$, il existe une constante $C_{\beta,T,p}$ telle que pour $Q = \tilde{P}_n$ ou $\tilde{P}$, on ait

$$(1.52) \quad Q(|z_t(x) - x| \geq L(1 + |t|^{\beta} + |x|^{\beta}) \text{ pour un } (t,x) \in [0,T) \times R^d) \leq C_{\beta,T,p}/L^{2p}$$

On en déduit bien (1.5) - (1.6) en choisissant p assez grand. Enfin

$$(1.53) \quad E|L^n_{\beta,T}|^q = \int_0^{+\infty} qP(L^n_{\beta,T} \geq L)L^{q-1}dL$$

On utilise alors la majoration (1.52). On raisonne de même pour $L_{\beta,T}$. □

Remarque 1: Dans [43]-II.3, Malliavin établit un résultat du même type en considérant une autre suite d'approximations. On montre en particulier dans [43] un résultat d'approximation uniforme sur un intervalle stochastique qui est contenu dans le résultat énoncé ici.

2. Convergence C^∞ des flots ϕ^n sur R^d.

On va maintenant améliorer le résultat donner au Théorème 1.2 en montrant que les flots ϕ^n convergent P.U.C. vers le flot ϕ au sens de la convergence C^∞ . On a en effet

Théorème 2.1: Les suites de fonctions définies sur $\Omega \times R^+ \times R^d$ par

$$(\omega,t,x) \to \frac{\partial^m \phi^n_t}{\partial x^m}(\omega,x)$$

convergent P.U.C.. Le flot $\phi_\cdot(\omega,\cdot)$ est tel que sauf sur un négligeable fixe, ses dérivées successives $\frac{\partial^m \phi}{\partial x^m}.(\omega,\cdot)$ existent, sont continues en (t,x) sur $R^+ \times R^d$, et sont les limites P.U.C. de $\frac{\partial^m \phi^n}{\partial x^m}.(\omega,\cdot)$. Il existe en particulier une sous-suite n_k de N telle que sauf sur un négligeable fixe, $\phi_\cdot^{n_k}(\omega,\cdot), \frac{\partial \phi^{n_k}}{\partial x}.(\omega,\cdot) \ldots \frac{\partial^m \phi^{n_k}}{\partial x^m}.(\omega,\cdot)\ldots$ convergent uniformément sur les compacts de $R^+ \times R^d$ vers $\phi_\cdot(\omega,\cdot), \frac{\partial \phi}{\partial x}.(\omega,\cdot)\ldots$ $\frac{\partial^m \phi}{\partial x^m}.(\omega,\cdot)\ldots$ Sauf sur un négligeable fixe, $\frac{\partial \phi}{\partial x}t(\omega,x)$ est non singulière pour tout $(t,x) \in R^+ \times R^d$, et $\left(\frac{\partial \phi^n}{\partial x}\right)^{-1}_\cdot(\omega,\cdot)$ converge P.U.C. vers $\left(\frac{\partial \phi}{\partial x}\right)^{-1}_\cdot(\omega,\cdot)$. Pour tout $\beta > 1$, tout $\alpha > 0$ et tout $T > 0$, il existe une constante $C^{(1)}_{\alpha,\beta,T}$ et des variables aléatoires $L^{n,(1)}_{\beta,T}$ et $L^{(1)}_{\beta,T}$ telles que

(2.1) $$(t,x) \in [0,T] \times R^d \quad \left|\frac{\partial \phi^n_t}{\partial x}(\omega,x)\right| + \left|\left(\frac{\partial \phi^n}{\partial x}\right)^{-1}_t(\omega,x)\right| \le L^{n,(1)}_{\beta,T}(\omega)(1+|x|^\beta)$$

$$\left|\frac{\partial \phi}{\partial x}t(\omega,x)\right| + \left|\left(\frac{\partial \phi}{\partial x}\right)^{-1}_t(\omega,x)\right| \le L^{(1)}_{\beta,T}(\omega)(1+|x|^\beta)$$

(2.2) $$P(L^{n,(1)}_{\beta,T} \ge L) \le C^{(1)}_{\alpha,\beta,T}/L^\alpha \qquad P(L^{(1)}_{\beta,T} \ge L) \le C^{(1)}_{\alpha,\beta,T}/L^\alpha$$

Les variables aléatoires $\{L^{n,(1)}_{\beta,T}\}_{n\in N}$ et $L^{(1)}_{\beta,T}$ forment un ensemble borné dans tous les L_p.

Plus généralement, pour tout $t \le T$, on peut majorer $\left|\frac{\partial^m \phi^n}{\partial x^m}t(\omega,x)\right|$ (resp. $\left|\frac{\partial^m \phi}{\partial x^m}t(\omega,x)\right|$) par $L^{n,(m)}_{\beta,T}(\omega)(1+|x|^\beta)$ (resp. $L^{(m)}_{\beta,T}(\omega)(1+|x|^\beta)$) et $P(L^{n,(m)}_{\beta,T} \geq L)$ (resp. $P(L^{(m)}_{\beta,T} \ge L)$ peut être majoré par $C^{(m)}_{\alpha,\beta,T}/L^\alpha$. Les variables aléatoires $\{L^{n,(m)}_{\beta,T}\}_{n\in N}$

et $L^{(m)}_{\beta,T}$ forment un ensemble borné dans tous les $L_p (1 \leq p < +\infty)$.

Preuve: On considère le système d'équations différentielles ordinaires

$$
(2.3)\quad
\begin{aligned}
dx^n &= (X_0(t,x^n) + X_i(t,x^n)\dot{w}^{i,n})dt \\
x^n(0) &= x \\
dZ^n &= \left[\frac{\partial X_0}{\partial x}(t,x^n) + \frac{\partial X_i}{\partial x}(t,x^n)\dot{w}^{i,n}\right] Z^n dt \\
Z^n(0) &= I \\
dZ'^n &= -Z'^n \left[\frac{\partial X_0}{\partial x}(t,x^n) + \frac{\partial X_i}{\partial x}(t,x^n)\dot{w}^{i,n}\right] dt \\
Z'^n(0) &= I
\end{aligned}
$$

Il est classique et très facile à vérifier que

$$
(2.4)\quad Z^n_t = \frac{\partial \phi^n}{\partial x}{}_t(\omega,x) \quad Z^n_t Z'^n_t = Z'^n_t Z^n_t = I
$$

L'application

$$
\omega \to (w, \phi^n_\cdot(\omega,\cdot),\ Z^n_\cdot(\omega,\cdot),\ Z'^n_\cdot(\omega,\cdot))
$$

permet du définir une loi P^*_n sur $\Omega \times C(R^+ \times R^d\, ; R^d \times (R^d \otimes R^d)^2)$ image de la mesure brownienne. On va encore démontrer que les P^*_n forment un ensemble étroitement relativement compact. T désigne un réel > 0, et t est $\leq T$. On va majorer $E|Z_t|^{2p}$ (en omettant l'indice n).

On a

$$(2.5)\quad E|Z_t|^{2p} \le 1 + C\, E\left|\int_0^t \frac{\partial X_0^x}{\partial x} Z\, ds\right|^{2p} + E\left|\int_0^t \frac{\partial X_i^x}{\partial x} Z\dot{w}^{i,n} ds\right|^{2p}$$

Or

$$(2.6)\quad E\left|\int_0^t \frac{\partial X_0^x}{\partial x} Z\, ds\right|^{2p} \le t^{2p-1} E\int_0^t |Z_s|^{2p} ds$$

Posons

$$(2.7)\quad \bar{Y}_i^n(s) = \frac{\partial X_i}{\partial x}(s, x_{s_n}) Z_{s_n}$$

Alors

$$(2.8)\quad \int_0^t \frac{\partial X_i}{\partial x} Z\dot{w}^{i,n} ds = \int_0^t \bar{Y}_i^n \dot{w}^{i,n} ds + \int_0^t ds \int_{s_n}^s \left[\frac{\partial^2 X_i^x}{\partial x^2}(X_0^x + X_j^x \dot{w}^{j,n}) Z + \frac{\partial X_i^x}{\partial x}\left(\frac{\partial X_0^x}{\partial x} + \frac{\partial X_j^x}{\partial x} \dot{w}^{j,n}\right) Z\right] \dot{w}^{i,n} du$$

Comme en (1.15), il vient

$$(2.9)\quad E\left|\int_0^t \bar{Y}_i^n \dot{w}^{i,n} ds\right|^{2p} \le CE\left|\int_0^t |Z_{s_n}|^2 ds\right|^p \le Ct^{p-1} E\int_0^t |Z_{s_n}|^{2p} ds$$

De plus on peut majorer le module du second terme à droite de (2.8) par

$$(2.10)\quad C\int_0^t ds \int_{s_n}^s |Z_u|(|\dot{w}^{i,n}| + |\dot{w}^{i,n}||\dot{w}^{j,n}|) du$$

On peut alors effectuer les mêmes majorations que dans (1.20) - (1.40) où Z_u remplace $x_u^x - x_u^y$, et obtenir

$$E|Z_t|^{2p} \leq e^{Ct} \tag{2.11}$$

Alors

$$E|Z_t - I|^{2p} \leq C[E|\int_0^t \frac{\partial X_0^x}{\partial x} Z\, ds|^{2p} + E|\int_0^t \frac{\partial X_i^x}{\partial x} Z\dot{w}^{i,n} ds|^{2p}] \tag{2.12}$$

En utilisant les mêmes majorations qu'en (1.20)-(1.40),(2.6)-(2.11) , il vient

$$\begin{aligned} E|Z_t - I|^{2p} &\leq C[t^{2p-1}E\int_0^t |Z_s|^{2p} ds + t^{p-1}E\int_0^t |Z_{s_n}|^{2p} ds \\ &+ t^{2p-1}E\int_0^t |Z_{s_n}|^{2p} ds] \leq Ct^{p-1}\int_0^t e^{Cs} ds \leq Ct^p . \end{aligned} \tag{2.13}$$

Soit alors $t \geq s$. Soit Z^s la solution de

$$\begin{aligned} dZ^s &= (\frac{\partial X_0^x}{\partial x} + \frac{\partial X_i^x}{\partial x}\dot{w}^{i,n}) Z^s dt \qquad t \geq s \\ Z_s^s &= I \end{aligned} \tag{2.14}$$

Il est évident que $Z_t = Z_t^s Z_s$. On en déduit

$$E|Z_t - Z_s|^{2p} \leq E[|Z_s||Z_t^s - I|]^{2p} \leq [E|Z_s|^{4p}]^{1/2}[E|Z_t^s - I|^{4p}]^{1/2} \tag{2.15}$$

Or si s reste borné, $E|Z_s|^{4p}$ reste aussi borné. De plus par (2.13) calculé avec s comme origine des temps, on a

$$[E|Z_t^s - I|^{4p}]^{1/2} \leq C(t-s)^p \tag{2.16}$$

On en déduit

$$(2.17)\quad E|Z_t - Z_s|^{2p} \le C(t-s)^p$$

On va maintenant majorer $E|Z_t^x - Z_t^y|^{2p}$ où les points de départ x et y sont maintenant notés explicitement. On a

$$(2.18)\quad E|Z_t^x - Z_t^y|^{2p} \le C[E|\int_0^t (\frac{\partial X_0^x}{\partial x} Z^x - \frac{\partial X_0^y}{\partial x} Z^y)ds|^{2p} + E|\int_0^t (\frac{\partial X_i^x}{\partial x} Z^x - \frac{\partial X_i^y}{\partial x} Z^y)\dot{w}^{i,n} ds|^{2p}]$$

Pour $k = 0, \ldots, m$, on a

$$(2.19)\quad \left|\frac{\partial X_k^x}{\partial x} Z^x - \frac{\partial X_k^y}{\partial x} Z^y\right| \le C(|Z^x - Z^y| + |Z^y||x^x - x^y|)$$

Le premier terme du membre de droite de (2.18) peut être majoré par

$$(2.20)\quad \begin{aligned} & Ct^{2p-1}\{E\int_0^t |Z_s^x - Z_s^y|^{2p} ds + [E\int_0^t |Z_s^y|^{4p} ds]^{1/2} [E\int_0^t |x_u^x - x_u^y|^{4p} ds]^{1/2}\} \\ & \le C[E\int_0^t |Z_s^x - Z_s^y|^{2p} ds + t^{2p}|x - y|^{2p}] \end{aligned}$$

De même en posant

$$(2.21)\quad \bar{\varepsilon}_i^n(s) = \frac{\partial X_i}{\partial x}(u, x_{u_n}^x) Z_{u_n}^x - \frac{\partial X_i}{\partial x}(u, x_{u_n}^y) Z_{u_n}^y$$

le deuxième terme du membre de droite de (2.18) peut être majoré par

$$(2.22)\quad C[E|\int_0^t \bar{\varepsilon}_i^n \dot{w}^{i,n} ds|^{2p} + E\Big|\int_0^t ds \int_{s_n}^t \Big\{\Big(\frac{\partial^2 X_i^x}{\partial x^2} X_0^x Z^x - \frac{\partial^2 X_i^y}{\partial x^2} X_0^y Z^y\Big)\dot{w}^{i,n}$$

$$+ \Big(\frac{\partial^2 X_i^x}{\partial x^2} X_j^x Z^x - \frac{\partial^2 X_i^y}{\partial x^2} X_j^y Z^y\Big)\dot{w}^{i,n}\dot{w}^{j,n} + \Big(\frac{\partial X_i^x}{\partial x}\frac{\partial X_0^x}{\partial x} Z^x - \frac{\partial X_i^y}{\partial x}\frac{\partial X_0^y}{\partial x} Z^y\Big)\dot{w}^{i,n}$$

$$+ \Big(\frac{\partial X_i^x}{\partial x}\frac{\partial X_j^x}{\partial x} Z^x - \frac{\partial X_i^y}{\partial x}\frac{\partial X_j^y}{\partial x} Z^y\Big)\dot{w}^{i,n}\dot{w}^{j,n}\Big\} du\Big|^{2p}]$$

Alors en procédant comme en (1.24) et grâce à (2.19), on a

$$(2.23)\quad E\Big|\int_0^t \bar{\varepsilon}_i^n \dot{w}^{i,n} ds\Big|^{2p} \le Ct^{p-1}\Big[E\int_0^t (|Z_{s_n}^x - Z_{s_n}^y|^{2p} + |Z_{s_n}^y|^{2p}|x_{s_n}^x - x_{s_n}^y|^{2p}) ds\Big]$$

En majorant uniformément $E|Z_s^y|^{4p}$, il vient

$$(2.24)\quad E\int_0^t |Z_{s_n}^y|^{2p}|x_{s_n}^x - x_{s_n}^y|^{2p} ds \le \Big[E\int_0^t |Z_{s_n}^y|^{4p} ds\Big]^{1/2}\Big[E\int_0^t |x_{s_n}^x - x_{s_n}^y|^{4p} ds\Big]^{1/2} \le Ct|x-y|^{2p}$$

et donc

$$(2.25)\quad E\Big|\int_0^t \bar{\varepsilon}_i^n \dot{w}^{i,n} ds\Big|^{2p} \le C\Big[E\int_0^t |Z_{s_n}^x - Z_{s_n}^y|^{2p} ds + t^p|x-y|^{2p}\Big]$$

On va majorer le troisième terme de (2.22), la majoration des autres termes s'effectuant de la même manière. En utilisant une formule du type (2.19), il peut être majoré par

$$(2.26)\quad CE\Big|\int_0^t ds \int_{s_n}^s (|Z_u^x - X_u^y| + |Z_u^y||x_u^x - x_u^y|)|\dot{w}^{i,n}||\dot{w}^{j,n}| du\Big|^{2p}$$

$$\le Ct^{2p-1}\{E\int_0^t ds|\int_{s_n}^s |Z_u^x - Z_u^y||\dot{w}^{i,n}|^2 du|^{2p} + E\int_0^t ds|\int_{s_n}^s |Z_u^y||x_u^x - x_u^y||\dot{w}^{i,n}|^2 du|^{2p}\}$$

Or par (2.3), on a

$$(2.27)\quad |Z_s^x - Z_s^y| \le |Z_{s_n}^x - Z_{s_n}^y| + \left|\int_{s_n}^s \left[\frac{\partial X_0^x}{\partial x} Z_u^x - \frac{\partial X_0^y}{\partial x} Z_u^y + \left(\frac{\partial X_i^x}{\partial x} Z_u^x - \frac{\partial X_i^y}{\partial x} Z_u^y\right)\dot{w}^{i,n}\right] du\right|$$

$$\le |Z_{s_n}^x - Z_{s_n}^y| + C(1 + |\dot{w}^n|(s_n))\left(\int_{s_n}^s |Z_u^x - Z_u^y| du + \int_{s_n}^s |Z_u^y||x_u^x - x_u^y| du\right)$$

De (2.27), on tire

$$(2.28)\quad |Z_s^x - Z_s^y| \le \{\exp(C(1 + |\dot{w}^n|(s_n))(s-s_n))\}[|Z_{s_n}^x - Z_{s_n}^y|$$

$$+ C(1 + |\dot{w}^n|(s_n))\int_{s_n}^s |Z_u^y||x_u^x - x_u^y| du]$$

a) Alors

$$E\int_0^t ds \left|\int_{s_n}^s |Z_{s_n}^x - Z_{s_n}^y|(\exp(C(1 + |\dot{w}^n|(s_n))(u-s_n))|\dot{w}^{i,n}|^2 du\right|^{2p}$$

peut être majoré comme en (1.25)-(1.34) par

$$(2.29)\quad CE\int_0^t |Z_{s_n}^x - Z_{s_n}^y|^{2p} ds .$$

b) On doit ensuite majorer

$$(2.30)\quad E\int_0^t ds \left|\int_{s_n}^s du \left[\exp\left(\frac{C}{2^n}(1 + |\dot{w}^n|)\right)\right] |\dot{w}^n|^2 (1 + |\dot{w}^n|)\int_{s_n}^u |Z_v^y||x_v^x - x_v^y| dv\right|^{2p}$$

$$\leq 2^{-n(2p-1)} E\int_0^t ds \left[\exp \frac{C}{2^n}(1+|\dot{w}^n|)\right] (|\dot{w}^n|^{4p} + |\dot{w}^n|^{6p}) \int_{s_n}^{s} du (u-s_n)^{2p-1}$$

$$\int_{s_n}^{u} |Z_v^y|^{2p} |x_v^x - x_v^y|^{2p} dv$$

Par le lemme de Gronwall, on peut majorer $|Z_v^y|$ par $|Z_{s_n}^y| \exp \frac{C}{2^n}(1+|\dot{w}^n|(s_n))$
En réutilisant (1.27) et en majorant $u - s_n$ par 2^{-n}, on majore (2.30) par

$$(2.31) \quad 2^{-4np} E\int_0^t ds ([\exp \frac{C}{2^n}(1+|\dot{w}^n|)](|\dot{w}^n|^{4p} + |\dot{w}^n|^{6p}) |x_{s_n}^x - x_{s_n}^y|^{2p} |Z_{s_n}^y|^{2p})$$

$$= 2^{-4np} \int_0^t ds \; E[(\exp \frac{C}{2^n}(1+|\dot{w}^n|))(|\dot{w}^n|^{4p} + |\dot{w}^n|^{6p})] E(|x_{s_n}^x - x_{s_n}^y|^{2p} |Z_{s_n}^y|^{2p})$$

et en utilisant (1.31), (1.40), et (2.11), (2.31) est majoré par

$$(2.32) \quad \frac{C}{2^{np}} t|x - y|^{2p}$$

Le premier terme du membre de droite de (2.26) a donc été majoré par

$$(2.33) \quad C[E\int_0^t |Z_{s_n}^x - Z_{s_n}^y|^{2p} ds + t^{2p}|x - y|^{2p}]$$

Majorons le second terme du membre de droite de (2.26)

$$(2.34) \quad E\int_0^t ds \left|\int_{s_n}^{s} |Z_u^y| |x_u^x - x_u^y| |\dot{w}^{i,n}|^2 du\right|^{2p} \leq$$

$$2^{-n(2p-1)} E\int_0^t ds \int_{s_n}^{s} |Z_u^y|^{2p} |x_u^x - x_u^y|^{2p} |\dot{w}^{i,n}|^{4p} du \leq$$

$$2^{-2np}\int_0^t ds[E|Z^y_{s_n}|^{2p}|x^x_{s_n} - x^y_{s_n}|^{2p}][E(\exp \frac{C}{2^n}(1 + |\dot{w}^n|))|\dot{w}^{i,n}|^{4p}]$$

Le dernier terme du membre de droite de (2.26) est donc majorable par

$$(2.35) \quad Ct^{2p}|x - y|^{2p}$$

En rassemblant (2.18), (2.20), (2.22), (2.25), (2.26), (2.33), (2.35), on trouve

$$(2.36) \quad E|Z^x_t - Z^y_t|^{2p} \leq C[E\int_0^t (|Z^x_s - Z^y_s|^{2p} + |Z^x_{s_n} - Z^y_{s_n}|^{2p})ds + t^p|x - y|^{2p}]$$

Si

$$(2.37) \quad h'_t = E|Z^x_t - Z^y_t|^{2p}$$

$$r'_t = \sup_{s \leq t} h'_s .$$

on a comme en (1.38)

$$(2.38) \quad r'_t \leq C[\int_0^t r'_s ds + t^p|x - y|^{2p}]$$

et donc

$$(2.39) \quad r'_t \leq Ct^p|x - y|^{2p}$$

ce qui implique

$$(2.40) \quad E|Z^x_t - Z^y_t|^{2p} \leq C|x - y|^{2p}$$

On peut naturellement montrer des relations équivalentes à (2.17) et (2.40) pour les processus Z'^n .

Les mesures P_n^* forment bien un ensemble étroitement relativement compact. On procède alors comme au Théorème 1.2, en montrant que

$$\omega \to (w, \phi^n_\cdot(\omega,\cdot), Z^n_\cdot(\omega,\cdot), Z'^n_\cdot(\omega,\cdot))$$

converge P.U.C. vers $\omega \to (w,\phi_\cdot(\omega,\cdot),Z_\cdot(\omega,\cdot), Z'_\cdot(\omega,.))$ qui est la version régulière de la diffusion

$$(2.41)\quad \begin{aligned} dx &= X_0(t,x)dt + X_i(t,x) \cdot dw^i \\ x(0) &= x \\ dZ &= \frac{\partial X_0}{\partial x}(t,x)Zdt + \frac{\partial X_i}{\partial x}(t,x)Z \cdot dw^i \\ Z(0) &= I \\ dZ' &= -Z' \frac{\partial X_0}{\partial x}(t,x)dt - Z' \frac{\partial X_i}{\partial x}(t,x) \cdot dw^i \\ Z'(0) &= I . \end{aligned}$$

Remarquons toutefois qu'on ne peut appliquer directement les résultats de [54], car les coefficients $\frac{\partial X_0}{\partial x}Z,\ldots,-Z' \frac{\partial X_0}{\partial x}\ldots$ ne sont pas bornés. Pour démontrer comme au Théorème 1.2 que la famille de mesures $P_n^{*\ell}$ qui sont les lois de

$$\omega \to (w^n_\cdot, \phi^n_\cdot(\omega,x_1), \ldots, \phi^n_\cdot(\omega,x_\ell), Z^n_\cdot(\omega,x_1), \ldots, Z^n_\cdot(\omega,x_\ell), Z'^n(\omega,x_1), \ldots, Z'^n_\cdot(\omega,x_\ell))$$

converge vers la loi de

$$\omega \to (w.\phi_\cdot(\omega,x_1), \ldots, \phi_\cdot(\omega,x_\ell), Z_\cdot(\omega,x_1), \ldots, Z_\cdot(\omega,x_\ell), Z'_\cdot(\omega,x_1) \ldots Z'_\cdot(\omega,x_\ell))$$

où $Z_\cdot(\omega,x_i)$, $Z'_t(\omega,x_i)$ sont définies comme en (2.41) on procède de la manière suivante :

a) On modifie les coefficients de (2.41) en dehors de

$$C_k = \{|Z| \geq k \quad \text{ou} \quad |Z'| \geq k\}$$

de manière à les rendre C^∞ bornés ainsi que leurs dérivées. On note $P_k^{*\ell,k}$ la mesure associée à la solution des équations différentielles ordinaires modifiées.

b) Par les résultats de [54], quand $n \to +\infty$, $P_n^{*\ell,k}$ converge étroitement vers $P^{*\ell,k}$ qui est la mesure associée à la solution de l'équation différentielle stochastique avec les coefficients modifiés.

c) Par les relations (2.17) et (2.40) et les relations correspondantes pour Z', on montre comme au Théorème 1.2 les relations (2.1) et (2.2) relatives aux flots $\phi_\cdot^n(\omega,\cdot)$. On en déduit immédiatement que pour (T,x) fixé dans $R^+ \times R^d$, alors on peut majorer $E(\sup_{0\leq t\leq T} |Z_t^{n,x}|^{2p} + \sup_{0\leq t\leq T} |Z_t^{'n,x}|^{2p})$ uniformément en n. Donc si T_k est le temps d'arrêt

(2.42) $$T_k = \inf\{t \geq 0 \quad \sup_{i=1\ldots\ell} |Z_t^{x_i}| \vee \sup_{i=1\ldots\ell} |Z_t^{',x_i}| \geq k\}$$

on a

(2.43) $$P_n^{*\ell}(T_k \leq T) \leq C/k^{2p}$$

Donc, pour tout n, on a

(2.44) $$\|P_n^{*\ell} - P_n^{*\ell,k}\|_{F_T} \leq C/k^{2p} .$$

d) De (2.44), on déduit immédiatement que si $P^{*\ell}$ est la mesure limite étroite d'une sous-suite $P_{n_{k'}}^{*\ell}$, alors

(2.45) $$\|P^{*\ell} - P^{*\ell,k}\| \leq C/k^{2p}$$

Il est alors immédiat de conclure que $P^{*\ell} = \lim_{k\to+\infty} P^{*\ell,k}$, et donc que toute la suite $P_n^{*\ell}$ converge vers $P^{*\ell}$.

On procède de manière semblable pour les dérivées d'ordre ≥ 2. La technique pour les dérivées d'ordre > 2 étant semblable à celle qui s'applique pour les dérivées d'ordre 2, nous donnons les grandes lignes de la démonstration pour celle-ci.

On note désormais $Z^{(1)n}$ au lieu de Z^n la solution de (2.3) donnant la dérivée première. La dérivée seconde $Z^{(2)n}$ est classiquement donnée par

$$\text{(2.46)}\quad \begin{aligned} dZ^{(2)n} &= \left[\tilde{Z}^{(1)n} \frac{\partial^2 X_0^x}{\partial x^2} Z^{(1)n} + \frac{\partial X_0^x}{\partial x} Z^{(2)n}\right] dt \\ &+ \left[\tilde{Z}^{(1)n} \frac{\partial^2 X_i^x}{\partial x^2} Z^{(1)n} + \frac{\partial X_i^x}{\partial x} Z^{(2)n}\right] \dot{w}^{i,n} dt \\ Z^{(2)n}(0) &= 0 \end{aligned}$$

Il est alors évident de voir que $Z^{(2)n}$ peut s'écrire

$$\text{(2.47)}\quad Z_t^{(2)n} = Z_t^{(1)n} \int_0^t [Z_s^{(1)n}]^{-1} [\tilde{Z}_s^{(1)n} \frac{\partial^2 X_0^x}{\partial x^2} Z_s^{(1)n} + \tilde{Z}_s^{(1)n} \frac{\partial^2 X_i^x}{\partial x^2} Z_s^{(1)n} \dot{w}^{i,n}] ds$$

C'est par la formule (2.47) qu'on va majorer tout d'abord $E|Z_t^{(2)n} - Z_s^{(2)n}|^{2p}$.

On écrit, en omettant l'indice n

$$\text{(2.48)}\quad Z_t^{(2)} = Z_t^{(1)} U_t$$

Alors

$$\text{(2.49)}\quad \begin{aligned} E|Z_t^{(2)} - Z_t^{(2)}|^{2p} \le C\{&[E|Z_t^{(1)} - Z_s^{(1)}|^{4p}]^{1/2} [E|U_t|^{4p}]^{1/2} \\ &+ [E|Z_s^{(2)}|^{4p}]^{1/2} [E|U_t - U_s|^{4p}]^{1/2}\} \end{aligned}$$

Or par (2.17)

$$\text{(2.50)}\quad E|Z_t^{(1)} - Z_s^{(1)}|^{4p} \le C|t - s|^{2p}$$

et par (2.11), $E|Z_s^{(1)}|^{4p}$ est uniformément borné.

Il reste à majorer $E|U_t - U_s|^{4p}$, en remarquant qu'on aura majoré en même temps $E|U_t|^{4p}$, puisque $U_0 = 0$. Or

$$(2.51)\quad E\left|\int_s^t [Z^{(1)}]^{-1}\tilde{Z}^1 \frac{\partial^2 X_0^x}{\partial x^2} Z^1 du\right|^{4p} \leq (t-s)^{4p-1} E\int_s^t |[Z^{(1)}]^{-1}\tilde{Z}^1 \frac{\partial^2 X_0^x}{\partial x^2} Z^{(1)}|^{4p} du$$

et en utilisant (2.11) et l'inégalité de Hölder, (2.51) est majoré par

$$(2.52)\quad C(t-s)^{4p}$$

De même

$$(2.53)\quad \int_s^t [Z^{(1)}]^{-1}\tilde{Z}^{(1)} \frac{\partial^2 X_i^x}{\partial x^2} Z^{(1)} \dot{w}^{i,n} du = \int_s^t [Z_{u_n}^{(1)}]^{-1}\tilde{Z}_{u_n}^{(1)} \frac{\partial^2 X_i}{\partial x^2}(u, x_{u_n}) Z_{u_n}^{(1)} \dot{w}^{i,n} du$$

$$+ \int_s^t du \int_{u_n}^u - [Z_v^{(1)}]^{-1} \left(\frac{\partial X_0^x}{\partial x} + \frac{\partial X_j^x}{\partial x} \dot{w}^{j,n}\right) \tilde{Z}_v^{(1)} \frac{\partial^2 X_i}{\partial x^2}(u, x_v) Z_v^{(1)} \dot{w}^{i,n} dv$$

$$+ \int_s^t du \int_{u_n}^u [Z_v^{(1)}]^{-1} \left(\widetilde{\frac{\partial X_0^x}{\partial x} Z^{(1)}} + \widetilde{\frac{\partial X_j^x}{\partial x} Z^{(1)} \dot{w}^{j,n}}\right) \frac{\partial^2 X_i}{\partial x^2}(u, x_v) Z^{(1)} \dot{w}^{i,n} dv$$

$$+ \int_s^t du \int_{u_n}^u [Z_v^{(1)}]^{-1}\tilde{Z}_v^{(1)} \frac{\partial^3 X_i}{\partial x^3}(u, x_v)(X_0^x + X_j^x \dot{w}^{j,n}) Z_v^{(1)} \dot{w}^{i,n} dv$$

$$+ \int_s^t du \int_{u_n}^u [Z_v^{(1)}]^{-1}\tilde{Z}_v^{(1)} \frac{\partial^2 X_i}{\partial x^2}(u, x_v) \left(\frac{\partial X_0^x}{\partial x} + \frac{\partial X_j^x}{\partial x} \dot{w}^{j,n}\right) Z_v^{(1)} \dot{w}^{i,n} dv$$

Alors comme en (1.15), on a

$$(2.54)\quad E\left|\int_s^t [Z^{(1)}_{u_n}]^{-1} Z^{(1)}_{u_n} \frac{\partial^2 X_i}{\partial x^2}(u, x_{u_n}) Z^{(1)}_{u_n} \dot{w}^{i,n} du\right|^{4p}$$

$$\leq CE\left|\int_s^t |[Z^{(1)}_{u_n}]^{-1} Z^{(1)}_{u_n} \frac{\partial^2 X_i}{\partial x^2}(u, x_{u_n}) Z^{(1)}_{u_n}|^2 du\right|^{2p}$$

$$\leq C(t-s)^{2p-1} E\int_s^t |[Z^{(1)}_{u_n}]^{-1} \tilde{Z}^{(1)}_{u_n} \frac{\partial^2 X_i}{\partial x^2}(u, x_{u_n}) Z^{(1)}_{u_n}|^{2p} du \leq C(t-s)^{2p}$$

Tous les termes suivants sont d'un type semblable. On va par exemple majorer les terme de la forme

$$(2.55)\quad E\left|\int_s^t du \int_{u_n}^u R_v |\dot{w}^{i,n}|^2 dv\right|^{4p}$$

où les R_v sont uniformément bornés tous les L_p . On a

$$(2.56)\quad E\left|\int_s^t du \int_{u_n}^u R_v |\dot{w}^{i,n}|^2 dv\right|^{4p} \leq (t-s)^{4p-1} E\int_s^t du \left|\int_{u_n}^u R_v |\dot{w}^{i,n}|^2 dv\right|^{4p}$$

$$\leq (t-s)^{4p-1} E\int_s^t du (u-u_n)^{4p-1} \int_{u_n}^u |R_v|^{4p} |\dot{w}^{i,n}|^{8p} dv$$

$$\leq C(t-s)^{4p-1} \int_s^t du (u-u_n)^{4p} [E|\dot{w}^{i,n}|^{16p}]^{1/2} \leq C(t-s)^{4p}$$

On a donc bien

$$(2.57)\quad E|Z^{(2)}_t - Z^{(2)}_s|^{2p} \leq C(t-s)^p .$$

De même

$$(2.58)\quad E|Z^{(2)x}_t - Z^{(2)y}_t|^{2p} \leq C\{[E|Z^{(1)x}_t - Z^{(1)y}_t|^{4p}]^{1/2} [E|U^x_t|^{4p}]^{1/2}$$

$+ [E|Z_t^{(1)y}|^{4p}]^{1/2}[E|U_t^x - U_t^y|^{4p}]^{1/2} \}$

Or par (2.40)

$$(2.59) \quad E|Z_t^{(1)x} - Z_t^{(1)y}|^{4p} \leq C|x - y|^{4p}$$

Il suffit donc de majorer $E|U_t^x - U_t^y|^{4p}$

On a par exemple

$$(2.60) \quad E\left|\int_0^t ([Z_u^{(1)x}]^{-1}\tilde{Z}^{(1)x} \frac{\partial^2 X_i^x}{\partial x^2} Z^{(1)x} - [Z_u^{(1)y}]^{-1}\tilde{Z}^{(1)y} \frac{\partial^2 X_i^y}{\partial x^2} Z^{(1)y})\dot{w}^{i,n}du\right|^{4p}$$

$$\leq C[E|\int_0^t ([Z_{u_n}^{(1)x}]^{-1}\tilde{Z}_{u_n}^{(1)x} \frac{\partial^2 X_i}{\partial x^2}(u,x_{u_n}^x)Z_{u_n}^{(1)x} - [Z_{u_n}^{(1)y}]^{-1}\tilde{Z}_{u_n}^{(1)y} \frac{\partial^2 X_i}{\partial x^2}(u,x_{u_n}^y)Z_{u_n}^{(1)y})$$

$$\dot{w}^{i,n}du|^{4p} + \ldots]$$

où + ... indique des termes différences des termes écrits en (2.53).

On peut majorer le premier terme du membre de droite de (2.60) par

$$(2.61) \quad CE\int_0^t |[Z_{u_n}^{(1)x}]^{-1}\tilde{Z}_{u_n}^{(1)x} \frac{\partial^2 X_i}{\partial x^2}(u,x_{u_n}^x)Z_{u_n}^{(1)x} - [Z_{u_n}^{(1)y}]^{-1}\tilde{Z}_{u_n}^{(1)y} \frac{\partial^2 X_i}{\partial x^2}(u,x_{u_n}^y)Z_{u_n}^{(1)y}|^{4p}du$$

En utilisant les inégalités établies précédemment, on montre simplement que (2.61) est majorable par

$$(2.62) \quad C|x - y|^{4p}$$

Certains termes dans + ... sont de la forme

$$(2.63) \quad V_t^n = \int_0^t du\int_{u_n}^u (R_v^x - R_v^y)|\dot{w}^{i,n}|^2 dv$$

On majore $E|V_t^n|^{4p}$ comme en (2.56) par

(2.64) $$E|V_t^n|^{4p} \leq C2^{4np}\int_0^t du(u-u_n)^{4p-1}\int_{u_n}^{u} [E|R_v^x - R_v^y|^{8p}]^{1/2}dv$$

Or comme précédemment, on peut majorer les termes $E|R_v^x - R_v^y|^{8p}$ par $C|x-y|^{8p}$ et donc

(2.65) $$E|V_t^n|^{4p} \leq C|x - y|^{4p}$$

Ainsi

(2.66) $$E|Z_t^{(2)x} - Z_t^{(2)y}|^{2p} \leq C|x - y|^{2p}$$

De (2.57) et (2.66), on tire

(2.67) $$E|Z_s^{(2)x} - Z_t^{(2)y}|^{2p} \leq C((t-s)^p + |x - y|^{2p})$$

On procède de même pour les dérivées successives pour montrer la convergence P.U.C. On montre alors les résultats mentionnés dans l'énoncé du Théorème comme au Théorème 1.2. □

Remarque 1: Dans [43]-II, Malliavin montre que pour tout $t, \phi_t(\omega,\cdot)$ est p.s. dérivable.

3. Propriétés différentielles et probabilistes du flot $\phi.(\omega,\cdot)$ sur R^d

Pour simplifier les notations, on suppose dans cette section que les X_0, X_1, ..., X_m ne dépendent pas explicitement du temps. Ceci n'est pas une restriction car il suffit de réintroduire le temps sous la forme d'une variable fictive de dérive égale à 1 et ne diffusant pas.

T désigne un réel >0 fixé. On pose

$$(3.1)\quad \begin{aligned} &\tilde{X}_0 = -X_0 \quad \tilde{X}_1 = -X_1 \ldots \tilde{X}_m = -X_m \\ &\tilde{w}^T_s = w_T - w_{T-s} \qquad 0 \le s \le T \end{aligned}$$

L'application $w \to \tilde{w}^T$ définit une application $\omega \to \tilde{\omega}^T$ de (Ω, F_T) dans (Ω, F_T) qui conserve la mesure brownienne P.

On note $\tilde{\phi}.(\omega,\cdot)$ le flot associé à $\tilde{X}_0, \ldots, \tilde{X}_m$. On a alors le résultat suivant, exposé partiellement par Ito dans [37].

<u>Théorème 3.1</u>: Pour tout $T > 0$, il existe un négligeable dépendant éventuellement de T et noté N_T tel que si $\omega \notin N_T$

$$(3.2)\quad \begin{aligned} &\phi_T(\omega,\cdot) \circ \tilde{\phi}_T(\tilde{\omega}^T,\cdot) = \tilde{\phi}_T(\tilde{\omega}^T,\cdot) \circ \phi_T(\omega,\cdot) = \text{identité} \\ &\phi_s(\omega,\cdot) = \tilde{\phi}_{T-s}(\tilde{\omega}^T,\cdot) \circ \phi_T(\omega,\cdot) \quad \text{pour} \quad s \le T \\ &\tilde{\phi}_{T-s}(\tilde{\omega}^T,\cdot) = \phi_s(\omega,\cdot) \circ \tilde{\phi}_T(\tilde{\omega}^T,\cdot) \quad \text{pour} \quad s \le T \end{aligned}$$

<u>Preuve:</u> Supposons tout d'abord T dyadique. Comme les équations différentielles ordinaires (1.3) donnant ϕ^n sont réversibles, les relations (3.2) sont triviales pour $\phi^n_.(\omega,\cdot)$, $\tilde{\phi}^n_.(\tilde{\omega}^T,\cdot)$ et vérifiées partout sur Ω. On utilise alors la convergence P.U.C. de $\phi^n_.(\omega,\cdot)$ et $\tilde{\phi}^n_.(\tilde{\omega}^T,\cdot)$ vers $\phi.(\omega,\cdot)$ et $\tilde{\phi}.(\tilde{\omega}^T,\cdot)$.

Si T est non dyadique, on effectue le changement de temps $s \to \frac{s}{T} = s'$ qui permet de se ramener au cas où T=1. □

<u>Remarque 1:</u> Il découle immédiatement du Théorème 3.1 que sauf sur un négligeable N_T, $\phi_T(\omega,\cdot)$ est un difféomorphisme de R^d sur R^d. A priori rien ne permet encore de conclure que le négligeable N_T peut être pris indépendant de T.

Remarque 2: Considérons la trajectoire $s \to \phi_s(\omega,x)$. Sa retournée à l'instant T est la trajectoire $s \to \tilde{\phi}_s(\tilde{\omega}^T, \phi_T(\omega,x))$, sauf sur un négligeable ne dépendant que de T . Si le point de départ x est fixé - i.e. ne dépend pas de ω - la trajectoire retournée est une diffusion dont le point de départ anticipe sur le mouvement brownien $\tilde{w}_s^T$. Bien que $s \to \tilde{\phi}_s(\tilde{\omega}^T, \phi_T(\omega,x))$ ne soit pas solution d'une équation différentielle stochastique au sens traditionnel du terme, la trajectoire retournée est bien définie sans ambiguité.

On a alors

Proposition 3.2: Sauf sur un négligeable de Ω , pour tout $t \in Q^+$, $\phi_t(\omega,\cdot)$ est un difféomorphisme de R^d sur R^d , et pour tout $t \in R$, $\phi_t(\omega,\cdot)$ est un difféomorphisme de R^d sur l'ouvert $\phi_t(\omega,R^d)$.

Preuve: En éliminant une réunion dénombrable de négligeables $N_T (T \in Q^+)$, le premier résultat découle trivialement du Théorème 3.1. En éliminant encore un négligeable, on peut supposer que pour tout $(t,x) \in R^+ \times R^d$, $\frac{\partial \phi}{\partial x} t(\omega,x)$ est non singulière. Montrons alors que pour tout $t \in R^+$, $\phi_t(\omega,\cdot)$ est injective. En effet dans le cas contraire, on pourrait trouver $t > 0$ et x, x' distincts tels que $\phi_t(\omega,x) = \phi_t(\omega,x') = y$. Comme $\frac{\partial \phi}{\partial x} t(\omega,x)$ et $\frac{\partial \phi}{\partial x} t(\omega,x')$ sont non singulières et comme $s \to \phi_s(\omega,\cdot)$ est continue pour la topologie C_K^1 , on peut trouver deux voisinages V et V' de x et x' disjoints, tels que si $s \in R^+$ est assez proche de t , l'équation $\phi_s(\omega,z)=y$ a une solution dans V et une solution dans V' . Pour $s \in Q^+$ ainsi choisi, $\phi_s(\omega,\cdot)$ ne serait pas un difféomorphisme. Comme $\frac{\partial \phi_t}{\partial x}(\omega,\cdot)$ est non singulière, $\phi_t(\omega,R^d)$ est clairement ouvert. □

On va en fait démontrer dans la suite que p.s., pour tout t, $\phi_t(\omega,\cdot)$ est surjectif. Pour cela un instrument essentiel est la propriété de Markov du flot $\phi_t(\omega,\cdot)$.

On désigne en effet par θ_t l'opérateur de translation de Ω qui à (w_s) associe la trajectoire $(w_{t+s} - w_t)$. On a

<u>Théorème 3.3:</u> Pour tout temps d'arrêt T, il existe un négligeable dépendant éventuellement de T tel que en dehors de ce négligeable, pour tout $(s,x) \in R^+ \times R^d$, on ait

$$(3.3) \quad \text{sur } (T < +\infty) \quad \phi_{s+T}(\omega,x) = \phi_s(\theta_T(\omega),\phi_T(\omega,x))$$

<u>Preuve:</u> Pour $x \in R^d$ fixé, considérons l'équation

$$(3.4) \qquad dx = X_0(x)dt + X_i(x).dw^i$$

$$x(0) = x$$

Alors comme la solution de (3.4) est fortement markovienne, on a, en dehors d'un négligeable fixe

$$(3.5) \quad \text{sur } (T < +\infty) \quad \phi_{s+T}(\omega,x) = \phi_s(\theta_T(\omega),\phi_T(\omega,x))$$

Or sur $(T < +\infty)$, le membre de gauche de (3.5) est p.s. continu en (s,x). De plus, par une propriété classique de la mesure brownienne, la mesure P^T définie par

$$(3.6) \quad P^T(A) = P(\theta_T^{-1}(A),(T < +\infty))/P(T < +\infty))$$

est égale à P. Le membre de droite de (3.5) est donc encore p.s. continu en (s,x) sur $(T < +\infty)$. Le théorème en résulte. □

La propriété (3.3) est une généralisation de la propriété classique des fonctionnelles multiplicatives à valeurs dans le semi groupe R^+. Ici, le semi-groupe est l'ensemble des fonctions de R^d dans R^d muni de la loi de composition des applications.

Une question naturelle consiste à se demander si on peut rendre $\phi.(\omega,\cdot)$ "exacte", i.e. si on peut modifier ϕ de manière que en dehors d'un négligeable de Ω, on ait, pour tout s, t, x

$$(3.6)\quad \phi_{s+t}(\omega,x) = \phi_s(\theta_t(\omega),\phi_t(\omega,x))$$

La méthode de régularisation de Walsh [57] des fonctionnelles multiplicatives ≥ 0 d'un processus de Markov ne s'applique pas ici. Dans le cas où les champs $X_0,\ldots,X_m$ commutent la réponse est positive, car on peut résoudre l'équation trajectoire par trajectoire, selon Doss [63] et Sussmann [55]. Dans le cas général, la réponse est certainement négative. En effet dans le cas général, nous allons voir que les $\phi.(\omega,\cdot)$ sont p.s. bijectives de R^d dans R^d. (3.6) s'écrirait alors

$$(3.7)\quad \phi_{s+t}(\omega,\phi_t^{-1}(\omega,x)) = \phi_s(\theta_t\omega,y)$$

ce qui impliquerait la continuité p.s. de $(s,t) \to \phi_s(\theta_t\omega,y)$.

On suppose maintenant que le flot $\phi.(\omega,\cdot)$ a été modifié de telle sorte que les propriétés énoncées à la Proposition 3.2 soient vraies partout sur Ω, que partout $\phi_0(\omega,\cdot) = \text{id.}$, que $\phi.(\omega,\cdot)$ soit partout continue sur $R^+ \times R^d$ et que $\frac{\partial\phi}{\partial x}t(\omega,x)$ soit partout non singulière: il suffit pour cela de poser $\phi_t(\omega,x) = x$ sur l'ensemble exceptionnel de ω qui ne conviendrait pas. Nous ferons toujours ces hypothèses dans la suite.

On a alors

Théorème 3.4: Sauf sur un négligeable de Ω, pour tout $t \in R^+$, $\phi_t(\omega,\cdot)$ est un difféomorphisme de R^d sur R^d.

Preuve: Soit A l'ensemble aléatoire

(3.8) $A = \{(\omega,t) \in \Omega\times R^+ ;\ \phi_t(\omega,R^d) = R^d\}$

On va montrer que A est optionnel. Soit en effet B et C les ensembles aléatoires

(3.9) $B = \{(\omega,t);\ \overline{\phi_t(\omega,R^d)} = R^d\}$

$$C = \{(\omega,t);\ \lim_{\|x\|\to+\infty} \|\phi_t(\omega,x)\| = +\infty\}$$

Alors on a

(3.10) $A = B \cap C$

En effet, si $(\omega,t) \in A$, clairement $(\omega,t) \in B$; de plus, comme $\phi_t(\omega,\cdot)$ est une bijection bicontinue de R^d <u>sur</u> R^d, $(\omega,t) \in C$. Inversement soit $(\omega,t) \in B \cap C$. Soit x_n une suite d'éléments de R^d tels que $\phi_t(\omega,x_n) \to y \in R^d$. Comme $(\omega,t) \in C$, $\{x_n\}$ est borné. On peut donc trouver une sous-suite x_{n_k} convergeant vers x, et $\phi_t(\omega,x) = y$. Ainsi $(\omega,t) \in A$.

Or B est optionnel. En effet, trivialement

(3.11) $B = \bigcap_{x\in Q^d} \{(\omega,t);\ \inf_{y\in Q^d} \|x - \phi_t(\omega,y)\| = 0\}$

et chacun des processus $t \to \|x - \phi_t(\omega,y)\|$ est clairement optionnel. De même

(3.12) $C = \{(\omega,t);\ \sup_n \inf_{\|x\|\geq n,\, x\in Q^d} \|\phi_t(\omega,x)\| = +\infty\}$

Chacun des processus $t \to \phi_t(\omega,x)$ étant optionnel, C est encore optionnel.

A est donc bien optionnel. Supposons que ${}^cA$ est non évanescent. Par le Théorème de section optionnel [20]-IV-84, il existe un temps d'arrêt T section de ${}^cA$, tel que $P(T<+\infty) > 0$. Pour $n \geq 0$ assez grand, $(T\leq n)$ est non négligeable. De (3.3), on tire

(3.13) sur $(T \leq n)$, $\phi_n(\omega,\cdot) = \phi_{n-T}(\theta_T(\omega),\phi_T(\omega,\cdot))$ p.s.

Or comme pour tout ω et tout s les $\phi_s(\omega,\cdot)$ sont injectifs, on déduit de (3.13) que comme sur $(T \leq n)$, $\phi_T(\omega,R^d) \neq R^d$, alors

(3.14) sur $(T \leq n)$, $\phi_n(\omega,R^d) \neq R^d$ p.s.

Ceci est en contradiction avec le Théorème 3.1, qui montre en particulier que p.s., les $\phi_n.(\omega,\cdot)$ sont surjectifs. □

4. Applications aux flots sur les variétés

On ne considère dans cete section que le cas homogène, mais nous savons déjà que ceci n'est pas une restriction.

Soit N une variété différentiable C^∞ connexe et métrisable. Soit $X_0(x)$, $X_1(x)$, ..., $X_m(x)$ une famille de m champs de vecteurs C^∞ tangents à N, à support compact.

On considère alors sur N la famille d'équations différentielles ordinaires

(4.1) $dx^n = (X_0(x^n) + X_i(x^n)\dot{w}^{i,n})dt$

$x^n(0) = x$

et les flots de difféomorphismes $\phi^n_.(\omega,\cdot)$ associés. Comme X_0, ..., X_m sont à support compact, ces équations ont bien une solution pour tout $t \geq 0$. Notons également qu'on peut supposer que X_0, ..., X_m dépendent explicitement de t en se plaçant sur la variété $R^+ \times N$ et en raisonnant comme en I.3.

On a alors le résultat suivant :

Théorème 4.1 : Les suites d'applications définies sur $\Omega \times R^+ \times N$ par

$$\phi^n_\cdot(\omega,\cdot),\quad \frac{\partial\phi^n}{\partial x}.(\omega,\cdot),\ \ldots,\ \frac{\partial^m\phi^n}{\partial x^m}.(\omega,\cdot)\ \ldots$$

convergent P.U.C.. Le flot $\phi.(\omega,\cdot)$ limite des flots $\phi^n_\cdot(\omega,\cdot)$ est tel que:

a) Pour tout $x \in N$, $t \to \phi_t(\omega,x)$ est solution de l'équation

(4.2) $$dx = X_0(x)dt + X_i(x).dw^i$$

$$x(0) = x$$

b) P.s., $\phi.(\omega,\cdot)$ est continue sur $R^+ \times N$.

c) P.s., les dérivées successives $\frac{\partial\phi.}{\partial x}(\omega,\cdot), \ldots, \frac{\partial^m\phi}{\partial x^m}.(\omega,\cdot)\ \ldots$ existent, sont continues sur $R^+ \times N$, et sont les limites P.U.C. de $\frac{\partial\phi^n}{\partial x}.(\omega,\cdot),\ldots,\frac{\partial^m\phi^n}{\partial x^m}.(\omega,\cdot)$.

d) P.s., pour tout $(t,x) \in R^+ \times N$, $\frac{\partial\phi}{\partial x}(\omega,\cdot)$ est non singulière.

e) P.s., pour tout $t \in R^+$, $\phi_t(\omega,\cdot)$ est un difféomorphisme de N sur N.

Preuve: Par le Théorème de Whitney, on peut plonger la variété N dans l'espace R^{2d+1} comme sous-variété fermée de R^{2d+1}, par un plongement C^∞ noté i. On peut prolonger les champs $i^*(X_0),\ldots,i^*(X_m)$ en des champs C^∞ sur tout R^{2d+1} à support compact. En effet soit K un compact contenant les supports de $X_0, \ldots, X_m$.

Si $x \in i(N)$, il existe un voisinage ouvert borné V de x dans R^{2d+1} qui est en bijection C^∞ avec une boule ouverte B_ε de R^{2d+1} qui s'écrit

$$B_\varepsilon = \{u \in R^{2d+1}\ ;\ \sup|u_i| < \varepsilon\}$$

de telle sorte que l'image de $i(N) \cap V$ dans cette boule soit exactement l'ensemble des points de B_ε tels que $u_{d+1} = 0, \ldots, u_{2d+1} = 0$. Si π est la projection canonique de R^{2d+1} sur le sous-espace engendré par les d premiers vecteurs de base, il est clair qu'en travaillant dans les coordonnées locales associées à la bijection précédente, en posant, pour $y \in B_\varepsilon$

(4.3) $X_i^V(y) = i^*(X_i)(\pi(y))$

on définit un champ de vecteurs C^∞ X_i^V sur V coïncidant avec $i^*(X_i)$ sur $i(N) \cap V$. On peut recouvrir le compact $i(K)$ par une famille finie de tels voisinages $V_1, \ldots, V_\ell$, et considérer les champs $X_i^{V_1}, \ldots, X_i^{V_\ell}$ associés. $^c i(K)$, $V_1, \ldots, V_\ell$ est un recouvrement ouvert de R^{2d+1} . Soit $\eta_0, \eta_1, \ldots, \eta_\ell$ une partition de l'unité C^∞ qui lui est subordonnée. En posant

(4.4) $X_i^*(x) = \sum_1^\ell \eta_k(x) X_i^{V_k}(x)$

il est clair que X_i^* est un champ de vecteurs C^∞ sur tout R^{2d+1} , coïncidant avec $i^*(X_i)$ sur $i(N)$, à support inclus dans le borné $\bigcup_1^\ell V_k$, donc à support compact.

On note par $\phi_\cdot^{*n}(\omega,\cdot)$ les flots de difféomorphismes de R^{2d+1} dans R^{2d+1} associés aux champs $X_0^*, \ldots, X_m^*$ définis par l'équation (1.3). Il est clair que la restriction des $\phi_\cdot^{*n}(\omega,\cdot)$ à $i(N)$ coïncide avec $\phi_\cdot^n(\omega,\cdot)$.

On applique alors aux flots $\phi_\cdot^{*n}(\omega,\cdot)$ les résultats de convergence des Théorèmes 1.2 et 2.1. En particulier la suite $\phi_\cdot^{*n}(\omega,\cdot)$ converge P.U.C. vers $\phi_\cdot^*(\omega,\cdot)$ qui est tel que pour tout $x \in R^{2d+1}$, $t \to \phi_t^*(\omega,x)$ est solution de

(4.5) $dx = X_0^*(x)dt + X_i^*(x).dw^i$

$x(0) = x$

$i(N)$ étant fermé dans R^{2d+1} , $\phi_\cdot^{*n}(\omega,\cdot)$ applique $i(N)$ dans $i(N)$. De plus, comme $\phi_\cdot^{*n}(\omega,\cdot)$ converge P.U.C. vers $\phi_\cdot^*(\omega,\cdot)$ sur $\Omega \times R^+ \times R^{2d+1}$, $i(N)$ étant fermé dans R^{2d+1} , p.s., pour tout $t \geq 0$, $\phi_t^*(\omega,\cdot)$ applique $i(N)$ dans $i(N)$.

On peut naturellement supposer que pour tout $\omega \in \Omega$, et tout $t \in R^+, \phi_t^*(\omega, i(N)) \subset i(N)$.

Si $\phi.(\omega,\cdot)$ désigne la restriction du flot $\phi^*_.(\omega,\cdot)$ à $i(N)$ identifié à N, les résultats qui précèdent montrent que cette restriction ne dépend pas du plongement i, et que les $\phi^n_.(\omega,\cdot)$ convergent bien P.U.C. sur $R^+ \times N$ vers le flot $\phi.(\omega,\cdot)$. De même (4.5) implique que si $x \in N$, $t \to \phi_t(\omega,x)$ est solution de (4.2).

On raisonne de même pour la convergence P.U.C. des dérivées $\frac{\partial \phi^n}{\partial x}.(\omega,\cdot), \ldots,$ $\frac{\partial^m \phi^n}{\partial x^m}.(\omega,\cdot)\ldots$ vers $\frac{\partial \phi}{\partial x}.(\omega,\cdot) \ldots \frac{\partial^m \phi}{\partial x^m}.(\omega,\cdot) \ldots$.

Comme par le Théorème 2.1, p.s., pour tout $(t,x) \in R^+ \times R^{2d+1}$, $\frac{\partial \phi^*}{\partial x}t$ (ω,x) est non singulière, $\frac{\partial \phi}{\partial x}t(\omega,x)$ qui s'identifie à la restriction de $\frac{\partial \phi^*}{\partial x}t(\omega,x)$ à $T_x(N)$ est aussi non singulière. Du Théorème 3.4, il découle que p.s., pour tout $t \in R^+$, $\phi^*_t(\omega,\cdot)$ étant injectif de R^{2d+1} dans R^{2d+1}, $\phi_t(\omega,\cdot)$ possède la même propriété sur N.

De plus la technique de retournement du temps utilisée aux Théorème 3.1 et 3.2 mais appliquée ici directement sur les flots $\phi^n_.(\omega,\cdot)$ et $\phi.(\omega,\cdot)$ montre que en dehors d'un négligeable $\mathcal{N}$ pour tout $t \in Q^+$, $\phi_t(\omega,\cdot)$ est un difféomorphisme surjectif de N sur N. Montrons alors que cette propriété reste vraie pour tout $t \in R^+$. En effet soit $t_n \in Q^+ \to t$. Pour $y \in N$, il existe $x_n \in N$ tel que $\phi_{t_n}(\omega,x_n) = y$.

Alors si $x_n \notin K$, $\phi_{t_n}(\omega,x_n) = x_n = y$. On en conclut immédiatement que la suite $\{x_n\}$ a toujours un point d'accumulation dans N, et donc $\phi_t(\omega,x) = y$. La surjectivité de $\phi_t(\omega,\cdot)$ est bien démontrée. □

Remarque 1: Les résultats précédents sont en particulier vrai quand N est une variété compacte.

Remarque 2: Le résultat précédent est beaucoup plus difficile à démontrer quand $X_0, \ldots, X_m$ ne sont pas à support compact. La diffusion associée à (4.2) n'a pas nécessairement une durée de vie infinie. L'existence d'une version régulière du flot $\phi_{\cdot}(\omega,\cdot)$ est également beaucoup plus difficile, car il faut travailler explicitement avec des cartes, qui peuvent devenir "vite" différentes même quand les points de départ x et y sont proches.

On réussit toutefois à raisonner globalement sur les variétés à courbure négative au chapitre XI.

Un exemple classique

On va appliquer les résultats précédents à l'approximation du mouvement brownien sur une variété riemanienne compacte. Ces résultats sont étendus au mouvement brownien sur une variété à courbure négative au chapitre XI. N est une variété connexe compacte, munie d'une structure riemanienne, de dimension d. On suppose ici que $m=d$. $O(N)$ désigne le fibré principal des repères orthonormaux [40]-I.(5.7). $O(N)$ est trivialement une variété compacte.

Si $x \in N$, on identifie la fibre de $O(N)$ au dessus de x à l'ensemble des isométries de l'espace euclidien R^d dans $T_x(N)$ muni du produit scalaire riemannien considéré.

Si $e \in R^d$, $B_u(e)$ désigne le vecteur de $T_u(O(N))$ qui est le relevé horizontal de $ue \in T_{\pi u}(N)$ pour la connexion de Levi-Civita sur N associée à la structure riemanienne [40]-IV.

Si $e_1, \ldots, e_d$ est la base canonique de R^d, on sait par [42] que le laplacien horizontal

(4.6) $\Delta_{O(N)} = \sum_{i}^{d} B_u(e_i)^2$

se projette sur N suivant le laplacien de N associé à la structure riemanienne considérée, i.e. si π est la projection canonique de $O(N)$ sur N, et si f est C^∞ sur N, alors

(4.7) $\Delta_{O(N)}[f(\pi(\cdot)] = (\Delta f)(\pi(\cdot))$

Malliavin en déduit une technique très simple de construction du mouvement brownien sur N [42]. Si u_0 désigne un repère orthonormal en $x_0 \in N$, on considère la diffusion dans $O(N)$

$$(4.8) \qquad du = B_u(e_i).dw^i$$
$$u(0) = u_0$$

qu'on construit globalement par les techniques du Théorème 4.1. Grâce à (4.7), la loi de $x_t = \pi(u_t)$ est trivialement celle du mouvement brownien sur N de point de départ x_0 .

Considérons l'approximation (4.1) associée à (4.8). Elle s'écrit

$$(4.9) \qquad du^n = B_{u^n}(e_i)\dot{w}^{i,n}dt$$
$$u^n(0) = u_0$$

ou encore

$$(4.10) \qquad du^n = B_{u^n}(e_i\dot{w}^{i,n})dt$$
$$u^n(0) = u_0 .$$

Or par la Proposition III-6.3 de [40] , les geodésiques de N sont exactement les projections sur N des courbes intégrales dans $O(N)$ des "champs standards horizontaux" $B_u(e)$.

Alors entre 0 et 2^{-n}, $x_t^n = \pi(u_t^n)$ est la géodésique $\exp_{x_0} t\; u_0(e_i\dot{w}^{i,n}(0))$ (1).
(4.10) exprime alors qu'on transporte parallèlement u_0 le long de la géodésique précédente jusqu'au temps 2^{-n} , qu'on obtient un nouveau repère orthonormal $u^n_{2^{-n}}$, qu'on décrit sur N un nouveau segment de géodésique, etc...

Les résultats du Théorème 4.1 impliquent en particulier que $t \to x_t^n$ converge P.U.C. vers le processus x_t qui a la loi du mouvement brownien.

On a également le résultat suivant:

---

(1) $\exp_x tv$ est la géodésique de point de départ x et de vitesse initiale v.

Théorème 4.2: Soit $x \to v_x$ une section mesurable de $O(N)$, i.e. une application mesurable de N dans $O(N)$ telle que $\pi(v_x) = x$. Soit y_t^n le processus continu construit de la manière suivante

. $0 \le t \le 2^{-n}$ $\quad y_t^n = \exp_{x_0}(tv_{x_0}(e_i\dot{w}^{i,n}(0)))$

. $2^{-n} \le t \le 2.2^{-n}$ $\quad y_t^n = \exp_{y^n_{2^{-n}}}((t-2^{-n})v_{y^n_{2^{-n}}}(e_i\dot{w}^{i,n}(2^{-n})))$

etc.

Alors y^n a même loi que x^n et converge donc en loi vers le mouvement brownien x_t d'origine x_0 .

Preuve: Soit h^n le relèvement horizontal de y^n dans $O(N)$ avec $h^n(0) = v_{x_0}$. On va montrer que h^n a même loi que u^n défini en (4.10) avec $u^n(0) = v_{x_0}$. On a

. $0 \le t \le 2^{-n}$ $\quad dh^n = B_{h^n}(e_i\dot{w}^{i,n}(0))dt$

$$h^n(0) = v_{x_0}$$

. $2^{-n} \le t \le 2.2^{-n}$ $\quad dh^n = B_{h^n}([h^n_{2^{-n}}]^{-1}v_{y^n_{2^{-n}}}(e_i\dot{w}^{i,n}(2^{-n})))dt$.

etc. ...

Or comme $[h^n_{2^{-n}}]^{-1}v_{y^n_{2^{-n}}} \in O(R^d)$, $R_{2^{-n}} = [h^n_{2^{-n}}]^{-1}\, v_{y^n_{2^{-n}}}(e_i\dot{w}^{i,n}(2^{-n}))$

a même loi que $e_i\dot{w}^{i,n}(2^{-n})$. Enfin $R_0 = e_i\dot{w}^{i,n}(0)$ et $R_{2^{-n}}$ sont indépendantes: il suffit en effet d'observer que la loi conditionnelle de $R_{2^{-n}}$ relativement à R_0 est constante. u^n et h^n ont donc même loi sur $[0, 2.2^{-n}]$.

On itère le résultat sur tout $]0, +\infty[$ comme précédemment x^n et y^n ont donc même loi. Le Théorème 4.2 résulte alors du Théorème 4.1. □

Remarque 3: Ce résultat sera démontré au Chapitre XI pour les variétés à courbure négative.

5. Formule de Ito et formule de Stratonovitch généralisée.

L'objet de cette section est de montrer que $\phi_t(\omega,z_t)$ est une semi-martingale quand z_t est une semi-martingale.

Nous nous plaçons directement dans le cas traité dans les sections 1 et 3, i.e. sur R^d. Dans le cas où on travaille sur une variété N, on utilisera la technique de plongement indiquée dans la section 4. Les résultats de Schwartz [50] sur l'équivalence des différentes définitions de la notion de semi-martingales à valeurs dans une variété permettent ensuite d'"oublier" le plongement utilisé. Nous renvoyons directement à Schwartz [50], [51] pour ces questions.

On a en effet le résultat suivant:

Théorème 5.1 : Soit z_t une semi-martingale définie sur (Ω,F,F_t,P) à valeurs dans R^d qui s'écrit

$$(5.1)\quad z_t = z_0 + A_t + \int_0^t H_i.\delta\vec{w}^i$$

où $x_0 \in R^d$, où A est un processus adapté continu à variation finie nul en 0 et où $H_1, \dots, H_m$ sont des processus mesurables adaptés à valeurs dans R^d tels que pour tout $t \geq 0$, on ait

$$\int_0^t |H_i|^2 ds < +\infty \quad \text{p.s.}$$

Alors $\phi_t(\omega,z_t)$ est une semi-martingale à valeurs dans R^d qui s'écrit

$$(5.2)\quad \phi_t(\omega,z_t) = z_0 + \int_0^t (X_0 + \frac{1}{2}\frac{\partial X_i}{\partial x} X_i)(u,\phi_u(\omega,z_u))du + \int_0^t \frac{\partial\phi}{\partial x} u(\omega,z_u)dA_u$$

$$\int_0^t \frac{\partial X_i}{\partial x}(u,\phi_u(\omega,z_u))\ \frac{\partial\phi}{\partial x}u(\omega,z_u)H_i du \quad + \quad \frac{1}{2}\int_0^t \frac{\partial^2\phi}{\partial x^2}u(\omega,z_u)(H_i,H_i)du$$

$$+ \int_0^t [X_i(u,\phi_u(\omega,z_u)) + \frac{\partial\phi}{\partial x} u\,(\omega,z_u)\, H_{i_u}]\cdot\vec{\delta}\, w^i$$

Preuve: La démonstration suit de près la démonstration de la formule de Ito classique de Meyer [45], mais elle est beaucoup plus compliquée.

Les deux membres de (5.2) étant p.s. continus en t, il suffit d'établir (5.2) pour t fixé.

En arrêtant z en un temps d'arrêt convenable, on peut supposer que

$$z_s\,,\ \int_0^s |dA|,\ \int_0^s H_i \cdot \vec{\delta}\, w^i$$

sont bornés uniformément en module par une constante k.

Soit S_ℓ le temps d'arrêt

$$(5.3) \quad S_\ell = \inf\{t \geq 0 \quad \sup_{\substack{|x| \leq k \\ 0 \leq m \leq 3}} |\frac{\partial^m \varphi}{\partial x^m} t\,(\omega,x)| \geq \ell\}$$

Trivialement $S_\ell \to +\infty$ p.s.. On va établir la formule (5.2) au temps $t \wedge S_\ell$. Il est alors trivial de faire tendre ℓ vers $+\infty$.

Fixons $\varepsilon > 0$. On définit par récurrence une suite de temps d'arrêt par les formules

$$(5.4) \quad T_0 = 0$$

$$T_{n+1} = t \wedge S_\ell \wedge (T_n + \varepsilon) \wedge \inf\{s \geq T_n;\ \sup [|A_s - A_{T_n}|\,,$$

$$\left|\int_{T_n}^s H_i \cdot \vec{\delta}\, w^i\right|, \quad \sup_{\substack{|x|\leq k \\ 0\leq m\leq 2}} \left|\frac{\partial^m \phi}{\partial x^m} s\,(\omega,x) - \frac{\partial^m \phi}{\partial x^m} T_n(\omega,x)\right|] \geq \varepsilon\}$$

Il est clair que quand $n \to +\infty$, la suite T_n tend p.s. vers $t \wedge S_\ell$ en étant stationnaire à partir d'un certain rang (qui dépend de ω). On a alors

$$(5.5)\quad \phi_{t\wedge S_\ell}(\omega, z_{t\wedge S_\ell}) = z_0 + \Sigma(\phi_{T_{n+1}}(\omega, z_{T_{n+1}}) - \phi_{T_n}(\omega, z_{T_n}))$$

De plus

$$(5.6)\quad \phi_{T_{n+1}}(\omega, z_{T_{n+1}}) - \phi_{T_n}(\omega, z_{T_n}) = (\phi_{T_{n+1}}(\omega, z_{T_{n+1}}) - \phi_{T_{n+1}}(\omega, z_{T_n}))$$

$$+ (\phi_{T_{n+1}}(\omega, z_{T_n}) - \phi_{T_n}(\omega, z_{T_n}))$$

On va dans la suite faire tendre ε vers 0 dans (5.5), i.e. fixer une suite $\varepsilon_m > 0$ décroissant vers 0, et examiner le comportement de (5.5).

A. Etude de $\Sigma(\phi_{T_{n+1}}(\omega, z_{T_n}) - \phi_{T_n}(\omega, z_{T_n}))$

En ajoutant éventuellement une composante au système, on peut employer les notations homogènes de la section 3. Par le Théoreme 3.3, on a p.s. pour tout $(u,x) \in R^+ \times R^d$

$$(5.7)\quad \phi_{T_n+u}(\omega, x) = \phi_u(\theta_{T_n}(\omega), \phi_{T_n}(\omega, x))$$

et en particulier

$$(5.8)\quad \phi_{T_n+u}(\omega, z_{T_n}) = \phi_u(\theta_{T_n}(\omega), \phi_{T_n}(\omega, z_{T_n}))$$

Or comme $\theta_{T_n}^{-1}(F_\infty)$ et F_{T_n} sont indépendants, comme $\phi_{T_n}(\omega, z_{T_n})$ est F_{T_n}-mesurable, comme enfin la mesure P^{T_n} définie en (3.6) est égale à P, on voit que pour $s \geq T_n$, $\phi_t(\omega, z_{T_n})$ est une semi-martingale telle que

$$(5.9)\quad \phi_s(\omega, z_{T_n}) = \phi_{T_n}(\omega, z_{T_n}) + \int_{T_n}^{s} X_o(u, \phi_u(\omega, z_{T_n}))du$$

$$+ \int_{T_n}^{s} X_i(u, \phi_u(\omega, z_{T_n})) \cdot dw^i = \phi_{T_n}(\omega, z_{T_n}) + \int_{T_n}^{s} (X_o + \frac{1}{2} \frac{\partial X_i}{\partial x} X_i)$$

$$(u,\phi_u(\omega,z_{T_n}))du + \int_{T_n}^{s} X_i(u,\phi_u(\omega,z_{T_n})) \cdot \vec{\delta}\, w^i$$

Pour $u < t\wedge S_\ell$, on définit $n(u)$ par la relation

$$(5.10)\quad T_{n(u)} \leq u < T_{n(u)+1}$$

On a alors

$$(5.11)\quad \Sigma(\phi_{T_{n+1}}(\omega,z_{T_n})-\phi_{T_n}(\omega,z_{T_n})) = \int_0^{t\wedge S_\ell}(X_0 + \frac{1}{2}\frac{\partial X_i}{\partial x} X_i)(u,\phi_u(\omega,z_{T_{n(u)}}))du$$

$$+ \int_0^{t\wedge S_\ell} X_i(u,\phi_u(\omega,z_{T_{n(u)}})) \cdot \vec{\delta}\, w^i$$

Alors quand ε tend vers 0, il est clair que le processus optionnel $z_{T_{n(u)}}$ converge uniformément vers z_u sur $[0, t \wedge S_\ell]$. Donc le processus $\phi_u(\omega,z_{T_{n(u)}})$ converge uniformément vers $\phi_u(\omega,z_u)$ sur tout compact. On en déduit trivialement que

$$(5.12)\quad \Sigma(\phi_{T_{n+1}}(\omega,z_{T_n}) - \phi_{T_n}(\omega,z_{T_n})) \to \int_0^{t\wedge S_\ell}(X_0 + \frac{1}{2}\frac{\partial X_i}{\partial x} X_i)(u,\phi_u(\omega,z_u))du$$

$$+ \int_0^{t} X_i(u,\phi_u(\omega,z_u)) \cdot \vec{\delta}\, w^i \quad \text{en probabilité.}$$

B. Etude de $\sum_n (\phi_{T_{n+1}}(\omega,z_{T_{n+1}}) - \phi_{T_{n+1}}(\omega,z_{T_n}))$

Par la formule de Taylor, comme sur $[0,S_\ell]$ $\frac{\partial^3\phi}{\partial x^3}{}_u(\omega,\cdot)$ est uniformément borné sur $\{x \in R^d;\ |x|\leq k\}$ par ℓ , on a

$$(5.13)\quad \phi_{T_{n+1}}(\omega,z_{T_{n+1}}) - \phi_{T_{n+1}}(\omega,z_{T_n}) = \frac{\partial\phi}{\partial x}{}_{T_{n+1}}(\omega,z_{T_n})(z_{T_{n+1}} - z_{T_n})$$

$$+ \frac{1}{2}\frac{\partial^2\phi}{\partial x^2}{}_{T_{n+1}}(\omega,z_{T_n})(z_{T_{n+1}} - z_{T_n}, z_{T_{n+1}} - z_{T_n}) + R_n(\omega)$$

avec

$$(5.14)\quad |R_n(\omega)| \le \ell\ |z_{T_{n+1}} - z_{T_n}|^3$$

En notant que par (5.4), on a

$$(5.15)\quad |z_{T_{n+1}} - z_{T_n}| \le C\varepsilon$$

on en déduit

$$(5.16)\quad |R_n(\omega)| \le C\varepsilon\ |z_{T_{n+1}} - z_{T_n}|^2$$

1) On a

$$(5.17)\quad \frac{\partial\phi}{\partial x}\,T_{n+1}(\omega,z_{T_n})(z_{T_{n+1}} - z_{T_n}) = \frac{\partial\phi}{\partial x}\,T_{n+1}(\omega,z_{T_n})(A_{T_{n+1}} - A_{T_n})$$

$$+ \frac{\partial\phi}{\partial x}\,T_{n+1}(\omega,z_{T_n}) \int_{T_n}^{T_{n+1}} H_i\cdot\vec{\delta}\, w^i$$

a) Alors

$$(5.18)\quad \Sigma\,\frac{\partial\phi}{\partial x}\,T_{n+1}(\omega,z_{T_n})(A_{T_{n+1}} - A_{T_n}) = \int_0^{t\wedge S_\ell} \frac{\partial\phi}{\partial x}\,T_{n(u)+1}\,(\omega,z_{T_{n(u)}})\cdot dA$$

Or trivialement, comme $T_{n(u)+1}$ converge uniformément vers u quand ε tend vers 0, comme $\frac{\partial\phi}{\partial x}\,t\,(\omega,x)$ est uniformément borné sur $[0, t\wedge S_\ell]$ quand x est tel que $|x| \le k$, par convergence dominée, on a

$$(5.19)\quad \int_0^{t\wedge S_\ell} \frac{\partial\phi}{\partial x}\,T_{n(u)+1}(\omega,z_{T_{n(u)}}))\cdot dA \to \int_0^{t\wedge S_\ell} \frac{\partial\phi}{\partial x}\,u\,(\omega,z_u)\cdot dA$$

b) En raisonnant comme en (5.9), il vient trivialement

$$(5.20)\quad \frac{\partial\phi}{\partial x}\,T_{n+1}\,(\omega,z_{T_n}) = \frac{\partial\phi}{\partial x}\,T_n\,(\omega,z_{T_n}) + \int_{T_n}^{T_{n+1}} \frac{\partial X_0}{\partial x}\,(u,\phi_u(\omega,z_{T_n}))\,\frac{\partial\phi}{\partial x}\,u\,(\omega,z_{T_n})\,du$$

$$+ \int_{T_n}^{T_{n+1}} \frac{\partial X_i}{\partial x}(u,\phi_u(\omega,z_{T_n}))\frac{\partial \phi}{\partial x} u(\omega,z_{T_n}) \cdot dw^i = \frac{\partial \phi}{\partial x} T_n (\omega,z_{T_n})$$

$$+ \int_{T_n}^{T_{n+1}} \left(\frac{\partial X_0}{\partial x} + \frac{1}{2}\frac{\partial^2 X_i}{\partial x^2} X_i + \frac{1}{2}\frac{\partial X_i}{\partial x}\frac{\partial X_i}{\partial x}\right)(u,\phi_u(\omega,z_{T_n}))\frac{\partial \varphi}{\partial x} u(\omega,z_{T_n}) du$$

$$+ \int_{T_n}^{T_{n+1}} \frac{\partial X_i}{\partial x}(u,\phi_u(\omega,z_{T_n}))\frac{\partial \phi}{\partial x} u(\omega,z_{T_n}) \cdot \vec{\delta} w^i$$

Alors

α) On a

$$(5.21) \quad \sum_n \frac{\partial \phi}{\partial x} T_n (\omega,z_{T_n}) \int_{T_n}^{T_{n+1}} H_i \cdot \vec{\delta} w^i = \int_0^{t\wedge S_\ell} \frac{\partial \phi}{\partial x} T_{n(u)}(\omega,z_{T_n(u)}) H_i \cdot \vec{\delta} w^i$$

Or quand $\varepsilon \to 0$, $\frac{\partial \phi}{\partial x} T_{n(u)}(\omega,z_{T_{n(u)}})$ converge uniformément vers $\frac{\partial \phi}{\partial x} u (\omega,z_u)$ en restant uniformément borné. Donc comme $E\int_0^{+\infty} |H_i|^2 du$ est borné, on a

$$(5.22) \quad \sum \frac{\partial \phi}{\partial x} T_n(\omega,z_{T_n}) \int_{T_n}^{T_{n+1}} H_i \cdot \vec{\delta} w^i \to \int_0^{t\wedge S_\ell} \frac{\partial \phi}{\partial x} u (\omega,z_u) H_i \cdot \vec{\delta} w^i$$

en probabilité

β) On étudie

$$(5.23) \quad \sum \left[\int_{T_n}^{T_{n+1}} \left(\frac{\partial X_0}{\partial x} + \frac{1}{2}\frac{\partial^2 X_i}{\partial x^2} X_i + \frac{1}{2}\frac{\partial X_i}{\partial x}\frac{\partial X_i}{\partial x}\right)(u,\phi_u(\omega,z_{T_n}))\frac{\partial \phi}{\partial x} u (\omega,z_{T_n}) du\right] \left[\int_{T_n}^{T_{n+1}} H_j \cdot \vec{\delta} w^j\right]$$

Par (5.3), la première intégrale (classique) dans (5.23) est majorée en module par

$$C\ell(T_{n+1} - T_n)$$

Par (5.4), $\left|\int_{T_n}^{T_{n+1}} H_j \ \vec{\delta} w^j\right|$ est majoré par ε . Donc le module de (5.23) est majoré par

(5.24) $\quad \varepsilon \; \Sigma \; (T_{n+1} - T_n) = \varepsilon(t \wedge S_\ell)$

Quand $\varepsilon \to 0$, (5.23) tend donc vers 0.

γ) On doit étudier

$$(5.25) \quad \Sigma[(\int_{T_n}^{T_{n+1}} \frac{\partial X_i}{\partial x}(u,\phi_u(\omega,z_{T_n}))\, \frac{\partial \phi}{\partial x}u\,(\omega,z_{T_n}) \cdot \vec{\delta}\, w^i)(\int_{T_n}^{T_{n+1}} H_j \cdot \vec{\delta}\, w^j)]$$

Alors calculons

$$(5.26) \quad E|\Sigma[\int_{T_n}^{T_{n+1}} \frac{\partial X_i}{\partial x}(u,\phi_u(\omega,z_{T_n}))\, \frac{\partial \phi}{\partial x}u\,(\omega,z_{T_n}) \cdot \vec{\delta}\, w^i \int_{T_n}^{T_{n+1}} H_j \cdot \vec{\delta}\, w^j$$

$$- \int_{T_n}^{T_{n+1}} \frac{\partial X_i}{\partial x}(u,\phi_u(\omega,z_{T_n}))\, \frac{\partial \phi}{\partial x}u\,(\omega,z_{T_n})\, H_i \; du]|^2$$

Par une propriété des martingales, les différents termes de la somme dans (5.26) sont mutuellement orthogonaux. Donc (5.26) est majorable par

$$(5.27) \quad C\{\Sigma\; E\;|\int_{T_n}^{T_{n+1}} \frac{\partial X_i}{\partial x}(u,\phi_u(\omega,z_{T_n}))\, \frac{\partial \phi}{\partial x}u\,(\omega,z_{T_n}) \cdot \vec{\delta}\, w^i \int_{T_n}^{T_{n+1}} H_j \cdot \vec{\delta}\, w^j|^2$$

$$+ \Sigma\; E\;|\int_{T_n}^{T_{n+1}} \frac{\partial X_i}{\partial x}(u,\phi_u(\omega,z_{T_n}))\, \frac{\partial \phi}{\partial x}u\,(\omega,z_{T_n})\, H_i \; du|^2\}$$

Alors comme $|\int_{T_n}^{T_{n+1}} H_j \cdot \vec{\delta}\, w^j|$ est $\leq \varepsilon$, et comme

$$\frac{\partial X_i}{\partial x}(u,\phi_u(\omega,z_{T_n}))\; \frac{\partial \phi_u}{\partial x}(\omega,z_{T_n})$$

est uniformément borné, on peut majorer (5.27) par

$$(5.28)\quad C\{\Sigma \varepsilon^2 E\int_{T_n}^{T_{n+1}} \left|\frac{\partial X_i}{\partial x}(u,\phi_u(\omega,z_{T_n}))\ \frac{\partial \phi_u}{\partial x}(\omega,z_{T_n})\right|^2 du$$

$$+ \Sigma\ \varepsilon\ E\int_{T_n}^{T_{n+1}} |H_i|^2 du\} \leq C(\varepsilon^2\ E(t\wedge S_\ell) + \varepsilon\ E\int_0^{+\infty} |H_i|^2\ ds)$$

(5.26) tend donc vers 0. On en déduit que

$$(5.29)\quad \Sigma\int_{T_n}^{T_{n+1}} \frac{\partial X_i}{\partial x}(u,\phi_u(\omega,z_{T_n}))\ \frac{\partial\phi}{\partial x} u\ (\omega,z_{T_n})\cdot\vec{\delta}\ w^i\int_{T_n}^{T_{n+1}} H_j\cdot\vec{\delta}\ w^j$$

$$-\int_0^{t\wedge S_\ell} \frac{\partial X_i}{\partial x}(u,\phi_u(\omega,z_{T_{n(u)}}))\ \frac{\partial\phi}{\partial x} u\ (\omega,z_{T_{n(u)}})\ H_i\ du \to 0 \quad \text{en probabilité} .$$

Or trivialement quand $\varepsilon \to 0$, on a

$$(5.30)\quad \int_0^{t\wedge S_\ell} \frac{\partial X_i}{\partial x}(u,\phi_u(\omega,z_{T_{n(u)}}))\ \frac{\partial\phi}{\partial x} u(\omega,z_{T_{n(u)}})\ H_i\ du$$

$$\to \int_0^{t\wedge S_\ell} \frac{\partial X_i}{\partial x}(u,\phi_u(\omega,z_u))\ \frac{\partial\phi}{\partial x} u\ (\omega,z_u)\ H_i\ du$$

De (5.29), (5.30), on tire que

$$(5.31)\quad \Sigma\int_{T_n}^{T_{n+1}} \frac{\partial X_i}{\partial x}(u,\phi_u(\omega,z_{T_n}))\ \frac{\partial\phi}{\partial x} u\ (\omega,z_{T_n})\cdot\vec{\delta}\ w^i\int_{T_n}^{T_{n+1}} H_j\cdot\vec{\delta}\ w^j$$

$$\to \int_0^{t\wedge S_\ell} \frac{\partial X_i}{\partial x}(u,\phi_u(\omega,z_u))\ \frac{\partial\phi}{\partial x} u\ (\omega,z_u)\ H_i\ du \quad \text{en probabilité} .$$

2) On a

$$(5.32)\quad \frac{1}{2}\Sigma\frac{\partial^2\phi}{\partial x^2} T_{n+1}\ (\omega,z_{T_n})(z_{T_{n+1}} - z_{T_n}\ ,\ z_{T_{n+1}} - z_{T_n}) =$$

$$\frac{1}{2}\Sigma\frac{\partial^2\phi}{\partial x^2}{}_{T_{n+1}}(\omega,z_{T_n})(A_{T_{n+1}} - A_{T_n}\ ,\ A_{T_{n+1}} - A_{T_n}) + \frac{1}{2}\ \Sigma\frac{\partial^2\phi}{\partial x^2} T_{n+1}\ (\omega,z_{T_n})$$

$$\left(\int_{T_n}^{T_{n+1}} H_i\cdot\vec{\delta}\ w^i,\int_{T_n}^{T_{n+1}} H_j\cdot\vec{\delta}\ w^j\right) + \Sigma\frac{\partial^2\phi}{\partial x^2} T_{n+1}\ (\omega,z_{T_{n+1}})(A_{T_{n+1}}-A_{T_n},\int_{T_n}^{T_{n+1}} H_i\cdot\vec{\delta}\ w^i)$$

a) On a par (5.3) et (5.4)

$$(5.33)\quad \Sigma \frac{\partial^2\phi}{\partial x^2} T_{n+1}(\omega, z_{T_n})(A_{T_{n+1}} - A_{T_n}, A_{T_{n+1}} - A_{T_n})| \le \varepsilon\, \ell \int_0^{t\wedge S_\ell} |dA_s|$$

Le membre de gauche de (5.33) tend donc vers 0 quand ε tend vers 0.

b) On a tout d'abord

$$(5.34)\quad |\Sigma(\frac{\partial^2\phi}{\partial x^2} T_{n+1}(\omega, z_{T_n}) - \frac{\partial^2\phi}{\partial x^2} T_n(\omega, z_{T_n}))(\int_{T_n}^{T_{n+1}} H_i \cdot \vec{\delta}\, w^j, \int_{T_n}^{T_{n+1}} H_i \cdot \vec{\delta}\, w^j)|$$

$$\le \varepsilon\, \Sigma \left|\int_{T_n}^{T_{n+1}} H_i \cdot \vec{\delta}\, w^i\right|^2$$

Or

$$(5.35)\quad E\,(\Sigma \left|\int_{T_n}^{T_{n+1}} H_i \cdot \vec{\delta}\, w^i\right|^2) = E \int_0^{t\wedge S_\ell} |H_i|^2\, du$$

Donc (5.34) tend vers 0 en probabilité quand $\varepsilon \to 0$. De plus calculons

$$(5.36)\quad E \mid \Sigma\, [\frac{\partial^2\phi}{\partial x^2} T_n(\omega, z_{T_n})(\int_{T_n}^{T_{n+1}} H_i \cdot \vec{\delta}\, w^i , \int_{T_n}^{T_{n+1}} H_j \cdot \vec{\delta}\, w^j)$$

$$- \int_{T_n}^{T_{n+1}} \frac{\partial^2\phi}{\partial x^2} T_n(\omega, z_{T_n})(H_i, H_i)du]\,|^2$$

Par un argument classique, les différents termes de la somme dans (5.36) sont mutuellement orthogonaux. On peut donc majorer (5.36) par

$$(5.37)\quad C\,\Sigma\,(E\left|\int_{T_n}^{T_{n+1}} H_i \cdot \vec{\delta}\, w^i\right|^4 + E\left|\int_{T_n}^{T_{n+1}} |H_i|^2\, du\right|^2)$$

Parl'inégalité de Davis, ona:

$$(5.38)\quad E \left| \int_{T_n}^{T_{n+1}} H_i \cdot \vec{\delta}\, w^i\right|^4 \le \varepsilon^2\, E\left|\int_{T_n}^{T_{n+1}} H_i \cdot \vec{\delta}\, w^i\right|^2 = \varepsilon^2\, E \int_{T_n}^{T_{n+1}} |H_i|^2\, du$$

$$E[\int_{T_n}^{T_{n+1}} |H_i|^2 du]^2 \le C\, E \left| \int_{T_n}^{T_{n+1}} H_i \cdot \vec{\delta}\, w^i\right|^4 \le C\,\varepsilon^2\, E\int_{T_n}^{T_{n+1}} |H_i|^2\, du$$

Donc (5.37) est majorable par $C\, t\, \varepsilon^2$. Ainsi (5.36) tend vers 0 . Or

$$(5.39)\quad \Sigma \int_{T_n}^{T_{n+1}} \frac{\partial^2\phi}{\partial x^2} T_n(\omega, z_{T_n})(H_i, H_i)\, du = \int_0^{t\wedge S_\ell} \frac{\partial^2\phi}{\partial x^2} T_n\, (\omega, z_{T_{n(u)}})(H_i, H_i)\, du$$

et (5.39) converge trivialement vers

$$(5.40)\quad \int_0^{t\wedge S_\ell} \frac{\partial^2\phi}{\partial x^2} u\, (\omega, z_u)(H_i, H_i)\, du$$

De (5.34) - (5.40), on tire que la deuxième somme de (5.32) converge en probabilité vers

$$(5.41)\quad \frac{1}{2}\int_0^{t\wedge S_\ell} \frac{\partial^2\phi}{\partial x^2} u\, (\omega, z_u)(H_i, H_i)\, du$$

c) On a

$$(5.42)\quad |\Sigma \frac{\partial^2\phi}{\partial x^2} T_{n+1}\, (\omega, z_{T_{n+1}})(A_{T_{n+1}} - A_{T_n}, \int_{T_n}^{T_{n+1}} H_i \cdot \vec{\delta}\, w^i)|$$

$$\leq \varepsilon\, \ell \int_0^{t\wedge S_\ell} |dA|$$

et donc la troisième somme de (5.32) tend vers 0 quand $\varepsilon \to 0$.

3) On a

$$(5.43)\quad \Sigma\, |\, z_{T_{n+1}} - z_{T_n}|^2 \leq C[\Sigma(|A_{T_{n+1}} - A_{T_n}|^2 + |\int_{T_n}^{T_{n+1}} H_i \cdot \vec{\delta}\, w^i|^2)]$$

$$\leq C\, (\varepsilon \int_0^{+\infty} |dA| + \Sigma\, |\int_{T_n}^{T_{n+1}} H_i \cdot \vec{\delta}\, w^i|^2)$$

Donc

$$(5.44)\quad E(\Sigma|z_{T_{n+1}} - z_{T_n}|^2) \leq C(\varepsilon k + E\int_0^{t\wedge S_\ell} |H_i|^2\, du)$$

De (5.16) on tire

(5.45) $R_n \to 0$ en probabilité.

De (5.13), (5.18), (5.19), (5.22), (5.23), (5.31), (5.32), (5.33), (5.41), (5.42), (5.45), on tire que quand $\varepsilon \to 0$ alors

(5.46) $$\sum_n (\phi_{T_{n+1}}(\omega, z_{T_{n+1}}) - \phi_{T_{n+1}}(\omega, z_{T_n})) \to \int_0^{t\wedge S_\ell} \frac{\partial\phi}{\partial x} u\,(\omega, z_u) \cdot dA$$

$$+ \int_0^{t\wedge S_\ell} \frac{\partial\phi}{\partial x} u\,(\omega, z_u)\, H_i \cdot \vec{\delta}\, w^i + \int_0^{t\wedge S_\ell} \frac{\partial X_i}{\partial x}(u, \phi_u(\omega, z_u))\, \frac{\partial \phi_u}{\partial x}(\omega, z_u)\, H_i\, du$$

$$+ \frac{1}{2} \int_0^{t\wedge S_\ell} \frac{\partial^2\phi}{\partial x^2} u\,(\omega, z_u)(H_i, H_i)\, du \quad \text{en probabilité}$$

De (5.12) et (5.46), on tire bien (5.2). □

<u>Corollaire</u> On a une formule du même type pour les processus

$$\frac{\partial^m\phi}{\partial x^m} t\,(\omega, z_t)\,(1 \le m < \infty),\ [\frac{\partial\phi}{\partial x} t\,(\omega, z_t)]^{-1}$$

<u>Preuve:</u> La preuve est identique à la preuve du Théorème 5.1. □

Du Théorème 5.1, on tire aussi le résultat suivant qui exprime la formule (5.2) avec des intégrales de Stratonovitch:

<u>Théorème 5.2</u>: Soit z_t une semi-martingale définie sur (Ω, F, F_t, P) à valeurs dans R^d qui s'écrit

(5.47) $$z_t = z_0 + A_t + \int_0^t H_i \cdot \vec{\delta}\, w^i$$

où A_t est un processus adapté continu à variation finie nul en 0, et où $H_1 \ldots H_m$

sont des processus mesurables adaptés à valeurs dans R^d , tels que pour $t \in R^+$

$$\int_0^t |H_i|^2 \, du < + \infty$$

Alors $\phi_t(\omega, z_t)$ est une semi-martingale continue à valeurs dans R^d qui s'écrit

$$(5.48) \quad \phi_t(\omega,z_t) = z_0 + \int_0^t X_0(u,\phi_u(\omega,z_u))\, du + \int_0^t X_i(u,\phi_u(\omega,z_u)) \cdot d\, w^i$$
$$+ \int_0^t \frac{\partial\phi}{\partial x} u\, (\omega,z_u) \cdot d\, z_u$$

où les intégrales par rapport à w^i ou z_u sont les intégrales de Stratonovitch des processus considérés.

<u>Preuve</u>: Compte tenu de la formule (5.2), on a

$$(5.49) \quad \int_0^t X_i(u,\phi_u(\omega,z_u)) \cdot d\, w^i = \int_0^t X_i(u,\phi_u(\omega,z_u)) \cdot \vec{\delta}\, w^i$$
$$+ \frac{1}{2} \int_0^t \frac{\partial X_i}{\partial x} (u,\phi_u(\omega,z_u)) [X_i(u,\phi_u(\omega,z_u))$$
$$+ \frac{\partial\phi}{\partial x} u\, (\omega,z_u)\, H_i]\, du$$

De plus, par la formule (5.2) appliquée au processus $\frac{\partial\phi}{\partial x} t\, (\omega,z_t)$ on voit que sa partie martingale s'écrit

$$(5.50) \quad \int_0^t [\frac{\partial X_i}{\partial x} (u,\phi_u(\omega,z_u)) \frac{\partial\phi}{\partial x} u\, (\omega,z_u)) + \frac{\partial^2\phi}{\partial x^2} u\, (\omega,z_u)\, H_i] \cdot \vec{\delta}\, w^i$$

Donc

$$(5.51)\quad \int_0^t \frac{\partial\phi}{\partial x} u\,(\omega,z_u)\cdot dz_u = \int_0^t \frac{\partial\phi}{\partial x} u\,(\omega,z_u)\, d\, A_u$$

$$+ \int_0^t \frac{\partial\phi}{\partial x} u\,(\omega,z_u)\, H_i \cdot \vec{\delta}\, w^i + \frac{1}{2}\int_0^t [\frac{\partial X_i}{\partial x}(u,\phi_u(\omega,z_u))$$

$$\frac{\partial\phi}{\partial x} u\,(\omega,z_u)\, H_i + \frac{\partial^2\phi}{\partial x^2} u\,(\omega,z_u)(H_i, H_i)]\, du$$

En reportant (5.49) et (5.51) dans (5.48), on voit que (5.48) est identique à (5.2) . □

Remarque 1: Le lecteur constatera avec satisfaction, mais sans surprise, que la formule (5.48) est formellement identique à la formule qu'on obtient pour des flots deterministes classiques et des processes z_t à variation finie. Il faudra cependant se garder de croire qu'on peut éviter la preuve du Théorème 5.1 par des considérations formelles.

Remarque 2: Avec les techniques de [45], on peut étendre le Théorème 5.1 à un cas plus général. En effet soit $(\tilde{\Omega},\tilde{F}, \tilde{F}_t,\tilde{P})$ un espace de probabilité filtré vérifiant les conditions habituelles de [20]. Supposons qu'une martingale brownienne $(w^1 \ldots w^m)$ est définie sur $\tilde{\Omega}$. On peut alors construire le flot $\phi\cdot(\tilde{\omega},.)$ sur $\tilde{\Omega}$. Il suffit en effet de composer les applications $\tilde{\omega} \in \tilde{\Omega} \to \omega = w\cdot(\tilde{\omega}) \in \Omega$ et $\omega \in \Omega \to \phi\cdot(\omega,\cdot)$.

Soit z_t une semi-martingale définie sur $(\tilde{\Omega},\tilde{F},\tilde{F}_t,\tilde{P})$, i.e. un processus qui s'écrit

$$(5.52)\quad z_t = z_0 + A_t + M_t$$

où z_0 est F_0 - mesurable, A_t est continu à droite optionnel à variation finie nul en 0, et M est une martingale locale nulle en 0. Par le Théorème III-2 de [45], on sait que la partie continue M^c de M dans (5.52) ne dépend pas de la décomposition (5.52). Comme dans [45] on pose

(5.53) $< z_i, z_j >_c = < M_i^c, M_j^c >$

De même on définit $< z_i, w^j >_c$ par:

(5.54) $< z_i, w^j >_c = < M_i^c, w_j >$

Alors $\phi_t(\tilde{\omega}, z_t)$ est une semi-martingale sur $\tilde{\Omega}$ qui s'écrit

(5.55) $$\phi_t(\omega, z_t) = z_0 + \int_0^t (X_0 + \frac{1}{2} \frac{\partial X_i}{\partial x} X_i)(u, \phi_u(\tilde{\omega}, z_u))\, du$$

$$+ \int_0^t X_i(u, \phi_u(\tilde{\omega}, z_u)) \cdot \vec{\delta}\, w^i + \int_0^t \frac{\partial X_i}{\partial x}(u, \phi_u(\tilde{\omega}, z_u^-)) \frac{\partial \phi}{\partial x} u\,(\tilde{\omega}, z_u^-)$$

$$d < z, w^i >_c + \frac{1}{2} \int_0^t \frac{\partial^2 \phi}{\partial x^2} u\,(\tilde{\omega}, z_u^-)\, d < z, z >_c + \int_0^t \frac{\partial \phi}{\partial x} u\,(\tilde{\omega}, z_u^-) \cdot \vec{\delta}\, z$$

$$+ \sum_{0 < s \leq t} (\phi_s(\tilde{\omega}, z_s) - \phi_s(\tilde{\omega}, z_s^-) - \frac{\partial \phi}{\partial x} s\,(\tilde{\omega}, z_s^-) \Delta z_s)$$

La preuve de (5.55) est très proche de la preuve de (5.2).

<u>Remarque 3</u>: La preuve du Théorème 5.1 aurait pu être obtenue en utilisant les approximations $\phi_n(\omega, \cdot)$ et en approchant le processus z_t par des processus z_t^n differentiables. La technique utilisée ici donne le résultat de manière plus rapide. Toutefois on va énoncer un résultat d'approximation de certaines semi-martingales continues, qui sera utilisé dans la suite.

Soit en effet y_t un processus stochastique défini sur (Ω, F_∞, P) adapté à

$\{F_{t^+}\}_{t>0}$ à valeurs dans R^d qui s'écrit

$$(5.56)\qquad y_t = y_0 + \int_0^t L ds + \int_0^t H_i . dw^i$$

avec

$$(5.57)\qquad H_{i_t} = H_{i_0} + \int_0^t L_i' ds + \int_0^t H_{ij}' . \vec{\delta w}^j$$

(i.e.

$$(5.58)\qquad y_t = y_0 + \int_0^t (L + \frac{1}{2} H_{ii}') ds + \int_0^t H_i . \vec{\delta w}^i \ )$$

où $y_0, H_{i_0} \in R^d$, L, L_i', H_{ij}' sont des processus adaptés bornés, et où H_{ij}' est continu. On pose

$$(5.59)\qquad H_{i_t}^n = H_{i_0} + \int_0^t L_i' du + \int_0^t H_{ij_{u_n}}' \dot{w}^{j,n} du$$

$$y_t^n = y_0 + \int_0^t L du + \int_0^t H_i^n \dot{w}^{i,n} du$$

On a alors le résultat intermédiaire suivant

Proposition 5.3 : y^n converge P.U.C. vers y . De plus, pour tout $T > 0$, $p (1 \leqslant p < +\infty)$, les suites $E(\sup_{0 \leqslant t \leqslant T} |y_t^n|^p)$ sont bornées et $E(\sup_{0 \leqslant t \leqslant T} |y_t - y_t^n|^p) \to 0$.

Preuve: En effet

$$(5.60)\qquad \left| \int_{s_n}^s H_{u_n}' \dot{w}^n du \right| \leqslant \sup |H'| |w_{s_n^+} - w_{s_n}|$$

Or

$$(5.61)\qquad \int_0^{s_n} H_{ij_{u_n}}' \dot{w}^{i,n} du = \int_0^{s_n} H_{ij_{u_n}}' . \vec{\delta w}^i$$

De plus par l'inégalité de Doob, la martingale $\int_0^s H_{ij_{u_n}}' . \vec{\delta w}^i$ converge P.U.C. vers

$\int_0^t H'_u . \delta\vec{w}^i$, puisque, comme H' est continue bornée, $E\int_0^T |H'_{u_n} - H'|^2 du \to 0$

Donc H^n converge P.U.C. vers H . Alors on a

$$(5.62)\qquad \int_0^s H_i^n \dot{w}^{i,n} du = \int_0^s H^n_{i_{u_n}} \dot{w}^{i,n} du + \int_0^s du \int_{u_n}^u (L'_i + H'_{ij_{u_n}} \dot{w}^{j,n})\, \dot{w}^{i,n} dv \ .$$

De plus pour $1 \leq p < +\infty$ la suite $E(\sup_{0\leq t\leq T} |H^n_u|^{2p})$ est uniformément bornée: en effet

a) Par l'inégalité de Doob-Davis, la famille de variables aléatoires

$\sup_{0\leq t\leq T} \left| \int_0^t H'_{u_n} \delta\vec{w}^i \right|$ est uniformément bornée dans tous les L_p .

b) On a par (5.60), pour $q > 1$

$$(5.63)\qquad E\left[\sup_{0\leq s\leq T} \left|\int_{s_n}^s H'_{u_n} \dot{w}^n du\right|^{2q}\right] < \frac{C}{2^{nq}} [2^n T + 1]$$

Comme H^n converge P.U.C. vers H , on en conclut par un argument d'intégrabilité uniforme que

$$(5.64)\qquad E\int_0^t |H^n_{u_n} - H_u|^2 du \to 0$$

De (5.64) , on tire que pour tout s dyadique $\int_0^{s_n} H_{i_{u_n}} \dot{w}^{i,n} du$ converge en probabilité vers $\int_0^s H_{i_u} . \delta\vec{w}^i$.

Par des majorations du type (1.16) , on montre que pour tout $s > 0$ $\int_0^s du \int_{u_n}^u L'_i \dot{w}^{i,n} dv$ converge en probabilité vers 0 (on peut en fait montrer trivialement la convergence P.U.C.)

Enfin si s est dyadique, on a

$$(5.65)\qquad \int_0^s du \int_{u_n}^u H'_{ij_{u_n}} \dot{w}^{i,n} \dot{w}^{j,n} dv = \frac{1}{2} \sum_0^{2^n s-1} H'_{ij}(k/2^n)(\Delta w^i)(k/2^n)\Delta w^j(k/2^n)$$

et cette somme converge classiquement en probabilité vers

(5.66) $\frac{1}{2}\int_0^s H'_{ii}\, du$.

On déduit de (5.58) que pour tout s dyadique y_s^n converge en probabilité vers y_s

Or si $s \leqslant t \leqslant T$, on tire de (5.59)

(5.67) $$E\,|y_t^n - y_s^n|^{2p} \leqslant C\left[(t-s)^{2p} + E\left|\int_s^t H_i^n\, \dot{w}^{i,n} du\right|^{2p}\right].$$

Si

(5.68) $$\tilde{H}^n_{i_u} = 2^n \int_{u_n \vee s}^{u_n^+ \wedge t} H^n_{i_{u_n}}\, dv$$

on a

(5.69) $$\int_s^t H^n_{i_{u_n}}\, \dot{w}^{i,n}\, du = \int_{s_n}^{t_n^+} \tilde{H}^n_{i_u} . \vec{\delta w}^i$$

et comme $\tilde{H}^n_i$ est adapté, il vient comme en (1.15)

(5.70) $$E\left|\int_s^t H^n_{i_{u_n}}\, \dot{w}^{i,n} du\right|^{2p} \leqslant CE\left|\int_s^t |H^n_{i_{u_n}}|^2 du\right|^p \leqslant C(t-s)^{p-1}\, E\int_s^t |H^n_{i_{u_n}}|^{2p}\, du$$

Or nous avons vu que la suite $E|H^n_{u_n}|^{2p}$ est uniformément bornée. On peut donc majorer (5.70) par

(5.71) $C(t-s)^p$.

De même, en raisonnant comme en (1.16) , on a

(5.72) $$E\left|\int_s^t du \int_{u_n}^u (L'_v + H'_{ij_{u_n}}\, \dot{w}^{j,n})\, \dot{w}^{i,n} dv\right|^{2p} \leqslant C(t-s)^{2p}$$

De (5.62) - (5.72) , on tire que

(5.73) $\quad E|y_t^n - y_s^n|^{2p} \leq C(t-s)^p$.

Les lois Q_n images de P par $\omega \to (w.,y^n_.)$ forment donc un ensemble étroitement relativement compact sur $\mathcal{C}(R^+;R^m\times R^d)$. Soit $\tilde{Q}$ une mesure sur $\mathcal{C}(R^+;R^m\times R^d)$ limite d'une sous-suite Q_{n_k} . Alors comme y_t^n converge en probabilité vers y_t sur (Ω,F_∞,P) pour tout t dyadique, on en déduit que pour la mesure $\tilde{Q}$, la loi de

$$(w_{t_1},\ldots,w_{t_n},\, y_{t_1},\ldots,y_{t_n})$$

est identique à la loi image de P par

$$\omega \to (w_{t_1}(\omega),\ldots,w_{t_n}(\omega),\, y_{t_1}(\omega),\ldots,y_{t_n}(\omega)) \quad .$$

On en déduit immédiatement que $\tilde{Q}$ est la loi image Q de P par $\omega \to (w.(\omega),y.(\omega))$ et que toute la suite Q_n converge étroitement vers Q . En raisonnant comme au Théorème 1.2 i.e. en utilisant l'adaptation de y_t à $\{F_t\}_{t\geq 0}$, on en déduit la convergence P.U.C. de y^n vers y .

Enfin comme $y_0^n = y_0$, en utilisant (5.73) et en raisonnant comme au Théorème 1.2 pour obtenir (1.5) (1.6), on déduit de (5.73) que la suite $E(\sup\limits_{0\leq t\leq T}|y_t^n|^p)$ est uniformément bornée pour tout $p \geq 1$, et que, par un argument d'intégrabilité uniforme, $E(\sup\limits_{0\leq t\leq T}|y_t^n - y_t|^p) \to 0$. □

6. Extension des résultats aux équations de Ito

On ne considère dans cette section que des équations de Ito homogènes, mais les résultats s'étendent élémentairement au cas non homogène par introduction d'une dimension supplémentaire.

$\tilde{X}_0,\ldots,\tilde{X}_m$ est une famille de $m+1$ champs de vecteurs lipchitziens sur R^d. Il existe alors $k > 0$ tel que pour $i = 0,\ldots,m$

(6.1) $\quad |\tilde{X}_i(x)| \leq k(1 + |x|)$.

Considérons alors l'équation différentielle de Ito

(6.2) $\quad dx = \tilde{X}_0(x)\, dt + \tilde{X}_i(x) \cdot \vec{\delta w}^i$

$x(0) = x$.

Alors il est élémentaire de montrer:

1. (6.2) a une solution continue unique.
2. Pour tout $T>0$, $L>0$, $p(1\leq p< +\infty)$, il existe une constante C ne dépendant que de k, T, L, p telle que

(6.3) $\quad |x_0| \leq L \qquad E(\sup_{0\leq t\leq T} |x_t|^p) \leq C$

3. Pour tout $T>0$, $L>0$, $p(1\leq p<+\infty)$, il existe une constante C' ne dépendant que de k, T, L, p telle que

(6.4) $\quad |x_0| \leq L \quad 0\leq s\leq t\leq T , \quad E|x_t - x_s|^{2p} \leq C(t - s)^p$.

4. Pour tout $T>0$, il existe une constante C'' dépendant que de T et de la constante de Lipchitz des $\tilde{X}_i$ telle que

(6.5) $\quad t\leq T \qquad E|x_t^x - x_t^y|^{2p} \leq C'' |x - y|^{2p}$.

2. se démontre très simplement par le lemme de Gronwall. 3. est une conséquence directe de 2. , et 4. est aussi une conséquence du lemme de Gronwall.

De (6.4), (6.5), on tire immédiatement qu'on peut régulariser les solutions de (6.2) , i.e. définir une application essentiellement unique $\phi_{\cdot}(\omega,.)$ de $\Omega\times R^{+}\times R^{d}$ dans R^{d} , mesurable en ω et continue en (t,x) telle que pour tout $x \in R^{d}$, $t \to \phi_{t}(\omega,x)$ est solution de (6.2).

Pour tout $i = 0,\ldots,m$, on peut trouver une suite de champs $\tilde{X}_{i}^{n}$ bornés, C^{∞} , à dérivées bornées, convergeant vers X_{i} uniformément sur les compacts de R^{d} , et telle qu'il existe des constantes fixes k' , k'' pour lesquelles

$$(6.6)\qquad |\tilde{X}_{i}^{n}(x)| \leq k'(1+|x|) \qquad |\tilde{X}_{i}^{n}(x) - \tilde{X}_{i}^{n}(y)| \leq k''|x-y| \quad .$$

Il suffit en effet de tronquer $\tilde{X}_{i}$ en dehors d'une boule dont on fera tendre le rayon vers l'infini, de manière à rendre $\tilde{X}_{i}$ borné, et de régulariser le champ ainsi obtenu par convolution.

On considère alors les équations différentielles de Ito

$$(6.7)\qquad \begin{aligned} dx^{n} &= \tilde{X}_{0}^{n}(x^{n})\, dt + \tilde{X}_{i}^{n}(x^{n}) \,.\vec{\delta}\, w^{i} \\ x^{n}(0) &= x \ . \end{aligned}$$

(6.7) s'écrit aussi

$$(6.8)\qquad dx^{n} = \left(\tilde{X}_{0}^{n} - \frac{1}{2}\frac{\partial \tilde{X}_{i}^{n}}{\partial x}\tilde{X}_{i}^{n}\right)(x^{n})\, dt + \tilde{X}_{i}^{n}(x^{n}).dw^{i} \quad .$$

ce qui permet d'appliquer au flot $\phi^{n}_{\cdot}(\omega_{i})$ associé à (6.7) les résultats des sections précédentes. On a immédiatement :

<u>Théorème 6.1:</u> La suite $\tilde{\phi}^n.(\omega,.)$ converge P.U.C. vers $\tilde{\phi}.(\omega,.)$.

<u>Preuve:</u> Soit S_n la mesure image de P sur $\Omega \times \mathcal{C}(R^+ \times R^d; R^d)$ par $\omega \to (w.(\omega)\tilde{\phi}^n.(\omega,.))$. De (6.4), (6.5), il résulte que les S_n sont un ensemble étroitement relativement compact. Soit S^* la limite étroite d'une sous-suite extraite S_{n_k} . On va montrer que S^* est la mesure image S de P par l'application

$$\omega \to (w.(\omega), \tilde{\phi}.(\omega,.)) \quad .$$

Une fois ce résultat démontré, on raisonne comme au Théorème 1.2 pour en déduire la convergence P.U.C. de $\tilde{\phi}^n.(\omega,.)$ vers $\tilde{\phi}(\omega,.)$.

Soit alors $x_1 \dots x_\ell$ une famille de points de R^d et S_n^ℓ la mesure image de P par l'application

$$\omega \to (w.(\omega), \tilde{\phi}^n.(\omega,x_1),\dots,\tilde{\phi}^n.(\omega,x_\ell)) \quad .$$

La résolution des équations (6.2) et (6.7) s'effectue par une technique de point fixe. Comme les relations (6.6) sont verifiées, un argument classique de dépendance continue sur les points fixes d'applications uniformément contractantes montre que pour tout $x \in R^d$, $\tilde{\phi}^n.(\omega,x)$ converge P.U.C. sur $\Omega \times R^+$ vers $\tilde{\phi}.(\omega,x)$. On en déduit que S_n^ℓ converge étroitement vers la mesure S^ℓ image de P par l'application

$$\omega \to (w.(\omega), \tilde{\phi}.(\omega,x_1),\dots,\tilde{\phi}.(\omega,x_\ell)) \quad .$$

On en conclut facilement que $S = S^*$. □

Plus généralement, supposons que $\tilde{X}_0,\dots,\tilde{X}_m$ aient des dérivées lipchitziennes bornées jusqu'à l'ordre m, et que, en plus des propriétés précédentes, la suite de champs $\tilde{X}_0^n,\dots,\tilde{X}_m^n$ soit telle que leurs dérivées d'ordre 1 jusqu'à l'ordre m sont uniformément bornées et uniformément lipchitziennes, et convergent sur tout compact vers les dérivées correspondantes de $\tilde{X}_0,\dots,\tilde{X}_m$.

On a alors

Théorème 6.2: P.s., le flot $\tilde{\phi}.(\omega,.)$ est tel que les dérivées $\frac{\partial\tilde{\phi}}{\partial x}.(\omega,.)$, ... $\frac{\partial^m\phi}{\partial x^m}.(\omega,.)$ existent et sont continues sur $R^+ \times R^d$. De plus, pour $k\leq m$, $\frac{\partial^k\phi^n}{\partial x^k}.(\omega,.)$ converge P.U.C. vers $\frac{\partial^k\tilde{\phi}}{\partial x^k}.(\omega,.)$.

Preuve: On raisonne uniquement pour les derivées premières, le raisonnement pour les dérivées successives étant identique. On considère l'équation différentielle stochastique

$$(6.9)\qquad dZ^n = \frac{\partial\tilde{X}_0^n}{\partial x}(x^n)\, Z^n\, dt + \frac{\partial\tilde{X}_i^n}{\partial x}(x^n)\,.\,\overset{\rightarrow}{\delta} w^i$$

$$Z^n(0) = I\ .$$

Alors il est clair, par application du lemme de Gronwall que $E(\sup_{0\leq t\leq T} |Z_t^n|^2) \leq K_p$, et que si $s \leq t \leq T, E|Z_s^n - Z_t^n|^{2p} \leq C(t-s)^p$. De ces propriétés, on tire aussi que si $s \leq t \leq T$, $x,y \in R^d$, $E|Z_t^{n,x} - Z_t^{n,y}|^{2p} \leq C\,|x-y|^{2p}$ (c'est évident en utilisant l' inégalité de Doob, la majoration uniforme de $E(\sup_{0\leq t\leq T} |Z_t^n|^{2p})$, une inégalité du type (2.19) et le caractère uniformément lipchitzien des $\frac{\partial \tilde{X}_i}{\partial x}$).

En raisonnant comme précedemment, on se ramène à montrer que la solution Z^n de (6.9) converge P.U.C. (sur $\Omega \times R^+$ vers la solution Z de

$$(6.10) \qquad dZ = \frac{\partial \tilde{X}_o}{\partial x}(x)\, Z\, dt + \frac{\partial \tilde{X}_i}{\partial x}(x)\, Z. \,\vec{\delta}\, w^i$$

$$Z(0) = I \,.$$

Or comme $\frac{\partial \tilde{X}_k}{\partial x}(x^n)$ converge P.U.C. vers $\frac{\partial \tilde{X}_k}{\partial x}(x)$ en restant uniformément borné, il suffit encore d'appliquer un résultat de dépendance continue du point fixe d'applications uniformément contractantes . □

Remarque 1: Ces résultats permettent d'appliquer le Théorème 5.1 à ces nouveaux flots, par des arguments simples de passage à la limite. Notons également qu'on peut prolonger les résultats des sections 1 à 5 à des diffusions sur R^d telles que

a) $X_o, X_1, \ldots, X_m$ sont des fonctions C^∞, à dérivées d'ordre ≥ 1 bornées.

b) Pour tout $i \geq 1$, les dérivées d'ordre ≥ 1 de $\frac{\partial X_i}{\partial x} X_i$ sont bornées.

En effet a) et b) impliquent que $(\tilde{X}_o = X_o + \frac{1}{2}\frac{\partial X_i}{\partial x} X_i, X_1, \ldots X_m)$ ont des dérivées de tous ordres qui sont bornées, ainsi que $(\tilde{X}'_o = -X_o + \frac{1}{2}\frac{\partial X_i}{\partial x} X_i, X_1 \ldots X_m)$, ce qui permet d'appliquer les résultats de cette section à la fois au flot et à son retourné,

<u>Remarque 2</u>: Considérons le cas où $\tilde{X}_o , \tilde{X}_1 \ldots \tilde{X}_m$ sont des champs bornés, à dérivées bornées et uniformément lipchitziennes. On considère l'équation différentielle

$$(6.11) \qquad dx = \tilde{X}_o(x)\, dt + \tilde{X}_i(x) \,.\, \vec{\delta}\, w^i$$

et le flot $\varphi.(\omega,.)$ associé. Par le Théorème 6.2, on sait que $\varphi.(\omega,.)$ est p.s. dérivable à dérivées continues sur $R^+ \times R^d$. Mettons (6.11) sous la forme d'une équation de Stratonovitch

$$(6.12) \qquad dx = -(\tilde{X}_o - \frac{1}{2} \frac{\partial \tilde{X}_i}{\partial x} \tilde{X}_i)(x)\, dt + X_i(x) \,.\, d\, w^i$$

et considérons l'équation retournée

$$(6.13) \qquad dx = -(\tilde{X}_o - \frac{1}{2} \frac{\partial \tilde{X}_i}{\partial x} \tilde{X}_i)(x)\, dt - \tilde{X}_i(x) \,.\, d\, \tilde{w}^{i,T}$$

qui s'écrit aussi

$$(6.14) \qquad dx = (- \tilde{X}_o + \frac{\partial \tilde{X}_i}{\partial x} \tilde{X}_i)(x)\, dt - \tilde{X}_i(x) \,.\, \vec{\delta}\, \vec{w}^{i,T} \quad .$$

Par le Théorème 6.2, on sait que le flot associé $\varphi^T_.(\omega^T,.)$ est p.s. continu, mais a priori on ne sait pas s'il est dérivable, puisque $\frac{\partial \tilde{X}_i}{\partial x} \tilde{X}_i$ n'est pas nécessairement dérivable.

Par ailleurs, comme au Théorème I-2.1, on montre facilement que $\frac{\partial \varphi}{\partial x} . (\omega,.)$ est p.s. non singulière pour tout $(t,x) \in R^+ \times R^d$. De même en appliquant le Théorème I-3.1 aux flots associés à $\tilde{X}^n_o,\ldots\tilde{X}^n_m$ précédemment définis, comme aussi

$-\tilde{X}_o^n + \frac{\partial \tilde{X}_i^n}{\partial x} \tilde{X}_i^n$ converge vers $-\tilde{X}_o + \frac{\partial \tilde{X}_i}{\partial x} \tilde{X}_i$ uniformément sur tout compact en restant uniformément lipchitzien, on montre que le Théorème I-3.1 reste vrai pour les flots $\varphi.(\omega,.)$ et $\tilde{\varphi}.(\tilde{\omega}^T,.)$. On en déduit, comme au Théorème I-3.1 que p.s., pour $t \in R^+$ $\varphi_t(\omega,.)$ est un difféomorphisme de R^d sur R^d de classe C_1 . Comme par le Théorème I-3.1, p.s. $\tilde{\varphi}_T(\tilde{\omega}^T,.)$ est l'application inverse de $\varphi_T(\omega,.)$, on en déduit que p.s. $\tilde{\varphi}_T(\tilde{\omega}^T,.)$ est dérivable. Comme par le Théorème I-3.1 on a

$$\tilde{\varphi}_{T-s}(\tilde{\omega}^T,.) = \varphi_s(\omega,.) \circ \tilde{\varphi}_T(\tilde{\omega}^T,.) \tag{6.15}$$

on en déduit que p.s., pour tout $t, \tilde{\varphi}_t(\tilde{\omega}^T,.)$ est dérivable.

Si $\frac{\partial X_i}{\partial x} X_i$ n'est pas dérivable on a alors la situation singulière qu'on a pu montrer la dérivablité du flot $\tilde{\varphi}.(\omega,.)$ grâce à la dérivabilité du flot retourné. En particulier, on voit qu'a priori $t \to \frac{\partial \tilde{\varphi}_t}{\partial x}(\omega,x)$ n'est pas une semi-martingale, alors que la dérivée du flot retourné est une semi-martingale relativement aux tribus retournées.

CHAPITRE II

PROPRIÉTÉS D'INTERSECTION DU FLOT $\varphi.(\omega,.)$

On va maintenant étudier sur le flot φ certaines situations qui sont de nature essentiellement triviales dans le cas des équations différentielles ordinaires, mais qui sont beaucoup plus difficiles ici, à savoir l'intersection de "tubes" engendrées par le flot avec des sous-variétés.

Dans la section 1, on étudie certaines diffusions construites sur le flot. Dans la section 2, on étudie l'intersection de tubes aléatoires avec des sous-variétés. Dans la section 3, on dégage la notion de transversalité stochastique.

On se place dans ce chapitre sous-les hypothèses de la section I-1., i.e. sur R^d. L'extension aux variétés se fait immédiatement par les techniques de la section I-4 et du chapitre XI.

1. Diffusions construites sur le flot $\varphi.(\omega,.)$

a) Image réciproque d'un point

Soit $x \in R^d$. On pose

$$y_t = \varphi_t^{-1}(\omega,x) \tag{1.1}$$

Par les Théorèmes I-3.4 et I-4.1, on sait que p.s., pour tout $(t,x) \in R^+ \times R^d$, y_t est bien défini. On a alors

Théorème 1.1 : y_t est la solution unique de l'équation différentielle stochastique

$$dy = -\left[\frac{\partial\varphi}{\partial x}\, t(\omega,y_t)\right]^{-1} \left[X_o(t,x)\, dt + X_i(t,x).dw^i\right] \tag{1.2}$$

$$y(0) = x$$

qui s'écrit aussi

$$(1.3)\qquad dy = \Big\{- \Big[\frac{\partial\varphi}{\partial x} t(\omega,y_t)\Big]^{-1} X_o(t,x) + \frac{1}{2}\Big[\frac{\partial\varphi}{\partial x} t(\omega,y_t)\Big]^{-1} \frac{\partial X_i}{\partial x} (t,\varphi_t(\omega,y_t))$$

$$X_i(t,x) - \frac{1}{2}\Big[\frac{\partial\varphi}{\partial x} t(\omega,y_t)\Big]^{-1} \frac{\partial^2\varphi}{\partial x^2} t(\omega,y_t) \ (\Big[\frac{\partial\varphi}{\partial x} t(\omega,y_t)\Big]^{-1} X_i(t,x) \ ,$$

$$\Big[\frac{\partial\varphi}{\partial x} t(\omega,y_t)\Big]^{-1} X_i(t,x))\Big\}dt - \Big[\frac{\partial\varphi}{\partial x} t(\omega,y_t)\Big]^{-1} X_i(t,x) \cdot \vec{\delta} w^i$$

$$y(0) = x \ .$$

Preuve : Considérons l'équation (1.3). Grâce au Théorème I-2.1, nous savons que les différentes fonctions de y qui apparaissent dans (1.3) sont localement lipchitziennes (en fait C^∞) mais les résultats donnés au Théorème I-2.1 sur la croissance à l'infini de ces fonctions ne permettent pas de conclure à l'existence sur $[0,+\infty[$ de la solution de (1.3). On raisonne alors de manière différente.

On note $T^{n,k}$ le temps d'arrêt

$$(1.4)\quad T^{n,k} = \inf\Big\{t \geq 0 \ ; \ \sup_{|y|\leq n}\Big[\Big|\Big[\frac{\partial\varphi}{\partial x_t}(\omega,y)\Big]^{-1}\Big| \vee \Big|\frac{\partial^2\varphi}{\partial x^2} t(\omega,y)\Big| \vee \Big|\frac{\partial^3\varphi}{\partial x^3} t(a,y)\Big|\Big] \geq k\Big\}$$

Alors il est clair que $\lim_{k\to+\infty} T^{n,k} = +\infty$. Si on écrit (1.3) sous la forme

$$(1.5)\qquad dy = f_{o_t}(\omega,y)\, dt + f_{i_t}(\omega,y) \ . \vec{\delta} w^i$$

$$y(0) = x \ .$$

on vérifie par un calcul très simple que si $\bar{B}_n = \{y \; ; \; |y| \leq n\}$ les fonctions $f_o, \dots, f_n$ sont uniformément bornées et uniformément lipchitziennes en y sur $\{(\omega,t,y) \; ; \; t \leq T^{n,k}(\omega) \; , \; y \in \bar{B}_n\}$.

Soit π_n l'opérateur de projection sur $\bar{B}_n$. On considère la nouvelle équation différentielle stochastique

$$\text{(1.6)} \qquad dy^n = f_{o_t}(\omega,\pi_n\, y^n)\, dt + f_{i_t}(\omega,\pi_n\, y^n) \cdot \vec{\delta}\, w^i \; .$$

Sur $[0,T^{n,k}]$, les fonctions $f_{o_t}(\omega,.)$, ... $f_{m_t}(\omega,.)$ sont maintenant uniformément bornées et uniformément lipchitziennes en $y \in R^d$. L'équation (1.6) a donc une solution unique $y^{n,k}$ sur $[0,T^{n,k}]$.

Il est alors clair que $y^{n,k+1}_{t \wedge T^{n,k}} = y^{n,k}_{t \wedge T^{n,k}}$. Comme $T^{n,k} \to +\infty$ on définit ainsi une solution y^n de (1.6) sur $[0,+\infty[$.

On pose

$$\text{(1.7)} \qquad T^n = \inf\{t \geq 0 \; ; \; |y^n_t| \geq n\}$$

Alors trivialement, on voit que sur $[0,T^n]$, y^n_t est solution de (1.5), et que $y^{n+1}_{t \wedge T^n} = y^n_{t \wedge T^n}$.

Les équations (1.2) et (1.3) sont équivalentes. Il suffit en effet d'utiliser la formule I-(2.41) qui donne l'équation de Stratonovitch vérifiée par $\frac{\partial \phi}{\partial x} t(\omega,x)^{-1}$, et d'utiliser le Corollaire du Théorème I-5.1, qui permet de calculer explicitement la semi-martingale $\left[\frac{\partial \varphi}{\partial x} t(\omega,y_t)\right]^{-1}$. Si y est solution de (1.2), on a

$$\text{(1.8)} \qquad \left[\frac{\partial \varphi}{\partial x} t(\omega,y_t)\right]^{-1} = I - \int_0^t \left[\frac{\partial \varphi}{\partial x} s(\omega,y_s)\right]^{-1} \frac{\partial X_o}{\partial x}(x,\varphi_s(\omega,y_s))\, ds$$

$$- \int_0^t \left[\frac{\partial \varphi}{\partial x} s(\omega,y_s)\right]^{-1} \frac{\partial X_i}{\partial x}(s,\varphi_s(\omega,y_s)) \cdot d\, w^i - \int_0^t \frac{\partial \varphi}{\partial x} \left(\left[\frac{\partial \varphi}{\partial x} s(\omega,y_s)\right]^{-1}\right)$$

$$\left[\frac{\partial\varphi}{\partial x}\, s(\omega,y_s)\right]^{-1} (X_o(s,x)ds + X_i(s,x).dw_i)$$

En utilisant (1.8), il n'est pas difficile de transformer (1.2) en (1.3). Le calcul précédent étant réversible (1.2) et (1.3) sont des formes équivalentes de la même équation. Du Théorème I-5.2, il résulte alors que sur $[0,T^n]$ on a

(1.9) $$d\varphi_t(\omega,y_t^n) = (X_o(t,\varphi_t(\omega,y_t^n)) - X_o(t,x))\,dt + (X_i(t,\varphi_t(\omega,y_t^n)) - X_i(t,x)).dw^i$$

Si $z_t^n = \varphi_t(\omega,y_t^n)$, z_t^n est solution de l'équation différentielle

(1.10) $$dz^n = (X_o(t,z_n) - X_o(t,x))dt + (X_i(t,z_n) - X_i(t,x)).dw^i$$

qui a une solution unique $z^n = x$.

Donc sur $[0,T^n]$, on a $y_t^n = \varphi_t^{-1}(\omega,x)$. Il reste à montrer que $T^n \to +\infty$ p.s. Sur $\{\lim T_n < +\infty\}$, on aurait

(1.11) $$\lim |y_{T^n}^n| = +\infty$$

Or par les Théorèmes I-2.1 et I-3.4, p.s., pour tout $t \in R^+$, $\varphi_t(\omega,.)$ est un difféomorphisme surjectif non singulier. Plaçons-nous en dehors du négligeable exceptionnel précédent. Soit $t = \lim T_n < +\infty$, et soit $z = \varphi_t^{-1}(\omega,x)$ Par le Théorème des fonctions implicites, $\lim_{s\to t} \varphi_s^{-1}(\omega,x) = z$, et en particulier $\lim y_{T^n}^n = z$. Ceci est contradictoire avec (1.11). On en déduit bien que $\lim T_n = +\infty$ et le résultat d'unicité énoncé dans le Théorème. □

Remarque : Dans (1.3), on peut remplacer $\frac{\partial X_i}{\partial x}(t,\varphi_t(\omega,y_t))$ par $\frac{\partial X_i}{\partial x}(t,x)$.

b) Image réciproque d'une semi-martingale

On considère une semi-martingale de Ito à valeurs dans R^d qui s'écrit sous la forme

$$(1.12) \qquad x_t = x_o + A_t + \int_o^t \vec{H}_i . \delta w^i$$

où A est un processus continu adapté à variation p.s. finie et où $H_1 \ldots H_m$ sont des processus adaptés tels que $\int_o^t |H_i|^2 \, ds < +\infty$ p.s.

On a alors

Théorème 1.2: $y_t = \varphi_t^{-1}(\omega,x_t)$ est la solution unique de l'équation différentielle stochastique

$$(1.13) \qquad dy = \left[\frac{\partial\varphi}{\partial x} t(\omega,y_t)\right]^{-1} . (dx - X_o(t,x_t)\, dt - X_i(t,x_t).dw^i)$$

$$y(0) = x_o$$

qui s'écrit aussi

$$(1.14) \qquad dy = \left[\frac{\partial\varphi}{\partial x} t(\omega,y_t)\right]^{-1} . \Big\{ dA + \Big[- X_o(t,x_t) - \frac{1}{2} \frac{\partial X_i}{\partial x}(t,x_t)\, H_i - \frac{1}{2} \frac{\partial X_i}{\partial x}$$

$$(t,\varphi_t(\omega,y_t))(H_i - X_i(t,x_t)) - \frac{1}{2} \frac{\partial^2\varphi}{\partial x^2} t\,(\omega,y_t)(\left[\frac{\partial\varphi}{\partial x} t\,(\omega,y_t)\right]^{-1} (H_i - X_i(t,x_t) ,$$

$$\left[\frac{\partial\varphi}{\partial x}\, t(\omega,y_t)\right]^{-1} (H_i - X_i(t,x_t)))\Big]\, dt\Big\} + \left[\frac{\partial\varphi}{\partial x}\, t(\omega,y_t)\right]^{-1}(H_i - X_i(t,x_t)) .\ \vec{\delta w}^i .$$

<u>Preuve:</u> On met (1.14) sous la forme

$$(1.15)\qquad dy = f_{\circ_t}(\omega,y)\circ \vec{\delta}\, h^\circ + f_{1_t}(\omega,y) .\ \vec{\delta}\, h^1 + \ldots + f_{\ell_t}(\omega,y) . \vec{\delta}\, h^\ell .$$

où $h^\circ,\ldots h^\ell$ sont diverses semi-martingales continues. On note encore $T^{n,k}$ le temps d'arrêt défini par (1.4). On vérifie par un calcul très simple que $f_{\circ .}(\omega,.), f_{1.}(\omega,.),\ldots f_{\ell .}(\omega,.)$ sont uniformément bornées et uniformément lipchitziennes sur $\{(\omega,t,y);\ t \leqslant T^{n,k}(\omega),\ y \in \bar{B}_n\}$. Soit π_n l'opérateur de projection sur $\bar{B}_n$. On considère la nouvelle équation différentielle stochastique

$$(1.16)\qquad dy = f_{i_t}(\omega,\pi_n(y)) .\ \vec{\delta}\, h^i$$

Par les résultats de Doléans-Dade, Protter, Emery [27] (1.16) a une solution unique $y^{n,k}$ sur $[0,T^{n,k}]$. Il est clair qu'on a ici aussi $y^{n,k+1}_{t\wedge T^{n,k}} = y^{n,k}_{t\wedge T^{n,k}}$. On définit ainsi une solution y^n de (1.16) sur $[0,+\infty[$. Soit T'^n le temps d'arrêt

$$(1.17)\qquad T'^n = \inf\ \{t \geqslant 0;\ |y^n_t| \geqslant n\}$$

Trivialement sur $[0,T'^n]$, y^n est solution de (1.15) (ou(1.14)).

On montre l'équivalence des équations (1.13) et (1.14) comme au Théorème 1.1. En appliquant alors le Théorème I-5.2, on a immédiatement pour $t \in [0,T'_n]$

$$(1.18)\qquad d\varphi_t(\omega,y^n_t) = dx + (X_0(t,\varphi_t(\omega,y^n_t)) - X_0(t,x_t))dt$$
$$+ (X_i(t,\varphi_t(\omega,y^n_t)) - X_i(t,x_t)).dw^i$$

En posant $z_t^n = \varphi_t(\omega, y_t^n)$, on a

(1.19) $$dz^n = dx + (X_o(t,z_t^n) - X_o(t,x_t))dt + (X_i(t,z_t^n) - X_i(t,x_t)).dw^i$$
$$z^n(0) = x_o \ .$$

En mettant (1.19) sous la forme d'une équation de Ito, il vient

(1.20) $$dz^n = dx + \Big[X_o(t,z_t^n) - X_o(t,x_t) + \frac{1}{2}\ \frac{\partial X_i}{\partial x}(t,z_t^n)(H_i + X_i(t,z^n) - X_i(t,x_t))$$
$$- \frac{1}{2}\ \frac{\partial X_i}{\partial x}(t,x_t)\ H_i\Big]\ dt + (X_i(t,z^n) - X_i(t,x)).\vec{\delta}\ w^i$$
$$z^n(0) = x_o \ .$$

De [27], on tire que (1.20) a une solution unique qui est $z_t^n = x_t$. Donc sur $[0, T'^n]$, on a $y_t^n = \varphi_t^{-1}(\omega, x_t)$.

On montre alors que $T'^n \to +\infty$ comme pour le Théorème 1.1. Le résultat est bien démontré. □

2. Intersections de tubes aléatoires

Soit Y un champ de vecteurs C^∞ borné sur R^d . On note x_s la solution de l'équation différentielle (ordinaire!)

(2.1) $$dx = Y(x_s)\ ds \qquad -\infty < s < +\infty$$
$$x(0) = x$$

On considère dans $R^+ \times R^d$ la surface aléatoire S_ω définie par

(2.2) $$(t,s) \to (t, \varphi_t(\omega, x_s))$$

On va tenter de décrire son intersection avec une hypersurface de $R^+ \times R^d$ donnée par une équation du type

(2.3) $\psi(t,x) = 0$.

On fait l'hypothèse que ψ est une fonction C^∞ définie sur $R^+ \times R^d$ à valeurs dans R , telle que sur

(2.4) $H = \{(t,x) ; \psi(t,x) = 0\}$

supposé non vide, $d\psi \neq 0$.

H est alors une sous-variété différentiable C^∞ de R^d .

Dans le cas où $X_1 = X_2 = \ldots = X_m = 0$,i.e. dans le cas des équations différentielles ordinaires, on peut utiliser le paramètre s pour décrire l'intersection de S - qui ne dépend plus de ω - avec H, moyennant une hypothèse de transversalité du flot, i.e.

(2.5) $$\frac{\partial\psi}{\partial t} + \frac{\partial\psi}{\partial x} X_o \neq 0 \quad \text{sur } H$$

Si H est connexe, chaque ligne de flot $t \mapsto \varphi_t(x_s)$ ne coupe H qu'une seule fois au plus. De plus, par un calcul trivial, on peut décrire l'intersection $S \cap H$ au voisinage de $(t,y) \in S \cap H$ par l'équation différentielle

(2.6) $$\begin{aligned} dy &= X_o(t,y)dt + \frac{\partial\varphi}{\partial x} t(x_s)\ Y_o(x_s)ds. \\ dt &= - \left[\frac{\partial\psi}{\partial x}(t,y) \frac{\partial\varphi}{\partial x} t(x_s)\ Y_o(x_s)ds\right] \left[\frac{\partial\psi}{\partial t}(t,y) + \frac{\partial\psi}{\partial x}(t,y)X_o(t,y)\right]^{-1} \end{aligned}$$

(2.6) est une équation différentielle de paramètre s, et d'inconnues (t,y) , qu'on peut résoudre localement.

Dans le cas général où les $X_i (i \geq 1)$ ne sont pas tous nuls, un tel procédé est inapplicable. En effet une simple écriture formelle montre qu'on aurait dans (2.6) $\frac{dw^i}{dt}$ au dénominateur, ce qui est absurde.

La raison d'une telle impossibilité est simple. En effet, on voit que les équations différentielles ordinaires I-(1.3) approchant le flot $\varphi.(\dot{\omega},.)$ ont un comportement oscillant de plus en plus "rapide", et ne respectent nullement en général une quelconque transversalité.

On va ici prendre t comme paramètre, i.e. la courbe x_s initiale sera elle-même décrite de manière aléatoire.

On exclut naturellement le cas où $\frac{\partial\psi}{\partial x} = 0$, car alors $S_\omega \cap H$ serait donné localement par $t = t_o$, et $S_\omega \cap H$ serait la courbe différentiable $(t_o, \varphi_{t_o}(\omega, x_s))$

On ne peut alors exclure que certaines portions d'intersection se trouvent dans une région où t est localement constant, où simplement "singulier". Seule une condition absurde du type

$$(2.7) \qquad \begin{aligned} &\frac{\partial\psi}{\partial t} + \frac{\partial\psi}{\partial x} X_o \neq 0 \quad \text{sur } H. \\ &\frac{\partial\psi}{\partial t} X_i = 0 \quad \text{sur } H \text{ pour } i \geq 1 \end{aligned}$$

qui indiquerait que sur H le flot diffuse parallèlement à H et pas transversalement, permet d'éviter ce type de difficultés, et d'appliquer (2.6).

On va supposer que $(0, x_o) \in S_\omega \cap H$, et décrire un morceau de l'intersection $S_\omega \cap H$ au voisinage de $(0, x_o)$. On a en effet

<u>Théorème 2.1</u>: Si x_s est solution de l'équation différentielle

$$(2.8) \qquad \begin{aligned} dx_s &= Y_o(x_s)ds \\ x(0) &= x_o \end{aligned}$$

et si $\psi(0,x_o) = 0,\ \frac{\partial\psi}{\partial x}(0,x_o)Y_o(x_o) \neq 0$, alors il existe un temps d'arrêt

$T > 0$ p.s, tel que sur $[0,T]$, l'équation différentielle stochastique

$$(2.9)\qquad ds = -\left[\frac{\partial\psi}{\partial x}(t,\varphi_t(\omega,x_s))\frac{\partial\varphi_t}{\partial x}(\omega,x_s)\,Y_o(x_s)\right]^{-1}\left[\left(\frac{\partial\psi}{\partial t}(t,\varphi_t(\omega,x_s))\right.\right.$$

$$\left.+\left(\frac{\partial\psi}{\partial x}X_o\right)(t,\varphi_t(\omega,x_s))\right)dt+\left.\left(\frac{\partial\psi}{\partial x}X_i\right)(t,\varphi_t(\omega,x_s))\,.\,dw^i\right]$$

$$s(0) = 0$$

ait une solution essentiellement unique sur $[0,T]$. De plus $y_t = \varphi_t(\omega,x_{s_t})$ est une semi-martingale sur $[0,T]$ telle que

$$(2.10)\qquad y_t = x_o + \int_o^t X_o(u,y_u)\,du + \int_o^t X_i(u,y_u).dw^i$$

$$+\int_o^t \frac{\partial\varphi_u}{\partial x}(\omega,x_{s_u})\,Y_o(x_{s_u}).ds$$

et enfin $\psi(t,y_t) = 0$, i.e. $y_t \in S_\omega \cap H$ pour $t \leqslant T$.

<u>Preuve</u>: Pour résoudre (2.9), on transforme formellement (2.9) en une équation différentielle de Ito. Une telle transformation est possible. En effet, grâce aux résultats de I-5, si s est solution de (2.9) , les différents termes de (2.9) sont trivialement des semi-martingales, qu'on peut exprimer grâce aux Théorèmes I-5.1 et I-5.2. On écrit donc (2.9) sous la forme

$$(2.11)\qquad ds = g_{o_t}(\omega,s)\,dt + g_{i_t}(\omega,s).\vec{\delta}\,w^i$$

$$s(0) = 0.$$

Il existe $\varepsilon > 0$ tel que si $|s| \leqslant \varepsilon$, alors

$$(2.12)\qquad \left|\frac{\partial\psi}{\partial x}(0,x_s)\,Y_o(x_s)\right| \geqslant \lambda > 0$$

Soit T^k le temps d'arrêt

$$(2.13)\qquad T^k = \inf\left\{t > 0 \quad \sup_{\substack{\ell=0,1\\ i\leq m\ |s|\leq\varepsilon}} \left|\frac{\partial^\ell g_{i}}{\partial s^{\ell t}}(\omega,s)\right| > k\right\}$$

Grâce à (2.12), pour k assez grand, T^k est trivialement > 0 .

Soit π_ε l'opérateur de projection sur $\{s, |s| \leq \varepsilon\}$. On considère l'équation différentielle stochastique

$$(2.14)\qquad ds = g_{o_t}(\omega,\pi_\varepsilon(s))\,ds + g_{i_t}(\omega,\pi_\varepsilon(s)).\vec{\delta}\, w^i$$

Alors il est clair que sur $[0,T^k]$, (2.14) a une solution unique s . De plus si T est le temps d'arrêt

$$(2.15)\qquad T = \inf\{t \geq 0, |s_t| \geq \varepsilon\} \wedge T_k$$

trivialement, sur $[0,T]$, s est bien solution de (2.11). Alors sur $[0,T]$, on a

$$(2.16)\qquad dx_s = Y_o(x_s).ds$$

et donc par les Théorèmes I-5.1, et I-5.2, si $y_t = \varphi_t(\omega,x_{s_t})$, on a

$$(2.17)\qquad dy = X_o(t,y_t)dt + X_i(t,y_t).dw^i + \frac{\partial\varphi_t}{\partial x}(\omega,x_s)Y_o(x_s).ds$$

Enfin, par la formule de Stratonovitch, on a

$$(2.18)\qquad d\psi(t,y_t) = \frac{\partial\psi}{\partial t}(t,y_t)dt + \frac{\partial\psi}{\partial x}(t,y_t)dy =$$

$$\frac{\partial\psi}{\partial t}(t,y_t)dt + \frac{\partial\psi}{\partial x}(t,y_t)\left[X_o(t,y_t)dt + X_i(t,y_t).dw^i + \frac{\partial\varphi}{\partial x}t\,(\omega,x_s)Y_o(x_s).ds\right]$$

$$= \frac{\partial\psi}{\partial t}(t,y_t)dt + \frac{\partial\psi}{\partial x}(t,y_t)(X_o(t,y_t)dt + X_i(t,y_t).dw^i)$$

$$-(\frac{\partial\psi}{\partial t}(t,y_t) + \frac{\partial\psi}{\partial x}X_o(t,y_t))dt - \frac{\partial\psi}{\partial x}X_i(t,y_t).dw^i = 0$$

et donc, comme $\psi(0,x_o) = 0$, pour $t \leqslant T$, on a $\psi(t,y_t) = 0$. □ .

Remarque 1: Pour $t \geqslant 0$ et ω fixé considérons l'équation donc

(2.19) $\quad \psi(t,\varphi_t(\omega,x_s)) = 0$.

En remarquant que pour $t = 0$, on a

(2.20) $\quad \frac{\partial}{\partial s}\left[\psi(t,\varphi_t(\omega,x_s))\right]_{t=0,s=0} = \frac{\partial\psi}{\partial x}(0,x_o)\; Y_o(x_o) \neq 0$

on vérifie qu'on est sous les conditions du Théorème des fonctions implicites, i.e. il existe un voisinage V^o de 0 dans R^+ , et un voisinage V^1 de 0 dans R tel que si $t \in V^o$, l'équation en s (2.19) ait une et une seule solution dans V^1 qui dépend continûment de t. On en déduit que p.s., pour t assez petit, la fonction $s_t(\omega)$ définie au Théorème 2.1 est effectivement la seule solution de (2.19) .

Remarque 2: Nous avons réussi à faire vivre un temps non nul une diffusion sur un morceau de l'intersection $S_\omega \cap H$. Comme $\frac{\partial\psi}{\partial x}(T,y_T)\frac{\partial\varphi}{\partial x}T(\omega,y_T)\; Y_o(x_{s_T})$ est encore $\neq 0$ sur $(T < +\infty)$ on peut encore prolonger la vie de s sur $[T,T']$, avec $T' > T$ sur $(T < +\infty)$. On peut alors définir une solution maximale de (2.9) par récurrence transfinie [20] 0.8 . On définit en effet une suite croissante de temps d'arrêt $\{T_i\}$ indexée par les ordinaux dénombrables i et la valeur de s sur les intervalles $[T_i, T_{i+1}]$

1) Si i est un ordinal de première espèce, alors

a) Si

$$T_{i-1} < +\infty, \quad \frac{\partial\psi}{\partial x}(T_{i-1}, y_{T_{i-1}}) \frac{\partial\varphi}{\partial x} T_{i-1}(\omega, x_{s_{T_{i-1}}}) \; Y_0(x_{s_{T_{i-1}}}) = 0$$

ou si

$$T_{i-1} = +\infty$$

alors $T_i = T_{i-1}$ et la suite T_i est stationnaire à partir de T_i .

b) Si

$$T_{i-1} < \infty, \quad \frac{\partial\psi}{\partial x}(T_{i-1}, y_{T_{i-1}}) \frac{\partial\varphi}{\partial x} T_{i-1}(\omega, x_{s_{T_{i-1}}}) \; Y_0(x_{s_{T_{i-1}}}) \neq 0$$

on construit T_i à partir de T_{i-1} comme T' à partir de T et on définit s sur l'intervalle $[T_{i-1}, T_i]$ comme précédemment.

2) Si i est un ordinal limite [20] - 0.8 , on pose

$$T_i = \lim_{j < i} T_j$$

Il y a alors deux cas

a) Si $\lim_{j<i} s_{T_j}$ existe, on définit s en T_i par

$$s_{T_i} = \lim_{j < i} s_{T_j}$$

b) Si $\lim_{j<i} s_{T_j}$ n'existe pas, la récurrence s'arrête et on pose par exemple

$$s_{T_i} = \delta$$

où δ est un point à l'infini .

Alors on pose

(2.21) $T = \lim \uparrow T_i$

Il est clair que sur $(T < +\infty)$

a) Soit $\lim s_{T_i}$ existe pas

b) Soit $\lim s_{T_i}$ existe, et dans ce cas

(2.22) $$\frac{\partial\psi}{\partial x}(T,y_T)\ \frac{\partial\varphi}{\partial x}^T(\omega,x_{s_T})\ Y_o\ (x_{s_T}) = 0$$

Dans le cas a) l'intersection $S_\omega \cap H$ est en général très irrégulière quand t approche de T . Dans le cas b) ,l'intersection est singulière en T .

Extensions

Les cas traités dans les sections 1 et 2 sont deux cas extrêmes. En effet soit θ une fonction C^∞ définie sur R^d à valeurs dans $R^k (k \leq d)$. On note

(2.23) $L = \{x \in R^d;\ \theta(x) = 0\}$

On suppose que L est non vide, et que sur L , $d\theta$ est de rang k .

De même, ψ désigne une application définie sur $R^+ \times R^d$ à valeurs dans R^{d-k} telle que sur

(2.24) $H = \{(t,x) \in R^+ \times R^d;\ \psi(t,x) = 0\}$

supposé non vide, $d\psi$ est de rang $d - k$. Alors L est une sous-variété de R^d et H est une sous-variété de $R^+ \times R^d$.

On considère alors la variété aléatoire - ou tube aléatoire - S_ω dans $R^+ \times R^d$ définie par

(2.25) $S_\omega = \{(t,\varphi_t(\omega,x)\}_{(t,x) \in R^+ \times L}$

Alors S_ω est de "dimension" $d-k+1$, et $S_\omega \cap H$, s'il est non vide et régulier est de "dimension" 1.

Soit $x_o \in R^d$ tel que

(2.26) $\psi(0,x_o) = 0$.

$\theta(x_o) = 0$.

$\frac{\partial\psi}{\partial x}(0,x_o)$ est de rang $d-k$.

On fait alors une hypothèse de transversalité de H et L en x_o. En effet soit H_o défini par

(2.27) $H_o = \{x \in R^d;\ \psi(0,x) = 0\}$

Par (2.26), H_o est localement une sous-variété au voisinage de x_o. On suppose alors que

(2.28) $T_{x_o}(H_o) \cap T_{x_o}(L) = \{0\}$

On va alors décrire une partie de $S_\omega \cap H$ au voisinage de $(0,x_o)$. Considérons tout d'abord, pour ω fixé et $t \geq 0$ l'équation

(2.29) $x \in L \quad \psi(t,\varphi_t(\omega,x)) = 0$

Les hypothèses (2.26) et (2.28) signifient précisément que pour $t=0$, la dérivée de l'application

(2.30) $\quad x \in L \longrightarrow \psi(t,\varphi_t(\omega,x))$

est non singulière. Les conditions du Théorème des fonctions implicites sont donc vérifiées, i.e. il existe un voisinage V^o de 0 dans R^+ et un voisinage V^1 de x dans L tel que pour $t \in V_o$, l'équation (2.29) ait une et une seule solution dans V^1 , qui dépend continûment de t. V^o et V^1 dépendent naturellement de ω .

Cherchons à décrire cette solution.

Si $\psi(t,\varphi_t(\omega,x_t)) = 0$ avec $\theta(x_t)=0$, on a au moins formellement

$$\frac{\partial\theta}{\partial x}(x_t).dx = 0 \tag{2.31}$$

$$d(\psi(t,\varphi_t(\omega,x_t))) = 0$$

ce qui s'écrit

$$\frac{\partial\theta}{\partial x}(x_t).dx = 0 \tag{2.32}$$

$$\frac{\partial\psi}{\partial t}(t,\varphi_t(\omega,x_t))\,dt + \frac{\partial\psi}{\partial x}(t,\varphi_t(\omega,x_t))\Big[X_o(t,\varphi_t(\omega,x_t))dt$$

$$+ X_i(t,\varphi_t(\omega,x_t)).dw^i + \frac{\partial\varphi_t}{\partial x}(\omega,x_t).dx\Big] = 0$$

Grâce à la condition (2.28), comme $\frac{\partial\varphi_o}{\partial x}(\omega,x_o) = I$, il existe un et un seul dx en 0 vérifiant (2.32) formellement.

On écrit (2.32) formellement sous la forme

$$(2.33)\qquad dx = -\left[\frac{\partial\psi}{\partial x}(t,\varphi_t(\omega,x_t))\,\frac{\partial\varphi_t}{\partial x}(\omega,x_t)\right]^{-1}_{d\theta}\left[\frac{\partial\psi}{\partial t}(t,\varphi_t(\omega,x_t))dt + \frac{\partial\psi}{\partial x}X_o(t,\varphi_t(\omega,x_t))dt + \frac{\partial\psi}{\partial x}X_i(t,\varphi_t(\omega,x_t)).dw^i\right]$$

$$x(0) = x_o$$

qu'on résoud comme précédemment sur $[0,T]$. $y_t = \varphi_t(\omega,x_t)$ décrit alors un morceau de l'intersection $S_\omega \cap H$. De plus on sait que pour t assez petit x_t est la seule solution dans un voisinage V^1 de x_o de (2.29).

3. Transversalité stochastique

On va dans cette section chercher une notion de transversalité en moyenne du flot $\varphi.(\omega,.)$ relativement à une hypersurface dans $R^+ \times R^d$.

ψ désigne en effet une fonction bornée définie sur $R^+ \times R^d$ à valeurs dans R , C^∞ à dérivées bornées, telle que sur

$$(3.1)\qquad H = \{(t,x) \in R^+ \times R^d\ ;\ \psi(t,x) = 0\}$$

supposé non vide, $d\psi$ est non nul. H est alors une sous-variété de $R^+ \times R^d$ de dimension d .

On fait également l'hypothèse que, pour tout $x \in R^d$, $\psi(0,x) \geq 0$.

On pose alors

$$(3.2)\qquad T_x(\omega) = \inf\{t \geq 0;\ \psi(t,\varphi_t(\omega,x)) = 0\}$$

$$T'_x(\omega) = \inf\{t \geq 0;\ \psi(t,\varphi_t(\omega,x)) < 0\}$$

Clairement $0 \leq T_x(\omega) \leq T'_x(\omega)$. Il est également trivial de vérifier que $x \to T_x(\omega)$ est une fonction s.c.i., $x \to T'_x(\omega)$ est une fonction s.c.s., et que T et T' sont mesurables en (ω,x) . Ce dernier point se démontre en notant par exemple que

$$(3.3) \qquad (T \leq a) = \left\{(\omega,x)\,;\ \inf_{\substack{t \in Q^+ \\ t \leq a}} \psi(t,\varphi_t(\omega,x)) \leq 0\right\}$$

et en notant que $\varphi_t(\omega,x)$ est conjointement mesurable par rapport aux variables (ω,t,x) . On en déduit en particulier que sur

$$(3.4) \qquad B_\omega = \{x \in R^d;\ T_x(\omega) = T'_x(\omega)\}$$

$T.(\omega)$, $T'.(\omega)$ sont des fonctions continues en x .

On va alors supposer que ψ est une fonction strictement surharmonique pour la diffusion associée à $\varphi.(\omega,.)$, i.e. si L est l'opérateur

$$(3.5) \qquad L = \frac{\partial}{\partial t} + X_o + \frac{1}{2} X_i^2$$

alors il existe $a < 0$ tel que

$$(3.6) \qquad L\psi \leq a$$

On a alors

<u>Théorème 3.1</u>: P.s., sauf sur un négligeable pour la mesure de Lebesgue de R^d (qui dépend en général de ω), on a $T_x(\omega) = T'_x(\omega)$.

<u>Preuve:</u> Soit $P_{(s,x)}$ la loi de la diffusion

$$(3.7) \qquad dx = X_o(t,x)dt + X_i(t,x).dw^i \qquad t \geq s.$$

$$x_s = x$$

Alors si $(s,x) \in R^+ \times R^d$ est tel que $\psi(s,x) = 0$, on définit la variable aléatoire $T'_{(s,x)}$ relativement à $P_{(s,x)}$ par

$$(3.8) \qquad T'_{(s,x)} = \inf \{t \geq s;\ \psi(t,x_t) < 0\}$$

Alors $P_{(s,x)}(T'_{(s,x)} = 0) = 1$. En effet pour $s < c < +\infty$

$$(3.9) \qquad E\left[\psi(c \wedge T'_{(s,x)}, x_{c \wedge T'_{(s,x)}})\right] \geq 0$$

De plus, par la formule de Ito, comme $\psi(s,x) = 0$, il vient

$$(3.10) \qquad E\left[\psi(c \wedge T'_{(s,x)}, x_{c \wedge T'_{(s,x)}})\right] = E\int_s^{c \wedge T'_{(s,x)}} L\psi(t,x_t)dt$$

$$\leq aE\,((c-s \wedge (T'_{(s,x)} - s))$$

(3.9) et (3.10) ne sont compatibles que si $E((c-s) \wedge (T'_{(s,x)} - s)) = 0$ i.e.

$$(3.11) \qquad T'_{(s,x)} = s$$

On pose alors

$$(3.12) \qquad T_{(s,x)} = \inf \{t \geq s;\ \psi(t,x_t) = 0\}$$

Par la propriété de Markov forte de $P_{(s,x)}$, on a immédiatement

$$(3.13) \qquad P_{(0,x)}(T'_{(0,x)} > T_{(0,x)}) = E^{P_{(0,x)}}\left[1_{(T_{(0,x)} < +\infty)}\, P_{(T_{(0,x)}, x_{T_{(0,x)}})}\right.$$

$$\left.(T'_{(T_{(0,x)}, x_{T(0,x)})} > T_{(0,x)})\right] = 0$$

Comme $t \to \varphi_t(\omega,x)$ a précisément la loi $P_{(0,x)}$, on en déduit que pour tout $x \in R^d$, sauf sur un négligeable de Ω , qui peut dépendre de x , alors $T_x(\omega) = T'_x(\omega)$. On obtient le Théorème par application du Théorème du Fubini. □

Remarque 1: Il faut naturellement se garder de croire qu'on peut en général éliminer le négligeable exceptionnel de R^d. Contrairement au cas déterministe, où une hypothèse de transversalité garantit que tout le flot passe effectivement à travers H, et donc la continuité de T_x, en général certaines trajectoires du flot $\varphi.(\omega,.)$ opèreront un rebroussement sans traverser H.

CHAPITRE III

INTEGRALES STOCHASTIQUES

L'objet de ce chapitre est d'appliquer les techniques du chapitre I à l'intégrale stochastique.

Ito avait déjà remarqué dans [37] que les intégrales de Stratonovitch ont un caractère essentiellement réversible, i.e. la définition

$$\int_0^t H.dx = \lim \sum \frac{H_{t_i} + H_{t_{i+1}}}{2} \left(x_{t_{i+1}} - x_{t_i} \right)$$

où la limite est prise en probabilité est de caractère réversible, alors que l'intégrale de Ito

$$\int_0^t H.\vec{\delta} x = \lim \sum H_{t_i} \left(x_{t_{i+1}} - x_{t_i} \right)$$

est naturellement irréversible.

Nous allons reprendre certaines de ces idées en définissant la notion d'intégrale stochastique comme une fonction sur $\Omega \times R^+ \times N$, où N est l'espace d'états.

Une telle technique nous permettra de considérer sans difficulté des intégrales stochastiques anticipatives, ou des intégrales stochastiques avec temps non monotone, i.e. intégrées par rapport à w_{t_s} , où w est un mouvement brownien, et $s \to t_s$ est un changement de temps non nécessairement monotone.

Une attention particulière sera donnée ici aux négligeables; il est en effet indispensable qu'une fois éliminé un négligeable <u>fixe</u>, une grande classe d'opérations d'intégration puisse être effectuée simultanément et sans ambiguité hors de ce négligeable.

Dans la section 1, on définit les intégrales stochastiques de processus de la forme $\int_0^t f_i(s,\varphi_s(\omega,x)).dw^i$ comme intégrales fonctions, et on montre la propriété de réversibilité. Dans la section 2, des extensions de cette définition à d'autres classes de processus sont indiquées.

Dans la section 3, on considère des intégrales avec temps non monotone.

Tous les résultats de cette section seront utilisés dans les chapitres IV, V, VI.

1. Intégrales stochastiques fonctions

On se place sous les hypothèses du Chapitre I, Section 1, i.e. sur R^d. Le cas où on travaille sur des variétés sera traité par les méthodes de I.4, ou par les méthodes du chapitre XI.

a) Définition de l'intégrale de Stratonovitch

f désigne une fonction définie sur $R^+ \times R^d$ à valeurs dans R^m, bornée, deux fois dérivable à dérivées continues et bornées.

On considère alors le système I-(1.1) auguel on rajoute une composante supplémentaire notée I_f

$$
(1.1) \qquad \begin{aligned}
dx &= X_o(t,x)dt + X_i(t,x).dw^i \\
x(0) &= x \\
dI_f &= f_i(t,x).dw^i \\
I_f(0) &= 0
\end{aligned}
$$

On considère également l'équivalent du système approché I-(1.3)

$$
(1.2) \qquad \begin{aligned}
dx^n &= (X_o(t,x^n) + X_i(t,x^n)\,\dot{w}^{i.n})dt \\
x^n(0) &= x \\
dI_f^n &= f_i(t,x^n)\dot{w}^{i.n}dt \\
I_f^n(0) &= 0
\end{aligned}
$$

(1.2) définit alors une fonction $I^n_{f_t}(\omega,x)$ sur $\Omega \times R^+ \times R^d$. On a alors

Théorème 1.1: La suite de fonctions I_f^n converge P.U.C. vers une fonction I_f , qui est, sauf sur un négligeable dépendant éventuellement de f , p.s. continue sur $R^+ \times R^d$. Pour tout $x \in R^d$, $I_{f_t}(\omega,x)$ est une version de l'intégrale de Stratonovitch $\int_0^t f_i(s,\varphi_s(\omega,x)).dw^i$

Preuve: Le résultat est immédiat par application du Théorème I.1.2. Remarquons toutefois qu'ici, nous avons seulement supposé que f est C^2 , mais une vérification des résultats de I montre que cette hypothèse suffit à assurer le résultat du Théorème. □

Remarque 1: Notons encore que l'existence d'une version continue essentiellement unique de $\int_0^t f_i(s,\varphi_s(\omega,x)).dw^i$ peut être démontrée sans approximation.

Plus généralement, supposons que f est bornée, et m fois dérivable $(m \geq 3)$, avec des dérivées bornées et continues. On a alors immédiatement

Théorème 1.2: Sauf sur un négligeable, dépendant éventuellement de la fonction f, pour tout t, $I_{f_t}(\omega,.)$ est $m-2$ fois dérivable en x , et les dérivées $\frac{\partial I_f}{\partial x}.(\omega,.)\ldots \frac{\partial^{m-2} I_{f.}}{\partial x^{m-2}}(\omega,.)$ sont continues sur $R^+ \times R^d$. De plus pour tout $k \leq m-2$, $\frac{\partial^k I_f^n}{\partial x^k}.(\omega,.)$ converge P.U.C. vers $\frac{\partial^k I_{f.}}{\partial x^k}(\omega,.)$.

Preuve: Ce résultat est une conséquence immédiate du Théorème I.2.1. Notons encore que nous demandons moins de régularité à f que dans la section I-2. □

Remarque 2: Notons que deux versions p.s. continues de $I_{f.}(\omega,.)$ sont p.s. égales sur tout $R^+ \times R^d$. Pour éviter des difficultés techniques, nous supposerons toujours dans la suite que $I_{f.}(\omega,.)$ été modifiée de manière à être continue sur $R^+ \times R^d$ pour tout ω , (si c'est possible) dérivable en x à dérivées continues sur $R^+ \times R^d$ pour tout ω etc....et nous travaillerons sur une version particulière ainsi choisie.

b) Retournement du temps et propriété de Markov

Nous allons maintenant examiner les propriétés d'invariance de I_f par retournement du temps. Pour simplifier l'énoncé des résultats, on se place temporairement dans le cas homogène, i.e. $X_o,\dots,X_m$ et f ne dépendent pas de t. Nous savons déjà que ceci n'est pas une restriction, car il suffit d'ajouter une dimension supplémentaire au système pour revenir au cas général.

Nous reprenons les hypothèses et notations de la section I-3. $\tilde{I}_f$ désigne ici la fonction I_f calculée pour le flot $\tilde{\varphi}.(\omega,.)$ i.e. avec $\tilde{X} = -X_o,\dots \tilde{X}_m = -X_m$. $\tilde{I}_{f.}(\omega,.)$ est ainsi une version de l'intégrale de Stratonovitch $\int_o^t f_i(\tilde{\varphi}_t(\omega,x)).dw^i$.

On a alors

Théorème 1.3: Pour tout $T > 0$, sauf sur un négligeable, dépendant éventuellement de f et de T, on a

$$(1.3)\qquad x \in R^d \quad I_{f_T}(\omega,x) - \tilde{I}_{f_T}(\tilde{\omega}^T,\varphi_T(\omega,x)) = I_{f_T}(\omega,\tilde{\varphi}_T(\tilde{\omega}^T,x)) - \tilde{I}_{f_T}(\tilde{\omega}^T,x) = 0$$

$$0 \leqslant s \leqslant T, x \in R^d \quad I_{f_s}(\omega,x) = -\tilde{I}_{f_{T-s}}(\tilde{\omega}^T,\varphi_T(\omega,x)) + I_{f_T}(\omega,x)$$

$$0 \leqslant s \leqslant T \; x \in R^d \quad \tilde{I}_{f_{T-s}}(\tilde{\omega}^T,x) = -I_{f_s}(\omega,\tilde{\varphi}_T(\tilde{\omega}^T,x)) + \tilde{I}_{f_T}(\tilde{\omega}^T,x)$$

Preuve: Ceci résulte du Théorème I-3.1 appliqué au système (1.1) . □

C'est en ce sens que l'on peut dire que l'intégrale de Stratonovitch définie précédemment est réversible. Le retournement ne peut toutefois raisonnablement s'effectuer qu'aux temps constants.

Il est classique que $\int_0^t f_i(\varphi_s(\omega,x)).dw^i$ est une fonctionnelle additive du processus de Markov défini par (1.1). Toutefois la propriété d'additivité a ici un caractère plus précis. On a en effet

Théorème 1.4: Pour tout temps d'arrêt T , sauf sur un négligeable dépendant éventuellement de f et T , on a pour tout $(s,x) \in R^+ \times R^d$

(1.4) $$\text{sur } (T < +\infty) \quad I_{f_{s+T}}(\omega,x) = I_{f_s}(\theta_T(\omega),\varphi_T(\omega,x)) + I_{f_T}(\omega,x)$$

Preuve : Il suffit en effet d'appliquer le Théorème I-3.3. □

c) Intégrale de Ito

On conserve les notations homogènes du paragraphe précédent. On a alors:

Théorème 1.5 : Si f est une fonction bornée définie sur R^d à valeurs dans R^m et lipchitzienne, il existe une version p.s. continue et essentiellement unique $J_{f_t}(\omega,x)$ de l'intégrale de Ito

$$(\omega,t,x) \longrightarrow \int_0^t f_i(\varphi_u(\omega,x)).\vec{\delta}\, w^i$$

Preuve : Il suffit d'appliquer le Théorème I-6.1. □

On a aussi

Théorème 1.6: Si f est une fonction définie sur R^d à valeurs dans R^m , continue

bornée, m fois dérivable à dérivées continues bornées, alors p.s.
$\frac{\partial J_f}{\partial x}(\omega,.)\ldots \frac{\partial^{m-1} J_f}{\partial x^{m-1}}(\omega,.)$ existent et sont continues bornées sur $R^+ \times R^d$.

Preuve: Ce résultat est une conséquence du Theorème I-6.2. □

Lorsque f vérifie les hypothèses du Théorème 1.5 , on note, lorsqu'il n'y a pas d'ambiguité, la fonction J_f définie au Théorème 1.5 par $\int_0^t f_i(\varphi_s(\omega,x)).\vec{\delta}\, w^i$

De même, quand f vérifie les hypothèses du Théorème 1.1, on écrit $\int_0^t f_i(\varphi_s(\omega,x)).dw^i$ au lieu de $I_{f_t}(\omega,x)$.

On a alors immédiatement:

Corollaire 1: Si f est une fonction bornée continue définie sur R^d à valeurs dans R^m , deux fois dérivable à dérivées continues et bornées, on a p.s., pour tout $(t,x) \in R^+ \times R^d$

$$(1.5) \qquad \int_0^t f_i(\varphi_s(\omega,x)).dw^i = \int_0^t f_i(\varphi_s(\omega,x)).\vec{\delta}\, w^i + \frac{1}{2}\int_0^t \left\langle \frac{\partial f_i}{\partial x}, X_i \right\rangle (\varphi_s(\omega,x_s))ds.$$

Preuve: Pour tout $x \in R^d$ la relation (1.5) est classique. Les deux membres étant p.s. continus sur $R^+ \times R^d$, on a bien le résultat. □

On a également une relation très simple reliant l'intégrale de Stratonovitch aux intégrales de Ito calculées dans le sens positif et dans le sens négatif. En reprenant les notations du paragraphe b) on a en effet

Corollaire 2: Sous les hypothèses du corollaire 1 , p.s., pour tout $(t,x) \in [0,T] \times R^d$

$$(1.6) \qquad \int_0^t f_i(\varphi_s(\omega,x)).dw^i = \frac{1}{2}\left[\int_0^t f_i(\varphi_s(\omega,x)).\vec{\delta}\, w^i + \int_{T-t}^T f_i(\tilde{\varphi}_s(\tilde{\omega}^T,\varphi_T(\omega,x))).\vec{\delta}\, \tilde{w}^{T,i}\right]$$

Preuve: Par le corollaire 1 , on a

$$(1.7) \qquad \int_{T-t}^{T} f_i(\tilde{\varphi}_s((\tilde{\omega}^T,\varphi_T(\omega,x))).d\tilde{w}^{T,i} = \int_{T-t}^{T} f_i(\tilde{\varphi}_s(\tilde{\omega}^T,\varphi_T(\omega,x)).\vec{\delta}\,\tilde{w}^{T,i}$$

$$- \frac{1}{2}\int_{T-t}^{T} < \frac{\partial f_i}{\partial x}, X_i > (\tilde{\varphi}_s(\tilde{\omega}^T,\varphi_T(\omega,x)))ds .$$

(1.6) résulte immédiatement de (1.3), (1.5), (1.7). □

Notons enfin le résultat suivant qui n'est, malgré son apparence pas "trivial":

Corollaire 3: Soit f une fonction définie sur R^d à valeurs dans R , continue bornée et trois fois dérivable à dérivées continues bornées. Alors, sauf sur un négligeable dépendant de f, on a

(1.8) pour tout $(t,x) \in R^+ \times R^d$

$$f(\varphi_t(\omega,x)) = f(x) + \int_0^t < \frac{\partial f}{\partial x}, X_o > (\varphi_u(\omega,x))du + \int_0^t < \frac{\partial f}{\partial x}, X_i > (\varphi_u(\omega,w)).dw^i$$

$$= f(x) + \int_0^t \left[(X_o + \frac{1}{2} X_i^2)f\right] (\varphi_u(\omega,x))du + \int_0^t < \frac{\partial f}{\partial x}, X_i > (\varphi_u(\omega,x)).\vec{\delta}\, w^i$$

Preuve: Les différents membres de (1.8) étant p.s. continus en (t,x) , le corollaire est une conséquence immédiate des formules de Ito et Stratonovitch. □

Remarque 3: Dansle cas général, on peut naturellement considérer $I_{f.}(\omega,.)$ comme une nouvelle variable d'état du système et intégrer des fonctions de la forme $g(\varphi_u(\omega,x),I_{f_u}(\omega,x))$.

2. Extensions

Dans cette section on va étendre les résultats de la section précédente à une classe d'intégrales plus générales. En effet dans les chapitres qui suivent, il est de grand intérêt de pouvoir avoir une classe très large d'intégrales pour lesquelles des Théorèmes limites comparables au Théorème 1.1 peuvent être énoncés.

a) <u>Intégrales</u> $\int_0^t f_i(\varphi_u(\omega,.), \frac{\partial\varphi}{\partial x} u(\omega,x), \ldots \frac{\partial^m\varphi}{\partial x^m}(\omega,x)).dw^i$

On se place encore sous les hypothèses de 1.b). Soit f une fonction continue bornée définie sur $R^d \times (R^d \otimes R^d)$ à valeurs dans R^m, deux fois dérivables à dérivées continues bornées. On considère la famille de fonctions définies sur $R^+ \times R^d$ à valeurs dans R par

$$(2.1)\qquad K^n_{f_t}(\omega,x) = \int_0^t f_i(\varphi^n_u(\omega,x), \frac{\partial\varphi^n}{\partial x} u(\omega,x))\dot{w}^{i,n}\,du$$

On a alors

<u>Théorème 2.1</u>: La suite de fonctions $\mathcal{J}^n_{f.}(\omega,.)$ converge P.U.C. vers une fonction $\mathcal{J}_{f.}(\omega,.)$ qui est p.s. continue sur $R^+ \times R^d$. De plus pour tout $x \in R^d$, $\mathcal{J}_{f_t}(\omega,x)$ est la version continue sur $R^+ \times R^d$ et essentiellement unique de l'intégrale de Stratonovitch

$$\int_0^t f_i(\varphi_u(\omega,x), \frac{\partial\varphi}{\partial x} u(\omega,x)).dw^i$$

<u>Preuve</u>: On a

$$(2.2)\qquad \int_0^t f_i(\varphi_u(\omega,x), \frac{\partial\varphi_u}{\partial x}(\omega,x)).dw^i = \int_0^t f_i(\varphi_u(\omega,x), \frac{\partial\varphi_u}{\partial x}(\omega,x)).\vec{\delta}\, w^i +$$

$$+ \frac{1}{2}\int_o^t < \frac{\partial f_i}{\partial x}(\varphi_u(\omega,x), \frac{\partial\varphi_u}{\partial x}(\omega,x)), X_i(\varphi_u(\omega,x)) > du + \frac{1}{2}\int_o^t < \frac{\partial f_i}{\partial Z}(\varphi_u(\omega,x), \frac{\partial\varphi_u}{\partial x}(\omega,x)),$$

$$\frac{\partial X_i}{\partial x}(\varphi_u(\omega,x))\frac{\partial\varphi_u}{\partial x}(\omega,x) > du \ .$$

On en déduit, par I-(2.1)

$$(2.3) \qquad E\left|\int_s^t f_i(\phi_u(\omega,x), \frac{\partial\phi_u}{\partial x}(\omega,x)) \ . \ dw^i\right|^{2p} \le C\ |t-s|^p \qquad s \le t \le T$$

De même par I-(1.40),(2.40) (sur lesquels on peut trivialement passer à la limite) et la majoration uniforme de $E(\sup_{0\le t\le T} |\frac{\partial\phi}{\partial x}t(\omega,x)|^{2p})$ qui résulte aussi du Théorème I.2.1 , on montre simplement que

$$(2.4) \qquad E\left|\int_o^t (f_i(\phi_u(\omega,x), \frac{\partial\phi_u}{\partial x}(\omega,x)) - f_i(\phi_u(\omega,y), \frac{\partial\phi_u}{\partial x}(\omega,y))) \ . \ dw^i\right|^{2p} \le C\ |x-y|^{2p}$$

$$0 \le t \le T$$

Une version continue de $\int_o^t f_i(\phi_u(\omega,x) \ , \frac{\partial\phi_u}{\partial x}(\omega,x)) \ . \ dw^i$ existe donc.

De même

$$(2.5) \qquad \mathcal{J}^n_{f_t}(\omega,x) = \int_o^t f_i(\phi^n_{u_n}(\omega,x), \frac{\partial\phi^n_{u_n}}{\partial x}(\omega,x))\ \dot{w}^{i,n}\ du + \int_o^t du \int_{u_n}^u$$

$$(<\frac{\partial f_i}{\partial x}, X_o(\phi^n_v(\omega,x)) + X_j(\phi^n_v(\omega,x))\ \dot{w}^{j,n}> + < \frac{\partial f_i}{\partial Z} \ , \frac{\partial X_o}{\partial x}(\phi^n_v(\omega, x))$$

$$\frac{\partial\phi^n_v}{\partial x}(\omega,x) + \frac{\partial X_j}{\partial x}(\phi^n_v(\omega,x))\ \frac{\partial\phi^n}{\partial x}v(\omega,x)\dot{w}^{j,n} >)\dot{w}^{i,n}\ dv$$

En utilisant les majorations uniformes du chapitre I, on montre facilement une relation du type

$$(2.6) \qquad E\ |\mathcal{J}^n_{f_s}(\omega,x) - \mathcal{J}^n_{f_t}(\omega,y)|^{2p} \le C(|t-s|^p + |x-y|^{2p}) \qquad 0 \le s \le t \le T$$

Les mesures images de P par $\omega \to (w.,\phi^n_.(\omega,.), \frac{\partial\phi^n}{\partial x}.(\omega,.), \mathcal{J}^n_{f.}(\omega,.))$ forment donc un ensemble étroitement relativement compact.

En raisonnant comme en I-5, et en utilisant (2.1), il est facile de montrer que pour tout $(t,x) \in R^+ \times R^d$

$$(2.7) \qquad \mathcal{J}^n_{f_t}(\omega,x) \to \int_0^t f_i(\phi_u(\omega,x), \frac{\partial\phi_u}{\partial x}(\omega,x)) \,.\, dw^i \quad \text{en probabilité.}$$

En raisonnant comme à la Proposition I-5.3, il est facile d'en déduire la convergence P.U.C. de $\mathcal{J}^n_f$.

□

Remarque 1: On peut naturellement étendre ce résultat aux fonctions de $\phi_t(\omega,x)$, $\frac{\partial\phi_t}{\partial x}(\omega,x) \ldots \frac{\partial\phi^m_t}{\partial x^m}(\omega,x)$.

b) Intégrales $\int_0^t f_i(\phi_u^{-1}(\omega,x)) \,.\, dw^i$

On suppose seulement dans cette sous-partie que $X_o, X_1,\ldots,X_m$ sont à support compact. Pour $|x|$ assez grand, on en déduit que $\frac{\partial}{\partial x}(\phi^n)^{-1}(x) = I$

Du Théorème I.2.1., il résulte en particulier que pour tout $p > 1$

$$(2.8) \qquad E(\sup_{\substack{o\le s\le T\\ x\in R^d}} \left|\frac{\partial(\phi^n_s)^{-1}}{\partial x}(\omega,x)\right|^{2p})$$

$$E(\sup_{\substack{o\le s\le T\\ x\in R^d}} \left|\frac{\partial(\phi_s)^{-1}}{\partial x}(\omega,x)\right|^{2p})$$

sont bornées.

Soit f continue bornée sur R^d à valeurs dans R^m deux fois dérivables à dérivées continues. On pose

$$(2.9)\qquad H^n_{f_t}(\omega,x) = \int_0^t f_i((\phi^n_u)^{-1}(\omega,x)) \,.\, \dot{w}^{i,n}\, du$$

On a alors

<u>Théorème 2.2</u>: La suite $H^n_{f.}(\omega,.)$ converge P.U.C. vers une fonction $H_{f.}(\omega,.)$ qui est p.s. continue sur $R^+ \times R^d$. De plus pour tout $x \in R^d$, $H_{f.}(\omega,x)$ est la version continue essentiellement unique de l'intégrale de Stratonovitch $\int_0^t f_i(\phi_u^{-1}(\omega,x)) \,.\, dw^i$.

<u>Preuve:</u> Par le Théorème II-1.1, on a

$$(2.10)\qquad \int_0^t f_i(\phi_u^{-1}(\omega,x)) \,.\, dw^i = \int_0^t f_i(\phi_u^{-1}(\omega,x)) \,.\, \overset{\rightarrow}{\delta} w^i - \frac{1}{2}\int_0^t$$

$$< \frac{\partial f_i}{\partial x}(\phi_u^{-1}(\omega,x)), \left[\frac{\partial \phi_u}{\partial x}(\omega,\phi_u^{-1}(\omega,x))\right]^{-1} X_i(x) > dt.$$

Des remarques précédant l'énoncé du Théorème il n'est pas difficile d'en déduire

$$(2.11)\qquad E\left|\int_s^t f_i(\phi_u^{-1}(\omega,x)) \,.\, dw^i\right|^{2p} \leq C\,|t-s|^p \qquad 0 \leq s \leq t \leq T$$

De même on a pour $0 \leq u \leq T$

$$(2.12)\qquad |\phi_u^{-1}(\omega,x) - \phi_u^{-1}(\omega,y)| \leq \sup_{\substack{0\leq t\leq T\\ z\in R^d}} \left|\frac{\partial \phi_t^{-1}}{\partial x}(\omega,z)\right| |x-y|$$

$$\left|\left[\frac{\partial \phi_u}{\partial x}(\omega,\phi_u^{-1}(\omega,x))\right]^{-1} - \left[\frac{\partial \phi_u}{\partial x}(\omega,\phi_u^{-1}(\omega,y))\right]^{-1}\right| \leq$$

$$\leq \sup_{\substack{0\leq t\leq T\\ z\in R^d}} \left|\left[\frac{\partial \phi_t}{\partial x}(\omega,z)\right]^{-1}\right|^3 \sup_{\substack{0\leq t\leq T\\ z\in R^d}} \left|\frac{\partial^2 \phi_t}{\partial x^2}(\omega,z)\right|$$

En réutilisant l'argument donné dans l'introduction du paragraphe, il est clair que $\sup_{0\leq t\leq T\ z\in R^d}\left|\left[\frac{\partial \phi}{\partial x}t(\omega,z)\right]^{-1}\right|$ et $\sup_{0\leq t\leq T\ z\in R^d}\left|\frac{\partial^2 \phi}{\partial x^2}t(\omega,z)\right|$ sont uniformément bornés dans tous les L_p. Il n'est pas difficile d'en déduire que

$$(2.13)\qquad E\left|\int_o^t (f_i(\phi_u^{-1}(\omega,x)) - f_i(\phi_u^{-1}(\omega,y)))dw^i\right|^{2p} \leq C\,|x-y|^{2p} \qquad 0 \leq t \leq T$$

En raisonnant de manière semblable, on trouve des relations uniformes du type (2.13) pour les H_f^n . On raisonne comme au Théorème précédent pour montrer que pour tout $x \in R^d$,

$$H_{f_t}^n(\omega,x) \to \int_o^t f_i(\phi_u^{-1}(\omega,x)) \,.\, dw^i$$

et en conclure que H_f^n converge P.U.C. vers H_f. □

c) Intégrales $\int_o^t f_i(\phi_u(\omega,\psi_u(\omega,x))) \,.\, dw^i$

On revient aux hypothèses de a) . On considère une autre famille de champs $X'_o,\ldots,X'_m$ possédant les mêmes propriétés que $X_o \ldots X_m$. On note $\psi.(\omega,.)$ le flot associé, $\psi^n(\omega,.)$ les flots approximant $\psi.(\omega,.)$.

On considère la suite de fonctions

$$(2.14)\qquad G_{ft}^n(\omega,x) = \int_o^t f_i(\phi_u^n(\omega,\psi_u^n(\omega,x)))\,\dot{w}^{i,n}\,du$$

On a alors

Théorème 2.3: La suite $G_{f.}^n(\omega,.)$ converge P.U.C. vers une fonction $G_{f.}(\omega,.)$ qui est p.s. continue sur $R^+ \times R^d$. De plus pour tout $x \in R^d$, $G_{f_t}(\omega,x)$ est la version continue essentiellement unique de l'intégrale de Stratonovitch

$$\int_o^t f_i(\phi_u(\omega,\psi_u(\omega,x))) \,.\, dw^i$$

<u>Preuve:</u> Par le Théorème I-5.2, on sait que si $y_t = \phi_t(\omega,\psi_t(\omega,x))$, on a

$$(2.15)\qquad dy = X_o(y)dt + X_i(y)\ .\ dw^i + \frac{\partial\phi}{\partial x}t(\omega,\psi_t(\omega,x))(X'_o(\psi_t(\omega,x))dt + X'_i(\psi_t(\omega,x))\ .\ dw^i)$$

De (2.15) on tire que

$$(2.16)\qquad \int_o^t f_i(\phi_u(\omega,\psi_u(\omega,x)))\ .\ dw^i = \int_o^t f_i(\phi_u(\omega,\psi_u(\omega,x)))\ .\ \vec{\delta w}^i +$$

$$+ \frac{1}{2}\int_o^t < \frac{\partial f_i}{\partial x}(\phi_u(\omega,\psi_u(\omega,x)))\ ,\ X_i(\phi_u(\omega,\psi_u(\omega,x))) +$$

$$+ \frac{\partial\phi}{\partial x}u(\omega,\psi_u(\omega,x))\ X'_i(\psi_u(\omega,x))> du$$

Alors par le Théorème I.2.1. , on a pour $u \leq T$, $\beta > 1$

$$(2.17)\qquad |\frac{\partial\phi}{\partial x}u(\omega,\psi_u(\omega,x))| \leq L^{(1)}_{\beta,T}(\omega)(1 + |\psi_u(\omega,x)|^\beta) <$$

$$< L^{(1)}_{\beta,T}(\omega)(1 + (L'_{\beta,T}(\omega)(1 + |x|^\beta))^\beta)$$

où $L^{(1)}_{\beta,T}$, $L'_{\beta,T}$ sont dans tous les L_p . Donc pour $\gamma > 1$

$$(2.18)\qquad |\frac{\partial\phi}{\partial x}u(\omega,\psi_u(\omega,x))| \leq L''_{\gamma,T}(\omega)(1 + |x|^\gamma)$$

où $L''_{\gamma,T}$ est dans tous les L_p . On en déduit que si x reste uniformément borné, et si $s \leq t \leq T$, on a

$$(2.19)\qquad E\ |\int_s^t f_i(\phi_u(\omega,\psi_u(\omega,x)))\ .\ dw^i|^{2p} \leq C(t-s)^p\ .$$

En utilisant une relation du même type pour majorer $\frac{\partial}{\partial x}\,\phi\circ\psi$, $\frac{\partial}{\partial x}\frac{\partial\phi}{\partial x}(\psi)$, on en tire facilement que si x , y varient dans un compact fixe et si $0 \le t \le T$, alors

$$(2.20)\qquad E\left|\int_0^t [f_i(\phi_u(\omega,\psi_u(\omega,x))) - f_i(\phi_u(\omega,\psi_u(\omega,y)))] \,.\, dw^i\right|^{2p} \le C\,|x-y|^{2p}$$

On montre de la même manière des relations uniformes du type (2.19)-(2.20) pour les G_f^n , et on raisonne comme au Théorème précédents pour en déduire la convergence P.U.C.

□

Remarque 2: Pour toutes ces intégrales, on peut naturellement montrer des propriétés d'invariance par retournement du temps et la propriété de Markov. On peut aussi définir les intégrales de Ito correspondantes.

d) Suppression des hypothèses de borne.

Soit f une fonction C^∞ quelconque sur $R^+\times R^d$ à valeurs dans R^m. On ne suppose plus aucune hypothèse de borne sur f ou ses dérivées. On note f^k une fonction C^∞ bornée à dérivées bornées, coincidant avec f sur la boule $B_k = \{(t,x)\ ;\ |t|\le k\ ,\ |x|\le k\}$.

On a alors

Théorème 2.4: La suite $I^n_{f.}(\omega,.)$ converge P.U.C. vers $I_{f.}(\omega,.)$ qui est, sauf sur un négligeable dépendant éventuellement de f, p.s. continue sur $R^+\times R^d$. Pour tout $x\in R^d$, $I_{f_t}(\omega,x)$ est une version de l'intégrale de Stratonovitch

$$\int_0^t f_i(s,\phi_s(\omega,x)) \,.\, dw^i$$

<u>Preuve:</u> Le flot $\phi_.^n(\omega,.)$ converge P.U.C. vers $\phi.(\omega,.)$. Soit n_k une sous-suite de N telle que p.s. $\phi_.^{n_k}(\omega,.)$ converge uniformément sur tout compact de $R^+ \times R^d$ vers $\phi.(\omega,.)$, ainsi que toutes les dérivées en x de $\phi_.^{n_k}(\omega,.)$ vers les dérivées correspondantes de $\phi.(\omega,.)$. Alors pour tout ω hors d'un négligeable fixe $\mathcal{N}$, la suite $\sup_{|x|\leq M\ t\leq M} |\phi_t^{n_k}(\omega,x)|$ est bornée. A un négligeable près $\mathcal{N}$, Ω s'écrit donc comme une réunion d'ensembles mesurables Ω_ℓ $(\ell \in N)$, tels que si $\omega \in \Omega_\ell$, alors pour tout k,

$$\sup_{|x|\leq M\ t\leq M} |\phi_t^{n_k}(\omega,x)| \leq \ell$$

Or il est clair que pour $\omega \in \Omega_\ell$, $|x| \leq M$, $t \leq M$, on a

$$I_{f_t}^{n_k}(\omega,x) = I_{f^{\ell\vee M}_t}^{n_k}(\omega,x) \tag{2.21}$$

On peut alors appliquer le Théorème I.1 à $I_{f^{\ell\vee M}_t}^{n_k}(\omega,x)$ sur Ω_ℓ . En raisonnant sur toutes les sous-suites de N on déduit bien que $I_{f.}^n(\omega,.)$ converge P.U.C.

En particulier si x tel que $|x| \leq M$ est fixé, on a pour $\omega \in \Omega_\ell$,

$$I_{f_t}(\omega,x) = I_{f^{\ell\vee M}_t}(\omega,x) = \int_0^t f^{\ell\vee M}(s,\phi_s(\omega,x)) \,.\, dw^i \tag{2.22}$$

Or clairement pour $s \leq M$, si $\omega \in \Omega_\ell$ on a

$$f^{\ell\vee M}(s,\phi_s(\omega,x)) = f(s,\phi_s(\omega,x)) \tag{2.23}$$

Alors par le Théorème 27 p 307 de Meyer [45] sur le caractère local de l'intégrale stochastique, pour $\omega \in \Omega_\ell$ (et à un négligeable près), on a

$$\int_0^t f^{\ell\vee M}(s,\phi_s(\omega,x)) \,.\, dw^i = \int_0^t f(s,\phi_s(\omega,x)) \,.\, dw^i \tag{2.24}$$

Le Théorème en résulte.

□

On peut naturellement démontrer des résultats similaires sur les dérivées de $I_{f.}(\omega,.)$.

Ce résultat permet de se débarasser dans toute la suite des hypothèses de borne dans la plupart des cas qui suivent.

On pourra raisonner de la même manière sur les flots à valeurs dans une variété à courbure négative définis au Chapitre XI.

3. Intégrales non monotones

Dans cette section nous allons donner une définition précise à l'intégrale de certains processus par rapport dw_{t_u} où $u \to t_u$ est un changement de temps non **nécessairement** monotone. Une telle définition est nécessaire de manière à rendre la dimension temps aussi peu "singulière" que possible du point de vue de la géométrie différentielle, et à intégrer sur des chaînes où t peut être un paramètre singulier.

a) Intégrales de Stratonovitch

On se replace sous les hypothèses de la section 1.a). On reprend la notation I_f telle qu'elle est utilisée dans cette section.

Soit en effet $s \to (t_s, x_s)$ une application de classe C^1 définie sur R à valeurs dans $R^+ \times R^d$. On veut définir correctement - i.e. de manière continue, réversible, et en dehors d'un négligeable ne dépendant que de f et pas du chemin $s \to (t_s, x_s)$ - l'intégrale de Stratonovitch

$$\int_0^s f(t_u, \varphi_{t_u}(\omega, x_u)) \cdot dw^i_{t_u}$$

f désigne donc une fonction définie sur $R^+ \times R^d$ à valeurs dans R^m, qu'on suppose continue, bornée, trois fois dérivable à dérivées bornées continues.

On sait alors par le Théorème 1.2 que en dehors d'un négligeable fixe, pour tout (t,x), $\frac{\partial I_f}{\partial x} t(\omega,x)$ existe et est continue en (t,x).

On pose alors la définition suivante

Définition 3.1: Si $s \to (t_s, x_s)$ est un chemin de classe C^1 défini sur R à valeurs dans $R^+ \times R^d$, on note $\int_0^s f_i(t_u, \varphi_{t_u}(\omega, x_u)).dw^i_{t_u}$ la fonction définie sur $\Omega \times R$ par

$$(3.1) \qquad \int_0^s f_i(t_u, \varphi_{t_u}(\omega, x_u)).dw^i_{t_u} = I_{f_{t_s}}(\omega, x_s) - I_{f_{t_o}}(\omega, x_o) - \int_0^s \frac{\partial I_f}{\partial x}{}_{t_u}(\omega, x_u).dx_u \,.$$

Remarque 1: Soit $I'_{f\cdot}(\omega,.)$ une autre version continue sur $R^+ \times R^d$ de $\int_0^t f_i(u, \varphi_u(\omega,x)).dw^i$. Par la Remarque 1.2, sauf peut-être sur un négligeable $\mathcal{N}$, on a $I_{f_t}(\omega,x) = I'_{f_t}(\omega,x)$ sur tout $R^+ \times R^d$. Si on définit $\int_0^t f_i(t_u, \varphi_{t_u}(\omega,x_u)).dw^i_{t_u}$ à partir de $I_{f'}$ comme dans (3.1) à partir de I_f, il est clair que sauf peut-être pour $\omega \in \mathcal{N}$, pour tout chemin $s \to (t_s, x_s)$, ces deux définitions coincident. La définition 3.1 est donc une "bonne" définition.

Par les Théorèmes I.1.2 et I.2.1, on sait qu'il existe une sous-suite n_k telle que, en dehors d'un négligeable fixe $\mathcal{N}_f$, $\varphi^{n_k}_{\cdot}(\omega,.)$ converge vers $\varphi_{\cdot}(\omega,.)$ uniformément sur tout compact de $R^+ \times R^d$ ainsi que toutes les dérivées $\frac{\partial^m \varphi^{n_k}}{\partial x^m}.(\omega,.)$, et que $I^{n_k}_{f}.(\omega,.)$ converge vers $I_f.(\omega,.)$ uniformément sur tout compact, en même temps que $\frac{\partial I^{n_k}_f.(\omega,.)}{\partial x}$ vers $\frac{\partial I_f.(\omega,.)}{\partial x}$.

On a alors le résultat fondamental qui justifie la définition

Théorème 3.2: Pour $\omega \notin \mathcal{N}_f$, pour tout chemin de classe C^1 défini sur R à valeurs dans $R^+ \times R^n$, la suite de fonctions

$$(3.2) \qquad s \to \int_0^s f_i(t_u, \varphi^{n_k}_{t_u}(\omega,x_u))\, \dot{w}^{i,n_k}(t_u)\, \frac{dt_u}{du}\, du$$

converge uniformément sur tout compact de R vers $\int_0^s f_i(t_u, \varphi_{t_u}(\omega,x_u)).dw^i_{t_u}$.

Preuve: On a

(3.3) $$I^{n_k}_{f_{t_s}}(\omega,x_s) = I^{n_k}_{f_{t_o}}(\omega,x_o) + \int_0^s f_i(t_u, \varphi^{n_k}_t(\omega,x_u))\, \dot{w}^{i,n_k}(t_u)\, \frac{dt}{du}\, du$$

$$+ \int_0^s \frac{\partial I^{n_k}_f}{\partial x}\, t_u(\omega,x_u) \cdot dx_u$$

En effet si g est une fonction C^∞ sur $R^+ \times R^d$, on a trivialement

(3.4) $$g(t_s,x_s) = g(t_o,x_o) + \int_0^s \frac{\partial g}{\partial t}(t_u,x_u)\, \frac{dt}{du}\, du + \int_0^s \frac{\partial g}{\partial x}(t_u,x_u) \cdot dx_u$$

Si g est une fonction continue bornée sur $R^+ \times R^d$, dérivable en x à dérivée continue bornée, et telle que $\frac{\partial g}{\partial t}$ existe et est continue bornée sauf en une famille $t_1 \dots t_\ell \in R^+$, soit h_λ un noyau C^∞ sur R convergeant vers δ_o quand $\lambda \to 0$. On pose

(3.5) $$g_\lambda(t,x) = \int_{-\infty}^{+\infty} g(t-s,x)\, h_\lambda(s)\, ds$$

Alors

(3.6) $$(g_\lambda , \frac{\partial g_\lambda}{\partial x}) \to (g, \frac{\partial g}{\partial x})$$

uniformément les compacts. De plus $\frac{\partial g_\lambda}{\partial t} \to \frac{\partial g}{\partial t}$ sauf pour un nombre fini de points $t_1, \dots t_n$ en restant bornée. Comme on a (3.4) pour g_λ, pour montrer qu'on a encore (3.4) pour g, il suffit de montrer que

(3.7) $$\frac{\partial g_\lambda}{\partial t}(t_u,x_u)\, \frac{dt}{du} \to \frac{\partial g}{\partial t}(t_u,x_u)\, \frac{dt}{du}$$

ou encore que $\{u ; \frac{dt}{du} \neq 0 \;\; t_u = t_i\}$ est négligeable. Or ce dernier ensemble est dénombrable puis qu'il est la réunion des ensembles $\{|u| \leq k , |\frac{dt}{du}| \geq \frac{1}{k}, t_u = t_i\}_{k\in N,i}$ qui sont finis, faute de quoi ils auraient un point d'accumulation où la dérivée $\frac{dt}{du}$ s'annulerait). On a donc bien (3.3).

En passant à la limite dans (3.3), on a le résultat. □ .

Ce résultat d'apparence mineure est très important. En effet le négligeable éliminé est fixe et ne dépend pas du chemin $s \to (t_s, x_s)$. De plus par une méthode triviale, on a pu définir une fonctionnelle p.s. continue sur un espace de dimension infinie, qui est ici l'espace des chemins.

On a aussi:

<u>Proposition 3.3</u>: Soit $s \to (t_s, x_s)$ un chemin de classe C^1 défini sur R à valeurs dans $R^+ \times R^d$ et h un difféomorphisme de R sur R . Alors sauf peut-être pour $\omega \in \mathcal{N}_f$, on a

$$(3.8) \qquad \int_0^s f_i(t_u, \varphi_{t_u}(\omega, x_u)) \cdot dw^i_{t_u} = \int_{h(o)}^{h(s)} f_i(t_{h^{-1}(u)}, \varphi_{t_{h^{-1}(u)}}(\omega, x_{h^{-1}(u)})) \cdot dw^i_{t_{h^{-1}(u)}}$$

<u>Preuve:</u> L'égalité

$$(3.9) \qquad \int_0^s \frac{\partial I_f}{\partial x} t_u(\omega, x_u)\, dx_u = \int_{h(o)}^{h(s)} \frac{\partial I_f}{\partial x} t_{h^{-1}(u)}(\omega, x_{h^{-1}(u)})\, dx_{h^{-1}(u)}$$

implique trivialement (3.8) . □

Si $s \to (t_s, x_s)$ est un chemin C^1 à valeurs dans $[0,T] \times R^d$, $s \to (T-t_s, \varphi_T(\omega, x_s))$ est encore un chemin C^1 , puisque $\varphi_T(\omega,.)$ est une application C^∞ . On va alors montrer que la définition 3.1 est invariante par retournement du temps.

Plaçons-nous dans le cas homogène, ceci afin de simplifier les notations. $X_0, X_1, \dots X_m$ et f ne dépendent plus de t . $\tilde{\varphi}$ et $\tilde{I}_f$ ont été introduits dans 1 b).

En raisonnant comme pour le Théorème 3.2 , on trouve une sous-suite n_k qui convient à la fois pour φ, I_f et $\tilde{\varphi}$, $\tilde{I}_f$.

On a alors

Théorème 3.4 : Sauf peut-être sur un négligeable fixe, ne dépendant que de T,f , pour tout chemin C^1 : $s \to (t_s, x_s)$ à valeurs dans $[0,T] \times R^d$ on a

$$(3.10) \qquad \int_0^s f_i(\varphi_{t_u}(\omega, x_u)) \cdot dw^i_{t_u} = -\int_0^s f_i(\tilde{\varphi}_{T-t_u}(\tilde{\omega}^T, \varphi_T(\omega, x_u))) \cdot d\tilde{w}^{T_i}_{T-t_u}$$

où l'intégrale de droite est calculée le long du chemin $u \to (T-t_u , \varphi_T(\omega, x_u))$.

Preuve: On a trivialement quand T est dyadique

$$(3.11) \qquad \int_0^s f_i(\varphi^{n_k}_{t_u}(\omega, x_u)) \, \dot{w}^{i,n_k}(t_u) \frac{dt}{du} du = -\int_0^s f_i(\tilde{\varphi}^{n_k}_{T-t_u}(\tilde{\omega}^T, \varphi_T(\omega, x_u))) \dot{\tilde{w}}^{Ti,n_k}_{(T-t_u)} \frac{d(T-t_u)}{du} du$$

(notons que comme on l'a vu au Théorème 3.2, les points $(t_k = k/2^n)$ sont "négligés" par $\frac{dt}{du}$ du).

Pour T dyadique, on applique le Théorème 3.2 . Dans le cas général, on effectue le changement de temps $t \to t/T$ de manière à se ramener au temps $T = 1$. □

b) Intégrales de Ito

On peut aussi définir des intégrales de Ito non monotones. On se place encore pour simplifier dans le cas homogène, i.e. $X_0, \ldots X_m$, f ne dependent pas de t.

En effet si f est une fonction définie sur R^d à valeurs dans R^m, continue bornée et deux fois dérivable à dérivée continue bornée, on sait par le Théorème 1.5 qu'on peut construire une version p.s. continue et dérivable $J_{f_t}(\omega,x)$ de l'intégrale de Ito $\int_o^t f_i(\varphi_{t_u}(\omega,x))\cdot\vec{\delta}w^i$

On définit alors l'intégrale de Ito non monotone.

<u>Définition 3.5</u>: Si $s \to (t_s,x_s)$ est un chemin de classe C^1 défini sur R à valeurs dans $R^+ \times R^d$, on note $\int_o^s f_i(\varphi_{t_u}(\omega,x_u)) \cdot \vec{\delta}w^i_{t_u}$ la fonction définie sur $\Omega \times R$ par

$$(3.12) \qquad J_{f_{t_s}}(\omega,x) - J_{f_{t_o}}(\omega,x_o) - \int_o^s \frac{\partial J_{f_{t_u}}}{\partial x}(\omega,x_u) \cdot dx_u$$

On a alors immédiatement

<u>Proposition 3.6</u>: Si f vérifie les hypothèses de la définition 3.1, alors p.s., pour tout chemin de classe C^1 : $x \to (t_s,x_s)$, on a

$$(3.13) \qquad \int_o^s f_i(\varphi_{t_u}(\omega,x_u))\cdot dw^i_{t_u} = \int_o^s f_i(\varphi_{t_u}(\omega,x_u)).\vec{\delta}w^i_{t_u} + \frac{1}{2}\int_o^s (X_i\, f_i)(\varphi_{t_u}(\omega,x))\, \frac{dt}{du}\, du$$

<u>Preuve</u>: On a

$$(3.14) \qquad I_{f_t}(\omega,x) = J_{f_t}(\omega,x) + \frac{1}{2}\int_o^t (X_i\, f_i)\, (\varphi_s(\omega,x))\, ds$$

(3.13) résulte alors élémentairement de (3.14). □

<u>Corollaire</u>: Si f vérifie le hypothèses de la définition 3.1 et si $s \to (t_s,x_s)$ est un chemin de classe C^1 fixé, alors on a

$$(3.15) \qquad E\int_o^s f_i(\varphi_{t_u}(\omega,x_u)) \cdot \vec{\delta}w^i_{t_u} = 0$$

$$E\int_o^s f_i(\varphi_{t_u}(\omega,x_u)) \cdot dw^i_{t_u} = \frac{1}{2}\, E\int_o^s (X_i\, f_i)\, (\varphi_{t_u}(\omega,x_u))\, \frac{dt}{du}\, du$$

Preuve: On a trivialement

$$(3.16)\qquad E[J_{f_{t_o}}(\omega,x_o)] = E[J_{f_{t_s}}(\omega,x_s)] = 0$$

et par dérivation sous le signe somme

$$E\left[\frac{\partial J_f}{\partial x}{}_{t_u}(\omega,x_u)\right] = 0$$

De (3.12), (3.13) on tire immédiatement (3.15) . □

Proposition 3.7: Sauf peut-être sur un négligeable fixe, pour tout chemin de classe $s \to (t_s,x_s)$, on a, pour tout $s \in R$

$$(3.17)\qquad \varphi_{t_s}(\omega,x_s) = \varphi_{t_o}(\omega,x_o) + \int_o^s X_o(\varphi_{t_u}(\omega,x_u))\frac{dt}{du}\,du$$

$$+ \int_o^s X_i(\varphi_{t_u}(\omega,x_u)) \cdot dw^i_{t_u} + \int_o^s \frac{\partial\varphi}{\partial x}{}_{t_u}(\omega,x_u) \cdot dx_u$$

Preuve: La relation

$$(3.18)\qquad \varphi^n_{t_s}(\omega,x_s) = \varphi^n_{t_o}(\omega,x_o) + \int_o^s X_o(\varphi^n_{t_u}(\omega,x_u))\frac{dt}{du}\,du + \int_o^s X_i(\varphi^n_{t_u}(\omega,x_u))$$

$$\dot{w}^{i,n}(t_u)\frac{dt}{du}\,du + \int_o^s \frac{\partial\varphi^n}{\partial x}{}_{t_u}(\omega,x_u) \cdot dx_u$$

est triviale (compte tenu de la preuve du Théorème 3.2). Il suffit alors de passer à la limite dans (3.18), en utilisant le Théorème 3.2. □

Une formule comparable à la formule de Ito-Stratonovitch peut être calculée le long des chemins $s \to (t_s,x_s)$. Nous laissons ce soin au lecteur.

c) Calcul des intégrales non monotones comme intégrales classiques

Nous allons maintenant exprimer l'intégrale de Stratonovitch où l'intégrale de Ito non monotone comme une intégrale de Stratonovitch où une intégrale de Ito classique. On suppose encore pour simplifier que $X_o, X_1 \dots X_m$ ne dépendent pas de t.

On a tout d'abord un résultat élémentaire

<u>Lemme 1</u>: Si $u \to t_u$ est une application de classe C^1 définie sur R à valeurs dans R^+ , la mesure image de la mesure

$$d\mu^s(u) = 1_{o \leq u \leq s} \left|\frac{dt}{du}\right| du$$

par l'application $u \to t_u$ est absolument continue par rapport à la mesure de Lebesgue, de densité k^s. Si O^s est l'ouvert

$$(3.19) \qquad O^s = \{u \; ; \; 0 < u < s \; ; \; \frac{dt}{du} \neq 0\}$$

la densité k^s est p.p. finie et s'exprime par

$$(3.20) \qquad k^s(t) = \text{Card} \; \{u \in O^s \; ; \; t_u = t\} \; .$$

<u>Preuve</u>: Comme $\frac{dt}{du}$ est continue, O^s est bien ouvert. O^s peut s'exprimer comme une réunion dénombrable d'intervalles ouverts disjoints, qui sont ses composantes connexes. Sur chacun de ces intervalles ouverts I , comme $\frac{dt}{du}$ est continue et de signe constant la mesure image de $1_{u \in I} \left|\frac{dt}{du}\right| du$ est la mesure $1_{t(I)}$ ds
Le lemme 1 et la formule (3.20) s'en déduisent immédiatement par sommation dénombrable. □

On en déduit immédiatement

<u>Lemme 2</u>: Soit g une fonction mesurable bornée définie sur R à valeurs dans R .

Alors pour la mesure $d\mu^s$, l'espérance conditionnelle $\tilde{g}^s(t)$ de $g(u)$ relativement à t_u s'exprime par

$$(3.21) \qquad \tilde{g}^s(t) = \left[\sum_{\substack{u \in O^s \\ t_u = t}} g(u) \right] / k^s(t)$$

<u>Preuve</u>: Avec les notations de la preuve du lemme 1 , on a pour v borélienne bornée

$$(3.22) \qquad \int g(u)\, v(t_u) \left|\frac{dt_u}{du}\right| du = \sum_I \int_{t(I)} g(t^{-1}(x)) v(x)\,dx = \int \Big(\sum_{\substack{u \in O^s \\ t_u = x}} g(u)/k^s(x) \Big) k^s(x) v(x)\,dx$$

Le lemme en résulte. □

On pose alors la définition suivante

<u>Définition 3.8</u> : On dit qu'une application $u \to t_u$ définie sur $\mathbb{R}$ à valeurs dans $\mathbb{R}^+$ de classe C^1 est de type π si pour tout $s>0$, la densité k^s définie en (3.20) appartient à $L_2(dt)$.

Des applications de type π sont très faciles à exhiber, en particulier celles où la dérivée $\frac{dt}{du}$ n'a qu'un nombre fini de zéros.

Dans la suite, si $u \to t_u$ est une application de classe C^1 , $d\mu^s(u/t)$ est la loi conditionnelle de u relativement à t_u définie par la formule (3.21) , et $\varepsilon(u)$ est la fonction définie par

$$(3.23) \qquad \begin{aligned} \varepsilon(u) &= +1 && \text{si } \frac{dt_u}{du} > 0 \\ &= -1 && \text{si } \frac{dt_u}{du} < 0 \\ &= 0 && \text{si } \frac{dt_u}{du} = 0 . \end{aligned}$$

On a alors le résultat suivant, qui permet d'exprimer une intégrale non monotone comme une intégrale de Ito:

Théorème 3.9 : Si $u \to (t_u, x_u)$ est une application de classe C^1 définie sur R à valeurs dans $R^+ \times R^d$, si $u \to t_u$ est de type π, si f est une application continue bornée trois fois dérivable à dérivées continues bornées, définie sur R^d à valeurs dans R^m, alors pour tout $s \in R^+$, $\int_0^s f_i(\varphi_{t_u}(\omega, x_u)) . dw^i_{t_u}$ est p.s. égale à l'intégrale de Stratonovitch

$$(3.24) \qquad \int_0^{+\infty} \left[\int_0^{+\infty} f_i(\varphi_t(\omega, x_h))\, \varepsilon(h)\, d\mu^s(h/t)\right] k^s(t) \cdot dw^i_t$$

$$= \int_0^{+\infty} \left[\int f_i(\varphi_t(\omega, x_h))\, \varepsilon(h)\, d\mu^s(h/t)\right] k^s(t) \cdot \overset{\to}{\delta} w^i_t$$

$$+ \frac{1}{2} \int_0^{+\infty} k_s(t)\, dt \left[\int (X_i\, f_i)\, (\varphi_t(\omega, x_h))\, \varepsilon(h)\, d\mu^s(h/t)\right]$$

Preuve: On a trivialement

$$(3.25) \qquad \int_0^s f_i(\varphi^n_{t_u}(\omega, x_u))\, \dot{w}^{i,n}(t_u) \frac{dt}{du}\, du = \int_0^{+\infty} \left[\int f_i(\varphi^n_t(\omega, x_h))\varepsilon(h) d\mu^s(h/t)\right] \dot{w}^{i,n}(t) k^s(t) dt$$

Par le Théorème 3.2, le membre de gauche de (3.25) converge en probabilité vers

$\int_0^s f_i(\varphi_{t_u}(\omega, x_u)) . dw^i_{t_u}$. On a :

$$(3.26) \qquad \int_0^{+\infty} \left[\int f_i(\varphi^n_t(\omega, x_h))\, \varepsilon(h)\, d\mu^s(h/t)\right] k^s(t)\, \dot{w}^{i,n}(t)\, dt =$$

$$\int_0^{+\infty} \left[\int f_i(\varphi^n_{t_n}(\omega, x_h))\, \varepsilon(h)\, d\mu^s(h/t)\right] k^s(t)\, \dot{w}^{i,n}(t)\, dt +$$

$$+ \int_0^{+\infty} dt \left(\int \left[\int_{t_n}^t < \frac{\partial f_i}{\partial x} (\varphi^n_v(\omega, x_h)), X_o(\varphi^n_v(\omega, x_h)) > \dot{w}^{i,n}(v) dv\right] \varepsilon(h) k^s(t)\, d\mu^s(h/t)\right)$$

$$+ \int_0^{+\infty} dt \left(\int \left[\int_{t_n}^t < \frac{\partial f_i}{\partial x} (\varphi^n_v(\omega, x_h)), X_j(\varphi^n_v(\omega, x_h)) > \dot{w}^{i,n}(v) \dot{w}^{j,n}(v) dv\right] \varepsilon(h) k^s(t) d\mu^s(h/t)\right)$$

On note T_1^n, T_2^n, T_3^n les différents termes intégraux dans (3.26).

N désigne un entier majorant $\sup_{0\leq u\leq s} |t_u|$, $\sup_{0\leq u\leq s} |x_u|$. $k^s(t)$ est nul pour $t > N$.

a) On a

$$(3.27)\qquad T_1^n = \int_0^{+\infty} \left(2^n \int_{t_n}^{t_n^+} \left[\int f_i(\varphi^n_{t_n}(\omega,x_h))\varepsilon(h)\; d\mu^s(h/u)\right] k^s(u)\; du\right)\cdot \vec{\delta} w_t^i$$

Alors

$$(3.28)\qquad E\left\{\int_0^{+\infty} \left|2^n\left(\int_{t_n}^{t_n^+}\left[\int f_i(\varphi^n_{t_n}(\omega,x_h))\; \varepsilon(h)\; d\mu^s(h/u)\right] k^s(u)\; du\right)\right.\right.$$

$$\left.\left. - \left[\int f_i(\varphi_t(\omega,x_h))\; \varepsilon(h)\; d\mu^s(h/t)\right] k^s(t)\right|^2 dt\right\} \leq C\left\{E\int_0^{+\infty}\left|2^n\left(\int_{t_n}^{t_n^+}\left[\int (f_i(\right.\right.\right.$$

$$\left.\left.\left.\varphi^n_{t_n}(\omega,x_h)) - f_i(\varphi_u(\omega,x_h)))\; \varepsilon(h)\; d\mu^s(h/u)\right] k^s(u)\; du\right)\right|^2 dt\right.$$

$$+ E\int_0^{+\infty}\left|2^n\left(\int_{t_n}^{t_n^+}\left[\int f_i(\varphi_u(\omega,x_h))\varepsilon(h)\; d\mu^s(h/u)\right] k^s(u)\; du\right)\right.$$

$$\left.\left. - \left[\int f_i(\varphi_t(\omega,x_h))\varepsilon(h)\; d\mu^s(h/t)\right] k^s(t)\right|^2 dt\right\}$$

Le premier terme du membre de droite de (3.28) est majoré par

$$(3.29) \qquad C\, E \sup_{\substack{|x|\leq N \\ u,v\leq N \\ |v-u|\leq \frac{1}{2^n}}} |\varphi_v^n(\omega,x) - \varphi_u^n(\omega,x)|^2) \int_0^{+\infty} 2^{2n} \left| \int_{t_n}^{t_n^+} k^s(u)\, du\right|^2 dt$$

Or par le Théorème I-1.2

$$(3.30) \qquad Y^n = \sup_{\substack{|x|\leq N \\ u,v\leq N \\ |v-u|\leq \frac{1}{2^n}}} |\varphi_v^n(\omega,x) - \varphi_u(\omega,x)| \to 0 \quad \text{en probabilité}$$

De plus, par le Théorème I-1.2, $E|Y^n|^4$ reste uniformément borné, et donc

$$(3.31) \qquad \|Y^n\|_{L_2} \to 0$$

Enfin grâce à la propriété π, on a

$$(3.32) \qquad \int_0^{+\infty} 2^{2n} \left|\int_{t_n}^{t_n^+} k^s(u)\, du\right|^2 dt \leq \int_0^{+\infty} 2^n \left(\int_{t_n}^{t_n^+} |k^s(u)|^2 du\right) dt = \int_0^{+\infty} |k^s(u)|^2\, du < +\infty$$

De (3.31)-(3.32), on tire que (3.29) tend vers 0. De plus, en posant

$$(3.33) \qquad g_u(\omega) = \left(\int f_i(\varphi_u(\omega,x_h))\, \varepsilon(h)\, d\mu^s(h/u)\right) k^s(u)$$

le deuxième terme du membre de droite de (3.28) s'écrit

$$(3.34) \qquad E\left\{\int_0^{+\infty} \left|2^n \int_{t_n}^{t_n^+} g_u(\omega)\, du - g_t(\omega)\right|^2 dt\right\}$$

Comme $|g_u(\omega)| \leq C\, k^s(u)$, pour tout ω, $g_u(\omega) \in L_2(R)$ et donc le terme

$\{\ \}(\omega)$ tend vers 0 (ceci est un résultat classique sur $L_2(R)$). Comme $\int_0^{+\infty} \{\ \}(\omega)\,dt$ est majorable par $C\int_0^{+\infty} |k^s(u)|^2\,du$ (en utilisant (3.32)), (3.34) tend vers 0 par le Théorème de Lebesgue.

Le premier membre de (3.28) tend vers 0 et ainsi

$$(3.35)\qquad T_1^n \to T_1 = \int_0^{+\infty} \left[\int f_i(\varphi_t(\omega,x_h))\ \varepsilon(h)\ d\mu^s(h/t)\right] k^s(t)\cdot \overset{+}{\delta w}{}^i \quad \text{en probabilité.}$$

b) En utilisant les majorations de la section I.5 , on montre facilement que

$$(3.36)\qquad T_2^n \to 0 \quad \text{en probabilité .}$$

c) On a

$$(3.37)\qquad T_3^n = \int_0^{+\infty} dt(t-t_n)\left[\int < \frac{\partial f_i}{\partial x}(\varphi_{t_n}^n(\omega,x_h))\ ,\ X_j(\varphi_{t_n}^n(\omega,x_h)) > \varepsilon(h)\ d\mu^s(h/t)\right]$$

$$k^s(t)\ \dot{w}^{i,n}\ \dot{w}^{j,n} \quad + \int_0^{+\infty} dt \int_{t_n}^{t} dv\left[\int (< \frac{\partial f_i}{\partial x}\ .\ X_j > (\varphi_v^n(\omega,x_h))\right.$$

$$\left. - < \frac{\partial f_i}{\partial x}\ ,\ X_j > (\varphi_{t_n}^n(\omega,x_h)))\ \varepsilon(h)\ d\mu^s(h/t)\right] k^s(t)\ \dot{w}^{i,n}\ \dot{w}^{j,n}$$

Soient V_1^n et V_2^n les termes intégraux du membre de droite de (3.37) .

α) On pose

$$(3.38) \qquad V_1'^n = 2^n \int_0^{+\infty} dt(t-t_n) \int < \frac{\partial f_i}{\partial x}, X_i > (\varphi^n_{t_n}(\omega, x_h))\, \varepsilon(h)\, d\mu^s(h/t)\, k^s(t)$$

Alors on a

$$(3.39) \qquad E\, |V_1^n - V_1'^n|^2 \to 0$$

En effet posons

$$(3.40) \qquad \tau^n_{ij}(k/2^n) = 2^{2n} \int_{\frac{k}{2^n}}^{\frac{k+1}{2^n}} dt(t-t_n)\, k^s(t) \int < \frac{\partial f_i}{\partial x}, X_j > (\varphi^n_{t_n}(\omega, x_h))\varepsilon(h) d\mu^s(h/t)$$

Alors

$$(3.41) \qquad V_1^n = \sum \tau^n_{ij}(k/_{2}n)\, \Delta\, w^i(k/_{2}n)\, \Delta\, w^j(k/_{2}n)$$

Comme les $\tau^n_{ij}(k/_{2}n)$ sont $F^+_{k/_{2}n}$ - mesurables, il vient

$$(3.42) \qquad E\, |V_1^n - V_1'^n|^2 \leq \frac{C}{2^{2n}} \sum_{0}^{2^n N-1} E|\tau^n_{ij}\, (k/_{2}n)|^2$$

Or trivialement

$$(3.43) \qquad |\tau^n_{ij}(k/_{2}n)|^2 \leq C\, \left|2^n \int_{\frac{k}{2^n}}^{\frac{k+1}{2^n}} k^s(t)\, dt\right|^2 \leq C\, 2^n \int_{\frac{k}{2^n}}^{\frac{k+1}{2^n}} |k^s(t)|^2\, dt$$

Le membre de droite de (3.42) est donc majoré par

$$(3.44) \qquad \frac{C}{2^n} \int_0^{+\infty} |k^s(t)|^2\, dt$$

et tend bien vers 0. (3.39) est ainsi démontré

On pose alors

$$(3.45) \qquad V_1''^n = 2^n \int_0^{+\infty} dt\, k^s(t)(t-t_n) \left(\int < \frac{\partial f_i}{\partial x}, X_i> (\varphi_t(\omega,x_h))\ \varepsilon(h)\ d\mu^s(h/t)\right)$$

On a élémentairement, en raisonnant comme dans le lemme 4.2 de [54]

$$(3.46) \qquad V_1''^n \to V_1 = \frac{1}{2}\int_0^{+\infty} k^s(t)\ dt\left(\int < \frac{\partial f_i}{\partial x}, X_i> (\varphi_t(\omega,x_h))\ \varepsilon(h)\ d\mu^s(h/t)\right)$$

De plus

$$(3.47) \qquad E\,|V_1'^n - V_1''^n|^2 = 2^{2n}\, E\left|\left(\int_0^{+\infty} k^s(t)\ dt(t-t_n)\ \left[\int (< \frac{\partial f_i}{\partial x}, X_i> (\varphi^n_{t_n}(\omega,x_h)) - < \frac{\partial f_i}{\partial x}, X_i> (\varphi_t(\omega,x_h)))\,\varepsilon(h)\ d\mu^s(h/t)\right]\right)\right|^2$$

$$\leq C\left(\int_0^{+\infty} k^s(t)\ dt\right)^2 E\Big(\sup_{\substack{0\leq u,v\leq n\\ |u-v|\leq \frac{1}{2^n}\\ |x|\leq N}} |\varphi^n_v(\omega,x) - \varphi^n_u(\omega,x)|^2\Big)$$

En utilisant (3.31), (3.39), (3.46), (3.47), on a donc

$$(3.48) \qquad V_1^n \to V_1 = \frac{1}{2}\int_0^{+\infty} k^s(t)\ dt \left[\int < \frac{\partial f_i}{\partial x}, X_i> (\varphi_t(\omega,x_h))\varepsilon(h)d\mu^s(h/t)\right] \text{ en probabilité}$$

b) On a

$$(3.49)\qquad E\,|V_2^n| \leqslant \int_0^{+\infty} k^s(t)\,dt \int_{t_n}^{t} dv \int \Big\{E\,|< \frac{\partial f_i}{\partial x}, X_j > (\varphi_v^n(\omega,x_n))$$

$$- < \frac{\partial f_i}{\partial x}, X_j > (\varphi_{t_n}^n(\omega,x_h))|^2\Big\}^{1/2} d\mu^s(h/t)\; 2^n$$

Par I.(1.19) , on peut majorer (3.49) par

$$(3.50)\qquad C \int_0^{+\infty} k^s(t)\,dt \int_{t_n}^{t} dv (v-t_n)^{1/2}\, 2^n \leqslant \frac{C}{2^{n/2}} \int_0^{+\infty} k^s(t)\,dt$$

et donc

$$(3.51)\qquad V_2^n \to 0 \quad \text{en probabilité}$$

On a donc montré l'égalité entre $\int_0^s f_i(\varphi_{t_u}(\omega,x_u))\,.\,dw_{t_u}^i$ et le deuxième membre de (3.24). L'égalité (3.24) résulte d'un calcul élémentaire laissé au lecteur. □

Du Théorème 3.9 , on tire aussi le résultat suivant sur les intégrales de Ito non monotones:

<u>Théorème 3.10</u>: Si $u \to (t_u, x_u)$ est une application de classe C^1 définie sur R à valeurs dans $R^+ \times R^d$, si $u \to t_u$ est de type π et si f est une application continue bornée définie sur R^d à valeurs dans R^m , deux fois dérivable à dérivées continues bornées, alors pour tout $s \geqslant 0$, $\int_0^s f_i(\varphi_{t_u}(\omega,x_u))\,.\,\overset{\rightarrow}{\delta} w_{t_u}^i$ est p.s. égale à l'intégrale de Ito

$$(3.52) \qquad \int_0^{+\infty} \left[\int f_i(\varphi_t(\omega,x_h))\ \varepsilon(h)\ d\mu^s(h/t)\right] k^s(t)\cdot\vec{\delta} w_t^i$$

Preuve: Supposons tout d'abord que f vérifie les hypothèses du Théorème 3.9 . Alors

$$(3.53) \qquad \int_0^s (X_i\ f_i)\ (\varphi_{t_u}(\omega,x_u))\ \frac{dt}{du}\ du = \int_0^{+\infty} k^s(t)\ dt \int (X_i\ f_i)\ (\varphi_t(\omega,x_h))\ \varepsilon(h)\ d\mu^s(h/t)$$

Dans ce cas, le Théorème résulte immédiatement de (3.13) et (3.24).

Si f vérifie les hypothèses du Théorème, soit f_ℓ une suite de fonctions C^∞ telle que $f^\ell, \frac{\partial f}{\partial x}, \frac{\partial^2 f}{\partial x^2}$ forment des suites uniformément bornées de fonctions convergeant vers f, $\frac{\partial f}{\partial x}, \frac{\partial^2 f}{\partial x^2}$ uniformément sur tout compact. Du Théorème I.6.2, il résulte immédiatement que $J_{f^\ell}\cdot(\omega,.)$, $\frac{\partial J_{f^\ell}}{\partial x}(\omega,.)$ convergent P.U.C. vers $J_f\cdot(\omega,.)$, $\frac{\partial J_f}{\partial x}\cdot(\omega,.)$ et donc que $\int_0^s f_i^\ell(\varphi_{t_u}(\omega,x_u))\cdot\vec{\delta} w_{t_u}^i$ converge en probabilité vers $\int_0^s f_i(\varphi_{t_u}(\omega,x_u))\cdot\vec{\delta} w_{t_u}^i$. De plus

$$\int_0^{+\infty} \left[\int f_i^\ell(\varphi_t(\omega,x_h))\ \varepsilon(h)\ d\mu^s(h/t)\right] k^s(t)\cdot\vec{\delta} w^i$$

converge en probabilité vers

$$\int_0^{+\infty} \left[\int f_i(\varphi_t(\omega,x_h))\ \varepsilon(h)\ d\mu^s(h/t)\right] k^s(t)\cdot\vec{\delta} w^i\ .$$

On en déduit bien le Théorème. □

Corollaire: Sous les hypothèses du Théorème 3.10 , on a

$$(3.54) \qquad E\left|\int_0^s f_i(\varphi_{t_u}(\omega,x_u))\cdot\vec{\delta} w_{t_u}^i\right|^2 = \int_0^{+\infty} \left|\left[\int f_i(\varphi_t(\omega,x_h))\ \varepsilon(h)\ d\mu^s(h/t)\right] k^s(t)\right|^2 dt$$

Preuve: C'est immédiat par le Théorème 3.10. □

Remarque 1 : On aurait naturellement pu définir, pour chaque chemin fixe (i.e. ne dépendant pas de ω) les intégrales de Stratonovitch ou de Ito par les formules (3.24) ou (3.52), qui demandent d'ailleurs moins de régularité sur f . Une telle définition serait pour nous sans aucun intérêt. En effet chaque intégrale de Ito serait ainsi définie par un procédé d'approximation qui ne permettrait pas d'obtenir la très forte régularité que les définitions indirectes 3.1 et 3.5 nous donnent. Les Théorèmes 3.9 et 3.10 n'ont pour objet que de confirmer que nos définitions des intégrales non monotones sont bien compatibles avec l'idée "intuitive" qu'on peut se faire de ces intégrales, idée qui ne peut être mise en oeuvre que par la destruction complète de la régularité que nous obtenons par une autre méthode.

Remarque 2: Tous les résultats précédents sont naturellement applicables aux intégrales définies dans la section 2.

Remarque 3: Notons aussi que pour toutes les intégrales non monotones, le chemin $s \to (t_s, x_s)$ peut lui-même explicitement dépendre de ω , i.e. être anticipatif. Cette idée est d'ailleurs la base de l'énoncé du Théorème 3.4 concernant la réversibilité des intégrales non monotones. Les intégrales stochastiques que nous utilisons n'ont donc plus de rapports directs avec les intégrales classiques.

Remarque 4: Notons que si $N = R^d$, tous les résultats de ce chapitre restent vrais sous les hypothèses moins restrictives données à la Remarque I-6-1, en utilisant les techniques d'approximation de la section I-6.

CHAPITRE IV

CALCUL DIFFÉRENTIEL STOCHASTIQUE

L'objet de ce chapitre est d'utiliser les résultats des chapitres I et III au développement d'un calcul différentiel stochastique.

Dans la section 1, on étudie l'action du flot $\varphi.(\omega,.)$ défini au chapitre I sur les formes tensorielles. On étudie en particulier le semi-groupe de générateur

$$(0.1) \qquad L_{X_o} + \frac{1}{2} L^2_{X_i} \, .$$

où L_{X_k} désigne l'opérateur de dérivation de Lie associé à X_k.

Dans la section 2, on étudie l'intégration de formes différentielles sur des chaînes aléatoires. Plus exactement si α_o est une k-forme sur la variété N, et si $\beta_o \dots \beta_m$ sont une famille de k-1-formes sur N, on intègre une forme différentielle écrite formellement sous la forme

$$(0.2) \qquad \alpha_o + dt \wedge \beta_o + dw^1 \wedge \beta_2 +, \dots + dw^m \wedge \beta_m \, .$$

sur des k-chaînes combinaisons linéaires de k-simplexes singuliers de la forme $s \to (t_s, \varphi_{t_s}(\omega, x_s))$.

Les définitions utilisées permettent de calculer les intégrales sur de telles chaînes exactement comme dans le cas déterministe, après élimination d'un négligeable qui dépend seulement de $(\alpha_o, \beta_o \dots \beta_m)$ et pas de la chaîne. Une telle propriété est en effet indispensable pour dériver les équations de la mécanique aléatoire.

Dans la section 3, on démontre une formule de type Stokes sur les formes différentielles (0.2). Cette formule est démontrée avec les même propriétés que précédemment.

Dans la section 4, des résultats comparables aux résultats précédents sont démontrés lorsqu'on intègre sur des chaînes de type non anticipatif. Le négligeable éliminé dépend alors naturellement de la chaîne.

Pour d'autres approches de l'intégration de 1-formes le long de contours stochastiques, nous renvoyons à D. Michel [46] [47] et Ikeda et Manabe [34], avec des objectifs et des techniques très différentes des nôtres. D. Michel s'intéresse en particulier à des intégrales de 1-formes le long de diffusions générées par un mouvement brownien à deux paramètres.

1. Action de φ sur les formes tensorielles

On se place sous les hypothèses des sections I-1 ou I-4 dont on reprend les notations et les conclusions. N désigne dans tous les cas l'espace sur lequel agit le flot $\varphi_.(\omega,.)$. Pour simplifier on utilise des notations homogènes, i.e. $X_o,\dots X_m$ ne dépendent pas explicitement de t .

T^r_s désigne l'ensemble des champs de tenseurs C^∞ sur N de type (r,s).

On rappelle [40]-I.2 que si X est un champ de vecteurs C^∞ , et si $K \in T^r_s$, alors $L_X K$ est un élément de T^r_s défini par

$$(1.1)\qquad L_X K(x) = \lim_{\substack{t\to o\\ t\neq o}} \frac{\psi_t^{*\,-1} K_{\psi_t(X)} - K(x)}{t}$$

où ψ_t est le flot de difféomorphismes associé à X , et ψ_t^* désigne l'action de la différentielle $\frac{\partial\psi_t}{\partial x}$ sur T^r_s .

Si $X(t,x)$ est un champ de vecteurs sur N dépendant de $(t,x) \in R^+ \times N$ i.e. $X(t,x) \in T_x(N)$, $L_X K$ est la dérivée de Lie de K à t constant.

On a alors

Théorème 1.1 : Si $K \in T^r_s$, alors pour tout $X \in N$, on a

$$(1.2)\qquad (\varphi_t^{*-1}K)\ (x) = K(x) + \int_o^t (\varphi_s^{*-1}(L_{X_o}K))\ (x)\ ds + \int_o^t (\varphi_s^{*-1}(L_{X_i}K))\ (x)\ .\ dw^i =$$

$$K(x) + \int_0^t (\varphi_s^{\star-1}(L_{X_o} + \frac{1}{2} L_{X_i}^2) K)(x)\, ds + \int_0^t (\varphi_s^{\star-1}(L_{X_i} K))(x) \cdot \overset{\rightarrow}{\delta} w^i$$

<u>Preuve:</u> On suppose tout d'abord que $N = R^d$ et que K est à support compact. Alors on a trivialement

$$(1.3) \qquad (\varphi_t^{n\,\star-1} K)(x) = K(x) + \int_0^t (\varphi_s^{n\,\star-1}(L_{X_o} K))(x)\, ds + \int_0^t (\varphi_s^{n\,\star-1}(L_{X_i} K))(x)\, \dot{w}^{i,n}\, ds$$

Grâce au Théorème I-2.1 , il est clair que

$$(1.4) \qquad \int_0^t \varphi_s^{n\,\star-1}(L_{X_o} K))(x)\, ds \to \int_0^t (\varphi_s^{\star-1}(L_{X_o} K))(x)\, ds \quad \text{en probabilité}$$

De plus, en notant que

$$(1.5) \qquad \int_0^t (\varphi_s^{n\,\star-1}(L_{X_i} K))(x)\, \dot{w}^{i,n}\, ds = \int_0^t (\varphi_{s_n}^{n\,\star-1}(L_{X_i} K))(x)\, \dot{w}^{i,n}\, ds$$

$$+ \int_0^t ds \int_{s_n}^s (\varphi_v^{n\,\star-1}(L_{X_o} + L_{X_j}\, \dot{w}^{j,n})\, L_{X_i} K)(x)\, \dot{w}^{i,n}\, dv$$

comme toutes les fonctions $L_{X_o} K, \ldots L_{X_m} K$ sont à support compact, on passe à la limite dans (1.5) comme à la section I-5 et on vérifie très simplement que

$$(1.6)\qquad \int_0^t (\varphi_s^{n\,*-1}(L_{X_i}K))(x)\,\dot w^{i,n}\,ds + \frac{1}{2}\int_0^t (\varphi_s^{*-1}(L_{X_i}^2 K))(x)\,ds$$

$$+ \int_0^t (\varphi_s^{*-1}(L_{X_i}K))(x)\,.\,\vec{\delta} w^i$$

La formule (1.2) est bien démontrée, quand K est à support compact.

Quand K n'est pas à support compact

a) Pour $N = R^d$ on raisonne très simplement par arrêt.

b) Dans le cas où N est une variété paracompacte comme à la section I-4, on plonge N dans R^{2d+1}, on prolonge K par partition de l'unité en un champ de tenseurs C^∞ sur tout R^{2d+1}, et on utilise a). □

Remarque 1: On peut très simplement montrer, grâce aux résultats du chapitre III, que les intégrales du membre de droite de (1.2) sont régularisables, i.e. que l'égalité a lieu sauf sur un négligeable ne dépendant plus de (t,x).

On en déduit:

Théorème 1.2: Pour que p.s, pour tout $(t,x) \in R^+ \times N$

$$(1.7)\qquad (\varphi_t^{*-1}K)(x) = K(x)$$

il faut et il suffit que

$$(1.8)\qquad L_{X_0}K = L_{X_1}K = \dots = L_{X_m}K = 0$$

Preuve: La condition est suffisante. En effet de (1.3) on tire que

$$(1.9)\qquad (\varphi_t^{n\,*-1}K)(x) = x$$

et donc (1.7) est vérifiée.

Montrons qu'elle est nécessaire.

En effet, pour x fixé, $(\varphi_t^{*-1}K)(x)$ est le processus constant. Par l'unicité de la décomposition de Meyer, on en déduit en particulier que

$$(1.10)\qquad \int_0^t (\varphi_s^{*-1}(L_{X_i}K))(x)\,\overset{\rightarrow}{\delta}w^i$$

est une martingale locale nulle, et donc que

$$(1.11)\qquad \int_0^t |(\varphi_s^{*-1}(L_{X_i}K))(x)|^2\,ds$$

est le processus nul. Comme $s \to (\varphi_s^{*-1}(L_{X_i}K))(x)$ est continu, on en déduit immédiatement que

$$(1.12)\qquad (L_{X_1}K)(x) = \ldots = (L_{X_m}K)(x) = 0\ .$$

De (1.2), en annulant le terme à variation bornée de la décomposition de Meyer de $(\varphi_t^{*-1}K)(x)$ on en déduit aussi que

$$(1.13)\qquad (L_{X_0}K)(x) = 0\ . \quad \square$$

Nous allons construire maintenant un semi-groupe T_t opérant sur T_s^r de générateur infinitésimal

$$(1.14)\qquad L_{X_0} + \frac{1}{2} L_{X_i}^2$$

Si $N = R^d$, on note par $\hat{T}_s^r$ l'ensemble des éléments de T_s^r qui sont à croissance à l'infini au plus polynômiale, ainsi que leurs dérivées.

On a alors

Théorème 1.3: Sous les hypothèses de la section I-1 (resp. de la section I-4) l'application

$$(1.15) \qquad K \to (T_t K)(x) = E\left[(\varphi_t^{*-1} K)(x)\right]$$

défini un semi-groupe continu de $\hat{T}_s^r$ dans $\hat{T}_s^r$ (resp. de T_s^r dans T_s^r) de générateur infinitésimal

$$L_{X_o} + \frac{1}{2} L_{X_i}^2$$

Preuve: Plaçons-nous d'abord sous les hypothèses de la section I-1. Du Théorème I-2.1, on tire que pour $\beta > 1$, $0 \leqslant |k| < +\infty$

$$(1.16) \qquad \left|\frac{\partial^k}{\partial x^k} (\varphi_t^{*-1} K)(x)\right| \leqslant M_T^k(\omega)(1 + |x|^{\beta + n_k}) \quad 0 \leqslant t \leqslant T$$

avec M_T^k dans tous les L_p. De (1.16), il résulte immédiatement que $(T_t K)(x)$ est continue en (t,x) et à croissance polynômiale en x, et par dérivation sous le signe somme, que les dérivées $\frac{\partial^k}{\partial x^k}(T_t K)(x)$ existent et sont continues sur $R^+ \times R^d$, à croissance polynômiale en x. De plus

$$(T_{t+s} K)(x) = E\left[(\varphi_{t+s}^{*-1} K)(x)\right] = E\left[(\varphi_t^{*-1}(\omega,.)(\varphi_s^{*-1}(\theta_s \omega,.)K))(x)\right]$$

Comme $\theta_t^{-1}(F_\infty)$ et F_t^+ sont indépendants, on a

$$(T_{t+s} K)(x) = E\left[\varphi_t^{*-1}(T_s K)(\varphi_t(\omega,x))\right] = (T_t(T_s K))(x)$$

et T_t est bien un semi-groupe. De plus de (1.16), on tire que

$$E\int_0^t |(\varphi_s^{*-1}(L_{X_i}K))\ (x)|^2\ ds < +\infty \tag{1.17}$$

et donc de (1.2) que

$$(T_tK)\ (x) = K(x) + \int_0^t (T_s(L_{X_0} + \frac{1}{2}L_{X_i}^2)K)\ (x)\ ds \tag{1.18}$$

De (1.18) , il résulte que

$$\lim_{t\downarrow\downarrow 0} \frac{(T_tK)(x) - K(x)}{t} = ((L_{X_0} + \frac{1}{2}L_{X_i}^2)K)\ (x) \tag{1.19}$$

et de (1.16), on déduit que la limite existe uniformément sur les compacts de R^d .

Dans le cadre de la section I-4, plongeons N dans R^{2d+1} comme au Théorème I-4.1, en prolongeant K en un champ C^∞ sur R^{2d+1} . Soit L un compact de R^{2d+1} contenant les supports de $X_0^*\ldots X_m^*$ (on utlise les notations de la preuve du Théorème I-4.1).

On pose

$$T_x(\omega) = \inf\{t \geq 0\ ;\ \varphi_t(\omega,x) \notin L\} \tag{1.20}$$

Alors comme $t \to \varphi_t(\omega,x)$ s'arrête en $T_x(\omega)$, on a

$$(\varphi_t^{*-1}K)\ (x) = (\varphi_{t\wedge T_x(\omega)}^{*-1}K)\ (x) \tag{1.21}$$

Du Théorème I-2.1, il résulte que si $x \in L$, on a encore (1.16) où $1 + |x|^{\beta+n_k}$ peut être remplacé par une constante C et si $x \notin L$

on a $(\varphi_t^{*-1} K)(x) = K(x)$. On peut alors appliquer le même raisonnement que précédemment. □

Application au mouvement brownien sur une variété riemanienne compacte

On reprend les hypothèses et les notations de la section du paragraphe de la section I-4 consacré au mouvement brownien sur une variété riemanienne compacte.

Par la formule I-(4.6) , on connait l'action de l'opérateur $\frac{1}{2}\sum L^2_{B_u(e_i)}$ sur les fonctions C^∞ de la forme $f(\pi(.))$. On va déterminer ici l'action de cet opérateur sur une classe de formes linéaires. On a en effet:

Proposition 1.4: Si α est une forme différentielle C^∞ sur N, alors si □ est le laplacien de Riemann-Kodaira sur N , et ω la forme de la connexion de Levi-Civita sur N ([40] - IV), on a, pour $X \in T_u(O(N))$

$$(1.22) \qquad \langle \frac{1}{2} \sum_1^d L^2_{B_u(e_i)}(\pi_* \alpha), X\rangle = -\frac{1}{2}\langle \pi_* \Box\alpha, X\rangle + \sum_1^d \langle \nabla_{u(e_i)}\alpha, u[\omega(X)e_i]\rangle$$

(on rappelle que $\Box = (d\delta + \delta d)$)

Preuve: Pour simplifier les notations, on pose

$$(1.23) \qquad X_i = B_u(e_i)$$

Soit $\tilde{\alpha}$ la représentation équivariante de α , i.e. $\tilde{\alpha}$ est une fonction définie sur $O(N)$ à valeurs dans R^d par

$$(1.24) \qquad \tilde{\alpha}(u) = \tilde{u}\, \alpha(\pi(u))$$

(rappelons que u étant une application linéaire de R^d dans $T_x(N)$, $\tilde{u}$

applique bien $T^*_x(N)$ dans R^d) .

On a alors

(1.25) $$X_i <\pi_* \alpha, X_j> = <L_{X_i} \pi_* \alpha, X_j> + <\pi_* \alpha, [X_i, X_j]>$$

Or par la Proposition III-5.4 de [40] , $[X_i, X_j]$ est vertical et donc $<\pi_* \alpha, [X_i, X_j]> = 0$. De (1.25) on tire

(1.26) $$<L_{X_i} \pi_* \alpha, X_j> = X_i <\pi_* \alpha, X_j> = X_i <\alpha, u\, e_j> = <X_i \tilde{\alpha}, e_j>$$

Si g est l'algèbre de Lie de $O(R^d)$, si $A \in g$, soit A^* le champ de vecteur fondamental sur $O(N)$ associé à A([40]-I-5) . On a de même

(1.27) $$X_i <\pi_* \alpha, A^*> = <L_{X_i} \pi_* \alpha, A^*> + <\pi_* \alpha, [X_i, A^*]>$$

Or par la Proposition III-2.3 de [40] , on a $[X_i, A^*] = - B_u(Ae_i)$. Comme $<\pi_* \alpha, A^*> = 0$, on a donc

(1.28) $$<L_{X_i} \pi_* \alpha, A^*> = <\pi_* \alpha, B_u(Ae_i)> = <\tilde{\alpha}, Ae_i>$$

De même, on a

(1.29) $$X_i <L_{X_i} \pi_* \alpha, X_j> = <L^2_{X_i} \pi_* \alpha, X_j> + <L_{X_i} \pi_* \alpha, [X_i, X_j]>$$

Or par la Proposition III-5.4 de [40] , $[X_i, X_j]$ est un vecteur vertical tel que

(1.30) $$\omega([X_i, X_j]) = - \Omega(X_i, X_j)$$

où Ω est la forme de courbure (nous enlevons systématiquement tous les coefficients

2 dans [40]) .

Donc par (1.28)

(1.31) $$<L_{X_i}\ \pi_\star\alpha,\ [X_i,X_j]> = -<\tilde{\alpha},\Omega(X_i,X_j)\ e_i>$$

De plus, de (1.26) , on tire que

(1.32) $$X_i\ <L_{X_i}\ \pi_\star\alpha,X_j> = <X_i^2\ \tilde{\alpha},e_j>$$

De (1.29), (1.31), (1.32), on tire

(1.33) $$<L^2_{X_i}\ \pi_\star\alpha,X_j> = <X_i^2\ \tilde{\alpha},e_j> + <\tilde{\alpha},\Omega(X_i,X_j)\ e_i>$$

Soit S le tenseur de Ricci sur N([40]) VI-5) , et J sa représentation sur la base u , i.e.

(1.34) $$S(ue,ue') = J(e,e')$$

On a par définition

(1.35) $$<Je,e'> = \sum_1^d <\Omega(X_i,e^\star)\ e',e_i> = -\sum_1^d <e',\Omega(X_i,e^\star)\ e_i>$$

où $e^\star$ est choisi tel que $\pi^\star\ e^\star = ue$,

De (1.33)-(1.35) , il résulte immédiatement que

(1.36) $$\sum_1^d <L^2_{X_i}\ \pi_\star\alpha,X_j> = <\sum_1^d X_i^2\ \tilde{\alpha},e_j> - <J\tilde{\alpha},e_j>$$

De la formule de Weitzenböck [42] , on tire que

(1.37) $$\sum_1^d X_i^2\ \tilde{\alpha} - J\tilde{\alpha} = -\widetilde{\Box\alpha}$$

ce qui implique que sur les vecteurs horizontaux, $\sum_1^d L_{X_i}^2 \pi_\star\alpha$ et $-\pi_\star\square\alpha$ coincident.

De même, comme $[X_i,A^\star]$ est horizontal, on a par (1.26)

$$(1.38) \qquad X_i<L_{X_i}\pi_\star\alpha,A^\star> = <L_{X_i}^2\pi_\star\alpha,A^\star> + <L_{X_i}\pi_\star\alpha,[X_i,A^\star]>$$

$$= <L_{X_i}^2\pi_\star\alpha,A^\star> - <X_i\tilde{\alpha},Ae_i>$$

Or par (1.28), on a

$$(1.39) \qquad X_i<L_{X_i}\pi_\star\alpha,A^\star> = <X_i\tilde{\alpha},Ae_i>$$

De (1.38),(1.39) et du lemme de [40] III.1(p.115) il résulte que

$$(1.40) \qquad <L_{X_i}^2\pi_\star\alpha,A^\star> = 2<X_i\tilde{\alpha},Ae_i> = 2<\nabla_{ue_i}\alpha,u\,Ae_i>$$

La formule (1.22) est alors immédiate par (1.36) et (1.40). □

2. Intégration de formes différentielles sur des chaînes aléatoires

Dans toute la suite, on utilise le langage et les notations de l'homologie singulière [59].

On se place dans le cas traité à la section I-1 ou à la section I-4.

L'application de ces techniques aux variétés à courbure négative pour les flots définis au chapitre XI ne pose aucune difficulté.

N désigne encore l'espace d'états sur lequel agit $\varphi.(\omega,.)$.

Pour $k \leq d+1$, S_k désigne le simplexe

(2.1) $$S_k = \{(s_1,\dots s_k) \in R^k \;;\; s_1 \geq 0 \dots s_k \geq 0 \;,\; s_1 + \dots + s_k \leq 1\}$$

On rappelle alors la définition suivante:

<u>Définition 2.1</u>: On appelle k- simplexe singulier de classe $C^m (0 \leq m \leq +\infty)$ à valeurs dans $R^+ \times N$ toute application définie sur S_k à valeurs dans $R^+ \times N$ prolongeable en une application de classe C^∞ sur un voisinage de S_k dans R^k.

On appelle k-chaîne de classe C^m toute combinaison linéaire formelle finie à coefficients réels de k-simplexes singuliers de classe C^m.

Les opérations de bord sont définies de manière classique (voir par exemple [59]).

Etant donnée une k-chaîne b de classe C^∞, on considère la k-chaîne de classe C^0 image de b par l'application $\Phi.(\omega,.)$ de $R^+ \times N$ dans $R^+ \times N$ définie par

$$(t,x) \to (t,\varphi_t(\omega,x))$$

On va alors intégrer des formes différentielles sur de telles k-chaînes.

Dans les sous-sections a), b) et c) on présente successivement le cas k=1, k=2 et le cas général. On y utilise de manière essentielle les intégrales non monotones définies au chapitre III. Dans la sous-section d), on montre l'invariance de la définition par retournement du temps. Dans la sous-section e), on exprime les intégrales de formes différentielles à l'aide d'intégrales de Ito non monotones. Dans la sous-section f), on les exprime dans certains cas avec des intégrales de Ito classiques. Enfin dans la sous-section g), on étudie les intégrales de formes différentielles sur des tubes aléatoires de "longueur" variable.

a) <u>Intégration sur des 1-chaînes</u>

Notons tout d'abord que un 1-simplexe singulier de classe C^k est une application de $[0,1]$ dans $R^+ \times N$ prolongeable en une application C^k sur un voisinage de $[0,1]$.

$\alpha_\sigma(t,x)$ désigne une 1-forme différentielle sur N , dépendant de manière C^∞ de $(t,x) \in R^+ \times N$. $\alpha_o(t,x)$ est ainsi un élément de $T_x^*(N)$.

$\beta_o, \dots \beta_m$ sont une famille de fonctions C^∞ sur $R^+ \times N$ à valeurs réelles.

On pose alors la définition suivante:

<u>Définition 2.2</u> : Etant donnés $\alpha_o, \beta_o \dots \beta_m$ comme précédemment, et un 1-simplexe singulier de classe C^∞ à valeurs dans $R^+ \times N$ noté $\sigma : s \to (t_s, x_s)$, on appelle intégrale de la forme différentielle formelle

$$(2.2) \qquad \gamma = \alpha_o + \beta_o \, dt + \beta_1 \, dw^1 + \dots + \beta_m d\, w^m$$

sur le 1-simplexe de classe C^o

$$(2.3) \qquad c : s \to (t_s, \varphi_{t_s}(\omega, x_s))$$

et on note $\int_c \gamma$ la fonction mesurable définie sur Ω à valeurs dans R par

$$\begin{aligned}(2.4) \qquad \int_c \gamma = & \int_o^1 \alpha_o(t_u, \varphi_{t_u}(\omega,x_u)) \left(\frac{\partial\varphi}{\partial x} t_u(\omega,x_u) \frac{dx}{du}\right) du \\ & + \int_o^1 \alpha_o(t_u, \varphi_{t_u}(\omega,x_u)) (X_o(t_u, \varphi_{t_u}(\omega,x_u))) \frac{dt}{du} du \\ & + \int_o^1 \alpha_o(t_u, \varphi_{t_u}(\omega,x_u)) (X_i(t_u, \varphi_{t_u}(\omega,x_u))) dw^i_{t_u} \\ & + \int_o^1 \beta_o(t_u, \varphi_{t_u}(\omega,x_u)) dt_u + \int_o^1 \beta_i(t_u, \varphi_{t_u}(\omega,x_u)).dw^i_{t_u}\end{aligned}$$

Il est essentiel de remarquer que compte tenu des résultats du Chapitre III, (2.4) est bien défini sans ambigüité. En effet toutes les intégrales non monotones sont bien définies grâce aux résultats du chapitre III, et en particulier du Théorème III-2.4 qui permet de se débarrasser de toute hypothèse de borne.

Notons également qu'en dehors d'un négligeable dépendant de $(\alpha_o,\beta_o,\dots \beta_m)$ et pas du simplexe σ , (2.4) est défini sans ambigüité.

On a alors le résultat fondamental:

Théorème 2.3: Il existe une sous-suite n_k dépendant de $(\alpha_o,\beta_o,\dots \beta_m)$, un négligeable $\mathcal{N}$ dépendant de $(\alpha_o,\beta_o,\dots \beta_m)$ tel que pour tout $\omega \notin \mathcal{N}$, $\varphi^{n_k}.(\omega,.)$ converge vers $\varphi.(\omega,.)$ uniformément sur tout compact de $R^+ \times R^d$ ainsi que toutes les dérivées $\frac{\partial^\ell \varphi^{n_k}}{\partial x^\ell}.(\omega,.)$ vers $\frac{\partial^\ell \varphi}{\partial x^\ell}.(\omega,.)$ et que de plus, pour tout 1-simplexe singulier de classe C^∞ $\sigma : s \to (t_s,x_s)$ à valeurs dans R^+ , si γ^n est la 1-forme différentielle sur $R^+ \times N$

$$(2.5) \qquad \gamma^n = \alpha_o + (\beta_o + \beta_1 \dot{w}^{1,n} + \dots \beta_m \dot{w}^{m,n})\, dt$$

et si c^n est le 1-simplexe

$$(2.6) \qquad c^n : s \to (t_s, \varphi^n_{t_s}(\omega,x_s))$$

alors si c est le 1-simplexe

$$(2.7) \qquad c : s \to (t_s, \varphi_s(\omega,x_s))$$

$\int_{c^{n_k}} \gamma^{n_k}$ converge vers $\int_c \gamma$.

Preuve: Par définition on a

$$(2.8)\qquad \int_{c^n} \gamma^n = \int_0^1 \alpha_o(t_u, \varphi^n_{t_u}(\omega,x_u))\left(\frac{\partial\varphi^n_{t_u}}{\partial x}(\omega,x_u)\right) dx_u$$

$$+ \int_0^1 \alpha_o(t_u, \varphi^n_{t_u}(\omega,x_u))\,(X_o(t_u, \varphi^n_{t_u}(\omega,x_u)))\, dt_u$$

$$+ \int_0^1 \alpha_o(t_u, \varphi^n_{t_u}(\omega,x_u))\,(X_i(t_u, \varphi^n_{t_u}(\omega,x_u)))\, \dot{w}^{i,n}(t_u)\,\frac{dt}{du}\, du$$

$$+ \int_0^1 \beta_o(t_u, \varphi^n_{t_u}(\omega,x_u))\, dt_u + \int_0^1 \beta_i(t_u, \varphi^n_{t_u}(\omega,x_u))\, \dot{w}^{i,n}(t_u)\,\frac{dt}{du}\, du$$

(notons que la forme γ^n n'est pas de classe C^∞ puisque les $\dot{w}^{i,n}$ sont discontinues en t, mais cela n'a aucune importance).

Le Théorème résulte alors immédiatement de la définition 2.2 et du Théorème III-3.2. □

Remarque 1: Le Théorème s'applique également quand σ est une chaîne; il suffit en effet de raisonner comme précédemment pour chaque simplexe composant la chaîne. Notons aussi qu'en un sens élémentaire p.s. $\int_c \gamma$ dépend continuement de σ.

b) Intégration sur des 2 - chaînes

α_o désigne maintenant une 2-forme différentielle sur N, dépendant de manière C^∞ de $(t,x) \in R^+ \times N$. $\alpha_o(t,x)$ est ainsi une fonction bilinéaire antisymétrique sur $T_x(N)$. $\beta_o, \dots \beta_m$ sont une famille de 1-formes-différentielles sur N, dépendant de manière C^∞ de $(t,x) \in R^+ \times N$,

On pose alors la définition suivante:

Définition 2.4 : Etant donné $\alpha_o, \beta_o \dots \beta_m$ comme précédemment et un 2-simplexe singulier de classe C^∞ à valeurs dans $R^+ \times N$ noté $\sigma : (s_1,s_2) \to (t_{s_1,s_2}, x_{s_1,s_2})$ on appelle intégrale de la 2-forme différentielle formelle

(2.9) $\quad \gamma = \alpha_o + dt \wedge \beta_o + dw^1 \wedge \beta_1 + \ldots . + dw^m \wedge \beta_m$

sur le 2-simplexe de classe C^∞

(2.10) $\quad c : s \to (t_s , \varphi_{t_s}(\omega, x_s))$

et on note $\int_c \gamma$ la fonction mesurable définie sur Ω à valeurs dans R par

(2.11)
$$\int_c \gamma = \int_{S_2} \Big[\alpha_o(t_s , \varphi_{t_s}(\omega, x_s)) \left(\frac{\partial \varphi}{\partial x} t_s(\omega, x_s) \frac{\partial x}{\partial s_1} , \frac{\partial \varphi}{\partial x} t_s(\omega, x_s) \frac{\partial x}{\partial s_2} \right)$$

$$+ \alpha_o(t_s , \varphi_{t_s}(\omega, x_s)) \left(X_o(t_s , \varphi_{t_s}(\omega, x_s)) \frac{\partial t}{\partial s_1} , \frac{\partial \varphi}{\partial x} t_s(\omega, x_s)) \frac{\partial x}{\partial s_2} \right)$$

$$+ \alpha_o(t_s , \varphi_{t_s}(\omega, x_s)) \left(\frac{\partial \varphi}{\partial x} t_s(\omega, x_s) \frac{\partial x}{\partial s_1} , X_o(t_s , \varphi_{t_s}(\omega, x_s)) \frac{\partial t}{\partial s_2} \right) \Big] ds$$

$$+ \int_0^1 ds_2 \int_0^{1-s_2} \alpha_o(t_{\underline{s_1},s_2} , \varphi_{t_{\underline{s_1},s_2}}(\omega, x_{\underline{s_1},s_2})) \, (X_i(t_{\underline{s_1},s_2} , \varphi_{t_{\underline{s_1},s_2}}(\omega, x_{\underline{s_1},s_2})) ,$$

$$\frac{\partial \varphi}{\partial x} t_{\underline{s_1},s_2}(\omega, x_{\underline{s_1},s_2}) \frac{\partial x}{\partial s_2} \underline{s_1}, s_2) \, . \, dw^i_{t_{\underline{s_1},s_2}}$$

$$+\int_0^1 ds_1 \int_0^{1-s_1} \alpha_0(t_{s_1,\underline{s_2}}, \varphi_{t_{s_1,\underline{s_2}}}(\omega,x_{s_1,\underline{s_2}}))\ (\frac{\partial\varphi}{\partial x}\, t_{s_1,\underline{s_2}}(\omega,x_{s_1,\underline{s_2}})\ \frac{\partial x}{\partial s_1}\ ,$$

$$X_i(t_{s_1,\underline{s_2}}, \varphi_{t_{s_1,\underline{s_2}}}(\omega,x_{s_1,\underline{s_2}}))).dw^i_{t_{s_1,\underline{s_2}}} + \int_{S_2} \frac{\partial t}{\partial s_1}\, \beta_0(t_s, \varphi_{t_s}(\omega,x_s))$$

$$(\frac{\partial\varphi}{\partial x}\, t_s(\omega,x_s)\ \frac{\partial x}{\partial s_2})\, ds - \int_{S_2} \frac{\partial t}{\partial s_2}\, \beta_0(t_s, \varphi_{t_s}(\omega,x_s))\ (\frac{\partial\varphi}{\partial x}\, t_s(\omega,x_s)\ \frac{\partial x}{\partial s_1})\, ds$$

$$+\int_0^1 ds_2 \int_0^{1-s_2} \beta_i(t_{\underline{s_1},s_2}, \varphi_{t_{\underline{s_1},s_2}}(\omega,x_{\underline{s_1},s_2}))\ (\frac{\partial\varphi}{\partial x}\, t_{\underline{s_1},s_2}(\omega,x_{\underline{s_1},s_2})\frac{\partial x}{\partial s_2})dw^i_{t_{\underline{s_1},s_2}}$$

$$-\int_0^1 ds_1 \int_0^{1-s_1} \beta_i(t_{s_1,\underline{s_2}}, \varphi_{t_{s_1,\underline{s_2}}}(\omega,x_{s_1,\underline{s_2}}))\ (\frac{\partial\varphi}{\partial x}\, t_{s_1,\underline{s_2}}(\omega,x_{s_1,\underline{s_2}})\frac{\partial x}{\partial s_1})dw^i_{t_{s_1,\underline{s_2}}}$$

où les termes de la forme

$$\int_0^{1-s_2} \alpha_0(t_{\underline{s_1},s_2}, \varphi_{t_{\underline{s_1},s_2}} \ldots).dw^i_{t_{\underline{s_1},s_2}} \tag{2.12}$$

sont définis de la manière suivante:

On considère le flot $\psi.(\omega,.)$ de difféomorphismes du fibré tangent TN dans TN par défini par

$$(x,X) \in TN \to (\varphi_t(\omega,x)\ ,\ \frac{\partial\varphi}{\partial x}t(\omega,x)X) \tag{2.13}$$

Pour s_2 fixé,

(2.14) $s_1 \to (t_{s_1,s_2}, (x_{s_1,s_2}, \frac{\partial x}{\partial s_2} s_1,s_2))$

est un chemin noté

(2.15) $s_1 \to (t_{\underline{s_1},s_2}, (x_{\underline{s_1},s_2}, \frac{\partial x}{\partial s_2} \underline{s_1},s_2))$

défini sur $[0,1-s_2]$ à valeurs dans $R^+ \times TN$. Par définition

(2.16) $$\int_0^{1-s_2} \alpha_0(t_{\underline{s_1},s_2}, \varphi_{t_{\underline{s_1},s_2}}(\omega,x_{\underline{s_1},s_2})) (X_i(t_{\underline{s_1},s_2}, \varphi_{t_{\underline{s_1},s_2}}(\omega,x_{\underline{s_1},s_2})) ,$$

$$\frac{\partial\varphi}{\partial x} t_{\underline{s_1},s_2}(\omega,x_{\underline{s_1},s_2}) \frac{\partial x}{\partial s_2}).dw^i_{t_{\underline{s_1},s_2}}$$

est l'intégrale non monotone

(2.17) $$\int_0^{1-s_2} \partial_i(t_{\underline{s_1},s_2}, \psi_{t_{\underline{s_1},s_2}}(\omega,x_{\underline{s_1},s_2}, \frac{\partial x}{\partial s_2} \underline{s_1},s_2)).dw^i_{t_{\underline{s_1},s_2}}$$

où

(2.18) $\partial_i(t,x,X) = \alpha_0(t,x)\ (X_i(t,x),X)$

Les autres termes sont définis de la même manière.

Notons alors que la définition 2.4 a bien un sens. En effet, compte tenu des résultats de la section III-3.a , de la Remarque III-3.2 , qui permet d'étendre les résultats de la section III-3 aux intégrales traitées à la section III-2 , on peut appliquer tous les résultats de la section III-3 sur l'existence des intégrales non monotones.

De plus, (2.16) est bien intégrable en s_2 , puisque la définition III-3.1 montre qu'on a en fait continuité de cette fonction en s_2 .

On a encore

<u>Théorème 2.5</u>: Il existe une sous-suite n_k dépendant de $(\alpha_o, \beta_o \dots \beta_m)$, un négligeable $\mathcal{N}$ dépendant de $\alpha_o, \beta_o \dots \beta_m$ tel que pour tout $\omega \notin \mathcal{N}$, $\varphi^{n_k}.(\omega,.)$ converge uniformément sur tout compact de $R^+ \times R^d$ vers $\varphi.(\omega,.)$, ainsi que toutes les dérivées $\frac{\partial^\ell \varphi^{n_k}}{\partial x^\ell}.(\omega,.)$ vers $\frac{\partial^\ell \varphi}{\partial x^\ell}.(\omega,.)$, et que pour tout 2-simplexe C^∞ $\sigma : s \to (t_s, x_s)$ à valeurs dans $R^+ \times N$, si γ^n est la 2-forme différentielle

$$(2.19) \qquad \gamma^n = \alpha_o + dt \wedge (\beta_o + \beta_1 \dot{w}^{1,n} + \dots + \beta_m \dot{w}^{m,n})$$

et si c^n est le 2-simplexe

$$(2.20) \qquad c^n : s \to (t_s, \varphi_{t_s}(\omega, x_s))$$

$\int_{c^{n_k}} \gamma^{n_k}$ converge vers $\int_c \gamma$

<u>Preuve</u>: Par définition, on a

$$(2.21) \qquad \int_{c^n} \gamma^n = \int_{S^2} \alpha_o((X_o + X_i\, \dot{w}^{i,n})(t_s, \varphi_{t_s}(\omega,x_s)) \frac{\partial t}{\partial s_1} + \frac{\partial \varphi^n}{\partial x} t_s(\omega,x_s) \frac{\partial x}{\partial s_1} ,$$

$$(X_o + X_j\, \dot{w}^{j,n})(t_s, \varphi^n_{t_s}(\omega,x_s)) \frac{\partial t}{\partial s_2} + \frac{\partial \varphi^n}{\partial x} t_s(\omega,x_s) \frac{\partial x}{\partial s_2}) \, ds$$

$$+ \int_{S_2} \Big[\frac{\partial t}{\partial s_1}(\beta_o + \dot{w}^{k,n}\beta_k)((X_o + X_j\,\dot{w}^{j,n})(t_s,\varphi^n_{t_s}(\omega,x_s))\frac{\partial t}{\partial s_2} + \frac{\partial\varphi^n}{\partial x}t_s(\omega,x_s)\frac{\partial x}{\partial s_2})$$

$$- \frac{\partial t}{\partial s_2}(\beta_o + \dot{w}^{k,n}\beta_k)((X_o + X_j\,\dot{w}^{j,n})(t_s,\varphi^n_{t_s}(\omega,x_s))\frac{\partial t}{\partial s_1} + \frac{\partial\varphi^n}{\partial x}t_s(\omega,x_s)\frac{\partial x}{\partial s_1})\Big]\,ds$$

$$= \int_{S_2} \Big[\alpha_o(\frac{\partial\varphi^n}{\partial x}t_s(\omega,x_s)\frac{\partial x}{\partial s_1}\,,\,\frac{\partial\varphi^n}{\partial x}t_s(\omega,x_s)\frac{\partial x}{\partial s_2}) + \alpha_o(X_o(t_s,\varphi^n_{t_s}(\omega,x_s))\frac{\partial t}{\partial s_1}\,,$$

$$\frac{\partial\varphi^n}{\partial x}t_s(\omega,x_s)\frac{\partial x}{\partial s_2}) + \alpha_o(\frac{\partial\varphi^n}{\partial x}t_s(\omega,x_s)\frac{\partial x}{\partial s_1}\,,\,X_o(t_s,\varphi^n_{t_s}(\omega,x_s))\frac{\partial t}{\partial s_2})\Big]\,ds$$

$$+ \int_o^1 ds_2 \int_o^{1-s_2} \alpha_o(X_i(t_s,\varphi^n_{t_s}(\omega,x_s)),\frac{\partial\varphi^n}{\partial x}t_s(\omega,x_s)\frac{\partial x}{\partial s_2})\,\dot{w}^{i,n}(t_s)\frac{\partial t}{\partial s_1}\,ds_1$$

$$+ \int_o^1 ds_1 \int_o^{1-s_1} \alpha_o(\frac{\partial\varphi^n}{\partial x}t_s(\omega,x_s)\frac{\partial x}{\partial s_1}\,,\,X_i(t_s,\varphi^n_{t_s}(\omega,x_s)))\,\dot{w}^{i,n}(t_s)\frac{\partial t}{\partial s_2}\,ds_2$$

$$+ \int_o^1 \Big[\frac{\partial t}{\partial s_1}\beta_o(\frac{\partial\varphi^n}{\partial x}t_s(\omega,x_s)\frac{\partial x}{\partial s_2}) - \frac{\partial t}{\partial s_2}\beta_o(\frac{\partial\varphi^n}{\partial x}t_s(\omega,x_s)\frac{\partial x}{\partial s_1})\Big]\,ds$$

$$+ \int_0^1 ds_2 \int_0^{1-s_2} \beta_i(\frac{\partial\varphi^n}{\partial x}\, t_s(\omega,x_s)\frac{\partial x}{\partial s_2})\ \dot{w}^{i,n}(t_s)\frac{\partial t}{\partial s_1}\, ds_1$$

$$- \int_0^1 ds_1 \int_0^{1-s_1} \beta_i(\frac{\partial\varphi^n}{\partial x}\, t_s(\omega,x_s)\frac{\partial x}{\partial s_1})\ \dot{w}^{i,n}(t_s)\frac{\partial t}{\partial s_2}\, ds_2$$

Le point clé est naturellement d'observer dans (2.21) que l'antisymétrie des formes permet que les termes où apparaîtraient $\dot{w}^{i,n}\ \dot{w}^{j,n}$ s'entredétruisent.

Alors par le Théorème III-3.2 convenablement modifié, en choisissant convenablement la sous-suite n_k et le négligeable $\mathcal{N}$, pour $\omega \notin \mathcal{N}$, chacune des intégrales du type

$$(2.22) \qquad \int_0^{1-s_2} \{ \qquad \}\ \dot{w}^{i,n_k}(t_s)\ \frac{\partial t}{\partial s_1}\, ds_1$$

converge vers l'intégrale de Stratonovitch non monotone

$$(2.23) \qquad \int_0^{1-s_2} \{ \qquad \}\ dw^i_{t_{\underline{s_1},s_2}}$$

De plus comme (t_s,x_s) varie dans un compact, on peut passer à la limite sous le signe somme dans les intégrales

$$\int_0^1 ds_2 \int_0^{1-s_2} \{ \qquad \}\ \dot{w}^{i,n_k}(t_s)\ \frac{\partial t}{\partial s_1}\, ds_1$$

et démontrer ainsi le Théorème, puisque les Théorème III-3.2 assure que pour $\omega \notin \mathcal{N}$ les intégrales (2.23) restent bornées. □

c) Intégration sur des k-chaînes.

$\alpha_o(t,x)$ désigne une k-forme différentielle sur $N(k \leq d+1)$ dépendant de manière C^∞ de $(t,x) \in R^+ \times N$. $\alpha_o(t,x)$ est ainsi une forme k-linéaire antisymétrique sur $T_x(N)$. $\beta_o, \dots \dots \beta_m$ sont une famille de $m+1$ k-1-formes différentielles sur N , dépendant de manière C^∞ de $(t,x) \in R^+ \times N$.

On pose alors la définition suivante:

Définition 2.6: Etant donné $\alpha_o, \beta_o, \dots \beta_m$ comme précédement et un k-simplexe singulier à valeurs dans $R^+ \times N$ de classe C^∞ noté $\sigma : s \in S_k \to (t_s, x_s)$, on appelle intégrale de la k-forme différentielle formelle

(2.24) $\gamma = \alpha_o + dt \wedge \beta_o + dw^1 \wedge \beta_1 + \dots + dw^m \wedge \beta_m$

sur le k-simplexe de classe C^o

(2.25) $c : s \to (t_s, \varphi_{t_s}(\omega, x_s))$

et on note $\int_c \gamma$ la fonction mesurable définie sur Ω à valeurs dans R par

(2.26)
$$\int_c \gamma = \int_{S_k} \Big[\alpha_o(t_s, \varphi_{t_s}(\omega,x_s)) \Big(\frac{\partial\varphi}{\partial x} t_s(\omega,x_s) \frac{\partial x}{\partial s_1}, \dots \frac{\partial\varphi}{\partial x} t_s(\omega,x_s) \frac{\partial x}{\partial s_k}\Big)$$
$$+ \alpha_o(t_s, \varphi_{t_s}(\omega,x_s)) \Big(\frac{\partial\varphi}{\partial x} t_s(\omega,x_s) \frac{\partial x}{\partial s_1}, \dots \frac{\partial\varphi}{\partial x} t_s(\omega,x_s) \frac{\partial x}{\partial s_{i-1}}, X_o(t_s, \varphi_{t_s}(\omega,x_s))$$
$$\frac{\partial t}{\partial s_i}, \frac{\partial\varphi}{\partial x} t_s(\omega,x_s) \frac{\partial x}{\partial s_{i+1}} \dots\Big)\Big] ds$$

$$+ \int_{S_{k-1}} d\hat{s}_i \int_0^{1 - \sum_{\ell \neq i} s_\ell} \alpha_0(t_s, \varphi_{t_s}(\omega, x_s)) \left(\frac{\partial\varphi}{\partial x} t_s(\omega,x_s) \frac{\partial x}{\partial s_1}, \ldots\right.$$

$$\left.\frac{\partial\varphi}{\partial x} t_s(\omega,x_s) \frac{\partial x}{\partial s_{i-1}}, X_j(t_s, \varphi_{t_s}(\omega,x_s)), \frac{\partial\varphi}{\partial x} t_s(\omega,x_s) \frac{\partial x}{\partial s_{i+1}}, \ldots.\right) dw^j_{t_{\underline{s_i}}}$$

$$+ (-1)^{i-1} \int_{S_k} \frac{\partial t}{\partial s_i} \beta_0(t_s, \varphi_{t_s}(\omega,x_s)) \left(\frac{\partial\varphi}{\partial x} t_s(\omega,x_s) \frac{\partial x}{\partial s_1}, \ldots, \right.$$

$$\left.\frac{\partial\varphi}{\partial x} t_s(\omega,x_s) \frac{\partial x}{\partial s_{i-1}}, \frac{\partial\varphi}{\partial x} t_s(\omega,x_s) \frac{\partial x}{\partial s_{i+1}}, \ldots\right) ds$$

$$+ (-1)^{i-1} \int_{S_{k-1}} d\hat{s}_i \int_0^{1 - \sum_{\ell \neq i} s_\ell} \beta_j(t_s, \varphi_{t_s}(\omega,x_s)) \left(\frac{\partial\varphi}{\partial x} t_s(\omega,x_s) \frac{\partial x}{\partial s_1}, \ldots\right.$$

$$\left.\frac{\partial\varphi}{\partial x} t_s(\omega,x_s) \frac{\partial x}{\partial s_{i-1}}, \frac{\partial\varphi}{\partial x} t_s(\omega,x_s) \frac{\partial x}{\partial s_{i+1}} \ldots\right) dw^j_{t_{\underline{s_i}}}$$

où les termes de la forme

$$(2.27) \qquad \int_0^{1 - \sum_{\ell \neq i} s_\ell} \alpha_0(\quad) \, dw^j_{t_{\underline{s_i}}}$$

sont définis de la manière suivante:

On considère le flot $\psi^k_\cdot(\omega,\cdot)$ de difféomorphismes du fibré $\overset{k}{\underset{1}{\oplus}} TN$ dans $\overset{k}{\underset{1}{\oplus}} TN$ défini par

$$\psi^k_t(\omega,x,Y_1,\dots Y_k) = (\varphi_t(\omega,x)\ , \frac{\partial\varphi}{\partial x} t(\omega,x)\ Y_1, \dots \frac{\partial\varphi}{\partial x} t(\omega,x)\ Y_k) \tag{2.28}$$

Pour $s_\ell (\ell \neq i)$ fixés ,

$$s_i \to (t_{s_1,\dots s_{i-1}s_i s_{i+1},\dots s_k}\ , x_{s_1\dots s_{i-1}s_i s_{i+1},\dots s_k}\ , \frac{\partial x}{\partial s^h} s_1\dots s_{i-1}s_i\dots s_k) \tag{2.29}$$

est un chemin noté en soulignant $\underline{s_i}$ défini sur $[0,1-\sum_{\ell\neq i} s_\ell]$ à valeurs dans $R^+ \times \overset{k}{\underset{1}{\oplus}} TN$ . . Par définition

$$\int_0^{1-\sum_{\ell\neq i} s_\ell} \alpha_0(t_s, \varphi_{t_s}(\omega,x_s)) (\frac{\partial\varphi}{\partial x} t_s(\omega,x_s) \frac{\partial x}{\partial s_1},\dots \frac{\partial\varphi}{\partial x} t_s(\omega,x_s) \frac{\partial x}{\partial s_{i-1}}\ , X_j(t_s, \varphi_{t_s}(\omega,x_s)), \frac{\partial\varphi}{\partial x} t_s(\omega,x_s) \frac{\partial x}{\partial s_{i+1}} \dots)\cdot dw^j_{t_{\underline{s_i}}} \tag{2.30}$$

est l'intégrale non monotone

$$\int_0^{1-\sum_{\ell\neq i} s_\ell} \partial_j(t_s, \psi^k_{t_s}(\omega,x_s, \frac{\partial x}{\partial s_1},\dots \frac{\partial x}{\partial s_k}))\cdot dw^j_{t_{\underline{s_i}}} \tag{2.31}$$

calculée sur le chemin (2.29) avec

$$\partial_j(t,x,Y_1,\dots Y_k) = \alpha_0(t,x)\ (Y_1,\dots Y_{i-1}\ , X_j(t,x), Y_{i+1},\dots Y_k) \tag{2.32}$$

Pour montrer que la définition 2.6 a bien un sens, on fait les mêmes remarques que pour la définition 2.4.

<u>Remarque 2</u> : Comme il est précisé dans la remarque III-1.2 une

ambiguité subsiste dans la définition des intégrales (2.31) . Toutefois, si $\int_c' \gamma$ est une autre version de $\int_c \gamma$, sauf peut-être pour ω appartenant à un négligeable fixe $\mathcal{N}$, pour tout simplexe σ , on a

(2.33) $$\int_c \gamma = \int_c' \gamma$$

On a enfin

<u>Théorème 2.7</u>: Il existe une sous-suite n_k dépendant de $\alpha_o, \beta_o \dots \beta_m$, un négligeable $\mathcal{N}$ dépendant $\alpha_o, \beta_o \dots \beta_m$ tel que pour tout $\omega \notin \mathcal{N}$, $\varphi^{n_k}.(\omega,.)$ converge uniformément sur tout compact de $R^+ \times N$ vers $\varphi.(\omega,.)$ ainsi que toutes les dérivées $\frac{\partial^\ell \varphi^{n_k}}{\partial x^\ell}.(\omega,.)$ vers $\frac{\partial^\ell \varphi}{\partial x^\ell}.(\omega,.)$, et que de plus, pour tout k-simplexe singulier de classe C^∞ : $s \to (t_s, x_s)$ à valeurs dans $R^+ \times N$, si γ^n est la k-forme différentielle

(2.34) $$\gamma^n = \alpha_o + dt \wedge (\beta_o + \beta_1 \dot{w}^{1,n} + \dots + \beta_m \dot{w}^{m,n})$$

et si c^n est le k-simplexe

(2.35) $$c^n : s \to (t_s, \varphi^n_{t_s}(\omega, x_s))$$

alors

(2.36) $$\int_{c^{n_k}} \gamma^{n_k} \to \int_c \gamma$$

<u>Preuve</u>: On a encore, en utilisant des notations abrégées

(2.37) $$\int_{c^n} \gamma^n = \int_{S^k} \alpha_o((X_o + X_{j_1} \dot{w}^{j_1,n}) \frac{\partial t}{\partial s_1} + \frac{\partial \varphi^n}{\partial x} \frac{\partial x}{\partial s_1}, \dots (X_o + X_{j_k} \dot{w}^{j_k,n}) \frac{\partial t}{\partial s_k}$$
$$+ \frac{\partial \varphi^n}{\partial x} \frac{\partial x}{\partial s_k}) \, ds + \int_{S^k} \frac{\partial t}{\partial s_1}(\beta_o + \dot{w}^{\ell,n}\beta_\ell) \, ((X_o + X_{j_2} \dot{w}^{j_2,n}) \frac{\partial t}{\partial s_2}$$
$$+ \frac{\partial \varphi^n}{\partial x} \frac{\partial x}{\partial s_2}, \dots, (X_o + X_{j_k} \dot{w}^{j_k,n}) \frac{\partial t}{\partial s_k} + \frac{\partial \varphi^n}{\partial x} \frac{\partial x}{\partial s_k}) \, ds$$

$$- \int_{S_k} \frac{\partial t}{\partial s_2} (\beta_o + \dot{w}^{\ell,n} \beta_\ell)((X_o + X_{j_1} \dot{w}^{j_1,n}) \frac{\partial t}{\partial s_1} + \frac{\partial \varphi^n}{\partial x} \frac{\partial x}{\partial s_1},$$

$$(X_o + X_{j_3} \dot{w}^{j_3,n}) \frac{\partial t}{\partial s_3} + \frac{\partial \varphi^n}{\partial x} \frac{\partial x}{\partial s_3}, \ldots) ds + \ldots .$$

$$= \int_{S_k} \alpha_o (\frac{\partial \varphi^n}{\partial x} \frac{\partial x}{\partial s_i}) ds + \int_{S_k} \alpha_o (\frac{\partial \varphi^n}{\partial x} \frac{\partial x}{\partial s_1}, \ldots, \frac{\partial \varphi^n}{\partial x} \frac{\partial x}{\partial s_{i-1}},$$

$$X_o \frac{\partial t}{\partial s_i}, \frac{\partial \varphi^n}{\partial x} \frac{\partial x}{\partial s_{i+1}} \ldots) ds + \int_{S_{k-1}} d\hat{s}_i \int_o^{1-\sum_{\ell \neq i} s_\ell} \alpha_o$$

$$(\frac{\partial \varphi^n}{\partial x} \frac{\partial x}{\partial s_1}, \ldots \frac{\partial \varphi^n}{\partial x} \frac{\partial x}{\partial s_{i-1}}, X_j, \frac{\partial \varphi^n}{\partial x} \frac{\partial x}{\partial s_{i+1}} \ldots) \frac{\partial t}{\partial s_i} \dot{w}^{j,n} ds_i$$

$$+ \int_{S_k} \frac{\partial t}{\partial s_1} \beta_o (\frac{\partial \varphi^n}{\partial x} \frac{\partial x}{\partial s_2}, \ldots \frac{\partial \varphi^n}{\partial x} \frac{\partial x}{\partial s_k}) ds - \int_{S_k} \frac{\partial t}{\partial s_2} \beta_o$$

$$(\frac{\partial \varphi^n}{\partial x} \frac{\partial x}{\partial s_1}, \frac{\partial \varphi^n}{\partial x} \frac{\partial x}{\partial s_3}, \ldots) ds + \ldots + \int_{S_{k-1}} d\hat{s}_1 \int_o^{1-\sum_{\ell \neq 1} s_\ell} \beta_j$$

$$(\frac{\partial \varphi^n}{\partial x} \frac{\partial x}{\partial s_2}, \ldots \frac{\partial \varphi^n}{\partial x} \frac{\partial x}{\partial s_k}) \dot{w}^{j,n} \frac{\partial t}{\partial s_1} ds_1 - \int_{S_{k-1}} d\hat{s}_2 \int_o^{1-\sum_{\ell \neq 2} s_\ell} \beta_j$$

$$\frac{\partial\varphi^n}{\partial x}\ \frac{\partial x}{\partial s_1},\ \frac{\partial\varphi^n}{\partial x}\ \frac{\partial x}{\partial s_3},\ldots)\ \dot{w}^{j,n}\ \frac{\partial t}{\partial s_2}\,ds_2 + \ldots.$$

$$+\left[\left\{\sum_{i'<i} (-1)^{i-1} \int_{S_k} \frac{\partial t}{\partial s_i}\ \frac{\partial t}{\partial s_{i'}}\ (\beta_o + \dot{w}^{\ell,n}\ \beta_\ell)(\frac{\partial\varphi^n}{\partial x}\ \frac{\partial x}{\partial s_1},\ldots,\frac{\partial\varphi^n}{\partial x}\ \frac{\partial x}{\partial s_{i'-1}}\right.\right.$$

$$\left. X_o + X_j\ \dot{w}^{j,n},\ \frac{\partial\varphi^n}{\partial x}\ \frac{\partial x}{\partial s_{i'+1}},\ \ldots\ \frac{\partial\varphi^n}{\partial x}\ \frac{\partial x}{\partial s_{i-1}},\ \frac{\partial\varphi^n}{\partial x}\ \frac{\partial x}{\partial s_{i+1}},\ldots)ds\right\}$$

$$+\left\{\sum_{i'>i} (-1)^{i-1} \int_{S_k} \frac{\partial t}{\partial s_i}\ \frac{\partial t}{\partial s_{i'}}\ (\beta_o + \dot{w}^{\ell,n}\ \beta_\ell)\ (\frac{\partial\varphi^n}{\partial x}\ \frac{\partial x}{\partial s_1},\ldots,\frac{\partial\varphi^n}{\partial x}\ \frac{\partial x}{\partial s_{i-1}},\right.$$

$$\left.\left.\frac{\partial\varphi^n}{\partial x}\ \frac{\partial x}{\partial s_{i+1}},\ldots\ \frac{\partial\varphi^n}{\partial x}\ \frac{\partial x}{\partial s_{i'-1}},\ (X_o + X_j\ \dot{w}^{j,n}),\ \frac{\partial\varphi^n}{\partial x}\ \frac{\partial x}{s_{i'+1}},\ldots)ds\right\}\right]$$

Le point essentiel est alors de noter que le terme [ ] est nul. En effet la dernière somme $\sum_{i'>i}$ est égale à

$$(2.38)\qquad \sum_{i>i'} (-1)^{i'-1} \int_{S_k} \frac{\partial t}{\partial s_i}\ \frac{\partial t}{\partial s_{i'}}\ (\beta_o + \dot{w}^{\ell,n}\ \beta_\ell)(\frac{\partial\varphi^n}{\partial x}\ \frac{\partial x}{\partial s_1},\ldots,\frac{\partial\varphi^n}{\partial x}\ \frac{\partial x}{\partial s_{i'-1}},$$

$$\frac{\partial\varphi^n}{\partial x}\ \frac{\partial x}{s_{i'+1}},\ldots\ \frac{\partial\varphi^n}{\partial x}\ \frac{\partial x}{\partial s_{i-1}},\ (X_o + X_j\ \dot{w}^{j,n}),\ \frac{\partial\varphi^n}{\partial x}\ \frac{\partial x}{\partial s_{i+1}},\ldots)\ ds$$

$$= \sum_{i>i'} (-1)^i \int_{S_k} \frac{\partial t}{\partial s_i} \frac{\partial t}{\partial s_{i'}} (\beta_0 + \dot{w}^{\ell,n} \beta_\ell)(\frac{\partial \varphi^n}{\partial x} \frac{\partial x}{\partial s_1}, \ldots \frac{\partial \varphi^n}{\partial x} \frac{\partial x}{\partial s_{i'-1}},$$

$$X_0 + X_j \dot{w}^{j,n}, \frac{\partial \varphi^n}{\partial x} \frac{\partial x}{\partial s_{i'+1}} \ldots \frac{\partial \varphi^n}{\partial x} \frac{\partial x}{\partial s_{i-1}}, \frac{\partial \varphi^n}{\partial x} \frac{\partial x}{\partial s_{i+1}}, \ldots) \, ds$$

que s'annule clairement avec la première somme $\sum_{i'<i}$. Comme au Théorème 2.5 , on applique alors le Théorème III.3.2 pour passer à la limite dans (2.37) . □

Remarque 3 : Il est essentiel encore de noter qu'une fois le négligeable $\mathcal{N}$ éliminé, le résultat convient pour tous les k-simplexes σ simultanément. Le résultat s'étend aussi naturellement aux k-chaînes.

Remarque 4 : Il faut aussi noter qu'on obtient un résultat comparable dès qu'on peut passer à la limite dans des intégrales non monotones comme au Théorème III-3.2 . En utilisant la Remarque III-3.2 et les résultats de la section III-2 , on peut naturellement étendre les résultats précédents en intégrant sur des simplexes de la forme

$$s \to (t_s, \varphi_{t_s}^{-1}(\omega, x_s))$$

dès lors que les hypothèses énoncées à la section III-2 sont vérifiées.

d) Invariance par retournement du temps

On va maintenant énoncer un résultat d'invariance de $\int_c \gamma$ par retournement du temps.

Pour simplifier l'énoncé on se place sous des conditions homogènes, i.e. on suppose que $X_o, \ldots, X_m$ ne dépendent pas explicitement de t. On utilise les notations de la section I-3 .

Enfin on se donne $\alpha_o, \beta_o \ldots \beta_m$ comme à la définition 2.6 , mais on suppose encore qu'ils ne dépendent pas explicitement de t. On a alors

Théorème 2.8 : Pour tout $T > 0$, il existe un négligeable $\mathcal{N}$ dépendant de $\alpha_o, \beta_o \ldots \beta_m$, T , tel que si $\omega \notin \mathcal{N}$, pour tout k-simplexe singulier de classe C^∞ défini sur S_k à valeurs dans $[0,T] \times N$ $\sigma : s \to (t_s, x_s)$, si $\tilde{\sigma}^T$ est le k-simplexe de classe C^∞ défini sur S_k à valeurs dans $R^+ \times N$ par

$$s \to (T-t_s,\ \varphi_T(\omega, x_s)) \tag{2.39}$$

si c et $\tilde{c}^T$ sont les k-simplexes à valeurs dans $R^+ \times N$ images de σ et $\tilde{\sigma}^T$ par les applications

$$(t,x) \to (t, \varphi_t(\omega, x)) \quad \text{et} \quad (t,x) \to (t, \tilde{\varphi}_t(\tilde{\omega}^T, x)) \tag{2.40}$$

et si γ et $\tilde{\gamma}^T$ sont définis par

$$\begin{aligned} \gamma &= \alpha_o + dt \wedge \beta_o + dw^1 \wedge \beta_1 + \ldots + dw^m \wedge \beta_m \\ \tilde{\gamma}^T &= \alpha_o - dt \wedge \beta_o - d\tilde{w}^{T,1} \wedge \beta_1 \ldots - d\tilde{w}^{T,m} \wedge \beta_m \end{aligned} \tag{2.41}$$

alors

$$\int_c \gamma = \int_{\tilde{c}^T} \tilde{\gamma}^T \tag{2.42}$$

Preuve: On peut naturellement raisonner par approximation. Toutefois le Théorème III-3.4 et la définition 2.6 donnent directement le résultat. □

e) Expression des intégrales $\int_c \gamma$ comme intégrales de Ito non monotones

On va maintenant exprimer l'intégrale de la forme γ sur le simplexe c à l'aide d'intégrales de Ito non monotones. Rappelons que de telles intégrales, qui ont été définies à la définition III-3.5 , sont définies indirectement à la formule III-(3.12) , et non pas comme de véritables intégrales de Ito.

Théorème 2.9 : Sous les hypothèses de la définition 2.6 , on a la formule

$$
\begin{aligned}
(2.43) \qquad \int_c \gamma = \int_{S_k} \Big[& \alpha_0(t_s, \varphi_{t_s}(\omega,x_s)) \left(\frac{\partial\varphi}{\partial x} t_s(\omega,x_s) \frac{\partial x}{\partial s_1}, \ldots, \frac{\partial\varphi}{\partial x} t_s(\omega,x_s) \frac{\partial x}{\partial s_k}\right) \\
& + \alpha_0(t_s, \varphi_{t_s}(\omega,x_s)) \left(\frac{\partial\varphi}{\partial x} t_s(\omega,x_s)\frac{\partial x}{\partial s_1}, \ldots \frac{\partial\varphi}{\partial x} t_s(\omega,x_s)\frac{\partial x}{\partial s_{i-1}}, X_0(t_s,\varphi_{t_s}(\omega,x_s))\frac{\partial t}{\partial s_i},\right. \\
& \left.\frac{\partial\varphi}{\partial x} t_s(\omega,x_s) \frac{\partial x}{\partial s_{i+1}}, \ldots\right)\Big] ds + \int_{S_{k-1}} d\hat{s}_i \int_0^{1-\sum_{\ell\neq i} s_\ell} \alpha_0(t_s, \varphi_{t_s}(\omega,x_s)) \left(\frac{\partial\varphi}{\partial x} t_s\right. \\
& (\omega,x_s) \frac{\partial x}{\partial s_1}, \ldots \frac{\partial\varphi}{\partial x} t_s(\omega,x_s) \frac{\partial x}{\partial s_{i-1}}, X_j(t_s, \varphi_{t_s}(\omega,x_s)), \frac{\partial\varphi}{\partial x} t_s(\omega,x_s)\frac{\partial x}{\partial s_{i+1}}, \left.\ldots\right) \vec{\delta} w^j_{t_{s_i}}
\end{aligned}
$$

$$+ \frac{1}{2}\int_{S_k} (L_{X_j}\ \alpha_o)(t_s,\ \varphi_{t_s}(\omega,x_s))(\frac{\partial\varphi}{\partial x}\ t_s(\omega,x_s)\ \frac{\partial x}{\partial s_1}\ ,\ \ldots$$

$$\frac{\partial\varphi}{\partial x}\ t_s(\omega,x_s)\ \frac{\partial x}{\partial s_{i-1}}\ ,\ X_j(t_s,\ \varphi_{t_s}(\omega,x_s))\frac{\partial t}{\partial s_i}\ ,\ \frac{\partial\varphi}{\partial x}\ t_s(\omega,x_s)\ \frac{\partial x}{\partial s_{i+1}}\ ,\ldots)\ ds$$

$$+ (-1)^{i-1}\int_{S_k} \frac{\partial t}{\partial s_i}\ \beta_o(t_s,\ \varphi_{t_s}(\omega,x_s))(\frac{\partial\varphi}{\partial x}\ t_s(\omega,x_s)\ \frac{\partial x}{\partial s_1}\ ,\ldots$$

$$\frac{\partial\varphi}{\partial x}\ t_s(\omega,x_s)\ \frac{\partial x}{\partial s_{i-1}}\ ,\ \frac{\partial\varphi}{\partial x_s}\ t_s(\omega,x_s)\ \frac{\partial x}{\partial s_{i+1}}\ ,\ldots)\ ds$$

$$+ (-1)^{i-1}\int_{S_{k-1}} d\hat{s}_i \int_0^{1-\sum_{\ell\neq i} s_\ell} \beta_j(t_s,\ \varphi_{t_s}(\omega,x_s))\ (\frac{\partial\varphi}{\partial x}\ t_s(\omega,x_s)\ \frac{\partial x}{\partial s_1}\ ,\ldots$$

$$\frac{\partial\varphi}{\partial x}\ t_s(\omega,x_s)\ \frac{\partial x}{\partial s_{i-1}}\ ,\ \frac{\partial\varphi}{\partial x}\ t_s(\omega,x_s)\ \frac{\partial x}{\partial s_{i+1}}\ ,\ldots)\ \overset{+}{\delta} w^j_{t_{\underline{s_i}}}$$

$$+(-1)^{i-1}\int_{S_k} \frac{1}{2}\ \frac{\partial t}{\partial s_i}(L_{X_j}\ \beta_j)(\frac{\partial\varphi}{\partial x}\ t_s(\omega,x_s)\frac{\partial x}{\partial s_1}\ ,\ldots\ \frac{\partial\varphi}{\partial x}\ t_s(\omega,x_s)\frac{\partial x}{\partial s_{i-1}}\ ,\frac{\partial\varphi}{\partial x}\ t_s(\omega,x_s)\frac{\partial x}{\partial s_{i+1}}\ldots)ds$$

où les intégrales de Ito non monotones sont définies comme à la Définition III-3.5

à l'aide du flot $\psi^k_{\cdot}(\omega,)$ sur $\overset{k}{\underset{1}{\oplus}} TN$ défini à la Définition 2.6.

Preuve: Pour montrer le Théorème, il suffit alors d'appliquer la Proposition III-3.6 aux intégrales de Stratonovitch non monotones apparaissant dans (2.26). Considérons en effet l'intégrale de Stratonovitch définie en (2.31)

$$(2.44)\qquad \int_0^{1-\sum_{\ell\neq i} s_\ell} \partial_j(t_s, \psi^k_{t_s}(\omega, x_s, \frac{\partial x}{\partial s_1}, \dots \frac{\partial x}{\partial s_k})) \,.\, dw^j_{t_{s_{\underline{i}}}}$$

avec

$$(2.45)\qquad \partial_j(t,x,Y_1\dots Y_k) = \alpha_o(t,x)\ (Y_1,\dots Y_{i-1}\ ,\ X_j(t,x), Y_{i+1}\dots)$$

Le flot $\psi^k_{\cdot}(\omega,.)$ défini sur $\overset{k}{\underset{1}{\oplus}} TN$ est associé au systèmes d'équations différentielles stochastiques de Stratonovitch

$$(2.46)\qquad d\chi = H_o(t,\chi)\ dt + H_i(t,\chi).dw^i$$

Donc par la Proposition III-3.6 , on a

$$(2.47)\qquad \int_0^{1-\sum_{\ell\neq i} s_\ell} \partial_j(t_s, \psi^k_{t_s}(\omega, x_s, \frac{\partial x}{\partial s_1}, \dots \frac{\partial x}{\partial s_k})) \,.\, dw^j_{t_{s_{\underline{i}}}} =$$

$$\int_0^{1-\sum_{\ell\neq i} s_\ell} \partial_j(t_s, \psi^k_{t_s}(\omega, x_s, \frac{\partial x}{\partial s_1}, \dots \frac{\partial x}{\partial s_k})) \,.\, \vec{\delta} w^j_{t_{s_{\underline{i}}}} + \frac{1}{2}\int_0^{1-\sum_{\ell\neq i} s_\ell} (H_j\ \delta_j)$$

$$(t_s, \psi^k_{t_s}(\omega, x_s\ ,\ \frac{\partial x}{\partial s_1}, \dots \frac{\partial x}{\partial s_k}))\ \frac{\partial t}{\partial s_i}\, ds_i$$

Or par définition, on a

$$(2.48)\qquad (H_j\ \delta_j)\ (t,x,\ Y_1,\dots Y_k) = (L_{X_j}\ \alpha_o)(t,x)\ (Y_1,\dots\ Y_{i-1}\ ,\ X_j(t,x)\ ,\ Y_{i+1}\ \dots)$$

$$+\ \alpha_o(t,x)\ (Y_1,\dots\ Y_{i-1}\ ,\ [X_j,X_j](t,x)\ ,\ Y_{i+1}\ ,\dots) =$$

$$(L_{X_j}\, \alpha_o)\ (t,x)\ (Y_1, \dots Y_{i-1}\ ,\ X_j(t,x)\ ,\ Y_{i+1}, \dots)$$

On raisonne de la même manière sur les autres termes de (2.26). □

f) Calcul des intégrales $\int_c Y$ comme intégrales de Ito classiques

En utilisant les majorations uniformes du Théorème I-2.1 et les méthodes du Théorème III.3.9 , il n'est pas difficile d'exprimer $\int_c Y$ à l'aide de vraies intégrales de Ito, quand le simplexe σ est tel que $s \to t_s$ vérifie des hypothèses de régularité correspondant à l'hypothèse π de la section III-3 .

On pose en effet la définition suivante:

Définition 2.10 : On dit qu'une application $C^\infty \to t_s$ définie sur un voisinage ouvert de $\mathcal{S}_k$ dans R^k à valeurs dans R^+ est de type π si pour tout i, la densité k^i par rapport à la mesure de Lebesgue sur R^+ de la mesure image de la mesure $1_{s \in \mathcal{S}_k} \left|\frac{\partial t}{\partial s_i}\right| ds$ par $s \to t_s$ est telle que

$$\int_o^{+\infty} |k^i(t)|^2\, dt < +\infty \tag{2.49}$$

Notons que l'existence de la densité $k^i(t)$ est immédiate par le lemme 1 de la section III-3c) et le Théorème de Fubini. On note $\varepsilon^i(s)$ la fonction

$$\varepsilon^i(s) = \begin{cases} +1 & \text{si } \frac{\partial t}{\partial s_i} > 0 \\ -1 & \text{si } \frac{\partial t}{\partial s_i} < 0 \\ 0 & \text{ailleurs} \end{cases} \tag{2.50}$$

et on désigne par $d\mu^i(s/t)$ la loi conditionnelle de s par rapport à t_s

quand S_k est muni de la mesure $1_{s \in S_k} \left|\frac{\partial t}{\partial s_i}\right| ds$.

On a alors

Théorème 2.11 : Sous les hypothèses de la définition 2.6 , pour σ fixé, si $s \to t_s$ est de type π , alors $\int_c \gamma$ est p.s. égal à

$$(2.51) \quad \int_{S_k} \Big[\alpha_o(t_s, \varphi_{t_s}(\omega,x_s)) \, (\frac{\partial \varphi}{\partial x} t_s(\omega,x_s) \frac{\partial x}{\partial s_1}, \ldots \frac{\partial \varphi}{\partial x} t_s(\omega,x_s) \frac{\partial x}{\partial s_k})$$

$$+ \alpha_o(t_s, \varphi_{t_s}(\omega,x_s)) \, (\frac{\partial \varphi}{\partial x} t_s(\omega,x_s) \frac{\partial x}{\partial s_1}, \ldots \frac{\partial \varphi}{\partial x} t_s(\omega,x_s) \frac{\partial x}{\partial s_{i-1}}, X_o(t_s, \varphi_{t_s}(\omega,x_s)) \frac{\partial t}{\partial s_i},$$

$$\frac{\partial \varphi}{\partial x} t_s(\omega,x_s) \frac{\partial x}{\partial s_{i+1}} \ldots)\Big] \, ds + \int_o^{+\infty} \Big[\int \alpha_o(t, \varphi_t(\omega,x_h)) \, (\frac{\partial \varphi}{\partial x} t(\omega,x_h) \frac{\partial x}{\partial s_1} h$$

$$\ldots \frac{\partial \varphi}{\partial x} t(\omega,x_h) \frac{\partial x}{\partial s_{i-1}} h, X_j(t, \varphi_t(\omega,x_h)), \frac{\partial \varphi}{\partial x} t(\omega,x_h) \frac{\partial x}{\partial s_{i+1}} h \ldots) \, \varepsilon^i(h) \, d\mu^i(h/t) \Big]$$

$$k^i(t) \, . \, dw^j + (-1)^{i-1} \int_{S_k} \frac{\partial t}{\partial s_i} \beta_o(t_s, \varphi_{t_s}(\omega,x_s)) (\frac{\partial \varphi}{\partial x} t_s(\omega,x_s) \frac{\partial x}{\partial s_1},$$

$$\ldots \frac{\partial \varphi}{\partial x} t_s(\omega,x_s) \frac{\partial x}{\partial s_{i-1}}, \frac{\partial \varphi}{\partial x} t_s(\omega,x_s) \frac{\partial x}{\partial s_{i+1}} \ldots) \, ds$$

$$+ (-1)^{i-1} \int_0^{+\infty} \Big[\int \beta_j (t, \varphi_t(\omega,x_h)) \, (\frac{\partial \varphi}{\partial x} t(\omega,x_h) \frac{\partial x}{\partial s_1} h , \ldots .$$

$$\frac{\partial \varphi}{\partial x} t(\omega,x_h) \frac{\partial x}{\partial s_{i-1}} h , \frac{\partial \varphi}{\partial x} t(\omega,x_h) \frac{\partial x}{\partial s_{i+1}} h, \ldots) \, \varepsilon^i(h) d\mu^i(h/t) \Big] \, k^i(t) \, dw^j$$

où les intégrales $\int_0^{+\infty} \{ \ \} \, dw^j$ sont des intégrales de Stratonovitch classiques où encore à

$$(2.52) \quad \int_{S_k} \Big[\alpha_o(t_s, \varphi_{t_s}(\omega,x_s)) (\frac{\partial \varphi}{\partial x} t_s(\omega,x_s) \frac{\partial x}{\partial s_1} , \ldots , \frac{\partial \varphi}{\partial x} t_s(\omega,x_s) \frac{\partial x}{\partial s_k})$$

$$+ \alpha_o(t_s, \varphi_{t_s}(\omega,x_s)) (\frac{\partial \varphi}{\partial x} t_s(\omega,x_s) \frac{\partial x}{\partial s_1} , \ldots \frac{\partial \varphi}{\partial x} t_s(\omega,x_s) \frac{\partial x}{\partial s_{i-1}} , X_o(t_s, \varphi_{t_s}(\omega,x_s))$$

$$\frac{\partial t}{\partial s_i} , \frac{\partial \varphi}{\partial x} t_s(\omega,x_s) \frac{\partial x}{\partial s_{i+1}} , \ldots) \Big] ds + \int_0^{+\infty} \Big[\int \alpha_o(t, \varphi_t(\omega,x_h)) (\frac{\partial \varphi}{\partial x} t(\omega,x_h)$$

$$\frac{\partial x}{\partial s_1} h, \ldots \frac{\partial \varphi}{\partial x} t(\omega,x_h) \frac{\partial x}{\partial s_{i-1}} h , X_j(t, \varphi_t(\omega,x_h)), \frac{\partial \varphi}{\partial x} t(\omega,x_h) \frac{\partial x}{\partial s_{i+1}} h \ldots) \varepsilon^i(h)$$

$$d\mu^i(h/t) \Big] \, k^i(t) \, . \, \vec{\delta} w^j + \frac{1}{2} \int_{S_k} (L_{X_j} \alpha_o)(t_s, \varphi_{t_s}(\omega,x_s)) (\frac{\partial \varphi}{\partial x} t_s(\omega,x_s) \frac{\partial x}{\partial s_1} ,$$

$$\ldots \frac{\partial \varphi}{\partial x} t_s(\omega, x_s) \frac{\partial x}{\partial s_{i-1}}, X_j(t_s, \varphi_{t_s}(\omega, x_s)) \frac{\partial t}{\partial s_i}, \frac{\partial \varphi}{\partial x} t_s(\omega, x_s) \frac{\partial x}{\partial s_{i+1}} \ldots) ds$$

$$+ (-1)^{i-1} \int_{S_k} \frac{\partial t}{\partial s_i} \beta_o(t_s, \varphi_{t_s}(\omega, x_s)) (\frac{\partial \varphi}{\partial x} t_s(\omega, x_s) \frac{\partial x}{\partial s_1}, \ldots$$

$$\frac{\partial \varphi}{\partial x} t_s(\omega, x_s) \frac{\partial x}{\partial s_{i-1}}, \frac{\partial \varphi}{\partial x} t_s(\omega, x_s) \frac{\partial x}{\partial s_{i+1}} \ldots) ds$$

$$+ (-1)^{i-1} \int_o^{+\infty} \Big[\int \beta_j(t, \varphi_t(\omega, x_h)) (\frac{\partial \varphi}{\partial x} t(\omega, x_h) \frac{\partial x}{\partial s_1} h \ldots, \frac{\partial \varphi}{\partial x} t(\omega, x_h)$$

$$\frac{\partial x}{\partial s_{i-1}} h, \frac{\partial \varphi}{\partial x} t(\omega, x_h) \frac{\partial x}{\partial s_{i+1}} h \ldots) \varepsilon^i(h)\, d\mu^i(h/t)\Big] k^i(t) \overset{\rightarrow}{\delta} w^j$$

$$+ \frac{(-1)^{i-1}}{2} \int_{S_k} \frac{\partial t}{\partial s_i} (L_{X_j} \beta_j) (\frac{\partial \varphi}{\partial x} t_s(\omega, x_s) \frac{\partial x}{\partial s_1}, \ldots \frac{\partial \varphi}{\partial x} t_s(\omega, x_s) \frac{\partial x}{\partial s_{i-1}},$$

$$\frac{\partial \varphi}{\partial x} t_s(\omega, x_s) \frac{\partial x}{\partial s_{i+1}}, \ldots) ds$$

où les intégrales $\int_o^{+\infty} \{\ \} \overset{\rightarrow}{\delta} w^j$ sont des intégrales de Ito classiques.

<u>Preuve:</u> Le troisième membre de (2.37) peut s'écrire, en notations abrégées

(2.53) $$\int_{c^n} \gamma^n = \int_{S_k} \alpha_o(\frac{\partial\varphi^n}{\partial x}\frac{\partial x}{\partial s_i})\, ds + \int_{S_k} \alpha_o(\frac{\partial\varphi^n}{\partial x}\frac{\partial x}{\partial s_1}, \ldots$$

$$\frac{\partial\varphi^n}{\partial x}\frac{\partial x}{\partial s_{i-1}}, X_o\frac{\partial t}{\partial s_i}, \frac{\partial\varphi^n}{\partial x}\frac{\partial x}{\partial s_{i+1}}\ldots)\, ds + \int_o^{+\infty}\Big[\iint \alpha_o(t, \varphi_t^n(\omega,x_h))$$

$$(\frac{\partial\varphi^n}{\partial x} t(\omega,x_h)\frac{\partial x}{\partial s_1} h, \ldots, \frac{\partial\varphi^n}{\partial x} t(\omega,x_h)\frac{\partial x}{\partial s_{i-1}} h, X_j(t, \varphi_t^n(\omega,x_h)),$$

$$\frac{\partial\varphi^n}{\partial x} t(\omega,x_h)\frac{\partial x}{\partial s_{i+1}} h\ldots)\, \varepsilon^i(h)\, d\mu^i(h/t)\Big]\, k^i(t)\, \dot{w}^{j,n}\, dt$$

$$+ (-1)^{i-1}\int_{S_k}\frac{\partial t}{\partial s_i}\beta_o(\frac{\partial\varphi^n}{\partial x}\frac{\partial x}{\partial s_1}, \ldots \frac{\partial\varphi^n}{\partial x}\frac{\partial x}{\partial s_{i-1}}, \frac{\partial\varphi^n}{\partial x}\frac{\partial x}{\partial s_{i+1}}, \ldots)\, ds$$

$$+ (-1)^{i-1}\int_o^{+\infty}\Big[\iint \beta_j(t, \varphi_t^n(\omega,x_h))\, (\frac{\partial\varphi^n}{\partial x} t(\omega,x_h)\frac{\partial x}{\partial s_1} h, \ldots$$

$$\frac{\partial\varphi^n}{\partial x} t(\omega,x_h)\frac{\partial x}{\partial s_{i-1}} h, \frac{\partial\varphi^n}{\partial x} t(\omega,x_h)\frac{\partial x}{\partial s_{i+1}} h\ldots)\varepsilon^i(h)d\mu^i(h/t)\Big]k^i(t)\dot{w}^{j,n}\, dt$$

Il faut alors passer à la limite dans le membre de droite de (2.53), en vue d'obtenir (2.52) . Seuls posent problème les termes contenant des $\dot{w}^{i,n}$. Supposons tout d'abord $\alpha_o,\beta_o\cdots\beta_m$ à support compact.

On a par exemple

$$(2.54)\quad \int_o^{+\infty}\Big[\int \alpha_o(t,\varphi_t^n(\omega,x_h))\,(\frac{\partial\varphi^n}{\partial x}t(\omega,x_h)\frac{\partial x}{\partial s_1}h,\ldots\frac{\partial\varphi^n}{\partial x}t(\omega,x_h)\frac{\partial x}{\partial s_{i-1}}h$$

$$X_j(t,\varphi_t^n(\omega,x_h)),\frac{\partial\varphi^n}{\partial x}t(\omega,x_h)\frac{\partial x}{\partial s_{i+1}},\ldots)\,\varepsilon^i(h)d\mu^i(h/t)\Big]$$

$$k^i(t)\,\dot{w}^{j,n}\,dt = \int_o^{+\infty}\Big[\int \alpha_o(t,\varphi_{t_n}^n(\omega,x_h))\,(\frac{\partial\varphi^n}{\partial x}t_n(\omega,x_h)\frac{\partial x}{\partial s_1}h\ldots$$

$$\frac{\partial\varphi^n}{\partial x}t(\omega,x_h)\frac{\partial x}{\partial s_{i-1}}h\,,\,X_j(t,\varphi_{t_n}^n(\omega,x_h)),\ldots)\,\varepsilon^i(h)\,d\mu^i(h/t)\Big]\,k^i(t)\,\dot{w}^{j,n}\,dt$$

$$+\int_o^{+\infty}k^i(t)\,dt\int\Big[\int_{t_n}^t(L_{X_o}\alpha_o)\,(t,\varphi_v^n(\omega,x_h))\,(\frac{\partial\varphi^n}{\partial x}v(\omega,x_h)\frac{\partial x}{\partial s_1}h\ldots$$

$$X_j(t,\varphi_v^n(\omega,x_h)),\ldots)\,\dot{w}^{j,n}\,dv\Big]\,\varepsilon^i(h)\,d\mu^i(h/t)$$

$$+\int_0^{+\infty} k^i(t)\,dt \int \left[\int_{t_n}^{t} (L_{X_k}\alpha_o)\,(t,\varphi_v^n(\omega,x_h))\,(\frac{\partial\varphi^n}{\partial x}\,v(\omega,x_h)\,\frac{\partial x}{\partial s_1}\,h,\ldots\right.$$

$$\left. X_j(t,\varphi_v^n(\omega,x_h)),\ldots)\,\dot{w}^{j,n}\,\dot{w}^{k,n}\,dv\right]\varepsilon^i(h)\,d\mu^i(h/t)$$

$$+\int_0^{+\infty} k_i(t)\,dt \int \left[\int_{t_n}^{t} \alpha_o(t,\varphi_v^n(\omega,x_h))\,(\frac{\partial\varphi^n}{\partial x}\,v(\omega,x_h)\,\frac{\partial x}{\partial s_1}\,h,\ldots\right.$$

$$\left.\frac{\partial\varphi^n}{\partial x}\,v(\omega,x_h)\,\frac{\partial x}{\partial s_{i-1}}\,h,\,[X_o(v,.),X_j(t,.)]\,(\varphi_v^n(\omega,x_h)),\,\frac{\partial\varphi^n}{\partial x}\,t(\omega,x_h)\,\frac{\partial x}{\partial s_{i+1}}\,h\ldots)\dot{w}^{j,n}dv\right]$$

$$\varepsilon^i(h)\,d\mu^i(h/t) + \int_0^{+\infty} k^i(t)\,dt \int \left[\int_{t_n}^{t} \alpha_o(t,\varphi_v^n(\omega,x_h))\right.$$

$$(\frac{\partial\varphi^n}{\partial x}\,v(\omega,x_h)\,\frac{\partial x}{\partial s_1}\,h,\ldots,\frac{\partial\varphi^n}{\partial x}\,v(\omega,x_h)\,\frac{\partial x}{\partial s_{i-1}}\,h,\,[X_k(v,.)\,,\,X_j(t,.)]$$

$$\left.(\varphi_v^n(\omega,x_h))\,,\ldots)\,\dot{w}^{j,n}\,\dot{w}^{k,n}\,dv\right]\varepsilon^i(h)\,d\mu^i(h/t)$$

((2.54) résulte en particulier de la formule classique [40] I-Proposition 3.10 $[L_X, i_Y] = i_{[X,Y]}$)

On note S_1^n , S_2^n , S_3^n , S_4^n , S_5^n les différents termes intégraux du membre de droite de (2.54).

a)

$$(2.55) \qquad S_1^n \to S_1 = \int_0^{+\infty} \left[\int\!\!\int \alpha_o(t, \varphi_t(\omega,x_h)) \; (\frac{\partial \varphi}{\partial x} t(\omega,x_h) \; \frac{\partial x}{\partial s_1} h \; ,\ldots \right.$$

$$\left. x_j(t, \varphi_t(\omega,x_h)),\ldots) \; \varepsilon^i(h) \; d\mu^i(h/t)\right] k^i(t) \; \vec{\delta w}^j \text{ en probabilité.}$$

En effet si on est sous les hypothèses de la section I-1, i.e avec $N = R^d$, en utilisant le fait que $\alpha_o, \beta_o \cdots \beta_m$ sont à support compact et les majorations uniformes du Théorème I-2.1, on montre (2.55) comme le résultat correspondant dans la preuve du Théorème III-3.9 .

Si on est sous les hypothèses de la section I-4, on plonge N dans R^{2d+1} comme dans la preuve du Théorème I-4.1. Avec des notations de la preuve de ce théorème on sait que si $x \in i(K)$, $\varphi_t^n(\omega,x) \in i(K)$. Or la fonction $\alpha_o(t,x)$ est "bornée" sur K (cette notion a un sens du fait que K est compact). Enfin si $x \in i(N)$, $x \notin i(K)$, $\varphi_t^n(\omega,x) = x$. L'ensemble de ces résultats permet d'appliquer les techniques.utilisées dans le cas où $N = R^d$ pour montrer encore (2.55).

b) Grâce aux considérations précédentes, on montre sans difficulté que

(2.56) $\quad S_2^n \to 0$ en probabilité

$\qquad\quad S_4^n \to 0$ en probabilité.

c) En utilisant les majorations uniformes du Théorème I-2.1 , on obtient, en procédant comme au Théorème III-3.9

(2.57) $$S_3^n \to S_3 = \frac{1}{2}\int_0^{+\infty} k^i(t)\, dt \Big[\int (L_{X_j}\ \alpha_0)\ (t, \varphi_t(\omega,x_h))$$

$$(\frac{\partial\varphi}{\partial x}\ t(\omega,x_h)\ \frac{\partial x}{\partial s_l}\ h,\dots,\ X_j(t,\ \varphi_t(\omega,x_h)),\dots)\ \varepsilon^i(h)\ d\mu^i(h/t)\Big]$$

$$= \frac{1}{2}\int_{S_k} (L_{X_j}\ \alpha_0)\ (t_s,\ \varphi_{t_s}(\omega,x_s))\ (\frac{\partial\varphi}{\partial x}\ t_s(\omega,x_s)\ \frac{\partial x}{\partial s_l},\dots$$

$$X_j(t_s,\ \varphi_{t_s}(\omega,x_s))\frac{\partial t}{\partial s_i},\dots)\ ds \qquad \text{en probabilité}$$

La dernière égalité résultant trivialement des propriétés de l'espérance conditionnelle.

Dans le cas où on est sous les hypothèses de la section I-4, on raisonne comme en a).

d) On montre comme en c), en utilisant le fait que $[X_j(t,.),\ X_j(t,.)] = 0$ que

(2.58) $$S_5^n \to 0 \qquad \text{en probabilité}$$

On raisonne de même sur les autres termes pour obtenir la formule (2.51).

L'identification de (2.51) et (2.52) résulte d'un calcul élémentaire sur la relation reliant les "vraies" intégrales de Stratonovitch et de Ito, où on applique en particulier la dernière égalité dans (2.57) et les égalités correspondantes dans les autres termes.

Supposons maintenant $\alpha_o, \beta_o, \ldots, \beta_m$ non nécessairement à support compact: la démonstration précédente ne s'applique plus.
Par [32] il existe sur N une distance d telle que pour tout $x \in N$, les boules

$$(2.59) \qquad \bar{B}(x,r) = \{y \in N\ ;\ d(x,y) \leq r\}$$

soient compactes. Soit donc $x \in N$ fixé et soit $\alpha_o^r, \beta_o^r \ldots \beta_m^r$ des formes C^∞ à support compact coincidant avec α_o, β_o, ... β_m sur $[0, \sup_{s \in S_k} t_s] \times \bar{B}(x,r)$.

x_s est à valeurs dans une boule $B(x,\ell)$ de N. On note T_r le temps d'arrêt

$$(2.60) \qquad T_r = \inf\{t \geq o\ ;\ \sup_{y \in \bar{B}(x,\ell)} d(x, \varphi_t(\omega,y)) > r\}$$

Alors clairement T_r tend p.s. vers $+\infty$ quand $r \to +\infty$. Si $M = \sup\{t_s ; s \in S_k\}$, en utilisant en particulier le Théorème III.2.4. , il est clair que p.s. pour $M < T_r$, on a :

$$\int_c \gamma = \int_c \gamma^r$$

où γ^r est la forme généralisée correspondant à $(\alpha_o^r, \beta_o^r, \ldots, \beta_m^r)$. De plus il est clair que sur $(M < T_r)$, (2.52) coincide avec l'expression relative à $(\alpha_o^r, \beta_o^r, \ldots \beta_m^r)$. On en déduit bien l'égalité p.s. de $\int_c \gamma$ et (2.52) dans le cas général en utilisant l'égalité déjà démontrée relativement à γ^r . □

Remarque 5: Le Théoreme 2.11 n'identifie l'intégrale $\int_c \gamma$ à une intégrale de Stratonovitch ou de Ito classique que pour un simplexe σ fixé. Il ne permet évidemment pas de définir directement par une formule du type (2.51) l'intégrale $\int_c \gamma$. Il représente une sorte de formule de Fubini, où, pour un simplexe fixé, on a bouleversé la définition "naturelle" pour obtenir une véritable intégrale stochastique, et rassurer ainsi les spécialistes de la question.

g) Les intégrales $\int_c \gamma$ comme processus

Soit $(u,s) \to x_{(u,s)}$ une application définie sur $[o,t] \times S_{k-1}$ à valeurs dans N, telle qu'elle est prolongeable en une application C^∞ d'un voisinage de $[0,t] \times S_{k-1}$ (dans R^k) dans N.

On considère l'application de $[0,t] \times S_{k-1}$ dans $R^+ \times N$ qui s'écrit

$$(2.61) \qquad (u,s) \to (u, x_{(u,s)})$$

Par triangularisation, il est facile de montrer que (2.61) définit une k-chaîne C^∞, notée b_t. Soit c_t la k-chaîne $(u,s) \in [0,t] \times S_{k-1} \to (u, \phi_u(\omega, x_{(u,s)}))$. Comme b_t est combinaison linéaire de k-simplexes C^∞, on peut calculer $\int_{c_t} \gamma$ par la formule (2.26).

Rappelons que si Y est un champ de vecteurs et δ une k-forme différentielle, $i_Y\delta$ est la k-1 forme différentielle définie par

$$(2.62) \qquad (i_Y\delta)(Z_1,\ldots,Z_{k-1}) = \delta(Y,Z_1,\ldots,Z_{k-1})$$

On a alors

Théorème 2.12: Au sens de la définition 2.6, on a

$$(2.63) \qquad \int_{c_t} \gamma = \int_0^t du \Big(\int_{S_{k-1}} \alpha_o(u, \phi_u(\omega, x_{(u,s)})) \Big(\frac{\partial\phi}{\partial x} u(\omega, x_{(u,s)}) \frac{\partial x}{\partial u} , \frac{\partial\phi}{\partial x} u(\omega, x_{(u,s)}) \frac{\partial x}{\partial s_1} , \ldots$$

$$\ldots \frac{\partial\phi}{\partial x}u(\omega,x_{(u,s)})\ \frac{\partial x}{\partial s_{k-1}})\ ds + \int_o^t du \int_{S_{k-1}} (i_{X_o}\alpha_o)(u,\phi_u(\omega,x_{(u,s)}))(\frac{\partial\phi}{\partial x}u(\omega,x_{(u,s)})\frac{\partial x}{\partial s_1}\ , \ldots$$

$$\frac{\partial\phi}{\partial x}u(\omega,x_{(u,s)})\frac{\partial x}{\partial s_{k-1}})\ ds + \int_{S_{k-1}} ds \int_o^t (i_{X_i}\alpha_o)(u,\phi_u(\omega,x_{(u,s)}))(\frac{\partial\phi}{\partial x}u(\omega,x_{(u,s)})\ \frac{\partial x}{\partial s_1}, \ldots$$

$$, \frac{\partial\phi}{\partial x}u(\omega,x_{(u,s)})\ \frac{\partial x}{\partial s_{k-1}})\ .\ dw_u^i +$$

$$+ \int_o^t du \int_{S_{k-1}} \beta_o(u,\phi_u(\omega,x_{(u,s)}))(\frac{\partial\phi}{\partial x}u(\omega,x_{(u,s)})\ \frac{\partial x}{\partial s_1}\ ,\ldots$$

$$\frac{\partial\phi}{\partial x}u(\omega,x_{(u,s)})\frac{\partial x}{\partial s_{k-1}})ds + \int_{S_{k-1}} ds \int_o^t \beta_i(u,\phi\ (\omega,x_{(u,s)}))(\frac{\partial\phi}{\partial x}u(\omega,x_{(u,s)})\ \frac{\partial x}{\partial s_1}\ ,\ldots$$

$$\frac{\partial\phi}{\partial x}u(\omega,x_{(u,s)})\ \frac{\partial x}{\partial s_{k-1}})\ .\ dw_u^i$$

où pour $s \in S_{k-1}$ fixé, les intégrales $\int_o^t \{\ \}dw_u^i$ sont définies comme à la définition III.3.1. , associées au flot $\psi_\bullet^{k-1}(\omega,.)$ de la définition 2.6 et au chemin

$$u \to (u,x_{(u,s)}, \frac{\partial x}{\partial s_1}(u,s),\ldots \frac{\partial x}{\partial s_{k-1}}(u,s))$$

ou encore

(2.64) $$\int_{c_t}\gamma = \int_0^t du \int_{S_{k-1}} \alpha_o(u,\phi_u(\omega,x_{(u,s)}))(\frac{\partial\phi}{\partial x}u(\omega,x_{(u,s)})\frac{\partial x}{\partial u},$$

$$\frac{\partial\phi}{\partial x}u(\omega,x_{(u,s)})\frac{\partial x}{\partial s_1},\dots,\frac{\partial\phi}{\partial x}(\omega,x_{(u,s)})\frac{\partial x}{\partial s_{k-1}})\,ds +$$

$$+\int_0^t du \int_{S_{k-1}} (i_{X_o}\alpha_o + \frac{1}{2} i_{X_i} L_{X_i}\alpha_o)(u,\phi_u(\omega,x_{(u,s)}))(\frac{\partial\phi}{\partial x}u(\omega,x_{(u,s)})\frac{\partial x}{\partial s_1},\dots$$

$$\frac{\partial\phi}{\partial x}u(\omega,x_{(u,s)})\frac{\partial x}{\partial s_{k-1}})ds + \int_{S_{k-1}} ds \int_0^t (i_{X_i}\alpha_o)(u,\phi_u(\omega,x_{(u,s)}))(\frac{\partial\phi}{\partial x}u(\omega,x_{(u,s)})\frac{\partial x}{\partial s_1},\dots$$

$$\frac{\partial\phi}{\partial x}u(\omega,x_{(u,s)})\frac{\partial x}{\partial s_{k-1}})\vec{\delta}\, w_u^i + \int_0^t du \int_{S_{k-1}} \beta_o(u,\phi_u(\omega,x_{(u,s)}))(\frac{\partial\phi}{\partial x}u(\omega,x_{(u,s)})\frac{\partial x}{\partial s_1},\dots$$

$$,\dots)\,ds + \frac{1}{2}\int_0^t du \int_{S_{k-1}} (L_{X_i}\beta_i)(u,\phi_u(\omega,x_{(u,s)}))(\frac{\partial\phi}{\partial x}u(\omega,x_{(u,s)})\frac{\partial x}{\partial s_1},\dots$$

$$,\frac{\partial\phi}{\partial x}u(\omega,x_{(u,s)})\frac{\partial x}{\partial s_{k-1}})ds + \int_{S_{k-1}} ds \int_0^t \beta_i(u,\phi_u(\omega,x_{(u,s)}))$$

$$(\frac{\partial\phi}{\partial x}u(\omega,x_{(u,s)})\frac{\partial x}{\partial s_1},\dots,\frac{\partial\phi}{\partial x}u(\omega,x_{(u,s)})\frac{\partial x}{\partial s_{k-1}})\vec{\delta}\, w_u^i$$

où pour $s \in S_{k-1}$ fixé les intégrales $\int_0^t \{\ \} \vec{\delta} w_u^i$ sont définies comme à la Définition III.3.5. associées au flot $\psi_{\cdot}^{k-1}(\omega,.)$ de la définition 2.6 et au chemin $u \to (u, x_{(u,s)}, \frac{\partial x}{\partial s_1}(u,s), \ldots \frac{\partial x}{\partial s_{k-1}}(u,s))$.

Preuve: La preuve est immédiate par application de la définition 2.6 et du Théorème 2.9.

□

On en déduit le corollaire suivant:

Corollaire: Si $(u,s) \to x_{(u,s)}$ est une application définie sur $R^+ \times S_{k-1}$ à valeurs dans N prolongeable en une application C^∞ sur un voisinage de $R^+ \times S_{k-1}$ (dans R^k) dans N, si c_t est la k-chaîne

$$(u,s) \in [o,t] \times S_{k-1} \to (u, \phi_u(\omega, x_{(u,s)}))$$

alors pour tout $\omega \in \Omega$, $t \to \int_{c_t} \gamma$ est continue sur R^+.

Preuve: Rappelons que dans le chapitre I, une version continue sur $R^+ \times N$ de $\phi_.(\omega,.)$, indéfiniment dérivable en x à dérivées continues sur $R^+ \times N$ pour tout ω a été fixée. Nous avons aussi noté à la remarque III.1.2 qu'on choisissait toujours une version continue sur $R^+ \times N$ pour tout ω, dérivable en x à dérivée continue sur $R^+ \times N$ pour tout ω des intégrales de Stratonovitch I_f. La continuité de $t \to \int_{c_t} \gamma$ pour tout ω résulte alors immédiatement de la définition III.1.1., de (2.63) et du Théorème de Lebesgue.

□

Soit maintenant $(u,s) \to x_{(u,s)}$ une application fixée une fois pour toutes définie sur $R^+ \times S_{k-1}$ à valeurs dans N prolongeable en une application C^∞ sur un voisinage de $R^+ \times S_{k-1}$ (dans R^k) dans N, et c_t la k-chaîne

$$(u,s) \in [o,t] \times S_{k-1} \to (u,\phi_u(\omega,x_{(u,s)})$$

On a alors:

Théorème 2.13: $\int_{c_t} \gamma$ définit une semi-martingale continue qui s'écrit

$$(2.65) \quad \int_{c_t} \gamma = \int_o^t du \int_{S_{k-1}} \alpha_o(u,\phi_u(\omega,x_{(u,s)}))(\frac{\partial\phi}{\partial x}u(\omega,x_{(u,s)})\frac{\partial x}{\partial u},$$

$$\frac{\partial\phi}{\partial x}u(\omega,x_{(u,s)})\frac{\partial x}{\partial s_1},\ldots,\frac{\partial\phi}{\partial x}u(\omega,x_{(u,s)})\frac{\partial x}{\partial s_{k-1}})ds +$$

$$+\int_o^t du \int_{S_{k-1}} (i_{X_o}\alpha_o)(u,\phi_u(\omega,x_{(u,s)}))(\frac{\partial\phi}{\partial x}u(\omega,x_{(u,s)})\frac{\partial x}{\partial s_1},\ldots,\frac{\partial\phi}{\partial x}u(\omega,x_{(u,s)})\frac{\partial x}{\partial s_{k-1}})ds +$$

$$+\int_o^t \left[\int_{S_{k-1}} (i_{X_i}\alpha_o)(u,\phi_u(\omega,x_{(u,s)}))(\frac{\partial\phi}{\partial x}u(\omega,x_{(u,s)})\frac{\partial x}{\partial s_1},\ldots,\frac{\partial\phi}{\partial x}s(\omega,x_{(u,s)})\frac{\partial x}{\partial s_{k-1}})ds\right].dw_u^i +$$

$$+\int_o^t du \int_{S_{k-1}} \beta_o(u,\phi_u(\omega,x_{(u,s)}))(\frac{\partial\phi}{\partial x}u(\omega,x_{(u,s)})\frac{\partial x}{\partial s_1},\ldots,\frac{\partial\phi}{\partial x}u(\omega,x_{(u,s)})\frac{\partial x}{\partial s_{k-1}})ds +$$

$$+\int_o^t \left[\int_{S_{k-1}} \beta_i(u,\phi_u(\omega,x_{(u,s)}))(\frac{\partial\phi}{\partial x}u(\omega,x_{(u,s)})\frac{\partial x}{\partial s_1},\ldots,\frac{\partial\phi}{\partial x}u(\omega,x_{(u,s)})\frac{\partial x}{\partial s_{k-1}})ds\right].dw_u^i$$

ou encore :

$$(2.66) \quad \int_{c_t} \gamma = \int_o^t du \int_{S_{k-1}} \Big[\alpha_o(u,\phi_u(\omega,x_{(u,s)}))(\frac{\partial\phi}{\partial x}u(\omega,x_{(u,s)})\frac{\partial x}{\partial u},\frac{\partial\phi}{\partial x}u(\omega,x_{(u,s)})\frac{\partial x}{\partial s_1},\ldots$$

$$,\frac{\partial\phi}{\partial x}u(\omega,x_{(u,s)})\frac{\partial x}{\partial s_{k-1}}) + (i_{X_o}\alpha_o + \frac{1}{2}\, i_{X_i}L_{X_i}\alpha_o + \beta_o + \frac{1}{2}L_{X_i}\beta_i)$$

$$(u,\phi_u(\omega,x_{(u,s)}))\left(\frac{\partial\phi}{\partial x}u(\omega,x_{(u,s)})\frac{\partial x}{\partial s_1},\ldots,\frac{\partial\phi}{\partial x}u(\omega,x_{(u,s)})\frac{\partial x}{\partial s_{k-1}}\right)\Bigg]ds\ +$$

$$+\int_o^t\left[\int_{S_{k-1}}(i_{X_i}\alpha_o+\beta_i)(u,\phi_u(\omega,x_{(u,s)}))\left(\frac{\partial\phi}{\partial x}u(\omega,x_{(u,s)})\frac{\partial x}{\partial s_1},\ldots,\right.\right.$$

$$\left.\left.\ldots,\frac{\partial\phi}{\partial x}u(\omega,x_{(u,s)})\frac{\partial x}{\partial s_{k-1}}\right)ds\right]\delta\vec{w}_u^i$$

Preuve: Ce résultat est immédiat par application du Théorème 2.9.

□

Remarque 6: Ce résultat est clairement un résultat de type Fubini relativement au Théorème 2.12 . L'expression de $\int_{c_t}\gamma$ comme semi-martingale est toutefois un affaiblissement considérable de la formule (2.63), puisque la grande précision de la formule est anéantie par la brutalité des procédés classiques d'intégration stochastique.

On se place temporairement sous les conditions homogènes de la sous section 2.d) pour simplifier les énoncés,

Corollaire 1 : Sous les hypothèses de la sous section 2.d),pour que pour toute application $(u,s)\to x_{(u,s)}$ ayant les propriétés mentionnées avant le théorème 2.13 $\int_{c_t}\gamma$ soit une martingale, il faut et il suffit que :

(2.67) $\alpha_o = 0$

$$\beta_o+\frac{1}{2}L_{X_i}\beta_i = 0$$

La martingale s'écrit

$$(2.68)\qquad \int_{c_t} \gamma = \int_0^t \left[\int_{S_{k-1}} \beta_i(\phi_u(\omega,x_{(u,s)}))(\frac{\partial\phi}{\partial x}u(\omega,x_{(u,s)})\frac{\partial x}{\partial s_1},\ldots,\frac{\partial\phi}{\partial x}u(\omega,x_{(u,s)})\frac{\partial x}{\partial s_{k-1}})ds\right] \vec{\delta}\, w_u^i$$

Preuve: La condition est trivialement suffisante. Montrons qu'elle est nécessaire. Par l'unicité de la décomposition de Meyer de $\int_{c_t} \gamma$, le terme absolument continu de (2.66) est nul, et par continuité, on voit que l'intégrant est nul en 0, i.e.

$$(2.69)\qquad \int_{S_{k-1}} \left[\alpha_o(x_{(o,s)})(\frac{\partial x}{\partial u}, \frac{\partial x}{\partial s_1},\ldots, \frac{\partial x}{\partial s_{k-1}}) + (i_{X_o}\alpha_o + \frac{1}{2} i_{X_i}L_{X_i}\alpha_o + \right.$$

$$\left. + \beta_o + \frac{1}{2} L_{X_i}\beta_i)(\frac{\partial x}{\partial s_1},\ldots, \frac{\partial x}{\partial s_{k-1}})\right] ds = 0$$

Il est trivial de déduire de (2.69) que

$$(2.70)\qquad i_{\frac{\partial x}{\partial u}}\alpha_o + i_{X_o}\alpha_o + \frac{1}{2} i_{X_i}L_{X_i}\alpha_o + \beta_o + \frac{1}{2} L_{X_i}\beta_i = 0$$

et donc (2.67) . □

Corollaire 2: Sous les hypothèses du corollaire 1, pour que $\int_{c_t}\gamma$ soit le processus nul pour toute application $(u,s)\to x_{(u,s)}$ vérifiant les hypothèses mentionnées avant le Théorème 2.13, il faut et il suffit que

$$(2.71)\qquad \alpha_o = 0$$

$$\beta_o = \beta_1 = \ldots = \beta_m = 0$$

Preuve: Par le Corollaire 1, on sait que $\alpha_o = 0$. De plus par (2.68) , il n'est pas difficile de montrer que $\beta_i = 0$ $(i \geq 1)$ et donc par (2.67) que $\beta_o = 0$.

□

3. Formule de Stokes

On se place sous les hypothèses de la sous-section 2. c). Etant donné une ℓ-forme différentielle h sur N dépendant de manière C^∞ de $(t,x) \in R^+ \times N$, on note $d_N h$ sa différentielle extérieure en tant que forme différentielle sur N, i.e. si h s'écrit en coordonnées locales

$$(3.1) \qquad h = a_{i_1,\dots i_\ell}(t,x)dx^{i_1} \wedge dx^{i_2} \dots \wedge dx^{i_\ell}$$

$d_N h$ s'écrit

$$(3.2) \qquad d_N h = \frac{\partial a_{i_1,\dots,i_\ell}}{\partial x_j}(t,x)dx^j \wedge dx^{i_1} \wedge \dots \wedge dx^{i_\ell}$$

On pose alors la définition suivante

Définition 3.1: Etant donnée la k-forme différentielle formelle γ sur $R^+ \times N$ écrite en (2.24), on appelle différentielle extérieure de γ et on note $d\gamma$ la k+1 forme différentielle formelle

$$(3.3) \qquad d\gamma = d_N\alpha_o + dt\wedge\frac{\partial\alpha_o}{\partial t} - dt\wedge d_N\beta_o - dw^1\wedge d_N\beta_1 \dots - dw^m\wedge d_N\beta_m$$

Notons que $d\gamma$ s'écrit de la même manière que γ.

Rappelons maintenant la définition des opérations de bord.

Définition 3.2.: Etant donné un k-simplexe singulier de classe C^∞ à valeurs dans $R^+ \times N$ σ

$$s \in S_k \to (t_s, x_s)$$

on appelle bord du simplexe σ et on note $\partial\sigma$ la k-1-chaîne

$$(3.4)\qquad \partial\sigma = \sum_{i=1}^{k+1} (-1)^{i-1} \sigma^i$$

où σ^i sont les k-1-simplexes singuliers faces de σ [59]- 9 .

L'opérateur bord ∂ s'étend par linéarité à toutes les k-chaînes. Sous les hypothèses de la définition 2.6, le simplexe singulier de classe C^0 c est l'image du simplexe de classe $C^\infty\sigma$ par l'application $\Phi\,.(\omega,.)$ de $R^+ \times N$ dans $R^+ \times N$

$$(3.5)\qquad (t,x) \to (t,\phi_t(\omega,x))$$

L'application $\sigma \to c$ s'étend par linéarité à toutes les k-chaînes de classe C^∞. On pose alors la définition suivante ;

Définition 3.3: Etant donné σ et c comme à la définition 2.6, on note ∂c la k-1-chaîne de classe image de $\partial\sigma$ par $\Phi\,.(\omega,.)$.

Notons que cette définition coincide naturellement avec la définition directe de l'opération de bord sur le k-simplexe de classe $C^0 c$

a) La formule de Stokes

Comme il est indiqué à la Remarque 2.2 , nous effectuons une fois pour toutes le choix d'une version des intégrales de γ et $d\gamma$.

On a alors le résultat suivant, qui est fondamental:

Théorème 3.4 : Il existe un négligeable $\mathcal{N}$ tel que, pour tout $\omega \notin \mathcal{N}$, pour toute $k+1$- chaîne σ de classe C^∞ à valeurs dans $R^+ \times N$, si c est la $k+1$- chaîne de classe C^0 image de σ par $\Phi.(\omega,.)$, alors on a :

$$(3.6) \qquad \int_c d\gamma = \int_{\partial c} \gamma$$

Preuve: On utilise le Théorème 2.7. En effet soit n_k une sous-suite de N possédant les propriétés mentionnées au Théorème 2.7 à la fois pour γ et $d\gamma$

La forme γ^n n'est pas de classe C^∞, puisque ses coefficients sont discontinus en t. Comme cependant, dt est en "facteur" des coefficients discontinus, on peut écrire

$$(3.7) \qquad d\gamma^n = d_N\alpha_o + dt \wedge \frac{\partial \alpha_o}{\partial t} - dt \wedge (d_N\beta_o + d_N\beta_1 \dot{w}^{1,n} + \ldots + d_N\beta_m \dot{w}^{m,n})$$

Or on peut appliquer la formule de Stokes à γ^n, i.e.

$$(3.8) \qquad \int_{c^n} d\gamma^n = \int_{\partial c^n} \gamma^n$$

En effet, on a naturellement (3.8) quand γ^n est une forme C^∞. (3.8) en résulte alors par approximation.

Par le Théorème 2.7, quand ω est pris en dehors d'un négligeable $\mathcal{N}$, on peut passer à la limite à gauche et à droite dans (3.8) et obtenir (3.6).

□

Remarque 1: Ce résultat est très fort, car une fois un négligeable fixe éliminé, (3.6) est vrai pour toutes les chaînes σ simultanément.

b) Formes fermées

Pour simplifier les énoncés on se place temporairement sous les conditions homogènes de la sous-section 2 d), ce qui, on l'a déjà vu, n'est pas une restriction. En particulier $\alpha_o, \beta_o, \dots, \beta_m$ ne dépendent pas explicitement de t.

Définition 3.5 : On dit une la forme différentielle formelle γ est fermée si les formes $\alpha_o, \beta_o, \dots, \beta_m$ sont fermées i.e. si

$$(3.9) \qquad d\alpha_o = 0 \qquad\qquad d\beta_o = d\beta_1 = \dots = d\beta_m = 0$$

Notons que puisqu'il n'y a pas d'ambiguité, on peut ici supprimer l'indice N de d_N.

On a alors

Théorème 3.6 : Pour que γ soit fermée, il faut que sauf sur un négligeable fixe, pour toute k+1- chaîne c comme au Théorème 3.4 , on ait $\int_{\partial c} \gamma = 0$, et il suffit que pour toute k+1- chaîne comme au Théorème 3.4 , p.s. on ait $\int_{\partial c} \gamma = 0$

Preuve: La condition nécessaire se démontre immédiatement grâce au Théorème 3.4 . Montrons la condition suffisante. Par le Théorème 3.4, sous les hypothèses du corollaire 2 du Théorème 2.13 , on a $\int_{c_t} d\gamma = 0$ p.s. et donc par ce corollaire (3.9) est vérifiée.

□

c) Autour de la formule de Stokes

Soit d_o un k-simplexe de classe C^∞ à valeurs dans $N \; s \in \int_k \to x_s$. d_t est la k-chaîne de classe C^∞ $\phi_t(\omega, d_o)$ dans N , et c_t la k+1 chaîne de classe C^o dans $R^+ \times N$ image de la chaîne $[0,t] \times d_o$ par $\Phi.(\omega,.) : (u,x) \to (u, \phi_u(\omega,x))$.

On a alors

<u>Théorème 3.7</u> : Si α_o est une k-forme différentielle prise comme à la sous-section 2.c), il existe un négligeable $\mathcal{N}$ dépendant de α_o tel que pour tout $\omega \notin \mathcal{N}$, si d_o est une k-chaîne prise comme précédemment, on a pour tout $t \in R^+$

$$(3.10) \qquad \int_{d_t} \alpha_o - \int_{d_o} \alpha_o = \int_o^t du \int_{d_u} \left(\frac{\partial \alpha_o}{\partial t} + L_{X_o} \alpha_o\right) + \int_{S_{k-1}} ds \int_o^t (L_{X_i} \alpha_o)\left(\frac{\partial \phi}{\partial x} u(\omega,x_s)\frac{\partial x}{\partial s_1}, \ldots\right.$$

$$\left., \frac{\partial \phi}{\partial x} u(\omega,x_s)\frac{\partial x}{\partial s_k}\right) . dw_u^i = \int_o^t du \int_{d_u} \left(\frac{\partial \alpha_o}{\partial t} + L_{X_o} \alpha_o + \frac{1}{2} L_{X_i}^2 \alpha_o\right) +$$

$$+ \int_{S_k} ds \int_o^t (L_{X_i} \alpha_o)(u,\phi_u(\omega,x_s))\left(\frac{\partial \phi}{\partial x} u(\omega,x_s)\frac{\partial x}{\partial s_1}, \ldots, \frac{\partial \phi}{\partial x} u(\omega,x_s)\frac{\partial x}{\partial s_k}\right) \vec{\delta} w_u^i .$$

où les intégrales de Ito et Stratonovitch sont définies comme aux Définitions III.3.1 et III.3.5.

<u>Preuve</u>: Une application brutale de la formule de Stokes du Théorème 3.4 conduirait à montrer une formule de type Fubini dans de mauvaises conditions, qui nous ferait perdre les propriétés fines sur les négligeables que nous recherchons.

On note d_t^n la k- chaîne image de d_o par $\phi_t^n(\ ,.)$ et c_t^n la k+1-chaîne correspondante. On a trivialement

$$(3.11) \qquad \int_{d_t^n} \alpha_o - \int_{d_o^n} \alpha_o = \int_o^t du \int_{d_u^n} \left(\frac{\partial \alpha_o}{\partial t} + L_{X_o} \alpha_o\right) +$$

$$+ \int_{S_{k-1}} ds \int_o^t (L_{X_i} \alpha_o)(u,\phi_u^n(\omega,x_s))\left(\frac{\partial \phi_u^n}{\partial x} (\omega,x_s)\frac{\partial x}{\partial s_1}, \ldots, \frac{\partial \phi^n}{\partial x} u(\omega,x_s)\frac{\partial x}{\partial s_k}\right)\dot{w}^{i,n}\, du$$

(3.10)résulte alors trivialement du Théorème 2.7, qui permet de passer à la limite dans les deux membres de (3.11), et d'obtenir (3.10).

□

Corollaire 1 : Il existe un négligeable $\mathcal{N}$ tel que si $\omega \notin \mathcal{N}$, pour tout α_o pris comme dans le Théorème 3.7 tel que $\partial d_o = 0$, alors

$$(3.12)\qquad \int_{d_t} \alpha_o - \int_{d_o} \alpha_o = \int_o^t du \left[\int_{d_u} (\frac{\partial \alpha_o}{\partial t} + i_{X_o} d\alpha_o)\right] + \int_{S_k} ds \int_o^t (i_{X_i} d\alpha_o)$$

$$(u,\phi_u(\omega,x_s))(\frac{\partial \phi}{\partial x}u(\omega,x_s)\frac{\partial x}{\partial s_1},\ldots,\frac{\partial \phi}{\partial x}u(\omega,x_s)\frac{\partial x}{\partial s_k}) \,.\, dw_u^i = \int_o^t du \int_{d_u} (\frac{\partial \alpha_o}{\partial t} + i_{X_o} d\alpha_o +$$

$$+ \frac{1}{2} i_{X_i} d i_{X_i} d\alpha_o) + \int_{S_k} ds \int_o^t (i_{X_i} d\alpha_o)(\frac{\partial \phi}{\partial x}u(\omega,x_s)\frac{\partial x}{\partial s_1},\ldots,$$

$$, \frac{\partial \phi}{\partial x}u(\omega,x_s)\frac{\partial x}{\partial s_k}) \,.\, \overset{\rightarrow}{\delta} w_u^i$$

Preuve: Il faut naturellement résister à la tentation d'utiliser une version du Théorème de Fubini dans (3.10) qui rendrait "trivial" (3.12) mais serait encore inadapté à un énoncé fin. Comme

$$(3.13)\qquad L_X = d o i_X + i_X o d$$

en utilisant dans (3.11) le fait que $\partial d_u^n = 0$, il vient

$$(3.14)\qquad \int_{d_t^n} \alpha_o - \int_{d_o^n} \alpha_o = \int_o^t du \int_{d_u^n} (\frac{\partial \alpha_o}{\partial t} + i_{X_o} d\alpha_o)$$

$$+ \int_{S_k} ds \int_o^t (i_{X_i} d\alpha_o)(u,\phi_u^n(\omega,x_s))(\frac{\partial \phi^n}{\partial x}u(\omega,x_s)\frac{\partial x}{\partial s_1},\ldots,\frac{\partial \phi^n}{\partial x}u(\omega,x_s)\frac{\partial x}{\partial s_k})\dot{w}^{i,n}\, du$$

En remarquant que dans le Théorème 2.7 , le fait que $\partial d_o = 0$ permet de remplacer l'opérateur $L^-_{X_i}$ par $i_{X_i} d$, le Théorème résulte de (3.14) et des Théorèmes 2.7 et 2.9 .

□

Corollaire 2 : Si d_o est tel que $\partial d_o = 0$ et si α_o est fermée, alors pour tout ω , on a

$$(3.15) \qquad \int_{d_o} \alpha_o = \int_{d_t} \alpha_o$$

Preuve: Rappelons en effet que dans la section I.3 , nous avons supposé que pour tout $\omega \in \Omega$, $\phi_o(\omega,\cdot) = id$ et $\phi_t(\omega,.)$ est une famille continue d'applications C^∞ . Pour tout t les cycles d_o et d_t sont homotopes donc homologues. α_o étant fermée, le corollaire en résulte.

□

Remarque 2 : Une application directe du corollaire 1 conduirait à une égalité p.s., ce qui est désagréable.

4. Intégrales sur des surfaces non anticipatives

On va maintenant intégrer la k-forme différentielle formelle γ définie en (2.24) sur des k-chaînes non anticipatives.

On se place pour simplifier sous les hypothèses de la section I.1 , i.e. quand $N = R^d$.

Soit $L^s_t(\omega), L'^s_{i_t}(\omega), H'^s_{ij_t}(\omega)$ $(1 \le i \le m,\ 1 \le j \le m)$ une famille de fonctions définies sur $\Omega \times R^+ \times R^{k-1}$ à valeurs dans R^d . On fait les hypothèses suivantes:

a) Elles sont mesurables sur $\Omega \times R^+ \times R^{k-1}$ et bornées.

b) Pour tout $s \in R^{k-1}$ les fonctions définies sur $\Omega \times R^+$ $(\omega,t) \to L^t_s(\omega), L'^s_{i_t}(\omega), H'^s_{ij_t}(\omega)$ définissent des processus adaptés.

c) Pour tout $(\omega,t) \in \Omega \times R^+$, les fonctions $s \to L_t^s(\omega)$, $L_t'^s(\omega)$, $H'^s_{ij_t}(\omega)$ sont deux fois dérivables sur R^{k-1} à dérivées continues en s et bornées.

d) Pour tout $\omega \in \Omega$, $(s,t) \to H_t'^s(\omega)$ est continue ainsi que $(s,t) \to \frac{\partial H_t'^s}{\partial s}(\omega)$.

$s \to y_o^s, H_{i_o}^s$ sont des fonctions deux fois dérivables à dérivées continues bornées définies sur R^{k-1} à valeurs dans R^d.

On pose

$$(4.1) \qquad y_t^s = y_o^s + \int_o^t L_t^s ds + \int_o^t H_{i_u}^s \,.\, dw^i$$

avec

$$(4.2) \qquad H_{it}^s = H_{io}^s + \int_o^t L_i'^s \, du + \int_o^t H'^s_{ij_u} \vec{\delta} w^j$$

Comme dans la preuve de la Proposition I.5.3, on pose

$$(4.3) \qquad H_{i_t}^{ns} = H_{io}^s + \int_o^t L_i'^s du + \int_o^t H'^s_{ij_{u_n}} \dot{w}^{j,n} du$$

$$y_t^{ns} = y_o^s + \int_o^t L^s du + \int_o^t H_{i_u}^{ns} \dot{w}^{i,n} du$$

Il est clair que pour tout (ω,t) , $s \to H_{i_t}^{ns}$, y_t^{ns} est dérivable, et que de plus, on a

$$(4.4) \qquad \frac{\partial H_{i_t}^{ns}}{\partial s} = \frac{\partial H_{i_o}^s}{\partial s} + \int_o^t \frac{\partial L_i'^s}{\partial s} du + \int_o^t \frac{\partial H'^s_{ij_{u_n}}}{\partial s} \dot{w}^{j,n} du$$

$$\frac{\partial y_t^{ns}}{\partial s} = \frac{\partial y_o^s}{\partial s} + \int_o^t \frac{\partial L^s}{\partial s} du + \int_o^t \frac{\partial H_{i_u}^{ns}}{\partial s} \dot{w}^{i,n} du$$

On a alors

Proposition 4.1 : La suite d'applications

$$(4.5) \qquad (\omega,t,s) \to y_t^{ns}(\omega) \ , \quad H_t^{ns}(\omega)$$

converge P.U.C. sur $\Omega \times R^+ \times R^{k-1}$ vers la version essentiellement unique p.s. continue sur $R^+ \times R^{k-1}$ de $y_t^s(\omega)$, $H_t^s(\omega)$, qu'on note encore $y_t^s(\omega)$, $H_t^s(\omega)$. De plus p.s., pour tout $t \in R^+$, y_t^s , H_t^s sont dérivables en s à dérivées continues en (t,s) et sont les limites P.U.C. de $\frac{\partial y^{ns}}{\partial s}$, $\frac{\partial H^{ns}}{\partial s}$, et telles que pour tout s, on a

$$(4.6) \qquad \frac{\partial y_t^s}{\partial s} = \frac{\partial y_o^s}{\partial s} + \int_o^t \frac{\partial L^s}{\partial s} du + \int_o^t \frac{\partial H_i^s}{\partial s} \cdot dw^i$$

$$\frac{\partial H_{i_t}^s}{\partial s} = \frac{\partial H_{i_o}^s}{\partial s} + \int_o^t \frac{\partial L_i^{'s}}{\partial s} du + \int_o^t \frac{\partial H_{ij}^{'s}}{\partial s} \vec{\delta} w^j$$

Preuve: Par I-(5.73) , on sait que pour $t \leq t' \leq T$, on a

$$(4.7) \qquad E \, |y_t^{ns} - y_{t'}^{ns}|^{2p} \leq C(t' - t)^p$$

De même en raisonnant comme dans I-(5.70) , on voit aussi que

$$(4.8) \qquad E \, |H_t^{ns} - H_{t'}^{ns}|^{2p} \leq C(t' - t)^p$$

En réutilisant encore l'argument de I-(5.70), on a aussi

$$(4.9) \qquad E \, |H_t^{ns} - H_t^{ns'}|^{2p} \leq C \{ |s-s'|^{2p} + E \int_o^t |H_{u_n}^{'s} - H_{u_n}^{'s'}|^{2p} du\}$$

$$\leq C \, |s - s'|^{2p}\}$$

et en utilisant encore un calcul du type I - (5.73) , on a

$$(4.10)\qquad E\,|y_t^{ns} - y_t^{ns'}|^{2p} \le C\,[|s-s'|^{2p} + E\,|\int_s^t (H_{i_{u_n}}^{s} - H_{i_{u_n}}^{s'})\dot{w}^{i,n}\,du|^{2p}$$

$$+ E\,|\int_0^t du \int_{u_n}^{u} ((L'^{s}_{i_v} - L'^{s'}_{i_v}) + (H'^{s}_{ij} - H'^{s'}_{ij})\dot{w}^{j,n})\,\dot{w}^{i,n}\,dv]|^{2p}]$$

$$\le C\,|s-s'|^{2p}$$

On peut naturellement montrer des inégalités semblables à (4.7) et (4.10) pour $\frac{\partial y^{ns}_t}{\partial s}$ et $\frac{\partial H^{ns}_t}{\partial s}$. On raisonne alors comme au Théorème I.2.1 et à la Proposition I.5.3 : les mesures images de P par les applications

$$(4.11)\qquad \omega \to (w_t(\omega),\, y_t^{ns}(\omega),\, H_t^{ns}(\omega),\, \frac{\partial y_t^{ns}}{\partial s}(\omega)\,,\, \frac{\partial H_t^{ns}}{\partial s}(\omega))$$

forment un ensemble étroitement relativement compact sur

$$(4.12)\qquad \mathcal{C}(R^+ ; R^m) \times \mathcal{C}(R^+ \times R^{k-1} ; R^d \times (R^d)^m \times (R^d \times (R^d)^m)^{k-1})$$

On en déduit alors très simplement que y^n, H^n converge P.U.C. vers la version p.s. continue essentiellement unique de y_t^s , H_t^s (une telle version existe par l'analogue de (4.7),(4.10) qu'on montre très simplement pour y , H) . On raisonne comme au Théorème I.2.1 pour les dérivées.

□

<u>Corollaire</u>: Pour tout $p > 1$, pour tout T, $k \ge 0$, les suites

$$(4.13)\qquad E(\sup_{|s|\le k,\,t\le T} |y_t^{ns}|^p)\,,\; E(\sup_{|s|\le k,\,t\le T} |\frac{\partial y_t^n}{\partial s}|^p),\; E(\sup_{|s|\le k,\,t\le T} |H_t^{ns}|^p),\; E(\sup_{|s|\le k,\,t\le T} |\frac{\partial H_t^{hs}}{\partial s}|^p)$$

sont uniformément bornées.

Preuve: On montre ce résultat en raisonnant comme au Théorème I.1.2, en utilisant les inégalités (4.7) – (4.10) et les inégalités correspondantes pour $\frac{\partial y^{ns}}{\partial s}t$, $\frac{\partial H^{ns}}{\partial s}t$. □

Définition 4.2 : Soit $c_t(\omega)$ la k-chaîne de $R^+ \times R^d$

(4.14) $(u,s) \in [o,t] \times S_{k-1} \to (u, y_u^s(\omega))$

Si γ est comme en (2.24), on appelle intégrale de γ sur $c_t(\omega)$ et on note $\int_{c_t} \gamma$ la variable aléatoire

$$(4.15) \quad \int_{c_t} \gamma = \int_o^t du \int_{S_{k-1}} \alpha_o(u,y_u^s)(L^s, \frac{\partial y^s}{\partial s_1}, \ldots, \frac{\partial y^s}{\partial s_{k-1}})ds$$

$$+ \int_o^t [\int_{S_{k-1}} \alpha_o(u,y_u^s)(H_i^s, \frac{\partial y^s}{\partial s_1}, \ldots, \frac{\partial y^s}{\partial s_{k-1}})ds] \cdot dw_u^i$$

$$+ \int_o^t [\int_{S_{k-1}} \beta_o(u,y_u^s)(\frac{\partial y^s}{\partial s_1}, \ldots, \frac{\partial y^s}{\partial s_{k-1}})ds]\, du$$

$$+ \int_o^t [\int_{S_{k-1}} \beta_i(u,y_u^s)(\frac{\partial y^s}{\partial s_1}, \ldots, \frac{\partial y^s}{\partial s_{k-1}})ds] \cdot dw_u^i$$

Le fait que ces intégrales de Stratonovitch existent résulte d'arguments élémentaires.

On a alors

Théorème 4.3 : Si c_t^n est la k-chaîne de $R^+ \times R^d$

(4.16) $(u,s) \in [0,t] \times S_{k-1} \to (u, y_u^{ns})$

alors si γ^n est défini comme en (2.34), le processus $\int_{c_t^n} \gamma^n$ converge P.U.C. vers $\int_{c_t} \gamma$.

<u>Preuve</u> : On suppose tout d'abord que $(\alpha_o, \beta_o, \ldots, \beta_m)$ sont bornés à dérivées bornées. On montre alors le résultat en utilisant les techniques de la section I.5 et les majorations uniformes du corollaire de la Proposition 4.1. On utilise alors la technique du Théorème 2.11 pour étendre le résultat au cas général.

□

Le Théorème 4.3 justifie géométriquement une définition qui resterait sans cela purement formelle.

On en déduit

<u>Corollaire</u>: Si $\tilde{\alpha}_o$ est une k-1 forme différentielle sur R^d dépendant de manière C^∞ de $(t,x) \in R^+ \times R^d$, si d_t est le k-1 simplexe de classe C^∞

(4.17) $$s \in S_{k-1} \to y_t^s$$

si ∂d_t s'écrit sous la forme d'une combinaison linéaire de k-2-simplexes

(4.18) $$\partial d_t = \Sigma(-1)^{i-1} d_{i_t}$$

si e_{i_t} est la k-1 chaîne

(4.19) $$(u,s) \in [0,t] \times S_{k-2} \to (u, d_{i_u}(s))$$

et si e_t est la k-1 chaîne

(4.20) $$e_t = \Sigma(-1)^{i-1} e_{i_t}$$

on a

(4.21) $$\int_{d_t} \tilde{\alpha}_o - \int_{d_o} \tilde{\alpha}_o = \int_{e_t} \tilde{\alpha}_o + \int_{c_t} d\tilde{\alpha}_o$$

<u>Preuve</u>: On note d_t^n, e_t^n les analogues de d_t, e_t pour y_t^{ns}. Il est alors clair que $\partial c_t^n = d_t^n - d_o - e_t^n$. Par la formule de Stokes, on a trivialement

$$(4.22)\qquad \int_{d_t^n} \tilde{\alpha}_o - \int_{d_o} \tilde{\alpha}_o - \int_{e_t^n} \tilde{\alpha}_o = \int_{c_t^n} d\tilde{\alpha}_o$$

On utilise alors le Théorème 4.3 pour passer à la limite dans (4.22) et obtenir le corollaire.
□

Notons que (4.15) peut aussi s'écrire :

$$\begin{aligned}(4.23)\qquad \int_{c_t} \gamma = &\int_0^t du \int_{S_{k-1}} \alpha_o(u,y_u^s)(L^s + \frac{1}{2} H'^s_{ii}, \frac{\partial y^s}{\partial s_1}, \ldots, \frac{\partial y^s}{\partial s_{k-1}})ds + \\
&+ \frac{1}{2}\int_0^t du \int_{S_{k-1}} \alpha_o(u,y_u^s)(H_i^s, \frac{\partial y^s}{\partial s_1}, \ldots \frac{\partial y^s}{\partial s_{j-1}}, \frac{\partial H_i^s}{\partial s_j}, \frac{\partial y^s}{\partial s_{j+1}} \ldots)ds \\
&+ \frac{1}{2}\int_0^t du \int_{S_{k-1}} \frac{\partial \alpha_o}{\partial y}(u,y_u^s)H_i^s(H_i^s, \frac{\partial y^s}{\partial s_1}, \ldots, \frac{\partial y^s}{\partial s_{k-1}})\, ds \\
&+ \frac{1}{2}\int_0^t du \int_{S_{k-1}} \beta_i(u,y_u^s)(\frac{\partial y^s}{\partial s_1}, \ldots, \frac{\partial y^s}{\partial s_{j-1}}, \frac{\partial H_i^s}{\partial s_j}, \frac{\partial y^s}{\partial s_{j+1}}, \ldots)\, ds \\
&+ \frac{1}{2}\int_0^t du \int_{S_{k-1}} \frac{\partial \beta_i}{\partial y}(u,y_u^s)H_s^i(\frac{\partial y^s}{\partial s_1}, \ldots, \frac{\partial y^s}{\partial s_{k-1}})ds + \int_0^t [\int_{d_u} \beta_o(u,.)] + \\
&+ \int_0^t [\int_{S_{k-1}} \alpha_o(u,y_u^s)(H_i^s, \frac{\partial y^s}{\partial s_1}, \ldots, \frac{\partial y^s}{\partial s_{k-1}})ds] \,.\, \vec{\delta}\, w_u^i + \\
&+ \int_0^t [\int_{S_{k-1}} \beta_i(u,y_u^s)(\frac{\partial y^s}{\partial s_1}, \ldots, \frac{\partial y^s}{\partial s_{k-1}})ds]\, \vec{\delta}\, w_u^i\end{aligned}$$

Or en posant

(4.24) $\quad \tilde{L}^s = L^s + \frac{1}{2} H'^s_{ii}$

y^s_t peut s'écrire

(4.25) $\quad y^s_t = y^s_o + \int_o^t \tilde{L}^s_u \, ds + \int_o^t H^s_i \, . \, \vec{\delta} w^i_u$

$\int_{c_t} \gamma$ s'exprime donc à partir des caractéristiques $(y^s_o, \tilde{L}^s, H)$ de y^s en temps que semi-martingale.

Plus généralement si $\tilde{L}^s$ et H^s_i vérifient les propriétés a), b) et c) énoncées au début de la section, si χ est une fonction $C^\infty \geqslant 0$ à support compact dans R^+ telle que $\int \chi du = 1$, en posant

(4.26) $\quad {}^n H^s_t = n \int_o^t H^s_{t-u} \, \chi(nu) du = n \int_o^t H^s_u \, \chi(n(t-u)) du$

$$ {}^n y^s_t = y^s_o + \int_o^t \tilde{L}^s_u du + \int_o^t {}^n H^s_i \, \vec{\delta} \, w^i_u = y^s_o + \int_o^t \tilde{L}^s_u \, du + \int_o^t H^s_i \, . \, dw^i $$

alors ${}^n y^s_t$ vérifie les mêmes hypothèses que y^s_t en (4.1) . On montre alors que ${}^n y^s_t$ converge P.U.C. sur $R^+ \times R^{k-1}$ ainsi que $\frac{\partial {}^n y^s_t}{\partial s}$, donc qu'on peut supposer que y^s_t est p.s. continu sur $R^+ \times R^{k-1}$ et que p.s. $\frac{\partial y^s}{\partial s}$ existe et est continue sur $R^+ \times R^{k-1}$.

Si c_t est encore défini par

(4.27) $\quad (u,s) \in [0,t] \times S_{k-1} \to (u, y^s_u)$

on peut encore définir $\int_{c_T} \gamma$ par la formule (4.23) où $L^s + \frac{1}{2} H'^s_{ii}$ aura été <u>préalablement</u> remplacé par $\tilde{L}^s$.

Si c^n_t est la k-chaîne associée à ${}^n y^s_t$, il n'est pas difficile d'en conclure que $\int_{c^n_t} \gamma$ converge P.U.C. vers $\int_{c_t} \gamma$. Le corollaire du Théorème 4.3 s'étend naturellement à ces semi-martingales.

Remarque 1: Il faut noter que tous ces résultats sont beaucoup moins précis que les résultats des sections 2 et 3.

Remarque 2 : Si $N = R^d$, les résultats de l'ensemble du chapitre sont encore vrais sous les hypothèses légèrement moins restrictives de la Remarque I.6.1 . Il suffit en effet d'utiliser les approximations utilisées dans la section I.6 .

CHAPITRE V

DIFFUSIONS SUR LES VARIÉTÉS SYMPLECTIQUES

L'objet de ce chapitre est d'étudier les diffusions sur les variétés symplectiques, qui respectent la structure symplectique de ces variétés.

Rappelons qu'une variété symplectique de classe C^∞ est une variété sur laquelle est définie une forme différentielle fermée non dégénérée en chaque point de la vériété.

Pour une présentation des principaux résultats de géométrie différentielle relatifs aux variétés symplectiques, nous renvoyons à l'exposé de Weinstein [58]. Les variétés symplectiques jouent un rôle essentiel en mécanique; pour un exposé concernant ces applications, nous renvoyons à Westenholz [59] pour un exposé élémentaire, à Abraham-Marsden [2] et Arnold [3].

Si M est une variété de classe C^∞, son fibré cotangent T^*M est muni d'une structure symplectique canonique. En effet si π est la projection canonique de T^*M sur μ, si $(q,p) \in T^*M$ i.e. $q \in M$ et $p \in T^*_qM$, on considère la 1-forme différentielle $\overset{-1}{\pi^*} p$, classiquement notée pdq. Sa différentielle extérieure, S qui s'écrit en coordonnées locales

$$(0.1) \quad \Sigma \; dp_i \wedge dq^i$$

définit une structure symplectique sur T^*M [2], [3], [58], [59]

Notons enfin que le Théorème de Darboux [2], [3], [58], [59] montre que localement, on peut toujours trouver un système de coordonnées tel que la forme symplectique puisse s'écrire sous la forme (0.1).

Dans la section 1, on détermine les diffusions qui conservent la structure symplectique d'une variété. Dans la section 2, on définit les diffusions hamiltoniennes. Dans la section 3, on explicite les formules de Ito et Stratonovitch pour les diffusions hamiltoniennes. Dans la section 4, on étudie les intégrales premières de telles diffusions. Dans la section 5 on examine le problème de la réduction de l'espace des phases. Enfin dans la section 6, on spécialise les résultats l'orsque la variété symplectique considérée est le fibré cotangent d'une variété donnée.

1. Diffusions symplectiques.

On se place sous les hypothèses de la section I.1 ou de la section I.4. Dans tous les cas la variété d'états est noté N. Sous les hypothèses de la section I.1, on a donc $N = R^d$. Les résultats qui suivent s'étendent aux variétés à courbure négative par les techniques du chapitre XI.

On suppose construit le flot $\phi \cdot (\omega,.)$ comme dans le chapitre I.

On suppose enfin que N est une variété symplectique (de classe C^∞). La forme symplectique est notée S. La dimension d de la variété étant nécessairement paire, on pose $d = 2d'$.

Rappelons enfin qu'on dit qu'un difféomorphisme ψ de N dans N est symplectique s'il conserve la forme symplectique S, i.e. si $\psi^* S = S$.

On a alors le resultat fondamental suivant

Théorème 1.1: Pour que p.s., pour tout t, $\phi_t(\omega,.)$ soit un difféomorphisme symplectique, il suffit qu'on ait :

(1.1) $$L_{X_o} S = L_{X_1} S = \dots = L_{X_m} S = 0$$

La condition (1.1) est nécessaire si $X_o, X_1 \dots, X_m$ ne dépendent pas de t.

Preuve : Ce résultat est une conséquence du Théorème IV.1.2.

□

Corollaire: Si (1.1) est vérifiée, alors p.s., pour tout $n \le d'$, et tout $t \in R^+$, si S^n est la n-ième puissance extérieure de S, on a

(1.2) $$\phi_t^{*-1} S^n = S^n$$

Preuve: $\phi_t(\omega,.)$ préservant la forme S preserve toutes ses puissances extérieures.

□

En particulier, p.s. pour tout $t \in R^+$, $\phi_t(\omega,.)$ préserve la forme de Liouville $S^{d'}$ sur N.

On fait alors la remarque classique suivante [2], [3], [58], [59], que comme S est fermée, on a

$$(1.3) \qquad L_X S = d o i_X S + i_X o d S = d o i_X S$$

et donc que pour que $L_X S = 0$, il faut et il suffit que $i_X S$ soit fermée.

Au moins localement, on peut donc écrire pour

$$(1.4) \qquad i_{X_i} S = -d_N \mathcal{H}_i$$

où $\mathcal{H}_i$ est une fonction C^∞ à valeurs dans R définie au voisinage du point (t,x) considéré.

On rappelle alors un résultat essentiel sur les variétés symplectiques

Définition 1.2: Etant donné $x \in N$, on note I l'isomorphisme linéaire de $T_x^* N$ dans $T_x N$ défini par

$$(1.5) \qquad f \in T_x^* N : i_{If} S = -f$$

S étant non dégénérée, If est bien défini sans ambiguité par (1.5) (le signe à prendre dans (1.5) varie suivant les auteurs).

On pose enfin la définition suivante:

Définition 1.3 : Etant donnée une fonction C^∞ $\mathcal{H}$ définie sur N à valeurs dans R, on appelle champ de vecteurs hamiltonien de hamiltonien $\mathcal{H}$ le champ défini par

$$(1.6) \qquad X = I d \mathcal{H}$$

A cause de (1.6), des champs $X_o,\dots,X_m$ vérifiant (1.4) sont dits localement hamiltoniens. On peut donc reformuler le Théorème 1.1 en disant que pour que p.s., pour tout $t \in R^+$, $\phi_t(\omega,.)$ soit un difféomorphisme symplectique, il faut et il suffit que $X_o(x),\dots, X_m(x)$ soient des champs localement hamiltoniens.

Un champ de vecteurs localement hamiltonien est nécessairement hamiltonien si le groupe d'homologie $H^1(N;R)$ est réduit à 0.

2. Diffusions hamiltoniennes.

On fait à partir de maintenant l'hypothèse que $\mathcal{H}_o,\dots,\mathcal{H}_m$ sont une famille de $m+1$ fonctions C^∞ définies sur $R^+ \times N$ à valeurs dans R, et que $X_o,\dots,X_m$ sont les champs de vecteurs hamiltoniens de hamiltoniens respectifs $\mathcal{H}_o,\dots,\mathcal{H}_m$, i.e. pour tout $t \geq 0$, $X_i(t,.)$ est le champ hamiltonien associé à $\mathcal{H}_i(t,.)$.

On suppose également que les champs $X_o,\dots,X_m$ vérifient les hypothèses des sections I.1 ou I.4.

Exemples:

a) Si N est une variété symplectique générale et si $\mathcal{H}_o,\dots, \mathcal{H}_m$ sont à support compact, les hypothèses de la section I.4 sont nécessairement vérifiées. Si N est compacte, aucune hypothèse supplémentaire n'est nécessaire.

b) Si $N = R^{2d'}$, si la famille d'opérateurs I définis à la Définition 1.2 sont uniformément bornés, si toutes leurs dérivées sont bornées, si enfin $\mathcal{H}_o,\dots,\mathcal{H}_m$ ont toutes leurs dérivées d'ordre ≥ 1 bornées, il est clair que $X_o,\dots,X_m$ vérifient les hypothèses de la section I.1.

Remarque 1 : Notons également dans ce dernier cas qu'au lieu de supposer $X_o,\dots,X_m$ uniformément bornés, on peut accepter les conditions sur $X_o,\dots,X_m$ exprimées à la Remarque I.6.1 en utilisant alors les Remarques III.3.4. et IV.4.2 , qui permettent d'appliquer l'ensemble des techniques précédentes. Une telle remarque est importante quand $\mathcal{H}_o$ est un hamiltonien quadratique, ce qui est le cas dans les problèmes provenant de la mécanique classique. On peut également se placer sur des variétés riemaniennes à courbure négative comme au Chapitre XI.

On va alors caractériser très simplement les flots de difféomorphismes $\phi^n_\cdot(\ ,\cdot)$ définis au chapitre I. On a en effet:

Théorème 2.1: Pour tout n , le flot de difféomorphismes $\phi^n_\cdot(\omega,\cdot)$ est le flot de difféorphismes symplectiques associés à l'hamiltonien $\mathcal{H}^n(t,x)$ défini par

$$\mathcal{H}^n(t,x) = \mathcal{H}_o(t,x) + \mathcal{H}_1(t,x)\dot{w}^{1,n} + \dots + \mathcal{H}_m(t,x)\dot{w}^{m,n} \tag{2.1}$$

Preuve: Comme $i_{X_i} S = -d\mathcal{H}_i$, on a nécessairement

$$i_{(X_o + X_1\dot{w}^{1,n} + \dots + X_m\dot{w}^{m,n})} S = -d_N \mathcal{H}^n \tag{2.2}$$

Le Théorème est bien démontré.

□

Le flot $\phi_\cdot(\omega,\cdot)$ apparaît ainsi comme une limite P.U.C. de flots hamiltoniens classiques. On est ainsi amené à écrire que le flot $\phi_\cdot(\omega,\cdot)$ est un flot hamiltonien ayant un hamiltonien singulier $\mathcal{H}$ qui s'écrit

$$\mathcal{H} = \mathcal{H}_o(t,x) + \mathcal{H}_1(t,x)\frac{dw^1}{dt} + \dots + \mathcal{H}_m(t,x)\frac{dw^m}{dt} \tag{2.3}$$

(l'écriture (2.3) est naturellement formelle).

Exemple 1: Particule dans un potentiel aléatoire.

Soit une particule de masse μ dans soumise à un champ de forces aléatoires descriptibles par un potentiel singulier V qui s'écrit

$$(2.4) \qquad V = V_o(t,q) + V_1(t,q)\frac{dw^1}{dt} + \ldots + V_m(t,q)\frac{dw^m}{dt}$$

Dans l'espace des phases R^6 qui est le fibré cotangent de R^3 dont le point générique est (q,p) , l'hamiltonien généralisé $\mathcal{H}$ s'écrit

$$(2.5) \qquad \mathcal{H} = \frac{|p|^2}{2\mu} + V_o(t,q) + V_1(t,q)\frac{dw^1}{dt} + \ldots + V_m(t,q)\frac{dw^m}{dt}$$

ou encore, pour abandonner les écritures formelles, on a pour $x = (q,p)$

$$(2.6) \qquad \mathcal{H}_o(t,x) = \frac{|p|^2}{2\mu} + V_o(t,q)$$

$$\mathcal{H}_1(t,x) = V_1(t,q)$$

$$\vdots$$

$$\mathcal{H}_m(t,x) = V_m(t,q)$$

En général sur T^*M muni de la forme symplectique S écrite localement sous la forme (0.1), en coordonnées locales, on a

$$(2.7) \qquad I d\mathcal{H}_i = \frac{\partial\mathcal{H}_i}{\partial p_j}\frac{\partial}{\partial q^j} - \frac{\partial\mathcal{H}_i}{\partial q^j}\frac{\partial}{\partial p_j}$$

Les équations de Hamilton , qui sont par définition les équations du flot de difféomorphismes associés aux hamiltoniens $\mathcal{H}_o,\ldots\mathcal{H}_m$ s'écrivent donc

$$(2.8) \qquad dq = \frac{p}{\mu}\,dt$$

$$dp = -\frac{\partial V_o}{\partial q}(t,q)dt - \frac{\partial V_i}{\partial q}(t,q)\,.\,dw^i$$

L'interprétation physique exacte de l'écriture (2.8) est possible grâce au Théorème d'approximation 2.1.

<u>Exemple 2</u>: On revient provisoirement à la situation traitée à la section I.1 ou à la section I.4 . M désigne dans tous les cas l'espace d'états. On a vu que $N = T^*M$ est muni d'une structure symplectique canonique définie en coordonnées locales par (0.1). Si $x = (q,p)$ est le point générique de T^*M, on considère les hamiltoniens

$$\text{(2.9)}\qquad \begin{aligned} \mathcal{H}_o(t,x) &= \langle p, X_o(t,q)\rangle \\ \mathcal{H}_1(t,x) &= \langle p, X_1(t,q)\rangle \\ &\vdots \\ \mathcal{H}_m(t,x) &= \langle p, X_m(t,q)\rangle \end{aligned}$$

Notons au passage que cette famille de fonctions ne vérifie pas les hypothèses du début de la section 2 ou de la remarque I.6.1 Cependant si on écrit en coordonnées locales les équations du flot formellement associées à (2.9) , on obtient

$$\text{(2.10)}\qquad \begin{aligned} dq &= X_o(t,q)dt + X_i(t,q) \,.\, dw^i \\ dp &= -\frac{\partial \tilde{X}_o}{\partial q}(t,q)p\, dt - \frac{\partial \tilde{X}_i}{\partial q}(t,q)p \,.\, dw^i \end{aligned}$$

Il est immédiat de voir par les techniques de la section I.1.1. que le système (2.10) définit bien un flot de difféomorphismes dans N et que si $\phi.(\omega,.)$ est le flot sur M associé à $X_o, X_1, \ldots, X_m$, (2.10) est associé au flot sur N défini par

(2.11) $(q,p) \to (\phi_t(\omega,q)\ ,\ \phi_t^*(\omega,q)p)$

qui conservant la 1-forme fondamentale pdq, conserve sa différentielle extérieure, qui est précisément la forme symplectique de N.

On va maintenant montrer certaines propriétés des diffusions hamiltoniennes.

Théorème 2.2: Il existe un négligeable fixe $\mathcal{N}$ ne dépendant que de $\mathcal{H}_o,\dots,\mathcal{H}_m$ tel que si $\omega \notin \mathcal{N}$, pour toute 1-chaîne d_o de classe C^∞ à valeurs dans N $s\in S_1 \to x_s$, si c_t est la 2-chaîne de classe C^o image de $[o,t] \times d_o$ par $(u,x) \to (u,\phi_u(\omega,x))$, alors

(2.12)
$$\int_{c_t} S = -\int_{S_1} ds \int_o^t d\,\mathcal{H}_o(u,\phi_u(\omega,x_s))\left(\frac{\partial\phi}{\partial x}u(\omega,x_s)\frac{\partial x}{\partial s}\right)du$$
$$-\int_{S_1} ds \int_o^t d\,\mathcal{H}_i(u,\phi_u(\omega,x_s))\left(\frac{\partial\phi}{\partial x}u(\omega,x_s)\frac{\partial x}{\partial s}\right) .\ dw_u^i$$

Preuve: Ce résultat est une conséquence immédiate du Théorème IV-2.12 et des relations

(2.13) $i_{X_o} S = -d\,\mathcal{H}_o,\dots,\ i_{X_m} S = -d\mathcal{H}_m$

Corollaire: Sous les hypothèses du Théorème 2.2, si $\partial d_o = 0$, alors pour $\omega \notin \mathcal{N}$ on a :

(2.14)
$$\int_{c_t} S = 0$$

Preuve: Pour éviter de perdre des propriétés fines sur les négligeables, on raisonne encore par approximation. On a, en posant $d_u^n = \phi_u^n(\omega,d_o)$

(2.15)
$$\int_{c_t^n} S = -\int_o^t du \int_{d_u^n} (d\mathcal{H}_o + \dot{w}^{1,n}\, d\mathcal{H}_1 + \dots + \dot{w}^{m,n}\, d\mathcal{H}_m)$$

et comme $\partial d_u^n = 0$, il vient trivialement

(2.16)
$$\int_{c_t^n} S = 0$$

Le corollaire est alors immédiat grâce au Théorème IV. 2.7 .

□

3. Formule de Ito-Stratonovitch pour les diffusions hamiltoniennes.

Rappelons tout d'abord la définition du crochet de Poisson de deux fonctions C^∞ sur une variété symplectique [2], [3], [58], [59].

Définition 3.1: On appelle crochet de Poisson de deux fonctions $\mathcal{H}$ et $\mathcal{H}'$ C^∞ définies sur N à valeurs dans R la fonction $\{\mathcal{H},\mathcal{H}'\}$ à valeurs dans R définie par

$$(3.1) \qquad \{\mathcal{H},\mathcal{H}'\} = S(Id\,\mathcal{H}', Id\,\mathcal{H})$$

Grâce à la Définition 1.2., on a aussi :

$$(3.2) \qquad \{\mathcal{H},\mathcal{H}'\} = \langle d\mathcal{H}, Id\mathcal{H}'\rangle = -\langle d\mathcal{H}', Id\,\mathcal{H}\rangle$$

On a alors immédiatement

Proposition 3.2 : Si $\mathcal{H}$ est une fonction C^∞ définie sur $R^+ \times N$ à valeurs dans R , alors on a

$$(3.3) \qquad L_{X_o}\mathcal{H} = \{\mathcal{H},\mathcal{H}_o\}\,(t,x) \qquad L_{X_1}\mathcal{H} = \{\mathcal{H},\mathcal{H}_1\}\,(t,x) \ldots \; L_{X_m}\mathcal{H} = \{\mathcal{H},\mathcal{H}_m\}\,(t,x)$$

où les crochets de Poisson sont effectués à temps t constant.

Preuve: C'est immédiat par la formule (3.2).

□

Corollaire: Sous les hypothèses de la Proposition 3.2, on a

$$(3.4)\qquad (L_{X_o} + \frac{1}{2} L^2_{X_i}) = (\{\mathcal{H},\mathcal{H}_o\} + \frac{1}{2}\{\{\mathcal{H},\mathcal{H}_i\},\mathcal{H}_i\}\ (t,x)$$

Preuve: C'est immédiat par la Proposition 3.2.

□

On en déduit:

Théorème 3.3: Si $\mathcal{H}$ est une fonction C^∞ sur $R^+ \times N$ à valeurs dans R alors il existe un négligeable $\mathcal{N}$ dépendant de $\mathcal{H}$, tel que pour $\omega \notin \mathcal{N}$, pour tout $(t,x) \in R^+ \times N$, on a

$$(3.5)\qquad \mathcal{H}(t,\phi_t(\omega,x)) - \mathcal{H}(o,x) = \int_o^t (\frac{\partial\mathcal{H}}{\partial t} + \{\mathcal{H},\mathcal{H}_o\})(u,\phi_u(\omega,x))du$$

$$+ \int_o^t \{\mathcal{H},\mathcal{H}_i\}\ (u,\phi_u(\omega,x))\ .\ dw^i_u = \int_o^t (\frac{\partial\mathcal{H}}{\partial t} + \{\mathcal{H},\mathcal{H}_o\} + \frac{1}{2}\{\{\mathcal{H},\mathcal{H}_i\},\mathcal{H}_i\})$$

$$(u,\phi_u(\omega,x))du + \int_o^t \{\mathcal{H},\mathcal{H}_i\}(u,\phi_u(\omega,x))\ .\ \vec{\delta} w^i_u$$

Preuve: C'est immédiat par le Corollaire 3 du Théorème III.1.6.

□

4. Intégrales premières

On va maintenant étudier les fonctions $\mathcal{H}$ qui sont invariantes par le flot $\phi_.(\omega,.)$.

On a en effet

Théorème 4.1: Si $\mathcal{H}$ est une fonction C^∞ définie sur $R^+ \times N$ à valeurs dans R, pour que p.s. pour tout $(t,x) \in R^+ \times N$ on ait

$$(4.1) \qquad \mathcal{H}(t,\phi_t(\omega,x)) = \mathcal{H}(o,x)$$

il suffit que

$$(4.2) \qquad \frac{\partial}{\partial t}\mathcal{H} + \{\mathcal{H},\mathcal{H}_o\} = \{\mathcal{H},\mathcal{H}_1\} = \ldots = \{\mathcal{H},\mathcal{H}_m\} = 0$$

Preuve: On a

$$(4.3) \qquad \mathcal{H}(t,\phi_t^n(\omega,x)) - \mathcal{H}(o,x) = \int_o^t \left(\frac{\partial\mathcal{H}}{\partial t} + \{\mathcal{H},\mathcal{H}_o\} + \dot{w}^{i,n}\{\mathcal{H},\mathcal{H}_i\}\right)(u,\phi_u^n(\omega,x))du$$

Le Théorème découle trivialement de (4.3)

□

Il y a naturellement une réciproque du Théorème 4.1, qui s'énonce plus simplement sous des conditions homogènes, qui, nous le savons, ne sont pas une restriction. On a en effet

Théorème 4.2: Si $\mathcal{H}_o,\ldots,\mathcal{H}_m$ ne dépendent pas explicitement de t, si $\mathcal{H}$ est une fonction C^∞ définie sur N à valeurs dans R, pour que p.s., pour tout $(t,x) \in R^+ \times N$, on ait

$$(4.4) \qquad \mathcal{H}(\phi_t(\omega,x)) = \mathcal{H}(x)$$

il faut et il suffit que

$$(4.5) \qquad \{\mathcal{H},\mathcal{H}_o\} = \{\mathcal{H},\mathcal{H}_1\} = \ldots = \{\mathcal{H},\mathcal{H}_m\} = 0$$

Preuve: La condition (4.5) est suffisante par le Théorème 4.1. Montrons qu'elle est nécessaire. En effet par la formule de Ito classique, on a pour tout x

$$(4.6)\qquad \mathcal{H}(\phi_t(\omega,x)) - \mathcal{H}(x) = \int_o^t (\{\mathcal{H},\mathcal{H}_o\} + \frac{1}{2}\{\{\mathcal{H},\mathcal{H}_i\},\mathcal{H}_i\})(\phi_u(\omega,x))\,du +$$

$$+ \int_o^t \{\mathcal{H},\mathcal{H}_i\}(\phi_u(\omega,x)) \,.\, \vec{\delta}\, w_u^i$$

De l'unicité de la décomposition de Meyer, il résulte que la martingale locale

$$(4.7)\qquad \int_o^t \{\mathcal{H},\mathcal{H}_i\}(\phi_u(\omega,x)) \,.\, \vec{\delta}\, w_u^i$$

est nulle, donc que

$$(4.8)\qquad \int_o^t |\{\mathcal{H},\mathcal{H}_i\}(\phi_u(\omega,x))|^2\,du$$

est nul, et par continuité que $\{\mathcal{H},\mathcal{H}_i\}(x) = 0$. En annulant alors le terme à variation bornée dans (4.6), on trouve également que $\{\mathcal{H},\mathcal{H}_o\} = 0$.

□

<u>Remarque 1</u>: L'existence d'une fonction $\mathcal{H}$ commutant avec tous les $\mathcal{H}_o \cdots \mathcal{H}_m$ permet dans certains cas d'éviter l'hypothèses que $\mathcal{H}_o,\ldots,\mathcal{H}_m$ sont à support compact si les ensembles $\{x\ ;\ \mathcal{H}(x) = k\}$ sont eux-mêmes des variétés compactes.

<u>Remarque 2</u>: Il est naturellement plus difficile de commuter avec plusieurs hamiltoniens qu'avec un seul. Nous verrons cependant au chapitre VII que dans des applications "classiques" existent de nombreuses intégrales premières.

Nous allons maintenant appliquer les résultats précédents pour examiner que deviennent dans ce contexte la propriété de conservation de l'energie des systèmes déterministes. En effet quand $\mathcal{H}_1 = \ldots = \mathcal{H}_m = 0$, il résulte de (3.5)qu'on a

$$(4.9)\qquad \frac{\partial \mathcal{H}_o}{\partial t}(t,\phi_t(\omega,x)) = \frac{d}{dt}\mathcal{H}_o(t,\phi_t(\omega,x))$$

et dans le cas homogène que $\mathcal{H}_o(\phi_t(x))$ reste constante au cours du temps.

On va écrire l'analogue de (4.9) dans le cas général.

Si Y est un processus qui s'écrit

(4.10) $$Y_t = Y_o + \int_o^t Z_o ds + \int_o^t Z_i \,.\, dw^i$$

on note par convention

(4.11) $$Z_o = Y|dt$$

$$Z_i = Y|dw^i$$

On a alors

<u>Théorème 4.3</u>: Si $\mathcal{H}_i$ $(o \leq i \leq m)$ désignent temporairement les processus $\mathcal{H}_i(t,\phi_t(\omega,x))$, on a :

(4.12) $$\mathcal{H}_o|dt = \frac{\partial}{\partial t} \mathcal{H}_o(t,\phi_t(\omega,x))$$

$$\mathcal{H}_o|dw^i + \mathcal{H}_i|dt = \frac{\partial \mathcal{H}_i}{\partial t}(t,\phi_t(\omega,x)) \qquad 1 \leq i \leq m$$

$$\mathcal{H}_i|dw^j + \mathcal{H}_j|dw^i = 0 \qquad 1 \leq i,j \leq m$$

<u>Preuve</u>: C'est évident par le Théorème 3.3.

□

<u>Remarque 3</u>: Pour $(t,x) \in R^+ \times N$ fixé, on a

$$\int_o^t (\mathcal{H}_i|dw^j)du = \lim \Sigma(\mathcal{H}_i(t_{\ell+1},\phi_{t_{\ell+1}}(\omega,x)) - \mathcal{H}_i(t_\ell,\phi_{t_\ell}(\omega,x))(w^j_{t_{\ell+1}} - w^j_{t_\ell}))$$

quand le module de la partition $t_1 \leq t_2 \leq .. \leq t_\ell$ de $[o,t]$ tend vers 0. Les relations (4.12) sont donc vérifiables trajectoire par trajectoire à un négligeable près et ne sont pas une écriture purement algébrique.

5. Réduction de l'espace des phases

On peut effectuer, pour l'étude de certaines diffusions hamiltoniennes le même type de réduction de l'espace des phases que celles qu'on effectue pour l'étude des équations différentielles hamiltoniennes ordinaires. Pour ce dernier point, nous renvoyons à Abraham-Marsden [2], Arnold [3] Appendice 5 , et Weinstein [58] .

Soit en effet G un groupe de Lie connexe ayant une action poissonnienne sur la variété symplectique N, i.e. un groupe de Lie qui a les propriétés suivantes :

- chaque élément g de G opère à gauche sur N , de telle sorte que $x \to gx$ est un difféomorphisme symplectique de N .

- $(g,x) \to gx$ est une application C^∞ de $G \times N$ dans N .

- Si a est un élément de l'algèbre de Lie $\mathcal{G}$ de G , le semi-groupe de difféomorphismes symplectiques associés à e^{ta} provient d'un champ hamiltonien associé à un hamiltonien C^∞ $\mathcal{H}_a$ de telle sorte

a) L'application $a \to \mathcal{H}_a$ est linéaire.

b) Si $a, b \in \mathcal{G}$ alors

(5.1) $$\{\mathcal{H}_a, \mathcal{H}_b\} = \mathcal{H}_{[a,b]}$$

Soit P l'application de N dans $\mathcal{G}^*$ définie par

(5.2) $$\langle P(x), a\rangle = \mathcal{H}_a(x)$$

Pour $p \in \mathcal{G}^*$, on pose

(5.3) $$N_p = \{x \in N \; ; \; P(x) = p\} \qquad G_p = \{g \in G \; ; \; Ad^*_g\, p = p\}$$

où Ad^* désigne la représentation coadjointe de G dans $\mathcal{G}^*$.

Sous certaines hypothèses [3] (p.379) , N_p et l'espace des orbites

(5.4) $F_p = N_p/G_p$

sont des variétés différentiables (G_p laisse N_p invariant). On dit dans ce cas que F_p est l'espace de phases réduit.

Par les résultats de [3] - Appendice 5 - , on peut munir F_p d'une structure symplectique canonique, de 2 - forme différentielle S_p , de telle sorte que si $\tilde{S}_p$ est la restriction de S à N_p et si π est l'opérateur de projection canonique $N_p \to F_p$, on ait

(5.5) $\pi^{*-1}(S_p) = \tilde{S}_p$

Si $\mathcal{H}$ est un hamiltonien sur N invariant par G , P est intégrale première du système hamiltonien de hamiltonien $\mathcal{H}$. On montre dans [3] - Appendice 5, que si X est le champ hamiltonien associé à $\mathcal{H}$, il est tangent à N_p , et que sa projection canonique $\pi^*(X)$ sur F_p définit sans ambiguité un champ de vecteurs hamiltonien X^p sur F_p , de hamiltonien $\mathcal{H}^p$, où $\mathcal{H}^p$ se déduit canoniquement de $\mathcal{H}$ en notant que $\mathcal{H}$ est invariante par G_p , et donc constante sur les orbites de G_p .

On suppose donc maintenant que $\mathcal{H}_o,\ldots,\mathcal{H}_m$ sont définies sur la variété symplectique considérée précédemment, que les hypothèses de la section 2 sont vérifiées, et qu'enfin pour tout $p \in \mathcal{G}^*$, N_p et G_p sont des variétés C^∞ . On a alors

<u>Théorème 5.1</u>: Si $\mathcal{H}_o,\ldots,\mathcal{H}_m$ sont invariantes par G , alors P est intégrale première de $\phi.(\omega,.)$, i.e. il existe un négligeable $\mathcal{N}$ tel que pour $\omega \notin \mathcal{N}$, pour tout $(t,x) \in R^+ \times N$, on a

(5.6) $P(\phi_t(\omega,x)) = P(x)$

Pour $p \in \mathcal{G}^*$, soient $\mathcal{H}_o^p,\ldots,\mathcal{H}_m^p$ les fonctions sur F_p déduites canoniquement de $\mathcal{H}_o,\ldots,\mathcal{H}_m$ (comme $\mathcal{H}^p$ de $\mathcal{H}$). Si $\psi^p.(\omega,.)$ est le flot de la diffusion hamiltonienne associée à $\mathcal{H}_o^p,\ldots,\mathcal{H}_m^p$ sur F_p, pour $x \in N_p$ on a :

(5.7) $\quad \pi(\phi_t(\omega,x)) = \psi_t^p(\omega,\pi x)$

Preuve: Trivialement, par les arguments donnés avant l'énoncé du Théorème, on a

(5.8) $\quad \pi(\phi_t^n(\omega,x)) = \psi_t^{pn}(\omega,\pi x)$

Le Théorème en découle immédiatemment par passage à la limite. □

Pour des applications de la réduction de l'espace des phases aux équations de Hamilton classiques, nous renvoyons à Arnold [3], Appendices 2 et 5 et Abraham-Marsden [2].

6. Diffusions hamiltoniennes sur un fibré cotangent.

On suppose maintenant que la variété symplectique considérée est $N = T^*M$, où M est une variété connexe métrisable de classe C^∞. Rappelons que comme il est indiqué dans l'introduction de ce chapitre, T^*M est muni d'une 1-forme différentielle fondamentale pdq, et que sa différentielle extérieure est précisément la forme symplectique S sur T^*M.

$\mathcal{H}_o,\ldots,\mathcal{H}_m$ sont des fonctions C^∞ définies sur T^*M vérifiant les propriétés indiquées à la section 2, dont on garde par ailleurs les notations.

On va définir alors la forme de Poincaré-Cartan associée à la diffusion hamiltonienne.

On note (q,p) le point générique de N avec $q \in M$ et $p \in T_q^*M$.

Définition 6.1 : Pour $i=0,\ldots,m$, on note δ_i la famille de 2-formes sur $R^+ \times N$

(6.1) $\quad \delta_i = pdq - \mathcal{H}_i(t,q,p)\, dt$

On note γ la 1-forme différentielle formelle sur $R^+ \times N$

(6.2) $\quad \gamma = pdq - \mathcal{H}_o\, dt - \mathcal{H}_i \cdot dw^i$

qu'on appelle aussi forme de Poincaré-Cartan généralisée (en abrégé forme P.C.).

Notons alors que γ vérifie les hypothèses de la définition IV.2.2 (ou de la définition plus générale IV.2.6.) avec :

$$\alpha_o = pdq \tag{6.3}$$

$$\beta_o = -\mathcal{H}_o$$

$$\vdots$$

$$\beta_m = -\mathcal{H}_m$$

On pose enfin la définition suivante:

<u>Définition 6.2</u>: On note $d\gamma$ la 2-forme différentielle formelle

$$d\gamma = S + dt \wedge d_N\mathcal{H}_o + dw^1 \wedge d_N\mathcal{H}_1 + \ldots + dw^m \wedge d_N\mathcal{H}_m \tag{6.4}$$

Notons que $d\gamma$ est bien la différentielle extérieure de γ au sens de la définition IV.3.1.

Notons que pour un système hamiltonien déterministe i.e. avec $\mathcal{H}_1 = \ldots = \mathcal{H}_m = 0$, les équations de Hamilton associées [2]-[3] sont les caractéristiques de la forme $d\delta_o$. On remarque en effet que pour tout $(t,x) \in R^+ \times N$, l'ensemble des vecteurs Y caractéristiques de $d\delta_o$, i.e. tels que $i_Y d\delta_o = 0$ est exactement l'ensemble des vecteurs proportionnels au vecteur $(1,X_o)$ dans $T(R^+ \times N)$. On en déduit dans ce cas que la forme S et toutes ses puissances extérieures sont invariantes par le flot ϕ (voir [2] Proposition 5.1.14).

On va montrer dans le cas général l'analogue de ce résultat pour la diffusion Hamiltonienne que nous considérons.

On a en effet

Théorème 6.3 : Il existe un négligeable $\mathcal{N}$ tel que pour tout $\omega \notin \mathcal{N}$, pour toute 2-chaîne σ de classe C^∞ à valeurs dans $R^+ \times N$, si c est l'image de σ dans $R^+ \times N$ par l'application $(t,x) \to (t,\phi_t(\omega,x))$ et d_0 l'image de σ par la projection canonique de $R^+ \times N$ sur N, alors on a

$$(6.5) \qquad \int_c d\gamma = \int_{d_0} S$$

Preuve: On peut supposer que σ est un 2-simplexe singulier. $\partial\sigma$ est une combinaison linéaire de trois 1-simplexes notée

$$(6.6) \qquad \partial\sigma = \sigma_1 - \sigma_2 + \sigma_3$$

Si pour $j=1\ldots3$, σ_j est définie par une application $s \to (t_s^j, x_s^j)$ de S_1 dans $R^+ \times N$, on note b_j la 2-chaîne

$$(6.7) \qquad (u,s) \to (u,x_s^j) \qquad o \le u \le t_s^j$$

et b la 2-chaîne

$$(6.8) \qquad b = b_1 - b_2 + b_3$$

Alors il est clair que

$$(6.9) \qquad \partial(\sigma - \{o\} \, X d_0 - b) = 0$$

En notant par c^n, $\tilde{b}^n$ les images de σ et b par :

$$(6.10) \qquad (u,x) \to (u,\phi_u^n(\omega,x))$$

on a donc aussi :

$$(6.11) \qquad \partial(c^n - \{o\} \, X d_0 - \tilde{b}^n) = 0$$

Or il est immédiat de voir que la 2-forme

(6.12) $\quad d\gamma^n = S + dt \wedge (d\mathcal{H}_o + \dot{w}^{1,n}\, d\mathcal{H}_1 + \ldots + \dot{w}^{m,n}\, d\mathcal{H}_m)$

s'annule sur $\tilde{b}^n$ puisque

(6.13) $\quad (1, X_o + X_i\, \dot{w}^{i,n})$

est un vecteur caractéristique de $d\mathcal{H}^n$, et que

(6.14) $$\int_{\tilde{b}^n} d\gamma^n = \sum_1^3 (-1)^{i-1} \int_{S_1} ds \int_0^{t_s^j} i_{(1,X_o+X_i\, \dot{w}^{i,n})} d\gamma^n \left(\frac{\partial \phi_u^n}{\partial x}(\omega, x_s^j)\frac{\partial x^j}{\partial s}\right) du$$

De la formule de Stokes, on tire

(6.15) $$\int_{c^n} d\gamma^n - \int_{\{o\} \times d_o} d\gamma^n = \int_{\tilde{b}^n} d\gamma^n$$

et donc

(6.16) $$\int_{c^n} d\gamma^n = \int_{\{o\} \times d_o} d\gamma^n = \int_{d_o} S$$

(notons au passage que les chaînes c^n, $\tilde{b}^n$ n'étant pas différentiables, on doit utiliser un argument élémentaire d'approximation comme au chapitre IV pour obtenir (6.15))

(6.5) résulte alors du théorème IV.2.7.

$\sqcap$

On va aussi énoncer un résultat directement sur la forme γ .

Théorème 6.4: Il existe un négligeable $\mathcal{N}$ tel que pour tout $\omega \notin \mathcal{N}$, pour toute

1-chaîne σ de classe C^{∞} à valeurs dans $R^{+} \times N$ telle que $\partial\sigma = 0$, si c est l'image de σ par l'application $(t,x) \to (t,\phi_t(\omega,x))$ et si d_o est l'image de σ par la projection canonique de $R^{+} \times N$ sur N , alors

$$(6.17) \qquad \int_c \gamma = \int_{d_o} pdq$$

<u>Preuve</u>: Comme σ n'est pas nécessairement un bord, on ne peut pas appliquer trivialement le Théorème précédent. On raisonne alors directement.

σ est une combinaison linéaire de 1-simplexes σ^i . A chaque 1-simplexe $\sigma^i : s \to (t_s,x_s)$ à valeurs dans $R^{+} \times N$, on associe la 2-chaîne

$$(6.18) \qquad (u,s) \to (u,x_s) \qquad\qquad 0 \leq u \leq t_s$$

et on prolonge cette opération par linéarité à toutes les 1-chaînes. On définit ainsi une 2-chaîne b associée à σ . Il est clair que comme

$$(6.19) \qquad \partial \{o\} X d_o = 0 \qquad\qquad \partial\sigma = 0$$

alors :

$$(6.20) \qquad \sigma - \{o\} X d_o = \partial b$$

On note c^n et $\tilde{b}^n$ les images de σ et b par $(u,x) \to (u,\phi^n(\omega,x))$. Par la formule de Stokes on a

$$(6.21) \qquad \int_{c^n}\gamma^n - \int_{\{o\} X d_o}\gamma^n = \int_{\tilde{b}^n} d\gamma^n$$

et le membre de droite de (6.21) est nul par un argument déjà donné dans la preuve du Théorème 6.3 . (6.21) s'écrit aussi

$$(6.22) \qquad \int_{c^n} \gamma^n = \int_{d_o} pdq$$

On applique alors le Théorème IV.2.7 pour obtenir (6.5).

□

Remarque 1 : Le Théorème 6.3 est une conséquence immédiate du Théorème 6.4 et de la formule de Stokes du Théorème IV.3.3.

Le résultat du Théorème 6.4 généralise de manière convenable le Théorème de l'invariant intégral de Poincaré-Cartan énoncé dans Arnold [3]-9, i.e. après élimination d'un négligeable fixe, le résultat est vrai pour toute une classe de cycles. Il est beaucoup plus fort qu'un énoncé où le p.s. serait différent suivant le cycle choisi.

CHAPITRE VI

PROBLEMES VARIATIONNELS ET DIFFUSIONS HAMILTONIENNES

Ce chapitre est l'aboutissement des techniques utilisées dans les cinq chapitres précédents. Il a en effet pour objet de montrer en quoi les diffusions hamiltoniennes construites au chapitre V sur un fibré cotangent sont effectivement la solution d'un problème variationnel, de même que dans le cas déterministe [3] 9, [59] 12 , on sait que le flot hamiltonien rend extrémale l'intégrale de la forme de Poincaré-Cartan.

Le chapitre est divisé en 8 sections. La section 1 est de nature générale et permet de montrer que sous les hypothèses du chapitre IV, si c^s est une 1-chaîne dépendant convenablement d'un paramètre s , alors p.s. $s \to \int_{c^s} \gamma$ est une fonction C^∞ dont on calcule les deux premières dérivées. Dans la section 2, on montre que le flot $\phi_{.}(\omega,.)$ rend extrémal l'intégrale $\int_c \gamma$, i.e. pour une classe convenable de variations de la trajectoire, l'intégrale de la forme de Poincaré-Cartan γ est p.s. extrémale parmi toutes les trajectoires de la classe de variations choisies. L'extrémalité ainsi montrée est de type réversible, i.e. aucune direction du temps n'a été fixée a priori, et généralement elle met en jeu des conditions initiales anticipatives. On effectue aussi un calcul de seconde variation et on généralise la notion de champ de Jacobi et de points focaux. On montre également l'extrémalité du critère dans le cas de variations semi-martingales, par nature irréversibles. On étudie les cas où on peut affirmer que l'espérance du critère est elle-même extrémale.

Dans la section 3, on étudie le phénomène d'éclatement du fibré cotangent, qui permet en fait de montrer qu'en se plaçant sur le fibré $N_{m+1} = \bigoplus_1^{m+1} T^*M$, et en plongeant $N = T^*M$ dans N_{m+1} par l'application diagonale $(q,p) \to (q,p,\ldots,p)$ le flot hamiltonien extrémalise une intégrale plus complexe calculée sur N_{m+1} et qui coincide avec l'intégrale de Poincaré-Cartan quand on est sur N.

L'éclatement du cotangent est la technique par laquelle on montre dans la section 4 que le problème d'extrémalisation précédent peut avoir une formulation lagrangienne. Plus précisément on montre que si $L_o,\dots,L_m$ sont une famille de fonctions définies sur TM dont $\mathcal{H}_o,\dots,\mathcal{H}_m$ sont les transformées de Legendre, on extrémalise le critère

$$(0.1) \qquad \int_o^T L_o(q_t,Q_{o_t})dt + \int_o^T L_i(q_t,Q_{i_t}) \, . \, dw_t^i$$

lorsque q_t s'écrit

$$(0.2) \qquad q_t = q_o + \int_o^t Q_o \, du + \int_o^t Q_i \, . \, dw^i$$

On montre, comme il est classique dans le cas déterministe, que les trajectoires qui rendent (0.1) extrémale sont précisément les projections sur M des solutions des équations définies par le flot hamiltonien $\phi\cdot(\omega,.)$ sur $N = T^*M$.

Toutefois dans de nombreux cas $\mathcal{H}_1,\dots,\mathcal{H}_m$ ne sont pas hyperréguliers au sens de Smale [2] 3.6 et les fonctions $L_1,\dots,L_m$ ne sont en général pas définies sur tout TM. Ceci nous obligera à limiter les variations considérées à une certaine classe de q où le critère (0.1) garde toujours un sens, et donc à prouver un résultat d'extrémalité dans une classe restreinte de variations. Comme dans les chapitres précédents, on prouve des résultats de type réversible, et des résultats irréversibles, liés à des variations semi-martingales. Nous étudions aussi le cas où $\mathcal{H}_1,\dots,\mathcal{H}_m$ sont hyperréguliers.

Dans la section 5, on calcule les fontions génératrices de la famille de difféomorphismes sympectiques $\phi \cdot (\omega,.)$ de N. Ces fonctions sont liées à l'action calculée le long du flot $\phi \, . \, (\omega,.)$ par intégration stochastique.

Dans la section 6, on étudie l'équation de Hamilton-Jacobi généralisée

$$(0.3) \qquad \partial_t \tilde{S}' + \mathcal{H}_o\left(t,y,\frac{\partial \tilde{S}'}{\partial y}(t,q)\right)dt + \mathcal{H}_i\left(t,q,\frac{\partial \tilde{S}'}{\partial q}(t,q)\right) \, . \, dw^i = 0$$

dont on donne une solution locale. Dans la section 7, on étudie les solutions "markoviennes" - cette terminologie sera justifiée dans le chapitre VII - de l'équation de Hamilton-Jacobi généralisée (0.3) , i.e. de la famille d'équations aux dérivées partielles deterministes

$$(0.4) \qquad \frac{\partial \tilde{S}'}{\partial t} + \mathcal{H}_o(t,q,\frac{\partial \tilde{S}'}{\partial q}) = 0 \qquad\qquad \mathcal{H}_i(t,q,\frac{\partial \tilde{S}'}{\partial q}) = 0$$

Enfin, dans la section 8, on examine diverses applications à des systèmes mécaniques, et dans le cadre de la théorie du filtrage.

1. Dérivation de $\int_c \gamma$ par rapport à un paramètre

Dans cette section on reprend provisoirement les hypothèses de la section IV.2.a) dont on conserve intégralement les hypothèses et les notations.

On suppose en particulier que $\alpha_o,\beta_o,\ldots,\beta_m$ sont définis comme à la définition IV.2.2.

a) Dérivation de $\int_c \gamma$.

On a le résultat suivant:

Théorème 1.1: Il existe un négligeable $\mathcal{N}$ dépendant de $\alpha_o,\beta_o,\ldots,\beta_m$ tel que pour tout $\omega \notin \mathcal{N}$, pour toute fonction C^∞ : $(t,s) \to x_{(t,s)}$ définie sur $R^+ \times R$ à valeurs dans N , pour tout $T > 0$, si b^s désigne la 1-chaîne à valeurs dans $R^+ \times N$

(1.1) $\quad t \in [o,T] \to (t,x_{(t,s)})$

et si c^s est son image dans $R^+ \times N$ par l'application $(t,x) \to (t,\phi_t(\omega,x))$ alors la fonction

(1.2) $\quad s \to \int_{c^s} \gamma$

est C^∞ sur R .

Preuve: Reprenons la formule IV-(2.24). Les deux premiers termes intégraux de IV-(2.24) sont clairement C^∞ en s. Il reste à montrer que les termes du type

(1.3) $$\int_o^T \alpha_o(t,\phi_t(\omega,x_{(t,s)}))(X_i(t,\phi_t(\omega,x_{(t,s)}))) \,.\, dw^i$$

est aussi une fonction C^∞ de s .

Or par la définition III.3.1 , si on pose

(1.4) $$f(t,x) = \alpha_o(t,x)(X_i(t,x))$$

on a

(1.5) $$\int_o^T \alpha_o(X_i)(t,\phi_t(\omega,x_{(t,s)})) \,.\, dw^i = I_{f_T}(\omega,x_{(T,s)}) -$$
$$- \int_o^T \frac{\partial I_{f_t}}{\partial x}(\omega,x_{(t,s)}) \, \frac{\partial x}{\partial t} \,.\, dt$$

Or clairement, en dehors d'un négligeable fixe $\mathcal{N}$, tous les termes intégraux de (1.5) sont C^∞ en s. Le Théorème en résulte.

□

Nous allons maintenant calculer explicitement les deux premières dérivées de $\int_{c^s} \gamma$

On a en effet

Théorème 1.2: Sous les hypothèses du Théorème 1.1, pour ω , pris hors d'un négligeable $\mathcal{N}$ ne dépendant que de $\alpha_o, \beta_1, \ldots, \beta_m$, on a

$$(1.6)\quad \frac{d}{ds}\int_{c^s}\gamma = \alpha_o(T,\phi_T(\omega,x_{(T,s)}))(\frac{\partial\phi}{\partial x}T(\omega,x_{(t,s)})\frac{\partial x}{\partial s}(T,s)) -$$

$$- \alpha_o(0,x_{(o,s)})(\frac{\partial x}{\partial s}(o,s)) + \int_o^T (d_N\alpha_o)(t,\phi_t(\omega,x_{(t,s)}))(\frac{\partial\phi}{\partial x}t(\omega,x_{(t,s)})\frac{\partial x}{\partial s},$$

$$X_o(t,\phi_t(\omega,x_{(t,s)})) + \frac{\partial\phi}{\partial x}t(\omega,x_{(t,s)})\frac{\partial x}{\partial t})dt +$$

$$+ \int_o^T (d_N\alpha_o)(t,\phi_t(\omega,x_{(t,s)}))(\frac{\partial\phi}{\partial x}t(\omega,x_{(t,s)})\frac{\partial x}{\partial s},X_i(t,\phi_t(\omega,x_{(t,s)}))) \,.\, dw_t^i +$$

$$+ \int_o^T (- \frac{\partial\alpha_o}{\partial t} + d_N\beta_o)(t,\phi_t(\omega,x_{(t,s)}))(\frac{\partial\phi}{\partial x}t(\omega,x_{(t,s)})\frac{\partial x}{\partial s})\, dt +$$

$$+ \int_o^T (d_N\beta_i)(t,\phi_t(\omega,x_{(t,s)}))(\frac{\partial\phi}{\partial x}t(\omega,x_{(t,s)})\frac{\partial x}{\partial s}) \,.\, dw_t^i$$

Preuve: On peut procéder par approximation. Nous allons cependant ici directement utiliser la formule de Stokes du chapitre IV. On définit en effet les 1 chaînes C^∞ dans $R^+ \times N$ pour $s \leq S$:

$$(1.7)\quad d_o : u \in [s,S] \to (o,x_{(o,u)})$$

$$d_T : u \in [s,S] \to (o,x_{(T,u)})$$

Il est clair que $b^s - b^S - d_o + d_T$ est exactement le bord de la 2-chaîne

$$(1.8)\quad e : (t,u) \in [o,T] \times [s,S] \to (t,x_{(t,u)})$$

On note d'_o, d'_T, e' les images des chaînes d_o, d_T, e par $(t,x) \to (t,\phi_t(\omega,x))$. Par la formule de Stokes du Théorème IV.3.4 , en dehors d'un négligeable fixe , on a

$$(1.9) \qquad \int_{c^s - c^S - d'_o + d'_T} \gamma = \int_{e'} d\gamma$$

Trivialement, on a

$$(1.10) \qquad \int_{d'_o} \gamma = \int_s^S \alpha_o(o,x_{(o,u)})(\frac{\partial x}{\partial s}(o,u))du$$

$$\int_{d'_T} \gamma = \int_s^S \alpha_o(T,\phi_T(\omega,x_{(T,u)}))(\frac{\partial \phi}{\partial x}T(\omega,x_{(T,u)})\frac{\partial x}{\partial s}(T,u))du$$

De plus, comme par IV.(3.3) , on a

$$(1.11) \qquad d\gamma = d_N\alpha_o + dt \wedge \frac{\partial \alpha_o}{\partial t} - dt \wedge d_N\beta_o - dw^1 \wedge d_N\beta_1, \ldots, - dw^m \wedge d_N\beta_m$$

par la formule IV-(2.11) , on a

$$(1.12) \qquad \int_{e'} d\gamma = \int_s^S du \int_o^T (d_N\alpha_o)(t,\phi_t(\omega,x_{(t,u)}))(\frac{\partial \phi}{\partial x}t(\omega,x_{(t,u)})\frac{\partial x}{\partial t} +$$

$$+ X_o(t,\phi_t(\omega,x_{(t,u)})),\frac{\partial \phi}{\partial x}t(\omega,x_{(t,u)})\frac{\partial x}{\partial s})dt$$

$$+ \int_s^S du \int_o^T (i_{X_i} d_N\alpha_o)(t,\phi_t(\omega,x_{(t,s)}))(\frac{\partial \phi}{\partial x}t(\omega,x_{(t,u)})\frac{\partial x}{\partial s}) \cdot dw_t^i$$

$$+ \int_s^S du \int_o^T (\frac{\partial \alpha_o}{\partial t} - d_N\beta_o)(t,\phi_t(\omega,x_{(t,u)}))\frac{\partial \phi}{\partial x}t(\omega,x_{(t,u)})\frac{\partial x}{\partial s})dt -$$

$$- \int_s^S du \int_o^T (d_N\beta_i)(t,\phi_t(\omega,x_{(t,u)}))(\frac{\partial \phi}{\partial x}t(\omega,x_{(t,u)}))\frac{\partial x}{\partial s}) \cdot dw_t^i$$

Le théorème résulte de (1.9) - (1.12).

□

Remarque 1: Ce calcul est naturellement classique dans le cas déterministe (voir par exemple Hermann [33]).

Notons qu'on peut écrire

$$(1.13)\qquad (i_{(o,Y)}d\gamma)(1,X)dt = (d_N\alpha_o)(Y,X)dt + \left(-\frac{\partial\alpha_o}{\partial t} + d_N\beta_o\right)(Y)dt + (d_N\beta^i)(Y)\,.\,dw^i$$

On peut donc écrire, au moins formellement, en utilisant IV. (2.4)

$$(1.14)\qquad \frac{d}{ds}\int_{c^s}\gamma = \alpha_o(T,\phi_T(\omega,x_{(T,s)}))\left(\frac{\partial\phi}{\partial x}T(\omega,x_{(T,s)})\frac{\partial x}{\partial s}(T,s)\right) -$$

$$- \alpha_o(o,x_{(o,s)})\left(\frac{\partial x}{\partial s}(o,s)\right) + \int_{c^s} i_{\left(o,\frac{\partial\phi}{\partial x}t(\omega,x_{(t,s)})\frac{\partial x}{\partial s}\right)}d\gamma$$

L'écriture (1.14) peut naturellement être complètement justifiée.

On peut aussi écrire formellement

$$(1.15)\qquad \alpha_o(T,\phi_T(\omega,x_{(T,s)}))\left(\frac{\partial\phi}{\partial x}T(\omega,x_{(T,s)})\,\frac{\partial x}{\partial s}(T,s)\right) - \alpha_o(o,x_{(o,s)})\left(\frac{\partial x}{\partial s}(o,s)\right) =$$

$$= \int_{c^s} d\left(i_{\left(0,\,\frac{\partial\phi}{\partial x}\,t(\omega,x_{(t,s)})\,\frac{\partial x}{\partial s}\right)}\gamma\right)$$

Pour que cette écriture soit complètement justifiée au sens du chapitre IV , le plus simple est de relever le flot $\phi(\omega,.)$ dans le fibré tangent $T\,N$ et d'appliquer la formule de Stokes du Théorème IV.3.4. dans ce fibré.

On est donc fondé à écrire formellement

$$(1.16) \qquad \frac{d}{ds}\int_{c^s}\gamma = \int_{c^s} L_{(o,\frac{\partial\phi}{\partial x}t(\omega,x_{(t,s)})\frac{\partial x}{\partial s})}\,\gamma$$

Nous laissons au lecteur le soin de donner un sens exact au Théorème suivant

Théorème 1.3 : Il existe un négligeable $\mathcal{N}$ ne dépendant que de $\alpha_o,\beta_1,\ldots,\beta_m$ tel que pour toute fonction C^∞ $(t,s_1,s_2) \to x_{(t,s_1,s_2)}$ définie sur $R^+ \times R \times R$ à valeurs dans N, pour tout $T > 0$, si b^{s_1,s_2} désigne la 1-chaîne $t \in [o,T] \to (t,x_{(t,s_1,s_2)})$ et si c^{s_1,s_2} est son image dans $R^+ \times N$ par l'application $(t,x) \to (t,\phi_t(\omega,x))$, alors on a

$$(1.17) \qquad \frac{\partial^2}{\partial s_1 \partial s_2}\int_{c^{s_1,s_2}}\gamma = \int_{c^{s_1,s_2}} L_{(o,\frac{\partial\phi}{\partial x}t(\omega,x_{(t,s_1,s_2)})\frac{\partial x}{\partial s_1})} L_{(o,\frac{\partial\phi}{\partial x}t(\omega,x_{(t,s_1,s_2)})\frac{\partial x}{\partial s_2})}\gamma$$

Preuve: Il suffit d'appliquer formellement le Théorème 1.2 et (1.16) à la fonction

$$(1.18) \qquad \frac{\partial}{\partial s_1}\int_{c^{s_1,s_2}}\gamma$$

□

Remarque 2: Pour obtenir la dérivabilité en s, il est ici crucial, et ceci contrairement au cas déterministe, que la paramétrisation en temps du chemin $t \to (t,x_{(s,t)})$ ne change pas avec s.

On suppose maintenant que $N = R^d$, et que $\alpha_o,\beta_o\ldots\beta_m$ sont C^∞ bornées à dérivées de tous ordres bornées , ou bien que N est quelconque et que $\alpha_o,\beta_o\ldots\beta_m$ sont à support compact.

Etant donnée une fonction C^∞ $(s_1,s_2) \to (t_{s_1,s_2},x_{s_1,s_2})$ définie sur R^2 à valeurs dans $R^+ \times N$, si b^{s_2} est la 1-chaîne $s_1 \in [o,1] \to (t_{s_1,s_2},x_{s_1,s_2})$ et si c^{s_2} est son image dans $R^+ \times N$ par l'application $(t,x) \to (t,\phi_t(\omega,x))$, on peut étudier la fonction $E\int_{c^{s_2}} \gamma$ et en particulier sa dérivabilité.

On note d_o et d_1 les 1-chaînes

$$(1.19) \qquad d_o : u \in [s_2,S_2] \to (t_{(o,u)},x_{(o,u)})$$

$$d_1 : u \in [s_2,S_2] \to (t_{(1,u)},x_{(1,u)})$$

Il est clair que $b^{s_2} - b^{S_2} - d_o + d_1$ est le bord de la 2-chaîne e

$$(1.20) \qquad (s_1,u) \in [o,1] \times [s_2,S_2] \to (t_{(s_1,u)},x_{(s_1,u)})$$

Soient d'_o, d'_2, e' les images de d_o, d_2, e par $(t,x) \to (t,\phi_t(\omega,x))$.
Par le Théorème IV.3.4 , on a encore

$$(1.21) \qquad \int_{c^{s_2} - c^{S_2} - d'_o + d'_1} = \int_{e'} d\gamma$$

Or par la définition IV.2.2 , et le corollaire de la Proposition III.3.6 , on a

$$(1.22) \qquad E(\int_{d'_o} \gamma) = E\int_{s_2}^{S_2} \alpha_o(t_{(o,u)},\phi_{t_{(o,u)}}(\omega,x_{(o,u)}))(\frac{\partial\phi}{\partial x}t_{(o,u)}(\omega,x_{(o,u)})\frac{\partial x}{\partial s_2} +$$

$$+ X_o(t_{(o,u)},\phi_{t_{(o,u)}}(\omega,x_{(o,u)}))\frac{\partial t}{\partial s_2})du + \frac{1}{2} E\int_{s_2}^{S_2} (i_{X_i} L_{X_i}\alpha_o)(t_{(o,u)},$$

$$\phi_{t_{(o,u)}}(\omega,x_{(o,u)}))\frac{\partial t}{\partial s_2}\, du + E\int_{s_2}^{S_2} (\beta_o + \frac{1}{2} X_i\beta_i)(t_{(o,u)},\phi_{t_{(o,u)}}(\omega,x_{(o,u)}))\frac{\partial t}{\partial s_2}\, du$$

et une expression comparable pour $E\int_{d'_1} \gamma$. De même, par le Théorème IV-2.11 on a

$$(1.23)\quad E\int_{e'} d\gamma = E\int_{s_2}^{S_2} du \int_0^1 (d_N\alpha_0)\left(\frac{\partial\varphi}{\partial x}\frac{\partial x}{\partial s_1} + X_0\frac{\partial t}{\partial s_1}, \frac{\partial\varphi}{\partial x}\frac{\partial x}{\partial u} + X_0\frac{\partial t}{\partial u}\right) ds_1$$

$$+\frac{1}{2}E\int_{s_2}^{S_2} du \int_0^1 [(L_{X_i}\, i_{X_i}\, d_N\,\alpha_o)\left(\frac{\partial\varphi}{\partial x}\frac{\partial x}{\partial u}\right)\frac{\partial t}{\partial s_1}$$

$$-(L_{X_i}\, i_{X_i}\, d_N\,\alpha_o)\left(\frac{\partial\varphi}{\partial x}\frac{\partial x}{\partial s_1}\right)\frac{\partial t}{\partial u}]\, ds_1 + E\int_{s_2}^{S_2} du \int_0^1 [\left(\frac{\partial\alpha_o}{\partial t} - d_N\,\beta_o\right)$$

$$\left(\frac{\partial\varphi}{\partial x}\frac{\partial x}{\partial u}\right)\frac{\partial t}{\partial s_1} - \left(\frac{\partial\alpha_o}{\partial t} - d_N\,\beta_o\right)\left(\frac{\partial\varphi}{\partial x}\frac{\partial x}{\partial s_1}\right)\frac{\partial t}{\partial u}]\, ds_1$$

$$-\frac{1}{2}E\int_{s_2}^{S_2} du \int_0^1 [(L_{X_i}\, d_N\,\beta_i)\left(\frac{\partial\phi}{\partial x}\frac{\partial x}{\partial u}\right)\frac{\partial t}{\partial s_1} - (L_{X_i}\, d_N\,\beta_i)$$

$$\left(\frac{\partial\varphi}{\partial x}\frac{\partial x}{\partial s_1}\right)\frac{\partial t}{du}]\, du$$

On en déduit

<u>Théorème 1.4</u>: On a

$$(1.24)\quad \frac{d}{ds_2} E\left(\int_{c^{s_2}} \gamma\right) = \{E\, [\alpha_0(t_s,\varphi_{t_s}(\omega,x_s))(\frac{\partial\varphi}{\partial x} t_s(\omega, x_s)\frac{\partial x}{\partial s_2} + X_0(t_s,\varphi_t(\omega,x_s))\frac{\partial t}{\partial s_2})$$

$$\frac{1}{2}(i_{X_i} L_{X_i}\alpha_0 + \beta_0 + \frac{1}{2} X_i\, \beta_i)(t_s, \varphi_{t_s}(\omega,x_s))\frac{\partial t}{\partial s_2}]\}\Big|_{s_1=0}^{s_1=1}$$

$$+ E\int_0^1 (d_N\, \alpha_0)(t_s,\varphi_{t_s}(\omega,x_s))(\frac{\partial\varphi}{\partial x} t_s(\omega,x_s)\frac{\partial x}{\partial s_2}$$

$$+ X_0(t_s,\varphi_{t_s}(\omega, x_s))\frac{\partial t}{\partial s_2}, \frac{\partial\varphi}{\partial x} t_s(\omega, x_s)\frac{\partial x}{\partial s_1}$$

$$+ X_0(t_s,\varphi_{t_s}(\omega,x_s))\frac{\partial t}{\partial s_1})\, ds_1 - E\int_0^1 [\frac{\partial t}{\partial s_1}(\frac{1}{2} L_{X_i} i_{X_i} d_N\, \alpha_0$$

$$+ \frac{\partial\alpha_0}{\partial t} - d_N\, \beta_0 - \frac{1}{2} L_{X_i}\, d_N\, \beta_i)(t_s,\varphi_{t_s}(\omega,x_s))(\frac{\partial\varphi}{\partial x} t_s(\omega,x_s)$$

$$\frac{\partial x}{\partial s_2}) - \frac{\partial t}{\partial s_2}(\frac{1}{2} L_{X_i}\, i_{X_i} d_N\, \alpha_0 + \frac{\partial\alpha_0}{\partial t} - d_N\beta_0 - \frac{1}{2} L_{X_i}\, d_N\, \beta_i)$$

$$(t_s,\varphi_{t_s}(\omega,x_s))(\frac{\partial\varphi}{\partial x} t_s(\omega,x_s)\frac{\partial x}{\partial s_1})]\, ds_1$$

b) <u>Extension des résultats aux semi-martingales</u>

On se replace temporairement sous les hypothèses de la section IV.4 , dont on reprend intégralement les hypothèses et les notations. On suppose que s varie dans R (i.e. $R^{k-1} = R$).

En particulier y_t^{ns}, y_t^s gardent le même sens que dans la section IV.4 . $\alpha_0, \beta_0, \ldots, \beta_m$ sont définis comme précédemment.

On note c^s la 1-chaîne $u \in [0,T] \to y_u^s$ et on considère la famille de variables aléatoires $\int_{c^s} \gamma$.

On a alors:

<u>Théorème 1.5</u>: On peut trouver une modification des variables aléatoires $\int_{c^s} \gamma$ de telle sorte que p.s. $s \to \int_{c^s} \gamma$ soit continue et dérivable sur R à dérivée continue, et cette modification est essentiellement unique.

<u>Preuve:</u> Quand $\alpha_0, \beta_0 \ldots \beta_m$ sont bornées à dérivées bornées, en utilisant l'inégalité IV.(4.10), qui est aussi vraie pour y_t^s i.e.

(1.25) $$E\,|y_t^{s'} - y_t^s|^{2p} \leq k\,|s'-s|^{2p}$$

les inégalités correspondantes pour H_t^s, L_t^s, $H_t'^s$, il n'est pas difficile de montrer une inégalité du type

(1.26) $$E\left|\int_{c^s} \gamma - \int_{c^{s'}} \gamma\right|^{2p} \leq C|s'-s|^{2p}$$

et d'en déduire l'existence d'une version p.s. continue essentiellement unique de $s \to \int_{c^s} \gamma$.

Dans le cas général, soit $\alpha_0^\ell, \beta_0^\ell \ldots \beta_m^\ell$ continues bornées à dérivées de tous ordres bornées coincidant avec $\alpha_0, \beta_0 \ldots \beta_m$ sur $\{(t,x) \in R^+ \times R^d ;\ t \leq T ,\ |x| \leq \ell\}$. Soit γ^ℓ la forme différentielle formelle associée. Alors, à un négligeable près, Ω est réunion des ensembles mesurables

$$(1.27)\qquad \Omega_\ell = \{ \sup_{\substack{s \in S_1 \\ t \leq T}} |y^s_t| \leq \ell \}$$

Par le Théorème 27 de Meyer [45] de localisation des intégrales stochastiques, si $\omega \in \Omega_\ell$, on peut sans inconvénient définir $\int_{c^s} \gamma(\omega)$ par

$$(1.28)\qquad \int_{c^s} \gamma = \int_{c^s} \gamma^\ell$$

puisque pour $\omega \in \Omega_\ell$, les différents intégrants sont égaux.

Par une formule du type Stokes, qu'on montre comme le Corollaire du Théorème IV.4.3 , on peut montrer que si d'_0, d'_T sont les 1-chaînes

$$(1.29)\qquad d'_0 : u \in [s,S] \to (0, y^u_0) \qquad d'_T : u \in [s,S] \to (T, y^u_T)$$

et si e' est la 2-chaîne

$$(1.30)\qquad e' : (t,u) \in [0,T] \times [s,S] \to (t, y^u_t)$$

alors p.s., on a

$$(1.31)\qquad \int_{d'_T} \gamma - \int_{d'_0} \gamma - \int_{c^S} \gamma + \int_{c'^s} \gamma = \int_{e'} d\gamma$$

Or dans la définition IV.4.2 de $\int_{e'} d\gamma$, on peut permuter l'ordre d'intégration, i.e. intégrer d'abord en t puis en s, i.e. écrire que p.s.

$$(1.32)\qquad \int_{e'} d\gamma = \int_s^S du \int_0^T (d_N\, \alpha_0)(t, y^u_t)(L^u_t, \frac{\partial y^u}{\partial s})\, dt$$

$$+\int_s^S du \int_0^T (d_N\,\alpha_0)(t,y_t^u)(H_i^u,\frac{\partial y^u}{\partial s})\, dw_t^i$$

$$+\int_s^S du \int_0^T (\frac{\partial \alpha_0}{\partial t} - d_N\,\beta_0)(t,y_t^u)(\frac{\partial y^u}{\partial s}).\, dt$$

$$-\int_s^S du \int_0^T (d_N\,\beta_i)(t,y_t^u)(\frac{\partial y^u}{\partial s}).\, dw_t^i$$

La preuve de (1.32) peut par exemple être faite par le procédé d'approximation de la section I.5. de y_t^s par y_t^{ns} en utilisant le Théorème de Fubini sur l'intégrale $\int_{e',n} d\gamma^n$. On peut également montrer (1.32) directement, en vérifiant qu'on peut effectuer cette permutation dans des intégrales de Ito pour des intégrants élementaires et en raisonnant par densité.

Or, par la Proposition IV.4.1. , les termes intégrés en dt sont continus en u . De plus par l'argument donné au début de la démonstration, on peut modifier les variables aléatoires

$$(1.33)\quad u \to \int_0^T (d_N\,\alpha_0)(t,y_t^u)(H_{i_t}^{\prime u},\frac{\partial y^u}{\partial s})\, dw_t^i - \int_0^T (d_N\,\beta_i)(t,y_t^u)(\frac{\partial y^u}{\partial s}).\, dw_t^i$$

de manière à les rendre p.s. continues en u .

Or sauf pour $w \in$ à un négligeable, on a l'égalité (1.31) pour tout $(s,S) \in R \times R$ car les deux membres sons p.s. continus en (s,S) . On en déduit immédiatement que p.s. $\int_{c^s} \gamma$ est dérivable, ainsi qu'un calcul élémentaire de la dérivée.

Comme on l'a déjà noté après le Corollaire du Théorème IV-4.3, un tel résultat peut être étendu à des semi-martingales plus générales.

2. Extrémalité de l'intégrale $\int_c \gamma$ pour les diffusions hamiltoniennes sur un fibré cotangent

On se replace sous les hypothèses de la section V.6 relative aux diffusions hamiltoniennes sur le fibré cotangent $N = T^*M$ d'une variété connexe métrisable M. On reprend intégralement les hypothèses et notations de cette section.

Dans le cas deterministe i.e. si $\mathcal{H}_1 = .. = \mathcal{H}_m = 0$, il est classique-Arnold [3], Westenholz [59], que la solution de l'équation différentielle de Hamilton rend extrémale l'intégrale de la 1-forme de Poincaré-Cartan le long d'une certaine famille de trajectoires possibles. Nous allons montrer l'analogue de ce résultat pour l'intégrale de la forme γ.

On rappelle tout d'abord la définition d'une sous-variété lagrangienne d'une variété symplectique [58], [3]- Appendice 11, [59].

Définition 2.1: Etant donnée une variété symplectique N, de dimension $2d$, on dit qu'une sous-variété L de dimension d est lagrangienne si la forme symplectique S s'annule sur L.

On note π la projection canonique de N sur M.

Définition 2.2: Si j est une fonction C^∞ sur M à valeurs dans R, on note L_j la sous-variété lagrangienne de N

$$(2.1) \qquad L_j = \{q, \frac{\partial j}{\partial q}(q)\}_{q \in M}$$

Définition 2.3: Etant donné $y \in N$, on note R_y la sous-variété lagrangienne de N formé des $x \in N$ tels que $\pi x = \pi y$.

a) Extrémalité de l'intégrale de γ

On a alors le résultat fondamental suivant:

Théorème 2.4: Il existe un négligeable $\mathcal{N}$ tel que pour tout $\omega \notin \mathcal{N}$, pour tout $T > 0$, pour tout $x \in N$, et pour tout couple de deux fonctions C^∞ j et j' définies sur M à valeur réelles tel que $x \in L_j$, $\varphi_T(\omega,x) \in L_{-j'}$, alors si $(t,s) \to x_{(t,s)}$ est une fonction C^∞ définie sur $R^+ \times R$ à valeurs dans N telle que pour tout $t \geq 0$, on a $x_{(t,0)} = x$, si c^s est la 1-chaîne

$$(2.2) \quad t \in [0,T] \to (t, \varphi_t(\omega, x_{(t,s)})$$

alors la fonction $\mathcal{J}$ définie par

$$(2.3) \quad s \to \int_{c^s} \gamma + j(\pi x_{(0,s)}) + j'(\pi\, \varphi_T(\omega, x_{(T,s)}))$$

est dérivable sur R et de plus

$$(2.4) \quad \left[\frac{d}{ds}\mathcal{J}\right]_{s=0} = 0$$

Théorème 2.5: Il existe un négligeable $\mathcal{N}$ tel que pour tout $\omega \notin \mathcal{N}$, pour tout $T > 0$, pour tout $x \in N$, alors si $(t,s) \to x_{(t,s)}$ est une fonction C^∞ définie sur $R^+ \times R$ à valeurs dans N telle que

a) Pour tout $t \geq 0$, on a $x_{(t,0)} = x$

b) On a

$$(2.5) \quad \pi x_{(0,s)} = \pi x \qquad \pi\, \varphi_T(\omega, x_{(T,s)}) = \pi\, \varphi_T(\omega,x)$$

(ce qui s'écrit aussi

$$(2.6) \quad x_{(0,s)} \in R_x \quad \varphi_T(\omega, x_{(T,s)}) \in R_{\varphi_T(\omega,x)})$$

si c^s est la 1-chaîne

$$(2.7) \qquad t \in [0,T] \rightarrow (t, \varphi_t(\omega, x_{(t,s)}))$$

alors la fonction $\mathcal{J}'$ définie par

$$(2.8) \qquad s \rightarrow \int_{c^s} \gamma$$

est dérivable sur R et de plus

$$(2.9) \qquad \left[\frac{d}{ds}\mathcal{J}'\right]_{s=0} = 0 .$$

Preuve: Nous démontrons seulement le Théorème 2.4 , la preuve du Théorème 2.5 étant identique.

La dérivabilité de la fonction (2.3) découle trivalement du Théorème 1.1. De plus par le Théorème 1.2, on a

$$(2.10) \qquad \frac{d}{ds}\left(\int_{c^s}\gamma + j(\pi\, x_{(0,s)}) + j'(\pi\, \varphi_T(\omega, x_{(T,s)}))\right) =$$

$$\int_0^T \left[S\left(\frac{\partial\varphi}{\partial x}\frac{\partial x}{\partial s}, X_0 + \frac{\partial\varphi}{\partial x}\frac{\partial x}{\partial t}\right) - d_N \mathcal{H}_0\left(\frac{d\varphi}{dx}\frac{\partial x}{\partial s}\right)\right] dt$$

$$+ \int_0^T \left[S\left(\frac{\partial\varphi}{\partial x}\frac{\partial x}{\partial s}, X_i\right) - d_N \mathcal{H}_i \left(\frac{\partial\varphi}{\partial x}\frac{\partial x}{\partial s}\right)\right] . dw^i$$

$$+ \left\langle p(\varphi_T(\omega, x_{(T,s)})) + \frac{\partial j'}{\partial q}(\pi\, \varphi_T(\omega, x_{(T,s)})), \pi^* \frac{\partial\varphi}{\partial x}\frac{\partial x}{\partial s}\, T\right\rangle$$

$$+ \left\langle -p(x_{(0,s)}) + \frac{\partial j}{\partial q}(\pi\, x_{(0,s)}), \pi^* \frac{\partial x}{\partial s}\, 0 \right\rangle$$

où en général $(\pi y, p(y)) = y$ et donc $p(y) \in T^*_{\pi y}(M)$.

Calculons alors (2.10) en $s = 0$. Comme $x_{(t,0)} = x$, on a $\frac{\partial x}{\partial t}(t,0) = 0$

Alors par la définition des champ hamiltonien $X_0,\dots,X_m$, on a clairement

$$(2.11)\quad S\left(\frac{\partial\varphi}{\partial x}\frac{\partial x}{\partial s}, X_i\right) - d_N H_i\left(\frac{\partial\varphi}{\partial x}\frac{\partial x}{\partial s}\right) = 0$$

(on peut encore exprimer (2.11) en disant que $(1, X_i)$ est un vecteur caractéristique de la forme δ_i définie à la définition V.6.1). Le premier terme intégral de (2.10) est donc trivialement nul. Le second l'est aussi sans ambiguité i.e. hors d'un négligeable fixe ne dépendant pas de la fonction $x_{(t,s)}$, puisque l'intégrale "non monotone" (!) d'une fonction nulle est nulle.

Enfin les deux derniers termes sont nuls en $s=0$ grâce aux hypothèses.

□

Il convient naturellement de dégager la signification exacte des Théorèmes 2.4 et 2.5 . Notons tout d'abord que le fait de pouvoir montrer qu'une fois un négligeable fixe éliminé, l'intégrale de γ est extrémale pour une grande classe de variations de la trajectoire est très intéressant, car nous avons pu nous débarasser de l'irritant problème des négligeables qui dépendraient de la classe de variations choisie.

Il faut aussi montrer que les énoncés des Théorèmes 2.4 et 2.5 ne sont pas vides.

a) Pour le Théorème 2.4 , pour $\omega \notin \mathcal{N}$ et $x \in N$, on peut toujours trouver j et j' C^∞ sur M telles que $x \in L_j$, $\varphi_T(\omega,x) \in L_{-j'}$. Ces fonctions dépendent naturellement en général de ω et x , mais cela n'a aucune importance.

b) Pour le Théorème 2.5 , si $(t,s) \to x_{(t,s)}$ est telle que pour tout $s \in R$ on a $x_{(0,s)} = x_{(T,s)} = x$ i.e. c^s est un cycle, (2.5) est trivialement satisfaite.

Notons que comme $\varphi_T(\omega,.)$ est un difféomorphisme symplectique de N sur N , $\varphi_T^{-1}(\omega, R_{\varphi_T(\omega,x)})$ est encore une variété lagrangienne, qu'on note L^T . (2.5) peut donc s'écrire

$$(2.12)\quad x_{(0,s)} \in R_x \qquad x_{(T,s)} \in L^T$$

La condition (2.5) a donc perdu tout caractère insolite, puisque sous la forme (2.12) elle s'exprime en disant que la famille de chemins $t \to x_{(t,s)}$ doit relier une variété lagrangienne R_x à une autre variété lagrangienne L^T avec $x \in R_x \cap L^T$. Le fait que ces variétés lagrangiennes puissent dépendre de ω n'a naturellement plus aucune importance.

Il est également clair qu'il n'y a ici aucune condition de non-anticipativité sur les trajectoires $t \to x_{(t,s)}$ considérées.

Notons que nous considèrerons souvent des cas mixtes, où les hypothèses en $t=0$ sont celles du Théorème 2.4 et en $t=T$, celles du Théorème 2.5, ou l'inverse.

b) <u>Invariance par retournement du temps</u>

Il est très important de noter que les résultats des Théorèmes 2.4 et 2.5 sont invariants par retournement du temps au sens des sections I.3, III.1, III.3 et IV.2.d. Plus précisément, plaçons nous dans le cas homogène pour simplifier les notations, i.e. $\mathcal{H}_0, \dots, \mathcal{H}_m$ ne dépendent pas explicitement de t. Alors

1. Si $\tilde{\varphi}.(\omega,.)$ est le flot construit à la section I.3 associé à $\tilde{X}_0 = -X_0$, $\tilde{X}_1 = -X_1, \dots, \tilde{X}_m = -X_m$, on constate que $\tilde{X}_0, \dots, \tilde{X}_m$ sont précisément les champs hamiltoniens associés aux hamiltoniens $\tilde{\mathcal{H}}_0 = -\mathcal{H}_0, \dots, \tilde{\mathcal{H}}_m = -\mathcal{H}_m$, et que de plus, pour tout $T > 0$ fixé, sauf sur un négligeable dépendant éventuellement de T, les propriétés énoncées au Théorème I.3.1 sont vérifiés.

2. Pour tout T fixé, si $t \to x_t$ est une courbe C^∞ à valeurs dans N, $t \to \varphi_T(\omega, x_t)$ est encore une courbe C^∞.

3. Avec les notations de la section IV.2.d, si on pose

$$(2.13) \qquad \gamma^T = p\,dq - \tilde{\mathcal{H}}_0 dt - \tilde{\mathcal{H}}_1 d\tilde{w}^{T,1} \dots - \tilde{\mathcal{H}}_m d\tilde{w}^{T,m}$$

il existe un négligeable $\mathcal{N}$ dépendant éventuellement de T tel que si $\omega \notin \mathcal{N}$, si $t \to x_t$ est un chemin de classe C^∞ défini sur $[0,T]$ à valeurs dans N, si $t \to \tilde{x}_t^T$ est le chemin de classe C^∞: $t \to \varphi_T(\omega, x_{T-t})$, et si c et $\tilde{c}$ sont les chemins à valeurs dans $R^+ \times N$

$$(2.14) \qquad \begin{aligned} c \ &: \ t \in [0,T] \to (t, \varphi_t(\omega, x_t)) \\ \tilde{c} \ &: \ t \in [0,T] \to (t, \tilde{\varphi}_t(\tilde{\omega}^T, \varphi_T(\omega, x_{T-t}))) \end{aligned}$$

alors par le Théorème IV.2.8, , on a

$$(2.15) \qquad \int_c \gamma = - \int_{\tilde{c}} \tilde{\gamma}^T$$

j et j' jouant trivialement des rôles symétriques, on voit donc que pour tout T fixé une fois pour toute, à un négligeable près, les énoncés de Théorèmes 2.4 et 2.5 sont renversables dans le temps.

c) Calcul de la seconde variation

On va maintenant exprimer de manière très simple la dérivée seconde des critères considérés précédemment.

On a en effet

Théorème 2.6: Il existe un négligeable $\mathcal{N}$ tel que si $\omega \notin \mathcal{N}$, sous les hypothèses du Théorème 2.4 (resp. 2.5) on ait

$$(2.16) \quad \left[\frac{d^2}{ds^2} \mathcal{I}\right]_{s=0} = \int_0^T S_x\left(\frac{\partial x}{\partial s}(t,0), \frac{\partial^2 x}{\partial s \partial t}(t,s)\right) dt$$

$$+ \frac{d}{ds} \left[\left\langle p(\varphi_T(\omega, x_{(T,s)})) + \frac{\partial j'}{\partial q}(\pi\, \varphi_T(\omega, x_{(T,s)})), \pi^*\left(\frac{\partial \varphi_T}{\partial x}(\omega, x_{(T,s)}\right) \frac{\partial x}{\partial s}(T,s)\right\rangle$$

$$+ < -p(x_{(0,s)}) + \frac{\partial j}{\partial q}(\pi\, x_{(0,s)}),\ \pi^* \frac{\partial x}{\partial s}(0,s)>]_{s=0}$$

(resp.

$$(2.17) \quad [\frac{d^2}{ds^2} \mathcal{J}']_{s=0} = \int_0^T S_x\, (\frac{\partial x}{\partial s}(t,0),\ \frac{\partial^2 x}{\partial s \partial t}(t,0))dt)$$

<u>Preuve</u> : Par (2.4) - (2.9) on connaît les dérivées premières des critères considérés en $s = 0$.

On va alors dériver (2.10). Par approximation, on sait que pour dériver les termes intégraux de (2.10), il suffit de dériver sous le signe somme chaque intégrant.

On a pour $i = 0 \ldots m$

$$(2.18) \qquad S(Y,\ X_i) - d_N\, \mathcal{H}_i(Y) = 0$$

De (2.10) on tire donc que

$$(2.19) \qquad \frac{d}{ds} \int_{c^s} \gamma = \int_0^T S(\frac{\partial \varphi}{\partial x}\ \frac{\partial x}{\partial s}\ ,\ \frac{\partial \varphi}{\partial x}\ \frac{\partial x}{\partial t}\ )\ dt$$

$$+ < p(\varphi_T(\omega, x_{(T,s)})) + \frac{\partial j'}{\partial q}(\pi\varphi_T(\omega, x_{(T,s)})) \ ,$$

$$\pi^* \frac{\partial\varphi}{\partial x} T(\omega, x_{(T,s)}) \frac{\partial x}{\partial s} T > + < - p(x_{(o,s)}) + \frac{\partial j}{\partial q} (\pi\, x_{(o,s)}),\ \pi^* \frac{\partial x}{\partial s} 0 >$$

Or comme p.s., pour tout $t \geqslant 0$, $\varphi_t(\omega,.)$ est un difféomorphisme symplectique, on a

$$(2.20) \qquad S\left(\frac{\partial\varphi}{\partial x} t(\omega, x_{(t,s)}) \frac{\partial x}{\partial s} , \frac{\partial\varphi}{\partial x} t\, (\omega, x_{(t,s)}) \frac{\partial x}{\partial t} \right) = S\left(\frac{\partial x}{\partial s} , \frac{\partial x}{\partial t} \right)$$

On obtient la dérivée du terme intégral du membre de droite de (2.19) par dérivation sous le signe somme. Comme

$$(2.21) \qquad \frac{\partial x}{\partial t}_{s\,=\,0} = 0$$

il est facile d'en déduire que

$$(2.22) \qquad \frac{\partial}{\partial s} S\left(\frac{\partial x}{\partial s} , \frac{\partial x}{\partial t} \right)_{s\,=\,0} = S_x\left(\frac{\partial x}{\partial s} , \frac{\partial^2 x}{\partial s \partial t} \right)$$

et donc que

$$(2.23) \qquad \frac{\partial}{\partial s} \left[\int_o^T S\left(\frac{\partial x}{\partial s} , \frac{\partial x}{\partial t} \right) dt \right]_{s=o} = \int_o^T S_x\left(\frac{\partial x}{\partial s} , \frac{\partial^2 x}{\partial s \partial t} \right) dt$$

Le Théorème est bien démontré.

□

<u>Corollaire</u> : Il existe un négligeable $\mathcal{N}$ tel que pour tout $\omega \notin \mathcal{N}$, pour tout $T > 0$, tout $x \in N$ et pour tout couple de deux fonctions j et j' C^∞ sur M à valeurs réelles tel que $x \in L_j$, $\varphi_T(\omega,x) \in L_{-j'}$, alors si $(t,s) \to x_{(t,s)}$ est une fonction C^∞ définie sur $R^+ \times R^k$ à valeurs dans N telle que pour tout $t \geqslant 0$, on a $x_{(t,o)} = x$,

(resp.

$$(2.24)\qquad x_{(0,s)} \in R_x$$

$$\varphi_T(\omega,x_{(T,s)}) \in R_{\varphi_T(\omega,x)} \;)$$

si c^s est le chemin $t \in [0,T] \to (t,\varphi_t(\omega,x_{(t,s)}))$, alors la fonction J(resp. J') définie par

$$(2.25)\qquad J(s) = \int_{c^s} \gamma + j(\pi(x_{(0,s)})) + j'(\pi(\varphi_T(\omega,\, x_{(T,s)})))$$

(resp.

$$(2.26)\qquad J'(s) = \int_{c^s} \gamma \quad)$$

est indéfiniment dérivable sur R^k à dérivées continues, et de plus

$$(2.27)\qquad \left[\frac{\partial}{\partial s} J\right]_{s=0} = 0$$

$$\left[\frac{\partial^2 J}{\partial s^i \partial s^j}\right]_{s=0} = \int_0^T S\left(\frac{\partial x}{\partial s^i}, \frac{\partial^2 x}{\partial t \partial s^j}\right) dt + \frac{\partial}{\partial s^j}\Big[< p(\varphi_T(\omega,x_{(T,s)}))$$

$$+ \frac{\partial j'}{\partial q}(\pi(\varphi_T(\omega,x_{(T,s)}))),\ \pi^* \frac{\partial \varphi}{\partial x} T(\omega,x_{(T,s)})\ \frac{\partial x}{\partial s^i}(T,s) >$$

$$+ <- p(x_{(0,s)}) + \frac{\partial j}{\partial q}(\pi\, x_{(0,s)}),\ \pi^* \frac{\partial x}{\partial s^i}(0,s) > \Big]_{s=0}$$

(resp.

$$(2.27')\qquad \left[\frac{d}{ds} J'\right]_{s=0} = 0$$

$$\left[\frac{\partial^2 J'}{\partial s^i \partial s^j}\right] = \int_0^T S\left(\frac{\partial x}{\partial s^i}, \frac{\partial^2 x}{\partial t \partial x^j}\right) dt \quad)$$

<u>Preuve</u> : La continuité de $s \to J(s)$ (resp. $s \to J'(s)$) pour ω en dehors d'un négligeable fixe η_0 résulte immédiatement de la définition IV-2.6 de l'intégrale $\int_{c^s} \gamma$ et de la définition III-3.1 des intégrales "non monotones".

Par les Théorèmes 2.4 et 2.5, les dérivées partielles $\frac{\partial J}{\partial s^i}$ (resp. $\frac{\partial J'}{\partial s^i}$) existent quand ω est pris hors d'un négligeable η_1, et sont continues sur R^k par réapplication de la définition III-3.1 sur les intégrales non monotones. Pour $\omega \notin \eta_0 \cup \eta_1$, la fonction J (resp. J') est bien dérivable sur R^k. On itère l'opération sur les dérivées successives et après élimination d'une réunion dénombrable de négligeables η qui est encore négligeable, on trouve bien que la fonction J (resp. J') est bien C^∞.

La première égalité de (2.27) (resp. (2.27')) résulte alors du Théorème 2.4 (resp. 2.5). Pour obtenir le corollaire, on fait les mêmes calculs qu'au Théorème 2.6 .□

<u>Remarque 1</u> : On peut démontrer trivialement, par un calcul laissé au lecteur que (2.27) et (2.27') sont bien symétriques en i et j .

Le Théorème 2.6 (et son corollaire) permet de généraliser convenablement aux diffusions hamiltoniennes la notion classique en calcul des variations de "champ de Jacobi". Nous renvoyons à Milnor [48] et Kobayashi-Nomizu [40] qui s'intéressent à la formulation de cette notion dans le cadre de la géométrie riemanienne.

On pose en effet ici la définition suivante.

<u>Définition 2.7</u> : Etant donné $x \in N$ et $Y \in T_x(N)$, on appelle champ de Jacobi au-dessus de la diffusion $t \to \pi\, \varphi_t(\omega,x)$ le champ de vecteurs tangents à M
$t \to \pi^*(\frac{\partial\varphi_t}{\partial x}(\omega,x))Y$.

Dans cette définition $\frac{\partial\varphi_t}{\partial x}(\omega,x)Y$ apparaît naturellement comme un champ de variations de "géodésiques" puisque si $s \to x_s$ est un chemin de classe C^∞ défini sur R à valeurs dans N tel que $(\frac{\partial x}{\partial s})_0 = Y$, alors clairement, on a

$$(2.28) \qquad \frac{\partial}{\partial s}\, \varphi_t(\omega,x_s) = \frac{\partial\varphi_t}{\partial x}(\omega,x_s)\, \frac{\partial x}{\partial s}$$

Définition 2.8 : Etant donné $x \in N$, $T > 0$ et deux applications X et Y définies sur R^+ à valeurs dans $T_x(N)$ C^∞ telles que

$$(2.29) \qquad \pi^* X_0 = \pi^* Y_0 = 0 \qquad \pi^* \frac{\partial\varphi}{\partial x} T(\omega,x)\, X = \pi^* \frac{\partial\varphi}{\partial x} T(\omega,x)\, Y = 0$$

on pose

$$(2.30) \qquad D(X,Y) = \int_0^T S_x(X, \frac{d}{dt} Y)\, dt$$

Les conditions (2.29) signifient que X_0 et Y_0 sont tangents à la sous-variété lagrangienne R_x et que X_T et Y_T sont tangents à la sous-variété lagrangienne $\overset{-1}{\varphi}_T(\omega, R_{\varphi_T}(\omega,x))$.

Du corollaire du Théorème 2.6, il résulte immédiatement que D est symétrique en X et Y et que de plus D est directement liée à l'expression de la dérivée seconde de la fonction J' définie au théorème 2.5.

On a alors élémentairement :

Proposition 2.9 : Pour que Y soit tel que pour tout X, $D(X,Y) = 0$, il faut et il suffit que pour $t \in [0,T]$, $\frac{d}{dt} Y = 0$.

Preuve : En notant que les fonctions C^∞ $t \to X_t$ nulles en 0 et T sont denses dans $L_2[0,T]$, on montre le résultat trivialement. □

Si Y vérifie la condition de la Proposition 2.9, Y_t est constant et égal à Y_0. Le champ de Jacobi $\pi^* \frac{\partial\varphi}{\partial x} t\, (\omega,x) Y$ est donc nul en 0 et T.

On voit que pour que la condition de la Proposition 2.9 soit vérifiée avec $Y \neq 0$, il faut et il suffit que si $q = \pi x$ et $p \in T_q^*(M)$, l'application $p \to \pi[\varphi_T(\omega,(q,p))]$ soit singulière en $p(x)$.

On dit alors que πx et $\pi\, \varphi_T(\omega,x)$ sont conjugués le long de $t \to \pi\, \varphi_t(\omega,x)$, et on peut définir l'indice de Morse de $\pi\, \varphi_t(\omega,x)$ relativement à πY comme en [40]-

[48].

Plus généralement, on peut dans (2.29) remplacer $\varphi_T^{-1}(\omega, R_{\varphi_T}(\omega,x))$ par n'importe quelle variété Lagrangienne L, en particulier par une variété L_j.

En effet on peut poser la définition suivante :

Définition 2.10 : Etant donnée une sous-variété Lagrangienne $L \subset N$, on dit que si $x \in L$, $\varphi_t(\omega,x)$ est focal à L s'il existe $X \in T_x(L)$ tel que

$$\pi^* \frac{\partial\varphi_t}{\partial x}(\omega,x)\ X = 0$$

La définition 2.10 exprime le fait que l'application $y \in L \to \pi\ \varphi_t(\omega,y)$ est singulière en x.

On voit donc qu'on peut généraliser très simplement la notion d'indice de Morse - voir Arnold [3] - Appendice 11 - i.e. étant donné X comme dans la définition 2.9 et $T > 0$, cette indice est le nombre d'instants $t \leq T$ tels que $\varphi_t(\omega,x)$ est focal à L.

d) Extrémalité en espérance dans le cas non monotone

Nous avons vu dans la Section 1 que pour pouvoir dériver p.s. une intégrale $\int_c \gamma_s$, il faut que t ne change pas avec le paramètre s. Le changement de t avec s n'est possible que si on ne demande que la dérivabilité en espérance. On va utiliser ce résultat ici.

Pour simplifier, on suppose ici que $M = R^d$, et que N est donc égal à R^{2d}. On suppose également que $\mathcal{H}_0, \ldots, \mathcal{H}_m$ sont bornées à dérivées de tous ordre bornées. On a alors :

Théorème 2.11 : Si $x \in N$, $T \in R^+$, si $j'(\omega,q)$ est une fonction définie sur $\Omega \times M$ à valeurs dans R, mesurable en ω et C^∞ en q, bornée et telle que $\sup_{q \in M} |\frac{\partial j}{\partial q}(\omega,q)| \in L_1$, si de plus $\varphi_T(\omega,x) \in L_{-j'(\omega,.)}$ p.s., alors si $(u,s) \to (t_{(u,s)}, x_{(u,s)})$ est une application C^∞ définie sur $R \times R$ à valeurs dans $R^+ \times N$ telle que

$$(2.31) \qquad (t_{(u,o)}, x_{(u,o)}) = (u,x) \quad \pi\, x_{(o,s)} \in R_x \quad t_{(o,s)} = 0 \quad t_{(T,s)} = T$$

si c^s est la 1-chaîne $u \in [0,T] \to (t_{(u,s)}, \varphi_{t_{(u,s)}}(\omega, x_{(u,s)}))$, la fonction K définie par

$$(2.32) \qquad s \to E[\int_{c^s} \gamma + j'(\omega, \pi\, \varphi_T(\omega, x_{(T,s)}))]$$

est C^∞ sur R et de plus

$$(2.33) \qquad \frac{d}{ds} K_{s=0} = 0 .$$

Preuve : La dérivabilité de $s \to E\int_{c^s} \gamma$ résulte du Théorème 1.4. Le Théorème 1.4 et l'hypothèse faite sur j' montrent que

$$(2.34) \quad \frac{d}{ds} K_{s=0} = E\int_0^T [S\,(\frac{\partial\varphi_t}{\partial x} \frac{\partial x}{\partial s} + X_0 \frac{\partial t}{\partial s}, X_0)$$

$$- d_N \mathscr{H}_0 (\frac{\partial\varphi_t}{\partial x} \frac{\partial x}{\partial s})]du - \frac{1}{2} E\int_0^T L_{X_i} (i_{X_i} S + d_N \mathscr{H}_i)(\frac{\partial\varphi}{\partial x} t \frac{\partial x}{\partial s})\, du$$

et comme pour $j = 0 \ldots m$ on a

$$(2.35) \qquad i_{X_j} S + d_N \mathscr{H}_j = 0$$

le Théorème résulte de (2.34). □

e) Variations semi-martingales

On reprend les hypothèses du paragraphe d). On fixe $x \in N$, $T > 0$. On suppose que y^s ($s \in R$) est une famille de semi-martingales à valeurs dans N vérifiant les hypothèses de la section IV-4 avec s variant dans R(i.e. $R^{k-1} = R$).

On a alors

Théorème 2.12 : si $y^o = x$, si c^s est la 1-chaine $t \in [0,T] \to (t, y^s_t)$, il existe un négligeable $\mathcal{N}$ tel que pour tout $\omega \notin \mathcal{N}$ et pour tout couple de deux fonctions C^∞ définies sur M à valeurs dans R j et j' tel que $x \in L_j$, $\varphi_T(\omega,x) \in L_{-j'}$, alors la fonction $\tilde{J}$

(2.36) $$s \to \int_{c^s} \gamma + j(\pi(y_0^s)) + j'(\pi(y_T^s))$$

est C^∞ et sa dérivée est nulle en $s=0$.

Preuve : Il suffit d'appliquer le Théorème 1.5 et en particulier les formules (1.31) et (1.32) pour démontrer le résultat, en procédant comme pour le Théorème 2.4. □

Remarque 2 : On a naturellement l'analogue du Théorème 2.5. Comme il a été noté à la fin de la section IV-4, ou à la fin de la section 1 de ce chapitre, on a le même type de résultat quand y^s s'exprime à l'aide d'intégrales de Ito, sans s'exprimer nécessairement à l'aide d'intégrales de Stratonovitch.

f) Extrémalité en espérance pour les variations semi-martingales

On reprend les hypothèses et notations du paragraphe e).
On suppose de plus que $\mathcal{H}_0, \dots, \mathcal{H}_m$ sont bornées à dérivées de tous ordre bornées.
On a alors

Théorème 2.13 : Sous les hypothèses du Théorème 2.12, si j est une fonction bornée C^∞ sur M telle que $x \in L_j$, si $j'(\omega,q)$ est une fonction définie sur $\Omega \times M$ à valeurs dans R, mesurable en ω, C^∞ en q, bornée et telle que

$$\sup_{q \in R^d} \left|\frac{\partial j}{\partial q}(\omega,q)\right| \in L_1 \text{ , si } \varphi_T(\omega,x) \in L_{-j'(\omega)} \text{ p.s., alors la fonction}$$

$\tilde{K}$ définie par

(2.37) $$s \to E\left[\int_{c^s} \gamma + j(\pi\, y_0^s) + j'(\pi\, y_T^s)\right]$$

est C^∞ sur R et de plus

(2.38) $$\left[\frac{d}{ds}\tilde{K}\right]_{s=0} = 0 .$$

Preuve : Grâce au Théorème 2.12, il suffit de montrer qu'on peut dériver $s \to E[\int_{c^s} \gamma]$ sous le signe d'intégration. Du Théorème 1.5, et en particulier des formules (1.31) et (1.32), en raisonnant comme pour les Théorèmes 2.4 et 2.5, on tire

$$(2.39)\quad \frac{d}{ds}\Big[\int_{c^s} \gamma + j(\pi\, y_0^s) + j'(\omega, \pi\, y_T^s)\Big] = \int_0^T \Big[S\Big(\frac{\partial y^s}{\partial s}, L^s\Big) - d_N\, \mathcal{H}_0\Big(\frac{\partial y^s}{\partial s}\Big)\Big]\, dt$$

$$+ \int_0^T \Big[S\Big(\frac{\partial y^s}{\partial s}, H_i^s\Big) - d_N\, \mathcal{H}_i\Big(\frac{\partial y^s}{\partial s}\Big)\Big]\, dw^i$$

$$= \int_0^T \Big[S\Big(\frac{\partial y^s}{\partial s}, L^s + \frac{1}{2} H_{ii}'^{\,s}\Big) - d_N\, \mathcal{H}_0\Big(\frac{\partial y^s}{\partial s}\Big) +$$

$$+ \frac{1}{2} S\Big(\frac{\partial H_i^s}{\partial s}, H_i^s\Big) - \frac{1}{2} d_N\, \mathcal{H}_i\Big(\frac{\partial H_i^s}{\partial s}\Big) - \frac{1}{2}\Big(\Big\langle \frac{\partial}{\partial x} d_N\, \mathcal{H}_i, H_i^s\Big\rangle\Big)$$

$$\Big(\frac{\partial y^s}{\partial s}\Big)\Big]\, dt + \int_0^T \Big[S\Big(\frac{\partial y^s}{\partial s}, H_i^s\Big) - d_N\, \mathcal{H}_i\Big(\frac{\partial y^s}{\partial s}\Big)\Big].\, \vec{\delta}\, w^i$$

Comme S est la forme $dp \wedge dq$ sur R^{2d}, il résulte du Corollaire de la Proposition IV-4.1 que l'espérance des intégrales de Ito dans (2.39) est nulle et que (2.39) est bien intégrable.

De plus, des inégalités IV-(4.9)-(4.10) relatives à y^s et H^s, des inégalités correspondantes pour $\frac{\partial y^s}{\partial s}$ et $\frac{\partial H^s}{\partial s}$, du fait que L^s, $H_{ii}'^{\,s}$ sont dérivables en s à dérivées bornées, il résulte que si $\tilde{J}_s$ est défini par

$$(2.40)\quad \tilde{J}_s = \int_{c^s} \gamma + j(\pi\, y_0^s) + j'(\omega, \pi\, y_T^s)$$

on peut montrer des inégalités du type

$$(2.41)\quad E\Big|\frac{d}{ds}\tilde{J}_s - \frac{d}{ds}\tilde{J}_{s'}\Big|^{2p} \leq C|s-s'|^{2p}$$

$$\sup_{|s|\leq \ell} E\Big|\frac{d}{ds}\tilde{J}_s\Big|^{2p} \leq M_\ell$$

et corrélativement on peut montrer que $\sup_{|s|\leq \ell} \Big|\frac{d}{ds}\tilde{J}_s\Big|$ est dans tous les L_p, en raisonnant comme au Théorème I-1.2.

On en déduit bien la dérivabilité de $s \to E(\tilde{J}_s)$. Cette dérivée est nulle en 0 par le Théorème 2.12. □

g) Un calcul formel d'extrémalité en espérance

Pour illustrer le Théorème 2.13, nous allons effectuer ici un calcul classique de variations sur la dérivation de $\tilde{K}$ et la nullité de cette dérivée en 0.

On se place encore dans le cas où $M = R^d$ pour simplifier. (q,p) désigne encore le point générique de N. On a alors :

Proposition 2.14 : Sous les hypothèses du Théorème 2.12, si $y_t^s = (q_t^s, p_t^s)$ s'écrit

$$(2.42)\qquad \begin{aligned} q_t^s &= q_0^s + \int_0^t \dot{q}^s du + \int_0^t H_i^s \vec{\delta} w^i \\ p_t^s &= p_0^s + \int_0^t \dot{p}^s du + \int_0^t H_i^{*s} \vec{\delta} w^i \end{aligned}$$

alors

$$(2.43)\qquad \begin{aligned} E\int_{c^s} \gamma = E\int_0^T & [\langle p^s, \dot{q}^s\rangle + \frac{1}{2}\langle H_i^{*s}, H_i^s\rangle \\ & - \mathcal{H}_0(t, q_t^s, p_t^s) - \frac{1}{2}\langle \frac{\partial \mathcal{H}_i}{\partial q}(t, q_t^s, p_t^s), H_i^s\rangle \\ & - \frac{1}{2}\langle \frac{\partial \mathcal{H}_i}{\partial p}(t, q_t^s, p_t^s), H_i^{*s}\rangle] \, dt \end{aligned}$$

Preuve : Dans le Théorème 2.13, on a décomposé $y^s = (q^s, p^s)$ en la somme d'un processus à variation bornée et d'intégrales de Stratonovitch, i.e.

$$(2.44)\qquad \begin{aligned} q_t^s &= q_0^s + \int_0^t L^s du + \int_0^t H_i^s . d w^i \\ p_t^s &= p_c^s + \int_0^t \tilde{L}^s du + \int_0^t H_i^{*s} . d w^i \end{aligned}$$

donc

$$(2.45)\qquad \int_0^T p^s dq^s = \int_0^T \langle p,\ L^s\rangle\ du + \int_0^t \langle p,\ H_i^s\rangle.\ d\,w^i$$

Comme par IV-(4.2)

$$(2.46)\qquad H^s_{i_t} = H^s_{i_o} + \int_0^t L_i'^s\ du + \int_0^t H_{ij}'^s\ \vec{\delta}\ w^j$$

on a

$$(2.47)\qquad \int_0^T p^s dq^s = \int_0^T [\langle p,\ L^s + \frac{1}{2}\ H_{ii}'^s\rangle + \frac{1}{2}\ \langle H_i^{*s},\ H_i^s\rangle]\ dt$$

$$+ \int_0^T \langle p,\ H_i^s\rangle\ \vec{\delta}\ w^i$$

et comme $\dot{q}^s = L^s + \frac{1}{2}\ H_{ii}'^s$, en prenant l'espérance dans (2.47), il vient

$$(2.48)\qquad E\int_0^t p^s dq^s = E\int_0^T (\langle p,\dot{q}\rangle + \frac{1}{2}\ \langle H_i^{*s},\ H_i^s\rangle)d$$

De même, on a

$$(2.49)\qquad \int_0^T \mathcal{H}_i(t,q_t^s,p_t^s)\ dw^i = \int_0^T \mathcal{H}_i(t,q_t^s,p_t^s)\ \vec{\delta}\ w^i$$

$$+ \frac{1}{2}\int_0^T [\ \frac{\partial \mathcal{H}_i}{\partial q}(t,q_t^s,p_t^s)\ H_i^s + \frac{\partial \mathcal{H}_i}{\partial p}\ H_i^{*s}]\ dt$$

En prenant encore l'espérance dans (2.49) et en utilisant (2.47), on a bien (2.43) □

<u>Remarque 3</u> : Le fait que l'intégrale $\int_0^T p^s dq^s$ dans (2.47) dépend des éléments de la décomposition de Ito-Meyer de y^s et pas directement des éléments de la décomposition de Stratonovitch avait été noté à la fin de la section IV-4.

<u>Remarque 4</u> : Il apparaît en particulier que $\langle p,\dot{q}\rangle + \frac{1}{2}\ \langle H'^*,\ H\rangle$ est un invariant i.e. si Ψ est un difféomorphisme de $N = R^d$ et $\underline{\Psi}$ le difféomorphisme correspondant

dans le cotangent $N = R^{2d}$, en calculant $\langle p,\dot q\rangle + \frac{1}{2}\langle H'^*,H^*\rangle$ sur le processus $\underline{\Psi}(y^s)$, on obtient encore $\langle p,\dot q\rangle + \frac{1}{2}\langle H'^*,H\rangle$.

Nous allons maintenant faire un calcul par des méthodes classiques de calcul des variations de la dérivée de la fonction $\tilde K_s$ définie au Théorème 2.13. On utilise naturellement l'expression (2.43) de $E\int_{c^s}\gamma$. Nous ne donnons aucune justification des arguments utilisés dans ce calcul, qui est toutefois très instructif.

On a :

$$(2.50)\quad \frac{d}{ds}\Big[E\int_0^T(\langle p^s,\dot q^s\rangle + \frac{1}{2}\langle H^{*s},H^s\rangle - \mathcal{H}_0(t,q^s,p^s) - \frac{1}{2}\langle\frac{\partial\mathcal{H}_i}{\partial q}(t,q^s,p^s),H_i^s\rangle$$

$$-\frac{1}{2}\langle\frac{\partial\mathcal{H}_i}{\partial p}(t,q^s,p^s),\ H_i^{*s}\rangle)dt + j(q_o^s) + E(j'(\omega,q_T^s))\Big]$$

$$= E\int_0^T(\langle\frac{\partial p}{\partial s},\ \dot q\rangle + \langle p,\ \frac{\partial\dot q}{\partial s}\rangle + \frac{1}{2}\langle\frac{\partial H^*}{\partial s},\ H\rangle + \frac{1}{2}\langle H^*,\ \frac{\partial H}{\partial s}\rangle$$

$$-\frac{\partial\mathcal{H}_o}{\partial q}\frac{\partial q}{\partial s} - \frac{\partial\mathcal{H}_o}{\partial p}\frac{\partial p}{\partial s} - \frac{1}{2}\langle\frac{\partial^2\mathcal{H}^i}{\partial q^2}\frac{\partial q}{\partial s},\ H_i\rangle$$

$$-\frac{1}{2}\langle\frac{\partial^2\mathcal{H}_i}{\partial q\partial p}\frac{\partial p}{\partial s},\ H_i\rangle - \frac{1}{2}\langle\frac{\partial\mathcal{H}_i}{\partial q},\ \frac{\partial H_i}{\partial s}\rangle$$

$$-\frac{1}{2}\langle\frac{\partial^2\mathcal{H}_i}{\partial p\partial q}\frac{\partial q}{\partial s},\ H_i^*\rangle - \frac{1}{2}\langle\frac{\partial^2\mathcal{H}_i}{\partial p^2}\frac{\partial p}{\partial s},H_i^*\rangle$$

$$-\frac{1}{2}\langle\frac{\partial\mathcal{H}_i}{\partial p},\ \frac{\partial H_i^*}{\partial s}\rangle)dt + \frac{\partial j}{\partial q}\frac{\partial q_o^s}{\partial s} + E\Big[\frac{\partial j'}{\partial q}\frac{\partial q_T^s}{\partial s}\Big]$$

Or on a, par la formule de Ito

$$(2.51)\quad E\langle p_T^s,\ \frac{\partial q^s_T}{\partial s}\rangle = E\int_0^T(\langle p_t^s,\frac{\partial\dot q_t^s}{\partial s}\rangle + \langle\dot p_t^s,\ \frac{\partial q_t^s}{\partial s}\rangle +$$

$$\langle H_i^{*s},\ \frac{\partial H_i^s}{\partial s}\rangle)dt + \langle p_o^s,\ \frac{\partial q_o^s}{\partial s}\rangle$$

(2.50) est donc égal à

$$(2.52)\qquad E\int_0^T [\langle \frac{\partial p}{\partial s}, \dot{q}^s - \frac{\partial \mathcal{H}_o}{\partial p} - \frac{1}{2}\frac{\partial^2 \mathcal{H}_i}{\partial q \partial p} H_i^s - \frac{1}{2}\frac{\partial^2 \mathcal{H}_i}{\partial p^2} H_i^{*s}\rangle$$

$$+ \langle \frac{\partial q}{\partial s}, -\dot{p}^s - \frac{\partial \mathcal{H}_o}{\partial q} - \frac{1}{2}\frac{\partial^2 \mathcal{H}^i}{\partial q^2} H_i^s - \frac{1}{2}\frac{\partial^2 \mathcal{H}_i}{\partial q \partial p} H_i^{*s}\rangle$$

$$+ \langle \frac{\partial H_i}{\partial s}, - H_i^{*s} + \frac{1}{2} H_i^{*s} - \frac{1}{2}\frac{\partial \mathcal{H}_i}{\partial q}\rangle$$

$$+ \langle \frac{\partial H_i^*}{\partial s}, \frac{1}{2} H_i^s - \frac{1}{2}\frac{\partial \mathcal{H}_i}{\partial p}\rangle] dt + \langle -p_o^s + \frac{\partial j}{\partial q}(q_o^s), \frac{\partial q_o^s}{\partial s}\rangle$$

$$+ E\langle p_T^s + \frac{\partial j'}{\partial q}(\omega, q_T^s), \frac{\partial q_T^s}{\partial s}\rangle$$

Or, pour $s = 0$, on a

$$(2.53)\qquad -p_o^0 + \frac{\partial j}{\partial q}(q_o^0) = 0 \qquad p_T^0 + \frac{\partial j'}{\partial q}(\omega, q_T^0) = 0 \quad \text{p.s.}$$

$$H_i^0 = \frac{\partial \mathcal{H}_i}{\partial p}(t, q_t^0, p_t^0)$$

$$H_i^{*0} = -\frac{\partial \mathcal{H}_i}{\partial q}(t, q_t^0, p_t^0)$$

$$\dot{q}_t^0 = \frac{\partial \mathcal{H}_o}{\partial p}(t, q_t^0, p_t^0) + \frac{1}{2}\frac{\partial^2 \mathcal{H}_i}{\partial q \partial p}(t, q_t^0, p_t^0) H_i^0$$

$$+ \frac{1}{2}\frac{\partial^2 \mathcal{H}_i}{\partial p^2} H_i^{*0}$$

$$\dot{p}_t^0 = -\frac{\partial \mathcal{H}_o}{\partial q}(t, q_t^0, p_t^0) - \frac{1}{2}\frac{\partial^2 \mathcal{H}_i}{\partial q^2}(t, q_t^0, p_t^0) H_{i_t}^0$$

$$- \frac{1}{2}\frac{\partial^2 \mathcal{H}_i}{\partial q \partial p}(t, q_t^0, p_t^0) H_i^{*0}$$

Il est donc clair qu'en $s = 0$, (2.52) est bien égal à 0.

On peut naturellement obtenir une réciproque partielle, i.e. que $t \to \varphi_t(\omega, x)$ est la seule trajectoire rendant extrémal le critère considéré pour une classe suffisamment large de variations semi-martingales. Nous laissons le soin au lecteur d'établir un tel résultat. □

3. Eclatement du fibré cotangent

a) Extrémalité généralisée du flot hamiltonien

On reprend les hypothèses de la section V-6, qui sont aussi celles de la Section VI-2.

On va maintenant montrer qu'on peut élargir la classe des variations possibles envisagées dans la section 2 a) et obtenir encore une propriété d'extrémalité.

On pose en effet la définition suivante :

Définition 3.1. : On note N_m le fibré vectoriel $\overset{m+1}{\underset{1}{\oplus}} (T^*M)$.

Le point générique de N_m est noté $(q,p_0,\ldots,p_m)$, où $q \in M$ et $p_0\ldots p_m \in T^*M$.

On a naturellement $N_0 = N$. On plonge N dans N_m par l'application diagonale $(q,p) \to (q,p,\ldots,p)$.

π désigne la projection de N_m sur M.

Pour $i=0, \ldots, m$, ρ_i désigne la projection de N_m sur N : $(q,p_0,\ldots,p_m) \to (q,p_i)$.

On suppose donnée sur N_m une famille de champs de vecteurs $Y_0(t,y)\ldots Y_m(t,y)$ coïncidant avec $X_0,\ldots,X_m$ quand $y \in N$ et possédant les propriétés de $X_0,\ldots,X_m$ dans les sections I-1 ou I-4. Ainsi

a) $Y_0(t,y), \ldots, Y_m(t,y)$ sont des champs dépendant de manière C^∞ de (t,y).

b) Si $M = R^d$, $Y_0, Y_1,\ldots,Y_m$ sont bornés ainsi que toutes leurs dérivées sur $R^+ \times N_m = R^+ \times R^d \times (R^d)^{m+1}$.

c) Si M est une variété connexe et métrisable, $Y_0\ldots Y_m$ sont à support compact.

Il est toujours possible de construire $Y_0,\ldots,Y_m$ possédant les propriétés indiquées. En effet si M est une variété générale, on procède comme dans la preuve du Théorème I-4.1 par partition de l'unité. Dans le cas où $M = R^d$, on construit trivialement $Y_0, \dots, Y_m$.

On note $\Psi_.(\omega,.)$ le flot sur N_m associé à $Y_0, \dots, Y_m$. Notons que sur N $\Psi_.(\omega,.)$ coïncide avec $\varphi_.(\omega,.)$ i.e., si $y \in N$, $\Psi_t(\omega,y) = \varphi_t(\omega,y)$ pour tout $t \geq 0$.

<u>Définition 3.2</u> : Si $s \to (t_s, x_s)$ est une application C^∞ définie sur R à valeurs dans $R^+ \times N_m$, si c est la 1-chaîne $s \in [0,1] \to (t_s, \Psi_{t_s}(\omega, x_s))$, si $\tilde{p}_{0s}$ est un élément de $T^*_{\pi \Psi_{t_s}(\omega,x_s)} M$ tel que $s \to (\tilde{p}_{o_s}, \pi \Psi_{t_s}(\omega,x_s))$ est continue, on note $I(c,\tilde{p}_0)$ la fonction définie sur Ω par

$$(3.2) \qquad \int_0^1 (< \tilde{p}_{0_s}, \pi^* Y_0(t_s, \Psi_{t_s}(\omega,x_s)) \frac{\partial t}{\partial s} + \frac{\partial \Psi}{\partial y}{}_{t_s}(\omega,x_s) \frac{\partial x}{\partial s}) >$$

$$- H_0(t_s, \pi(\Psi_{t_s}(\omega,x_s)), \tilde{p}_{0_s}))ds + \int_0^1 [<p_i(\Psi_{t_s}(\omega,x_s)),$$

$$\pi^* Y_i(t_s, \Psi_{t_s}(\omega,x_s))> - H_i(t_s, p_i(\Psi_{t_s}(\omega,x_s)))] . dw^i_{t_s}$$

où les intégrales non monotones $\int_0^1 \{ \ \} dw^i_{t_s}$ sont définies à la Définition III-3.1.

Notons que $I(c,\tilde{p}_0)$ ne représente pas l'intégrale d'une forme différentielle généralisée sur c.

Dans la définition 3.2, on peut naturellement prendre $\tilde{p}_{0s} = p_0(\Psi_{t_s}(\omega,x_s))$. La raison pour laquelle on singularise $\tilde{p}_0$ i.e. on ne fait pas nécessairement $\tilde{p}_{0s} = p_0(\Psi_{t_s}(\omega,x_s))$ sera précisée dans la suite.

Remarquons enfin qu'il existe un négligeable $\mathcal{N}$ tel que si $\omega \notin \mathcal{N}$, si $s \to (t_s, x_s)$ est un 1-simplexe défini sur R à valeurs dans $R^+ \times N$, si c est la 1-chaîne $s \to [0,1] \to (t_s, \varphi_{t_s}(\omega,x_s))$ et si $\tilde{p}_{0s} = p(\varphi_{t_s}(\omega,x_s))$, alors on a

$$(3.3) \qquad \int_c \gamma = I(c,\tilde{p}_o)$$

$I(c,\tilde{p}_o)$ représente donc un prolongement de $\int_c \gamma$ à des 1-chaînes plus générales.

On a alors

<u>Théorème 3.3</u> : Il existe un négligeable η tel que pour tout $\omega \notin \eta$, pour tout $T > 0$ pour tout $x \in N$, pour tout couple de fonctions j et j' C^∞ définies sur M à valeurs réelles telles que $x \in L_j$, $\varphi_T(\omega,x) \in L_{-j'}$, alors si $(t,s) \to x_{(t,s)}$ est une fonction C^∞ définie sur $R^+ \times R$ à valeurs dans N_m telle que pour tout $t \geq 0$, on ait $x_{(t,o)} = x$, si c^s est la 1-chaîne $t \in [0,T] \to (t,\Psi_t(\omega,x_{(t,s)}))$, si $\tilde{p}_{o(t,s)}$ est un élément de $T^*_{\pi\,\Psi_t(\omega,x_{(t,s)})} M$ tel que $(t,s) \to (\pi\,\Psi_t(\omega,x_{(t,s)}),\tilde{p}_{o_{(t,s)}})$ est continue sur $R^+ \times R$ à valeurs dans N et possède des dérivées partielles en s de tous ordres continues sur $R^+ \times R$, si enfin pour tout $t \geq 0$, on a $\tilde{p}_{o_{(t,o)}} = p(\varphi_t(\omega,x))$, la fonction $\tilde{J}_s$ définie par

$$(3.4) \qquad s \to I(c^s, \tilde{p}_{o_{(.,s)}}) + j(\pi\, x_{(o,s)}) + j'(\pi\,\Psi_T(\omega, x_{(T,s)}))$$

est C^∞ sur R, et, de plus,

$$(3.5) \qquad \left(\frac{d}{ds}\tilde{J}_s\right)_{s=0} = 0$$

<u>Théorème 3.4</u> : Il existe un négligeable η tel que pour tout $\omega \notin \eta$, pour tout $T > 0$, et pour tout $x \in N$, si $(t,s) \to x_{(t,s)}$ est une fonction C^∞ définie sur $R^+ \times R$ à valeurs dans N_m telle que

a) Pour tout $t \geq 0$, on a $x_{(t,o)} = x$

b) $\pi\, x_{(o,s)} = \pi\, x \qquad \pi\Psi_T(\omega,x_{(T,s)}) = \pi(\varphi_T(\omega,x))$, si c^s est la 1-chaîne $t \in [0,T] \to (t,\Psi_t(\omega,x_{(t,s)}))$, si $\tilde{p}_{o(t,s)}$ est un élément de $T^*_{\pi\Psi_t(\omega,x_{(t,s)})}M$ tel que

$(t,s) \to (\pi\, \Psi_t(\omega,x_{(t,s)}),\tilde{p}_{0(t,s)})$ est continue sur $R^+ \times R$ à valeurs dans N et possède des dérivées partielles en s de tous ordres continues sur $R^+ \times R$, si enfin pour tout $t \geq 0$, on a $\tilde{p}_{0(t,s)} = p(\varphi_t(\omega,x))$, alors la fonction $\tilde{J}'$ définie par

(3.6) $$s \to I(c^s, \tilde{p}_{0(.,s)})$$

est C^∞ sur R, et de plus,

(3.7) $$\left(\frac{d}{ds} \tilde{J}'_s\right)_{s=0} = 0 .$$

<u>Preuve</u> : En utilisant la Définition III-3.1 des intégrales non monotones, il est très facile de montrer que $\tilde{J}$ et $\tilde{J}'$ sont C^∞ hors d'un négligeable fixe η. Nous allons maintenant montrer (3.5), la preuve de (3.7) étant identique.

Pour rendre les calculs intrinsèques, on introduit une connexion Γ sans torsion sur L(M), par exemple la connexion de Levi-Civita [40]-4 associée à une structure Riemanienne sur M. L'opérateur de dérivation covariante est noté ∇, et la dérivée covariante d'un tenseur K relativement à un paramètre s est notée $\frac{D}{Ds} K$.

Les coefficients de Cristoffel de Γ sont notés Γ^k_{ij}.

Par approximation, on sait que pour dériver $I(c^s,\tilde{p}_{0(.,s)})$, il suffit de dériver sous le signe d'intégration chaque terme de (3.2). Alors, on a :

(3.8) $$\frac{d}{ds} \langle \tilde{p}_{0(t,s)}, \pi^*(Y_0(t,\Psi_t(\omega,x_{(t,s)})) + \frac{\partial\Psi}{\partial y} t(\omega,x_{(t,s)}) \frac{\partial x}{\partial t}) \rangle =$$

$$\langle \tilde{p}_{0(t,s)}, \frac{D}{Ds}\, \pi^* Y_0(t,\Psi_t(\omega,x_{(t,s)})) + \frac{D}{Ds}\, \pi^* \frac{\partial\Psi}{\partial y} t(\omega,x_{(t,s)}) \frac{\partial x}{\partial t} \rangle$$

$$+ \langle \frac{D}{Ds}\, \tilde{p}_{0(t,s)}, \pi^*(Y_0(t,\Psi_t(\omega,x_{(t,s)})) + \frac{\partial\Psi}{\partial y} t(\omega,x_{(t,s)}) \frac{\partial x}{\partial t}) \rangle$$

et les relations correspondantes pour les autres termes.

Sachant que $\frac{\partial x}{\partial t}_{s=0} = 0$ et $\tilde{p}_{0(t,o)} = \ldots = p_m(\Psi_t(\omega,x_{(t,o)})) = p(\varphi_t(\omega,x))$, on a

$$(3.9)\quad \frac{d}{ds} I(c^s,\tilde{p}_{o(.,s)}) = \int_0^T < p(\varphi_t(\omega,x)), \frac{D}{Ds}[\pi^* Y_0(t,\Psi_t(\omega,x_{(t,s)})) +$$

$$+ \pi^* \frac{\partial\Psi_t}{\partial y}(\omega,x_{(t,s)})\frac{\partial x}{\partial t}]> dt + \int_0^T <p(\varphi_t(\omega,x)), \frac{D}{Ds}\pi^* Y_i(t,\Psi_t(\omega,x_{(t,s)}))> dw^i +$$

$$+ \int_0^T < \frac{D}{Ds}\tilde{p}_{0(t,s)}, \pi^* X_0(t,\varphi_t(\omega,x))> dt$$

$$+ \int_0^T < \frac{D}{Ds} p_i(\Psi_t(\omega,x_{(t,s)})), \pi^* X_i(t,\varphi_t(\omega,x))> dw^i$$

$$- \int_0^T d_N \mathcal{H}_0(t,\varphi_t(\omega,x))(\frac{\partial}{\partial s}(\pi\Psi_t(\omega,x_{(t,s)}), \tilde{p}_{0(t,s)})) dt$$

$$- \int_0^T d_N \mathcal{H}_i(t,\varphi_t(\omega,x))(\rho_i^* \frac{\partial\Psi_t}{\partial x}(\omega,x)\frac{\partial x}{\partial s}(t,s)). dw^i$$

Alors par approximation, en utilisant le fait que Γ est sans torsion, on montre facilement que

$$(3.10)\quad <p(\varphi_T(\omega,x)),\pi^* \frac{\partial\Psi_T}{\partial x}(\omega,x)\frac{\partial x}{\partial s}(T,o)> - <p(x), \pi^* \frac{\partial x}{\partial s}(o,o)>$$

$$= \int_0^T <p(\varphi_t(\omega,x)), \frac{D}{Ds}[\pi^*(Y_0(t,\Psi_t(\omega,x_{(t,s)}))+ \frac{\partial\Psi_t}{\partial y}(\omega,x_{(t,s)})$$

$$\frac{\partial x}{\partial t})]>dt + \int_0^T <p(\varphi_t(\omega,x)), \frac{D}{Ds}\pi^* Y_i(t,\Psi_t(\omega,x_{(t,s)}))> .dw_t^i$$

$$+ \int_0^T <D_o p, \pi^* \frac{\partial\Psi_t}{\partial x}(\omega,x)\frac{\partial x}{\partial s}> dt + \int_0^T <D_i p, \pi^* \frac{\partial\Psi_t}{\partial x}(\omega,x)\frac{\partial x}{\partial s}>. dw_t^i$$

où en coordonnées locales sur M, si $\frac{\partial}{\partial q^1},\ldots \frac{\partial}{\partial q^d}$ ... est une base de TM, si $dq^1,\ldots dq^d$ est la base duale, si X_i s'écrit

$$(3.11)\qquad X_i(t,q,p) = X_i^j \frac{\partial}{dq^j} + X_{ij}^* \frac{\partial}{\partial p_j}$$

$D_i p$ est un élément de $T_q^*(M)$ qui s'écrit

$$(3.12)\qquad D_i p = [X_{ij}^*(t,\varphi_t(\omega,x)) - \Gamma_{kj}^{\ell}(\pi\ \varphi_t(\omega,x))\ X_i^k(t,\varphi_t(\omega,x))$$
$$p_\ell(\varphi_t(\omega,x))]\ dq^j$$

Donc

$$(3.13)\qquad [\frac{d}{ds}\tilde{J}_s]_{s=0} = \int_0^T [<\frac{D}{Ds}\tilde{p}_{o(t,s)}, \pi^* X_o(t,\varphi_t(\omega,x))>$$
$$- <D_o p, \pi^* \frac{\partial\Psi}{\partial x}_t(\omega,x)\frac{\partial x}{\partial s}>$$
$$- d_N \mathcal{H}_o(t,\varphi_t(\omega,x))(\frac{\partial}{\partial s}(\pi^*\Psi_t(\omega,x_{(t,s)}), \tilde{p}_{o(t,s)}))]\ dt$$
$$+\int_0^T [<\frac{D}{Ds}p_i(\Psi_t(\omega,x_{(t,s)})), \pi^* X_i(t,\varphi_t(\omega,x))>$$
$$- <D_i p, \pi^* \frac{\partial\Psi}{\partial x}_t(\omega,x)\frac{\partial x}{\partial s}> - d_N \mathcal{H}_i(t,\varphi_t(\omega,x))\ (\rho_i^* \frac{\partial\Psi}{\partial x}_t(\omega,x)\frac{\partial x}{\partial s})].\ dw^i$$

En utilisant de nouveau le fait que Γ est sans torsion, on vérifie très facilement que

$$(3.14)\qquad (\frac{d}{ds}\tilde{J}_s)_{s=0} = \int_0^T [S(\frac{\partial}{\partial s}(\pi\ \Psi_t(\omega,x_{(t,s)}), \tilde{p}_{o(t,s)}),$$
$$X_o(t,\varphi_t(\omega,x))) - d_N \mathcal{H}_o(t,\varphi_t(\omega,x))(\frac{\partial}{\partial s}(\pi\ \Psi_t(\omega,x_{(t,s)}),$$
$$\tilde{p}_{o(t,s)}))]dt + \int_0^T [S(\rho_i^*(\frac{\partial\Psi}{\partial x}_t(\omega,x)\frac{\partial x}{\partial s},$$
$$X_i(t,\varphi_t(\omega,x))) - d_N \mathcal{H}_i(t,\varphi_t(\omega,x))(\rho_i^*(\frac{\partial\Psi}{\partial x}_t(\omega,x)\frac{\partial x}{\partial s}))].\ dw_t^i$$

De la définition des champs hamiltoniens $X_o,\dots,X_m$, il résulte immédiatement que $(\frac{d}{ds}\tilde{J}_s)_{s=0} = 0$. □

<u>Remarque 1</u> : Sous les hypothèses des Théorèmes 3.3 ou 3.4, $(t,s) \to \pi(\Psi_t(\omega,x_{(t,s)}))$ est toujours continue sur $R^+\times R$, et possède des dérivées en s de tous ordres qui sont continues sur $R^+\times R$. L'hypothèse de continuité et de dérivabilité sur $\tilde{p}_{o(s,t)}$ n'est en fait qu'une hypothèse de caractère local sur $\tilde{p}_{o(s,t)}$. Notons qu'on peut prendre $\tilde{p}_{o(s,t)} = p_o(\Psi_t(\omega,x_{(t,s)}))$.

Notons enfin que tous ces résultats sont réversibles.

b) <u>Extension aux semi-martingales</u>

On se place dans le cas où $M = R^d$. N_m est l'espace vectoriel $R^d\times (R^d)^{m+1}$. On reprend par ailleurs les notations du paragraphe précédent.

On suppose que y_t^s est une semi-martingale à valeurs dans N_m vérifiant les hypothèses de la section IV.4) avec $s\in R$. c^s désigne la 1-chaîne $t \in [0,T] \to y_t^s$. $\tilde{p}_{o(t,s)}$ est un élément de $T^*_{\pi\, y_t^s} M$ tel que $(s,t) \to (\pi\, y_t^s, \tilde{p}_{o(t,s)})$ est p.s. continue sur $R^+\times R$ à valeurs dans N et possède des dérivées en s de tous ordres p.s. continues sur $R^+\times R$. Rappellons que, grâce aux résultats de la section IV-4, $(s,t) \to y_t^s$ est p.s. continue et possède p.s. des dérivées d'ordre 1 en s continues sur $R^+\times R$.

On peut alors naturellement étendre la Définition 3.2 en posant :

<u>Définition 3.5</u> : On note $\tilde{I}(c^s,\tilde{p}_{o(\cdot,s)})$ la variable aléatoire

$$\tilde{I}(c^s,\tilde{p}_{o(.,s)}) = \int_0^T \langle \tilde{p}_{o(t,s)}, \pi^* L_t^s\rangle - \mathcal{H}_o(t,(\pi\, y_t^s, \tilde{p}_{o(t,s)}))]\, dt \tag{3.15}$$

$$+\int_0^T [\langle p_i(y_t^s),\pi^* H_{it}^s\rangle - \mathcal{H}_i(t, \rho_i(y_t^s))]\, dw^i$$

Par les techniques de la section 1 b), une modification des intégrales de Stratonovitch apparaissant dans (3.15) existe, de telle sorte que dans (3.15), les intégrales soient p.s. continues en s à dérivées continues.

On a alors

<u>Théorème 3.6</u> : Si $x \in N$, si $y_t = \varphi_t(\omega,x)$, $\tilde{p}_{o(t,o)} = p(\varphi_t(\omega,x))$, il existe un négligeable $\mathcal{N}$ tel que pour tout $\omega \in \mathcal{N}$, si j et j' sont deux fonctions C^∞ définies sur M réelles telles que $x \in L_j$, $\varphi_T(\omega,x) \in L_{-j'}$, alors la fonction

$$s \to I(c^s, \tilde{p}_{o(.s)}) + j(\pi\, y_o^s) + j'(\pi\, y_T^s)) \tag{3.16}$$

est continue et dérivable à dérivée continue sur R et à dérivée nulle en s=0.

<u>Preuve</u> : On raisonne comme dans le Théorème 3.3. □

On peut naturellement montrer l'analogue du Théorème 3.4 dans le cas des variations semi-martingales. On a également l'analogue du Théorème 2.11 pour l'extrémalité en espérance du critère.

<u>Remarque 2</u> : Il est crucial de noter ici, que, contrairement à ce que nous avons écrit dans la Remarque 2.2, les résultats de cette section ne peuvent en général pas s'étendre aux semi-martingales y_s^t qui s'écriraient uniquement à l'aide d'intégrales de Ito, sans qu'existe une représentation de y_s^t à l'aide d'intégrales de Stratonovitch. En effet, on a dans (3.15) :

$$\int_0^T \langle \tilde{p}^o_{(t,s)}, \pi^* L_t^s\rangle\, dt + \int_0^T \langle p_i(y_t^s), \pi^* H^s_{i_t}\rangle .\, dw^i \tag{3.17}$$

$$= \int_0^T \langle \tilde{p}^o_{(t,s)}, \pi^* L_t^s\rangle\, dt + \frac{1}{2}\int_0^T (\langle H_i^{p_i}, \pi^* H_i^s\rangle$$

$$+ \langle p_i(y_t^s), \pi^* H'^s_{ii_t}\rangle)dt + \int_0^T \langle p_i(y_t^s), \pi^* H^s_{i_t}\rangle_o\, \vec{\delta} w^i$$

où $H_i^{p_i}$ est la composante de H_i relative à p_i. Si tous les $p_i(y_t^s)$ ne sont pas égaux entre eux et à $\tilde{p}_{o(t,s)}$ une recombinaison dans le membre de droite de (3.17) de manière à faire apparaitre les éléments de la représentation de Ito de y_t^s est impossible. Ce fait sera particulièrement irritant lorsque nous considérerons la formulation lagrangienne du problème dans la section 4.

c) Remarques sur l'éclatement du cotangent

Si $w^1, \ldots, w^m$ était des fonctions absolument continues, l'éclatement du cotangent serait tout à fait naturel et n'aurait pas d'intérêt particulier. Il ne serait de plus même pas obtenu canoniquement puisque la décomposition de l'hamiltonien $\mathcal{H}$ sous la forme

$$\mathcal{H}(t,x) = \mathcal{H}_0(t,x) + \mathcal{H}_1(t,x)\frac{dw^1}{dt} + \ldots + \mathcal{H}_m(t,x)\frac{dw^m}{dt} \tag{3.18}$$

n'est en aucun cas unique.

Il est essentiel de noter qu'ici, la décomposition formelle (3.18) de l'hamiltonien formel $\mathcal{H}$ a un caractère canonique, et que l'éclatement du cotangent associé au flot hamiltonien a effectivement un caractère canonique.

4. Formulation lagrangienne

Dans le cas déterministe i.e. si $\mathcal{H}_1 = \mathcal{H}_2 \ldots = \mathcal{H}_m = 0$ on sait par les résultats essentiels de la mécanique classique -voir [3] Chapitres 3 et 9, [2]-3 , [59] que les équations de Hamilton du flot hamiltonien sur N sont associées à la résolution d'un problème variationnel sur M. On peut en effet construire dans certains cas une fonction L_0 sur TM, dite lagrangien du problème, dont $\mathcal{H}_0$ est la transformée de Legendre. Si $t \to q_t$ est une fonction définie sur R^+ à valeurs dans N telle que q_0 et q_T sont fixés, et que

$$dq = \dot{q}\, dt$$

On veut alors rendre extrémal $\int_0^T L_0(q_t, \dot{q}_t)dt$. Le résultat essentiel est que les courbes extrémales sont précisément les projections sur M des solutions sur N de l'équation de Hamilton (sur la variété symplectique N). On va dans cette section chercher à montrer l'analogue de ces propriétés dans le cas stochastique.

Nous allons commencer par faire certaines hypothèses sur les fonctions $\mathcal{H}_o, \ldots, \mathcal{H}_m$, et leurs transformées de Legendre inverses.

Notons tout d'abord que si M est une variété générale, nous avons supposé que les champs $X_o, \ldots, X_m$ sont à support compact dans la variété $N = T^*M$ (qui elle-même n'est jamais compacte). Dans ce cas, $\mathcal{H}_o, \ldots, \mathcal{H}_m$ ne peuvent être des hamiltoniens hyperréguliers au sens de Smale -voir [2]-3, i.e. l'application qui pour q fixé envoie $(q,p) \in T^* M$ dans $(q, \pi^* I\ d\mathcal{H}(q,p)) \in T\ M$ n'est en général par un difféomorphisme de $T^* M$ sur T M. La transformée de Legendre de $\mathcal{H}_i$ ne peut donc être correctement définie au sens de Smale.

Pour que les techniques utilisées dans la section I-4 soient compatibles avec l'hyperrégularité de l'un des $\mathcal{H}_o, \ldots, \mathcal{H}_m$, il suffirait par exemple que

a) les fonctions $\mathcal{H}_o, \ldots, \mathcal{H}_m$ ne dépendent pas explicitement de t, i.e. sont définies sur N à valeurs dans R et sont C^∞ :

b) il existe une fonction C^∞ $\mathcal{H}$ définie sur N à valeurs dans R, commutant avec $\mathcal{H}_o, \ldots, \mathcal{H}_m$, et telle que

- $-\infty < \lambda = \inf \mathcal{H}(x)$ et $\{x \in \Gamma \ ; \mathcal{H}(x) = \lambda\}$ est réduit à un point.
- pour tout $k > \lambda$, $V_k = \{x \in \Gamma \ ; \mathcal{H}(x) = k\}$ est une sous-variété compacte de codimension 1.

Pour k fixé $\geq \lambda$ et pour $x \in V_k$, on peut appliquer le Théorème I-4.1 pour approcher φ_t et construire le flot restreint à V_k, puisque les techniques de la section V.4 montrent que $\mathcal{H}$ est intégrale première des flots φ^n.

Pour éviter ce type de difficutés, on suppose dans cette section que $M = R^d$, et donc que $N = R^{2d}$.

Par ailleurs, toutes les hypothèses utilisées dans cette section y sont explicitement formulées.

a) Transformation de Legendre

Comme nous l'avons noté à la Remarque V-6.1, pour garantir que le flot hamiltonien ait toutes les propriétés souhaitables, on fait l'hypothèse suivante :

H1 : Les fonctions $\mathcal{H}_0, \mathcal{H}_1, \ldots, \mathcal{H}_m$ définies sur $R^+ \times N$ à valeurs dans R sont C^∞ et telles que les champs hamiltoniens associés vérifient les hypothèses de la Remarque I-6.1.

Rappelons alors la définition de l'hyperrégularité d'un hamiltonien et la définition de la transformée de Legendre inverse d'un hamiltonien au sens de Smale [2]-3.

Définition 4.1 : Si $\mathcal{H}$ est une fonction C^∞ définie sur N à valeurs réelles, on dit que $\mathcal{H}$ est hyperrégulière si l'application $F\mathcal{H}$ de $N=T^*M$ dans TM définie par

$$(4.1) \qquad (q,p) \to (q, \pi^* I\, d\mathcal{H}(q,p))$$

est un difféomorphisme de N sur TM.

Si $\mathcal{H}$ est hyperrégulière, on appelle transformée de Legendre inverse de $\mathcal{H}$ la fonction L sur TN définie par

$$(4.2) \qquad L = [\langle p, \pi^* I d\mathcal{H}(q,p)\rangle - \mathcal{H}(q,p)] \circ (F\mathcal{H})^{-1}$$

L est appelé lagrangien associé à $\mathcal{H}$. Par la Proposition 3.6.9 de [2] lagrangiens hyperréguliers et hamiltoniens hyperréguliers se correspondent de manière biunivoque.

On fait alors l'hypothèse suivante :

<u>H2</u> : Pour tout $t \geq 0$, $\mathcal{H}_o(t,.)$ est hyperrégulière et $L_o(t,.)$ désigne sa transformée de Legendre inverse.

<u>Exemple 1</u> : L'hamiltonien quadratique $\mathcal{H}_o(q,p) = \frac{||p||^2}{2}$ vérifie bien les hypothèses H1 et H2.

On fait enfin l'hypothèse suivante sur $\mathcal{H}_1,\dots,\mathcal{H}_m$.

<u>H3</u> : Pour tout $i=1,\dots,m$, $t \geq 0$, on désigne par $O_i(t)$ l'image de N dans TM par l'application $F\mathcal{H}_i(t,.)$. On suppose alors que si $(q,\dot{q}) = (F\mathcal{H}_i)(t, q,p) = (F\mathcal{H}_i)(t,q,p')$

$$(4.3) \qquad \langle p, \pi^* Id\mathcal{H}_i(t,q,p)\rangle - \mathcal{H}_i(t,q,p) = \langle p', \pi^* Id\mathcal{H}_i(t,q,p')\rangle - \mathcal{H}_i(t,q,p')$$

On est donc fondé à poser la Définition suivante :

<u>Définition 4.2</u> : Pour $i=1,\dots,m$ on appelle transformée de Legendre inverse de $\mathcal{H}_i$ la fonction L_i définie sur $\{t,(q,\dot{q}),\ t \geq 0,\ (q,\dot{q}) \in O_i(t)\}$

$$(4.4) \quad (q,\dot{q}) = F\,\mathcal{H}_i(t,q,p) \quad L_i(t,q,\dot{q}) = \langle p,\pi^* Id\ \mathcal{H}_i(t,q,p)\rangle - \mathcal{H}_i(t,q,p)$$

L'hypothèse H3 garantit que L_i est bien définie sans ambiguité.

<u>Exemple 2</u> : Si $\mathcal{H}_1,\dots,\mathcal{H}_m$ sont hyperréguliers, ils vérifient bien H3.

<u>Exemple 3</u> : Si $X_1(q)$ est une famille de champs C^∞ sur $M = R^d$ alors $\mathcal{H}_1(q,p) = \langle p, X_1(q)\rangle$ vérifie H3. En effet, ici $O_1(t)$ ne dépend pas de t et est égal à $\{q, X_i(q)\}$, et L_1 est la fonction nulle sur son domaine de définition. Toutefois $\mathcal{H}_1$ ne vérifie pas en général H1. Ainsi que nous l'avons noté dans l'exemple V-2.2, des techniques de substitution peuvent s'appliquer pour ce type de hamiltoniens.

b) Extrémalité de l'action

L'hypothèse H3 est plus faible qu'une hypothèse d'hyperrégularité de $\mathcal{H}_1, \ldots, \mathcal{H}_m$. $L_1, \ldots, L_m$ ne sont donc en général définis que sur une partie de TM. Comme nous l'avons vu dans l'introduction du chapitre, nous serons donc amenés à définir l'action d'une "trajectoire" diffusion sur M uniquement sur une classe restreinte de trajectoires.

Pour simplifier, nous supposerons ici que les variations envisagées sont construites par projection sur M de trajectoires obtenues à l'aide de diffusions sur N_m construites par les techniques du chapitre I. Il y a naturellement une part d'arbitraire dans ce choix qui permet de conserver les propriétés de reversibilité des résultats.

N_m conserve la signification qu'on lui a donnée dans la section 3. Ici N_m s'identifie à $R^d \times (R^d)^{m+1}$.

On plonge encore N dans N_m par le plongement $(q,p) \to (q,p,\ldots p)$.

On fait alors une dernière hypothèse :

H4 : $Y_0(t,x), \ldots Y_m(t,x)$ sont une famille de champs de vecteurs tangents à N_m i.e. tels que si $x \in N_m$, alors $Y_i(t,x) \in T_x(N_m)$, dépendant de manière C^∞ de $(t,x) \in R^+ \times N_m$ et tels que

a) $Y_0, \ldots, Y_m$ vérifient les hypothèses de la section I-1 ou les hypothèses de la remarque I-6.1.

b) pour tout $(t,x) \in R^+ \times N$, et $i=0,\ldots,m$, on a

$$(4.5) \qquad Y_i(t,x) = X_i(t,x)$$

c) pour tout $i=1,\ldots m$, si ρ_i désigne la projection de N_m sur M qui a $(q,p_0,\ldots,p_m)$ associe (q,p_i), alors

$$(4.6) \qquad \pi^* Y_i(t,x) = \pi^* X_i(t,\rho^i(x))$$

On peut trivialement construire $Y_o, \ldots, Y_m$ vérifiant l'ensemble de ces propriétés. Il suffit en effet de prendre

$$(4.7) \qquad Y_i(t,q,p_o,\ldots,p_m) = \begin{pmatrix} \frac{\partial \mathcal{H}_i}{\partial p}(t,q,p_i) \\ -\frac{\partial \mathcal{H}_i}{\partial q}(t,q,p_o) \\ \vdots \\ -\frac{\partial \mathcal{H}_i}{\partial q}(t,q,p_m) \end{pmatrix}$$

Soit $\varphi_.(\omega,.)$ le flot sur N_m associé à $Y_o,\ldots,Y_m$. On va alors définir l'analogue du critère lagrangien.

<u>Définition 4.3.</u> : Si T est un réel > 0, si $t \to x_t$ est une fonction C^∞ définie sur R^+ à valeurs dans N_m, si c est le chemin $t \in [0,T] \to (t, \Psi_t(\omega,x_t))$, on appelle <u>action</u> de la trajectoire πc et on note $\mathcal{A}(\pi)$ l'expression

$$(4.8) \qquad \int_0^T L_o(t,\pi\,\Psi_t(\omega,x_t),\ \pi^*[Y_o(t,\Psi_t(\omega,x_t)) + \frac{\partial\Psi}{\partial x}\,t(\omega,x_t)\,\frac{\partial x}{\partial t}])\,dt\ +$$

$$+\int_0^T L_i(t,\pi\,\Psi_t(\omega,x_t),\ \pi^*\,Y_i(t,\Psi_t(\omega,x_t))).\,dw^i$$

où

a) la première intégrale est définie sans ambiguité, puisque $\mathcal{H}_o$ étant hyperrégulier, L_o est C^∞ sur $R^+\times TM$.

b) Grâce à (4.6) et à la Définition 4.2, on a

$$(4.9) \qquad L_i(t,\pi\,\Psi_t(\omega,x_t),\ \pi^*(Y_i(t,\Psi_t(\omega,x_t))))=$$

$$< p_i(t,\Psi_t(\omega,x_t)),\ \pi^*\,Y_i(t,\Psi_t(\omega,x_t)) > - \mathcal{H}_i(t,\ \rho_i(\Psi_t(\omega,x_t)))$$

ce qui permet par définition d'exprimer $\int_0^T L_i(t,\pi\,\Psi_t(\omega,x_t),\pi^*\,Y_i(t,\Psi_t(\omega,x_t))).\,dw^i$

comme l'intégrale "non monotone"

$$\int_0^T [\langle p_i(\Psi_t(\omega,x_t)),\ \pi^* Y_i(t,\Psi_t(\omega,x_t))\rangle - H_i(t,p_i(\Psi_t(\omega,x_t)))].\ dw^i$$

au sens de la Définition III-3.1.

On est naturellement fondé à dire comme dans la définition 4.3 que (4.8) est l'action le long de la trajectoire $t \to (t,\pi\ \Psi_t(\omega,x_t))$ puisque les éléments qui interviennent dans (4.8) ne dépendent que de $\pi\ \Psi_t(\omega,x_t)$ et de sa décomposition de Stratonovitch

$$(4.10)\qquad \pi\ \Psi_t(\omega,x_t) - \pi x = \int_0^T \pi^*(Y_0(s,\Psi_s(\omega,x_s)) + \frac{\partial\Psi}{\partial x}\ s(\omega,x_s)\ \frac{\partial x}{\partial s})ds + \int_0^T \pi^*\ Y_i(s,\ \Psi_s(\omega,x_s)).\ dw^i$$

Notons également que bien que $L_1,\dots,L_m$ ne soient pas hyperréguliers, les hypothèses H3 et H4 permettent de donner un sens sans ambiguité à (4.8).

On a alors le résultat fondamental

__Théorème 4.4__ : Il existe un négligeable η, tel que pour tout $\omega \notin \eta$, pour tout $T > 0$, pour toute application $t \to x_t$ C^∞ définie sur R^+ à valeurs dans N_m, si c est le chemin $t \in [0,T] \to (t,\Psi_t(\omega,x_t))$ à valeurs dans $R^+\times N_m$, et si πc est le chemin $t \to (t,\ \pi\Psi_t(\omega\ ,x_t))$ à valeurs dans $R^+\times M$, alors si $\tilde{p}_{0_t}$ est l'élément de $T^*_{\pi\Psi_t(\omega,x_t)} M$ défini par

$$(4.11)\qquad \tilde{p}_{0_t} = \frac{\partial L_0}{\partial \dot{q}}(t,\pi\ \Psi_t(\omega,x_t),\ \pi^*(Y_0(t,\Psi_t(\omega,x_t)) + \frac{\partial\Psi}{\partial x}\ t(\omega,x_t)\ \frac{\partial x}{\partial t}))$$

alors on a

$$(4.12)\qquad \mathcal{A}(\pi c) = I(c,\ \tilde{p}_0)$$

où $I(c,\tilde{p}_0)$ a été défini à la Définition 3.2.

Preuve : De la Proposition 3.6.9 de [2], il résulte immédiatement qu'on a

$$(4.13)\qquad L_0(t,\pi\,\Psi_t(\omega,x_t),\ \pi^*(Y_0(t,\Psi_t(\omega,x_t))+\frac{\partial\Psi}{\partial x}\,t(\omega,x_t)\,\frac{\partial x}{\partial t})) =$$

$$= \langle\, \tilde{p}_{0_t},\ \pi^*(Y_0(t,\Psi_t(\omega,x_t)) + \frac{\partial\Psi}{\partial x}\,t(\omega,x_t)\,\frac{\partial x}{\partial t}\,)\,\rangle - \mathcal{H}_0(t,\pi\Psi_t(\omega,x),\tilde{p}_{0_t})$$

En remplaçant dans (4.8) et en utilisant b) dans la Définition 4.3, on obtient bien l'identité de (4.8) et (3.2). □

Du Théorème 4.4, il résulte immédiatement :

Théorème 4.5 : Il existe un négligeable η tel que, pour tout $\omega \notin \eta$, pour tout $T > 0$, pour tout $x \in N$ et pour tout couple de fonctions j et j' C^∞ sur M à valeurs réelles telles que $x \in L_j$, $\varphi_T(\omega,x) \in L_{-j'}$, alors si $(t,s) \to x_{(t,s)}$ est une fonction C^∞ définie sur $R^+\times R$ à valeurs dans N_m telle que pour tout $t \geq 0$, on ait $x_{(t,o)} = x$, si c^s est la 1-chaine $t \in [0,T] \to (t,\Psi_t(\omega,x_{(t,s)}))$ alors la fonction K

$$(4.14)\qquad s \to \mathcal{a}\,(\pi c^s) + j(\pi\, x_{(o,s)}) + j'(\pi\,\Psi(x_{(T,s)}))$$

est C^∞ sur R et de plus

$$(4.15)\qquad \left(\frac{d}{ds}K\right)_{s=0} = 0\ .$$

Théorème 4.6 : Il existe un négligeable η tel que pour tout $\omega \notin \eta$, pour tout $T > 0$, et pour tout $x \in N$, si $(t,s) \to x_{(t,s)}$ est une fonction C^∞ définie sur $R^+\times R$ à valeurs dans N_m telle que

a) pour tout $t \geq 0$, on a $x_{(t,o)} = x$

b) $\pi\, x_{(o,s)} = x \quad \pi\Psi_T(\omega,x_{(T,s)}) = \pi\,\varphi_T(\omega,x)$

si c^s est la 1-chaîne $t \in [0,T] \to \Psi_t(\omega, x_{(t,s)})$, alors la fonction K'

$$(4.16) \qquad s \to \mathcal{A}(\pi c^s)$$

est C^∞ sur R et de plus

$$(4.17) \qquad \left(\frac{d}{ds}K'\right)_{s=0} = 0.$$

<u>Preuve</u> : On montre seulement le Théorème 4.5, la preuve du Théorème 4.6 étant identique. Par le Théorème 4.4, si

$$(4.18) \qquad \tilde{p}_{o(t,s)} = \frac{\partial L_o}{\partial \dot{q}}(t, \pi\, \Psi_t(\omega, x_{(t,s)}), \pi^*(Y_o(t, \Psi_t(\omega, x_{(t,s)})) + \frac{\partial \Psi}{\partial x}t(\omega, x_{(t,s)})\, \frac{\partial x}{\partial t}))$$

alors, on a :

$$(4.19) \qquad \mathcal{A}(\pi c^s) = I(c^s, \tilde{p}_{o(\cdot,s)})$$

De plus, pour s=0, on a

$$(4.20) \qquad \tilde{p}_{o(t,o)} = \frac{\partial L_o}{\partial \dot{q}}(t, \pi\, \varphi_t(\omega, x), \pi^*\, X_o(t, \varphi_t(\omega, x)))$$

De la Proposition 3.6.9 de [2], il résulte immédiatement que $\tilde{p}_{o(t,o)} = p(\varphi_t(\omega, x))$.

Le Théorème résulte alors immédiatement du Théorème 3.3. □

<u>Remarque 1</u> : Il faut naturellement noter que tous ces résultats sont réversibles au sens de la section I-3.

c) Variations semi-martingales

On va maintenant montrer l'analogue du Théorème 3.6 dans sa formulation lagrangienne.

y_t^s désigne en effet une semi-martingale à valeurs dans N_m, vérifiant toutes les hypothèses de la section IV-4, avec $s \in \mathbb{R}$.

Pour $x \in N$ fixé, on pose

$$(4.21) \qquad z_t^s = y_t^s + \varphi_t(\omega,x)$$

z_t^s s'écrit alors :

$$(4.22) \qquad z_t^s = z_o^s + \int_0^t Z_o^s \, du + \int_0^t Z_i^s \, dw^i$$

avec

$$(4.23) \qquad Z_{i_t}^s = Z_{i_o}^s + \int_0^t Z_o'^s \, du + \int_0^t Z_{ij}'^s \, . \, \vec{\delta w}^j$$

On fait alors l'hypothèse que

$$(4.24) \qquad \pi^* Z_{i_t}^s = \pi^* X_i(t,\rho_i(z_t^s))$$

c^s est le chemin : $t \in [0,T] \to (t,z_t^s)$.

Définition 4.7 : On appelle action de la trajectoire πc^s $t \in [0,T] \to (t,\pi\, z_t^s)$ et on note $A(\pi c^s)$ l'expression :

$$(4.25) \qquad \int_0^T L_o(t,\pi\, z_t^s \, , \, \pi^* Z_o^s)dt + \int_0^T L_i(t,\pi\, z_t^s, \, \pi^* Z_i^s). \, dw^i$$

où

a) la première intégrale est définie sans ambiguité, puisque L_o est C^∞ sur $R^+ \times TM$.

b) Grâce à (4.22) et à la Définition 4.2, on a

(4.26) $\quad L_i(t,\pi z_t^s, \pi^* Z_i^s).dw^i = \langle p_i(z_t^s),\pi^* Z_i^s\rangle - \mathcal{H}_i(t, p_i(z_t^s))$

ce qui permet de calculer $\int_0^T L_i(t,\pi z_t^s, \pi Z_i^s).\, dw^i$ comme une intégrale de Stratonovitch classique.

Par les techniques indiquées après la Définition 3.5, on peut trouver une modification des variables aléatoires $A(\pi c^s)$ de telle sorte que $s \to A(\pi c^s)$ soit p.s. continue sur R à dérivées continues.

On a alors

__Théorème 4.8__ : Si $x \in N$, si pour tout $t \geq 0$, on a $z_t^0 = \varphi_t(\omega,x)$, (i.e. $y_t^0 = 0$) il existe un négligeable $\mathcal{N}$ tel que si $\omega \in \mathcal{N}$, si j et j' sont deux fonctions C^∞ définies sur M à valeurs réelles telles que $x \in L_j$, $\varphi_T(\omega,x) \in L_{-j'}$, alors la fonction

(4.27) $\quad s \to A(\pi c^s) + j(\pi z_0^s) + j'(\pi z_T^s)$

est continue et dérivable, à dérivée continue sur R nulle en s=0.

__Preuve__ : En utilisant le Théorème 3.6, on raisonne comme au Théorème 4.5. □

__Remarque 2__ : On a aussi l'analogue du Théorème 4.6 pour les variations semi-martingales.

d) __Extrémalité en espérance__

En utilisant les Théorèmes 2.11, 2.12 et 2.13, on conclut facilement à une extrémalité en espérance pour les critères envisagés dans les Théorèmes 4.5, 4.6, 4.8.

e) __Le cas des hamiltoniens réguliers__

En plus des hypothèses précédentes on fait ici l'hypothèse supplémentaire suivante :

H5 : Pour tout $i=1,\dots,m$, l'application $F(\mathcal{H}_i(t,.))$ est un difféomorphisme de $N = T^*M$ sur $O_i(t)$.

On pourrait alors montrer l'extrémalité de l'action sur une classe plus vaste de variations que précédemment. Nous ne intéresserons pas ici à ce type de résultat mais nous allons prouver un résultat élémentaire sur le flot hamiltonien.

Il faut en effet noter que pour $i=1,\dots,m$, $t \geq 0$, pour $(q,\dot{q}) \in O_i(t)$ alors

$$(4.28) \qquad L_i(t,q,\dot{q}) = (\langle p, \pi^* I \; d\,\mathcal{H}_i(t,q,p)\rangle - \mathcal{H}_i(t,q,p))(F\,\mathcal{H}_i(t,.))^{-1}(q,\dot{q})$$

ce qui implique que $L_1(t,.)\dots L_m(t,.)$ sont des fonctions C^∞ sur $O_1(t),\dots,O_m(t)$.

On a alors

Théorème 4.9 : Pour tout $t \geqslant 0$ et $(q,p) \in N$, on a

$$(4.29) \qquad \frac{\partial L_o}{\partial \dot{q}}(t,q,\pi^* X_o(t,q,p)) = \frac{\partial L_1}{\partial \dot{q}}(t,q,\pi^* X_1(t,q,p))$$

$$= \dots \quad = \frac{\partial L_m}{\partial \dot{q}}(t,q,\pi^* X_m(t,q,p))$$

$$= p.$$

Preuve : La preuve résulte encore de la Proposition 3.6.9 de [2]. □

Cette propriété classique dans le cas déterministe -voir le paragraphe f) est remarquable ici. En effet, on a

$$(4.30) \qquad \pi\,\varphi_t(\omega,x) = \pi x + \int_0^t \pi^* X_o(u,\varphi_u(\omega,x))du$$

$$+ \int_0^t \pi^* X_i(u,\varphi_u(\omega,x)).\, dw^i$$

où la décomposition (4.30) est canonique. La relation (4.29) est une propriété de <u>coordination</u>.

Elle montre que dans une vaste classe de processus à valeurs dans M qui s'écrivent sous la forme

$$(4.31) \qquad q_t = q_o + \int_0^t Q_o \, ds + \int_0^t Q_i \, . \, dw^i$$

où toutes les intégrales sont des intégrales de Stratonivitch dans le sens classique ou au sens du chapitre III, l'action

$$(4.32) \qquad \int_0^T L_o(t,q,Q_o)dt + \int_0^T L_i(t,q,Q_i) \, . \, dw^i$$

est extrémale sur les processus $q_t = \pi \, \varphi_t(\omega,x)$ qui sont tels que

$$(4.33) \qquad \frac{\partial L_o}{\partial \dot q}(t,q,Q_o) = \frac{\partial L_1}{\partial \dot q}(t,q,Q_1) = \frac{\partial L_m}{\partial \dot q}(t,q,Q_m) = p$$

Cette propriété, qui est essentiellement triviale dans les problèmes déterministes algébriquement semblables, a un caractère très différent ici du fait que les décompositions (4.31) et (4.32) sont canoniques.

f) <u>Le cas hyperrégulier</u>

Au lieu de H3, on fait ici l'hypothèse plus forte.

<u>H'3</u> : Les hamiltoniens $\mathcal{H}_1,\ldots,\mathcal{H}_m$ sont hyperréguliers.

On note $L_1,\ldots,L_m$ leurs transformées de Legendre inverses.

<u>Exemple 4</u> :

Si pour $i=0,\ldots,m$, on a

$$(4.34) \qquad \mathcal{H}_i(q,p) = \frac{\lambda_i}{2}|q|^2 + \frac{\mu_i}{2}|p|^2 \qquad \lambda_i, \mu_i \in R \qquad \mu_i \neq 0 \, .$$

alors

$$(4.35)\qquad X_i = \begin{pmatrix} \mu_i p \\ -\lambda_i q \end{pmatrix} \quad \frac{\partial X_i}{\partial x} X_i = \begin{pmatrix} -\lambda_i \ \mu_i q \\ -\lambda_i \ \mu_i p \end{pmatrix}$$

Les hypothèses H1, H2, H3 sont donc trivialement vérifiées.

On a alors le Théorème suivant :

<u>Théorème 4.10</u> : Si $\tilde{y}_t^s$ est une semi-martingale à valeurs dans $M = R^d$ vérifiant les hypothèses de la section IV-4 avec $s \in R$, si $x \in N$, si q_t^s est défini par

$$(4.36)\qquad q_t^s = \tilde{y}_t^s + \pi\, \varphi_t(\omega, x)$$

si q_t^s s'écrit

$$(4.37)\qquad q_t^s = q_o^s + \int_0^t Q_o^s\, du + \int_0^t Q_i^s\, dw^i$$

si enfin

a) $\tilde{y}_t^o = 0$

b) $p_t^s = \left(p_{1_t}^s = \frac{\partial L_1}{\partial \dot{q}}(t, q_t^s, Q_1^s), \dots\ p_{m_t}^s = \frac{\partial L_m}{\partial \dot{q}}(t, q_t^s, Q_m^s)\right)$

est une semi-martingale à valeurs dans $(R^d)^m$ telle que si $\tilde{p}_t^s = p_t^s - (p(\varphi_t(\omega,x)), \dots, p(\varphi_t(\omega,x)))$, alors $\tilde{p}_t^s$ vérifie les hypothèses de la section IV-4. Soit c^s la chaîne à valeurs dans M $t \in [0,T] \to q_t^s$.

Alors il existe une modification des variables aléatoires $\mathcal{A}(c^s)$

$$(4.38)\qquad \mathcal{A}(c^s) = \int_0^T L_o(u, q_u^s, Q_o^s)du + \int_0^T L_i(u, q_u^s, Q_i^s).\, dw^i$$

telle que p.s. $\mathcal{A}(c^s)$ est C^∞ en s. De plus, il existe un négligeable $\mathcal{N}$ tel que si $\omega \notin \mathcal{N}$, si j et j' sont deux fonctions C^∞ sur M à valeurs réelles telles que

$x \in L_j$, $\varphi_T(\omega,x) \in L_{-j'}$, alors la dérivée en s=0 de

(4.39) $$s \to \mathcal{A}(c^s) + j(q_o^s) + j'(q_T^s)$$

est nulle.

<u>Théorème 4.11</u>. Si $\tilde{y}_t^s$ est une semi-martingale à valeurs dans $M = R^d$ vérifiant les hypothèses de la section IV-4 avec $s \in R$, si $x \in N$, si q_t^s est défini par

(4.40) $$q_t^s = \tilde{y}_t^s + \pi\, \varphi_t(\omega,x)$$

si q_t^s s'écrit

(4 41) $$q_t^s = q_o + \int_0^t Q_o^s\, du + \int_0^t Q_i^s .\, dw^i$$

si enfin

a) $\tilde{y}_t^o = 0$

b) $p_t^s = (p_{1_t}^s = \frac{\partial L_1}{\partial \dot{q}}(t, q_t^s, Q_1^s) \ldots p_{m_t}^s = \frac{\partial L_m}{\partial \dot{q}}(t, q_t^s, Q_m^s))$

est une semi-martingale à valeurs dans $(R^d)^m$ telle que si $\tilde{p}_t^s = p_t^s - (p(\varphi_t(\omega,x)), \ldots, p(\varphi_t(\omega,x)))$, alors $\tilde{p}_t^s$ vérifie les hypothèses de la section IV-4.

c) Pour tout s, on a

$$\tilde{y}_o^s = \tilde{y}_T^s = 0$$

Alors si c^s est la 1-chaîne $t \in [0,T] \to q_t^s$, il existe une modification des variables aléatoires

(4.42) $$\mathcal{A}(c^s) = \int_0^T L_o(t, q_t^s, Q_{o_t}^s)dt + \int_0^T L_i(t, q_t^s, Q_{i_t}^s).\, dw^i$$

telle que p.s. $s \to \mathcal{A}(c^s)$ est C^∞ sur R, et que de plus, sa dérivée en 0 soit nulle.

Preuve : Nous ne montrons que le Théorème 4.10.

Comme $L_0, L_1, \dots, L_m$ sont hyperrégulières, en posant

$$(4.43) \quad \tilde{p}_{0(t,s)} = \frac{\partial L_0}{\partial \dot{q}}(t, q_t^s, Q_t^{0s})$$

on a

$$(4.44) \quad \mathcal{a}(c^s) = \int_0^T (\langle \tilde{p}_{0(t,s)}, Q_{0t}^s \rangle - \mathcal{H}_0(t, q_t^s, \tilde{p}_{0(t,s)}))\,dt$$
$$+ \int_0^T (\langle \tilde{p}_{i_t}^s, Q_{it}^s \rangle - \mathcal{H}_i(t, q_t^s, p_{i_t}^s)) . dw^i$$

Les hypothèses faites sur p_t^s permettent d'appliquer le Théorème 3.6 et d'en déduire le Théorème 4.11. Notons toutefois qu'ici $y_t^s = (q_t^s, p_t^s)$ lui-même ne vérifie pas les hypothèses de la section IV-4 puisqu'en général $X_0, \dots X_m$ ne sont jamais bornés. On vérifie cependant que les hypothèses faites sur p_t^s permettent d'appliquer le Théorème 3.6 (en en modifiant légèrement la démonstration). □

Remarque 3 : L'hypothèse d'hyperrégularité de $L_1, \dots, L_m$ permet de montrer l'extrémalité de l'action relativement à une classe beaucoup plus vaste de variations semi-martingales.

g) Un calcul d'extrémalité en espérance dans le cas hyperrégulier

Sous les hypothèses du paragraphe f) il n'est pas difficile d'en déduire un résultat d'extrémalité en espérance. En effet, si on écrit $\mathcal{a}(c^s)$ sous la forme (4.44), on constate que grâce aux hypothèses faites

a) pour $i=1, \dots, m$, $\sup_{0 \le t \le T} |\tilde{p}_{it}^s|$, est dans tous les L_p $(1 \le p < +\infty)$.

b) comme $X_0, \dots, X_m$ sont à dérivées bornées, $\mathcal{H}_0, \dots, \mathcal{H}_m$ sont à croissance au plus quadratique. Ainsi

$\int_0^T L_i(t,q_t^s,Q_{it}^s).dw^i$ est dans L_1, et de plus, on peut annuler l'espérance des intégrales stochastiques de Ito qui apparaissent dans la décomposition de Meyer. On obtient :

Proposition 4.12 : Sous les hypothèses des Théorèmes 4.10 ou 4.11, où q_t^s s'écrit

$$q_t^s = q_o^s + \int_0^t Q_{ou}^s\, du + \int_0^t Q_{iu}^s .\, dw^i \tag{4.45}$$

si Q_{it}^s s'écrit

$$Q_{it}^s = Q_{io}^s + \int_0^t R_{iu}^s\, du + \int_0^t Q'^s_{ij} .\, dw^j \tag{4.46}$$

alors

$$E\int_0^T L_i(t,q_t^s,Q_{it}^s).dw^i = \frac{1}{2} E\int_0^T \Big[\frac{\partial L_i}{\partial q}(t,q_t^s,Q_{it}^s)Q_{it}^s + \frac{\partial L_i}{\partial \dot{q}}(t,q_t^s,Q_{it}^s)Q'^s_{ii}\Big]\, dt \tag{4.47}$$

On a donc

Théorème 4.13 : Si les hypothèses des Théorèmes 4.10 ou 4.11 sont vérifiées, si de plus $\tilde{p}_{o(t,s)} = \frac{\partial L_o}{\partial q}(t,q_t^s,Q_t^{os}) - p(\varphi_t(\omega,x))$ vérifie les hypothèses de la section IV-4, alors, pour tout $s \in R$, $\mathcal{A}(c^s)$ est intégrable et de plus,

$$E(\mathcal{A}(c^s)) = E\int_0^T \Big[L_o(t,q_t^s,Q_t^{os}) + \frac{1}{2}\frac{\partial L_i}{\partial q}(t,q_t^s,Q_t^{is})\, Q_t^{is} + \frac{1}{2}\frac{\partial L_i}{\partial \dot{q}}(t,q_t^s,Q_t^{is})\, Q'^s_{ii}\Big]\, dt \tag{4.48}$$

Preuve : L'hypothèse sur $\tilde{p}_{o(t,s)}$ garantit que le terme en dt dans (4.44) est aussi intégrable. Le Théorème résulte alors de la Proposition 4.12. □

Remarque 4 : Notons que les termes $\frac{\partial L_i}{\partial q} Q_i^s$, $\frac{\partial L_i}{\partial \dot q} Q_{ii}^{'s}$ ne sont pas intrinsèques. Seule leur somme l'est.

Nous allons maintenant effectuer un calcul de variations formel, pour montrer que sous les hypothèses des Théorèmes 4.11 et 4.13, le critère (4.48) est bien extrémal quand q_t est projection sur M de la trajectoire du flot hamiltonien dans N. Nous ne donnons aucune justification aux calculs, par ailleurs aisément justifiables, compte tenu des résultats précédents. Ce calcul nous paraît particulièrement instructif lorsqu'il est confronté aux calculs correspondants effectués dans nos précédents travaux [8] - [9] - [14] - [17] ou dans le chapitre XII de ce travail. Il s'apparente aux techniques traditionnelles en mécanique classique pour l'obtention des équations d'Euler-Lagrange [3]-3.

On a en effet

$$(4.49) \qquad \frac{d}{ds}\int_0^T [L_0(t,q_t^s,Q_{0_t}^s)+\frac{1}{2}\frac{\partial L_i}{\partial q}(t,q_t^s,Q_{i_t}^s)Q_{i_t}^s+\frac{1}{2}\frac{\partial L_i}{\partial \dot q}(t,q_t^s,Q_{i_t}^s)Q_{ii}^{'s}]dt =$$

$$= \int_0^T [< [\frac{\partial L_0}{\partial q}+\frac{1}{2}\frac{\partial^2 L_i}{\partial q^2}(Q_{i_t}^s,.)+\frac{1}{2}\frac{\partial^2 L_i}{\partial q \partial \dot q}(Q_{ii}^{'s})], \frac{\partial q^s}{\partial s}>$$

$$+ < \frac{\partial L_0}{\partial \dot q}, \frac{\partial Q_0^s}{\partial s} > + \frac{1}{2} <(\frac{\partial^2 L_i}{\partial q \partial \dot q} Q_i^s + \frac{\partial L_i}{\partial q} + \frac{\partial^2 L_i}{\partial \dot q^2} Q_{ii}^{'s}), \frac{\partial Q^i}{\partial s}>$$

$$+\frac{1}{2} < \frac{\partial L_i}{\partial \dot q}, \frac{\partial Q_{ii}^{'s}}{\partial s}>] \, dt \quad .$$

Soit p_t la semi-martingale à valeurs dans R^d qui s'écrit

$$(4.50) \qquad p_t = p_0+\int_0^t \frac{\partial L_0}{\partial q}(u,q_u^s,Q_{0u}^s)du + \int_0^t \frac{\partial L_i}{\partial q}(u,q_u^s,Q_{iu}^s).\, dw^i$$

Comme $\frac{\partial q_0^s}{\partial s} = \frac{\partial q_T^s}{\partial s} = 0$, on a

$$(4.51) \qquad 0 = E \langle p_T, \frac{\partial q_T}{\partial s} \rangle - E \langle p_o, \frac{\partial q_o}{\partial s} \rangle$$

$$= E \int_0^T [\langle \frac{\partial L_o}{\partial q}, \frac{\partial q}{\partial s} \rangle + \langle p, \frac{\partial Q_o}{\partial s} \rangle + \frac{1}{2} \frac{\partial L_i}{\partial q}$$

$$\frac{\partial Q^i}{\partial s} + \frac{1}{2} p \frac{\partial Q'_{ii}}{\partial s} + \frac{1}{2} \frac{\partial^2 L_i}{\partial q^2}(Q_i, \frac{\partial q}{\partial s}) + \frac{1}{2} \frac{\partial^2 L_i}{\partial q \partial \dot q}(Q'_{ii}, \frac{\partial q}{\partial s})$$

$$+ \frac{1}{2} \frac{\partial L_i}{\partial q} \frac{\partial Q_i}{\partial s}] \, dt .$$

(4.49) est donc égal à

$$(4.52) \qquad E \int_0^T [\langle \frac{\partial L_o}{\partial \dot q} - p, \frac{\partial Q_o}{\partial s} \rangle + \frac{1}{2} \langle \frac{\partial L_i}{\partial \dot q} - p, \frac{\partial Q'_{ii}}{\partial s} \rangle$$

$$+ \frac{1}{2} \langle \frac{\partial^2 L_i}{\partial q \partial \dot q} Q_i + \frac{\partial^2 L_i}{\partial \dot q^2} Q'_{ii} - \frac{\partial L_i}{\partial q}, \frac{\partial Q_i}{\partial s} \rangle] \, dt$$

Si pour s=0, les conditions $p = \frac{\partial L_o}{\partial \dot q} = \frac{\partial L_i}{\partial \dot q}$ sont vérifiées, alors (4.52) est nul. En effet, en écrivant la décomposition de Stratonovitch de $\frac{\partial L_i}{\partial \dot q}(t, q_t^o, Q_{i_t}^o)$ on a

$$(4.53) \qquad \frac{\partial L_i}{\partial \dot q}(t, q_t^o, Q_{i_t}^o) - \frac{\partial L_i}{\partial q}(o, q_o^o, Q_{io}^o) = \int_0^t (\frac{\partial^2 L_i}{\partial q \partial \dot q} Q_o^o + \frac{\partial^2 L_i}{\partial \dot q^2} R_i^o + \frac{\partial^2 L_i}{\partial u \partial \dot q}) du$$

$$+ \int_0^t (\frac{\partial^2 L_i}{\partial q \partial \dot q} Q_j^o + \frac{\partial^2 L_i}{\partial \dot q^2} Q'^o_{ij}) . dw^j$$

ce qui implique, en identifiant (4.53) et (4.50) que

$$(4.54) \qquad \frac{\partial L_i}{\partial q} = \frac{\partial^2 L_i}{\partial q \partial \dot q} Q_i^o + \frac{\partial^2 L_i}{\partial \dot q^2} Q'^o_{ii} .$$

On en déduit que s'il existe p s'écrivant sous la forme (4.50) tel que de plus

$p = \frac{\partial L_0}{\partial \dot q} = \frac{\partial L_i}{\partial \dot q}$, (4.49) est bien nul en $s = 0$.

h) Formulation lagrangienne sur les approximations dans le cas hyperrégulier

Nous reprenons les hypothèses du paragraphe f).

Considérons les équations différentielles ordinaires

$$(4.55) \qquad dq^n = (Q_0^n + Q_1^n \dot w^{1,n} + \dots + Q_m^n \dot w^{m,n})dt$$

$$q^n(o) = q_0$$

et le critère

$$(4.56) \qquad \int_0^T (L_0(t,q^n,Q_0^n) + L_1(t,q^n,Q_1^n)\dot w^{1,n} + \dots + L_m(t,q^n,Q_m^n)\dot w^{m,n})dt$$

Il est clair que le système (4.55) - (4.56) est la formulation lagrangienne associée au hamiltonien $\mathcal{H}^n$ écrit en V-(2.1)

$$(4.57) \qquad \mathcal{H}^n(t,q,p) = \mathcal{H}_0(t,q,p) + \mathcal{H}_1(t,q,p)\, \dot w^{1,n} + \dots + \mathcal{H}_m(t,q,p)\, \dot w^{m,n}$$

Notons cependant qu'ici l'écriture (4.55) n'est pas canonique, i.e. la décomposition de $\dot q^n$ sous la forme

$$(4.58) \qquad \dot q^n = Q_0^n + Q_1^n \dot w^{1,n} + \dots + Q_m^n \dot w^{m,n}$$

n'est pas unique. En fait si $L_0(t,.,.),\dots,L_m(t,.,.)$ sont des fonctions convexes sur $R^d \times R^d$, et si $\dot w^{1,n},\dots,\dot w^{m,n}$ sont positifs, on peut réécrire (4.55) sous la forme

$$(4.59) \qquad dq^n = \dot q^n dt$$

et construire un "vrai" lagrangien

$$(4.60) \qquad L^n(t,q,\dot q) = \inf_{\dot q = Q_0 + Q_1 \dot w^{1,n} + \dots + Q_m \dot w^{m,n}} \{L_0(t,q,Q_0) + L_1(t,q,Q_1)\, \dot w^{1,n} + \dots + L_m(t,q,Q_m)\, \dot w^{m,n}\}$$

La dérivation des équations d'Euler-Lagrange [3]-3, correspondant à (4.59) - (4.60) est alors classique, et ces équations correspondent précisément aux équations de Hamilton-Jacobi de hamiltonien $\mathcal{H}^n$.

Notons toutefois que comme le signe de $\dot{w}^{1,n},\ldots,\dot{w}^{m,n}$ varie avec ω, à moins que $L_1,L_2,\ldots,L_m$ soient linéaires, on ne peut pas toujours ramener pour tout ω (4.55) -(4.56) à un système lagrangien classique.

Remarquons aussi qu'il est indispensable que les problèmes approchés aient précisément une structure de la forme (4.55) -(4.56). En effet sinon, le hamiltonien approché $\mathcal{H}^n$ serait une fonction non linéaire des $\dot{w}^{1,n},\ldots,\dot{w}^{m,n}$, et cela détruirait en général toute possibilité de convergence des solutions des équations de Hamilton associées.

Notons enfin que les écritures (4.41) ou (4.42) sont elles-mêmes canoniques, et qu'il n'existe aucun "vrai" lagrangien associé à ce système.

i) Remarques sur la formulation lagrangienne

Il faut remarquer que les critères (4.38) ou (4.42) ne peuvent en général être prolongés aux semi-martingales de Ito générales, i.e. celles qui n'ont pas de décomposition de Stratonovitch. Ce fait est à la fois irritant (pour nous !) et éclairant. En effet, dans nos précédents travaux [8], [9], [14], [17] nous avons examiné le problème d'extrémalisation sur des semi-martingales de Ito s'écrivant sous la forme

$$(4.61)\qquad q_t = q_0 + \int_0^t \dot{q}\, ds + \int_0^t H_i \cdot \vec{\delta}\, w^i$$

d'un critère qui s'écrit

$$(4.62)\qquad E\int_0^T L(\omega,t,q,\dot{q},H)\,dt$$

Il est clair qu'un tel problème est structurellement profondément différent des problèmes précédents, et qu'il n'est pas étonnant que, dans ces conditions, nous nous soyons heurtés à des difficultés insurmontables de "symplectisation" du principe du maximum que nous avions obtenu dans [8], [9], [14], [17].

De plus, comme nous avions montré dans [9], [14] qu'une grande classe de problèmes de contrôle stochastique d'équations de Ito étaient de la forme (4.61), (4.62), il est clair que nous retrouverons cette difficulté dans l'étude de ces problèmes d'optimisation. Nous montrerons toutefois au chapitre VII qu'on peut <u>reconstruire</u> une famille de hamiltoniens $\mathcal{H}_o,\ldots,\mathcal{H}_m$ correspondant aux problèmes d'optimisation classiques et qui sont sous-jacents à ces problèmes.

Nous traiterons complètement les problèmes d'optimisation de (4.61), (4.62) d'un point de vue géométrique au chapitre XII.

5. Fonctions génératrices du flot symplectique

Nous revenons ici aux hypothèses de la section 2.

Soit en général Ψ un difféomorphisme symplectique de N dans N. Alors par hypothèse, on a

$$(5.1) \qquad \Psi^{*}S = S$$

ce qui implique que

$$(5.2) \qquad d[\Psi^{*}(p\,dq) - p\,dq] = 0$$

La forme $\Psi^{*}(p\,dq) - p\,dq$ est donc fermée. En fait, en mécanique classique, on montre que cette forme est précisément la différentielle extérieure de l'action [3]-9, qui est alors appelée fonction génératrice de la transformation symplectique associée.

Nous allons montrer que ce résultat se transpose ici sans difficulté. On pose en effet la définition suivante :

Définition 5.1 : On définit la fonction $R_t(\omega,(q,p))$ sur $\Omega \times R^+ \times N$ à valeurs dans R par

$$(5.3) \qquad R_t(\omega,(q,p)) = \int_{c^t(q,p)} \gamma$$

où $c^t(q,p)$ est la 1-chaîne $u \in [0,t] \to (u,\varphi_u(\omega,(q,p)))$

Comme nous l'avons vu au chapitre III, hors d'un négligeable fixe, S est une fonction continue en t, C^∞ en (q,p) à dérivées continues sur $R^+ \times N$.

On a alors le résultat suivant :

Théorème 5.2 : Il existe un négligeable $\mathcal{N}$, tel que si $\omega \notin \mathcal{N}$, pour tout $t \geq 0$, on a

$$(5.4) \qquad \varphi_t^{*-1}(p\,dq) - p\,dq = d_N R_t(\omega,.)$$

où $d_N R_t(\omega,.)$ est la différentielle extérieure de $R_t(\omega,.)$, à t fixé.

Preuve : Soit $d : s \in [0,1] \to (q,p)_s$ une 1-chaîne à valeurs dans N de classe C^∞. Par les techniques du Théorème 1.3, en utilisant en particulier le fait que sur la 2-chaîne

$$(5.5) \qquad (u,s) \in [0,t] \times [0,1] \to (u,\varphi_u(\omega,(q,p)_s))$$

l'intégrale de $d\gamma$ est nulle hors d'un négligeable ne dépendant ni de t ni de la 1-chaîne d, on a

$$(5.6) \qquad \int_d \varphi_t^{*-1}(p\,dq) - \int_d p\,dq = R_t(\omega,(q,p)_1) - (R_t(\omega,(q,p)_0)$$

Le Théorème en résulte. □

Remarque 1 : La fonction $\dot{R}(\omega,.)$ est naturellement la limite P.J.C. des fonctions correspondantes $R^n_{\cdot}(\omega,.)$, ainsi que les dérivées $\frac{\partial^k R_{\cdot}(\omega,.)}{\partial x^k}$ les limites P.U.C. de $\frac{\partial^k R^n_{\cdot}(\omega,.)}{\partial x^k}$.

6. Equation de Hamilton-Jacobi généralisée.

Dans le cas déterministe, i.e. si $\mathcal{H}_1 = \mathcal{H}_m = 0$, on sait que si dans la section 5, on restreint (q,p) à varier dans une variété lagrangienne du type L_j, alors localement pour t assez petit, la fonction $R_t(q,p)$ peut s'écrire sous la forme

$$(6.1) \qquad R_t(q,p) = S(t,\pi\, \varphi_t(q,p))$$

où S est solution d'une équation aux dérivées partielles du premier ordre, dite équation de Hamilton-Jacobi

$$(6.2) \qquad \frac{\partial S}{\partial t} + \mathcal{H}_o(t, \frac{\partial S}{\partial q}, q) = 0$$

De même si (q,p) est contraint à várier dans une variété lagrangienne du type R_x, on a le même type de résultat si pour t assez petit l'application $(q,p) \in R_x \to \pi\varphi_t(q,p)$ est nonsingulière en un point donné, i.e. si $\varphi_t(q,p)$ n'est pas focal à la variété lagrangienne R_x au sens de la définition 2.10 Pour ce type de résultats, nous renvoyons à Arnold [3]-9.

L'une des difficultés essentielles de la résolution de l'équation de Hamilton-Jacobi (toujours dans le cas déterministe)est liée à l'apparition de points focaux à une variété lagrangienne donnée, ou encore à l'apparition de singularités lagrangiennes dans la variété lagrangienne L^t image par φ_t d'une variété lagrangienne L^o -qui elle même peut ne pas avoir de singularités- i.e. de points où l'application $(q,p) \in L^t \to q$ est singulière.

Pour l'étude des singularités lagrangiennes dans le cadre de la mécanique classique, nous renvoyons à Arnold [3]-9, Appendices 4,11 et 12, aux références qui y sont indiquées.

L'objet de cette section est de trouver quel est l'analogue des équations de Hamilton-Jacobi dans le cas stochastique. Il va de soi que nous retrouverons le problème de l'existence de singularités lagrangiennes, compliqué par le fait que les $dw^1, dw^2, \ldots, dw^m$ accélèrent les phénomènes et les rendent donc plus difficiles à décrire.

Dans le paragraphe a), on détermine certaines propriétés de la fonction R. Dans le paragraphe b) on construit la fonction R' à partir de la fonction R en prenant comme "paramètre" le point d'arrivée du flot hamiltonien, au lieu de prendre comme paramètre le point de départ. Dans le paragraphe c), on étudie les singularités des variétés lagrangiennes $\varphi_t(\omega, L^o)$ quand L^o est elle-même une variété lagrangienne. Dans le paragraphe d) on définit l'action généralisée sur M. Dans le paragraphe e), on montre que l'action généralisée est solution d'une equation stochastique aux dérivées partielles, dite équation de Hamilton-Jacobi généralisée. Comme dans le cas déterministe, on doit trouver des conditions sous lesquelles localement, certaines variétés lagrangiennes ne sont pas singulières. Dans le paragraphe f), on approfondit le lien entre équations de Hamilton-Jacobi classiques et équations de Hamilton-Jacobi généralisées. Enfin dans le paragraphe g), on examine l'éxplosion de certaines structures différentielles "traditionnelles" en mécanique sous l'effet du mouvement brownien.

a) <u>Propriétés de la fonction R</u>

On a tout d'abord :

<u>Théorème 6.1</u> : Il existe un négligeable $\mathcal{N}$ tel que si $\omega \notin \mathcal{N}$ si $\sigma : s \to (t_s, x_s)$ est un

simplexe C^{∞} défini sur S_1 à valeurs dans $R^+ \times N$, si d_0 est la 1-chaîne image de σ par l'application $(t,x) \to x$, et c la 1-chaîne à valeurs dans $R^+ \times N$ image de σ par l'application $(t,x) \to (t,\varphi_t(\omega,x))$, alors on a

$$(6.3) \qquad \int_c \gamma - \int_{d_0} p\, dq = R_{t_1}(\omega,x_1) - R_{t_0}(\omega,x_0)$$

<u>Preuve</u> : On peut par exemple raisonner par approximation en utilisant la même technique que pour le Théorème V-6.4. □

<u>Remarque 1</u> : On peut naturellement appliquer directement la formule de Stokes du Théorème IV-3.4. Notons que l'énoncé du Théorème 6.1 est invariant par retournement du temps au sens du Théorème I-3.1.

On a aussi

<u>Théorème 6.2</u> : Si $M = R^d$, si y_t est une semi-martingale à valeurs dans N vérifiant les hypothèses données à la Proposition I-5.3, si $\tilde{d}_t$ est la 1-chaîne à valeur dans N $u \in [0,t] \to y_u$, et $\tilde{c}_t$ la 1-chaîne à valeurs dans $R^+ \times N$ $u \in [0,t] \to (u,\varphi_u(\omega,y_u))$, alors il existe un négligeable tel que si $\omega \notin \mathcal{N}$, on a

$$(6.4) \qquad \int_{\tilde{c}_t} \gamma - \int_{\tilde{d}_t} p\, dq = R_t(\omega,y_t)$$

<u>Preuve</u> : On peut soit utiliser la formule de Stokes du Théorème IV-4.3 et de son corollaire, soit les approximations de la section I-5. □

<u>Remarque 2</u> : On peut trivialement régulariser le membre de gauche de (6.4) de telle sorte qu'il soit p.s. continu en t. L'égalité (6.4) a alors lieu p.s. pour tout t.

Comme nous l'avons vu à la fin de la section IV-4, on peut étendre (6.4) à des semi-martingales de Ito.

Grâce à la Définition 5.1, on a

$$(6.5)\qquad R_t(\omega,(q,p)) = \int_0^t (\langle p(\varphi_u(\omega,(q,p))),\pi^* X_o(u,\varphi_u(\omega,(q,p)))\rangle - \mathcal{H}_o(u,\varphi_u(\omega,(q,p))))\, du + \int_0^t (\langle p(\varphi_u(\omega,(q,p))),\pi^* X_i (u,\varphi_u(\omega,(q,p)))\rangle - \mathcal{H}_i(u,\varphi_u(\omega,(q,p)))) .\, dw^i$$

Or, du Théorème 5.2, il résulte qu'on a

$$(6.6)\qquad \frac{\partial R}{\partial x} t .\, dx = \varphi_t^{*-1}(pdq) - pdq$$

De plus, de la Définition III-3.1, il résulte qu'il existe un négligeable η tel que, pour tout $\omega \notin \eta$ et pour toute fonction C^∞ $s \to (t_s, x_s)$ définie sur R à valeurs dans $R^+ \times N$, on a

$$(6.7)\qquad R_{t_1}(\omega,x_1) - R_{t_0}(\omega,x_0) = \int_0^1 \langle \frac{\partial R_{t_u}}{\partial x}(\omega,x_s), \frac{\partial x}{\partial s}\rangle\, ds + \int_0^1 [\langle p(\varphi_{t_s}(\omega,x_s)), \pi^* X_o(t_s,\varphi_{t_s}(\omega,x_s))\rangle - \mathcal{H}_o(t_s,\varphi_{t_s}(\omega,x_s))] \frac{\partial t}{\partial s}\, ds + \int_0^1 [\langle p(\varphi_{t_s}(\omega,x_s)), \pi^* X_i(t_s,\varphi_{t_s}(\omega,x_s))\rangle - \mathcal{H}_i(t_s,\varphi_{t_s}(\omega,x_s))] .\, dw^i_{t_s}$$

Grâce à (6.6), on a

$$(6.8)\qquad R_{t_1}(\omega,(q,p)_1) - R_{t_0}(\omega,(q,p)_0) = \int_0^1 [\langle p\,(\varphi_{t_s}(\omega,x_s)),\pi^* \frac{\partial \varphi}{\partial x} t_s(\omega,x_s)\, \frac{\partial x}{\partial s}$$

$$+ \pi^* X_o(t_s,\varphi_{t_s}(\omega,x_s)) \frac{\partial t}{\partial s}> - \mathcal{H}_o(t_s,\varphi_{t_s}(\omega,x_s)) \frac{\partial t}{\partial s}] \, ds$$

$$+ \int_0^1 [<p(\varphi_{t_s}(\omega,x_s)), \pi^* X_i(t_s,\varphi_{t_s}(\omega,x_s))> - \mathcal{H}_i(t_s,\varphi_{t_s}(\omega,x_s))] . dw^i_{t_s}$$

$$- \int_0^1 <p(x_s), \pi^* \frac{\partial x}{\partial s} > ds \quad .$$

On en déduit immédiatement que (6.8) est équivalent à (6.3).

On montrerait de même que le Théorème 6.2 est une conséquence immédiate du Théorème I-5.2 et de (6.6).

Les Théorèmes 6.1 et 6.2 nous permettent alors d'écrire formellement la relation

$$(6.9) \qquad dR(\omega,t,x) = \varphi_t^{*-1} pdq - pdq + [<p(\varphi_t(\omega,x)),\pi^* X_o(t,\varphi_t(\omega,x))>$$

$$- \mathcal{H}_o(t,\varphi_t(\omega,x))]dt + [<p(\varphi_t(\omega,x)),\pi^* X_i(t,\varphi_t(\omega,x))>$$

$$- \mathcal{H}_i(t,\varphi_t(\omega,x))] . dw^i$$

En fait l'identité cesse d'être formelle dès lors qu'on remarque par les techniques du chapitre III, en dehors d'un négligeable fixé $\mathcal{N}$, l'intégrale du membre de droite de (6.9) sur un 1-simplexe σ de classe C^∞ $s \to (t_s,x_s)$ peut être définie sans ambiguité par l'expression du membre de droite de (6.8). De même, on peut définir l'intégrale de la forme formelle dR sur σ comme l'intégrale de R sur $\partial\sigma$, qu'il est trivialement possible de calculer à partir des valeurs de R, i.e. $R_{t_1}(\omega,x_1) - R_{t_o}(\omega,x_o)$. L'égalité (6.9) s'exprime par

<u>Théorème 6.3</u> : Il existe un négligeable $\mathcal{N}$ tel que pour tout $\omega \notin \mathcal{N}$, pour toute 1-chaîne σ de classe C^∞ à valeurs dans $R^+ \times N$, si c est l'image de σ par l'applica-

tion $(t,x) \to (t,\varphi_t(\omega,x))$, alors

$$(6.10) \qquad \int_\sigma dR = \int_c \gamma - \int_\sigma pdq$$

Le Théorème 6.1 découle alors trivialement du Théorème 6.3.

b) La fonction R'

On définit tout d'abord la fonction R' de manière classique.

Définition 6.4 : On pose

$$(6.11) \qquad R'_t(\omega,x) = R_t(\omega,\varphi_t^{-1}(\omega,x))$$

On a clairement

$$(6.12) \qquad d_N R'_t(\omega,x) = pdq - \varphi_t^{*}(pdq)$$

On a alors

Théorème 6.5 : Supposons que $M = R^d$, et que $x_t = x_0 + \int_0^t \dot{x}\, ds + \int_0^t H_i\, \vec{\delta} w^i$ soit une semi-martingale de Ito à valeurs dans $N = R^{2d}$. Alors on a

$$(6.13) \qquad R'_t(\omega,x_t) = \int_0^t \frac{\partial R}{\partial x}\, s(\omega,\varphi_s^{-1}(\omega,x_s))\cdot d\, \varphi_s^{-1}(\omega,x_s) + \int_0^t (\langle p_s, X_o(s,x_s)\rangle$$

$$- \mathcal{H}_0(s,x_s))ds + \int_0^t (\langle p_s, X_i(s,x_s)\rangle - \mathcal{H}_i(s,x_s)).\, dw^i$$

où $\frac{\partial R}{\partial x}$ est donné par (6.6), $\varphi_s^{-1}(\omega,x_s)$ est donné par II-(1.13), (1.14).

Preuve : C'est immédiat par les Théorèmes II-1.2, I-5.1 et I-5.2. □

En utilisant les Théorèmes II-1.2, (6.7) et (6.13) on peut écrire formellement

$$(6.14) \qquad dR'_t(\omega,x) = pdq - \varphi_t^* (pdq)$$

$$- \{H_0(t, x) - \varphi_t^* (pdq)(X_0(t,x))\} dt$$

$$- \{H_i(t, x) - \varphi_t^* (pdq)(X_i(t,x))\} \cdot dw^i$$

ce qui est une autre écriture de (6.13).

Il est en général plus difficile de montrer (6.14) au sens très fort du Théorème 6.3. En effet, à moins que comme au Théorème III-2.2, on suppose $X_0, \ldots, X_m$ à support compact, on ne sait pas a priori régulariser en (t,x,X) les intégrales stochastiques de la forme

$$(6.15) \qquad \int_0^t \langle p(\varphi_u^{-1}(\omega,x)), \pi^* \frac{\partial(\varphi_u^{-1})}{\partial x} (\omega,x)\, X\rangle \, . \, dw^i$$

et donc calculer correctement les intégrales non monotones associées. Naturellement si une telle régularisation est possible, on pourra écrire l'équivalent du Théorème 6.3 pour R'.

Cependant comme pour l'équation de Hamilton-Jacobi classique, on ne considère pas directement la fonction R', mais sa restriction à certaines sous-variétés.

c) <u>Singularités de sous-variétés lagrangiennes</u>

Nous rappelons tout d'abord la définition d'une singularité dans une variété lagrangienne.

<u>Définition 6.6</u> : Soit L une sous-variété lagrangienne de N. On dit que $x_0 \in L$ est un point singulier de L si la projection $x \in L \to \pi x \in M$ de L dans M est une application singulière en x_0.

La résolution de l'équation de Hamilton-Jacobi dans le cas déterministe est essentiellement liée au fait qu'on puisse éliminer l'existence de singularités lagrangiennes.

Soit L^o une sous-variété lagrangienne qui est dans l'une des deux classes suivantes :

1) $L^o = R_{x_o}$ (i.e. L est l'ensemble des $x \in N$ tels que $\pi x = \pi x_o$).

2) L^o est égal à L_j où j est une fonction C^∞ sur M i.e.

$$(6.16) \qquad L^o = \{q, \frac{\partial j}{\partial q}(q)\}_{q \in M}$$

$\varphi_t(\omega,.)$ étant un difféomorphisme symplectique, $L^t = \varphi_t(\omega, L_o)$ est encore lagrangienne.

On va chercher à décrire dans les deux cas 1) et 2) les conditions sous lesquelles on peut éviter l'apparition de singularités dans les L^t.

<u>Le cas 1)</u>

Remarquons tout d'abord que toutes les propriétés que nous allons envisager étant de caractère local, on peut supposer que $M = R^d$.

$q_o \in R^d$ étant fixé, on doit donc chercher sous quelles conditions l'application $p \to \pi\, \varphi_t(\omega,(q_o, p))$ est non singulière, pour $t > 0$ assez petit.

Le flot hamiltonien s'écrit

$$(6.17) \qquad dq = \frac{\partial \mathcal{H}_o}{\partial p}(t,q,p)dt + \frac{\partial \mathcal{H}_i}{\partial p}(t,q,p).\, dw^i$$

$$q(0) = q_0$$

$$dp = -\frac{\partial \mathcal{H}_o}{\partial q}(t,q,p)dt - \frac{\partial \mathcal{H}_i}{\partial q}(t,q,p).\ dw^i$$

$$p(0) = p_0.$$

Par le Théorème I-2.1, le calcul de la dérivée Z^q de $p \to \pi(\varphi_t(\omega,(q_o,p)))$ se fait par la résolution du système

$$dZ^q = (\frac{\partial^2 \mathcal{H}_o}{\partial p^2} Z^p + \frac{\partial^2 \mathcal{H}_o}{\partial p \partial q} Z^q)\ dt$$

$$+ (\frac{\partial^2 \mathcal{H}_i}{\partial p^2} Z^p + \frac{\partial^2 \mathcal{H}_i}{\partial p \partial q} Z^q).\ dw^i$$

(6.18) $$dZ^p = (-\frac{\partial^2 \mathcal{H}_o}{\partial p \partial q} Z^p - \frac{\partial^2 \mathcal{H}_o}{\partial q^2} Z^q)\ dt$$

$$+ (-\frac{\partial^2 \mathcal{H}_i}{\partial p \partial q} Z^p - \frac{\partial^2 \mathcal{H}_o}{\partial q^2} Z^q).\ dw^i$$

$$Z^q(0) = 0$$

$$Z^p(0) = I$$

Soit Z^1 la solution de

(6.19) $$dZ^1 = \frac{\partial^2 \mathcal{H}_o}{\partial p \partial q} Z^1 dt + \frac{\partial^2 \mathcal{H}_i}{\partial p \partial q} Z^1\ dw^i$$

$$Z^1(0) = I$$

On pose

(6.20) $$Z^q = Z^1 Z'^1$$

On a alors nécessairement

$$(6.21)\quad \begin{cases} dZ'^1 = (Z^1)^{-1}\left[\dfrac{\partial^2 \mathcal{H}_0}{\partial p^2} Z^p\, dt + \dfrac{\partial^2 \mathcal{H}_i}{\partial p^2} Z^p \cdot dw^i\right] \\ Z'^1(0) = 0 \end{cases}$$

Alors pour $t > 0$, si $\dfrac{\partial^2 \mathcal{H}_1}{\partial p^2}, \ldots, \dfrac{\partial^2 \mathcal{H}_m}{\partial p^2}$ ne sont pas tous nuls, il n'est pas possible de mettre des conditions convenables sur $\mathcal{H}_0$ pour que tout $t > 0$ assez petit, Z soit effectivement inversible. On est donc amené à faire l'hypothèse suivante :

H1 : Pour $i = 1,\ldots,m$, on a

$$(6.22)\qquad \mathcal{H}_i(t,q,p) = \langle p, X_i(t,q)\rangle + G_i(t,q)$$

Théorème 6.7 : Sous l'hypothèse H1, il existe un négligeable $\mathcal{N}$ tel que si $\omega \notin \mathcal{N}$, si $(q_0,p_0) \in N$ est tel que $\dfrac{\partial^2 \mathcal{H}_0}{\partial p^2}(0,q_0,p_0)$ est inversible, il existe $t_o > 0$, un voisinage ouvert $\mathcal{V}^0(\omega)$ de t_0 dans R^+, un voisinage ouvert $\mathcal{V}^1(\omega)$ de (q_0,p_0) dans $R_{(q_0,p_0)}$, un voisinage ouvert $\mathcal{V}^2(\omega)$ de $\pi\, \varphi_{t_0}(\omega,q_0,p_0))$ dans M tels que pour tout $q \in \mathcal{V}^2(\omega)$, l'équation : $x \in R_{(q_0,p_0)}$ $\quad \pi\, \varphi_t(\omega,x) = q$ a une et une seule solution dans $\mathcal{V}^1(\omega)$, notée $[\pi\, \varphi_t(\omega,.)]^{-1}_{q_0}(q)$. $[\pi\, \varphi_t(\omega,.)]^{-1}_{q_0}$ est un difféomorphisme de $\mathcal{V}^2(\omega)$ sur son image (qui est incluse dans $\mathcal{V}^1(\omega)$) et dépend continuement de $t \in \mathcal{V}^0(\omega)$.

Le cas 2)

Le cas 2) est plus facile à traiter.

On doit chercher sous quelles conditions l'application $q \to \pi\, \varphi_t(\omega, q, \frac{\partial j}{\partial q}(q))$ est non singulière, pour t assez petit. Or pour $t = 0$ cette application est l'identité. On en déduit

Théorème 6.8 : Il existe un négligeable η' tel que si $\omega \notin \eta'$, si j est une fonction C^∞ définie sur M à valeurs dans R, alors si $q_0 \in M$, il existe un voisinage ouvert $\mathcal{V}'^0(\omega)$ de 0 dans R^+, un voisinage ouvert $\mathcal{V}'^1(\omega)$ de $(q_0, \frac{\partial j}{\partial q}(q_0))$ dans L_j et un voisinage ouvert $\mathcal{V}'^2(\omega)$ de q_0 dans M tels que, pour tout $t \in \mathcal{V}'^0(\omega)$, tout $q \in \mathcal{V}'^2(\omega)$ l'équation en $x \in L_j$: $\pi\, \varphi_t(\omega,x) = q$ a une et une seule solution dans $\mathcal{V}'^1(\omega)$ qu'on note $[\pi\, \varphi_t(\omega,.)]_j^{-1}(q)$. De plus l'application $[\pi\, \varphi_t(\omega,.)]_j^{-1}$ est un difféomorphisme de $\mathcal{V}'^2(\omega)$ sur son image dans $\mathcal{V}'^1(\omega)$, et dépend continûment de $t \in \mathcal{V}'^0(\omega)$.

d) Définition de l'action généralisée

On va maintenant définir l'action généralisée.

Définition 6.9 : Sous l'hypothèse H1, si $\omega, (q_0, p_0), t_0, \mathcal{V}^0(\omega), \mathcal{V}^1(\omega)$, sont choisis comme au Théorème 6.7, on note $\tilde{S}_t(\omega,q)$ la fonction définie sur $\mathcal{V}^0(\omega) \times \mathcal{V}^2(\omega)$ par la relation

$$(6.23) \qquad \tilde{S}_t(\omega,q) = R_t(\omega,[\pi\, \varphi_t(\omega,.)]_{q_0}^{-1}(q))$$

Définition 6.10 : Si $\omega, j, q_0, \mathcal{V}'^0(\omega), \mathcal{V}'^1(\omega), \mathcal{V}'^2(\omega)$ sont choisis comme au Théorème 6.8, on note $\tilde{S}_t(\omega,q)$ la fonction définie sur $\mathcal{V}'^0(\omega) \times \mathcal{V}'^2(\omega)$ par la relation

$$(6.24) \qquad \tilde{S}'_t(\omega,q) = R_t(\omega,[\pi\, \varphi_t(\omega,.)]_j^{-1}(q)) + j(\pi[\pi\, \varphi_t(\omega,.)]_j^{-1}(q))$$

$\tilde{S}$ et $\tilde{S}'$ sont naturellement construites à partir de la restriction de la fonction R' aux sous-variétés lagrangiennes $\varphi_t(\omega,R_{(q_0,p_0)})$ et $\varphi_t(\omega,L_j)$. Il est alors clair qu'on a

Théorème 6.11 : Pour tout $\omega \notin \eta$ (resp. $\notin \eta'$) et pour tout $t \in \mathcal{V}^0(\omega)$ (resp. $\in \mathcal{V}'^0(\omega)$) l'application de $\mathcal{V}^2(\omega)$ (resp. $\mathcal{V}'^2(\omega)$) dans R : $q \to \tilde{S}_t(\omega,q)$ (resp. $q \to \tilde{S}'_t(\omega,q)$) est C^∞ et toutes ses dérivées en q sont continues sur $\mathcal{V}^0(\omega) \times \mathcal{V}^2(\omega)$ (resp. $\mathcal{V}'^0(\omega) \times \mathcal{V}'^2(\omega)$).

Preuve : Le résultat est évident. □

On a alors le résultat essentiel suivant

Théorème 6.12 : Pour tout $\omega \notin \eta$ (resp. $\omega \notin \eta'$), pour tout $t \in \mathcal{V}^{0}(\omega)$ (resp. $\mathcal{V}'^{0}(\omega)$), pour tout $q \in \mathcal{V}^{2}(\omega)$ (resp. $\mathcal{V}'^{2}(\omega)$), on a la relation

$$(6.25) \qquad \frac{\partial \tilde{S}_t}{\partial q}(\omega,q) = p[\varphi_t(\omega,[\pi\ \varphi_t(\omega,.)]^{-1}_{q_o}(q))]$$

(resp.

$$(6.26) \qquad \frac{\partial \tilde{S}'_t}{\partial q}(\omega,q) = p[\varphi_t(\omega,[\pi\ \varphi_t(\omega,.)]^{-1}_{j}(q))]$$

Preuve : On va raisonner à t fixé. Montrons tout d'abord le premier résultat. Par (6.12), on a :

$$(6.27) \qquad pdq - \varphi_t^*(pdq) = d_N R'$$

Or $\tilde{S}_t$ est précisément la restriction de la fonction $R'_t(\omega,.)$ à un ouvert de la variété lagrangienne $L^t = \varphi_t(\omega, R_{(q_0,p_0)})$, où la projection de L^t dans M $x \to \pi x$ n'est pas singulière. Il est clair que la forme $\varphi_t^*(pdq)$ est nulle sur L^t, puisque pdq est nulle sur $R_{(q_0,p_0)}$. De (6.27), on déduit que la restriction de $d_N R'$ à L^t est égale à la restriction de pdq, ce qu'exprime précisément (6.25).

On montre (6.26) de la même manière, en remarquant que la restriction de la forme $\varphi_t^*(pdq)$ à la variété lagrangienne $L^t = \varphi_t(\omega,L_j)$ coincide nécessairement avec $\varphi_t^*(\frac{\partial j}{\partial q}\, dq)$. □

Remarque 3 : L'énoncé du Théorème 6.12 est naturellement lié au fait que, si $\tilde{L}$ est une sous-variété lagrangienne de N et si $x \in \tilde{L}$ est un point où la projection $\pi : \tilde{L} \to M$ est non singulière, on peut décrire localement $\tilde{L}$ comme le graphe du gradient d'une fonction C^∞, qui ici a été déterminée explicitement à l'aide de l'action stochastique généralisée $\tilde{S}$ ou $\tilde{S}'$ (voir [3], Appendice 1)

Remarque 4 : Quand $x \in L_j$, pour t assez petit on vérifie que $q_t = \pi\, \varphi_t(\omega,x)$ est tel que

$$(6.28) \qquad d\, q_t = \pi^*(I\, d\mathcal{H}_0(t,q_t, \frac{\partial \tilde{S}'}{\partial q}{}_t(\omega,q_t)))dt + \pi^*(I\, d\mathcal{H}_i(t,q_t, \frac{\partial \tilde{S}'}{\partial q}{}_t(\omega,q_t)))d\, w^i$$

Le Théorème 6.12 a donc permis d'exprimer une trajectoire "extrémale" dans M comme la solution d'une équation stochastique avec un "feedback" aléatoire.

e) Equation de Hamilton-Jacobi

On va maintenant montrer que la fonction $\tilde{S}'$ vérifie, en un sens qu'on précisera, une équation de Hamilton-Jacobi généralisée.

On se place en effet dans le cas 2). j est ainsi une fonction C^∞ fixée sur M .

Comme nous l'avons déjà dit, toutes les propriétés que nous étudions étant de caractère local, on peut supposer sans inconvénient que $M = R^d$.

Soit θ la fonction définie sur $N = R^{2d}$ à valeurs dans R^d

$$(6.29) \qquad \theta(q,p) = p - \frac{\partial j}{\partial q}(q)$$

Alors il est clair que θ est une fonction C^∞, que L_j est précisément défini par

(6.30) $$L_j = \{(q,p)\ ;\ \theta(q,p) = 0\}$$

et enfin que $d\theta$ est de rang d.

Soit maintenant $Q \in M$ et Ψ l'application de R^{2d} dans R^d définie par

(6.31) $$\Psi(q,p) = q - Q$$

Alors il est clair que Ψ est une fonction C^∞, que $d\Psi$ est partout de rang d, et que

(6.32) $$H = \{(t,q,p),\ \Psi(q,p) = 0\} = R^+ \times \{x \in N\ ;\ \pi x = Q\}$$

Enfin il est clair que le point $x_o = (Q, \frac{\partial j}{\partial q}(Q))$ est tel que

(6.33) $$\Psi(x_o) = 0$$
$$\theta(x_o) = 0$$

L_j et $\{x \in N\ ;\ \pi x = Q\}$ sont transversales en x_o.

Alors par les résultats de la Section II-2, on sait décrire un morceau de l'intersection $S_\omega \cap H$ où S_ω est l'image de $R^+ \times L_j$ par l'application $(t,x) \to (t, \varphi_t(\omega,x))$.
Plus précisément on a vu dans la Section II-2 (Extensions)

a) que pour ω fixé, pour $t = 0$, le système

(6.34) $$x \in L_j \quad \Psi(t,\varphi_t(\omega,x)) = 0$$

vérifie les conditions du Théorème des fonctions implicites en x_o, puisque la dérivée en x_o de l'application

(6.35) $$x = (q,p) \in L_j \to \Psi(0,\varphi_0(\omega,x)) = q - Q$$

est non singulière. Il existe donc un voisinage $\mathcal{V}^0$ de 0 dans R^+ et un voisinage $\mathcal{V}^1$ de x_0 dans L_j tel que pour $t \in \mathcal{V}^0$, l'équation (6.34) ait une et une seule solution dans $\mathcal{V}^1$, qui dépend continûment de t.

b) L'équation II-(2.33) permet de décrire une fonction $t \to x_t(\omega) \in L_j$ telle que $\Psi(t,\varphi_t(\omega,x_t(\omega))) = 0$. Plus exactement, et en raisonnant comme au Théorème II-2.1, il existe un temps d'arrêt $T > 0$ p.s. tel que, pour $t \leq T$, l'équation II-(2.33) a une solution unique $x_t(\omega)$ et de plus, pour $t \leq T$, on a $\Psi(t,\varphi_t(\omega,x_t(\omega))) = 0$.

Il est alors clair que comme $\lim_{t\to 0} x_t(\omega) = x_0$, pour t assez petit, $x_t(\omega)$ est précisément la solution unique définie en a).

On va ici légèrement préciser les résultats de a) et b), en montrant qu'on peut choisir un temps d'arrêt $T' > 0$ p.s. de telle sorte que les deux solutions définies en a) et b) coïncident sur $[0,T']$.

On a en effet :

<u>Théorème 6.13</u> : Pour tout $x_0 = (Q, \frac{\partial j}{\partial q}(Q)) \in L_j$, il existe un voisinage fixe (i.e. ne dépendant pas de ω) $\mathcal{V}^1$ de x_0 dans L_j, un voisinage fixe $\mathcal{V}^2$ de Q dans M, un négligeable $\mathcal{N}$ et un temps d'arrêt $T' > 0$ p.s. tel que si $\omega \notin \mathcal{N}$

a) Pour tout $t \leq T'$ et $Q' \in \mathcal{V}^2$, l'équation

$$(6.36) \qquad x \in \mathcal{V}^1 \qquad \pi\, \varphi_t(\omega,x)) = Q'$$

a une et une seule solution $x_t(\omega,Q') \in \mathcal{V}^1$ qui est continue en (t,Q'), et C^∞ en Q' à dérivées continues en (t,Q').

b) Pour $t \leqslant T'$, $x_t(\omega,Q)$ est solution d'une équation du type II-(2.33).

<u>Preuve</u> : Rappelons qu'étant donné le caractère local des propriétés cherchées, on a supposé que $M = R^d$, $N = R^{2d}$. De plus on peut trivialement identifier L_j à R^d par l'application $(q, \frac{\partial j}{\partial q}(q)) \to q$. Pour $x \in L_j$, on pose

$$(6.37) \qquad g_t(\omega,x) = \Psi(\varphi_t(\omega,x))$$

Alors, clairement, on a

$$(6.38) \qquad g_o(\omega,x) = \Psi(x)$$

où dans (6.38), $\Psi(x)$ est considérée comme une application de L_j dans R^d.

Les hypothèses faites impliquent que $\frac{\partial \Psi}{\partial x}(x) = I$ sur L_j .
Soit V^1 la boule fermée de centre x_o et de rayon ε dans L_j.

On note T_1 le temps d'arrêt

$$(6.39) \qquad T_1 = \inf \{t \geq 0 \; ; \sup_{x \in V_1} | \frac{\partial g_t}{\partial x}(\omega,x) - I| \geq \frac{1}{2} \} \wedge \inf \{t \geq 0 \; ; |g_t(\omega,x_o)| \geq \frac{\varepsilon}{4} \}$$

T_1 est > 0 p.s. L'équation

$$(6.40) \qquad x \in V^1 \quad \pi\, \varphi_t(\omega,x) = Q'$$

est équivalente à l'équation

$$(6.41) \qquad x \in V^1 \quad x - (g_t(\omega,x) - Q' + Q) = x$$

i.e. à la recherche d'un point fixe de l'application $U_t^{Q'}(\omega,.)$ de L_j dans L_j définie par

$$(6.42) \qquad U_t^{Q'}(\omega,x) = x - (g_t(\omega,x) - Q' + Q)$$

Soit V^2 la boule fermée de centre Q et de rayon $\varepsilon/4$. Or il est clair que pour $t \leq T_1$, la dérivée de l'application $x \to U_t^{Q'}(\omega,x)$ est bornée par 1/2 sur V^1. De plus, pour $t \leq T_1$, pour $x \in V^1$, $Q' \in V^2$, on a

$$(6.43) \qquad |U_t^{Q'}(\omega,x) - x_o| \leq |U_t^{Q'}(\omega,x) - U_t^{Q}(\omega,x)| + |U_t^{Q}(\omega,x) - U_t^{Q}(\omega,x_o)| + |U_t^{Q}(\omega,x_o) - x_o| \leq |Q' - Q| + \frac{1}{2}|x - x_o| + |g_t(\omega,x_o)| \leq \frac{\varepsilon}{4} + \frac{\varepsilon}{2} + \frac{\varepsilon}{4} = \varepsilon$$

i.e. $U_t^{Q'}(\omega,.)$ envoie V^1 dans V^1. On peut donc appliquer le Théorème du point fixe dans V^1 à l'application $U_t^{Q'}(\omega,.)$ et en déduire que pour $t \leq T_1$ l'équation (6.41) a une et une seule solution $x_t(\omega,Q')$ dans V^1 qui dépend continuement de (t,Q'). Les propriétés de différentiabilité en Q' de $\dot{x}_t(\omega,Q')$ sont classiques, puisqu'en particulier, grâce à (6.40), pour $t \leq T_1$, $x \in V^1$ $\frac{\partial g_t}{\partial x}(\omega,x)$ est inversible.

Soit alors T_2 un temps d'arrêt > 0 tel que sur $t \leq T_2$, l'équation II-(2.33) ait une solution unique $x_t^2(\omega)$ avec $x_o^2 = x_o$.
On note T_3 le temps d'arrêt

$$(6.44) \qquad T_3 = \inf\{t \geq 0 \; |x_t^2(\omega) - x_o| \geq \varepsilon\} \wedge T_2$$

Il est clair que T_3 est encore un temps d'arrêt > 0. On pose

$$(6.45) \qquad T' = T_1 \wedge T_3$$

T' est un temps d'arrêt > 0. Alors comme pour $t' \leq T_2$, on a $\Psi(t,\varphi_t(\omega,x_t^2)) = 0$ il est clair que, pour $t \leq T'$, $x_t^1(\omega,Q) = x_t^2(\omega)$.

Le Théorème est bien démontré. □

Pour $t \leq T'$ et $Q' \in \mathcal{V}^2$ on pose maintenant

$$(6.46) \qquad \tilde{S}'_t(\omega,Q') = R_t(\omega,x_t(\omega,Q')) + j(\pi\, x_t(\omega,Q'))$$

Il va de soi que la formule (6.46) est compatible avec la Définition 6.10, mais elle est légèrement plus précise en ce qui concerne le domaine de définition. $\tilde{S}'_t(\omega,Q')$ reste naturellement C^∞ en Q' à dérivées continues en (t,Q').

On a alors le résultat fondamental

<u>Théorème 6.14</u> : Avec les notations du Théorème 6.13, pour $t \leq T'$, le processus $\varphi_t(\omega,x_t(\omega,Q))$ est une semi-martingale de Stratonovitch. En particulier pour $t \leq T'$ le processus $\frac{\partial \tilde{S}'}{\partial Q}t(\omega,Q)$ est une semi-martingale de Stratonovitch à valeurs dans $T^*_Q(M)$.

De plus, pour $t \leq T'$, $\tilde{S}'_t(\omega,Q)$ est une semi-martingale de Stratonovitch qui s'écrit

$$(6.47) \qquad \tilde{S}'_t(\omega,Q) = j(Q) - \int_0^t \mathcal{H}_0(s,Q,\frac{\partial \tilde{S}'_s}{\partial Q}(\omega,Q))ds - \int_0^t \mathcal{H}_i(s,Q,\frac{\partial \tilde{S}'_s}{\partial Q}(\omega,Q)).\, dw^i$$

ou encore

$$(6.48) \qquad \tilde{S}'_t(\omega,Q) = j(Q) + \int_0^t [-\mathcal{H}_0(s,Q,\frac{\partial \tilde{S}'}{\partial Q}s(\omega,Q)) +$$

$$+\frac{1}{2} \langle \pi^* \operatorname{Id} \mathcal{H}_i(s,Q,\frac{\partial \tilde{S}'}{\partial Q}s(\omega,Q)),\, d_M(\mathcal{H}_i(s,Q,\frac{\partial \tilde{S}'}{\partial Q}s(\omega,Q)))\rangle]\, ds -$$

$$- \int_0^t \mathcal{H}_i(s,Q,\frac{\partial \tilde{S}'}{\partial Q}s(\omega,Q)).\, \vec{\delta}\, w^i$$

où $d_M(\mathcal{H}_i(s,Q,\frac{\partial \tilde{S}'}{\partial Q}s(\omega,Q)))$ est la dérivée au point Q de la fonction

$Q' \rightarrow \mathcal{H}_i(s,Q',\frac{\partial \tilde{S}'}{\partial Q}s(\omega,Q'))$.

Preuve : L'équation II-(2.33), vérifiée par $x_t(\omega,Q)$ pour $t \leq T'$ indique que $x_t(\omega,Q)$ est une semi-martingale de Stratonovitch pour $t \leq T'$. Par les Théorèmes I-5.1 et I-5.2, $\varphi_t(\omega,x_t(\omega,Q))$ et $\tilde{S}_t'(\omega,Q))$ sont également des semi-martingales de Stratonovitch.

Par le Théorème 6.12, on a

$$(6.49) \qquad \frac{\partial \tilde{S}_t'}{\partial Q}(\omega,Q) = p(\varphi_t(\omega,x_t(\omega,Q)))$$

ce qui implique que $\frac{\partial \tilde{S}_t'}{\partial Q}(\omega,Q)$ est bien une semi-martingale de Stratonovitch. Notons que ce résultat peut être dérivé directement. En effet on a par définition

$$(6.50) \qquad x_t(\omega,Q') = [(\pi\ \varphi_t(\omega,.))\ ]_j^{-1}(Q')$$

et donc

$$(6.51) \qquad \frac{\partial x}{\partial Q}t(\omega,Q) = [\ \frac{\partial}{\partial x}(\pi\ \varphi_t(\omega,.))\ (x_t(\omega,Q))]_j^{-1}$$

Or comme $x_t(\omega,Q)$ est une semi-martingale de Stratonovitch, par les résultats de la section I-5 (en particulier le Théorème I-5.1, son corollaire, le Théorème I-5.2 et la Remarque 1 qui le suit), (6.51) est encore une semi-martingale de Stratonovitch. Or on a

$$(6.52) \qquad \frac{\partial \tilde{S}_t'}{\partial Q}(\omega,Q) = \frac{\partial R}{\partial x}t(\omega,x_t(\omega,Q))\ \frac{\partial x}{\partial Q}\ t(\omega,Q)\ + \frac{\partial j}{\partial q}(\pi\ x_t(\omega,Q))\pi^*\ \frac{\partial x}{\partial Q}\ t(\omega,Q)$$

et donc $\frac{\partial \tilde{S}_t'}{\partial Q}(\omega,Q)$ est bien une semi-martingale de Stratonovitch.

Comme $\pi\ \varphi_t(\omega,x_t(\omega,Q)) = Q$ on a, en utilisant (6.13) et le Théorème I-5.2

$$(6.53) \qquad \tilde{S}_t'\ (\omega,Q) - j(Q) = -\int_0^t \mathcal{H}_o(s,Q,p(\varphi_s(\omega,x_s(\omega,Q))))ds -$$

$$- \int_0^t \mathcal{H}_i(s,Q,p(\varphi_s(\omega,x_s(\omega,Q)))).\ dw^i - \int_0^t \langle p(x_s(\omega,Q)),$$

$$\pi^* \, dx_s(\omega,Q)> + \int_0^t \frac{\partial j}{\partial q}(\pi \, x_s(\omega,Q)) . \, \pi^* \, dx_s(\omega,Q)$$

et en tenant compte du fait que

$$(6.54) \qquad p(x_s(\omega,Q)) = \frac{\partial j}{\partial q}(\pi \, x_s(\omega,Q))$$

$$p(\varphi_s(\omega,x_s(\omega,Q))) = \frac{\partial \tilde{S}'_t}{\partial Q}(\omega,Q)$$

on obtient bien (6.47). Pour trouver $\tilde{S}'_t(\omega,Q)$ sous forme d'une semi-martingale de Ito, il suffit de connaître la décomposition de Stratonovitch du processus $\mathcal{H}_i(t,Q,\frac{\partial \tilde{S}'_t}{\partial Q}(\omega,Q))$.

On peut naturellement être tenté de dériver formellement l'équation (6.47) en Q, mais une telle démarche n'a aucun fondement rigoureux, à moins de procéder à des approximations de $\tilde{S}'_t(\omega,Q)$ que nous préférons épargner au lecteur (voir à ce sujet le paragraphe f)). Nous allons donc procéder directement.

Par le Théorème I-5.2, on sait que le processus $\varphi_t(\omega,x_t(\omega,Q))$ est tel que

$$(6.55) \qquad d\,\varphi_t(\omega,x_t(\omega,Q)) = X_o(t,\varphi_t(\omega,x_t(\omega,Q)))dt +$$

$$+ X_i(t,\varphi_t(\omega,x_t(\omega,Q))) . \, dw^i + \frac{\partial \varphi}{\partial x}t(\omega,x_t(\omega,Q)) . \, dx_t(\omega,Q)$$

Un élément du plan tangent en $(Q, \frac{\partial \tilde{S}'_t}{\partial Q}(\omega,Q))$ à la variété lagrangienne $\varphi_t(\omega,L_j)$ s'écrit

$$(6.56) \qquad (X, \frac{\partial^2 \tilde{S}'}{\partial Q^2}(\omega,Q)\, X)$$

où X est un élément du plan tangent en Q à M. En écrivant $x_t(\omega,Q)$ sous la forme

$$(6.57)\qquad x_t(\omega,Q) = x_o + \int_0^t L\,ds + \int_0^t H_i\,dw^i$$

où L_t et H_t sont des éléments du plan tangent à L_j en x_t, si on pose

$$(6.58)\qquad \begin{aligned} L'_t &= \frac{\partial\varphi_t}{\partial x}(\omega,x_t(\omega,Q))\,L \\ H'_i &= \frac{\partial\varphi_t}{\partial x}(\omega,x_t(\omega,Q))\,H_i \end{aligned}$$

comme $\pi\,\varphi_t(\omega,x_t(\omega,Q)) = Q$, on doit avoir

$$(6.59)\qquad \begin{aligned} &\pi^*(X_o(t,Q,\frac{\partial\tilde{S}'_t}{\partial Q}(\omega,Q)) + L'_t\,) = 0 \\ &\pi^*(X_i(t,Q,\frac{\partial\tilde{S}'_t}{\partial Q}(\omega,Q)) + H'_i) = 0 \end{aligned}$$

De (6.56), on déduit

$$(6.60)\qquad \begin{aligned} L' &= (-\pi^*X_o(t,Q,\frac{\partial\tilde{S}'_t}{\partial Q}(\omega,Q)),\ -\frac{\partial^2\tilde{S}'_t}{\partial Q^2}(\omega,Q)(\pi^*X_o(t,Q,\frac{\partial\tilde{S}'_t}{\partial Q'}\ (\omega,Q)))) \\ H'_i &= (-\pi^*X_i(t,Q,\frac{\partial\tilde{S}'_t}{\partial Q}(\omega,Q)),\ -\frac{\partial^2\tilde{S}'_t}{\partial Q^2}(\omega,Q)(\pi^*X_i(t,Q,\frac{\partial\tilde{S}'_t}{\partial Q}(\omega,Q)))) \end{aligned}$$

De (6.55), on tire qu'en coordonnées locales, on a

$$(6.61)\qquad \frac{\partial\tilde{S}'_t}{\partial Q}(\omega,Q) - \frac{\partial j}{\partial Q}(Q) = -\int_0^t \Big[\frac{\partial\mathcal{H}_o}{\partial q}(s,Q,\frac{\partial\tilde{S}'_s}{\partial Q}\ (\omega,Q)) + \frac{\partial^2\tilde{S}'_s}{\partial Q^2}\ \frac{\partial\mathcal{H}_o}{\partial p}(s,Q,\frac{\partial\tilde{S}'_s}{\partial Q}(\omega,Q))\Big]ds$$

$$-\int_0^t \Big[\frac{\partial\mathcal{H}_i}{\partial q}(s,Q,\frac{\partial\tilde{S}'_s}{\partial Q}(\omega,Q)) + \frac{\partial^2\tilde{S}'_s}{\partial Q^2}\ \frac{\partial\mathcal{H}_i}{\partial p}(s,Q,\frac{\partial\tilde{S}'_s}{\partial Q}(\omega,Q))\Big].\,dw_i =$$

$$= -\int_0^t d_M(\mathcal{H}_o(s,Q,\frac{\partial\tilde{S}'_s}{\partial Q}(\omega,Q))).ds - \int_0^t d_M(\mathcal{H}_i(s,Q,\frac{\partial\tilde{S}'_s}{\partial Q}(\omega,Q))).\,dw^i$$

De (6.61) on tire immédiatement

$$(6.62)\qquad \int_0^t \mathcal{H}_i(s,Q,\frac{\partial \tilde{S}'_s}{\partial Q}(\omega,Q)).\,dw^i = \int_0^t \mathcal{H}_i(s,Q,\frac{\partial \tilde{S}'_s}{\partial Q}(\omega,Q)).\,\vec{\delta}\,w^i -$$

$$-\frac{1}{2}\int_0^t \langle \pi^* \, \mathrm{Id}\, \mathcal{H}_i(s,Q,\frac{\partial \tilde{S}'_s}{\partial Q}(\omega,Q)),\, d_M \mathcal{H}_i(s,Q,\frac{\partial \tilde{S}'_s}{\partial Q}(\omega,Q))\rangle\, ds$$

Le Théorème est bien démontré. □

Au cours de la démonstration du Théorème, on a aussi montré.

Corollaire : Avec les notations du Théorème 6.13, pour $t \leq T'$, le processus $\frac{\partial \tilde{S}'_t}{\partial Q}(\omega,Q)$ est une semi-martingale de Stratonovitch qui s'écrit

$$(6.63)\qquad \frac{\partial \tilde{S}'_t}{\partial Q}(\omega,Q) - \frac{\partial j}{\partial Q}(Q) = -\int_0^t d_M(\mathcal{H}_0(s,Q,\frac{\partial \tilde{S}'_s}{\partial Q}(\omega,Q)))ds$$

$$-\int_0^t d_M(\mathcal{H}_i(s,Q,\frac{\partial \tilde{S}'_s}{\partial Q}(\omega,Q))).\,dw^i$$

Preuve : C'est la formule (6.61). □

On a également une généralisation du Théorème 6.14.

Théorème 6.15 : Avec les notations du Théorème 6.13, si Q_t est une semi-martingale de Stratonovitch à valeurs dans l'intérieur de $\mathcal{V}^2$ qui vérifie les hypothèses vérifiées par y_t dans I-(5.56)-(5.58), qui s'écrit

$$(6.64)\qquad Q_t = Q_0 + \int_0^t \tilde{Q}_{0s}\, ds + \int_0^t \tilde{Q}_{is}.\, dw^i$$

avec

$$(6.65)\qquad \tilde{Q}_{i_t} = \tilde{Q}_{i_0} + \int_0^t \tilde{L}_{i_s}\, ds + \int_0^t \tilde{Q}'_{ij}.\, dw^j$$

si $(Q_o, \frac{\partial j}{\partial Q}(Q_o))$ est dans l'intérieur de $\mathcal{V}^1$, il existe un temps d'arrêt $T'' > 0$ et $\leq T'$ tel que sur $[0,T'']$, le processus $\tilde{S}'_t(\omega,Q_t)$ est une semi-martingale de Stratonovitch qui s'écrit

$$(6.66) \qquad \tilde{S}'_t(\omega,Q_t) = j(Q_o) - \int_0^t \mathcal{H}_o(s,Q_s, \frac{\partial\tilde{S}'_s}{\partial Q}(\omega,Q_s))\, ds - \int_0^t \mathcal{H}_i(s,Q_s, \frac{\partial\tilde{S}'_s}{\partial Q}(\omega,Q_s)).\, dw^i + \int_0^t \frac{\partial\tilde{S}'_s}{\partial Q}(\omega,Q_s).\, dQ_s$$

ou encore

$$(6.67) \qquad \tilde{S}'_t(\omega,Q_t) = j(Q_o) + \int_0^t \frac{\partial\tilde{S}'_s}{\partial Q}(\omega,Q_s)(\tilde{Q}_o + \frac{1}{2}\tilde{Q}'_{ii})ds + \int_0^t [-\mathcal{H}_o(s,Q_s, \frac{\partial\tilde{S}'_s}{\partial Q}(\omega,Q_s))$$

$$+ \frac{1}{2} < \frac{\partial^2 S}{\partial Q^2}s(\omega,Q_s)\tilde{Q}_i, \tilde{Q}_i > + < d_M \mathcal{H}_i(s,Q_s, \frac{\partial\tilde{S}'_s}{\partial Q}(\omega,Q_s)), \frac{1}{2}\pi^*I\, d\mathcal{H}_i(s,Q_s, \frac{\partial\tilde{S}'_s}{\partial Q}(\omega,Q_s))$$

$$- \tilde{Q}_i >]ds + \int_0^t [\frac{\partial\tilde{S}'_s}{\partial Q}(\omega,Q_s)\,\tilde{Q}_i - \mathcal{H}_i(s,Q_s, \frac{\partial\tilde{S}'_s}{\partial Q}(\omega,Q_s))].\,\vec{\delta}\, w^i$$

__Preuve__ : Comme Q_t est à valeurs dans $\mathcal{V}^2$, $\tilde{S}'_t(\omega,Q_t)$ est bien définie pour $t \leq T'$. On pose alors

$$(6.68) \qquad \Psi'_t(\omega,q) = q - Q_t$$

Il n'est pas alors difficile de voir qu'on peut résonner comme à la section II-2 (Extensions) relativement à Q et $\Psi'_t(\omega,q)$ et obtenir ainsi une équation formelle du type II-(2.33) $\frac{\partial\Psi'}{\partial t}dt$ est remplacé par $-dQ$. En écrivant cette équation sous la forme d'une équation de Ito, on arrive encore à la résoudre sur un intervalle stochastique $[0,\tilde{T}]$, où $\tilde{T}$ est un temps d'arrêt > 0 et $\leq T'$.

Soit donc $\tilde{x}_t$ la solution de II-(2.33) sur $[0,\tilde{T}]$ (calculée naturellement avec la condition initiale $(Q_o, \frac{\partial j}{\partial Q_o}(Q_o))$).

Alors comme $\tilde{x}_0$ est dans l'intérieur de $\mathcal{V}^1$, le temps d'arrêt T" défini par

$$(6.69) \qquad T'' = \inf \{t \geq 0 \; ; \; \tilde{x}_t(\omega) \notin \mathcal{V}^1\} \wedge \tilde{T}$$

est > 0 p.s.

Il est clair que $\tilde{x}_t(\omega)$ et $x_t(\omega, Q_t)$ coïncident sur $[0, T'']$.

On montre encore de la même manière que $\tilde{S}_t(\omega, Q_t)$ est une semi-martingale de Stratonovitch. Les Théorèmes I-5.1 et I-5.2 permettent d'appliquer à $\tilde{S}'$ les règles du calcul différentiel ordinaire pour dériver formellement la formule (6.66), qui nous l'avons vu, a un sens précis (i.e. les intégrales de Stratonovitch sont bien définies). $\varphi_t(\omega, \tilde{x}_t(\omega))$ est encore une semi-martingale de Stratonovitch. Pour dériver l'équation vérifiée par $p(\varphi_t(\omega, \tilde{x}_t(\omega)))$ on raisonne comme en (6.59), (6.60) ; on trouve

$$(6.70) \qquad \begin{aligned} L' &= (-\pi^* X_0(t, Q_t, \frac{\partial \tilde{S}'_t}{\partial Q}) + \tilde{Q}_0, \; \frac{\partial^2 \tilde{S}'_t}{\partial Q^2} (-\pi^* X_0 + \tilde{Q}_0)) \\ H'_i &= (-\pi^* X_i(t, Q, \frac{\partial \tilde{S}'_t}{\partial Q}) + \tilde{Q}_i \; , \; \frac{\partial^2 \tilde{S}}{\partial Q^2} (-\pi^* X_i + \tilde{Q}_i)) \end{aligned}$$

En recombinant les termes comme en (6.61)-(6.62), on trouve (6.67). □

f) <u>Remarques sur l'équation de Hamilton-Jacobi</u>

Soit n_k une sous-suite telle que, sauf sur un négligeable fixe $\tilde{\eta}$, $\varphi^{n_k}(\omega,.)$, $\frac{\partial \varphi^{n_k}}{\partial x}.(\omega,.)$, ..., $\frac{\partial^m \varphi^{n_k}}{\partial x^m}.(\omega, x)$... $R^{n_k}.(\omega,.)$... $\frac{\partial^m R^{n_k}_.}{\partial x^m}(\omega,.)$ ...
convergent uniformément sur tout compact de $R^+ \times M$ vers $\varphi_.(\omega,.)$, $\frac{\partial \varphi}{\partial x}.(\omega, x)$...
$\frac{\partial^m \varphi}{\partial x^m}.(\omega, x)$... $R_.(\omega,.)$... $\frac{\partial^m R}{\partial x^m}.(\omega,.)$ ...

Alors il est facile de voir que pour $\omega \notin \tilde{\eta}$, $(\varphi^{n_k})^{-1}.(\omega,.)$ et toutes ses dérivées en x convergent vers $\varphi^{-1}.(\omega,.)$ et ses dérivées en x uniformément sur tout compact de $R^+ \times N$.

On en déduit donc que pour $\omega \notin \tilde{\eta}$, $R'^{n_k}_{\cdot}(\omega,x)$ et toutes ses dérivées en x convergent uniformément sur tout compact de $R^+ \times N$ vers $R'_{\cdot}(\omega,.)$ et ses dérivées en x.

Il est facile d'en déduire que si j, Q, $\mathcal{V}^1$, $\mathcal{V}^2$, T', η sont choisis comme au Théorème 6.13, pour $\omega \notin \eta \cup \tilde{\eta}$ et $t \leq T'$, pour k assez grand, les conditions du Théorème des fonctions implicites sont réunies pour le flot $\varphi_{\cdot}^{n_k}(\omega,.)$ et permettent donc de définir sans ambiguité la fonction $\tilde{S}'^{n_k}(\omega,.)$ sur $\mathcal{V}^2$ qui converge uniformément sur $\mathcal{V}^2$ vers la fonction $\tilde{S}'_{\cdot}(\omega,.)$ ainsi que ses dérivées.

Pour k assez grand, il est classique [3]-9 que $\tilde{S}'^{n_k}_{\cdot}(\omega,.)$ vérifie l'équation de Hamilton-Jacobi traditionnelle

$$(6.71) \qquad \frac{\partial \tilde{S}'^{n_k}}{\partial t} + \mathcal{H}_0\left(t,Q', \frac{\partial \tilde{S}'^{n_k}_t}{\partial Q}(\omega,Q')\right) + \mathcal{H}_i\left(t,Q', \frac{\partial \tilde{S}'^{n_k}_t}{\partial Q}(\omega,Q')\right) \dot{w}^{i,n_k} = 0$$

La formule (6.47) représente donc la forme limite de (6.71). Notons toutefois que la formule (6.71) a un caractère réversible, alors que la formule (6.47) ne s'interprète effectivement qu'une fois fixée une direction du temps, i.e. en calculant effectivement le membre de droite de (6.47) à l'aide des intégrales de Ito classiques de la formule (6.48).

L'une des raisons pour lesquelles il est difficile de rendre irréversible la formulation de (6.47) est qu'en général, il est difficile <u>a priori</u> de régulariser en Q le membre de droite de (6.47), i.e. de <u>montrer a priori</u> qu'on peut trouver une modification du membre de droite de (6.47) ou (6.48) qui soit p.s. continue en Q, auquel cas l'identification (6.47) pourrait être faite sauf peut-être sur un négligeable fixe ne dépendant pas de Q.

Pour éviter toute complication excessive, nous avons donc volontairement donné un énoncé faible de l'équation de Hamilton-Jacobi, i.e. en fixant Q dans (6.47), nous avons écrit le processus $\tilde{S}'_t(\omega,Q)$ comme une semi-martingale relativement à la filtration $\{F_t\}_{t\geq 0}$. C'est également la raison pour laquelle nous n'avons pu dériver formellement (6.47) en Q de manière à obtenir (6.63). C'est aussi la raison pour laquelle nous avons dû effectuer une nouvelle démonstration pour le Théorème 6.15 sans pouvoir appliquer aux résultats du Théorème 6.14 les résultats de la section I-5.

On peut naturellement écrire formellement (6.47) sous la forme

$$(6.72)\qquad \partial\tilde{S}' + \mathcal{H}_0\left(t,Q,\frac{\partial\tilde{S}'_t}{\partial Q}(\omega,Q)\right)dt + \mathcal{H}_i\left(t,Q,\frac{\partial\tilde{S}'_t}{\partial Q}(\omega,Q)\right).\, dw^i = 0$$

$$\tilde{S}'_0 = j$$

et (6.48) sous la forme

$$(6.73)\qquad \partial\tilde{S}'_t + \Big[\mathcal{H}_0\left(t,Q,\frac{\partial\tilde{S}'_t}{\partial Q}(\omega,Q)\right) - \frac{1}{2}\Big\langle\pi^*\mathrm{Id}\,\mathcal{H}_i\left(t,Q,\frac{\partial\tilde{S}'_t}{\partial Q}(\omega,Q)\right),$$

$$d_M\left(\mathcal{H}_i\left(t,Q,\frac{\partial\tilde{S}'_t}{\partial Q}(\omega,Q)\right)\right)\Big\rangle\Big]dt + \mathcal{H}_i\left(t,Q,\frac{\partial\tilde{S}'_t}{\partial Q}(\omega,Q)\right).\,\vec{\delta}\, w^i = 0$$

$$\tilde{S}'_0 = j$$

(6.72) et (6.73) sont équivalentes. Nous avons montré dans le paragraphe précédent l'existence locale d'une solution $\tilde{S}'_t(\omega,Q)$ p.s. continue en (t,Q), C^∞ en Q à dérivées en Q continues en (t,Q). Notons que (6.72)-(6.73) ont été intégrées par la méthode des caractéristiques, i.e. en considérant $\tilde{S}'_t(\omega,Q)$ comme l'intégrale d'une forme différentielle le long des trajectoires solution des équations de Hamilton généralisées.

g) <u>Remarques sur l'explosion de certaines structures différentielles</u>

Considérons la variété $M\times R^+$, dont le point général s'écrit (q,t). Son fibré cotangent $T^*(M\times R^+)$ s'identifie à $N\times(R^+\times R)$ et le point général de $T^*(M\times R^+)$

s'écrit (q,p,t,H). $T^*(M \times R^+)$ est muni de la forme symplectique

(6.74) $\quad dp \wedge dq + dH \wedge dt$

Considérons alors dans $T^*(M \times R^+)$ la sous-variété topologique V^n formée des points x de $T^*(M \times R^+)$ qui s'écrivent

(6.75) $\quad (q,p,t, -\mathcal{H}_0(t,q,p) - \mathcal{H}_i(t,q,p)\, \dot{w}^{i,n}(t))$

Alors V^n est une sous-variété C^∞ par morceaux, qui est coisotropique, i.e., en tout point x de V^n où le plan tangent $T_x(V^n)$ est défini (i.e. $t \neq k/2^n$) l'ensemble des vecteurs de $T_x(T^*(M \times R^+))$ orthogonaux à $T_x(V^n)$ pour la forme symplectique (6.74) est contenu dans $T_x(V^n)$. Il est en fait exactement formé des vecteurs proportionnels au vecteur $(X_0 + X_i\, \dot{w}^{i,n}, 1, -\frac{\partial \mathcal{H}_0}{\partial t}(t,q,p) - \frac{\partial \mathcal{H}_i}{\partial t}(t,q,p)\, \dot{w}^{i,n}(t))$.

La variété symplectique N représente exactement la réduction canonique de la variété coisotropique V^n au sens de Weinstein [58].

Notons alors qu'en passant à la limite en n, la composante "cotangente" à $t \in R^+$ devient singulière, et on ne peut pas définir de variété coisotropique limite des variétés V^n. Cependant les solutions des équations de Hamilton, qui sont les projections sur $R^+ \times N$ des caractéristiques de la forme (6.74) sur V^n convergent. L'une des explications de ce phénomène est que l'application ρ de V^n dans $N \times R^+$

$$(q,p,t, -\mathcal{H}_0(t,q,p) - \mathcal{H}_i(t,q,p)\, \dot{w}^{i,n}(t)) \rightarrow (q,p,t)$$

est toujours un difféomorphisme (par morceaux).

De même, il faut remarquer que si (q,p) varie dans une variété lagrangienne L de N, alors la sous-variété $\tilde{L}^n$ de $T^*(M \times R^+)$ image de $L \times R^+$ par l'application

$$(6.76) \qquad (q,p,t) \in N \times R^+ \to (\varphi_t^n(q,p),t,-\mathcal{H}_0(t,\varphi_t^n(\omega,q,p)) - \mathcal{H}_i(t,\varphi_t^n(\omega,q,p))\,\dot{w}^{i,n}(t))$$

est encore une variété lagrangienne par morceaux dans $T^*(M \times R^+)$ dont précisément l'image dans N par la réduction canonique précédente est la variété lagrangienne L. Quand n tend vers l'infini, la variété lagrangienne $\tilde{L}^n$ n'a pas de limite. Cependant, il faut encore noter que l'application (6.76) est toujours un difféomorphisme par morceaux, sans singularité : les singularités de la variété lagrangienne $\tilde{L}^n$ sont toujours des singularités à t constant, i.e. étant donné un t fixé des singularités de la variété lagrangienne de N $\varphi_t^n(\omega,L)$, qui elle a naturellement une "limite" quand n tend vers $+\infty$.

Notons alors qu'on peut définir l'indice de Morse d'une courbe de phase $s \to \varphi_s^n(\omega,x)$ $(x \in L)$ au temps t relativement à la variété lagrangienne L, i.e. le nombre de points $s \leq t$ où l'application $x \in L \to \pi\, \varphi_s^n(\omega,x)$ présente une singularité. Nous avons étendu cette définition au flot $\varphi_\cdot(\omega,.)$ à la Définition 2.10 Notons cependant que dans Arnold [3] Appendice 11, l'indice de Morse est identifié à l'indice de Maslov de la courbe

$$(6.77) \qquad s \in [0,t] \to (\varphi_s^n(\omega,x),s,-\mathcal{H}_0(s,\varphi_s^n(\omega,x))-\mathcal{H}_i(s,\varphi_s^n(\omega,x))\,\dot{w}^{i,n}(s))$$

dans la sous-variété lagrangienne $\tilde{L}^n$. Cette sous-variété n'ayant pas de limite, on ne peut naturellement interpréter l'indice de Morse comme un indice de Maslov, mais seulement comme une limite d'indices de Maslov.

Interprétons enfin l'équation de Hamilton-Jacobi généralisée.

Considérons en effet la variété $T^*(M \times R^+) \times R$ de point général $((q,p),t,H,\tilde{S}')$, muni de la structure de contact (Arnold [3] Appendice 4)

$$(6.78) \qquad d\tilde{S}' - p\,dq - H\,dt$$

Considérons la fonction Φ^n définie sur $\Omega \times T^*(M \times R^+) \times R$ par

$$(6.79) \qquad \Phi^n(\omega,q,p,t,H,\tilde{S}') = H + \mathcal{H}_0(t,q,p) + \mathcal{H}_i(t,q,p)\, \dot{w}^{i,n}(t)$$

et E^n la sous-variété définie par

$$(6.80) \qquad E^n = \{x \in T^*(M\times R^+)\times R : \Phi^n(\omega,x) = 0\}$$

Alors en chaque point de E^n tel que $t \neq k/2^n$, $T_x(E^n)$ est transversal à l'hyperplan de contact C_x défini par

$$(6.81) \qquad d\tilde{S}' - pdq - Hdt = 0$$

On procède alors comme Arnold dans [3] Appendice 4. Comme $d\Phi^n(\omega,x)$ définit une forme linéaire non nulle sur C_x, il existe un et un seul vecteur $\xi^n \in C_x$ dit vecteur caractéristique de E^n au point x tel que pour tout $X \in C_x$, on a

$$(6.82) \qquad d\Phi^n(\omega,x)(X) = (dp \wedge dq + dH \wedge dt)(X,\xi^n)$$

Le vecteur ξ^n est donné ici par

$$(6.83) \qquad \xi^n = ((Id\Phi)(\omega,q,p,t,H), \langle p, \frac{\partial}{\partial p}(\mathcal{H}_0(t,q,p) + \mathcal{H}_i(t,q,p)\, \dot{w}^{i,n}(t))\rangle + H)$$

où l'opérateur I est calculé relativement à la forme symplectique (6.74) sur $T^*(M \times R^+)$ ou encore, en coordonnées locales

$$(6.84) \qquad \xi^n = (\frac{\partial}{\partial p}(\mathcal{H}_0 + \mathcal{H}_i\, \dot{w}^{i,n}), -\frac{\partial}{\partial q}(\mathcal{H}_0 + \mathcal{H}_i\, \dot{w}^{i,n}), 1,$$
$$-\frac{\partial}{\partial t}(\mathcal{H}_0 + \mathcal{H}_i\, \dot{w}^{i,n}), \langle p, \frac{\partial}{\partial p}(\mathcal{H}_0 + \mathcal{H}_i\, \dot{w}^{i,n})\rangle + H)$$

et ξ^n est tangent à E^n.

Considérons alors la sous-variété I^n de E^n formée des points $(q,p,t,H,\tilde{S}')$ de $T^*(M \times R^+) \times R$ tels que

$$(6.85) \qquad p = \frac{\partial j}{\partial q}(q), \; t=0, \; H = -\mathcal{H}_o(o,q,p) - \mathcal{H}_i(o,q,p)\, \dot{w}^{i,n}(0), \; \tilde{S}' = j(q)$$

Alors la forme de contact s'annule trivialement sur I^n.

De plus, en considérant les courbes intégrales du champ de vecteurs ξ_n caractéristiques passant par I_n -ces courbes sont dites caractéristiques- par le Théorème de [3] Appendice 4, on sait que ces courbes engendrent localement une sous-variété legendrienne(i.e. telle que la forme de contact y soit nulle) par morceaux qui est ici précisément formée ici des points

$$(6.86) \qquad (\varphi_t^n(\omega,q,p), t, -\mathcal{H}_o(t,\varphi_t^n(\omega,q,p)) - \mathcal{H}_i(t,\varphi_t^n(\omega,q,p))\, \dot{w}^{i,n}(t), \; R_t(\omega,q,p) + j(q))_{(q,p)\in L_j}$$

que pour t assez petit, on peut précisément écrire sous la forme

$$(6.87) \qquad (Q, \frac{\partial \tilde{S}'^n}{\partial Q}t(\omega,Q), \; t, \; \frac{\partial \tilde{S}'^n}{\partial t}t(\omega,Q), \; \tilde{S}_t'^n(\omega,Q))_{Q\in \mathcal{V}^2}$$

On a ainsi résolu localement l'équation de Hamilton-Jacobi (6.71) par une technique qui s'applique à toutes les équations aux dérivées partielles du premier ordre.

Quand n tend vers l'infini, les variétés E^n n'ont naturellement pas de "limite", et il n'y a naturellement plus de variété legendrienne associée à l'équation de Hamilton-Jacobi généralisée (6.72). Nous avons vu cependant qu'on intègre encore l'équation de Hamilton-Jacobi par la méthode des caractéristiques.

7. Changements de coordonnées dans l'équation de Hamilton-Jacobi et résolution markovienne de cette équation.

L'objet de cette section est de traiter deux problèmes distincts, mais qui sont en fait profondément liés.

Le premier problème est celui de l'utilisation des équations de Hamilton-Jacobi pour la résolution explicite des équations de Hamilton stochastiques par un changement de variables. L'utilisation de cette technique est en effet l'un des plus puissants outils pour la résolution des équations de Hamilton dans le cas déterministe (voir Arnold [3] - 9).

Le second problème est lié à l'observation que dans les problèmes de contrôle des diffusions markoviennes, la fonction coût ne dépend que de (t,q) et pas de ω. On est donc conduit à se demander quelles conditions il faut imposer à $\mathcal{H}_0,\ldots,\mathcal{H}_m$ dans (6.72) pour qu'effectivement $\tilde{S}'$ soit une fonction non aléatoire. L'étude de ce problème nous donnera au chapitre VII des informations précieuses pour l'étude du contrôle des diffusions markoviennes.

Dans le paragraphe a) nous rappelons brièvement la technique d'intégration des équations de Hamilton à l'aide des équations de Hamilton-Jacobi dans le cas déterministe.

Dana le paragraphe b), on étudie le même problème dans le cas des équations de Hamilton stochastiques.

Dans le paragraphe c), on examine à quelles conditions la solution d'une équation de Hamilton-Jacobi stochastique peut être déterministe.

Puis, dans le paragraphe d), on examine les conséquences des conditions déterminées dans les paragraphes précédents, qui sont en particulier liées aux propriétés de commutation des $\mathcal{H}_i (i=0,\dots,m)$.

Au paragraphe e), on examine les applications des résultats du paragraphe d) pour les changements de variable permettant l'intégration des équations de Hamilton. Enfin, au paragraphe f), on examine les applications des résultats du paragraphe d) à l'existence d'une solution déterministe de l'équation de Hamilton.

a) Changements de coordonnées dans le cas déterministe

Rappelons brièvement, d'après Arnold [3] - 9, le principe de l'intégration des équations de Hamilton à l'aide des équations de Hamilton-Jacobi dans le cas déterministe i.e. si $\mathcal{H}_1 = \dots = \mathcal{H}_m = 0$. On suppose pour simplifier que $M = R^d$.

Le principe est de construire une famille $\{\Psi_t\}_{t\in R^+}$ de difféomorphismes symplectiques de N tels que $(t,q,p) \to (Q,P) = \Psi_t(q,p)$ est une application C^∞ et que

$$(7.1) \qquad - PdQ + pdq = d_{M\times M}\, S'(t,q,Q)$$

où S' est une fonction C^∞ définie sur $R^+ \times M\times M$ à valeurs réelles, et ou Ψ_0 n'est pas nécessairement égal à l'identité. La famille Ψ_t peut être naturellement construite à partir d'un flot hamiltonien de hamiltonien $K(t,(q,p))$.

Supposons que pour tout $t \in R^+$, l'application

$$(7.2) \qquad (q,p) \xrightarrow[\gamma_t]{} (q,\pi\Psi_t(q,p))$$

soit un difféomorphisme.

On vérifie alors très simplement que le nouveau flot de difféomorphismes symplectiques

$$(7.3) \qquad \varphi'_t = \Psi_t \cdot \varphi_t \cdot \Psi_o^{-1}$$

est précisément le flot associé au nouvel hamiltonien

$$(7.4) \qquad \mathcal{H}'_o(t,(q,p)) = \mathcal{H}_o(t,\Psi_t^{-1}(q,p)) + \frac{\partial S'}{\partial t}(t,\mathcal{J}_t\Psi_t^{-1}(q,p))$$

De (7.1) on tire,

$$(7.5) \qquad p(\mathcal{J}_t^{-1}(q,Q)) = \frac{\partial S'}{\partial q}(t,q,Q)$$

$$p(\Psi_t(\mathcal{J}_t^{-1}(q,Q))) = -\frac{\partial S'}{\partial Q}(t,q,Q)$$

En notant que

$$(7.6) \qquad \Psi_t(q,p) = (Q,P) \qquad \mathcal{J}_t(q,p) = (q,Q)$$

(7.5) s'écrit

$$(7.7) \qquad p = \frac{\partial S'}{\partial q}(t,q,Q)$$

$$P = -\frac{\partial S'}{\partial Q}(t,q,Q)$$

Dans les coordonnées (Q,P), par (7.4), on a

$$(7.8) \qquad \mathcal{H}'_o(t, Q,P) = \mathcal{H}_o(t,q, \frac{\partial S'_t}{\partial q}(q,Q)) + \frac{\partial S'}{\partial t}(t,q,Q)$$

Supposons alors qu'on ait su intégrer les équations de Hamilton-Jacobi

$$(7.9) \qquad \frac{\partial S'}{\partial t}(t,q,Q) + \mathcal{H}_o(t,q, \frac{\partial S'}{\partial q}(q,Q)) = K_o(t,Q)$$

où K_o est une fonction C^∞.

Alors, en posant

(7.10) $$p = \frac{\partial S'}{\partial q}(t,q,Q)$$

si $\frac{\partial^2 S'}{\partial q \partial Q}$ est inversible, on peut résoudre localement (7.10) en Q et définir ainsi une fonction $Q(q,p)$. La formule

(7.11) $$P = \frac{-\partial S'}{\partial Q}(t,q,Q(q,p))$$

permet de définir localement une famille Ψ_t de difféomorphismes symplectiques $(q,p) \rightarrow (Q,P)$.

Dans les "coordonnées" (Q,P), grâce à (7.8)-(7.9), le nouvel hamiltonien s'écrit $K(t,Q)$ ce qui implique que dans ces nouvelles coordonnées, le flot φ_t s'écrit

(7.12) $$\begin{aligned} dQ &= 0 \\ dP &= -\frac{\partial K}{\partial Q}o(t,Q)\, dt \end{aligned}$$

Ainsi Q est une intégrale première du flot $\varphi_t(\cdot)$.

De (7.12), on déduit immédiatement P, et en inversant la transformation Ψ_t la trajectoire $\varphi_t(q,p)$.

b) Changements de coordonnées pour les diffusions hamiltoniennes

Nous allons poser ici un problème de changements de coordonnées permettant de généraliser ce que nous avons fait dans le cas déterministe.

Plus précisément, nous allons demander s'il existe une famille de difféomorphismes symplectiques Ψ_t ; $(q,p) \rightarrow (Q,P)$ de N dans N tels que lu dans les coordonnées (Q,P) les équations de Hamilton stochastiques soient effectivement intégrables. Nous demandons naturellement que le flot Ψ_t de difféomorphismes soit fixe, i.e. ne dépende pas de ω.

Nous reprenons l'appareil développé dans l'introduction. Tous les résultats ayant un caractère local, nous pouvons sans difficulté supposer que $M = R^d$. Par ailleurs, pour éviter des discussions interminables sur des théorèmes de fonctions implicites, nous supposerons souvent que des hypothèses à caractère local sont vérifiées globalement sur tout R^d ou tout $R^d \times R^d$.

On suppose donc vérifiées les hypothèses des sections 2-3 de ce chapitre, et on suppose que $M = R^d$. On a alors le résultat fondamental

<u>Théorème 7.1</u> : Soit $\Psi_t(q,p)$ une application C^∞ de $R^+ \times N$ dans N, telle que, pour tout $t \in R^+$, Ψ_t soit un difféomorphisme symplectique de N sur N. On pose

$$(7.13) \qquad \Psi_t(q,p) = (Q_t, P_t)$$

On suppose de plus qu'il existe une fonction $S(t,q,Q)$ C^∞ définie sur $R^+ \times R^d \times R^d$ à valeurs réelles telle que, pour tout $t \in R^+$

$$(7.14) \qquad p = \frac{\partial S}{\partial q}(t,q,Q_t) \qquad P_t = -\frac{\partial S}{\partial Q}(t,q,Q_t)$$

On suppose enfin qu'il existe des fonctions C^∞ $K_o,\dots,K_m$ définies sur $R^+ \times R^d$ à valeurs dans R telles que

$$(7.15) \qquad \begin{aligned} &\frac{\partial S}{\partial t}(t,q,Q) + \mathcal{H}_o(t,q,\frac{\partial S}{\partial q}(t,q,Q)) = K_o(t,Q) \\ &\mathcal{H}_1(t,q,\frac{\partial S}{\partial q}(t,q,Q)) = K_1(t,Q) \\ &\vdots \\ &\mathcal{H}_m(t,q,\frac{\partial S}{\partial q}(t,q,Q)) = K_m(t,Q) \end{aligned}$$

Alors la famille de difféomorphismes aléatoires définie par

$$(7.16) \qquad \varphi'_t(\omega,\cdot) = \Psi_t \, \varphi_t(\omega,\cdot) \Psi_o^{-1}$$

est précisément le flot symplectique associé aux hamiltoniens $K_o(t,Q),\dots K_m(t,Q)$, i.e. en posant

$$(7.17)\qquad (Q_t, P_t) = (\Psi_t \circ \varphi_t)(q_o, p_o)$$

on a

$$(7.18)\qquad \begin{aligned} dQ &= 0 \\ dP &= -\frac{\partial K_o}{\partial Q}(t,Q)dt - \frac{\partial K_i}{\partial Q}(t,Q)\, dw^i \end{aligned}$$

qui s'intègre explicitement sous la forme

$$(7.19)\qquad \begin{aligned} Q &= Q_o \\ P_t &= P_o - \int_0^t \frac{\partial K_o}{\partial Q}(s, Q_o)ds - \int_0^t \frac{\partial K_i}{\partial Q}(s, Q_o)\, dw^i \end{aligned}$$

<u>Preuve</u> : De la relation

$$(7.20)\qquad pdq - P_t d\, Q_t = d_{(q,Q)}S$$

on tire sans difficulté

$$(7.21)\qquad \begin{aligned} pdq - \mathcal{H}_o(t,q,p)dt - \mathcal{H}_i(t,q,p)\, dw^i = PdQ - (\frac{\partial S}{\partial t}(t,q,Q) + \mathcal{H}_o(t,q,p))dt \\ - \mathcal{H}_i(t,q,p)\, dw^i + dS \end{aligned}$$

ou encore

$$(7.22)\qquad pdq - \mathcal{H}_o(t,q,p)dt - \mathcal{H}_i(t,q,p).\, dw^i = PdQ - K_o(t,Q)dt - K_i(t,Q).dw^i + dS$$

On en déduit donc

$$(7.23)\qquad dp \wedge dq + dt \wedge d\mathcal{H}_o + dw^i \wedge d\mathcal{H}_i = dP \wedge dQ + dt \wedge dK_o + dw^i \wedge dK_i$$

On en déduit par un raisonnement simple que les champs $X_o, \ldots, X_m$ lus dans les coordonnées (P_t, Q_t) sont effectivement les champs de hamiltonien $K_o, \ldots, K_m$.

(7.18) et (7.19) en résultent immédiatement. □

<u>Remarque 1</u> : On vérifie aussi trivialement ce résultat en raisonnant sur les approximations $\varphi^n_.(\omega,.)$.

<u>Corollaire</u> : Si S est une fonction C^∞ définie sur $R^d \times R^d$ à valeurs dans R, si de plus $\frac{\partial^2 S}{\partial q \partial Q}(q_o, Q_o)$ est inversible, alors il existe un voisinage ouvert $\mathcal{V}^1$ de $(q_o, \frac{\partial S}{\partial q}(q_o, Q_o))$ dans $N = R^d \times R^d$ et un voisinage ouvert $\mathcal{V}^2$ de $(Q_o, -\frac{\partial S}{\partial Q}(q_o, Q_o))$ dans N tel que les relations

$$(7.24) \qquad \frac{\partial S}{\partial q}(q,Q) = p \qquad \frac{\partial S}{\partial Q}(q,Q) = -P$$

définissent sans ambiguité une difféomorphisme symplectique Ψ de $\mathcal{V}^1$ sur $\mathcal{V}^2$ $(q,p) \to (Q,P)$. Si de plus $\mathcal{H}_o \dots \mathcal{H}_m$ ne dépendent pas explicitement de t, et si S est solution du système d'équations aux dérivées partielles

$$(7.25) \qquad \begin{aligned} \mathcal{H}_o(q, \frac{\partial S}{\partial q}(q,Q)) &= K_o(Q) \\ \mathcal{H}_1(q, \frac{\partial S}{\partial q}(q,Q)) &= K_1(Q) \\ &\vdots \\ \mathcal{H}_m(q, \frac{\partial S}{\partial q}(q,Q)) &= K_m(Q) \end{aligned}$$

où $K_o, \dots, K_m$ sont des fonctions C^∞ sur R^d, alors localement, le flot $\varphi'_t(\omega,\cdot) = \Psi\varphi_t(\omega,\cdot)\Psi^{-1}$ est le flot symplectique associé aux hamiltoniens $K_o(Q), \dots, K_m(Q)$. En posant

$$(7.26) \qquad (Q_t, P_t) = \Psi \circ \varphi_t(\omega,\cdot)\Psi^{-1}(Q_o, P_o)$$

on a donc

$$(7.27) \qquad \begin{aligned} dQ &= 0 \\ dP &= -\frac{\partial K_o}{\partial Q}\, dt - \frac{\partial K_i}{\partial Q}\, dw^i \end{aligned}$$

et ainsi

(7.28)
$$Q_t = Q_o$$
$$P_t = P_o - t\,\frac{\partial K_o}{\partial Q}(Q_o) - w_t^i\,\frac{\partial K_i}{\partial Q}(Q_o)$$

<u>Preuve</u> : La possibilité de définir Ψ résulte sans difficulté du Théorème des fonctions implicites. La relation

(7.29) $$pdq - PdQ = dS$$

montre que Ψ est symplectique. On poursuit le raisonnement comme précédemment. □

<u>Remarque 2</u> : On peut mettre la formule (7.19) sous la forme

(7.30) $$Q_t = Q_o \quad P_t = P_o - \int_0^t \frac{\partial K_o}{\partial s}(s,Q_o)ds - w_t^i\,\frac{\partial K_i}{\partial Q}(t,Q_o) + \int_0^t w^i\,\frac{\partial^2 K_i}{\partial s\partial Q}(s,Q_o)\,ds$$

(7.30) montre qu'on peut intégrer les équations (7.18) et (7.20) trajectoire par trajectoire de $(w^1\ldots w^m)$ i.e. sans utiliser spécifiquement le fait que w a la loi d'un mouvement brownien. En notant que $\Psi_t^{-1}(Q_t,P_t)$ est alors solution des équations de Hamilton-Jacobi stochastiques, ceci signifie qu'on a intégré des équations trajectoires de w par trajectoire de w. Or les résultats de Doss [63] et Sussmann [55] montrent qu'une telle intégration est possible dès lors que les champs de vecteurs tangents à $N \times R^+$ $(X_1(t,x),1),\ldots,(X_m(t,x),1)$ commutent. Nous verrons au paragraphe f) que c'est ici pratiquement le cas.

c) <u>Résolution markovienne de l'équation de Hamilton-Jacobi</u>

Nous allons maintenant chercher des conditions sous lesquelles la fonction $\tilde{S}_t'(\omega,Q)$ définie en (6.46) ne dépend pas de ω. On reprend en effet ici l'ensemble des hypothèses et notations du Théorème 6.14.

On a alors

<u>Théorème 7.2</u> : S'il existe une solution $S(t,Q)$ C^∞ sur $R^+ \times M$ du système

$$\frac{\partial S}{\partial t} + \mathcal{H}_0(t,Q,\frac{\partial S}{\partial Q}(t,Q)) = 0$$

(7.31) $$\mathcal{H}_1(t,Q,\frac{\partial S}{\partial Q}(t,Q)) = 0$$

$$\vdots$$

$$\mathcal{H}_m(t,Q,\frac{\partial S}{\partial Q}(t,Q)) = 0$$

$$S(0,Q) = j(Q)$$

alors pour $t \leq T'$, $Q' \in V^2$, $\tilde{S}'_t(\omega,Q')$est donné par $S(t,Q')$.

<u>Preuve</u> : On pose

(7.32) $$p(t,q) = \frac{\partial S}{\partial q}(t,q)$$

De la première égalité de (7.31), on tire

(7.33) $$\frac{\partial p}{\partial t} + \frac{\partial}{\partial q}[\mathcal{H}_0(t,q,\frac{\partial S}{\partial q})] = 0$$

Soit alors q_t la solution sur $[0,T'']$ (où T'' est un temps d'arrêt > 0) de l'équation de Stratonovitch

(7.34) $$dq = \frac{\partial \mathcal{H}_0}{\partial p}(t,q,\frac{\partial S}{\partial q}(t,q))dt + \frac{\partial \mathcal{H}_i}{\partial p}(t,q,\frac{\partial S}{\partial q}(t,q)).\, dw^i$$

$$q(o) = Q'$$

Par la formule de Stratonovitch, on a

(7.35) $$dp = [-\frac{\partial}{\partial q}[\mathcal{H}_0(t,q_t,\frac{\partial S}{\partial q}(t,q_t))] + \frac{\partial^2 S}{\partial q^2}(t,q_t)(\frac{\partial \mathcal{H}_0}{\partial p}(t,q,\frac{\partial S}{\partial q}(t,q_t)))]dt +$$

$$+ \frac{\partial^2 S}{\partial q^2}(t,q_t)\,\frac{\partial \mathcal{H}_i}{\partial p}(t,q,\frac{\partial S}{\partial q}(t,q)).\, dw^i$$

$$= -\frac{\partial \mathcal{H}_0}{\partial q}(t,q,\frac{\partial S}{\partial q}(t,q_t))dt + \frac{\partial^2 S}{\partial q^2}(t,q_t)\,\frac{\partial \mathcal{H}_i}{\partial p}(t,q,\frac{\partial S}{\partial q}).\, dw^i$$

Or de (7.31), on tire que

$$(7.36)\qquad \frac{\partial^2 S}{\partial q^2}(t,q)\ \frac{\partial \mathcal{H}_i}{\partial p}(t,q,\frac{\partial S}{\partial q}) = -\ \frac{\partial \mathcal{H}_i}{\partial q}(t,q,\frac{\partial S}{\partial q}(t,q))$$

De (7.34)-(7.35), il résulte immédiatement que si q_t est donné par (7.34), alors $(q_t, \frac{\partial S}{\partial q}(t,q_t))$ est précisément égal à $\varphi_t(\omega,Q', \frac{\partial j}{\partial q}(Q'))$. On peut ainsi définir la solution de (7.34) sur $[0, +\infty[$.

On a donc

$$(7.37)\qquad S(t,q_t) = j(Q')+\int_0^t < \frac{\partial S}{\partial q}(s,q_s),dq>-\int_0^t \mathcal{H}_o(s,q_s, \frac{\partial S}{\partial q}(s,q_s))ds$$

ou encore

$$(7.38)\qquad S(t,q_t) = j(Q')+\int_0^t<p(\varphi_s(\omega,(Q',\frac{\partial j}{\partial q}(Q')))),\pi^* X_o(s,\varphi_s(\omega,Q',\frac{\partial j}{\partial q}(Q')))> ds$$

$$+\int_0^t<p(\varphi_s(\omega,(Q',\frac{\partial j}{\partial q}(Q')))),\pi^* X_i(s,\varphi_s(\omega,Q',\frac{\partial j}{\partial q}(Q')))>.\ dw^i$$

$$-\int_0^t \mathcal{H}_o(s,\varphi_s(\omega,\ Q',\frac{\partial j}{\partial q}(Q')))ds-\int_0^t \mathcal{H}_i(s,\varphi_s(\omega,Q',\frac{\partial j}{\partial q}(Q'))).\ dw^i$$

et donc

$$(7.39)\qquad S(t,\pi\ \varphi_t(\omega,Q',\frac{\partial j}{\partial q}(Q'))) = R_t(\omega,Q',\frac{\partial j}{\partial q}(Q'))$$

comme les deux membres sont p.s continus en (t,Q'), l'égalité (7.39) a donc lieu en dehors d'un négligeable fixe pour tout (t,Q'). On en déduit en particulier que pour $t \leq T'$, pour $Q' \in \mathcal{V}^2$, on a

$$(7.40)\qquad S(t,Q') = \tilde{S}'_t(\omega,Q')\ . \quad \square$$

<u>Remarque 3</u> : Pour simplifier l'énoncé, nous n'avons mis dans (7.31) aucune restriction sur (t,Q). En fait chacune des équations étant une équation de Hamilton-

Jacobi classique, chacune des équations de (7.31) n'a de solution bien définie que localement. Il faut aussi noter que si (7.31) est vérifiée, il existe un négligeable $\mathcal{N}$ tel que si $\omega \notin \mathcal{N}$, pour tout $t \geq 0$, l'image par $\varphi_t(\omega,.)$ de la variété lagrangienne L_j est la variété lagrangienne $L_{S(t,.)}$

Cela signifie que la variété image $L_{S(t,.)}$ est une variété fixe, i.e. ne dépendant pas de ω.

d) Propriétés de commutation des hamiltoniens

On suppose de nouveau que M est une variété générale, ceci pour effectuer des raisonnements intrinsèques.

Pour Q fixé dans M, on peut remarquer que (7.15) peut être mis sous la forme

$$
(7.41) \qquad
\begin{aligned}
&\frac{\partial S^Q}{\partial t} + \mathcal{H}_0\left(t,q,\frac{\partial S^Q}{\partial q}(t,q)\right) - K_0^Q(t) = 0 \\
&\mathcal{H}_1\left(t,q,\frac{\partial S^Q}{\partial q}(t,q)\right) - K_1^Q(t) = 0 \\
&\vdots \\
&\mathcal{H}_m\left(t,q,\frac{\partial S^Q}{\partial q}(t,q)\right) - K_m^Q(t) = 0
\end{aligned}
$$

où $S^Q(t,q)$, $K_i^Q(t)$ sont les fonctions $S(t,q,Q)$, $K_i(t,Q)$. (7.31) est de la forme (7.41).

On considère de nouveau, comme au paragraphe 6 g) le fibré cotangent $T^*(M \times R^+)$, de point général (q,p,t,H). Pour $x = (q,p,t,H) \in T^*(M \times R^+)$, et $Q \in M$, on pose

$$
(7.42) \qquad
\begin{aligned}
&\mathcal{H}'^Q_o(q,p,t,H) = H + \mathcal{H}_0(t,q,p) - K_0^Q(t) \\
&\mathcal{H}'^Q_1(q,p,t,H) = \mathcal{H}_1(t,q,p) - K_1^Q(t) \\
&\vdots \\
&\mathcal{H}'^Q_m(q,p,t,H) = \mathcal{H}_m(t,q,p) - K_m^Q(t)
\end{aligned}
$$

La relation (7.41) signifie que les hamiltoniens $\mathcal{H}'^{Q}_{o},\dots,\mathcal{H}'^{Q}_{m}$ sont nuls sur la sous-variété lagrangienne L'_S de $T^*(M \times R^+)$ définie par

$$(7.43) \qquad \{(q,p,t,H) \; ; \; p = \frac{\partial S^Q}{\partial q}(t,q), \; H = \frac{\partial S^Q}{\partial t}(t,q)\}$$

Soit donc N' une variété symplectique de classe C^∞ de dimension 2d. On note S' la 2-forme symplectique sur N'.
Soit $\mathcal{H}'_o,\dots,\mathcal{H}'_m$ m+1 fonctions C^∞ sur N' et L' une sous-variété lagrangienne de N'. On va montrer des propriétés élémentaires de L', $\mathcal{H}'_o,\dots,\mathcal{H}'_m$, si on suppose que $\mathcal{H}'_o,\dots,\mathcal{H}'_m$ sont constantes sur L'.

On a tout d'abord un résultat élémentaire.

Proposition 7.3 : Pour qu'une fonction $\mathcal{H}$ C^∞ sur N' à valeurs réelles soit localement constante sur une sous-variété lagrangienne L', il faut et il suffit que L' soit stable par le flot de hamiltonien $\mathcal{H}$ i.e. que $I'd\,\mathcal{H}(x)$ soit tangent à L' en chaque point x de L'.

Preuve : Pour que $\mathcal{H}$ soit constante localement sur L', il faut et il suffit que si $x \in L'$, $d\mathcal{H}(x)$ s'annule sur tous les vecteurs de $T_x(L')$, ou encore que pour tout $X \in T_x(L')$, on ait $S'(I'd\mathcal{H},X) = 0$. Si $I'd\mathcal{H}(x) \in T_x(L')$, comme L' est lagrangienne, $\mathcal{H}$ est bien localement constant. Inversement si pour tout $X \in T_x(L')$, $S'(I\,d\mathcal{H},X) = 0$, comme $T_x(L')$ est identique à son orthogonal pour S' dans $T_x(N')$, on a $I'd\mathcal{H}(x) \in T_x(L')$. □

Rappelons qu'une sous-variété coisotropique est une sous-variété telle qu'en chacun de ses points, le plan tangent à la sous-variété contient son orthogonal pour la forme S'.

On a alors

Théorème 7.4. Soit L' une sous-variété coisotropique. Si $\mathcal{H}'_0, \ldots, \mathcal{H}'_m$ sont m+1 fonctions C^∞ sur N' à valeurs réelles localement constantes sur L', alors tous les commutateurs $\{\mathcal{H}'_i, \mathcal{H}'_j\}$, $\{\mathcal{H}'_i, \{\mathcal{H}'_j, \mathcal{H}_k\}\}$ ... sont nuls sur L' et L' est stable par les flots de hamiltonien $\mathcal{H}'_0, \ldots, \mathcal{H}'_m$.

Preuve : Si $x \in L'$, pour tout $X \in T_x(L')$, on a $d\mathcal{H}'_i(x)(X) = 0$ et donc $S'(Id\mathcal{H}_i(x), X) = 0$. Comme L' est coisotropique, $I'd\mathcal{H}_i(x) \in T_x(L')$. L' est bien stable par les flots de hamiltonien $\mathcal{H}'_0, \ldots, \mathcal{H}'_m$. De plus les $I'd\mathcal{H}'_i(x)$ sont mutuellement orthogonaux pour la forme S' sur L'. Les commutateurs $\{\mathcal{H}_i, \mathcal{H}_j\}$ sont donc bien nuls sur L'. On itère la raisonnement pour les commutateurs successifs. □

On a une réciproque partielle à ce résultat.

Théorème 7.5 : Soit $\mathcal{H}'_0, \ldots, \mathcal{H}'_m$ m+1 fonctions C^∞ sur N' localement constants sur une sous-variété L' de dimension k avec $m+1 \geq 2d-k$, tels que en tout point de L' les formes $d\mathcal{H}'_0(x) \ldots d\mathcal{H}'_m(x)$ soient de rang 2d-k . Si tous les commutateurs $\{\mathcal{H}'_i, \mathcal{H}'_j\}_{0 \leq i, j \leq m}$ sont nuls sur L', alors L' est coisotropique (et donc k est $\geq$ d).

Preuve : Comme les commutateurs $\{\mathcal{H}'_i, \mathcal{H}'_j\}$ sont nuls en chaque point x de L', on a $S(I'd\mathcal{H}_i(x), I'd\mathcal{H}_j(x)) = d\mathcal{H}'_j(x)(I'd\mathcal{H}_i(x)) = 0$.

Or d'après la condition de rang, on peut écrire

$$(7.44) \qquad T_x(L') = \{X \in T_x(M') \; ; \; d\mathcal{H}'_0(x)(X) = \ldots = d\mathcal{H}'_m(X) = 0\}$$

On en déduit immédiatement que pour tout j=0,...,m, on a $Id\mathcal{H}_j(x) \in T_x(L')$. Comme l'orthogonal de T_xL' pour S' est exactement de dimension 2d-k, on en déduit qu'il est engendré par $I'd\mathcal{H}'_0(x), \ldots, I'd\mathcal{H}'_m(x)$ et donc que L' est coisotropique . □

e) Applications des propriétés de commutations au changement de variables

On va déduire des résultats du paragraphe précédant des propriétés des hamiltoniens $\mathcal{H}_o,\ldots,\mathcal{H}_m$ quand les équations (7.15) ou (7.25) sont vérifiées.

On a tout d'abord

Théorème 7.6. : Sous les hypothèses du Théorème 7.1, si le système (7.15) a une solution, alors on a

(7.45)
$$1 \leq i,j \leq m \qquad \{\mathcal{H}_i,\mathcal{H}_j\}\,(t,q,p) = 0 \quad \text{sur} \quad R^+\times N$$
$$1 \leq i \leq m \qquad \{\mathcal{H}_i,\mathcal{H}_o\}\,(t,q,p) + \frac{\partial \mathcal{H}_i}{\partial t}(t,q,p) = \frac{\partial K_i(Q(t,q,p),t)}{\partial t} \quad \text{sur } R^+\times N$$

(les commutateurs sont calculés dans N, à t constant).

Preuve : Pour $(q,p,t) \in N \times R^+$, soit $Q = \pi\,\Psi_t(q,p)$. Alors la fonction S^Q vérifie (7.41).

En appliquant le Théorème 7.4 à la variété lagrangienne

(7.46)
$$L'_{S^Q} = (q',\ \frac{\partial S^Q}{\partial q}(t',q'),\ t',\ \frac{\partial S^Q}{\partial t'}(t',q'))$$

de $T^*(M\times R^+)$ et aux hamiltoniens $\mathcal{H}'^Q_o,\ldots,\mathcal{H}'^Q_m$ définis par (7.42), on en déduit que les commutateurs $\{\mathcal{H}'^Q_i,\ \mathcal{H}'^Q_j\}$ sont nuls sur la variété L_{S^Q}. Ils sont en particulier nuls au point $(q,\ \frac{\partial S^Q}{\partial q}(t,q),t,\ \frac{\partial S^Q}{\partial t}(t,q))$. Comme on a $p = \frac{\partial S^Q}{\partial q}(t,q)$, on vérifie immédiatement que les commutateurs de $\mathcal{H}'^Q_o,\ldots,\mathcal{H}'^Q_m$ sont nuls en $(q,p,t,\ \frac{\partial S^Q}{\partial t}(t,q))$, ce qui est équivalent à (7.45). □

Corollaire : Sous les hypothèses du corollaire du Théorème 7.1, si $\mathcal{H}_o\ldots\mathcal{H}_m$ ne dépendent pas de t, si le système (7.25) a une solution, alors localement, les hamiltoniens $\mathcal{H}_o\ldots\mathcal{H}_m$ commutent.

Preuve : On utilise le même raisonnement que précédemment. □

<u>Remarque 4</u> : Les propriétés de commutations sont facilement démontrables directement.

<u>Remarque 5</u> : Sous les hypothèses du corollaire du Théorème 7.6, on voit que les champs hamiltoniens X_0, $X_1,\dots,X_m$ commutent sur N. Par les résultats de Doss [63], Sussmann [55], on sait que les équations

$$(7.47) \qquad dx = X_0(x)dt + X_i(x).\,dw^i$$

sont intégrables trajectoire par trajectoire de w.

On a complètement élucidé dans ce cas les questions que nous nous étions posées à la Remarque 2.

<u>Remarque 6</u> : Supposons satisfaites les conclusions du corollaire du Théorème 7.6. Supposons de plus que m = d-1 et que en $(q_0,p_0) \in N$ le rang de $d\,\mathcal{H}_0(q,p),\dots$ $d\,\mathcal{H}_m(q,p)$ soit exactement d.

Alors, par le Théorème 7.5, on sait que

pour $Q=(Q_0,\dots,Q_m)$ assez proches de $\mathcal{H}_0(q_0,p_0),\dots,\mathcal{H}_m(q_0,p_0)$ les équations

$$(7.48) \qquad \begin{aligned} \mathcal{H}_0(q,p) &= Q_0 \\ &\vdots \\ \mathcal{H}_m(q,p) &= Q_m \end{aligned}$$

définissent localement une sous-variété lagrangienne L_Q.

En faisant une hypothèse de non singularité de ces variétés, on peut écrire que chacune d'entre elles s'obtient localement sous la forme $(q, \frac{\partial S^Q}{\partial q}(q))$. En recollant les S^Q, on résoud ainsi localement (7.25).

Notons que (7.48) représente un feuilletage de N par des sous-variétés lagrangiennes L_Q définies par (7.48) qui sont toutes stables par le flot $\varphi.(\omega,.)$.

f) Applications des propriétés de commutation aux solutions markoviennes.

On va enfin montrer quelles sont les propriétés des hamiltoniens $\mathcal{H}_0,\ldots,\mathcal{H}_m$ quand il existe une solution markovienne de l'équation de Hamilton-Jacobi comme au Théorème 7.2. On a en effet

Théorème 7.7 : Si $\mathcal{H}'_0,\ldots,\mathcal{H}'_m$ sont les fonctions C^∞ définies sur $T^*(M\times R^+)$ par

$$\begin{aligned}(7.49)\qquad &\mathcal{H}'_0(q,p,t,H) = H + \mathcal{H}_0(t,q,p)\\ &\mathcal{H}'_1(q,p,t,H) = \mathcal{H}_1(t,q,p)\\ &\vdots\\ &\mathcal{H}'_m(q,p,t,H) = \mathcal{H}_m(t,q,p)\end{aligned}$$

alors sous les hypothèses du Théorème 7.2, sur la variété lagrangienne L'_S de $T^*(M\times R^+)$ définie par

$$(7.50)\qquad L'_S = \{(q,p,t,H)\ ;\ p = \frac{\partial S}{\partial q}(t,q),\ H = \frac{\partial S}{\partial t}(t,q)\}$$

les commutateurs $\{\mathcal{H}'_i,\mathcal{H}'_j\}$, $\{\mathcal{H}'_i,\{\mathcal{H}'_j,\mathcal{H}'_i\}\},\ldots$ sont nuls. En particulier, pour tout t, si $L^t_S \in R^+$ est la variété lagrangienne de N définie par

$$(7.51)\qquad L^t_S = \{(q,p) \in N;\ p = \frac{\partial S(t,q)}{\partial q}\}$$

on a

$$(7.52)\qquad \begin{aligned} &1 \le i \le j \le m \qquad \{\mathcal{H}_i,\mathcal{H}_j\}(t,(q,p)) = 0 \quad \text{sur } L^t_S\\ &1 \le i \le m \qquad \{\mathcal{H}_i,\mathcal{H}_0\} + \frac{\partial \mathcal{H}_i}{\partial t} = 0 \quad \text{sur } L^t_S\end{aligned}$$

Il existe un négligeable fixe η tel que pour tout $\omega \notin \eta$, si $x \in L_j$ alors pour tout t, $\varphi_t(\omega, x) \in L^t_S$.

Réciproquement, si $m \ge d$, s'il existe une sous-variété L' de $T^*(M\times R^+)$

de dimension d+1 telle que les hamiltoniens $\mathcal{H}'_0, \ldots, \mathcal{H}'_m$ soient nuls sur L' ainsi que les commutateurs $\{\mathcal{H}'_i, \mathcal{H}'_j\}$, $0 \leq i, j \leq m$, si de plus en chaque point $x \in L'$ le rang des formes $d\mathcal{H}'_0, \ldots, d\mathcal{H}'_m$ est exactement d+1, alors L' est une variété lagrangienne.
Il existe un négligeable η de Ω tel que si $\omega \notin \eta$, si $(x, 0, -\mathcal{H}_0(0,x)) \in L'$ alors pour tout $t \geq 0$, $(\varphi_t(\omega,x), t, -\mathcal{H}_0(t, \varphi_t(\omega,x))) \in L'$.

Preuve : On raisonne comme au Théorème 7.6 pour obtenir la première partie du Théorème. De plus, par le Théorème 7.4, les champs $I'd\mathcal{H}'_0, \ldots, I'd\mathcal{H}'_m$ sont tangents à la variété L'_S. On en déduit immédiatement que si $x \in L_j$, alors $\varphi_t(\omega,x) \in L^t_S$. La réciproque résulte du Théorème 7.5. Si $(x,t,H) \in L'$, puisque $\mathcal{H}'_0$ est nulle sur L', on a $H = -\mathcal{H}_0(t,x)$. Par les théorèmes 7.4 et 7.5, les champs $I'd\mathcal{H}'_0, \ldots, I'd\mathcal{H}'_m$ sont encore tangents à L'. La fin du Théorème en résulte immédiatement. □

Corollaire : Si $\mathcal{H}_0, \ldots, \mathcal{H}_m$ ne dépendent pas explicitement de t, si S est une fonction C^∞ définie sur M à valeurs dans R telle qu'on ait

$$\begin{aligned} \mathcal{H}_0(q, \frac{\partial S}{\partial q}(q)) &= 0 \\ &\vdots \\ \mathcal{H}_m(q, \frac{\partial S}{\partial q}(q)) &= 0 \end{aligned} \tag{7.53}$$

alors les commutateurs $\{\mathcal{H}_i, \mathcal{H}_j\}, \{\mathcal{H}_i, \{\mathcal{H}_j, \mathcal{H}_k\}\} \ldots$ sont nuls sur L_S. Réciproquement, si $m \geq d-1$, s'il existe une sous-variété L de N de dimension d, telle que les hamiltoniens $\mathcal{H}_0, \ldots, \mathcal{H}_m$ soient nuls sur L ainsi que les commutateurs $\{\mathcal{H}_i, \mathcal{H}_j\}$, si en chaque point x de L, le rang de $d\mathcal{H}_0(x), \ldots, d\mathcal{H}_m(x)$ est exactement d, alors L est une variété lagrangienne de N. Il existe un négligeable η de Ω tel que si $\omega \notin \eta$, pour tout $(t,x) \in R^+ \times L$, on a $\varphi_t(\omega,x) \in L$.

Preuve : La preuve est la même que la preuve du Théorème précédent. □

Remarque 7 : Le corollaire est une spécialisation des résultats du Théorème 7.7 quand $\mathcal{H}_0, \ldots, \mathcal{H}_m$ et S ne dépendent pas de t.

Remarque 8 : Les résultats qui précèdent sont particulièrement intéressants. En effet, ils montrent que dans les problèmes d'optimisation markovienne, le fait même que la fonction coût V soit non aléatoire i.e. markovienne impose une certaine structure algébrique aux hamiltoniens sous-jacents (s'ils existent !). Nous aurons la possibilité de le vérifier au chapitre VII.

Remarque 9 : Il faut naturellement se garder de croire que le fait que les hamiltoniens commutent sur une sous-variété lagrangienne implique que les champs hamiltoniens associés commutent sur cette variété.

8. Applications

Nous allons maintenant donner deux exemples d'applications des techniques précédentes à la mécanique et au filtrage.

a) Particule dans un champ électromagnétique aléatoire

Dans l'exemple 1 de la section V.2, nous avons considéré les équations du mouvement d'une particule soumise à un potentiel aléatoire. Il faut noter que les hamiltoniens $\mathcal{H}_1,\ldots,\mathcal{H}_m$ définis en V-(2.6) commutent, ce qui permet de définir la solution de l'équation de Hamilton V-(2.8) pour n'importe quelle fonction $w = (w^1,\ldots,w^m)$ continue, sans utiliser spécifiquement le caractère brownien de w, et cela par les techniques de Doss [63], Sussmann [55]. Nous allons maintenant considérer un système plus complexe, où les hamiltoniens $\mathcal{H}_1,\ldots,\mathcal{H}_m$ ne commutent pas en général.

Nous suivons ici Landau-Lifchitz [68]-III.

Considérons en effet une particule de masse μ et de charge e soumise à un champ electromagnétique de potentiel vecteur (φ^n, A^n) avec

$$\varphi^n(t,q) = \varphi_0^n + \varphi_1 \dot{w}^{1,n} + \ldots + \varphi_m \dot{w}^{m,n} \tag{8.1}$$

$$A^n(t,q) = A_0 + A_1 \dot{w}^{1,n} + \ldots + A_m \dot{w}^{m,n}$$

D'après [68], si $\mathcal{H}^n(t,q,p)$ est l'hamiltonien (non relativiste) du système, on a

(8.2) $$\mathcal{H}^n(t,q,p) = \frac{1}{2\mu}\|p - \frac{e}{c} A^n\|^2 + e\,\varphi^n$$

Faisons tendre n vers $+\infty$. Pour que le système de hamiltonien $\mathcal{H}^n$ ait une limite, il faut que dans (8.2), la partie quadratique en $\dot{w}^n$ disparaisse. Or on a

(8.3) $$\mathcal{H}^n(t,q,p) = \frac{1}{2\mu}\|p - \frac{e}{c} A_o\|^2 + \frac{e^2}{2c^2\mu}\|A_1 \dot{w}^{1,n} + \ldots + A_m \dot{w}^{m,n}\|^2 -$$

$$- \frac{e}{\mu c} \langle p - \frac{e}{c} A_o, A_i\rangle \dot{w}^{i,n} + e\,\varphi_o^n + e\,\varphi_1 \dot{w}^{1,n} + \ldots + e\,\varphi_m \dot{w}^{m,n}$$

On fait donc l'hypothèse que pour tout n

(8.4) $$e\,\varphi_o^n + \frac{e^2}{2c^2\mu}\|A_1 \dot{w}^{1,n} + \ldots + A_m \dot{w}^{m,n}\|^2 = e\,\varphi_o'$$

Dans ces conditions, $\mathcal{H}^n$ devient

(8.5) $$\mathcal{H}^n = \frac{1}{2\mu}\|p - \frac{e}{c} A_o\|^2 + e\,\varphi_o' + (e\,\varphi_1 - \frac{e}{\mu c}\langle p - \frac{e}{c} A_o, A_1\rangle)\,\dot{w}^{1,n} + \ldots +$$

$$+ (e\,\varphi_m - \frac{e}{\mu c}\langle p - \frac{e}{c} A_o, A_m\rangle)\,\dot{w}^{m,n}$$

En utilisant le Théorème V-2.1, on voit que les trajectoires du système de Hamiltonien $\mathcal{H}^n$ convergent P.U.C. vers les trajectoires du système stochastique associé aux m+1 hamiltoniens

(8.6) $$\mathcal{H}_o = \frac{1}{2\mu}\|p - \frac{e}{c} A_o\|^2 + e\,\varphi_o'$$

$$\mathcal{H}_1 = -\frac{e}{\mu c}\langle p - \frac{e}{c} A_o, A_1\rangle + e\,\varphi_1$$

$$\vdots$$

$$\mathcal{H}_m = -\frac{e}{\mu c}\langle p - \frac{e}{c} A_o, A_m\rangle + e\,\varphi_m$$

Le système hamiltonien associé s'écrit

$$(8.7) \qquad dq = \frac{1}{\mu}(p - \frac{e}{c} A_o)dt - \frac{e}{\mu c} A_i \, dw^i$$

$$dp = [\frac{e}{c\mu} \frac{\partial \tilde{A}_o}{\partial q}(p - \frac{e}{c} A_o) - e \operatorname{grad} \varphi'_o]dt + [- \frac{e^2}{c^2\mu} \frac{\partial}{\partial q}\langle A_o, A_i\rangle +$$

$$+ \frac{e}{\mu c} \frac{\partial \tilde{A}_i}{\partial q} p - e \operatorname{grad} \varphi_i]. dw^i$$

Notons qu'en général, les hamiltoniens $\mathcal{H}_1, \ldots, \mathcal{H}_m$ ne commutent pas.

Du point de vue de la théorie des champs, par [68], on sait que pour le système associé à $\mathcal{H}^n$, le champ magnétique H^n est donné par

$$(8.8) \qquad H^n = \operatorname{rot} A^n = \operatorname{rot} A_o + (\operatorname{rot} A_1) \dot{w}^{1,n} + \ldots + (\operatorname{rot} A_m) \dot{w}^{m,n}$$

A la limite, le champ magnétique devient

$$(8.9) \qquad H = \operatorname{rot} A_o + \operatorname{rot} A_1 \frac{dw^1}{dt} + \ldots + \operatorname{rot} A_m \frac{dw^m}{dt}$$

i.e. il devient singulier, mais est descriptible comme distribution, en interprétant $\frac{dw}{dt}$ comme la dérivée de w au sens des distributions.

Le champ électrique E_n associé à $\mathcal{H}_n$ s'écrit

$$(8.10) \qquad E^n = \frac{\partial A^n}{\partial t} - \operatorname{grad} \varphi^n$$

Il est singulier au temps dyadiques. L'équation classique du mouvement d'une charge dans un champ électromagnétique

$$(8.11) \qquad \frac{\mu dv}{dt} = e E^n + \frac{e}{c} V \times H_n$$

montre qu'aux temps dyadiques, la particule change brusquement de vitesse. Bien que $\frac{\partial A^n}{\partial t}$ ait en général une limite au sens des distributions, (8.4) montre que grad φ^n ne converge pas, même au sens des distributions. Le champ E_n n'a donc pas de limite.

Notons qu'une interprétation physique correcte des équations (8.7) n'est pas possible, puisque la vitesse du mouvement brownien est infinie. Nous avons en fait passé à la limite sur les approximations non relativistes des équations du mouvement d'une particule dans un champ. Les équations (8.7) ne sont clairement pas invariantes par transformation de Lorentz.

b) Application au filtrage

Cette application résulte de discussions avec S.K. Mitter, qui a remarqué dans [70] qu'on peut obtenir des informations sur l'équation aux dérivées partielles du filtrage en examinant ses courbes caractéristiques. Il se trouve que celles-ci sont solution d'équations de Hamilton généralisées, qui ont exactement la structure examinée dans ce chapitre. Mitter a ainsi complété l'approche qu'a donné Bensoussan du filtrage linéaire [64].

Soit $\tilde{w} = (\tilde{w}^1,\dots,\tilde{w}^{m'})$ un mouvement brownien m' -dimensionnel. On considère l'équation différentielle stochastique

(8.12) $$dx = X_o(x)dt + X_i(x).\ d\tilde{w}^i$$
$$x(o) = q_o$$

à valeurs dans R^d($X_o,\dots,X_{m'}$ sont choisis comme au Chapitre I).

z désigne le processus d'observation m-dimensionnel défini par

(8.13) $$dz = C(x,z)dt + d\eta$$
$$z(o) = 0$$

où η est un mouvement brownien m-dimensionnel indépendant de $\tilde{w}$ et où C vérifie les mêmes hypothèses que $X_o,\dots,X_m$.

Il est bien connu [69] que la loi conditionnelle non normalisée du processus x relativement à la tribu $\mathcal{B}(z_s | s \leq T)$ est donnée par

(8.14) $$\exp\{\int_0^T \langle C(x,z),\delta z\rangle - \frac{1}{2}\int_0^T |C(x,z)|^2 dt\}\, d\,Q(x) = \exp\{\int_0^T \langle C(x,z),dz\rangle - \frac{1}{2}\int_0^T (|C(x,z)|^2 + \mathrm{div}_z\, C(x,z))dt\} dQ(x)$$

où Q est la loi de x définie en (8.12), où l'intégrale stochastique dans (8.14) est calculée relativement à un mouvement brownien z indépendant de x.

On peut alors chercher le maximum de vraisemblance pour la loi (8.14), ce qui revient à calculer les courbes caractéristiques de l'équation de filtrage non normalisée donnée dans [69].

Soit $\langle\ \rangle$ le produit scalaire sur les fibres de T^*R^d défini par

(8.15) $$p,p' \in T_x^* R^d \to \langle p,p'\rangle = \sum_1^{m'} \langle p, X_i(x)\rangle\langle p',X_i(x)\rangle$$

Supposons que $\langle\ \rangle$ soit définie positive en chaque point x -i.e. que $X_1,\ldots,X_{m'}$ est de rang maximum en chaque point x. Soit Γ la connexion de Levi-Civita associée [40]-IV, ∇ l'opérateur de dérivation covariante correspondant. Pour trouver le maximum de vraisemblance, on doit rendre extrémal sur l'ensemble des courbes $t \to q_t$ de classe C^1 telles que $q(o) = q$ le critère

(8.16) $$\int_0^T \frac{1}{2}\, ||\dot{q} - X_o(q)||^2 ds - \int_0^T C(q,z)dz + \int_0^T \frac{1}{2}(|C(q,z)|^2 + \mathrm{div}_z C(q,z))ds$$

où $||\ \ ||$ est la norme associée à la structure riemanienne.

Ici C dépend explicitement de z. Pour se ramener à un problème du type (4.38), on introduit le "nouveau" processus $z \in R^m$ qui s'écrit

(8.17) $$z_t = \int_0^t Z_o ds + \int_0^t Z_i \cdot dw^i$$

où w est un mouvement brownien m-dimensionnel donné.

On écrit q_t sous la forme

$$(8.18)\qquad q_t = q_0 + \int_0^t Q_0 \, ds + \int_0^t Q_i \cdot dw^i$$

mais naturellement, on impose à $Q_1,\dots,Q_m$ d'être égaux à 0.

Pour ramener le problème d'extrémalisation de (8.16) à la forme (4.38), il est naturel de poser

$$(8.19)\qquad L_0(q, z, Q_0, Z_0) = \frac{\|Q_0 - X_0(q)\|^2}{2} + \frac{1}{2}(|C(q,z)|^2 + \mathrm{div}_z C(q,z)) \quad \text{si } Z_0 = 0$$

$$\text{non défini si } Z_0 \neq 0$$

$$L_i(q,z, Q_i, Z_i) = - C^i(q,z) \text{ si } Q_i = 0,\ Z_i^j = \delta_i^j \ (1 \leq j \leq m)$$

$$\text{non défini si } Q_i \neq 0 \text{ ou } Z_i^j \neq \delta_i^j$$

On a donc bien un problème de la forme (4.38), où on extrémalise sur le couple de processus (q,z). Soit $(p,\tilde{p})$ les variables cotangentes associées à (q,z). Les hamiltoniens $\mathcal{H}_0,\dots,\mathcal{H}_m$ associés à (8.19) sont donnés par

$$(8.20)\qquad \mathcal{H}_0(q,z,p,\tilde{p}) = \langle p, X_0(q)\rangle + \frac{\|p\|^2}{2} - \frac{|C(q,z)|^2}{2} - \frac{\mathrm{div}_z\, C(q,z)}{2}$$

$$\mathcal{H}_i(q,z,p,\tilde{p}) = \tilde{p}_i + C_i(q,z)$$

Les équations hamiltoniennes généralisées s'écrivent

$$(8.21)\qquad dq = (X_0(q) + p)\, dt$$

$$q(0) = q_0$$

$$Dp = [-\langle p, \nabla_{\cdot} X_0(q)\rangle + \langle C(q,z), \nabla^q_{\cdot} C(q,z)\rangle + \frac{1}{2} \mathrm{grad}_q\, \mathrm{div}_z\, C(q,z)]dt$$

$$p_T = 0 \qquad\qquad - \mathrm{grad}_q\, C^i(q,z) \cdot dw^i$$

$$dz = dw$$

$$z(o) = 0$$

$$d\tilde{p} = (\langle C(q,z), \text{grad}_z C(q,z)\rangle + \frac{1}{2}\, \text{grad}_z\, \text{div}_z\, C(q,z))dt - \text{grad}_z\, C^i(q,z)\cdot dw^i$$

$$\tilde{p}_T = 0$$

où

a) on identifie $T\,R^d$ et T^*R^d à l'aide de $\langle\ \rangle$.

b) $\langle p, \nabla_{.}\, X_o(q)\rangle$ et $\langle C(q,z), \nabla^q_{.}\, C(q,z)\rangle$ sont les champs de vecteurs associés aux formes linéaires $Y \to \langle p, \nabla_Y\, X_o(q)\rangle$ et $Y \to \langle C(q,z), \nabla^q_Y\, C(q,z)\rangle$

c) Dp est la dérivée covariante de p le long de $t \to q_t$ (pour ces notions voir le chapitre VIII).

En remplaçant z par w, et en éliminant $\tilde{p}$, on obtient

(8.22)
$$dq = (X_o(q) + p)\, dt$$

$$q(0) = q_0$$

$$Dp = [- \langle p, \nabla_{.}\, X_o(q)\rangle + \langle C(q,w), \nabla^q_{.}\, C(q,w)\rangle + \frac{1}{2}\, \text{grad}_q\, \text{div}_w\, C(q,w)]dt - \text{grad}_q\, C^i(q,w)\cdot dw^i$$

$$p_T = 0.$$

Notons que la solution de (8.22) est nécessairement anticipative relativement aux tribus engendrées par w, puisqu'on calcule un maximum de vraisemblance entre 0 et T connaissant $w_s (s \leq T)$.
La solution de (8.22) ne peut être correctement définie que par les techniques du chapitre I. Toutefois, si C ne dépend pas de l'observation -i.e. ne dépend pas de z- les hamiltoniens $\mathcal{H}_1, \ldots, \mathcal{H}_m$ commutent, ce qui permet de définir la solution de (8.22) pour n'importe quelle fonction continue w, et ceci par les techniques de Doss [63] et Sussmann [55].

Dans le cas où (x_t, z_t) est un processus gaussien, on sait que la courbe q_t qui réalise le maximum de vraisemblance est exactement la courbe

$E^{B(z_s \,|s \leq T)} x_t$ des meilleures estimées de x_t donné par (8.12). Supposons en effet que

(8.23) $$X_o(q) = Aq$$

$$X_i(q) = B_i$$

$$C(q) = Cq$$

où A, $B_1, \dots, B_m$, C sont des matrices constantes. (8.22) s'écrit (en oubliant toute structure riemanienne...)

(8.24) $$dq = (Aq + BB^* p)dt$$

$$q(0) = q_0$$

$$dp = (-A^* p + C^* C q)dt - C^* dw$$

$$p_T = 0$$

Comme l'a noté S.K. Mitter dans [70], (8.24) est exactement le système considéré par Bensoussan dans [64]. On procède alors comme Bensoussan dans [64]. On pose en effet

(8.25) $$q_t = P_t^T p_t + r_t^T$$

(q_t dépend de T). On voit alors que

(8.26) $$(dP_t^T)p + P_t^T(-A^* p + C^* C P_t^T p + C^* C r_t^T)dt - P_t^T C^* dw + d r_t^T =$$

$$= (A P_t^T p_t + A r_t^T)dt + BB^* p \, dt$$

En identifiant les coefficients de p, on a

(8.27) $$dP^T = (AP^T + P^TA^* - P^TC^*C\,P^T + BB^*)\,dt$$

$$dr^T = (Ar^T - P^T\,C^*Cr^T)\,dt + P^TC^*\,dw$$

On peut imposer la condition

(8.28) $$P_o^T = 0$$

$$r_o^T = q_o$$

Ainsi P^T ne dépend pas de T. En écrivant P au lieu de P^T, et r au lieu de r^T, on a

(8.29) $$dr = (Ar - PC^*Cr)dt + PC^*\,dw$$

$$r_o = q_o$$

C'est l'équation du filtre de Kalman [64], [69], puisqu'en particulier

(8.30) $$q_T = E^{B(z_s|s \leq T)}\,x_T = r_T$$

En résolvant l'équation

(8.31) $$dp^T = (-A^*\,p^T + C^*\,CP\,p^T + C^*Cr)dt - C^*\,dw$$

$$p_T^T = 0$$

on tire q_t pour $(t \leq T)$ par

(8.32) $$q_t = P_t\,p_t^T + r_t$$

Notons qu'ici C ne dépend pas de z, et qu'en fait (8.29), (8.31) peuvent être résolues trajectoire par trajectoire de w.

Comme la meilleure estimée $\hat{q}_t^T$ de q_t donné par (8.12) à l'instant T est exactement donné par (8.32), on a

(8.33) $$\hat{q}_t^T = P_t \, p_t^T + r_t$$

$$\hat{q}_T^T = r_T$$

Soit h la solution de

(8.34) $$dh = (-A^* + C^* \, CP)h$$

$$h(o) = h_o$$

(8.34) définit une application linéaire inversible $h_o \to h_t$ notée U_t.

Dans (8.31), on a

(8.35) $$p_t^T = U_t \int_t^T U_s^{*-1} \, C^*(dw - Cr \, dt)$$

Pour $T \geq t$, comme $dw - Crdt$ est la différentielle du mouvement brownien d'innovation [69], pour t fixé, le processus p_t^T est une martingale adaptée à w. Comme il est naturel, $\hat{q}_t^T$ est bien une martingale en T.

CHAPITRE VII

RECONSTRUCTION DE LA STRUCTURE HAMILTONIENNE DANS LES PROBLEMES D'OPTIMISATION STOCHASTIQUE CLASSIQUE

L'objet de ce chapitre est de montrer que dans certains problèmes classiques d'optimisation stochastique, où on contrôle une équation différentielle stochastique et où on optimise un critère en espérance, on peut réussir à reconstituer une structure hamiltonienne implicite, telle que la solution de l'équation de Hamilton associée permette effectivement de retrouver la solution optimale.

Considérons en effet la famille d'équations différentielles stochastiques sur R^d

$$(0.1) \qquad dq = f(t,q,u(t,q))\, dt + \sigma_i(t,q,u(t,q)) \cdot \vec{\delta} w^i$$
$$q(0) = q_o$$

où $f, \sigma_1 \dots \sigma_m$ sont des fonctions C^∞ sur $R^+ \times R^d \times R^k$ à valeurs dans R^d, bornées ainsi que toutes leurs dérivées. Si u est une fonction lipschitzienne de (t,q), (0.1) effectivement une solution unique.

L est une fonction C^∞ bornée définie sur $R^+ \times R^d \times R^k$ à valeurs dans R. Φ est une fonction C^∞ bornée sur R^d.

On veut trouver $u_o(t,q)$ lipschitzien rendant minimum pour tout q_o le critère

$$(0.2) \qquad E\left\{\int_0^T L(t,q_t,u(t,q_t))\, dt + \Phi(q_T)\right\}$$

1. Quand $\sigma, \dots \sigma_m$ ne dépendent pas de u, ce problème a des solutions sous certaines conditions [11]-[28]. En effet, si $a(t,q) = \sigma\sigma^*(t,q)$ est non singulière en chaque point, on montre que (0.1) a effectivement une solution unique au sens de Girsanov même quand u est une fonction mesurable de (t,q). Notons que Veretenikov a même montré [56] que (0.1) a une solution adaptée à w et qu'il y a donc unicité de la solution trajectoire de w par trajectoire de w.

Lorsqu'on résoud dans ce cas le problème de minimisation de (0.2), on trouve donc un u mesurable par rapport à (t,q). Nous ne sommes donc pas dans les conditions sous lesquelles nous avons examiné l'ensemble des problèmes précédents, qui tous requièrent une très grande régularité des coefficients des diffusions considérées.

2. Quand $\sigma_1 \ldots \sigma_m$ dépend explicitement de u, le problème d'optimisation n'a en général pas de solution. Pour montrer que dans certains cas, des solutions existent, on peut examiner l'équation de Jacobi-Bellmann (ou de la programmation dynamique)

$$(0.3) \qquad \frac{\partial V}{\partial t} = - \inf_u \left(L(t,q,u) + \left\langle f(t,q,u), \frac{\partial V}{\partial q}(t,q) \right\rangle + \frac{1}{2} a^{ij}(t,q,u) V_{q^i q^j}\right)$$

$$V(T,q) = \Phi(q)$$

où

$$a^{ij}(t,q,u) = \sigma_k^i \, \sigma_k^j(t,q,u)$$

et montrer par des techniques probabilistes ou analytiques [28] que l'équation (0.3) a une solution suffisamment régulière.

Sous des hypothèses adéquates sur L et f, on peut alors montrer qu'il existe un et un seul $u_o(t,q)$ tel que en tout (t,q), on a

$$(0.4) \qquad \frac{\partial V}{\partial t} = - \left(L(t,q,u_o(t,q)) + \left\langle f(t,q,u_o(t,q)), \frac{\partial V}{\partial q} \right\rangle + \frac{1}{2} a^{ij}(t,q,u_o(t,q)) V_{q^i q^j}\right)$$

et que u_o est une fonction suffisamment régulière de (t,q).

On montre alors très simplement [28] que u_o est effectivement un contrôle optimal.

Notre objectif ici n'est absolûment pas de redémontrer ces résultats. Nous allons en effet supposer a priori que l'équation de Jacobi-Bellmann (0.3) a une solution unique V C^∞ sur $R^+ \times R^d$, et que u_o est lui-même une fonction C^∞ bornée à dérivés bornées. Nous allons alors nous demander quelle structure hamiltonienne définie par des hamiltoniens $\mathcal{H}_o \ldots \mathcal{H}_m$ il est possible de construire de telle sorte que si q^{u_o} est la solution de (0.1) pour $u = u_o$,

$(q_t^{u_o}, -\frac{\partial V}{\partial q}(t,q_t^{u_o}))$ soit effectivement solution des équations de Hamilton-Jacobi stochastiques associées à $\mathcal{H}_o \ldots \mathcal{H}_m$.

Une autre justification de l'hypothèse de régularité pour V et u_o est que nous avons vu au chapitre VI, et particulièrement dans la section VI-4 (voir en particulier le paragraphe i)) que dans la formulation lagrangienne des problèmes d'extrémalité, on ne pouvait extrémaliser l'action généralisée que sur la classe des semi-martingales de Stratonovitch, et en général pas sur la classe plus large des semi-martingales de Ito. On ne peut donc espérer ramener le problème soulevé dans ce chapitre à une formulation hamiltonienne ou lagrangienne que si $(q_t^{u_o}, -\frac{\partial V}{\partial q}(t,q_t^{u_o}))$ est elle-même une semi-martingale de Stratonovitch.

Dans la section 1, on dérive une structure hamiltonienne convenable. Dans la section 2, on interprète les résultats de la section 1. Enfin dans la section 3, on examine le problème du retournement du temps.

1. Dérivation d'une structure hamiltonienne.

On pose

$$b(t,q,u) = f(t,q,u) - \frac{1}{2}\frac{\partial \sigma_i}{\partial q}(t,q,u)\,\sigma_i(t,q,u) \tag{1.1}$$

Il est clair, par le calcul de Ito-Stratonovitch, que $b(t,q,u)$ est un élément du plan tangent en q à $M = R^d$. On pose $U = R^k$.

Pour $u \in U$, on note $\sigma_i^{2,u}$ et A^u les opérateurs différentiels

$$(\sigma_i^{2,u} h)\,(t,q) = \langle \sigma_i(t,q,u)\,,\,\frac{\partial}{\partial q}\langle \sigma_i(t,q,u)\,,\,\frac{\partial h}{\partial q}(q)\rangle\rangle \tag{1.2}$$

$$A^u h = \langle b(t,q,u)\,,\,\frac{\partial h}{\partial q}\rangle + \frac{1}{2}\,\sigma_i^{2,u}\,h(t,q)$$

où les dérivées en q sont calculées à u fixé .

On voit alors que le générateur infinitésimal associé à la diffusion (0.1) s'écrit $A^{u(t,q)}$

$$A^{u(t,q)}h = \langle b(t,q,u(t,q))\,,\,\frac{\partial h}{\partial q}\rangle + \frac{1}{2}\,\sigma_i^{2,u(t,q)}h \tag{1.3}$$

Si q^u désigne la solution de (0.1) pour une fonction $u(t,q)$ donnée, on a

(1.4) $$V(T,q_T^{u_o}) = V(0,q_o) - \int_0^T L(t,q^{u_o},u_o(t,q^{u_o}))\,dt + \int_0^T < \frac{\partial V}{\partial q},\ \sigma_i(t,q^{u_o},u_o(t,q^{u_o})) > .\ \vec{\delta} w^i$$

(1.5) $$V(0,q_o) = \Phi(q_T^{u_o}) + \int_0^T \Big[L(t,q^{u_o},u_o(t,q^{u_o})) + \frac{1}{2}\ \sigma_i^{2,u_o(t,q)}\ V(t,q_t^{u_o}) + \frac{1}{2} < \frac{\partial \sigma}{\partial u}{}_i(t,q^{u_o},u_o(t,q^{u_o}))\frac{\partial u_o}{\partial q}(t,q^{u_o})\sigma_i(t,q^{u_o},u_o(t,q^{u_o})),\ \frac{\partial V}{\partial q}(t,q_t^{u_o}) >\Big]dt - \int_0^T <\frac{\partial V}{\partial q}(t,q^{u_o}),\sigma_i(t,q^{u_o},u_o(t,q^{u_o}))> .dw^i$$

Pour reconstruire une structure hamiltonienne, on va tenter d'identifier la décomposition (1.5) à la décomposition VI-(4.38) de l'action généralisée (en forme lagrangienne).

Compte tenu de (1.5), il est naturel de définir L_i $(1 \leq i \leq m)$ par la formule

(1.6) $$L_i(t,q,Q) = \begin{cases} -< \frac{\partial V}{\partial q}(t,q)\ ,\ \sigma_i(t,q,u_o(t,q)) > \text{ si } Q = \sigma_i(t,q,u_o(t,q)) \\ \text{non défini d'ailleurs.} \end{cases}$$

Il est trivial de vérifier que l'hamiltonien $\mathcal{H}_i$ dont la transformée de Legendre est égale à L_i est défini par

(1.7) $$\mathcal{H}_i(t,q,p) = <p + \frac{\partial V}{\partial q}(t,q)\ ,\ \sigma_i(t,q,u_o(t,q))>$$

Notons alors que si on écrit (0.1) sous la forme d'une équation de Stratonovitch on a

(1.8) $$dq = \Big[b(t,q,u(t,q)) - \frac{1}{2}\ \frac{\partial \sigma_i}{\partial u}(t,q,u(t,q))\ \frac{\partial u}{\partial q}(t,q)\ \sigma_i(t,q,u(t,q))\Big]dt + \sigma_i(t,q,u(t,q))\ .\ dw^i$$
$$q(0) = q_o\ .$$

La dérivée $\dfrac{\partial u}{\partial q}$ apparaît dans (1.8). Pour dériver heuristiquement l'hamiltonien $\mathcal{H}_o$, on va transformer l'équation (1.8) en l'équation

(1.9) $$dq' = (b(t,q',u(t,q')) - \frac{1}{2} \frac{\partial\sigma_i}{\partial u}(t,q',u_o(t,q')) \frac{\partial u_o}{\partial q}(t,q')$$

$$\sigma_i(t,q',u_o(t,q'))) \, dt + \sigma_i(t,q,u_o(t,q')) \, . \, dw^i$$

$$q'(0) = q_o$$

Notons que $\frac{\partial\sigma_i}{\partial u}(t,q,u(t,q)) \frac{\partial u}{\partial q}(t,q) \sigma_i(t,q,u(t,q))$ étant un élément du plan tangent en q à $M = R^d$, l'écriture (1.9) est bien invariante par changement de coordonnées.

Compte tenu de (1.5), il est "naturel" de définir L_o par

(1.10) $$L_o(t,q,Q) = \inf \Big\{L(t,q,u) + \frac{1}{2} \sigma_i^{2,u} V(t,q) + \frac{1}{2} < \frac{\partial\sigma_i}{\partial u}(t,q,u_o(t,q)) \frac{\partial u_o}{\partial q}(t,q) \sigma_i(t,q,u_o(t,q)), \frac{\partial V}{\partial q}(t,q) > ;$$

$$u \text{ tel que } b(t,q,u) - \frac{1}{2} \frac{\partial\sigma_i}{\partial u}(t,q,u_o(t,q)) \frac{\partial u_o}{\partial q}(t,q) \sigma_i(t,q,u_o(t,q)) = Q\Big\}$$

L_o n'est donc effectivement défini que pour les $(t,q,Q) \in R^+ \times TM$ tels qu'il existe $u \in U$ pour lequel on a effectivement

(1.11) $$b(t,q,u) - \frac{1}{2} \frac{\partial\sigma_i}{\partial u}(t,q,u_o(t,q)) \frac{\partial u_o}{\partial q}(t,q) \sigma_i(t,q,u_o(t,q)) = Q .$$

Sous certaines conditions (peu nous importe lesquelles) L_o est la transformée de Legendre de l'hamiltonien défini par

(1.12) $$\mathcal{H}_o(t,q,p) = \sup_{u \in U} \Big\{< p, b(t,q,u) - \frac{1}{2} \frac{\partial\sigma_i}{\partial u}(t,q,u_o(t,q)) \frac{\partial u_o}{\partial q}(t,q) \sigma_i(t,q,u_o(t,q))> - L(t,q,u) - \frac{1}{2} \sigma_i^{2,u} V(t,q) - \frac{1}{2} < \frac{\partial\sigma_i}{\partial u}(t,q,u_o(t,q))\frac{\partial u_o}{\partial q}(t,q) \sigma_i(t,q, u_o(t,q)) , \frac{\partial V}{\partial q}(t,q) >\Big\}$$

Grâce à (1.2) , (1.12) s'écrit

$$(1.13) \qquad \mathcal{H}_o(t,q,p) = \sup_{u \in U} \Big\{ < p + \frac{\partial V}{\partial q}(t,q) \;,\; b(t,q,u) - \frac{1}{2} \frac{\partial \sigma_i}{\partial u}(t,q,u_o(t,q)) \frac{\partial u_o}{\partial q}(t,q)\, \sigma_i(t,q,u_o(t,q)) > - L(t,q,u) - A^u V(t,q) \Big\}$$

Il est essentiel de noter que les fonctions $\mathcal{H}_o \ldots \mathcal{H}_m$ sont intrinsèques, i.e. invariantes par changement de coordonnées. Nous allons maintenant montrer que $\mathcal{H}_o \ldots \mathcal{H}_m$ définissent une structure hamiltonienne adéquate, sous certaines hypothèses de régularité. On fait en effet les hypothèses suivantes.

H1 : $\mathcal{H}_o$ est une fonction C^∞ sur $R^+ \times N = R^+ \times R^d \times R^d$.

H2 : On a

$$(1.14) \qquad \frac{\partial \mathcal{H}_o}{\partial p}(t,q, - \frac{\partial V}{\partial q}(t,q)) = b(t,q,u_o(t,q)) - \frac{1}{2} \frac{\partial \sigma_i}{\partial u}(t,q,u_o(t,q)) \frac{\partial u_o}{\partial q}(t,q)\, \sigma_i(t,q,u_o(t,q))$$

H3 : Les champs de vecteurs hamiltoniens $X_o \ldots X_m$ associés à $\mathcal{H}_o \ldots \mathcal{H}_m$ vérifient les hypothèses de la Remarque I-6-1.

L'hypothèse H2 est naturelle. En effet, en supposant que dans (1.12), le sup est atteint en $u(t,q,p)$, on a au moins formellement

$$(1.15) \qquad \frac{\partial \mathcal{H}_o}{\partial p}(t,q,p) = \frac{\partial}{\partial u} \Big\{ < p + \frac{\partial V}{\partial q}(t,q) \;,\; b(t,q,u) - \frac{1}{2} \frac{\partial \sigma_i}{\partial u}(t,q,u_o(t,q)) \frac{\partial u_o}{\partial q}(t,q)\, \sigma_i(t,q,u_o(t,q)) > - L(t,q,u) - A^u V(t,q) \Big\}_{u=u(t,q,p)} \frac{\partial u}{\partial p}(t,q,p) + b(t,q,u(t,q,p)) - \frac{1}{2} \frac{\partial \sigma_i}{\partial u}(t,q,u_o(t,q)) \frac{\partial u_o}{\partial q}(t,q)\, \sigma_i(t,q,u_o(t,q))$$

En annulant (formellement) la dérivée en u (puisqu'on réalise un sup) , et en notant que pour $p = - \frac{\partial V}{\partial q}(t,q)$, on a $u(t,q,p) = u_o(t,q)$, H2 est bien formellement vérifiée. Des conditions sous lesquelles H2 est effectivement vérifiée sont faciles à donner, compte tenu du calcul précédent.

L'hypothèse H3 a pour objet de permettre la construction effective du flot hamiltonien associé à $\mathcal{H}_o \ldots \mathcal{H}_m$.

Nous allons tout de suite donner un exemple simple où les hypothèses H1, H2, H3 sont vérifiées.

Exemple : On reprend, sous une forme simplifiée, les hypothèses de nos travaux [10] et [13]. On suppose en effet que A, $B_1 \dots B_m$, M, $M_1 \in R^d \otimes R^d$, $C, D_1 \dots D_m \in R^d \otimes R^k$.

N est un opérateur autoadjoint de $R^k \otimes R^k$, tel qu'il existe $\lambda > 0$ pour lequel

$$\langle Nu,u\rangle \geqslant \lambda \langle u,u\rangle \tag{1.16}$$

On suppose alors que $U = R^k$ et que dans (0.1) et (0.2) on a

$$\begin{aligned} &f(t,q,u) = Aq + Cu \\ &\sigma_i(t,q,u) = B_i q + D_i u \\ &L(t,q,u) = \frac{1}{2}\left(|Mq|^2 + \langle Nu,u\rangle\right) \\ &\Phi(q) = \frac{1}{2}|M_1 q|^2 \end{aligned} \tag{1.17}$$

Par les résultats de [10] et [13], on sait qu'il existe une fonction C^∞ P_t définie sur $[0,T]$ à valeurs dans $R^d \otimes R^d$, solution d'une équation de Riccati, telle que

$$V(t,q) = \frac{1}{2}\langle P_t q,q\rangle \tag{1.18}$$

et que de plus $u_o(t,q)$ est donnée par

$$u_o(t,q) = -(N + D^* P_t D)^{-1} (C^* P_t + D^* P_t B)\, q \tag{1.19}$$

P est de plus à valeurs autoadjointes et positives. En utilisant (1.7) et (1.13), on a :

$$\mathcal{H}_i(t,q,p) = \langle p + Pq\,,\, B_i q - D_i \,(N + D^* P_t D)^{-1} (C^* P + D_t^* P_t B) q\rangle \quad i=1\dots m \tag{1.20}$$

$$(1.21) \qquad \mathcal{H}_o(t,q,p) = \sup_u \Big\{ <p + Pq, Aq + Cu - \frac{1}{2} B_i(B_i q + Du)$$

$$+ \frac{1}{2} D_i(N + D^{\star}PD)^{-1} (C^{\star}P + D^{\star}PB)\,(B_i q - D_i(N + D^{\star}PD)^{-1}$$

$$(C^{\star}P + D^{\star}PB)q > - \frac{|Mq|^2}{2} - \frac{<Nu,u>}{2}$$

$$- <Aq + Cu, Pq> - \frac{1}{2} <P(B_i q + D_i u)\ ,\ B_i q + D_i u> \Big\}$$

Il est alors trivial de vérifier que grâce à la condition de coercivité (1.16) , $\mathcal{H}_o(t,.,.)$ est un hamiltonien quadratique en (q,p) .

$\mathcal{H}_o \ldots \mathcal{H}_m$ étant des hamiltoniens quadratiques, les équations hamiltoniennes sont des équations linéaires.

Les hypothèses H1, H2 et H3 sont donc trivialement vérifiées dans ce cas.

On revient maintenant au cas général. On a alors le résultat essentiel de cette section.

<u>THEOREME 1.1</u> : Si q^{u_o} est la solution unique de l'équation différentielle stochastique

$$(1.22) \qquad dq = (b(t,q,u_o(t,q)) - \frac{1}{2} \frac{\partial\sigma_i}{\partial u}(t,u_o(t,q)) \frac{\partial u_o}{\partial q}(t,q)$$

$$\sigma_i(t,q,u_o(t,q)))\, dt + \sigma_i(t,q,u_o(t,q)).dw^i$$

$$q(0) = q_o$$

qui s'écrit aussi

$$(1.23) \qquad dq = f(t,q,u_o(t,q))dt + \sigma_i(t,q,u_o(t,q)).\vec{\delta}w^i$$

$$q(0) = q_o$$

alors $(q^{u_o}, \frac{-\partial V}{\partial q}(t,q^{u_o}))$ est la solution unique du système

$$(1.24) \qquad dq = \frac{\partial \mathcal{H}_o}{\partial p}(t,q,p)\, dt + \frac{\partial \mathcal{H}_i}{\partial p}(t,q,p).dw^i$$

$$q(0) = q_o \ .$$

$$dp = -\frac{\partial \mathcal{H}_o}{\partial q}(t,q,p)\,dt - \frac{\partial \mathcal{H}_i}{\partial q}(t,q,p)\,.\,dw^i$$

$$p(0) = -\frac{\partial V}{\partial q}(0,q)$$

De plus $-V(t,q)$ est solution du système

$$\frac{\partial}{\partial t}(-V(t,q)) + \mathcal{H}_o(t,q,-\frac{\partial V}{\partial q}(t,q)) = 0$$

$$(1.25)\quad \mathcal{H}_1(t,q,-\frac{\partial V}{\partial q}(t,q)) = 0$$

$$\vdots$$

$$\mathcal{H}_m(t,q,-\frac{\partial V}{\partial q}(t,q)) = 0$$

$$-V(T,q) = -\Phi(q)$$

Preuve : On va tout d'abord vérifier que le système (1.25) est bien satisfait. Les m dernières équations sont évidentes. Montrons la première. On a en effet

$$(1.26)\qquad \mathcal{H}_o(t,q,\frac{-\partial V}{\partial q}(t,q)) = -\inf_{u\in U}\left\{L(t,q,u) + A^u V(t,q)\right\}$$

La première équation est identique à l'équation (0.3).

Du Théorème VI-7.7, il résulte que si $p_o = -\frac{\partial V}{\partial q}(0,q)$ alors dans le système (1.24), on a toujours $p_t = -\frac{\partial V}{\partial q}(t,q_t)$.

Il reste à vérifier que dans (1.24), q est aussi solution de (1.22). On vérifie trivialement que

$$(1.27)\qquad \frac{\partial \mathcal{H}_i}{\partial p}(t,q,p) = \sigma_i(t,q,u_o(t,q))\ .$$

Comme dans (1.24), on sait par avance que nécessairement $p_t = -\frac{\partial V}{\partial q}(t,q)$, en utilisant H2 , l'équation (1.22) est bien vérifiée. □

Remarque 1. Comme dans le système (1.24), $p_t = -\frac{\partial V}{\partial q}(t,q_t)$, $\mathcal{H}_1 \dots \mathcal{H}_m$ sont bien constantes. Les fonctions $\mathcal{H}_1 \dots \mathcal{H}_m$ sont des intégrales premières triviales du système (1.24). Il est aussi intéressant de vérifier directement les propriétés de commutation énoncées au Théorème VI-7.7.

Il n'est pas difficile de vérifier que

$$(1.28)\qquad \{\mathcal{H}_i,\mathcal{H}_j\}(t,q,p) = <p + \frac{\partial V}{\partial q} , \left[\sigma_j(t,q,u_o(t,q)), \sigma_i(t,q,u_o(t,q))\right]>$$

$$\{\mathcal{H}_o,\mathcal{H}_i\}(t,q, - \frac{\partial V}{\partial q}) = - <b(t,q,u_o(t,q)) - \frac{1}{2} \frac{\partial \sigma_j}{\partial u}(t,q,u_o(t,q))$$

$$\frac{\partial u_o}{\partial q} \sigma_j(t,q,u_o(t,q)) , \frac{\partial^2 V}{\partial q^2} \sigma_i(t,q,u_o(t,q))>$$

$$+ < \frac{\partial^2 V}{\partial q^2} (b(t,q,u_o(t,q)) - \frac{1}{2} \frac{\partial \sigma_j}{\partial u} (t,q,u_o(t,q)) \frac{\partial u_o}{\partial q} \sigma_j(t,q,u_o(t,q)))$$

$$, \sigma_i(t,q,u_o(t,q))> + < \frac{\partial^2 V}{\partial q \partial t} , \sigma_i(t,q,u_o(t,q))>$$

$$= < \frac{\partial^2 V}{\partial q \partial t} , \sigma_i(t,q,u_o(t,q))>$$

et clairement, on a donc

$$(1.29)\qquad (\frac{\partial \mathcal{H}_i}{\partial t} + \{\mathcal{H}_i,\mathcal{H}_o\}) (t,q_o,- \frac{\partial V}{\partial q} (t,q)) = 0 .$$

2. Remarques sur la dérivation de la structure hamiltonienne.

Il faut tout d'abord noter qu'on a utilisé les résultats de la section VI-7 sur le processus retourné, i.e. la fonction Φ étant connue (ou encore la variété lagrangienne $L_{-\Phi}$ étant donnée) les variétés $L_{-V(t,.)}$ ont été déduites de la variété L_Φ par application du flot hamiltonien retourné à partir de l'instant T associé aux hamiltoniens $\mathcal{H}_o \dots \mathcal{H}_m$. Naturellement, nous avons préféré écrire (1.24) sous la forme plus classique d'équations avec une condition initiale.

Notons également que le problème d'extrémalisation associé à la formulation lagrangienne pour les hamiltoniens ne correspond pas exactement au problème initial. En effet, quelques calculs montrent que sous certaines conditions, ce problème consiste dans l'extrémalisation du critère

$$(2.1) \quad \int_o^T \Big[L(t,q,u(t,q)) + \frac{1}{2}\sigma_i^{2,u(t,q)} V(t,q) + \frac{1}{2} < \frac{\partial\sigma_i}{\partial u}(t,q,u_o(t,q))$$

$$\frac{\partial u_o}{\partial q}(t,q)\ \sigma_i(t,q,u_o(t,q)) ,\ \frac{\partial V}{\partial q}(t,q)> \Big] dt - \int_o^T \frac{\partial V}{\partial q}(t,q), \sigma_i(t,q,u_o(t,q))>.dw^i$$

quand q est solution de l'équation

$$(2.2) \quad dq = \Big[b(t,q,u(t,q)) - \frac{1}{2}\frac{\partial\sigma_i}{\partial u}(t,q,u_o(t,q))\ \frac{\partial u_o}{\partial q}(t,q)\ \sigma_i(t,q,u_o(t,q)) \Big] dt$$

$$+ \sigma_i(t,q,u_o(t,q))\ .\ dw^i$$

$$q(0) = q_o$$

quand u est une fonction C^∞ bornée à dérivées bornées. En prenant l'espérance de (2.1) on obtient

$$(2.3) \quad E \int_o^T (L(t,q,u(t,q)) + \frac{1}{2}\sigma_i^{2,u(t,q)} V(t,q) - \frac{1}{2}\sigma_i^{2,u_o(t,q)} V(t,q))dt + E(\Phi(q_T))$$

et en écrivant (2.2) sous la forme d'une équation de Ito, on obtient

$$(2.4) \quad dq = (f(t,q,u(t,q)) - \frac{1}{2}\ \frac{\partial\sigma_i}{\partial q}(t,q,u(t,q))\ \sigma_i(t,q,u(t,q))$$

$$+ \frac{1}{2}\ \frac{\partial\sigma_i}{\partial q}(t,q,u_o(t,q))\ \sigma_i(t,q,u_o(t,q))\ dt$$

$$+ \sigma_i(t,q,u_o(t,q))\ \vec{\delta} w^i$$

Bien que les systèmes (2.3) - (2.4) et (0.1) - (0.2) aient le même extrêmum u_o, le système (2.3) (2.4) n'est complètement équivalent au système (0.1) - (0.2) que si $\sigma_1 \ldots \sigma_m$ ne dépendent pas de u. Dans ce dernier cas en effet, il est clair (sous des hypothèses simples) que dans le formalisme lagrangien de la section VI-4 le problème d'extrémalisation de l'espérance de l'action (2.3) est bien le problème initial.

En général, i.e. si $\sigma_1 \ldots \sigma_m$ dépendent de u, il est vain d'espérer que tel soit le cas. En effet si le même u s'introduit dans $f, \sigma_1 \ldots \sigma_m$, on ne peut penser pouvoir mettre le problème sous la forme désintégrée VI (4.38), où

Q_o n'agit que sur L_o, Q_1 sur L_1 ... et Q_m sur L_m. Ceci explique pourquoi nous avons dû effectivement fixer u égal à u_o dans les termes de diffusion de (2.2).

De plus, contrairement au cas déterministe, où la structure hamiltonienne définie en fait par le seul $\mathcal{H}_o$ dépend seulement de L et de f (on le vérifie dans (1.12)) et pas de Φ, ici $\mathcal{H}_o$, $\mathcal{H}_1$,... $\mathcal{H}_m$ dépendent explicitement de Φ, par l'intermédiaire de V. C'est tout à fait naturel, car l'extrémalisation en espérance introduit une dynamique de $(q, -\frac{\partial V}{\partial q}(t,q))$ qui dépend explictement de Φ. La structure hamiltonienne $\mathcal{H}_o$ ... $\mathcal{H}_m$ est donc <u>artificielle</u>, et ne représente effectivement qu'une reconstruction.

Notons également qu'une telle reconstruction n'a pas de solution unique, i.e. il existe une infinité de familles d'hamiltoniens $\mathcal{H}_o$ ... $\mathcal{H}_m$ possédant les propriétés énoncées au Théorème 1.1. Toutefois la structure hamiltonienne construite au Théorème 1.1. est particulièrement naturelle. En effet soit $X_o(t,q)\ldots X_m(t,q)$ comme au chapitre I. Soit q_s^t la solution de

$$(2.5) \qquad dq = X_o(s,q)\,ds + X_i(s,q)\,.\,dw^i \quad s \geqslant t$$

$$q(t) = q$$

et $V(t,q)$ la fonction

$$(2.6) \qquad V(t,q) = E\int_t^T L(s,q_s^t)\,ds + \Phi(q_T^t)\,.$$

Si φ est le flot de difféomorphismes de M associés à X_o,..., X_m, si $\tilde{\varphi}$ est le flot de difféomorphismes de $N = T^\star M$ défini par

$$(q,p) \in N \to (\varphi_t(q)\,,\ \varphi_t^\star(p) - \frac{\partial V}{\partial q}(t,\ \varphi_t(\omega,q)))$$

alors il est clair que $\tilde{\varphi}$ est une famille de difféomorphismes symplectiques de N associés aux hamiltoniens $\tilde{\mathcal{H}}_o$ ... $\tilde{\mathcal{H}}_m$ définis par

$$\tilde{\mathcal{H}}_o(t,q,p) = \langle p + \frac{\partial V}{\partial q}(t,q),\ X_o(t,q)\rangle + \frac{\partial V}{\partial t}(t,q)$$

(2.7) $$\tilde{\mathcal{H}}_1(t,p,q) = \langle p + \frac{\partial V}{\partial q}(t,q),\ X_1(t,q)\rangle$$

$$\tilde{\mathcal{H}}_m(t,q,p) = \langle p + \frac{\partial V}{\partial q}(t,q)\ ,\ X_m(t,q)\rangle$$

En notant que si A est le générateur infinitésimal

(2.8) $$A = X_o + \frac{1}{2} X_i^2$$

on a

(2.9) $$\frac{\partial V}{\partial t} = - A\, V - L\ .$$

Il est clair que dans le cas où il n'y a aucune dépendance en u dans la section 1 , la struture hamiltonienne définie par les formules (1.7) - (1.13) coïncide avec (2.7).

3. Retournement du temps.

Les équations hamiltoniennes étant réversibles, il peut être intéressant de trouver quel est le problème d'extrémalisation en espérance sous-jacent aux équations hamiltoniennes retournées. Nous allons encore procéder de manière heuristique, sans chercher à justifier précisément chacune des étapes.

On reprend ici les notations de la section I-3 .

En retournant au temps T le flot hamiltonien $\varphi.(\omega,.)$ associé aux hamiltoniens $\mathcal{H}_o \dots \mathcal{H}_m$, on obtient (au sens la section I-3) le flot $\tilde{\varphi}.(\tilde{\omega}^T,.)$ de hamiltoniens $-\mathcal{H}_o(T-t,q,p)$, $-\mathcal{H}_1(T-t,q,p) \dots -\mathcal{H}_m(T-t,q,p)$.

Il est clair que si ψ est la transformation de $N = T^{*}M$ $(q,p) \to (q,-p)$, alors le flot de difféomorphismes symplectiques $\psi\,\tilde{\varphi}_t\,\psi$ est associé aux hamiltoniens

$$(3.1) \qquad \mathcal{H}_o(T-t,q,-p)\ ,\ \mathcal{H}_1(T-t,q-p)\ ,\dots ,\ \mathcal{H}_m(T-t,q,p)$$

Or le retourné au temps T de la solution de l'équation de Stratonovitch (2.2) est solution de

$$(3.2) \qquad d\tilde{q} = -\left(b(T-t,\tilde{q},u(T-t,\tilde{q})) - \frac{1}{2}\frac{\partial\sigma_i}{\partial u}(T-t,\tilde{q},u_o(T-t,\tilde{q}))\right.$$

$$\left.\frac{\partial u_o}{\partial q}(T-t,\tilde{q})\ \sigma_i(T-t,\tilde{q},u_o(t,\tilde{q}))\right) dt - \sigma_i(T-t,\tilde{q},u_o(T-t,\tilde{q}))\ .\ d\tilde{w}^{T,i}$$

ou encore, en posant

$$(3.3) \qquad b'(t,q,u) = -\ b(t,q,u) + \frac{\partial\sigma_i}{\partial u}(t,q,u_o(t,q))\ \frac{\partial u_o}{\partial q}(t,q)\ \sigma_i(t,q,u_o(t,q))$$

on a

$$(3.4) \qquad d\tilde{q} = \left[b'(T-t,\tilde{q},u(T-t,\tilde{q})) - \frac{1}{2}\ \frac{\partial\sigma_i}{\partial u}(T-t,\tilde{q},u_o(T-t,\tilde{q}))\right.$$

$$\left.\frac{\partial u_o}{\partial q}(T-t,\tilde{q})\ \sigma_i(T-t,\tilde{q},u_o(T-t,\tilde{q}))\right] dt - \sigma_i(T-t,\tilde{q},u_o(T-t,\tilde{q}))\ .\ d\tilde{w}^{T,i}$$

Soit $\tilde{A}^u$ l'opérateur différentiel

$$(3.5) \qquad \tilde{A}^u = \frac{1}{2}\ \sigma_i^{2,u} + \langle b'(\ t,q,u),\ \frac{\partial}{\partial q}\rangle$$

En posant

$$(3.6) \qquad V'(t,q) = -\ V(t,q)$$

on a

$$(3.7) \qquad \mathcal{H}_o(t,q,-p) = \sup_{u\in U}\left\{\langle p + \frac{\partial V'}{\partial q}\ ,\ b'(t,q,u) - \frac{1}{2}\frac{\partial\sigma_i}{\partial u}(t,q,u_o(t,q))\right.$$
$$\left.\frac{\partial u_o}{\partial q}(t,q)\ \sigma_i(t,q,u_o(t,q))\rangle\ -\ L(t,q,u)\ -\ A^u V(t,q)\right\}$$

ou encore

$$(3.8) \qquad \mathcal{H}_o(t,q,-p) = \sup_{u\in U}\left\{\langle p + \frac{\partial V'}{\partial q}(t,q), b'(t,q,u) - \frac{1}{2}\frac{\partial\sigma_i}{\partial u}(t,q,u_o(t,q))\right.$$
$$\left.\frac{\partial u_o}{\partial q}(t,q)\ \sigma_i(t,q,u_o(t,q))\rangle\ -\ (L(t,q,u)\ +\ (A^u V + \tilde{A}^u V)(t,q) + \tilde{A}^u V'(t,q))\right\}$$

De même, on a

$$(3.9)\qquad \tilde{\mathcal{H}}_i(t,q,-p) = \langle p + \frac{\partial V'}{\partial q}(t,q)\ ,\ -\sigma_i(t,q,u_o(t,q))\rangle$$

En identifiant la forme algébrique des hamiltoniens (3.8) et (3.9) aux hamiltoniens (1.13) - (1.7) calculés dans la section 1, on voit qu'en posant

$$(3.10)\qquad \tilde{L}(t,q,u) = L(t,q,u) + A^u V + \tilde{A}^u V$$

on a

$$(1.11)\qquad \mathcal{H}_o(t,q,-p) = \sup_{u \in U} \Big\{ \langle p + \frac{\partial V'}{\partial q}\ ,\ b'(t,q,u) - \frac{1}{2}\ \frac{\partial \sigma_i}{\partial u}(t,q,u_o(t,q))$$

$$\frac{\partial u_o}{\partial q}(t,q)\ \sigma_i(t,q,u_o(t,q))\rangle - (\tilde{L}(t,q,u) + \tilde{A}^u V) \Big\}$$

On vérifie simplement qu'on a

$$(3.12)\qquad \tilde{L}(t,q,u) = L(t,q,u) + \sigma_i^{2,u} V + \frac{\partial \sigma_i}{\partial u}(t,q,u_o(t,q))\ \frac{\partial u_o}{\partial q}(t,q)\ \sigma_i(t,q,u_o(t,q)) \frac{\partial V}{\partial q}(t,q)$$

On montre alors simplement

<u>THOEREME 3.1</u> : On considère l'équation différentielle de Ito

$$(3.13)\qquad d\tilde{q} = (-f(T-t,\tilde{q},\tilde{u}(t,q)) + \frac{\partial \sigma_i}{\partial q}(T-t,\tilde{q},\tilde{u}(t,\tilde{q}))\ \sigma_i(T-t,\tilde{q},\tilde{u}(t,\tilde{q}))$$

$$+ \frac{\partial \sigma_i}{\partial u}(T,t,\tilde{q},u_o(T-t,\tilde{q}))\ \frac{\partial u_o}{\partial q}(T-t,\tilde{q})\ \sigma_i(T-t,u_o(T-t,\tilde{q})))\ dt$$

$$- \sigma_i(T-t,\tilde{q},\tilde{u}(t,\tilde{q}))\ .\ \overset{*}{\delta} w^{T,i}$$

$$\tilde{q}(0) = \tilde{q}_o$$

et le critère

$$(3.14)\qquad E\Big\{ \int_o^T \tilde{L}(T-t,\tilde{q},\tilde{u}(t,\tilde{q}))\ dt - V(0,\tilde{q}_T) \Big\}$$

alors le contrôle

$$(3.15)\qquad \tilde{u}_o(t,q) = u_o(T-t,q)$$

rend minimal le critère (3.14). Les hamiltoniens $\mathcal{H}_o(T-t,q,-p) .. \mathcal{H}_m(T-t,q,-p)$ sont les hamiltoniens calculés au Théorème 1.1 pour ce nouveau problème. Enfin les équations hamiltoniennes associées à ces nouveaux hamiltoniens sont précisément les équations retournées (au sens de la section I-3) des équations hamiltoniennes vérifiées par le flot $\psi\,\varphi_t\,\psi$, où φ_t est le flot hamiltonien construit au Théorème 1.1 .

Preuve : Montrons que la fonction $\tilde{V}'(t,q)$ définie par

$$\tilde{V}'(t,q) = -\,V(T-t,q) \tag{3.16}$$

vérifie l'équation de Jacobi-Bellmann (0.3) associée à ce nouveau problème. On a en effet

$$\frac{\partial \tilde{V}'}{\partial t}(t,q) = \frac{\partial V}{\partial t}(T-t,q) = -\inf_{u \in U} \Big\{ L(T-t,q,u) + \langle f(T-t,q,u), \frac{\partial V}{\partial q}(T-t,q)\rangle + \frac{1}{2}\, a^{ij}(T-t,q,u)\, V_{q^i q^j}(T-t,q,u) \Big\} \tag{3.17}$$

ou encore

$$\begin{aligned}\frac{\partial \tilde{V}'}{\partial t}(t,q) = -\inf \Big\{ & \tilde{L}(t,q,u) + \langle -f(T-t,q,u) + \frac{\partial \sigma_i}{\partial q}(T-t,q,u)\, \sigma_i(T-t,q,u)) \\ & + \frac{\partial \sigma_i}{\partial u}(T-t,q,u_o(T-t,q))\, \frac{\partial u_o}{\partial q}(T-t,q)\sigma_i(T-t,q,u_o(T-t,q)),\, \frac{\partial \tilde{V}'}{\partial q}(t,q)\rangle \\ & + \frac{1}{2}\, a^{ij}(T-t,q,u)\, \tilde{V}'_{q^i q^j}(t,q) \Big\}\end{aligned} \tag{3.18}$$

et (3.18) est précisément l'équation de Jacobi-Bellmann associée au nouveau problème de contrôle. La suite de la preuve du Théorème résulte de la construction même de la nouvelle structure hamiltonienne. □

Remarque 1 : La vérification de l'optimalité de $u_o(T-t,\tilde{q})$ est en soi un simple exercice sans intérêt analytique. L'objet du Théorème est naturellement de montrer que sous des manipulations algébriques inoffensives, se manifeste effectivement la possibilité de retourner le temps sur des équations de Stratonovitch contrôlées, et de faire apparaître sur des exemples classiques les propriétés d'invariance par retournement du temps des propriétés d'extremum démontrées au chapitre VI sous leur forme hamiltonienne ou lagrangienne. Naturellement, dans ce cas particulier la formulation de cette invariance n'est vraiment satisfaisante que si $\sigma_1 \dots \sigma_m$ ne dépendent pas de u .

CHAPITRE VIII

FORMULATION GEOMETRIQUE DU CALCUL DIFFERENTIEL DE ITO

Dans les sept chapitres précédents, nous avons systématiquement utilisé le calcul différentiel de de Stratonovitch pour exprimer de manière intrinsèque les objets géométriques que nous avons considéré, même si le calcul de Ito est apparu comme l'outil analytique essentiel permettant en particulier de justifier les passages à la limite.

Nous nous sommes, la plupart du temps, limités à utiliser le calcul de Ito dans R^d, en ne lui donnant sur les variétés qu'un caractère essentiellement local. Nous savons cependant que certaines semi-martingales de Ito ne peuvent s'exprimer comme des semi-martingales de Stratonovitch. Schwartz a examiné de manière approfondie dans [50] les semi-martingales continues à valeurs dans une variété, montrant en particulier que les différentes définitions possibles, soit par cartes locales, soit par plongement étaient équivalentes.

Il apparaît toutefois indispensable de pouvoir exprimer localement les caractéristiques locales d'une semi-martingale de Ito de manière intrinsèque, i.e. invariantes par changement de coordonnées. En effet, indépendamment de son intérêt propre, une telle opération devient indispensable dès qu'on fait du calcul des variations- sur une variété ou même sur R^d- puisque les paramètres qu'on fait varier sont précisément les caractéristiques locales de ces semi-martingales, qui pour l'instant varient pour nous dans un espace mal défini. Naturellement, en général, sur R^d, une telle opération n'a pas d'intérêt <u>pratique</u>, puisqu'on peut toujours supposer que tous les paramètres varient dans R^d, même s'ils sont non invariants par changements de coordonnées. Par contre, son intérêt théorique est très grand, puisqu'il nous permettra d'exprimer effectivement le principe du maximum énoncé dans l'introduction sous une forme convenable, i.e. invariante.

Nous avons vu qu'une semi-martingale de Stratonovitch à valeurs dans une variété N de la forme

$$(0.1) \qquad y_t = y_0 + \int_0^t L\,ds + \int_0^t H_i\,dw^i$$

est telle que $L,H,\ldots,H_n$ sont des éléments du plan tangent en y_t à N : ceci est en effet évident par la formule de Stratonovitch, qui permet d'appliquer le calcul différentiel classique à y_t.

Pour tenter d'exprimer de manière intrinsèque une semi-martingale de Ito à valeurs dans une variété N, qui s'écrit en coordonnées locales

$$(0.2) \qquad z_t = z_0 + \int_0^t L\,ds + \int_0^t H_i \cdot \vec{\delta}\, w^i$$

nous allons raisonner par analogie. Dans le cas où $N=R^d$, la décomposition (0.2) a un caractère canonique, i.e. c'est la décomposition de Meyer de la semi-martingale z_t, en la somme d'un processus à variation bornée adaptée et d'une martingale locale. Naturellement, c'est l'existence d'une structure linéaire dans R^d qui permet de définir une martingale à valeurs dans R^d, i.e. de faire la moyenne des différentes valeurs d'une variable aléatoire X ou plus précisément d'écrire que si X_t est une martingale $E^{F_t}(X_{t+h} - X_t) = 0$. Sur une variété, il n'existe pas naturellement d'opérateur de moyenne, ou même de moyenne infinitésimale. Il faut donc donner une structure supplémentaire à la variété.

Il apparaîtra très rapidement dans ce chapitre que cette structure manquante est une connexion Γ sur le fibré des repères L(N) [40],III. Soit en effet $\tilde{\Gamma}$ la connexion affine correspondante. Il existe alors -voir Kobayashi-Nomizu [40],III.4- une opération sur les courbes de classe C^1 qui permet, étant donnée $t \to x_t$ de classe C^1 à valeurs dans la variété N, de transporter de manière canonique la courbe x_t dans le plan tangent en x_0, par une opération qui est le développement. Nous montrerons en particulier dans ce chapitre qu'une telle opération se prolonge aux semi-martingales. Si z_t est une semi-martingale de Ito, soit y_t son développement dans $T_{z_0}(N)$. $T_{z_0}(N)$ étant un espace vectoriel, on peut définir les caractéristiques locales de y_t de manière intrinsèque, puisqu'en particulier la notion de moyenne dans $T_{z_o}(N)$ a effectivement un sens. On montrera alors que ces caractéristiques locales au temps 0 -qui sont des éléments de $T_{z_o}(N)$- définissent au temps 0 les caractéristiques locales intrinsèques en z_o de la semi-martingale z_t. On montre aussi très facilement que les caractéristiques locales au temps t de z_t sont les transportés parallèles le long de z_t relativement à la connexion Γ des caractéristiques locales de la semi-martingale y_t à l'instant t.

Malgré son apparent complexité, une telle opération a un caractère très naturel. En suivant par exemple la construction du mouvement brownien sur une variété riemanienne N par Malliavin -voir [42] et la section I.4-, comme l'avaient déjà noté Eells et Elworthy dans [23], il apparaît très simplement que ce mouvement brownien a pour développement dans $T_{z_o}(N)$, relativement à la connexion de Levi-Civita [40]-IV associée à la structure riemanienne, le mouvement brownien euclidien de $T_{x_o}(N)$, et que le "drift" du mouvement brownien sur une variété riemanienne relativement à la connexion de Levi-Civita est nul. Notons également que dans les chapitres IX et XII qui sont consacrés au calcul des variations sur des équations de Ito, nous serons contraints de travailler avec des connexions très générales, dont la torsion est en général non nulle, et qui ne sont donc pas des connexions de Levi-Civita.

Etant donnée une application C^∞ d'une variété N munie d'une connexion Γ dans une variété N' munie d'une connexion Γ', on pourra en particulier dégager une formule de Ito géométrique, qui donnera les règles de transformation de ces caractéristiques locales. Le terme "aberrant" $\frac{1}{2}f''$ sera ici remplacé par un tenseur qui mesure le défaut d'affinité de l'application f, i.e. l'écart entre la connexion image par f de Γ -pour autant que f soit un difféomorphisme- et Γ'. On pourra donc obtenir une formule de Ito géométrique.

Notons également que Baxendale dans [5] et [6] (voir aussi Elworthy [26]) avait déjà remarqué qu'à côté de la description de Stratonovitch d'une diffusion markovienne, si la variété N est munie d'une connexion linéaire, on peut décrire la diffusion à partir de caractéristiques locales qui dépendent de la connexion. Cette seconde description coïncide précisément avec celle que nous obtenons à la section 2 pour de telles diffusions.

Dans tous les cas, nous nous attacherons à ne pas poser uniquement des formules, mais à justifer géométriquement les définitions posées, par des passages à la limite convenables. On verra en particulier que les caractéristiques locales d'une diffusion à valeurs dans une variété sont directement liées à l'approximation de cette diffusion par des polygônes géodésiques, alors que l'approximation de Stroock et Varadhan [54] n'utilise que des approximations par des équations différentielles ordinaires. L'existence d'une connexion sur la variété N a pour effet de créer naturellement un flot de géodésiques associé, qui fournit l'outil essentiel d'approximation.

Dans la section 1, on examine le problème de transport parallèle lo long d'une semi-martingale z_t de Ito à valeurs dans N. On reprend pour cela certaines définitions de Dynkin [22] et Ito [36]. Dans la section 2, on construit le développement d'une semi-martingale de Ito z_t dans le plan tangent $T_{z_o}(N)$ et on définit les caractéristiques locales géométriques de z_t. Dans la section 3, on démontre la formule géométrique de Ito. On donne en particulier l'expression du générateur infinitésimal d'une semi-martingale en fonction de ses caractéristiques locales intrinsèques. Enfin, dans la section 4, on examine le problème d'approximation d'une diffusion par des polygones géodésiques, naturellement associés aux caractéristiques locales précédemment définies.

1. Transport parallèle le long d'une semi-martingale.

Dans cette section on définit de manière précise le transport parallèle le long d'une semi-martingale. (Ω,F,F_t,P) est choisi comme au chapitre I. N désigne une variété différentiable C^∞ connexe et métrisable de dimension d.
L(N) est le fibré des repères sur N [40]-I. π est la projection canonique $L(N) \to N$. Γ désigne une connexion de classe C^∞ sur L(N). $\tilde{\Gamma}$ est la connexion affine associée

sur le fibré des repères affines([40]-III.3). ∇ désigne l'opérateur de dérivation covariante. Γ_{ij}^k sont les coefficients de Cristoffel associés à Γ pour un système donné de coordonnées locales.

a) Relèvement horizontal du flot associé à une diffusion de Stratonovitch dans R^d.

On reprend la totalité des hypothèses de la section I.1 sur $X_o(t,x)$ ... $X_m(t,x)$ et on suppose que $N=R^d$.

Pour simplifier, on suppose que les $\Gamma_{ij}^k(x)$ sont bornés à dérivées de tous les ordres bornés. On considère le système d'équations différentielles classiques

$$(1.1)\qquad \begin{aligned} &dx = (X_o(t,x) + X_i(t,x)\dot{w}^{i,n})dt \\ &x(o) = x \\ &dZ_h^j = -\Gamma_{k\ell}^j(x)\ [X_o^k(t,x) + X_i^k(t,x)\dot{w}^{i,n}]Z_h^\ell \\ &(Z_h^j)(o) = I \end{aligned}$$

Le système (1.1) a une solution unique notée $(\varphi_t^n(\omega,x),Z_t^n(\omega,x))$. ($\varphi_t^n(\omega,x)$ a été défini au chapitre I).

Par [40]-III, on sait que si $x \in N$, $Z_t^n(\omega,x)$ est l'opérateur de transport parallèle le long de la courbe $\varphi_t^n(\omega,x)$.

On a alors

Théorème 1.1 : La suite de fonctions $(\varphi_{\cdot}^n(\omega,.),\ Z_t^n(\omega,.))$ converge P.U.C. sur $\Omega \times R^+ \times R^d$ vers la fonction $(\varphi_{\cdot}(\omega,.),Z_{\cdot}(\omega,.))$, où $Z_{\cdot}(\omega,.)$ est une fonction p.s. continue en (t,x), et indéfiniment dérivable en x à dérivées continues en (t,x). De plus, p.s., pour tout $(t,x) \in R^+ \times R^d$, $Z_t(\omega,x)$ est un opérateur inversible. Enfin, pour tout $x \in R^d$, $Z_t(\omega,x)$ est solution de l'équation de Stratonovitch

$$(1.2)\qquad \begin{aligned} &dZ_h^j = -\Gamma_{k\ell}^j(\varphi_t(\omega,x))X_o^k(t,\varphi_t(\omega,x))Z_h^\ell dt - \Gamma_{k\ell}^j(\varphi_t(\omega,x))X_i^k(t,\varphi_t(\omega,x))Z_h^\ell \cdot dw^i \\ &Z(o) = I \end{aligned}$$

Preuve : On applique exactement la même technique qu'au théorème I.2.1, la forme même des équations considérées étant exactement identiques.

■

On est fondé à poser la définition suivante :

Définition 1.2. : Si $(x,X) \in TN$, on appelle transport parallèle de X le long de la courbe $s \to \varphi_s(\omega,x)$ au temps t le vecteur X_t de $T_{\varphi_t(\omega,x)}N$ défini par $X_t = Z_t(\omega,x)X$.

Il va de soi que par les considérations qui précèdent, une telle définition est bien intrinsèque. Elle est de plus naturelle puisqu'elle apparaît comme la limite des définitions correspondantes pour le flot $\varphi^n_\cdot(\omega,\cdot)$.

Remarque 1 : Soit $X^*_0(t,x) \dots X^*_m(t,x)$ les relèvements horizontaux de $X_0(t,x) \dots X_m(t,x)$ dans $L(N)$. Si $u_0 \in L(N)$, i.e u_0 est défini par $x = \pi u_0 \in N$ et un repère dans $T_x(N)$, on considère la famille d'équations différentielles :

$$(1.3) \qquad du = (X^*_0(t,u) + X^*_i(t,u)\dot{w}^{i,n})dt$$

$$u(o) = u_0$$

Alors, on sait [40]-III que u_t est donné par $(\varphi^n_t(\omega,x), Z^n_t(\omega,x)u_0)$. (1.1) peut donc être interprété sous la forme (intrinsèque) (1.3). Le flot limite dans $L(N)$ peut donc être défini par les équations :

$$(1.4) \qquad du = X^*_0(t,u)dt + X^*_i(t,u) \circ dw^i$$

Le flot $\varphi^*_\cdot(\omega,.)$ est, par définition, le relevé horizontal du flot $\varphi_\cdot(\omega,.)$ dans $L(N)$: une telle définition est justifiée par le fait que le flot $\varphi^{*n}{}_\cdot(\omega,.)$ défini par (1.1) est classiquement le relevé horizontal du flot $\varphi^n_\cdot(\omega,.)$ dans $L(N)$.

Notons que le relèvement horizontal des diffusions pour la connexion de Levi-Civita est systématiquement utilisé par Malliavin dans [42], [43] .

Toutes les propriétés d'invariance par retournement du temps démontrées au chapitre I subsistent naturellement pour le flot $\varphi^*_\cdot(\omega,.)$.

b) <u>Relèvement horizontal du flot associé à une diffusion de Ito dans R^d</u>.

On suppose ici encore que $N=R^d$. On fait les mêmes hypothèses sur Γ_{ij}^k qu'en a) (cette hypothèse sera levée à la fin du paragraphe). On reprend toutes les hypothèses de la section I.6 sur $\tilde{X}_0(t,x) \ldots \tilde{X}_m(t,x)$ (pour des raisons d'homogénéité, on fait apparaître explicitement la dépendance en t).

Le flot $\tilde{\varphi}_t(\omega,x)$ construit à la section I.6 est associé aux équations différentielles de Ito

$$(1.5) \qquad \begin{aligned} dx &= \tilde{X}_0(t,x)dt + \tilde{X}_i(t,x) \circ \vec{\delta}\, w^i \\ x(o) &= x. \end{aligned}$$

<u>Définition 1.3.</u> : On appelle opérateur de transport parallèle le long de la diffusion $t \to \tilde{\varphi}_t(\omega,x)$ la solution $\tilde{Z}_t(\omega,x)$ de l'équation différentielle stochastique

$$(1.6) \qquad \begin{aligned} d\tilde{Z}_h^j &= -\Gamma_{k\ell}^j(\tilde{\varphi}_t(\omega,x))\tilde{Z}_h^\ell \circ d\varphi_t^k(\omega,x) \\ \tilde{Z}(o) &= I \end{aligned}$$

(où $d\varphi_t(\omega,x)$ est la différentielle de Stratonovitch de $\varphi_t(\omega,x)$) qui s'écrit aussi

$$(1.6') \qquad \begin{aligned} d\tilde{Z}_h^j = \Big(&-\Gamma_{k\ell}^j(\tilde{\varphi}_t(\omega,x))\tilde{X}_0^k(t,\tilde{\varphi}_t(\omega,x))\tilde{Z}_h^\ell - \tfrac{1}{2}\frac{\partial\Gamma_{k\ell}^j}{\partial x^n}\tilde{X}_i^n(t,\tilde{\varphi}_t(\omega,x))\tilde{X}_i^k(t,\tilde{\varphi}_t(\omega,x))\tilde{Z}_h^\ell \\ &+ \tfrac{1}{2}\Gamma_{k\ell}^j(\tilde{\varphi}_t(\omega,x))\tilde{X}_i^k(t,\tilde{\varphi}_t(\omega,x))\Gamma_{k'\ell'}^\ell(\tilde{\varphi}_t(\omega,x))\tilde{X}_i^{k'}(t,\tilde{\varphi}_t(\omega,x))\tilde{Z}_h^{\ell'}\Big)dt - \\ &- \Gamma_{k\ell}^j(\tilde{\varphi}_t(\omega,x))\tilde{X}_i^k(\tilde{\varphi}_t(\omega,x))\tilde{Z}_h^\ell \cdot \vec{\delta}\, w^i \end{aligned}$$

$$\tilde{Z}(o) = I$$

Grâce aux règles du calcul différentiel de Stratonovitch appliquées à l'équation (1.6), on vérifie très simplement qu'une telle définition est bien invariante par changement de coordonnées sur R^d.

On fait tout d'abord l'hypothèse que $\tilde{X}_0 \ldots \tilde{X}_m$ sont <u>uniformément bornés</u>. Par les techniques du chapitre I, on montre alors sans difficulté qu'on peut régulariser la solution $\tilde{Z}_t(\omega,x)$ de (1.6) de telle sorte que p.s. $\tilde{Z}_t(\omega,x)$ soit continue en (t,x). On ne considère dans la suite qu'une version ainsi régularisée.

On peut naturellement poser par définition que le vecteur $Z_t(\omega,x)X$ est le transport parallèle de X le long de $s \to \varphi_s(\omega,x)$. Une telle définition n'est géométriquement fondée que si on montre que cette notion de transport parallèle s'obtient par un "passage à la limite" sur les notions classiques de transport parallèle.

On définit alors une suite de champs $\tilde{X}_0^n(t,x) \dots \tilde{X}_m^n(t,x)$ convergeant vers $\tilde{X}_0(t,x) \dots \tilde{X}_m(t,x)$ comme à la section I.6, dont on peut aussi supposer qu'ils sont uniformément bornés.

On note $\tilde{\varphi}^n.(\omega,.)$ le flot associé, et $\tilde{Z}^n(\omega,.)$ la solution régularisée de (1.6) correspondante.

Comme $\tilde{X}_0^n - \frac{1}{2}\frac{\partial \tilde{X}_i^n}{\partial x} \tilde{X}_i^n, \tilde{X}_1^n, \dots, \tilde{X}_m^n$ vérifient les mêmes propriétés que $X_0 \dots X_m$ en a), la définition du transport parallèle le long de $t \to \tilde{\varphi}_t^n(\omega,x)$ à l'aide de l'opérateur $\tilde{Z}_t^n(\omega,x)$ a déjà été justifiée géométriquement par un argument de limite, sur des courbes différentiables par morceau, sur lesquelles le transport parallèle est naturellement défini.

Pour fonder géométriquement la définition 1.3, il suffit donc de montrer la convergence de $Z^n.(\omega,.)$. On a en effet :

<u>Théorème 1.4.</u> : La suite de fonctions $(\tilde{\varphi}^n.(\omega,.),\tilde{Z}^n(\omega,.))$ converge P.U.C. sur $\Omega \times R^+ \times R^d$ vers $(\tilde{\varphi}.(\omega,.),\tilde{Z}.(\omega,.))$. De plus, p.s., pour tout $(t,x) \in R^+ \times R^d$, $\tilde{Z}_t(\omega,x)$ est un opérateur inversible.

<u>Preuve</u> : On raisonne exactement comme pour la preuve des théorèmes I.6.1 et I.6.2. Les conditions de vérification de la preuve sont en effet pratiquement identiques.

Montrons maintenant l'inversibilité de $\tilde{Z}_t(\omega,x)$. L'équation (1.6) s'écrit, en notations abrégées :

$$(1.7) \qquad d\tilde{Z} = -\Gamma(z)\,\tilde{Z}.\,d\tilde{\varphi}(\omega,x)$$
$$\tilde{Z}(o) = I$$

Considérons l'équation :

(1.8) $\quad d\tilde{Z}' = \tilde{Z}'\, \Gamma(z)\ .\ d\tilde{\varphi}\ .\ (\omega,x)$

$\tilde{Z}'(o) = I$

En mettant (1.8) sous la forme d'une équation de Ito, on montre trivialement qu'elle a une solution unique, régularisable en (t,x). De plus, on a

(1.9) $\quad d\widetilde{\widetilde{ZZ}}' = (\widetilde{\widetilde{ZZ}}'\Gamma(z) - \Gamma(z)\widetilde{\widetilde{ZZ}}')\ .\ d\tilde{\varphi}\ .\ (\omega,x)$

$\widetilde{\widetilde{ZZ}}'(o) = I$

En mettant (1.9) sour la forme d'une équation de Ito, on vérifie que (1.9) a une solution unique en $\widetilde{\widetilde{ZZ}}'$ qui est trivialement $\widetilde{\widetilde{ZZ}}'=I$. $\tilde{Z}$ est bien inversible. Quand $\tilde{X}_o,\tilde{X}_1,\dots,\tilde{X}_m$ ne sont pas bornés, on montre par troncation et arrêt le même type de résultats, dans le cas général. En effet, soit $\tilde{\varphi}.(\omega,.)$ le flot associé à $\tilde{X}_o \dots \tilde{X}_m$. Soient $\tilde{\tilde{X}}^k_o,\tilde{\tilde{X}}^k_1 \dots \tilde{\tilde{X}}^k_m$ des champs bornés lipchitziens coïncidant avec $\tilde{X}_o \dots \tilde{X}_m$ sur la boule de rayon k. Si B_n est la boule de rayon n, on note T^k_n le temps d'arrêt

(1.10) $\quad T^k_n = \inf\ \{t \geq 0\ ;\ \sup_{|x|\leq n} |\tilde{\varphi}_t(\omega,x)| \geq k\}$

Alors, si $\tilde{\tilde{\varphi}}^k$ désigne le flot associé à $\tilde{\tilde{X}}^k_o \dots \tilde{\tilde{X}}^k_m$ et $\tilde{\tilde{Z}}^k_.(\omega,.)$ la solution correspondante (régularisée) de (1.6), construite comme précédemment pour $x \in B_n$ et $t \leq T^n_k$, on peut sans difficulté poser par définition

(1.11) $\quad \tilde{Z}_t(\omega,x) = \tilde{\tilde{Z}}^k_t(\omega,x)$

Comme $T^k_n \to +\infty$ p.s quand $k \to +\infty$, on a bien ainsi défini $\tilde{Z}_t(\omega,x)$.

∎

On a ainsi construit explicitement le relevé horizontal $\varphi^*.(\omega,.)$ du flot $\tilde{\varphi}.(\omega,.)$ dans le fibré L(N) même quand $\tilde{X}_o \dots \tilde{X}_m$ ne sont pas bornés. On peut, par la même méthode lever l'hypothèse de borne sur les (Γ^k_{ij}) et leurs dérivées.

c) <u>Transport parallèle le long d'une semi-martingale de Ito dans R^d</u>.

On suppose ici que $N=R^d$. On suppose donné un espace de probabilité complet $(\tilde{\Omega},\tilde{F},\tilde{P})$, une famille croissante et continue à droite de sous-tribus complètes de $\tilde{F}$ notée $\{\tilde{F}_t\}_{t\geq 0}$. On suppose que $(w^1 \dots w^m)$ est une martingale brownienne m-dimensionnelle définie sur $(\tilde{\Omega},\tilde{F},\tilde{P})$.

Soit z_t une semi-martingale de Ito à valeurs dans R^d qui s'écrit :

$$(1.12) \qquad z_t = z_o + \int_o^t L\, ds + \int_o^t H_i \cdot \vec{\delta} w^i$$

où $L, H_1 \dots H_m$ sont des processus adaptés tels que $\int_o^t |L| ds$, $\int_o^t |H_i|^2 ds < +\infty$ p.s.

<u>Définition 1.5.</u> : On appelle opérateur de transport parallèle le long de la semi-martingale de Ito $t \to z_t$ la solution unique de l'équation différentielle stochastique

$$(1.13) \qquad dZ_h^j = -\Gamma_{k\ell}^j(z)\, Z_h^\ell \cdot dz^k$$

$$Z(o) = I$$

(où dz est la différentielle de Stratonovitch de z) qui s'écrit aussi

$$(1.14) \qquad dZ_h^j = [-\Gamma_{k\ell}^j(z)\, L^k Z_h^\ell - \tfrac{1}{2} \frac{\partial \Gamma_{k\ell}^j(z)}{\partial x^n} H_i^n H_i^k Z_h^\ell +$$

$$+ \tfrac{1}{2} \Gamma_{k\ell}^j(z) H_i^k \Gamma_{k'\ell'}^\ell(z) H_i^{k'} Z_h^{\ell'}]dt - \Gamma_{k\ell}^j(z) H_i^k Z_h^\ell \cdot \vec{\delta} w^i$$

$$Z(o) = I$$

Il va de soi que (1.14) est déduite formellement de (1.13). De plus, grâce aux résultats de [27], on montre sans difficulté que (1.14) a une solution unique. Il est aussi clair qu'une telle définition est bien invariante par changement de coordonnées. Il reste naturellement à justifier géométriquement une telle définition.

a) on suppose tout d'abord que $L, H_1 \dots H_m$ s'écrivent sous la forme :

$$(1.15) \qquad L = \Sigma\, L_{t_k} 1_{[t_k, t_{k+1}[}$$

$$H_i = \Sigma\, H_{i_{t_k}} 1_{[t_k, t_{k+1}[}$$

où $t_1 \dots t_k \dots$ est une suite croissante de réels,

où $L_{t_k}, H_{i_{t_k}}$ sont des variables aléatoires F_{t_k}-mesurables bornées. Alors, il est clair que pour $t_k \leq t < t_{k+1}$, on a :

$$(1.16) \qquad z_t - z_{t_k} = L_{t_k}(t - t_k) + H_{i_{t_k}}(w_t^i - w_{t_k}^i)$$

Pour $t_k \leq t \leq t_{k+1}$, conditionnellement à F_{t_k}, z_t vérifie donc une équation (très simple) du type des équations étudiées dans les paragraphes a) et b),i.e.

$$(1.17) \qquad dz = L_{t_k} dt + H_{i_{t_k}} \cdot dw^i$$

En appliquant à z (pour $t_k \leq t \leq t_{k+1}$) les techniques des paragraphes a) et b), il est clair que, dans ce cas, la solution de (1.13) définit un opérateur qui est bien limite d'opérateurs de transport parallèle le long de courbes différentiables par morceau.

b) Si $\int_0^t |L| ds$, $\int_0^t |H_i|^2 ds$ sont bornés, on peut trouver une suite de processus L^n, H_2^n, H_m^n du type (1.15), uniformément bornés tels que,

$$E\int_0^{+\infty} (|L^n - L| + |H_i^n - H_i|^2) ds \to 0$$

Pour le théorème 2 dans Emery [27], on montre facilement que la solution de (1.13) relativement à $L, H_1^n \ldots H_m^n$ converge P.U.C. vers la solution de (1.13) relativement à $L, H_1 \ldots H_n$.

c) Par arrêt, on montre qu'on peut toujours se ramener à la situation étudiée en b).

d) <u>Transport parallèle le long d'une semi-martingale à valeurs dans une variété.</u>

On fait les mêmes hypothèses sur $(\tilde{\Omega}, \tilde{F}, \tilde{P})$, $\tilde{F}_t$, $w^1 \ldots w^n$ qu'au paragraphe c). Nous supposons maintenant que N est une variété métrisable connexe générale muni d'une connexion $C^\infty \Gamma$.

On suppose que z est un processus continu adapté à valeurs dans N, tel que pour toute fonction f C^∞ définie sur N à valeurs dans R, $f(z_t)$ soit une semi-martingale qui s'écrit sous la forme

$$(1.18) \qquad f(z_t) = f(z_o) + \int_0^t L^f ds + \int_0^t H_i^f \cdot \vec{\delta} w^i$$

où $\int_0^t |L^f| ds$ et $\int_0^t |H_i^f|^2 ds$ sont $<+\infty$ p.s. Cette hypothèse garantit que z est une semi-martingale au sens de Schwartz [50], et en particulier que si N est plongée dans R^{2d+1} , z est une semi-martingale à valeurs dans R^{2d+1}.

On va alors définir le transport parallèle d'un vecteur $X \in T_{z_o}(N)$ le long de la semi-martingale z_t.

Soit en effet (U,φ) un système de cartes locales sur N.

Soit d une distance sur N telle que pour tout $x \in N$ et tout $r > 0$ la boule fermée $\bar{B}(x,r)$ de centre x et de rayon r soit compacte [32]. On note $\tilde{T}_n$ le temps d'arrêt

(1.19) $\tilde{T}_n = \inf \{t \geq 0,\ d(z_o,z_t) \geq n\}$

En arrêtant éventuellement z en $\tilde{T}_n$, on peut supposer que z est à valeurs dans $\bar{B}(z_o,n)$.

Soit $U_1,\dots,U_\ell$ un recouvrement fini du compact $\bar{B}(z_o,n)$ par des ouverts associés aux cartes locales $\varphi_1,\dots,\varphi_\ell$. Alors, on sait que pour $\varepsilon > 0$ assez petit, pour tout $x \in \bar{B}(z_o,n)$, $\bar{B}(x,\varepsilon)$ est incluse dans l'un des U_i. On définit une suite croissante de temps d'arrêt

(1.20) $T_o = 0$

$$T_{j+1} = \inf \{t \geq T_j,\ d(z_{T_j},z_t) \geq \varepsilon\}$$

Alors p.s., pour i assez grand, il est clair que $T_i = +\infty$.

On définit alors le transport parallèle d'un vecteur $Y_o \in T_{z_o}(N)$:

<u>Définition 1.6</u> : Soit $Y_o \in T_{z_o}(N)$. On appelle transport parallèle de Y_o le long de la semi-martingale z_t le processus continu Y_t de vecteurs tangents à N, tel que $Y(o) = Y_o$, que pour tout $t \in R^+$, $Y_t \in T_{z_t}(N)$, qui est défini de la manière suivante: pour $T_j \leq t \leq T_{j+1}$, z_t reste dans la boule $\bar{B}(z_{T_j},\varepsilon)$ qui est incluse dans au moins l'un des ouverts $U_1,\dots,U_\ell$, qu'on note U_{i_j}. Si $\varphi_{i_j} : U_{i_j} \to R^d$ est la carte locale associée , le processus $\varphi_{i_j}(z_{t\wedge T_{j+1}})$ s'écrit pour $t \geq T_j$:

(1.21) $$\varphi_{i_j}(z_{t\wedge T_{j+1}}) = \varphi_{i_j}(z_{T_j}) + \int_{T_j}^{t\wedge T_{j+1}} {}^{j}L ds + \int_{T_j}^{t\wedge T_{j+1}} {}^{j}H_i \cdot \vec{\delta}\, w^i$$

Lu dans la carte (U_{i_j},φ_{i_j}), le processus $Y_t \in T_{z_t}(N)$ est défini pour $T_j \leq t \leq T_{j+1}$ par l'équation différentielle :

$$(1.22) \qquad d\, Y^h = -\Gamma^h_{k\ell}(z) Y^\ell \,.\, dz^k$$

où dz est la différentielle de Stratonovitch de z, qui s'écrit aussi

$$(1.23) \qquad d\, Y^h = \{-\Gamma^h_{k\ell}(z)^j L^k Y^\ell - \tfrac{1}{2} \frac{\partial \Gamma^h_{k\ell}}{\partial x^n}(z)^j H^n_i \, {}^j H^k_i Y^\ell + \\ + \tfrac{1}{2} \Gamma^h_{k\ell}(z)^j H^k_i \, \Gamma^\ell_{k'\ell'}(z)^j H^{k'}_i Y^{\ell'}\} dt - \Gamma^h_{k\ell}(z_t)^j H^k_i \, Y^\ell \,.\, \vec{\delta} w^i$$

où $(\Gamma^h_{k\ell})$ sont les coefficients de Cristoffel de la connexion Γ lus dans la carte (U_{i_j},φ_{i_j}).

Montrons alors que la définition 1.6 a bien un sens. En effet, par [27], pour $0 \leq t \leq T_1$, l'équation (1.23) a bien une solution unique. Y_{T_1} définit ainsi un élément de $T_{z_{T_1}}(N)$. On résoud alors l'équation (1.23) sur $[T_1,T_2]$ de la même manière, puisque la valeur de Y_{T_1} est connue grâce à la résolution de la première équation. On procède ainsi par récurrence. Comme à partir d'un certain rang, $T_i=+\infty$, on a bien défini le processus Y_t pour $t \geq 0$.

Il faut également montrer que le transport parallèle de Y_0 ne dépend pas du recouvrement ouvert $U_1,\ldots,U_\ell$ et de la chaîne de temps d'arrêt T_i. Pour cela, il suffit de supposer que $U'_1,\ldots,U'_\ell$ est un autre recouvrement ouvert ayant les mêmes propriétés que $U_1,\ldots,U_\ell$, de définir $\varepsilon' > 0$ tel que pour tout $x \in \bar{B}(z_0,n)$, $\bar{B}(x,\varepsilon')$ est inclus dans l'un des U'_j. On construit alors comme précédemment la suite croissante de temps d'arrêt associés $T'_1,T'_2,\ldots$ et un processus Y'_t à valeurs dans $T_{z_t}(N)$. On va alors montrer que $Y_t = Y'_t$. En effet, soit $T''_1,T''_2,\ldots$ la suite croissante de temps d'arrêt obtenue par réarrangement croissant de la famille de temps d'arrêt $T_1,T_2,\ldots,T'_1,T'_2,\ldots$ Chaque intervalle stochastique $[T''_i,T''_{i+1}]$ est contenu dans un intervalle $[T_j,T_{j+1}]$ et dans un intervalle $[T'_j,T'_{j+1}]$.
Alors, sur $[0,T''_1]$, $Y_t = Y'_t$. En effet, cela résulte immédiatement de l'invariance de l'équation (1.22) par changement de coordonnées. On procède alors par récurrence pour montrer que $Y_t = Y'_t$ pour tout t.

On peut naturellement utiliser les résultats du paragraphe c) pour montrer que sur chaque intervalle $[T_i, T_{i+1}]$, l'opération de transport parallèle le long de z peut effectivement être considérée comme "limite" de transports parallèles pour des courbes différentiables.

Si z est une semi-martingale du type précédent, mais non nécessairement arrêtée en $\tilde{T}_n$, en considérant les semi-martingales $z_{t \wedge \tilde{T}_n}$, on peut définir par la technique précédente le transport parallèle le long de z.

On a alors le résultat élémentaire suivant :

Théorème 1.7. : Il existe un négligeable η tel que si $\omega \notin \eta$, il existe une application linéaire $\tau_t^o(\omega)$ de $T_{z_o}(N)$ dans $T_{z_t}(N)$ dépendant continûment de $t \in R^+$ telle que pour tout $Y_o \in T_{z_o}(N)$ le transport parallèle Y_t de Y_o le long de $s \to z_s$ est égal à $\tau_t^o Y_o$. Le processus τ_t^o est adapté. Enfin, p.s., pour tout $t \geq 0$, τ_t^o est inversible, d'inverse noté τ_o^t.

Preuve : Si $e_1 \dots e_d$ est une base de $T_{z_o}(N)$, il est clair que si $e_{1_t} \dots e_{d_t}$ sont les transports parallèles de $e_1 \dots e_d$ le long de $s \to z_s$, le transport parallèle de $Y_o = \sum_1^d y^i e_i$ peut être pris égal à $\sum_1^d y^i e_{i_t}$. L'inversiblité de τ_t^o résulte alors du même argument qui celui qui a été utilisé au Théorème 1.4, appliqué sur chaque intervalle $[T_i, T_{i+1}]$.

■

Etant donné un repère u_o de $T_{z_o}(N)$(i.e. une base de $T_{z_o}(N)$) $\tau_t^o u_o$ définit un repère u_t au-dessus de z_t. On est fondé à poser la définition suivante :

Définition 1.8 : On appelle relevé horizontal de la semi-martingale z_t dans le fibré L(N) de point de départ $u_o \in L(N)$ la semi-martingale u_t à valeurs dans L(N) définie par $u_t = \tau_t^o u_o$.

Il va de soi que cette définition étend aux semi-martingales de Ito à valeurs dans N le relèvement horizontal des courbes différentiables.

e) Remarques sur le relèvement horizontal d'une semi-martingale.

Soit G_t la tribu complété par les négligeables de $\tilde{F}$ de la tribu $B(z_s | s \leq t)$, et $\{G_t^+\}_{t \geq 0}$ la régularisation à droite de la filtration $\{G_t\}_{t \geq 0}$. Alors, par un résultat de Stricker [62], z_t est une semi-martingale relativement à $\{G_t^+\}_{t \geq 0}$. Il est alors essentiel de noter que le relèvement u_t de z_t dans $L(N)$ est un processus adapté à $\{G_t^+\}_{t \geq 0}$. En effet, le temps d'arrêt $\tilde{T}_n$ défini en (1.19) est un temps d'arrêt pour $\{G_t^+\}_{t \geq 0}$. De même, dans la définition 1.6 les T_i sont des temps d'arrêt pour $\{G_t^+\}_{t \geq 0}$. Enfin, sur chaque $[T_i, T_{i+1}]$ en résolvant l'équation (1.22) (1.23) par la méthode des approximations successives [27], on vérifie que u_t est effectivement adapté à $\{G_t^+\}_{t \geq 0}$, en utilisant le fait connu [45] que si X et Y sont des semi-martingales continues adaptées à $\{G_t^+\}$, alors l'intégrale stochastique $\int_0^t X \cdot \vec{\delta} Y$ est la même, qu'elle soit calculée avec la filtration $\{G_t^+\}_{t \geq 0}$ ou la filtration $\{\tilde{F}_t\}_{t \geq 0}$.

f) Relèvement horizontal d'un flot $\varphi_{.}(\omega,.)$ sur une variété riemanienne.

On suppose ici -exceptionnellement- que N est une variété riemanienne et que Γ est la connexion de Levi-Civita [40] sur N. On suppose que $X_o \ldots X_m$ vérifient les mêmes hypothèses qu'à la section I.4. On veut construire dans $L(N)$ le flot horizontal relevé du flot φ, comme nous l'avons fait dans R^d.

Pour le faire, il suffit de remarquer qu'il suffit de construire un tel relèvement sur le fibré $O(N)$ des repères orthonormaux de N.

Soit $X_o^* \ldots X_m^*$ les relevés horizontaux dans $O(N)$ des champs $X_o \ldots X_m$. Alors, il est clair que $X_o^* \ldots X_m^*$ sont encore à support compact dans $R^+ \times O(N)$. On construit par les techniques du théorème I.4.1. le flot dans $\varphi_{.}^*(\omega,.)$ associé à $X_o^* \ldots X_m^*$. Il est clair que ce flot est le relevé horizontal de $\varphi\,.\,(\omega,.)$ dans $O(N)$. On étend trivialement φ^* à tout $L(N)$.

On pourra procéder de même sur les variétés riemaniennes à courbure négative par les techniques du chapitre XI.

2. Développement d'une semi-martingale.

Rappelons tout d'abord brièvement la notion de développement d'une courbe $s \to x_s$ de classe C^1 [40]-III.4. Soit $s \to x_s$ une courbe de classe C^1 dans N. $\tilde{\tau}_s^t$ désigne l'opérateur de transport parallèle de la fibre affine A_{x_t} dans la fibre affine A_{x_s} au-dessus de la courbe $s \to x_s$.

On appelle développement dans le plan affine $A_{x_0}(N)$ tangent à x_0 la courbe à valeurs dans $A_{x_0}(N)$ $s \to C_s = \tilde{\tau}_0^s(p_{x_s})$ où p_{x_s} est l'origine du plan tangent $T_{x_s}(N)$.

Pour construire explicitement le développement de $s \to x_s$, on peut utiliser le résultat essentiel de la Proposition III.4.1 de [40] qui indique que

$$(2.1) \qquad \frac{dC_s}{ds} = \tau_0^s \left(\frac{dx}{ds}\right)$$

où τ_0^s est l'opérateur linéaire de transport parallèle de $T_{x_s}(N)$ dans $T_{x_0}(N)$.

Nous allons examiner comment on peut prolonger l'opération du développement à toutes les semi-martingales de Ito.

a) Développement d'une diffusion de Stratonovitch dans R^d.

On reprend les hypothèses du §1.a). Ici donc, $N=R^d$. On considère le flot $\varphi.(\omega,.)$ et pour $x \in R^d$ la diffusion $t \to \varphi_t(\omega,x)$.

On va encore définir le développement de $t \to \varphi_t(\omega,x)$ dans $T_x R^d$ par un argument de limite.

Considérons en effet la courbe approximante $x_t^n = \varphi_t^n(\omega,x)$. x_t^n est solution de l'équation différentielle classique

$$(2.2) \qquad dx^n = (X_0(t,x^n) + X_i(t,x^n)\, \dot{w}^{i,n})dt$$

$$x^n(o) = x$$

Si τ_0^{ns} est l'opérateur de transport parallèle le long de $t \to x_t^n$ de $T_{x_s^n}(N)$, la courbe $t \to y_t^n$ développement de $t \to x_t^n$ dans $T_x(N)$ est définie par

(2.3) $\quad dy^n = (\tau_0^{nt})(X_0(t,x^n) + X_i(t,x^n)\ \dot{w}^{i,n})dt$

$y^n(o) = 0$

Or, l'opérateur $(\tau_0^{ns}) = Z_s'^n$ s'exprime par la résolution de l'équation différentielle ordinaire écrite avec les notations abrégées utilisées en (1.7) - (1.8)

(2.4) $\quad dZ'^n = Z'^n\ \Gamma(x^n)X_0(t,x^n)dt + Z'^n\ \Gamma(x^n)X_i(t,x^n)\ \dot{w}^{i,n}\ dt$

$Z'^n(o) = I$

Il faut donc étudier le comportement, quand n tend vers $+\infty$, de (2.2)-(2.4). On a alors immédiatement :

<u>Théorème 2.1</u> : Quand n tend vers $+\infty$, la suite $y_t^n(\omega)$ converge P.U.C vers un processus p.s. continu $y_t(\omega)$. Si $Z_t(\omega)$ est le processus défini au Théorème 1.1, on a :

(2.5) $\quad dy = Z_t^{-1}(\omega,x)X_0(t,\varphi_t(\omega,x))dt + Z_t^{-1}(\omega,x)X_i(t,\varphi_t(\omega,x))\ .\ dw^i$

$y(o) = 0$

<u>Preuve</u> : $Z_t'^n(\omega,x) = \tau_0^{nt}$ est solution de l'équation (2.4). On applique alors les techniques des théorèmes I.1.2. et I.2.1 pour montrer le théorème au système formé des équations (1.1)-(2.4) et (2.3).

Or, par le théorème 1.1, $Z^n.(\omega,.)$ converge P.U.C. vers l'opérateur $Z.(\omega,.)$ de transport parallèle le long de $t \to \varphi_t(\omega,.)$ et $Z'^n.(\omega,.)$ converge P.U.C. vers $Z^{-1}.(\omega,.)$.

On sait de même que $y_t^n(\omega)$ converge P.U.C. vers y défini par (2.5).

∎

Pour écrire (2.5) de manière équivalente à (2.3), on note τ_0^t l'opérateur -intrinsèque- de transport parallèle de $T_{\varphi_t(\omega,x)}$ dans T_x.

On a alors immédiatement :

<u>Théorème 2.2</u> : La semi-martingale y_t à valeurs dans $T_{x_0}(N)$ est une semi-martingale de Stratonovitch qui s'écrit :

$$(2.6)\qquad y_t = \int_0^t (\tau_0^s) X_0(s,\varphi_s(\omega,x))ds + \int_0^t (\tau_0^s) X_i(s,\varphi_s(\omega,x)) \cdot dw^i$$

Sa décomposition de Ito-Meyer s'écrit :

$$(2.7)\qquad y_t = \int_0^t (\tau_0^s)(X_0 + \tfrac{1}{2}\nabla_{X_i} X_i)(s,\varphi_s(\omega,x))ds + \int_0^t (\tau_0^s)(X_i(s,\varphi_s(\omega,x)) \cdot \vec{\delta w}^i$$

Preuve : (2.6) est une réécriture intrinsèque de (2.5). Pour exprimer (2.6) sous la forme d'une semi-martingale de Ito, il faut calculer la décomposition canonique de la semi-martingale de Stratonovitch $(\tau_0^t)^{-1}(X_i(t,\varphi_t(\omega,x)))$. Or, comme la fonction $(t,u) \to u^{-1}[X_i(t,\pi u)]$ est une fonction C^∞ définie sur $R^+ \times L(N)$ à valeurs dans R^d, on peut lui appliquer la formule de Stratonovitch, i.e. si u_0 est un repère de $T_x(N)$ et si $u_t = \varphi_t^*(\omega,u_0)$, on a

$$(2.8)\qquad u_t^{-1} X_i(t,\varphi_t(\omega,x)) = u_0^{-1} X_i(0,x) + \int_0^t u_s^{-1} [\frac{\partial X_i}{\partial t}(s,\varphi_s(\omega,x))]ds +$$
$$+ \int_0^t (X_0^*(s,.)[u^{-1} X_i(s,\pi u)])(u_s)ds +$$
$$+ \int_0^t (X_i^*(s,.)[u^{-1} X_i(s,\pi u)])(u_s) \cdot dw^i$$

Or, par le lemme de [40]-III.1, on a

$$(2.9)\qquad X_j^*(s,.)[u^{-1}(X_j(t,\pi u)](u) = u^{-1}[\nabla_{X_j} X_j](t,\pi u)$$

Comme, par définition, $\tau_0^t = u_0 u_t^{-1}$ (2.7) résulte immédiatement de (2.6) et (2.8).

■

Remarque 1 : Naturellement, comme y_t est à valeurs dans l'espace tangent affine $A_x(N)$, la décomposition de Ito-Meyer de y_t a un sens géométrique. Il n'est donc pas étonnant qu'elle ne fasse intervenir que des objets intrinsèques, i.e. indépendants du choix des coordonnées.

Remarque 2 : Le théorème 2.2. montre en particulier qu'à côté de la description de Stratonovitch du flot à l'aide des vecteurs tangents $X_0,\dots,X_m$, existe une seconde description du flot avec les vecteurs tangents $X_0 + \frac{1}{2}\nabla_{X_i} X_i, X_1 \dots X_m$. Nous verrons dans la suite que cette seconde description se prolonge naturellement aux semi-martingales de Ito.

Remarque 3 : Dans [5],[6], Baxendale avait déjà remarqué que $X_o + \frac{1}{2} \nabla_{X_i} X_i$, $X_1 \ldots X_m$ étaient effectivement un nouveau système de caractéristiques locales de la diffusion (voir aussi Elworthy [26]).

b) Développement d'une semi-martingale de Ito dans R^d.

On reprend l'ensemble des hypothèses et notations du paragraphe 1 c). On pose alors la définition suivante :

Définition 2.3 : Si Z_t est défini à la Définition 1.5, on appelle développement de z_t dans $T_{z_o}(N)$ la semi-martingale y_t données par la formule :

$$(2.10) \qquad y_t = \int_o^t Z_s^{-1} \cdot dz_s$$

(où dz est la différentielle de Stratonovitch de z). Avec les notations du paragraphe 1. e), on vérifie que y_t est une semi-martingale adaptée à la filtration $\{G_t^+\}_{t \geq 0}$. Ce point est naturellement essentiel, puisqu'il montre que la notion de développement de la semi-martingale z_t ne dépend que des trajectoires de z_t et pas de la filtration à l'aide de laquelle elle est décrite.

On a alors la résultat essentiel suivant :

Théorème 2.4. : La décomposition de Meyer de la semi-martingale $y_t \in T_{z_o}(N)$ relativement à la filtration $\{F_t\}_{t \geq 0}$ s'écrit :

$$(2.11) \qquad y_t = \int_o^t Z_s^{-1} \overset{o}{z}_s \, ds + \int_o^t Z_s^{-1} H_i \cdot \vec{\delta} w^i$$

où $\overset{o}{z}_s$ est un vecteur de R^d dont les composantes sont données par la formule

$$(2.12) \qquad \overset{o}{z}{}^k_s = L^k_s + \tfrac{1}{2} \Gamma^k_{\ell n}(z_s) \, H^\ell_{i_s} H^n_{i_s}$$

Preuve : Avec les notations de (1.8), (1.9), on a :

$$(2.13) \qquad dZ^{-1} = Z^{-1} \Gamma(z) dz$$

On en déduit immédiatement :

$$(2.14) \qquad \int_o^t Z_s^{-1} \, dz_s = \int_o^t Z_s^{-1} \cdot \vec{\delta} z + \tfrac{1}{2} \langle Z^{-1}, z \rangle_t$$

$$(2.15)\qquad \langle Z^{-1},z\rangle_t = \int_0^t \langle Z^{-1}\,\Gamma(z)H_i,H_i\rangle ds$$

et donc

$$(2.16)\qquad \int_0^t Z_s^{-1}\,dz = \int_0^t Z_s^{-1}\,(L+\tfrac{1}{2}\langle\Gamma(z)H_i,H_i\rangle)ds + \int_0^t Z_s^{-1}\,H_i\,.\,\vec{\delta}\,w^i$$

Le théorème en résulte. □

<u>Remarque 4</u> : La décomposition de Meyer de y dépend naturellement de la filtration $\{F_t\}_{t\geq 0}$ considérée. Remarquons toutefois que $\Gamma^k_{\ell m}(z)H^\ell_{i_s}H^m_{i_s}$ est un processus adapté à $\{G^+_t\}_{t\geq 0}$. En effet

$$(2.17)\qquad \langle z^\ell,z^m\rangle = \int_0^t H^\ell_i\,H^m_i\,ds$$

Or $\langle z^\ell,z^m\rangle$ est adapté à $\{G^+_t\}$ puisque

$$(2.18)\qquad \langle z^\ell,z^m\rangle = \lim\,\Sigma\,\Delta z^\ell_{t_i}\;\Delta z^m_{t_i}$$

Donc $\Sigma\,H^\ell_i\,H^m_i$ est adapté à $\{G^+_t\}_{t\geq 0}$.

On va alors vérifier que cette opération de développement est bien l'opération limite d'opérations de développement sur des courbes différentiables par morceaux. Supposons en effet que z_t est de la forme (1.16). Alors conditionnellement à F_{t_k} pour $t_k \leq t \leq t_{k+1}$, Z_t est solution d'une équation du type traité en 1-a). Or, dans le paragraphe 2 a), nous avons effectivement montré qu'il existait une opération naturelle de développement limite d'opérations de développement sur des courbes différentiables. De plus, grâce au théorème 2.2, le développement de z_t pour $t_k \leq t \leq t_{k+1}$ dans $T_{z_{t_k}}(N)$ est donné par

$$(2.19)\qquad y^k_t = \int_{t_k}^t Z_{t_k}Z_s^{-1}(L_{t_k} + \tfrac{1}{2}\,H_{i_{t_k}}\,\Gamma(z)H_{i_{t_k}})ds + \int_{t_k}^t Z_{t_k}Z_s^{-1}H_{i_{t_k}}\,.\,\vec{\delta}\,w^i$$

En ramenant ces développements dans $T_{z_0}(N)$, on obtient bien la formule (2.11), dans ce cas particulier. Si $\int_0^t |L|ds$, $\int_0^t |H_i|^2 ds < +\infty$ p.s., on définit une suite d'approximations $L^n,H^n_2,\dots,H^n_m$ comme en (1.17). En écrivant l'équation vérifiée par $(Z^n)^{-1}_t$, on montre grâce à [27] que si les Γ^k_{ij} et leurs dérivées sont bornées, $(Z^n)^{-1}_t$ converge P.U.C. vers Z^{-1}_t et que le développement y^n de z^n converge P.U.C. vers y (en utilisant [27] sur le couple (Z_t^{n-1}, y_t^n)). Si les fonction (Γ_{ij}^k) ne sont pas bornées , on note $\tilde{T}_\ell$ le temps d'arrêt

(2.20) $\quad \tilde{T}_\ell = \inf\{t \geq 0 \; ; \; |z_t| \geq \ell\}$

On raisonne alors comme précédemment sur $z_{t\wedge\tilde{T}_\ell}$ et on fait tendre ℓ vers $+\infty$.

La formule (2.10) est bien justifiée.

Remarque 5 : Il résulte immédiatement de la formule (2.11) que $\overset{\circ}{z}_t$ est un élément de $T_{z_t}(R^d)$.

c) Développement d'une semi-martingale de Ito à valeurs dans une variété.

Nous reprenons l'ensemble des hypothèses et notations du paragraphe 1.d). τ_o^t désigne en particulier l'opérateur de transport parallèle défini au théorème 1.7.

On commence par supposer que z est à valeurs dans la boule fermée $\bar{B}(z_o, n)$. On a alors le résultat fondamental suivant :

Théorème 2.5. : Il existe des processus adaptés $(\overset{\circ}{z}, H_1 \dots H_m)$ à valeurs dans TN tels que pour tout (ω, t), $\overset{\circ}{z}_t, H_{1_t} \dots H_{m_t} \in T_{z_t}(N)$, uniques à un ensemble $dP \otimes dt$ négligeable près, tels que si $U_1, \dots, U_\ell, \varphi_1, \dots, \varphi_\ell, T_o, \dots, T_n, U_{ij}, \varphi_{ij}, {}^jL, {}^jH_i$ sont définis comme à la définition 1.6, pour $T_j \leq t \leq T_{j+1}$, $\overset{\circ}{z}_t, H_{1_t}^k, \dots, H_{m_t}$ s'écrivent dans la carte (U_{ij}, φ_{ij}) ${}^j\overset{\circ}{z}_t, {}^jH_{1_t}, \dots, {}^jH_{m_t}$ avec

(2.21) $\quad {}^j\overset{\circ}{z}{}^k_t = {}^jL_t^k + \frac{1}{2}\,\Gamma_{\ell n}^k(z_t)\,{}^jH_{i_t}^\ell\;{}^jH_{i_t}^n$

Preuve : Il faut montrer que les vecteurs $\overset{\circ}{z}, H_1, \dots, H_m$ dont l'expression dans la carte (U_{ij}, φ_{ij}) est donnée par ${}^j\overset{\circ}{z}, {}^jH_1, \dots, {}^jH_m$ ne dépendent ni du recouvrement $U_1, \dots, U_\ell$, ni de la carte (U_{ij}, φ_{ij}) choisie. Soit donc $U'_1, \dots, U'_\ell$, choisis comme dans la vérification du caractère intrinsèque de la Définition 1.6. $T''_o, \dots, T''_1, \dots$ sont les temps d'arrêt obtenus par réarrangement croissant de la suite de temps d'arrêt $T_o, \dots, T_j, \dots, T'_o, \dots, T'_j$. Chaque intervalle stochastique $[T''_i, T''_{i+1}]$ est contenu dans un intervalle $[T_j, T_{j+1}]$ et dans un intervalle $[T'_k, T'_{k+1}]$. Il faut donc vérifier que pour $T''_i \leq t \leq T''_{i+1}$, on a

(2.22) $\quad (\varphi_{i_k} \varphi_{i_j}^{-1})^*({}^j \overset{o}{z}) = {}^k\overset{o}{z}$

$$(\varphi_{i_k}\varphi_{i_j}^{-1})^*({}^jH_i) = {}^kH_i$$

Or, cela résulte immédiatement des résultats du paragraphe 2.b), et en particulier de la Remarque 5.

De l'unicité de la décomposition de Meyer d'une semi-martingale de Ito à valeurs réelles, on tire que pour $T_j \leq t \leq T_{j+1}$, $\int_{T_j}^t {}^jL\, ds$, $\int_{T_j}^t {}^jH_i ds$ sont déterminés à un négligeable de Ω près. Donc, $\overset{o}{z}, H_1, \ldots, H_m$ sont déterminés de manière unique à un ensemble $dP \otimes dt$ négligeable près.

■

<u>Corollaire</u> : Sous les hypothèses de la section I.4 , si $x \in N$, et si $z_t = \varphi_t(\omega,x)$ on a :

(2.23) $\quad \overset{o}{z}_t = X_o(t,\varphi_t(\omega,x)) + \frac{1}{2}\, \nabla_{X_i(t,\varphi_t(\omega,x))}\, X_i(t,\varphi_t(\omega,x))$

<u>Preuve</u> : La preuve est immédiate et laissée au lecteur.

■

Si z vérifie les propriétés énoncées au paragraphe 1.d), mais sans être nécessairement bornée, en notant T_n le temps d'arrêt (1.19) et en raisonnant sur $z_{t\wedge\tilde{T}_n}$, on vérifie trivialement que le théorème 2.5 reste encore vrai pour $z_{t\wedge\tilde{T}_n}$, donc pour z_t. $\overset{o}{z}, H_1, \ldots, H_m$ désignent donc maintenant les processus relatifs à la semi-martingale z_t. On va alors montrer un résultat technique élémentaire. Soit $|\ |$ une norme quelconque sur $T_{z_o}(N)$.

<u>Proposition 2.6</u> : Les processus $\int_0^t |\tau_0^s\, \overset{o}{z}_s| ds$ et $\int_0^t |\tau_0^s H_{is}|^2\, ds$ sont $< +\infty$ p.s.

<u>Preuve</u> : En raisonnant par arrêt, on peut supposer z_t bornée, et se placer directement sous les conditions du théorème 2.5. Alors comme la boule fermée de centre z_o et de rayon ε est contenue dans U_{i_1}, les processus $\int_0^{t\wedge T_1} |{}^1L_s| ds$, $\int_0^{t\wedge T_1} |{}^1H_{i_s}|^2 ds$ sont par hypothèse $< +\infty$ p.s. Le processus $\int_0^{t\wedge T_1} |\overset{o}{z}_s| ds$ est donc $< +\infty$ p.s. Comme $t \to (\tau_0^t)$ est continue, $\int_0^{t\wedge T_1} |\tau_0^s \overset{o}{z}_s| ds$ et $\int_0^{t\wedge T_1} |\tau_0^s H_i|^2 ds$ sont $< +\infty$ p.s. On peut

réitérer l'opération dans les intervalles stochastiques $[T_j, T_{j+1}]$. ∎

On pose alors la définition suivante :

__Définition 2.7.__ : On appelle développement de la semi-martingale z_t dans le plan tangent $T_{z_o}(N)$ la semi-martingale définie par l'intégrale de Stratonovitch

(2.24) $$y_t = \int_o^t \tau_o^s \cdot dz_s.$$

Montrons que (2.24) a effectivement un sens. Tout d'abord, en considérant la semi-martingale $z_{t \wedge \tilde{T}_n}$, on peut supposer que z est arrêtée en $\tilde{T}_n$. On reprend alors les notations de la Définition 1.6. Pour $0 \leq t \leq T_1$, (2.24), a effectivement un sens puisque dans les coordonnées locales (U_{i_1}, φ_{i_1}), on fait le même calcul qu'à la Définition 2 .3. Pour $T_1 \leq t \leq T_2$; on écrit :

(2.25) $$\tau_o^t = \tau_o^{T_1} \tau_{T_1}^t$$

Or, T_1 étant un temps d'arrêt, dans les coordonnées locales (U_{i_2}, φ_{i_2}), l'opérateur $\tau_{T_1}^t$ s'exprime encore comme à la définition 1.6. Pour $T_1 \leq t \leq T_2$, le processus y_t^1 à valeurs dans $T_{z_{T_1}} N$

(2.26) $$y_t^1 = \int_{T_1}^t \tau_{T_1}^s \cdot dz_s$$

est bien défini. On pose alors, pour $T_1 \leq t \leq T_2$

(2.27) $$y_t = y_{t_1} + \tau_o^{T_1} y_t^1$$

On poursuit l'opération par récurrence sur les T_i.

Notons encore que y_t est adapté à la filtration engendrée par le processus z_t. Nous allons maintenant calculer la décomposition de Meyer de y_t.

On a en effet :

<u>Théorème 2.8.</u> : La décomposition de Meyer de y_t relativement à la filtration $\{F_t\}_{t\geq 0}$ s'écrit :

$$(2.28) \qquad y_t = \int_0^t (\tau_0^s)\, \overset{\circ}{z}\, ds + \int_0^s \tau_0^s\, H_i \,.\, \vec{\delta}\, w^i$$

<u>Preuve</u> : Il suffit de raisonner sur chaque intervalle $[T_i, T_{i+1}]$ et d'utiliser le théorème 2.4.

■

Les caractéristiques locales $\overset{\circ}{z}$, $H_1, \ldots, H_m$ aparaissent donc comme directement associées au développement y_t de la semi-martingale z_t dans $T_{z_0}(\omega)$. Nous avons par ailleurs montré que le développement d'une semi-martingale était limite des développements d'une famille de courbes différentiables approximantes. Il va également de soi -grâce aux formules (2.21)- que $\overset{\circ}{z}, H_1, \ldots, H_m$ sont effectivement des caractéristiques locales et non globales du processus z_t.

On utilise désormais la notation suivante :

<u>Définition 2.9.</u> : On utilise désormais la notation :

$$(2.29) \qquad z_t = z_0 + \int_0^t \overset{\circ}{z}_s\, d^\Gamma s + \int_0^t H_{i_s} \,.\, \vec{\delta}\, w^i$$

La notation $d^\Gamma s$ est particulièrement explicite, puisqu'elle indique que la "moyenne infinitésimale" $\overset{\circ}{z}$ dépend effectivement de la connexion Γ. Elle dépend aussi naturellement de la filtration.

d) <u>Un exemple : le mouvement brownien sur une variété riemanienne compacte.</u>

Reprenons la construction de Malliavin du mouvement brownien sur une variété riemanienne compacte N, explicitée dans la section I.4. Γ désigne ici la connexion de Levi-Civita sur O(N) associée à la structure riemanienne [40]-IV.

Il est clair que $x_t = \pi u_t$ est telle que

$$(2.30) \qquad d\,x = u_t e_i \,.\, dw_i$$

(les intégrales stochastiques sont ici des intégrales de Stratonovitch). De (2.30), il résulte immédiatement -et c'est la base de la construction du mouvement brownien par Malliavin- que u_t est précisément le relevé horizontal dans $O(N)$ de x_t de point de départ u_0. $u_t e_i$ étant le transport parallèle de $u_0 e_i$ le long de $t \to x_t$, on en déduit immédiatement que le développement du mouvement brownien x_t dans $T_{x_0}(N)$ est précisément le mouvement brownien y_t de $T_{x_0}(N)$ qui s'écrit :

(2.31) $$y_t = \int_0^t u_0 e_i \, dw^i$$

Cette remarque avait déjà été faite par Eells et Elworthy dans [23]. On en déduit donc que pour Γ, on a :

(2.32) $$\overset{o}{x} = 0$$

Remarquons à ce sujet que si N n'est pas compacte, la durée de vie du mouvement brownien de N peut être finie, même si N est complète. Ceci n'est pas contradictoire avec le résultat de [40]-IV, Théorème 4.1, qui indique que si N est complète, pour toute courbe différentiable à valeurs dans un plan tangent affine $A_x(N)$, il existe une courbe à valeurs dans N d'origine x, dont le développement dans $A_x(N)$ est précisément la courbe donnée. En effet, la preuve de ce résultat est essentiellement basée sur la mesure des longueurs de ces courbes, ce qui est clairement impossible dans le cas du mouvement brownien. Grâce aux résultats d'Azencott [4], il est connu que la durée de vie du mouvement brownien sur une variété riemanienne est infinie sous certaines conditions de courbure. Nous reviendrons sur ce résultat au Chapitre XI.

3. Formule de Ito géométrique.

Soient N et N' deux variétés de classe C^∞, connexes et métrisables. Soient $L(N)$ et $L(N')$ leurs fibrés des repères respectifs. On suppose que $L(N)$ est muni d'une connexion Γ de classe C^∞ et $L(N')$ d'une connexion Γ' de classe C^∞. ∇ et ∇' sont les opérateurs de dérivation covariante sur N et N'.

Soit z_t une semi-martingale de Ito à valeurs dans N possédant les propriétés indiquées au paragraphe 1.d). On suppose de plus que suivant les notations de la Définition 2.9, on a :

$$(3.1) \qquad z_t = z_0 + \int_0^t \overset{o}{z}\, d^\Gamma s + \int_0^t H_i \vec{\delta} w^i$$

Soit f une application de classe C^∞ -en fait, la classe C^2 suffit- de N dans N'.

Il est clair que $f(z_t)$ est une semi-martingale de Ito à valeurs dans N', qui possède toutes les propriétés indiquées au paragraphe 1.d). En effet, si g est une fonction C^∞ définie sur N' à valeurs dans R, g o f est une fonction C^∞ définie sur N à valeurs dans R, à laquelle on peut appliquer la propriété (1.18).

On va chercher à exprimer les caractéristiques locales de la semi-martingale $f(z_t)$ relativement à la connexion Γ'. On pose tout d'abord la définition suivante :

<u>Définition 3.1.</u> : Pour x ∈ N, on définit le tenseur R(f)(x) de défaut d'affinité de l'application f au point x comme l'application bilinéaire de $T_x(N) \times T_x(N)$ dans $T_{f(x)}(N')$ définie par la propriété suivante : si X et Y sont deux éléments de $T_x(N)$, si $t \to x_t$ est une courbe de classe C^∞ à valeurs dans N telle que

$$(3.2) \qquad \begin{aligned} &x_0 = x \\ &\frac{dx}{dt}_{t=0} = X \end{aligned}$$

si Y_t est un élément de $T_{x_t}(N)$ tel que $t \to Y_t$ soit de classe C^∞ et que

$$(3.3) \qquad Y_0 = Y$$

si enfin $\frac{D}{Dt}$ est l'opérateur de dérivation covariante le long de $t \to x_t$, et $\frac{D'}{D't}$ l'opérateur de dérivation covariante le long de $t \to f(x_t)$, on a :

$$(3.4) \qquad R(f)(x)(X,Y) = [\frac{D'}{D't} f^*_{x_t}(Y_t)]_{t=0} - [f^*_x \frac{D}{Dt} Y_{t=0}]$$

En raisonnant en coordonnées locales, il n'est pas difficile de montrer que R(f)(x) est effectivement un tenseur. On a plus précisément :

<u>Proposition 3.2.</u> : Si $(x^1, \ldots, x^d)$ est un système de coordonnées locales au voisinage de $x \in N$, si les $(\Gamma^{\alpha}_{\beta\gamma})$ sont les coefficients de Cristoffel associés, si $y^1, \ldots, y^{d'}$, est un système de coordonnées locales au voisinage de $f(x)$, si (Γ'^{i}_{jk}) sont les coefficients de Cristoffel associés, si enfin, en coordonnées locales, f est défini par les fonctions C^∞ $f^1(x^1, \ldots, x^d) \ldots, f^{d'}(x^1, \ldots, x^d)$, pour $1 \leq m \leq d'$ et pour $1 \leq \beta \leq d$, $1 \leq \gamma \leq d$, on a :

$$R(f)^m_{\beta\gamma}(x) = \Gamma'^{m}_{jk}(f(x)) \frac{\partial f^j(x)}{\partial x^\beta} \frac{\partial f^k(x)}{\partial x^\gamma} + \frac{\partial^2 f^m(x)}{\partial x^\beta \partial x^\gamma} - \frac{\partial f^m(x)}{\partial x^\alpha} \Gamma^\alpha_{\beta\gamma}(x) \tag{3.5}$$

<u>Preuve</u> : La formule (3.5) résulte d'un calcul trivial.

∎

On voit en particulier que l'application $x \to R(f)(x)$ est de classe C^∞.

Le tenseur $R(f)$ mesure bien le défaut d'affinité de l'application f. En effet rappelons qu'une application f $N \to N'$ est dite affine si pour toute courbe de classe C^∞ $t \to x_t$ à valeurs dans N, si $t \to Y_t$ est une famille de vecteurs tangents à N, dépendant de manière C^∞ de t et tels que pour tout t, $Y_t \in T_{x_t}(N)$, si Y_t est parallèle le long de $t \to f(x_t)$ pour Γ, $f^*(x_t)Y_t$ est parallèle le long de $t \to f(x_t)$ pour Γ'.

On a immédiatement :

<u>Proposition 3.3.</u> : Pour que f soit affine, il faut et il suffit que $R(f)(x)$ soit le tenseur nul.

<u>Preuve</u> : Si $t \to x_t$ et $t \to Y_t \in T_{x_t}(N)$ sont tels que $\frac{D}{Dt} Y_t = 0$, si $R(f)$ est le tenseur nul, de la définition 3.1., il résulte immédiatement que $\frac{D'}{D't} f^*(x_t)\, Y_t = 0$ $t \to f^*(x_t)Y_t$ est bien parallèle le long de $t \to f(x_t)$. Inversement, soit $t \to x_t$ une courbe de classe C^∞ à valeurs dans N, telle que $x_0 = x$, $\frac{dx}{dt}_{t=0} = X$, soit $Y \in T_x(N)$ et soit Y_t le transport parallèle de Y le long de $t \to x_t$. Si f est affine, comme $\frac{D}{Dt} Y_t = 0$, on a $\frac{D'}{D't} f^*(x_t)Y_t = 0$ et donc $R(f)(x)(X,Y) = 0$, $R(f)$ est bien le tenseur nul.

∎

Rappelons enfin [40] III.6, qu'une courbe C^∞ $t \to x_t$ est une géodésique si $\frac{dx}{dt}$ est parallèle le long de $t \to x_t$.

On a alors immédiatement :

Proposition 3.4. : Pour que le tenseur $R(f)$ soit antisymétrique, il faut et il suffit que si $t \to x_t$ est une géodésique de N, $t \to f(x_t)$ soit une géodésique de N'.

Preuve : Si $t \to x_t$ est une géodésique de N telle que $x_0 = x$, on a $\frac{D}{Dt}\frac{dx}{dt} = 0$. Si $R(f)$ est antisymétrique, de la définition 3.1., il résulte immédiatement que :

$$(3.6) \qquad \frac{D'}{Dt'} f^* \frac{dx}{dt} = R(f)(x_t)\left(\frac{dx}{dt},\frac{dx}{dt}\right) = 0$$

Donc, $t \to f(x_t)$ est une géodésique. Réciproquement supposons que f vérifie la propriété indiquée dans l'énoncé. Soit $x \in N$, $X \in T_x(N)$ et $t \to x_t$ la géodésique $x_t = \exp_x tX$ (i.e la géodésique définie pour t assez petit et de manière unique telle que $x_0 = x$, $\frac{dx}{dt}\Big|_{t=0} = X$). Alors, comme $t \to f(x_t)$ est aussi une géodésique, on a nécessairement :

$$(3.7) \qquad R(f)(x)(X,X) = 0$$

$R(f)$ est bien antisymétrique.

■

Corollaire : Si Γ et Γ' sont sans torsion ([40]-III.5), le tenseur $R(f)$ est symétrique. Pour que f soit affine, il faut et il suffit que si $t \to x_t$ est une géodésique de N, $t \to f(x_t)$ soit une géodésique de N'.

Preuve : Par [40]-III, Proposition 7.6, pour que Γ et Γ' soient sans torsion, il faut et il suffit que les $\Gamma^{\alpha}_{\beta\gamma}$ et Γ'^{i}_{jk} soient symétriques sur leurs indices inférieurs. De (3.5), il résulte immédiatement que $R(f)$ est bien symétrique. La fin de la Proposition résulte du fait que pour qu'un tenseur symétrique soit nul, il faut et il suffit qu'il soit antisymétrique.

■

On va maintenant énoncer la formule de Ito géométrique qui est le résultat fondamental de ce chapitre.

Théorème 3.5. : Si la semi-martingale z_t à valeurs dans N s'écrit :

$$(3.8) \qquad z_t = z_0 + \int_0^t \overset{\circ}{z}\, d\Gamma s + \int_0^t H_i \,\vec{\delta}\, w^i$$

alors la semi-martingale $f(z_t)$ à valeurs dans N' s'écrit :

$$(3.9)\qquad f(z_t) = f(z_o) + \int_o^t (f^*(z_s)\overset{\circ}{z}_s + \frac{1}{2}R(f)(z_s)(H_i,H_i))d^{\Gamma'}s + \int_o^t f^*(z_s)H_i \cdot \vec{\delta}\, w^i$$

Preuve : La vérification la plus simple est par le calcul. En utilisant (2.21) et (3.5), la vérification en est immédiate.

■

Remarque 1 : Si R^d est muni de la connexion plate, il est trivial de vérifier que $R(f)(x)$ est le tenseur $f''(x)$. On retrouve naturellement la formule de Ito classique. Le principal intérêt de la formule de Ito géométrique est qu'elle permet de trouver de manière très simple les règles de transformation des caractéristiques locales des semi-martingales et en particulier, de calculer les caractéristiques locales de z_t dans N quand on change de connexion. En effet, si $\tilde{\Gamma}$ est une autre connexion sur N de coefficients de Cristoffel $\tilde{\Gamma}^i_{jk}$, il est classique -[40]-III Proposition 7.10- que $\tilde{\Gamma}^i_{jk} - \Gamma^i_{jk}$ définit un tenseur $S(X,Y)$. Comme ici, f est pris égal à l'identité, ce tenseur est exactement le tenseur de défaut d'affinité de l'identité. La formule (3.7) s'écrit alors :

$$(3.10)\qquad z_t = z_o + \int_o^t (\overset{\circ}{z} + \frac{1}{2}S(z_s)(H_i,H_i))d^{\tilde{\Gamma}}s + \int_o^t H_i \cdot \vec{\delta}\, w^i$$

Corollaire 1 : Sous les hypothèses du théorème 3.5, pour que pour toute semi-martingale z_t du type étudié au théorème 3.5, on ait :

$$(3.11)\qquad f(z_t) = f(z_o) + \int_o^t f^*(z)\,\overset{\circ}{z}\, d^{\Gamma'}s + \int_o^t f^*(z)H_i\,\vec{\delta}\, w^i$$

il faut et il suffit que si $t \to x_t$ est une géodésique de N, $t \to f(x_t)$ soit une géodésique de N'. En particulier, si Γ et Γ' sont sans torsion, f est alors une application affine.

Preuve : Il faut naturellement que $\frac{1}{2}R(f)(z_t)(H_i,H_i) = 0$. Il n'est pas difficile de montrer que cette condition est équivalente à l'antisymétrie de $R(f)$ -en raisonnant sur toutes les semi-martingales de Ito partant d'un point x donné. Quand Γ et Γ' sont sans torsion, on utilise le corollaire dê la Proposition 3.4.

■

On va maintenant écrire la formule (3.9) quand f est une fonction C^∞ définie sur N à valeurs dans R.

Théorème 3.6. : Si z_t est une semi-martingale à valeurs dans N, qui s'écrit

$$z_t = z_0 + \int_0^t \overset{o}{z}\, d\Gamma_s + \int_0^t H_i \,.\, \vec{\delta}\, w^i$$

alors, si f est une fonction C^∞ sur N à valeurs réelles, $f(z_t)$ est une semi-martingale réelle dont la décomposition de Meyer est donnée par la formule :

$$(3.12) \qquad f(z_t) = f(z_0) + \int_0^t (\langle df,\overset{o}{z}\rangle + \tfrac{1}{2} \langle \nabla_{H_i}(df)(z_s), H_i\rangle)ds + \int_0^t \langle df(z_s),H_i\rangle \,.\, \vec{\delta}\, w^i$$

Preuve : Il suffit de calculer le tenseur R(f). On applique la définition 3.1., dont on reprend les notations. On a :

$$(3.13) \qquad \frac{D'}{Dt'} df(x_t)(Y) = (\nabla_X df)(x_t)(Y) + df(x_t)(\nabla_X Y)$$

et donc :

$$(3.14) \qquad R(f)(x)\ (X,Y) = (\nabla_X df)\ (Y)$$

On applique alors le théorème 3.5.

■

Remarque 2 : La formule (3.12) est remarquable. En effet, elle permet d'exprimer le "générateur infinitésimal" de z_t à l'aide des caractéristiques locales $\overset{o}{z}, H_1 \ldots H_m$. Notons que Baxendale dans [5],[6] a utilisé une expression du type (3.12) pour décrire le générateur infinitésimal d'une diffusion Markovienne.

Application aux sous-variétés d'une variété riemanienne.

Soit N' une variété riemanienne, Γ' la connection de Levi-Civita sur N'. ∇' désigne l'opérateur de dérivation covariante sur N'.

N désigne une sous-variété de N'. On munit N de la structure riemanienne induite par N'. Γ désigne la connexion de Levi-Civita sur N, ∇ l'opérateur de dérivation covariante sur N . Nous renvoyons à [40]-VII pour la définition de la deuxième forme fondamentale α de N dans N'. Rappelons seulement que si $T(N)^\perp$

est le fibré normal à N -i.e. le fibré de base N dont la fibre en $x \in N$ est formée des vecteurs de $T_x(N')$ orthogonaux à $T_x(N)$- α applique $T_x(N) \times T_x(N)$ dans $T_x(N)^{\perp}$, et est telle que pour tout $x \in N$, l'application $(X,Y) \in T_x(N) \times T_x(N) \to \alpha(X,Y) \in T_x(N)^{\perp}$ est bilinéaire symétrique.

Soit i l'injection de N dans N'. On a alors :

<u>Théorème 3.7.</u> : α est exactement le tenseur de défaut d'affinité R(i) de l'application i.

<u>Preuve</u> : Par les résultats de [40]-VII.3, on sait que si X,Y sont deux champs de vecteurs tangents à N, alors on a :

$$(3.15) \qquad \nabla'_X Y = \nabla_X Y + \alpha\,(X,Y)$$

et $\nabla_X Y$ et $\alpha\,(X,Y)$ sont respectivement les composantes tangentielles et normales à N de $\nabla'_X(Y)$. Le théorème résulte immédiatement de la Définition 3.1.

■

Dans ce cas particulier, le théorème 3.5 s'écrit :

<u>Théorème 3.8.</u> : Si la semi-martingale de Ito z_t à valeurs dans N s'écrit :

$$(3.16) \qquad z_t = z_0 + \int_0^t \overset{o}{z}\, d^{\Gamma} s + \int_0^t H_i\, \vec{\delta}\, w^i$$

alors, on a :

$$(3.17) \qquad z_t = z_0 + \int_0^t (\overset{o}{z} + \tfrac{1}{2}\, \alpha_{z_s}(H_i,H_i))d^{\Gamma'} s + \int_0^t H_i\, \vec{\delta}\, w^i$$

<u>Preuve</u> : Ce résultat est trivialement un cas particulier du théorème 3.5.

■

Nous allons utiliser ce résultat dans le cas où z_t est le mouvement brownien sur la variété riemanienne N (de dimension d). Si $x \in N$, on peut construire le mouvement brownien sur N de point de départ x au moins sur un intervalle stochastique $[o,T[$ où T est un temps d'arrêt > 0 -en utilisant par exemple la méthode de Malliavin donnée dans la section I.4. Si N est compacte, comme nous l'avons indiqué à la section I.4, on peut prendre T égal à $+\infty$.

Avec les notations du paragraphe 2 d), on a

$$x_t = x + \int_0^t u_s\, e_i \,.\, \vec{\delta} w^i \tag{3.18}$$

(i.e. $\overset{o}{x} = 0$ dans N). Pour appliquer la formule (3.16), on rappelle une définition.

<u>Définition 3.9</u> : Pour tout $x \in N$, on appelle vecteur de courbure moyen normal en $x \in N$ le vecteur $\xi(x) \in T_x^{\perp}(N)$ défini par :

$$\xi(x) = \left(\sum_1^d \alpha_x(X_i, X_i) \right) / d \tag{3.19}$$

où $X_1, \ldots, X_d$ est une base orthonormale de $T_x(N)$.

Cette définition est équivalente à la définition donnée par Kobayashi-Nomizu [40]-VII, p.34, grâce à la proposition VII.3.3 de [40]. Il est par ailleurs trivial de vérifier que ξ ne dépend pas de la base orthonormale $X_1, \ldots, X_d$.

On a alors :

<u>Théorème 3.10</u> : Avec les notations du paragraphe 2.d), si $x_t = \pi\, u_t$ est le mouvement brownien sur la variété riemanienne N, alors on a pour $t < T$:

$$x_t = x + \int_0^t \tfrac{1}{2}\, d\, \xi(x_s) d\Gamma' s + \sum_1^d \int_0^t u\, e_i\, \vec{\delta} w^i \tag{3.20}$$

<u>Preuve</u> : On applique le théorème 3.7 à x_t. Comme ici le repère u_t est nécessairement orthonormal, $ue_1, \ldots, ue_d$ est une base orthonormale de $T_{x_t} N$. Comme $\overset{o}{x} = 0$ pour Γ, on obtient :

$$x_t = x + \int_0^t \tfrac{1}{2} \Sigma\, \alpha_x(u_s e_i, u_s e_i) d\Gamma' s + \int_0^t u e_i\, \vec{\delta} w^i \tag{3.21}$$

$$= x + \int_0^t \frac{d\, \xi(x) d\Gamma' s}{2} + \int_0^t u\, e_i \,.\, \vec{\delta} w^i$$

<u>Remarque 3</u> : Il est trivial de vérifier que w, x et u engendrent les mêmes filtrations. Comme x_t est un processus de Markov, il n'est pas étonnant que $\overset{o}{x}$ pour Γ' dépende de x et pas de u.

Naturellement, on peut dans ce cas procéder à un calcul direct pour avoir ce résultat particulier. Si $N = R^d$, le calcul du laplacien de $x \to \langle x,a\rangle$ est effectué par Kobayashi-Nomizu [40] (note 14).

4. Approximation d'une diffusion par des polygones géodésiques dans R^d.

Nous avons vu à la section I.4 -et c'est un résultat classique- que le mouvement brownien sur une variété riemanienne compacte est limite d'une suite de polygones géodésiques où les géodésiques sont calculées relativement à la connexion de Levi-Civita associée à la structure riemanienne.

Plus généralement, nous allons voir que les caractéristiques locales d'une diffusion relativement à une connexion sont directement liées à l'approximation de cette diffusion par des polygones géodésiques relativement à la connexion. Cette approximation est d'un type complètement différent de l'approximation d'une diffusion de Stratonovitch par des solutions d'équations différentielles classiques utilisée par Wong-Zakai [60] et Stroock et Varadhan [54] et que nous avons reprise au Chapitre I.

Nous verrons au Chapitre XI qu'elle est systématiquement applicable quand Γ est la connexion de Levi-Civita d'une variété à courbure négative. Notre objectif est plus restreint. Nous allons supposer ici que $N = R^d$, mais que Γ est une connexion qui ne provient pas nécessairement d'une structure riemanienne. Plus exactement, on suppose que $L(N)$ est muni d'une connexion C^∞ Γ <u>complète</u> [40]-III.6, i.e. telle que toute géodésique sur N pour la connexion soit prolongeable indéfiniment. On suppose aussi qu'il existe une constante $k > 0$ telle que si $t \to x_t$ est une courbe de classe C^∞ à valeurs dans N, si τ_t^o est l'opérateur de transport parallèle de $T_{x_o}(N)$ dans $T_{x_t}(N)$, alors, si on identifie pour tout $x \in R^d$ $T_x(N)$ à R^d, on ait :

$$(4.1) \qquad \|\tau_t^o\| \leq k$$

Pour des raisons techniques, on fait enfin l'hypothèse que les coefficients de Cristoffel Γ_{jk}^i sont uniformément bornés.

<u>Exemple</u> : Soit g un tenseur symétrique de type (0,2) sur N définissant une structure riemanienne, tel qu'il existe $\lambda > 0$, $\mu > 0$ pour lesquels, si $x, X \in R^d$ on ait :

$$(4.2) \qquad \lambda|x|^2 \leq g(x)(X,X) \leq \mu|X|^2$$

Soit Γ la connexion de Levi-Civita [40]-IV associée à la structure riemanienne associée à g. Alors, Γ est complète. En effet, par le théorème IV.4.1 de [40], il suffit de montrer que tout ensemble borné pour la distance géodésique d' associé à la structure riemanienne définie par g est relativement compact. Or, grâce à l'inégalité (4.2), tout ensemble borné pour d' est borné au sens de la norme dans R^d donc relativement compact.

Montrons que les opérateurs τ_t^o vérifient l'hypothèse demandée. En effet, si $t \to x_t$ est une courbe de classe C^1 à valeurs dans N, si τ_t^o est l'opérateur de transport parallèle associé, si $X \in R^d$, on a :

$$(4.3) \qquad g(x_t)(\tau_t^o(X),\tau_t^o(X)) = g(x_t)(X,X)$$

et donc :

$$(4.4) \qquad \lambda|\tau_t^o(X)|^2 \leq \mu|X|^2$$

les opérateurs τ_t^o sont donc bien uniformément bornés.

Si g est égal au tenseur euclidien de R^d sauf sur un ensemble compact, (4.2) est vérifiée et les (Γ_{ij}^k) sont bornés.

Soit $\overset{o}{X}(t,x),X_1(t,x),\ldots,X_m(t,x)$ une famille de champs de vecteurs tangents à N (i.e. pour tout $t \in R^+$, $\overset{o}{X}(t,x) \in T_x(N)$, $X_i(t,x) \in T_x(N)$) dépendant continûment de $(t,x) \in R^+ \times N$ et uniformément bornés pour une norme quelconque de R^d. On suppose enfin que $\overset{o}{X},X_1,\ldots,X_m$ sont localement lipchitziens sur $R^+ \times N$.

On définit $\Omega,F,F_t,P,\dot{w}^{i,n},t_n$ comme au chapitre I. On considère l'équation différentielle stochastique :

$$(4.5) \qquad dx = \overset{o}{X}(t,x)d^\Gamma t + X_i(t,x) \cdot \vec{\delta}\, w^i$$

$$X(o) = x$$

En réécrivant (4.5) sous la forme :

$$(4.6) \qquad dx = [\overset{\circ}{X}(t,x) - \tfrac{1}{2}\,\Gamma(x)(X_i(t,x),X_i(t,x))]dt + X_i(t,x)\,.\,\vec{\delta}\,w^i$$

$$x(o) = x$$

(ici dt est calculé pour la connexion canonique de R^d), on voit que (4.5) a une solution unique adaptée à $\{F_t\}_{t \geq 0}$ (on utilise naturellement le fait que les (Γ^k_{ij}) sont uniformément bornés).

On pose tout d'abord la définition classique suivante :

Définition 4.1. : Si $x \in N$ et si $X \in T_x(N)$, $\exp_x(tX)$ est la géodésique y_t unique telle que :

$$(4.7) \qquad y_o = x \qquad \left(\frac{dy}{dt}\right)_{t=0} = X$$

Rappelons que Γ étant complète, $\exp_x(tX)$ est bien définie pour tout t. On va alors construire une suite d'approximations x^n.

Définition 4.2. : On définit le processus continu x^n par :

$$(4.8) \qquad x^n(o) = x$$

$$\frac{k}{2^n} \leq t \leq \frac{k+1}{2^n} \qquad x^n_t = \exp_{x_{\frac{k}{2^n}}}\left(\left(t - \frac{k}{2^n}\right)\left(\overset{\circ}{X}\left(\frac{k}{2^n},x^n_{\frac{k}{2^n}}\right) + X_i\left(\frac{k}{2^n},x^n_{\frac{k}{2^n}}\right)\dot{w}^{i,n}\right)\right)$$

On a alors le résultat fondamental suivant :

Théorème 4.3. : L'équation (4.6) a une solution unique $x_.(\omega)$ adaptée à $\{F^+_t\}_{t \geq 0}$. De plus, $x^n_.(\omega)$ converge P.U.C. sur $\Omega \times [o,+\infty[$ vers $x_.(\omega)$.

Preuve : τ^{ns}_t désigne l'opérateur de transport parallèle de $T_{x^n_s}(N)$ dans $T_{x^n_t}(N)$ le long de $u \to x^n_u$. Comme par définition le vecteur tangent à une géodésique est parallèle le long de la géodésique, on a :

$$(4.9) \qquad dx^n = (\tau^{t_n n}_t(\overset{\circ}{X}(t_n,x^n_{t_n}) + X_i(t_n,x^n_{t_n})\dot{w}^{i,n}))dt$$

$$x^n(o) = x$$

Si $\tilde{P}_n$ est la loi de x^n sur $\mathcal{C}(R^+;R^d)$, on va montrer que les $\tilde{P}_n$ forment un ensemble étroitement relativement compact. Soit s, t $\in R^+$ tels que $s \leq t \leq T$, où T est un réel ≥ 0 fixé. Alors on a :

$$(4.10) \qquad E|x_t^n - x_s^n|^{2p} \leq C \, \{E|\int_s^t \tau_u^{u_n} \overset{\circ}{X}(u_n, x_{u_n}^n) du|^{2p} + E|\int_s^t \tau_u^{u_n} (X_i(u_n, x_{u_n}^n)) \dot{w}^{i,n}|^{2p}\}$$

Trivialement, comme $\overset{\circ}{X}$ est borné, en utilisant (4.1), on a :

$$(4.11) \qquad E|\int_s^t \tau_u^{u_n} \overset{\circ}{X}(u_n, x_{u_n}^n) du|^{2p} \leq C|t-s|^{2p}$$

De plus, avec les notations de (1.7), on a :

$$(4.12) \qquad \frac{d\tau^{u_n}}{du} + \Gamma(x^n)\tau^{u_n} \cdot \frac{dx^n}{du} = 0$$

$$\tau_{u_n}^{u_n} = I$$

Donc, en remplaçant $\frac{dx^n}{du}$ par sa valeur, il vient :

$$(4.13) \qquad \int_s^t \tau_u^{u_n} (X_i(u_n, x_{u_n}^n)) \dot{w}^{i,n} du = \int_s^t X_i(u_n, x_{u_n}^n) \dot{w}^{i,n} du -$$

$$- \int_s^t du \int_{u_n}^u \Gamma(x_v^n) \tau_v^{u_n} (X_i(u_n, x_{u_n}^n)) \dot{w}^{i,n} (\tau_v^{u_n} (\overset{\circ}{X}(u_n, x_{u_n}^n) +$$

$$+ X_j(u_n, x_{u_n}^n) \dot{w}^{j,n})) dv$$

Alors, en remarquant que $X_i(u_n, x_{u_n}^n)$ est adapté, et en raisonnant comme en I-(1.15) comme X_i est borné, on a :

$$(4.14) \qquad E|\int_s^t X_i(u_n, x_{u_n}^n) \dot{w}^{i,n} du|^{2p} \leq C|t-s|^p$$

De plus, on a, en utilisant (4.1) et enraisonnant comme en I-(1.16) :

$$(4.15) \qquad E|\int_s^t du \int_{u_n}^u \Gamma(x_v^n) \tau_v^{u_n} (X_i(u_n, x_{u_n}^n)) \dot{w}^{i,n} (\tau_v^{u_n} (\overset{\circ}{X}(u_n, x_{u_n}^n) +$$

$$+ X_j(u_n, u_{u_n}^n) \dot{w}^{j,n})) dv|^{2p} \leq C(t-s)^{2p}$$

De (4.10)-(4.15), on tire :

$$(4.16) \qquad E|x_t^n - x_s^n|^{2p} \leq C|t-s|^p$$

De (4.16), on tire bien que les $\tilde{P}_n$ forment un ensemble étroitement relativement compact sur $\mathcal{C}(R^+;R^d)$. Soit $\tilde{P}$ la limite étroite d'une sous-suite extraite $\tilde{P}_{n_k}$. On va montrer que si f est une fonction C^∞ à support compact, alors :

$$(4.17) \qquad Z_t^f = f(x_t) - \int_0^t [\langle f'(x),\overset{o}{X}(s,x)\rangle + \tfrac{1}{2}\langle\nabla_{X_i(s,x)}df, X_i(s,x)\rangle]ds$$

est une martingale relativement à la filtration $\mathcal{B}(x_s|s \leq t)^+$. Notons que comme f est à support compact, toutes ses dérivées sont bornées, à support compact. Le terme sous le signe intégral dans (4.17) est uniformément borné : il suffit donc de montrer la propriété de martingale sur les dyadiques. Soit donc s et t dyadiques tels que $s \leq t$, et φ une fonction continue bornée sur $\mathcal{C}(R^+;R^d)$ qui est $\mathcal{B}(x_u|u \leq s)$ mesurable. On va montrer :

$$(4.18) \qquad E^{\tilde{P}}\varphi Z_s^f = E^{\tilde{P}}\varphi Z_t^f$$

Comme on est amené à intégrer sur des espaces différents et avec des mesures différentes, on indique explicitement la mesure par rapport à laquelle on intègre. Rappelons en particulier que P est la mesure brownienne sur Ω. Pour simplifier les notations, on note encore n la sous-suite n_k. On a :

$$(4.19) \qquad f(x_t^n) = f(x_s^n) + \int_s^t \langle f'(x_u^n),\frac{dx^n}{du}\rangle du$$

Or, comme pour $\frac{k}{2^n} \leq u \leq \frac{k+1}{2^n}$ x_u^n est une géodésique, sur chaque intervalle dyadique, on a :

$$(4.20) \qquad \frac{D}{Du}\frac{dx^n}{du} = 0$$

Donc :

$$(4.21)\quad f(x_t^n) = f(x_s^n) + \int_s^t \langle f'(x_{u_n}^n), \frac{dx^n}{du} u_n\rangle du + \int_s^t du \int_{u_n}^u \langle \frac{D}{Dv} f'(x_v^n), \frac{dx^n}{dv} v\rangle dv =$$

$$= f(x_s^n) + \int_s^t \langle f'(x_{u_n}^n), \frac{dx^n}{du} u_n\rangle du + \int_s^t du(u-u_n)\langle \frac{D}{Du} f'(x_{u_n}^n), \frac{dx^n}{du} u_n\rangle +$$

$$+ \int_s^t du \int_{u_n}^u dv \int_{u_n}^v \langle \frac{D^2}{Dh^2} f'(x_h^n), \frac{dx^n}{dh} h\rangle dh$$

On a trivialement :

$$(4.22)\quad E^P \varphi(x^n) f(x_t^n) = E^{\tilde{P}_n} \varphi\, f(x_t) \to E^{\tilde{P}} \varphi\, f(x_t)$$

$$E^P \varphi(x^n)\, f(x_s^n) = E^{\tilde{P}_n} \varphi\, f(x_s) \to E^{\tilde{P}} \varphi\, f(x_s)$$

De plus, on a :

$$(4.23)\quad \int_s^t \langle f'(x_{u_n}^n), \frac{dx^n}{du} u_n\rangle du = \int_s^t \langle f'(x_{u_n}^n), \mathring{X}(u_n, x_{u_n}^n)\rangle du +$$

$$+ \int_s^t \langle f'(x_{u_n}^n), X_i(u_n, x_{u_n}^n)\rangle \dot{w}^{i,n}\, du.$$

En utilisant en particulier l'équicontinuité des parties relativement compactes de $\mathcal{C}(R^+;R^d)$, et la continuité en x <u>et</u> u de $\mathring{X}(u,x)$, on voit que la suite bornée de fonctions continues sur $\mathcal{C}(R^+;R^d)$

$$(4.24)\quad x \to \int_s^t \langle f'(x_{u_n}), \mathring{X}(u_n, x_{u_n})\rangle du$$

converge uniformément sur tout compact de $\mathcal{C}(R^+,R^d)$ vers la fonction continue :

$$(4.25)\quad x \to \int_s^t \langle f'(x_u), \mathring{X}(u, x_u)\rangle du$$

Comme $\tilde{P}_n$ converge étroitement vers $\tilde{P}$, on a donc :

$$(4.26)\quad E^P \varphi(x^n) \int_s^t \langle f'(x_{u_n}^n), \mathring{X}(u_n, x_{u_n}^n)\rangle du = E^{\tilde{P}_n} \varphi(x) \int_s^t \langle f'(x_{u_n}), \mathring{X}(u_n, x_{u_n})\rangle du \to$$

$$\to E^{\tilde{P}} \varphi(x) \int_s^t \langle f'(x_u), \mathring{X}(u, x_u)\rangle du$$

Le processus $x_{u_n}^n$ étant adapté à la filtration $\{F_t\}_{t \geq 0}$, on a :

$$(4.27) \qquad \int_s^t \langle f'(x^n_{u_n}), X_i(u_n, x^n_{u_n})\rangle \dot{w}^{i,n}\, du = \int_s^t \langle f'(x^n_{u_n}), X_i(u_n, x^n_{u_n})\rangle \vec{\delta}\, w^i$$

et donc par une propriété de martingale, on a immédiatement :

$$(4.28) \qquad E^P \varphi(x^n) \int_s^t \langle f'(x^n_{u_n}), X_i(u_n, x^n_{u_n})\rangle\, \dot{w}^{i,n}\, du = 0$$

On a aussi :

$$(4.29) \qquad \int_s^t du(u - u_n) \langle \frac{D}{Du} f'(x^n_{u_n}), \frac{dx^n}{du} u_n\rangle =$$

$$= \int_s^t du(u - u_n)[\langle \nabla_{\overset{\circ}{X}(u_n, x^n_{u_n})} f'(x^n_{u_n}), \overset{\circ}{X}(u_n, x^n_{u_n}) + X_i(u_n, x^n_{u_n})\dot{w}^{i,n}\rangle +$$

$$+ \langle \nabla_{X_i(u_n, x^n_{u_n})} f'(x^n_{u_n}), \overset{\circ}{X}(u_n, x^n_{u_n})\rangle\, \dot{w}^{i,n}] +$$

$$+ \int_s^t du(u-u_n) \langle \nabla_{X_i(u_n, x^n_{u_n})} f'(x^n_{u_n}), X_j(u_n, x^n_{u_n})\rangle\, \dot{w}^{i,n}\, \dot{w}^{j,n}$$

Alors, on a :

$$(4.30) \qquad |E^P[\varphi \int_s^t du(u-u_n) \langle \nabla_{\overset{\circ}{X}(u_n, x^n_{u_n})} f'(x^n_{u_n}), \overset{\circ}{X}(u_n, x^n_{u_n}) + X_i(u_n, x^n_{u_n})\dot{w}^{i,n}\rangle +$$

$$+ \langle \nabla_{X_i(u_n, x_{u_n})} f'(x^n_{u_n}), \overset{\circ}{X}(u_n, x^n_{u_n})\dot{w}^{i,n}\rangle]| \leq$$

$$\leq C\, E^P \int_s^t du(u-u_n)(1 + |\dot{w}^{i,n}|) \leq \frac{C}{2^n}(1 + 2^{n/2})(t-s)$$

et donc le membre de gauche de (4.30) tend vers 0 quand n tend vers $+\infty$.

En utilisant le fait que $x^n_{u_n}$ est F_{u_n}-mesurable et que w est à accroissement indépendants, on a :

$$(4.31) \qquad E^P \varphi(x^n) \int_s^t du(u-u_n) \langle \nabla_{X_i(u_n, x^n_{u_n})} f'(x^n_{u_n}), X_j(u_n, x^n_{u_n})\rangle\, \dot{w}^{i,n}\, \dot{w}^{j,n} =$$

$$= 2^n\, E^P \varphi(x^n) \int_s^t du(u-u_n) \langle \nabla_{X_i(u_n, x^n_{u_n})} f'(x^n_{u_n}), X_i(u_n, x^n_{u_n})\rangle$$

En utilisant en particulier l'équicontinuité des parties relativement compactes de $\mathcal{C}(R^+;R^d)$, on voit que si g est une fonction continue bornée sur $R^+ \times R^d$, la suite de fonctions continues sur $\mathcal{C}(R^+;R^d)$

$$(4.32) \qquad x \to 2^n \int_s^t du(u-u_n) g(u_n, x^n_{u_n})$$

converge uniformément sur tout compact en restant uniformément bornée vers la fonction continue

$$(4.33) \qquad x \to \tfrac{1}{2} \int_s^t g(u,x_u) du$$

On en déduit :

$$(4.34) \qquad 2^n E^{\tilde{P}_n} \varphi \int_s^t du(u-u_n) \langle \nabla_{X_i(u_n, x_{u_n})} f'(x_{u_n}),$$

$$X_i(u_n, x_{u_n}) \rangle \to \tfrac{1}{2} E^{\tilde{P}} \varphi \int_s^t \langle \nabla_{X_i(u,x_u)} f'(x_u), X_i(u,x_u) \rangle du$$

qui est aussi la limite de (4.31).

Considérons le tenseur de type (0,2)

$$(4.35) \qquad (Y,Z) \to B(f)(Y,Z) = \langle \nabla_Y f', Z \rangle$$

Comme $\frac{D}{Dh} \frac{dx^n}{dh} = 0$, on a :

$$(4.36) \qquad \langle \frac{D^2}{Dh^2} f'(x^n_h), \frac{dx^n}{dh} \rangle = \frac{D}{Dh} \langle \frac{D}{Dh} f'(x^n_h), \frac{dx^n}{dh} \rangle = \frac{D}{Dh} \langle \nabla_{\frac{dx^n}{dh}} f'(x^n_h), \frac{dx^n}{dh} \rangle =$$

$$= \frac{D}{Dh} B(f)(\frac{dx^n}{dh}, \frac{dx^n}{dh}) = \nabla_{\frac{dx^n}{dh}} (B(f))(\frac{dx^n}{dh}, \frac{dx^n}{dh})$$

Comme f est à support compact, $B(f)$ est à support compact et donc :

$$(4.37) \qquad | \nabla_{\frac{dx^n}{dh}} (B(f))(\frac{dx^n}{dh}, \frac{dx^n}{dh}) | \leq C \, |\frac{dx^n}{dh}|^3$$

On a ainsi

$$(4.38)\qquad |E^P\varphi\int_s^t du\int_{u_n}^u dv\int_{u_n}^v <\frac{D^2}{Dh^2}f'(x_h^n),\frac{dx^n}{dh}> dh| \leq C\,E^P\int_s^t du\int_{u_n}^u dv\int_{u_n}^v |\frac{dx^n}{dh}|^3\,dh$$

Comme x_h^n est une géodésique, on a

$$(4.39)\qquad \frac{dx^n}{dh} = \tau_h^{u_n}\left(\frac{dx^n}{dh}\right)_{u_n}$$

Comme les opérateurs $\tau_h^{u_n}$ sont bornés, il vient

$$(4.40)\qquad |\frac{dx^n}{dh}| \leq C\,|\frac{dx^n}{dh}|_{u_n} = C|\overset{o}{X}(t,x_{u_h}^n)+X_i(t,x_{u_n}^n)\,\dot{w}^{i,n}| \leq C(1+|\dot{w}^{i,n}|)$$

Ainsi, on a

$$(4.41)\qquad |E^P\,\varphi\int_s^t du\int_{u_n}^u dv\int_{u_n}^v <\frac{D^2}{Dh^2}f'(x_h^n),\frac{dx^n}{dh}> dh| \leq$$

$$\leq C\int_s^t du\int_{u_n}^u dv\int_{u_n}^v E^P(1+|\dot{w}^{i,n}|^3)\,dh$$

$$\leq \frac{C}{2^{2n}}\int_s^t (1+E^P|\dot{w}^{i,n}|^3)dh \leq \frac{C}{2^{2n}}\int_s^t (1+2^{\frac{3n}{2}})\,dh =$$

$$= C(t-s)\left(\frac{1}{2^{2n}}+\frac{1}{2^{n/2}}\right)$$

Le membre de gauche de (4.41) tend donc vers 0 quand n tend vers $+\infty$. En utilisant alors (4.21), (4.22), (4.26), (4.28), (4.30), (4.31), (4.34), (4.41), on en déduit immédiatement (4.18). Par les Théorèmes 2.1 et 2.2 de [54] on sait que $\tilde{P}$ est exactement la loi de x solution de l'équation (4.6). On en déduit que la suite $\tilde{P}_n$ toute entière converge étroitement vers $\tilde{P}$. Pour montrer la convergence P.U.C., de x^n vers x, on raisonne comme au Théorème I-1.2. □

Remarque 1 : Il est d'un grand intérêt de comparer la preuve donnée ici avec la preuve correspondante de Stroock et Varadhan dans [54] de la convergence en loi des solutions d'une suite d'équations différentielles vers une diffusion de Stratonovitch sur un plan strictement algébrique.

Notons également que si $\overset{o}{X}(t,x), X_1(t,x) \ldots X_m(t,x)$ ne sont pas continus en t mais seulement mesurables en t, la démonstration donnée ici ne s'applique plus. Si on suppose que la connexion Γ est la connexion de Levi-Civita sur $L(R^d)$ associée à une structure riemanienne rendant N complète, et si toutes les autres hypothèses faites antérieurement sur Γ sont vérifiées, on peut construire une suite d'approximations de x.

x^n est en effet le processus continu défini par

a) $x_o^n = x_o$

b) Pour $\frac{k}{2^n} \leq t \leq \frac{k+1}{2^n}$, x_t^n est la développée de la courbe C_t^n à valeurs dans

$T_{x^n_{k/2^n}}(N)$ définie par

$$t \to \int_{k/2^n}^{t} (\overset{o}{X}(s, x^n_{k/2^n}) + X_i(s, x^n_{k/2^n})\, \dot{w}^{i,n})ds \tag{4.42}$$

i.e. la courbe à valeurs dans N dont le développement dans $T_{x^n_{k/2^n}}(N)$ est précisément C_t^n. Notons que grâce au Théorème IV-4.1 de [40], comme N est complète, la développée de C_t^n existe effectivement.

Il n'est alors pas difficile de montrer que x^n converge P.U.C. vers x., avec des calculs plus longs. L'approximation d'une diffusion par des polygones géodésiques n'est donc en général possible que moyennant une régularité suffisante des champs $\overset{o}{X}, X_1, \ldots, X_m$.

Le point essentiel que nous avons montré ici est que $\overset{o}{X}, X_1 \dots X_m$ sont directement liés à l'approximation de la solution d'une équation différentielle stochastique par des courbes construites à l'aide de la connexion Γ.

<u>Remarque 2</u> : Il est essentiel de remarquer que la construction même des approximations du Théorème 4.3 met en jeu une irréversibilité qui n'est absolument pas liée au mouvement brownien. En effet soit $X(x)$ un champ de vecteurs borné lipchitzien sur R^d. Considérons le polygone géodésique construit comme à la définition 4.2 à partir du champ $X(x)$ (au lieu du champ $X_o(t,x)+ X_i(t,x)\, \dot{w}^{i,n}$). Il est clair qu'il n'existe aucun procédé purement local permettant de construire ce polygone géodésique en retournant le temps. En effet en un même point peuvent aboutir deux géodésiques générées par le champ X et partant de points différents. Naturellement, à la limite, la suite d'approximations converge vers l'équation différentielle classique associée à x.

Dans le cas étudié au Théorème 4.3, l'équation limite peut conserver la propriété d'irréversibilité. En effet, si on reprend la construction précédente associée au champ X, on voit que en chaque point du polygone géodésique de la forme $x_{k/2^n}$, la dérivée à droite en $s=0$ de $s \to x_{k/2^n - s}$ est égale à

$- \tau^{\frac{k-1}{2n}}_{k/2^n} X(x_{\frac{k-1}{2^n}})$. Si X n'est pas dérivable, on ne peut pas approcher correctement $\tau^{\frac{k-1}{2^n}}_{k/2^n} X(x_{\frac{k-1}{2^n}})$ à l'ordre 1. Par contre, si X est dérivable, on a

$$(4.43) \qquad \tau^{\frac{k-1}{2^n}}_{k/2^n}(-X(x_{\frac{k-1}{2^n}})) = - X(x_{\frac{k}{2^n}}) + 2^{-n}\, \nabla_X X(x_{k/2^n}) + 2^{-n}\, \varepsilon\, (2^{-n})$$

C'est la correction (4.43), qui permet de comprendre pourquoi les caractéristiques locales d'une diffusion de Stratonovitch de caractéristiques locales $(\overset{o}{X}, X_1,\dots,X_m)$ relativement à Γ deviennent pour la diffusion retournée

$(-\overset{o}{X} + \nabla_{X_i} X_i , X_1 \ldots X_m)$

Par contre si la diffusion est seulement une diffusion de Ito, et pas une diffusion de Stratonovitch, l'irréversibilité intrinsèque du procédé d'approximation est conservé à la limite, i.e. il n'existe pas de façon raisonnable de décrire le processus retourné, i.e. ce n'est probablement pas une semi-martingale relativement aux tribus retournées. Pour un problème lié, nous renvoyons à la Remarque I-6.2.

CHAPITRE IX

CALCUL DIFFERENTIEL STOCHASTIQUE EN COORDONNEES COVARIANTES

L'objet de ce chapitre est de montrer comment on peut effectuer un calcul stochastique intrinsèque à l'aide des caractéristiques locales des semi-martingales de Ito ou des diffusions de Ito à valeurs dans une variété, au lieu d'utiliser le calcul différentiel de Stratonovitch, qui souvent n'est effectivement pas applicable.

Dans la section 1, on examine le relèvement du flot associé à une diffusion de Stratonovitch ou de Ito à valeurs dans une variété N munie d'une connexion Γ dans les fibrés tensoriels. On essaie en particulier systématiquement de montrer qu'on peut utiliser les caractéristiques locales géométriques de Ito $\overset{o}{X}, X_1,\dots,X_m$ au lieu des caractéristiques locales de Stratonovitch $X_o,X_1,\dots,X_m$, qui sont moins générales.

Dans la section 2, on exprime certains opérateurs différentiels étudiés dans les chapitres I à VII en coordonnées covariantes, qu'on prolonge ainsi aux diffusions géométriques de Ito. On exprime la formule de Stokes du chapitre IV en coordonnées covariantes.

Dans la section 3, on examine l'utilisation de coordonnées covariantes sur une variété symplectique, de manière à pouvoir aborder au chapitre XII les problèmes d'optimisation sur des semi-martingales géométriques de Ito.

1. Relèvement horizontal d'un flot dans les fibrés tensoriels

N désigne une variété connexe métrisable de classe C^∞, munie d'une connexion Γ de classe C^∞ sur le fibré des repères $L(N)$.

$X_0(t,x),\dots,X_m(t,x)$ sont une famille de champs de vecteurs vérifiant soit les hypothèses de la section I-1, soit de la section I-4. Rappelons que, sous les hypothèses de la section I-1, on supposera que $N = R^d$. $\varphi_.(\omega,.)$ est le flot associé.

Soit $x \in N$ et u_t le relevé horizontal dans $L(N)$ de $t \to \varphi_t(\omega,x)$ de point de départ $u_0 \in L(N)$ avec $\pi\, u_0 = x$. Nécessairement, on a

$$(1.1) \qquad du = X_0^*(t,u)dt + X_i^*(t,u).\, dw^i$$

où $X_0^*,\dots,X_m^*$ sont les relevés horizontaux des champs $X_0,\dots,X_m$. τ_t^0 est l'opérateur de transport parallèle $u_t\, u_0^{-1}$.

On reprend par ailleurs les notations de la section IV-1.

On a alors le résultat suivant, qui est essentiellement un résultat de Dynkin [22] (voir aussi Ito [36]).

<u>Théorème 1.1</u> : Si $K \in T_s^r$, alors pour $x \in N$ fixé, on a

$$(1.2) \qquad \tau_0^t K = K(x) + \int_0^t \tau_0^s(\nabla_{X_0(s,.)}K)(\varphi_s(\omega,x))ds + \int_0^t \tau_0^s(\nabla_{X_i(s,.)}K)(\varphi_s(\omega,x)).dw^i$$

$$= K(x) + \int_0^t \tau_0^s(\nabla_{X_0(s,.)} + \frac{1}{2}\nabla^2_{X_i(s,.)})K(\varphi_s(\omega,x))\,ds +$$

$$+ \int_0^t \tau_0^s(\nabla_{X_i(s,.)}K)(\varphi_s(\omega,x)).\,\vec{\delta}w^i$$

<u>Preuve</u> : On a

$$(1.3) \qquad \tau_0^t\, K = u_0\, u_t^{-1}\, K(\varphi_s(\omega,x))$$

Considérons la fonction C^∞ sur $L(N)$ $u \to u_t^{-1}\, K(\pi u))$.

Par [40]-III, on a pour $j = 0,\dots,m$

$$(1.4) \qquad X_j^*[u_t^{-1}\, K(\pi u)] = u_t^{-1}(\nabla_{X_j} K)(\pi u)$$

Par la formule de Stratonovitch, on a donc

$$(1.5) \qquad u_t^{-1}\, K(\varphi_t(\omega,x)) = u_0^{-1}\, K(x) + \int_0^t u_s^{-1}(\nabla_{X_0} K)(\pi u_s)ds + \int_0^t u_s^{-1}(\nabla_{X_i} K)(\pi u_s).dw^i$$

De (1.5), on tire immédiatement la première égalité de (1.2).

En réécrivant la formule de Stratonovitch pour $u_s^{-1}\, \nabla_{X_i} K(\pi u_s)$, on obtient simplement la seconde formule de (1.2). □

<u>Remarque 1</u> : La seconde égalité de (1.2) est la base de l'article de Dohrn et Guerra [21].

On montre alors un résultat du même type que le Théorème IV-1.2, à savoir que si $X_0,\dots,X_m$ ne dépendent pas de t, pour que p.s. pour tout (t,x), on ait $\tau_0^t\, K(\varphi_t(\omega,x)) = K(x)$, il fait et il suffit que $\nabla_{X_0} K = \dots = \nabla_{X_m} K = 0$

En posant (formellement pour l'instant),

(1.6) $$T'_t\, K(x) = E(\tau_o^t\, K(\varphi_t(\omega,x)))$$

avec des hypothèses adéquates, on peut facilement construire un semi-groupe opérant sur T_s^r de générateur infinitésimal $\nabla_{X_0} + \frac{1}{2}\nabla^2_{X_i}$. Le principe de la construction étant rigoureusement semblable à la construction du semi-groupe de générateur $L_{X_0} + \frac{1}{2} L^2_{X_i}$ effectué à la section IV-1, nous y renvoyons le lecteur.

Il est toutefois essentiel de noter qu'on peut exprimer la formule (1.3) à l'aide des caractéristiques géométriques de Ito de la diffusion. La raison fondamentale en est que nous avons pu prolonger l'opération de transport parallèle aux semi-martingales de Ito.

Notons en effet que par le corollaire du Théorème VIII-2.5, nous avons vu qu'en posant

(1.7) $$\overset{o}{X}(t,x) = X_0(t,x) + \frac{1}{2}\nabla_{X_i} X_i(t,x)$$

la semi-martingale $x_t = \varphi_t(\omega,x)$ est telle que

(1.8) $$x_t = x + \int_0^t \overset{o}{X}(s,x_s)\, d^\Gamma s + \int_0^t X_i(s,x_s).\, \vec{\delta}\, w^i$$

On a alors le résultat fondamental suivant :

<u>Théorème 1.2</u> : Si $K \in T_s^r$, soit B^K le champ de tenseurs de T^r_{s+1} défini par $X \in TN \to \nabla_X K$.

La formule (1.2) s'écrit aussi

(1.9) $$\tau_o^t\, K(\varphi_t(\omega,x)) = K(x) + \int_0^t \tau_o^s(\nabla_{\overset{o}{X}(s,.)} K + \frac{1}{2}(\nabla_{X_i(s,.)} B^K)(X_i(s,.)))(\varphi_s(\omega,x))\, ds$$

$$+ \int_0^t \tau_o^s[\nabla_{X_i(s,.)} K](\varphi_s(\omega,x)).\, \vec{\delta}\, w^i$$

<u>Preuve</u> : La preuve est immédiate. En effet, on a

$$(1.10)\qquad \nabla_Y [\nabla_Z K] = \nabla_Y [B^K(Z)] = (\nabla_Y B^K)(Z) + B^K(\nabla_Y Z) = (\nabla_Y B^K)(Z) + \nabla_{\nabla_Y Z} K$$

Par regroupement des termes, on obtient

$$(1.11)\qquad (\nabla_{X_o} + \frac{1}{2}\nabla^2_{X_i})K = \nabla_{X_o + \frac{1}{2}\nabla_{X_i} X_i} K + \frac{1}{2}(\nabla_{X_i} B^K)(X_i)$$

$$= \nabla_{\overset{o}{X}} K + \frac{1}{2}\nabla_{X_i} B^K(X_i)$$

et donc de (1.2), on tire bien la formule (1.9). □

Il va de soi que la formule (1.9) est encore vraie pour les flots associés à des diffusions de Ito -à valeurs dans R^d ou dans une variété N- dont les caractéristiques locales sont données par les vecteurs tangents $\overset{o}{X}$, $X_1, \dots X_m$.

<u>Remarque 2</u> : En général l'application $(\nabla_. B^K)(.)$ n'est pas symétrique. En effet si Y et Z sont deux champs de vecteurs C^∞ sur N, on a

$$(1.12)\qquad (\nabla_Y B^K)(Z) - (\nabla_Z B^K)(Y) = \nabla_Y \nabla_Z K - B^K(\nabla_Y Z) - \nabla_Z \nabla_Y K + B^K(\nabla_Z Y)$$

$$= \nabla_Y \nabla_Z K - \nabla_Z \nabla_Y K - \nabla_{\nabla_Y Z - \nabla_Z Y} K$$

Si T est le tenseur de torsion et R le tenseur de courbure de la connexion [40] III-5, on a

$$(1.13)\qquad (\nabla_Y B^K)(Z) - (\nabla_Z B^K)(Y) = R(Y,Z)K - \nabla_{\nabla_Y Z - \nabla_Z Y - [Y,Z]} K$$

$$= R(Y,Z)K - \nabla_{T(Y,Z)} K$$

La symétrie de $(Y,Z) \to (\nabla_Y B^K)(Z)$ est équivalente à la nullité de la torsion et de la courbure de Γ, i.e. on fait que N est localement R^d.

Notons toutefois que si Γ a une torsion nulle et si f est un élément de $T^o_o(R)$, -i.e. une fonction C^∞ sur N à valeurs dans R, par définition $R(X,Y)f$ est nulle. L'expression $(\nabla_Y df)(Z)$ est donc bien symétrique en (Y,Z).

Le Théorème 1.2 se généralise immédiatement aux semi-martingales de Ito à valeurs dans N. On a en effet

Théorème 1.3 : Soit z_t une semi-martingale de Ito à valeurs dans N qui s'écrit

$$(1.14) \qquad z_t = z_o + \int_o^t \overset{o}{z}\, d^\Gamma s + \int_o^t H_i \cdot \vec{\delta} w^i$$

Alors si τ_o^t est l'opérateur de transport parallèle de $T_{z_t}(N)$ dans $T_{z_o}(N)$ défini au Théorème VIII-1.7, si $K \in T^r_s$ le processus $K'_t = \tau_o^t K(z_t)$ à valeurs dans $T^r_{s_{z_o}}$ s'écrit

$$(1.15) \qquad K'_t = K'(z_o) + \int_o^t \tau_o^s(\nabla_{\overset{o}{z}} K(z_s) + \frac{1}{2} \nabla_{H_i} B^K(z_s)(H_i))ds + \int_o^t \tau_o^s(\nabla_{H_i} K(z_s)) \cdot \vec{\delta} w^i$$

Preuve : La formule (1.15) ayant essentiellement un caractère algébrique résulte très facilement des calculs effectués pour le théorème 1.2. □

Remarque 3 : Si on applique la formule (1.15) aux fonctions C^∞ f à valeurs réelles, on retrouve le résultat du Théorème VIII-3.6.

2. Calcul différentiel stochastique covariant

Dans cette section, nous allons exprimer les calculs effectués dans le chapitre IV à l'aide des caractéristiques locales relativement à une connexion

Γ de la diffusion considérée.

On pourrait naturellement effectuer un calcul direct, sans passer par les calculs du chapitre IV, mais ce serait beaucoup plus long et moins naturel.

On reprend les hypothèses et notations de la section 1 sur $X_0,\ldots,X_m$, $\varphi_{.}(\omega,.)$, N,Γ. $\overset{o}{X}$ a été défini à la formule (1.7). Rappelons que $(\overset{o}{X},X_1,\ldots X_m)$ sont les caractéristiques locales du flot $\varphi_{.}(\omega,.)$ relativement à la connexion Γ.

Nous supposerons connus tous les résultats de [40]-I relativement aux dérivations sur l'algèbre des tenseurs au-dessus de la variété N.

On pose la définition suivante ([40] VI Proposition 2.5).

Définition 2.1 : Si X est un champ de vecteurs tangents à N de classe C^1, on note A_X le tenseur de type (1,1)

$$A_X = L_X - \nabla_X \tag{2.1}$$

Il est classique que si Y est un champ de vecteurs tangents à N, on a

$$A_X Y = -\nabla_Y X - T(X,Y) \tag{2.2}$$

a) Calcul de l'opérateur $L_{X_0}+\frac{1}{2}L^2_{X_i}$ en coordonnées covariantes

Notons que $L_{X_0}+\frac{1}{2}L^2_{X_i}$ fait explicitement intervenir les dérivées secondes de $X_1,\ldots,X_m$. Nous allons exprimer cet opérateur en fonction de $\overset{o}{X},X_1,\ldots,X_m$. Seules les dérivées premières de $\overset{o}{X},X_1,\ldots,X_m$ devront apparaître.

Par la définition 2.1, si $K\in T^r_s$, on a

$$(2.3)\qquad (L_{X_0}+\frac{1}{2}L^2_{X_i})K=(\nabla_{X_0}+A_{X_0})K+\frac{1}{2}(\nabla_{X_i}+A_{X_i})(\nabla_{X_i}+A_{X_i})K=$$

$$=(\nabla_{X_0}+\frac{1}{2}\nabla_{X_i}\nabla_{X_i})K+A_{X_0}K+\frac{1}{2}((\nabla_{X_i}A_{X_i})K+2A_{X_i}\nabla_{X_i}K+A_{X_i}(A_{X_i}K))$$

Le calcul de $\nabla_{X_0}+\frac{1}{2}\nabla_{X_i}\nabla_{X_i}$ en fonction de $\overset{o}{X},X_1,\dots,X_m$ a déjà été effectué à la section 1. On va alors calculer $\nabla_{X_i}A_{X_i}$.

<u>Proposition 2.2</u> : Si Y est un champ de vecteurs tangents sur N on a

$$(2.4)\qquad (\nabla_{X_i}A_{X_i})(Y)=A^2_{X_i}(Y)+T(X_i,A_{X_i}Y)-(\nabla_{X_i}T)(X_i,Y)-$$

$$-R(X_i,Y)X_i+A_{\nabla_{X_i}X_i}Y$$

<u>Preuve</u> : Comme A_{X_i} est un tenseur de type (1,1), on peut supposer Y de classe C^∞. On a alors, par définition

$$(2.5)\qquad (\nabla_{X_i}A_{X_i})(Y)=\nabla_{X_i}(A_{X_i}Y)-A_{X_i}\nabla_{X_i}Y=\nabla_{X_i}(-\nabla_Y X_i-T(X_i,Y))+$$

$$+\nabla_{\nabla_{X_i}Y}X_i+T(X_i,\nabla_{X_i}Y)=-\nabla_Y\nabla_{X_i}X_i-R(X_i,Y)X_i-\nabla_{[X_i,Y]}X_i-$$

$$-(\nabla_{X_i}T)(X_i,Y)-T(\nabla_{X_i}X_i,Y)-T(X_i,\nabla_{X_i}Y)+\nabla_{\nabla_{X_i}Y}X_i+T(X_i,\nabla_{X_i}Y)$$

$$=A_{\nabla_{X_i}X_i}(Y)-R(X_i,Y)X_i-\nabla_{A_{X_i}Y}X_i-(\nabla_{X_i}T)(X_i,Y)$$

Or, de (2.2) il résulte immédiatement que

$$(2.6)\qquad -\nabla_{A_{X_i}Y}X_i=A^2_{X_i}Y+T(X_i,A_{X_i}Y)$$

De (2.5) et (2.6), on tire bien (2.4). □

Rappelons que si $K \in T^r_s$, B^K a été défini au Théorème 1.2. Rappelons aussi que les tenseurs de type (1,1) agissent comme dérivations sur T^r_s [40]-I.

On a alors immédiatement

Théorème 2.3 : Si $K \in T^r_s$, alors

$$(2.7)\qquad (L_{X_0} + \frac{1}{2} L^2_{X_i})(K) = \nabla_{\overset{o}{X}} K + \frac{1}{2} (\nabla_{X_i} B^K)(X_i) +$$

$$+ A_{\overset{o}{X}} K + \frac{1}{2}[A^2_{X_i} K + T(X_i, A_{X_i} \cdot)K - (\nabla_{X_i} T)(X_i,.)K -$$

$$- (R(X_i,.)X_i)K + 2 A_{X_i} \nabla_{X_i} K + A_{X_i}(A_{X_i} K)]$$

où $T(X_i, A_{X_i} \cdot)$, $(\nabla_{X_i} T)(X_i,.)$, $R(X_i,.) X_i$ sont les tenseurs de type (1,1)

$$(2.8)\qquad \begin{aligned} Y &\to T(X_i, A_{X_i} Y) \\ Y &\to (\nabla_{X_i} T)(X_i, Y) \\ Y &\to R(X_i, Y) X_i \end{aligned}$$

Preuve : Il suffit d'appliquer la formule (2.3), d'utiliser la Proposition 2.2 et l'éxpression déjà connue de $\nabla_{X_0} + \frac{1}{2} \nabla_{X_i} \nabla_{X_i}$. □

Remarque 1 : On notera qu'effectivement, dans (2.7), $\overset{o}{X}, X_1, \ldots, X_m$ n'interviennent que par leurs dérivées d'ordre 0 et 1, les dérivées d'ordre 1 apparaissant dans $A_{\overset{o}{X}}$, A_{X_i}. On peut donc effectuer tous les calculs de la section I-4 à l'aide de la formule (2.7), qui permet en particulier de calculer explicitement le troisième membre de la formule IV-(1.2) en fonction de caractéristiques locales $\overset{o}{X}, X_1, \ldots, X_m$. Ce résultat est aussi intéressant puisque, grâce aux résultats de la section I-6, on a vu qu'on a besoin de moins de régularité sur $\overset{o}{X}, X_1, \ldots, X_m$ que sur $X_0, X_1, \ldots, X_m$. pour que le flot $\varphi_{\bullet}(\omega,.)$ soit effectivement dérivable.

On va maintenant exprimer les opérateurs différentiels apparaissant dans le Théorème IV-2.9 afin de pouvoir calculer l'intégrale d'une forme différentielle généralisée γ sur le chemin c à l'aide des caractéristiques locales $\overset{o}{X}, X_1, \ldots, X_m$.

Notons que dans la formule IV (2.43), on peut remplacer L_{X_j} ($j \geqslant 1$) par $A_{X_j} + \nabla_{X_j}$. On va chercher à calculer l'expression $(i_{X_0} + \frac{1}{2} i_{X_j} L_{X_j})\alpha_0$. On a en effet

<u>Théorème 2.4</u> : Si α_0 est une k-forme différentielle de classe C^∞ sur N, on a

$$(2.9) \qquad (i_{X_0} + \frac{1}{2} i_{X_j} L_{X_j})\alpha_0 = i_{\overset{o}{X}} \alpha_0 + \frac{1}{2}(i_{X_j} \nabla_{X_j} \alpha_0 + A_{X_j} i_{X_j} \alpha_0)$$

<u>Preuve</u> : On a en effet

$$(2.10) \qquad L_{X_j} \alpha_0 = \nabla_{X_j} \alpha_0 + A_{X_j} \alpha_0$$

et donc

$$(2.11) \qquad (L_{X_j} \alpha_0)(Y_1 \ldots Y_k) = (\nabla_{X_j} \alpha_0)(Y_1 \ldots Y_k) - \alpha_0(Y_1 \ldots Y_{i-1}, A_{X_j} Y_i, Y_{i+1} \ldots Y_k)$$

On en déduit

$$(2.12) \qquad (i_{X_j} L_{X_j})(Y_1, \ldots Y_{k-1}) = (i_{X_j} \nabla_{X_j} \alpha_0)(Y_1 \ldots Y_{k-1}) - \alpha_0(A_{X_j} X_j, Y_1 \ldots Y_{k-1})$$
$$+ (A_{X_j} i_{X_j} \alpha_0)(Y_1 \ldots Y_{k-1})$$

Comme $A_{X_j} X_j = - \nabla_{X_j} X_j$, on trouve

$$(2.13) \qquad (i_{X_o} + \frac{1}{2} i_{X_j} L_{X_j})\alpha_o = i_{\overset{o}{X}} \alpha_o + \frac{1}{2}[i_{X_j} \nabla_{X_j} \alpha_o + A_{X_j} i_{X_j} \alpha_o] \qquad \square$$

<u>Remarque</u> 2 : Les tenseurs (2.7) et (2.9) ne dépendent que du processus considéré et pas de la connexion particulière permettant de les décrire.

Notons aussi que la formule (2.9) permet de calculer de manière intrinsèque l'intégrale d'une forme α_o sur une chaîne engendrée par une semi-martingale z de Ito de caractéristiques locales $(\overset{o}{z}, H_1, \dots, H_m)$ relativement à la connexion Γ, par exemple lorsque les hypothèses de la section IV-4 sont vérifiées.

3. <u>Géométrie symplectique en coordonnées covariantes</u>

On sait que sur une variété riemanienne, il existe une et une seule connexion sur le fibré de repères sans torsion et rendant parallèle le tenseur de type (0,2) définissant la structure riemanienne : c'est la connexion de Levi-Civita [40] IV.

Nous allons montrer rapidement qu'il existe une connexion sans torsion sur une variété symplectique rendant parallèle la forme symplectique, mais il n'y a en général jamais unicité de cette connexion.

N désigne une variété connexe métrisable de classe C^∞ munie d'une 2-forme symplectique S. On note 2d la dimension de N.

Soit S_o la forme symplectique canonique de R^{2d}

$$(3.1) \qquad S_o = \sum_1^d dp_i \wedge dq^i$$

En identifiant un repère u de L(N) tel que $\pi u = x \in N$ à une application linéaire de R^d dans $T_x(N)$, on note S(N) l'ensemble des repères symplectiques, i.e. l'ensemble des repères u tels que si $\xi, \eta \in R^d$

$$(3.2) \qquad S(u\xi, u\eta) = S_o(\xi,\eta)$$

Soit $\mathcal{G}\ell(R^{2d})$, le groupe des applications linéaires symplectiques de R^{2d} dans R^{2d}, i.e. des applications linéaires conservant la forme S_o.

Alors S(N) est un fibré principal de base N et de fibre isomorphe au groupe de Lie $\mathcal{G}\ell(R^{2d})$ [40] I-5. En effet par le Théorème de Darboux [2] - [3] - [58], pour tout $x \in N$ il existe une carte admissible (U,φ) telle que dans les coordonnées localcs correspondantes, S s'écrive

$$(3.3) \qquad S = \sum_{1}^{d} d\, p_i \wedge d\, q^i$$

Il est alors clair que S(N) est bien localement trivial, i.e. l'ensemble des $u \in S(N)$ tels que $\pi u \in \mathcal{U}$ est isomorphe à $\mathcal{U} \times \mathcal{G}\ell(R^{2d})$.

Par le Théorème II-2.1 de [40], il existe une connexion sur S(N), i.e. une connexion de L(N) rendant S parallèle. On va montrer qu'on peut la choisir sans torsion.

<u>Proposition 3.1</u> : Il existe une connexion sans torsion sur L(N) randant S parallèle.

<u>Preuve</u> : Pour tout $x \in N$, il existe un voisinage ouvert $\mathcal{U}$ de x et une carte admissible φ tel que dans les coordonnées locales correspondantes, S s'écrive sous la forme (3.3)

Alors sur $\varphi(\mathcal{U})$, la connexion plate de R^{2d} rend S_o parallèle et est naturellement sans torsion.

Soit $\mathcal{U}_i$ un recouvrement de N par des ouverts possédant la propriété précédente, et ω_i la forme de connexion sur $\pi^{-1}(\mathcal{U}_i)$ associée. Soit φ_i une partition de l'unité subordonnée à $\mathcal{U}_i$. Alors la forme de connexion

(3.4) $$\omega = \sum_i \varphi_i \, \omega_i$$

définit une connexion sur S(N) qui est sans torsion, i.e. une connexion sans torsion sur L(N) randant S parallèle. □

Remarque 1 : Il n'y a jamais unicité, en particulier parce que sur R^d, il existe des difféomorphismes symplectiques non linéaires -i.e. non affines pour la connexion plate.

Nous allons maintenant chercher à traduire en coordonnées covariantes les calculs du chapitre V. On pose tout d'abord la définition suivante :

Définition 3.2 : On dit qu'un tenseur A de type (1,1) est symétrique (relativement à la forme S) si A S = 0, i.e. si X et Y sont deux champs de vecteurs tangents à N, on a

(3.5) $$S(AX,Y) + S(X,AY) = 0$$

La relation (3.5) s'écrit aussi

(3.6) $$S(AX,Y) = S(AY,X)$$

ce qui explique le choix du terme "symétrique".

On a alors immédiatement

Proposition 3.3 : Si Γ est une connexion C^∞ sur N rendant S parallèle, pour qu'un champ X de vecteurs tangents à N de classe C^∞ soit localement hamiltonien, i.e. tel que $L_X S = 0$, il faut et il suffit que A_X soit symétrique.

Preuve : Comme S est parallèle pour Γ, on a

$$(3.7) \qquad L_X S = A_X S$$

La proposition est bien démontrée. □

On suppose désormais que Γ est une connexion rendant S parallèle. On a alors

Proposition 3.4 : Sous les hypothèses du Théorème 2.3, si Y et Z sont deux champs de vecteurs tangents sur N, on a

$$(3.8) \qquad (L_{X_0} + \frac{1}{2} L^2_{X_i})(S)(Y,Z) = -S(A_{\overset{o}{X}} Y + \frac{1}{2}[T(X_i,A_{X_i} Y) - (\nabla_{X_i} T)(X_i,Y) - R(X_i,Y)X_i], Z)$$

$$- S(Y, A_{\overset{o}{X}} Z + \frac{1}{2}[T(X_i,A_{X_i} Z) - (\nabla_{X_i} T)(X_i,Z) - R(X_i,Z)X_i]) + S(A_{X_i} Y, A_{X_i} Z)$$

Preuve : Comme S est parallèle, dans la formule (2.7), on peut annuler $\nabla_{\overset{o}{X}} S$, B^S, $\nabla_{X_i} S$. On a donc

$$(3.9) \qquad (L_{X_0} + \frac{1}{2} L^2_{X_i})S = A_{\overset{o}{X}} S + \frac{1}{2}[A^2_{X_i} S + T(X_i, A_{X_i} .\,)S$$

$$- (\nabla_{X_i} T)(X_i, .\,)S - (R(X_i, .\,)X_i)S + A_{X_i}(A_{X_i} S)]$$

Or on a

$$(3.10) \qquad (A_{X_i} S)(Y,Z) = -S(A_{X_i} Y, Z) - S(Y, A_{X_i} Z)$$

et donc

$$(3.11) \qquad A_{X_i}(A_{X_i} S)(Y,Z) = S(A^2_{X_i} Y, Z) + S(A_{X_i} Y, A_{X_i} Z) + S(A_{X_i} Y, A_{X_i} Z) +$$

$$+ S(Y, A^2_{X_i} Z) = -(A^2_{X_i} S)(Y,Z) + 2S(A_{X_i} Y, A_{X_i} Z)$$

(3.8) résulte immédiatement de (3.9) et (3.11). □

On va alors caractériser les flots $\varphi_.(\omega,.)$ qui sont symplectiques, en fonction des caractéristiques locales $\overset{\circ}{X}, X_1, \ldots X_m$. On suppose ici que $\overset{\circ}{X}, X_1 \ldots X_m$ ne dépendent pas de t.

Théorème 3.5 : Pour que p.s., pour tout $t \geq 0$, $\varphi_t(\omega,.)$ soit un difféomorphisme symplectique, il faut et il suffit que les conditions suivantes soient réalisées :

a) Pour $i = 1,\ldots,m$, A_{X_i} est symétrique.

b) Si Y et Z sont deux champs de vecteurs tangents sur N, on a

$$(3.12) \quad S(A_{\overset{\circ}{X}} Y + \tfrac{1}{2}[T(X_i, A_{X_i} Y) - (\nabla_{X_i} T)(X_i, Y) - R(X_i, Y)X_i], Z)$$

$$+ S(Y, A_{\overset{\circ}{X}} Z + \tfrac{1}{2}T(X_i, A_{X_i} Z) - (\nabla_{X_i} T)(X_i, Z) - R(X_i, Z)X_i]) - S(A_{X_i} Y, A_{X_i} Z) = 0$$

Preuve : Par le Théorème V-1.1, pour que $\varphi_.(\omega,.)$ soit un flot de difféomorphismes symplectiques, il faut et il suffit que

$$(3.13) \quad L_{X_o} S = L_{X_1} S = \ldots = L_{X_m} S = 0$$

On peut aussi écrire (3.13) sous la forme

$$(3.14) \quad \begin{cases} (L_{X_o} + \frac{1}{2} L^2_{X_i})S = 0 \\ L_{X_1} S = \ldots = L_{X_m} S = 0 \end{cases}$$

Pour obtenir le Théorème, il suffit d'appliquer les Propositions 3.3 et 3.4. □

Remarque 2 : On peut aussi écrire que (3.13) est équivalent à la symétrie de $A_{X_o}, A_{X_1}, \ldots, A_{X_m}$, ou encore à la symétrie de $A_{\overset{\circ}{X}} - \frac{1}{2}\nabla_{X_i} X_i, A_{X_1}, \ldots, A_{X_m}$. Mais la condition de symétrie de $A_{\overset{\circ}{X}} - \frac{1}{2}\nabla_{X_i} X_i$ est une condition du deuxième ordre sur X_i, alors que la condition (3.12) est une condition du premier ordre sur $\overset{\circ}{X}, X_1 \ldots X_m$.

CHAPITRE X

RELEVEMENT DE CONNEXIONS DANS UN FIBRE COTANGENT ET RELEVEMENT DE DIFFUSIONS

Au chapitre VI, nous avons pu généraliser aux diffusions de Stratonovitch les techniques de la mécanique classique, en associant à un problème variationnel posé sur la variété des états M un flot sur le fibré cotangent T^*M, dont la description intrinsèque ne posait pas de difficulté, puisque les règles formelles du calcul différentiel sur les diffusions de Stratonovitch sont les mêmes que pour le calcul différentiel ordinaire.

Au chapitre VII, nous avons vu les inconvénients d'une telle formulation, au moins pour les problèmes d'optimisation classiques, puisque nous avons dû faire une hypothèse très forte de régularité du contrôle optimal et de la fonction coût.

Au chapitre VIII, nous avons pu décrire de manière intrinsèque les caractéristiques locales d'une semi-martingale de Ito à valeurs dans une variété différentiable M munie d'une connexion Γ. Si on formule un problème variationnel sur de telles semi-martingales (par exemple un problème classique d'optimisation en espérance) il est naturel de penser qu'on pourra lui associer une semi-martingale de Ito à valeurs dans le fibré cotangent T^*M. Nous sommes ainsi conduits à chercher à décrire de manière intrinsèque les semi-martingales de Ito à valeurs dans T^*M. Il faut naturellement que la description d'une semi-martingale z_t à valeurs dans T^*M soit "compatible" avec la description de la semi-martingale πz_t à valeurs dans M.

Il est donc naturel de supposer que l'espace d'états M est muni d'une connexion Γ, et qu'on va construire sur le fibré T^*M une ou plusieurs connexions naturelles, qui seront les relevées de la connexion Γ. Le problème du relèvement des connexions a été examiné de manière approfondie par Yano et Ishihara dans [61] , auquel nous renverrons constamment dans ce chapitre.

Dans la section 1 , nous décrivons les deux connexions sur T^*M dont nous nous servirons : la connexion relèvement complet ∇^C de ∇ , et la connexion relèvement horizontal de ∇^H de ∇ , ces deux connexions étant définies dans [61], chapitres VII et VIII.

Dans la section 2, on étudie le relèvement d'une diffusion à valeurs dans M dans le fibré T^*M et l'interprétation géométrique des caractéristiques locales d'une semi-martingale de Ito à valeurs dans T^*M .

Puis dans la section 3 , nous étudions les caractéristiques locales d'une semi-martingale de Ito à valeurs dans la variété $N = T^*M$.

Dans la section 4 , on examine les relèvements de connexions dans les fibrés TM et $TM \oplus T^*M$.

Ceci nous permet, dans la section 5 , de calculer une formule variationnelle élémentaire.

1. Connexions sur T^*M .

M désigne une variété différentiable de classe C^∞, connexe, de dimension d. On suppose que son fibré des repères L(M) a été muni d'une connexion Γ de classe C^∞ , qu'on suppose sans torsion. Cette dernière hypothèse est nécessaire pour que nous puissions appliquer les résultats de Yano et Ishihara [61]. Elle peut être levée au prix de complications supplémentaires dans les calculs qui vont suivre.

N désigne le fibré contangent T^*M de M , π la projection canonique $N \to M$. Rappelons qu'au chapitre V , nous avons vu que N est une variété symplectique, dont la forme symplectique est notée S . On note encore I l'isomorphisme de T^*N dans TN défini à la définition V-1.2.

Si $(q^1,\dots q^d)$ est un système de coordonnées locales sur M , on note

$(q^1,\dots q^d,p_1,\dots p_d)$ les coordonnées correspondantes sur N. S s'écrit alors

$$(1.1)\qquad S = \sum_1^d dp_i \wedge dq^i \ .$$

a) Distributions horizontales et verticales.

Nous allons alors rappeler certaines définitions de [61].

Définition 1.1 : Si $\omega \in T^\star M$ on note ω^V le champ de vecteurs tangents à N défini par

$$(1.2)\qquad \omega^V = - I(\pi^{\star -1}\ \omega)$$

En coordonnées locales, si ω s'écrit

$$(1.3)\qquad \omega = \omega_i\ dq^i$$

ω^V s'écrit

$$(1.4)\qquad \omega^V = \omega_i \frac{\partial}{\partial p_i}$$

On voit immédiatement que l'ensemble des vecteurs ω^V forme un sous-fibré vectoriel $T^V(N)$ de $T(N)$, dont chaque fibre est de dimension d. De plus si $(q,p) \in N$, la fibre $T^V_{(q,p)}N$ est canoniquement isomorphe à $T^\star_q(M)$ par l'application inverse de $\omega \to \omega^V$.

Définition 1.2 : Si X est un champ de vecteurs C^∞ tangents à M, on note X^C le champ de vecteurs hamiltonien sur N de hamiltonien

$$(1.5)\qquad \mathcal{H}_X(q,p) = \langle p,\ X(q)\rangle .$$

En coordonnées locales, si X est donné par

$$(1.6)\qquad X = X^i \frac{\partial}{\partial q^i} \ .$$

Alors

$$(1.7)\qquad X^C = X^i \frac{\partial}{\partial q^i} - (p_j \frac{\partial}{\partial q^i} X^j) \frac{\partial}{\partial p_i}$$

X^C est appelé le relèvement complet de X [61] - VII.

<u>Définition 1.3</u> : Si A est un tenseur de type (1,1) sur M, on note γA le champ de vecteurs tangents à N définis par

$$(\gamma A)(q,p) = (A^{\star} p)^{V}(q,p) \tag{1.8}$$

En coordonnées locales, si A est donné par

$$A = a_i^j \frac{\partial}{\partial q^j} dq^i \tag{1.9}$$

on a

$$\gamma A = (p_j a_i^j) \frac{\partial}{\partial p_i} . \tag{1.10}$$

<u>Définition 1.4</u> : Si X est un champ de vecteurs C^{∞} tangents à M, on note X^H le champ de vecteurs tangents à N donné par

$$X^H = X^C + \gamma(\nabla.X) \tag{1.11}$$

où $\nabla.X$ désigne le tenseur de type (1,1)

$$Y \to \nabla_Y X . \tag{1.12}$$

En coordonnées locales, si X est donné par (1.6), on a

$$X^H = X^i \frac{\partial}{\partial q^i} + p_j \Gamma^j_{\ell i} X^{\ell} \frac{\partial}{\partial p_i} \tag{1.13}$$

X^H est appelé relèvement horizontal de X [61] - VIII.

L'ensemble des vecteurs X^H engendre un sous-fibré vectoriel $T^H(N)$ de $T(N)$ dont chaque fibre est de dimension d. De plus chaque fibre $T^H_{(q,p)}(N)$ est canoniquement isomorphe à $T_q(N)$ par l'application $X \to \pi^{\star} X$.

$T^V(N)$ et $T^H(N)$ sont exactement les distributions verticales et horizontales sur N au sens de [40] II-7 (p. 87).

L'interprétation de X^C et X^H est immédiate. En effet, si X est un champ de vecteurs C^{∞} sur M et si ψ est le flot associé, X^C engendre le flot $\tilde{\psi}$ associé à ψ dans N, i.e.

(1.14) $\tilde{\psi}_t(q,p) = (\psi_t(q), \psi_t^*(q)(p))$

De même si $t \to x_t$ est une courbe de classe C^1 à valeurs dans M, alors si $t \to y_t$ est la courbe relevée horizontale de $t \to x_t$ dans N, par [40] II 7, on a

(1.15) $$\frac{dy}{dt} = \left(\frac{dx}{dt}\right)^H$$

Nous allons préciser certains des résultats donnés précédemment.

Rappelons en effet [58] que sur le fibré vectoriel $TM \oplus T^* M$ il existe une structure symplectique naturelle donnée par

(1.16) $$D(u_1 \oplus u_1^*, u_2 \oplus u_2^*) = u_1^*(u_2) - u_2^*(u_1)$$

On a alors le résultat suivant, qui jouera un rôle important dans la suite.

THEOREME 1.5 : Les distributions $T^H(N)$ et $T^V(N)$ sont supplémentaires i.e. si $(q,p) \in N$, on a

(1.17) $$T^H_{(q,p)}(N) \oplus T^V_{(q,p)}(N) = T_{(q,p)}(N)$$

De plus, en identifiant $T^H_{(q,p)}(N)$ à $T_q(M)$ par l'isomorphisme linéaire décrit à la Définition 1.4. et $T^V_{(q,p)}(N)$ à $T^*_q(M)$ par l'isomorphisme linéaire décrit à la Définition 1.1, alors l'isomorphisme linéaire associé $T_{(q,p)}N \to T_q(M) \oplus T^*_q(M)$ est symplectique.

Preuve : Les distributions $T^V(N)$ et $T^H(N)$ sont clairement supplémentaires grâce aux formules (1.4) et (1.13). La connexion étant sans torsion, par la Proposition III-8.4 de [40], si $(q^1, \ldots q^d)$ est un système de coordonnées normal en $q \in M$, alors les coefficients de Cristoffel (Γ^k_{ij}) s'annulent en q.

Soit X et Y deux éléments de $T_{(q,p)}(N)$ qui s'écrivent

(1.18) $$X = X^i \frac{\partial}{\partial q^i} + \bar{X}^i \frac{\partial}{\partial p_i}$$

$$Y = Y^i \frac{\partial}{\partial q^i} + \overline{Y}_i \frac{\partial}{\partial p_i}$$

On a par définition

$$(1.19) \qquad S(X,Y) = \overline{X}^i Y_i - \overline{Y}_i X^i$$

Soit $X = X^H + X^V$ et $Y = Y^H + Y^V$ les décompositions de X et Y suivant $T^H_{(q,p)}(N) \oplus T^V_{(q,p)}(N)$. Alors, grâce à la nullité des (Γ^k_{ij}) on a clairement

$$(1.20) \qquad X^H = X^i \frac{\partial}{\partial q^i} \quad X^V = \overline{X}_i \frac{\partial}{\partial p_i}$$

$$Y^H = Y^i \frac{\partial}{\partial q^i} \quad Y^V = \overline{Y}_i \frac{\partial}{\partial p_i}$$

En utilisant (1.16),(1.19),(1.20), le Théorème est bien démontré. □

Si $X \in T_{(q,p)}(N)$, nous noterons systématiquement X^H et X^V ses composantes dans $T^H_{(q,p)}(N)$ et $T^V_{(q,p)}(N)$ et $X^{H'}$ et $X^{V'}$ les images de X^H et X^V dans $T_q(M)$ et $\overset{*}{T}_q(M)$.

b) Les connexions Γ^C et Γ^H

On va maintenant rappeler les définitions des connexions naturelles qu'on peut mettre sur $\overset{*}{T}M$.

Définition 1.6. : On appelle connexion complète sur N et on note Γ^C la connexion de Levi-Civita associé à la structure pseudo-riemanienne sur N définie par la pseudo-métrique

$$(1.21) \qquad X \in T_{(q,p)}(N) \to X^{V'}(X^{H'})$$

On note ∇^C l'opérateur de dérivation covariante relativement à Γ^C. Notons que Γ^C est sans torsion. Pour les propriétés de Γ^C, nous renvoyons à [61] VII-10.

Définition 1.7 : On appelle connexion horizontale sur N la connexion Γ^H dont l'opérateur de dérivation covariante ∇^H est tel que si X et Y sont deux champs de vecteurs C^∞ tangents à N, on ait

(1.22) $$\nabla^H_X Y = \nabla^C_X Y - \gamma(R(.,\pi^* Y)\pi^* X)$$

où pour $(q,p) \in N$, $R(.,\pi^* Y)\pi^* X$ est le tenseur de type (1,1) sur $T_q(M)$

(1.23) $$Z \in T_q(M) \to R(Z,\pi^* Y)\pi^* X$$

Rappelons qu'à la Définition 1.3, on a vu qu'on a

(1.24) $$\gamma(R(.,\pi^* Y)\pi^* X)(q,p) = ([R(.,\pi^* Y)\pi^* X]^* p)^V(q,p)$$

où $(R(.,\pi^* Y)\pi^* X)^*$ est l'application adjointe de l'application (1.23)

Pour les propriétés de la connexion Γ^H, nous renvoyons à [61] VIII. Il faut noter que dans [61], la formule définissant ∇^H est totalement erronée. En particulier si Γ a une courbure non nulle, alors la torsion de Γ^H est non nulle.

Nous allons donner quelques propriétés élémentaires des connexions Γ^C et Γ^H qui nous seront utiles par la suite.

THEOREME 1.8 : a) L'opérateur de projection canonique π est affine de (N, Γ^C) dans (M,Γ) et de (N, Γ^H) dans (M, Γ).

b) En identifiant M à la section 0 de T^*M, l'injection $M \to N$ est affine de (M, Γ) dans (N, Γ^C) et de (M, Γ) dans (N, Γ^H).

c) La forme symplectique canonique S de N est parallèle pour Γ^H.

Preuve : Pour montrer que π est affine quand N est muni de la connexion Γ^C ou Γ^H, on va montrer que les tenseurs $R^C(\pi)$ et $R^H(\pi)$ de défaut d'affinité de π définis à la Définition VIII-3.1 sont nuls. En coordonnées locales, on a

(1.25) $$\pi(q^1,\dots q^d,p_1\dots p_d) = (q^1,\dots q^d)$$

En notant j et $\bar{j}$ les indices tensoriels se rapportant aux coordonnées q^j et p_j, on a par la formule VIII-(3.5)

(1.26) $$R^C(\pi)^m_{jk} = \Gamma^m_{jk}(q) - \Gamma^{Cm}_{jk}(q)$$

$$R^C(\pi)^m_{\bar{j}k} = -\Gamma^{Cm}_{\bar{j}k}$$

$$R^C(\pi)^m_{j\bar{k}} = -\Gamma^{Cm}_{j\bar{k}}$$

$$R^C(\pi)^m_{\bar{j}\bar{k}} = -\Gamma^{Cm}_{\bar{j}\bar{k}}$$

où $(\Gamma^{C\alpha}_{\beta\gamma})$ sont les coefficients de Cristoffel de Γ^C. On a aussi les formules correspondantes pour $R^H(\pi)$. Des formules VII-(10.3) et VIII-(4.2) de [61] on tire

(1.27) $$\Gamma^{Cm}_{jk}(q,p) = \Gamma^{Hm}_{jk}(q,p) = \Gamma^m_{jk}(q)$$

$$\Gamma^{Cm}_{\bar{j}k} = \Gamma^{Hm}_{\bar{j}k} = 0.$$

$$\Gamma^{Cm}_{j\bar{k}} = \Gamma^{Hm}_{j\bar{k}} = 0.$$

$$\Gamma^{Cm}_{\bar{j}\bar{k}} = \Gamma^{Hm}_{\bar{j}\bar{k}} = 0.$$

De (1.26) et (1.27), on déduit bien que π est affine quand N est muni de la connexion Γ^C ou de la connexion Γ^H. Désignons de même par $R^C(i)$ et $R^H(i)$ les tenseurs de défaut d'affinité de i quand N est muni des connexions Γ^C et Γ^H. De la formule VIII-(3.5), on tire

(1.28) $$R^C(i)^m_{jk} = \Gamma^{Cm}_{jk}(q,0) - \Gamma^m_{jk}(q)$$

$$R^C(i)^{\bar{m}}_{jk} = \Gamma^{C\bar{m}}_{jk}(q,0)$$

et les formules correspondantes pour $R^H(i)$. Or des formules VII-(10.3) et VIII-(4.2) de [61], il résulte qu'on a

(1.29) $$\Gamma^{C\bar{m}}_{jk}(q,0) = \Gamma^{H\bar{m}}_{jk}(q,0) = 0.$$

De (1.27) - (1.29) on tire bien que $R^C(i)$ et $R^H(i)$ sont nuls.

Montrons enfin que S est parallèle pour Γ^H. Soit donc $q_0 \in M$ et $(q^1,\dots q^d)$ des coordonnées normales en q_0.

Par la Proposition III-8.4 de [40], les coefficients de Cristoffel (Γ^i_{jk}) de Γ sont nuls en q_0. Calculons alors le tenseur des dérivées covariantes de la forme symplectique S sur N.

S est tel que, dans les coordonnées locales correspondantes, les termes non nuls sont

(1.30) $$S_{\bar{i}i} = - S_{i\bar{i}} = 1$$

Si $D_{\alpha\beta;\gamma}$ est le tenseur des dérivées covariantes de S pour Γ^H, par [40] III-7, on a

(1.31) $$D_{\alpha\beta;\gamma} = \frac{\partial S_{\alpha\beta}}{\partial x^\gamma} - \Gamma^{H\delta}_{\gamma\alpha} S_{\delta\beta} - \Gamma^{H\delta}_{\gamma\beta} S_{\alpha\delta}$$

Or par les formules VIII(4.2) de [61], seuls les $\Gamma^{H\bar{h}}_{ji}$ ne sont peut-être pas nuls en (q_0,p). Ainsi

(1.32) $$D_{ij;\bar{k}} = D_{\bar{i}j;\bar{k}} = D_{i\bar{j};\bar{k}} = D_{\bar{i}\bar{j};\bar{k}} = D_{\bar{i}\bar{j};k} = 0 .$$

$$D_{ij;k} = - \Gamma^{H\bar{h}}_{ki} S_{\bar{h}j} - \Gamma^{H\bar{h}}_{kj} S_{i\bar{h}} = - \Gamma^{H\bar{j}}_{ki} + \Gamma^{H\bar{i}}_{kj}$$

et par les formules VIII-(4.2) de [61], on a

(1.33) $$D_{ij;k} = 0$$

$$D_{i\bar{j};k} = -\Gamma^{H\bar{h}}_{ki} S_{\bar{h}\bar{j}} = 0$$

$$D_{\bar{i}j;k} = -\Gamma^{H\bar{h}}_{kj} S_{\bar{i}\bar{h}} = 0 .$$

D est bien nul. □

Remarque 1 : Le parallélisme de S est directement lié à l'isomorphisme symplectique décrit au Théorème 1.5., comme nous allons le voir dans la suite.

$\frac{D^C}{Dt}$ désigne l'opération de dérivation covariante le long d'une courbe de classe C^1 $t \to x_t$ à valeurs dans N pour la connexion Γ^C, $\frac{D^H}{Dt}$ l'opérateur correspondant pour la connexion Γ^H.

On a alors le résultat essentiel sur la connexion Γ^H.

THEOREME 1.9 : Soit $t \to x_t$ une courbe de classe C^1 définie sur R à valeurs dans N, $t \to Y_t$ une famille de vecteurs tangents à N de classe C^1 telle que pour tout $t \in R$, on ait $Y_t \in T_{x_t}(N)$.

Alors si $\frac{D}{Dt}$ est l'opérateur de dérivation covariante pour Γ le long de $t \to q_t = \pi\, x_t$, si $Y(t)$ s'écrit

$$Y(t) = Y^H(t) + Y^V(t) \tag{1.34}$$

alors on a

$$\frac{D^H Y}{Dt} = \left[\frac{D(Y^{H'})}{Dt}\right]^H + \left[\frac{D(Y^{V'})}{Dt}\right]^V \tag{1.35}$$

Preuve : Il suffit de démontrer la propriété cherchée quand $Y(t)$ est de la forme $X^H(x_t)$ ou $\omega^V(x_t)$. Si $Y_t = X^H(x_t)$, on a

$$\frac{D^H}{Dt} Y_t = \nabla^H_{\left(\frac{dx}{dt}\right)^H} X^H + \nabla^H_{\left(\frac{dx}{dt}\right)^V} X^H \tag{1.36}$$

Or par la Proposition VIII-4.1 de [61], on a

$$\nabla^H_{\left(\frac{dx}{dt}\right)^H} X^H = \left(\nabla_{\left(\pi^\star \frac{dx}{dt}\right)} X\right)^H = \left(\nabla_{\frac{dq}{dt}} X\right)^H \tag{1.37}$$

$$\nabla^H_{\left(\frac{dx}{dt}\right)^V} X^H = 0$$

Donc

$$\frac{D^H}{Dt} Y_t = \left(\nabla_{\pi^\star \frac{dx}{dt}} X\right)^H \tag{1.38}$$

Or on a précisément

$$Y_t^{H'} = X \tag{1.39}$$

$$Y_t^{V'} = 0 .$$

La formule (1.35) est bien démontrée dans ce cas. Si $Y_t = \omega^V(x_t)$, on a

$$(1.40) \qquad \frac{D^H Y}{Dt} = \nabla^H_{(\frac{dx}{dt})^H} \omega^V + \nabla^H_{(\frac{dx}{dt})^V} \omega^V$$

Or par la Proposition VIII-4.1 de [61], on a

$$(1.41) \qquad \nabla^H_{(\frac{dx}{dt})^H} \omega^V = (\nabla_{(\pi^\star \frac{dx}{dt})} \omega)^V$$

$$(1.43) \qquad \nabla^H_{(\frac{dx}{dt})^V} \omega^V = 0 .$$

Or on a

$$(1.42) \qquad (\omega^V)^{H'} = 0 \qquad (\omega^V)^{V'} = \omega$$

On a encore (1.35). Le Théorème est bien démontré. □

Remarque 2 : Le parallélisme de S pour Γ^H résulte immédiatement du Théorème 1.5 et du Théorème 1.9.

On a enfin un résultat très simple, d'ailleurs lié au résultat précédent.

PROPOSITION 1.10 : Sous les hypothèses du Théorème 1.9, si pour tout $t \in R$, ω_t est un élément de $T^\star_{q_t} M$, si $t \to \omega_t$ est de classe C^1, on a

$$(1.43) \qquad \frac{D^H}{Dt} (\pi^{\star -1} \omega_t) = \frac{D^C}{Dt} (\pi^{\star -1} \omega_t) = \pi^{\star -1} (\frac{D}{Dt} \omega_t)$$

Preuve : Soit Y_t choisi comme au Théorème 1.9. Alors, par définition, on a

$$(1.44) \qquad \frac{d}{dt} \langle \pi^{\star -1} \omega_t, Y\rangle = \langle \frac{D^H}{Dt} \pi^{\star -1} \omega_t, Y\rangle + \langle \omega_t, \pi^\star \frac{D^H Y}{Dt}\rangle$$

$$= \langle \frac{D^C}{Dt} \pi^{\star -1} \omega_t, Y\rangle + \langle \omega_t, \pi^\star \frac{D^C Y}{Dt}\rangle$$

Mais on a aussi

$$(1.45) \qquad \langle \pi^{\star -1} \omega_t, Y\rangle = \langle \omega_t, \pi^\star Y\rangle .$$

et donc

(1.46) $$\frac{d}{dt} <\pi^{\star -1} \omega_t, Y> = <\frac{D}{Dt}\omega, \pi^\star Y> + <\omega, \frac{D}{Dt}\pi^\star Y>$$

Or par le théorème 1.8, la projection canonique π est affine pour les connexions Γ^C et Γ^H. Donc

(1.47) $$\pi^\star \frac{D^H Y}{Dt} = \pi^\star \frac{D^C Y}{Dt} = \frac{D}{Dt}\pi^\star Y .$$

De (1.44),(1.46),(1.47), on tire bien (1.43). □

c) Développement d'une courbe pour la connexion Γ^H.

Vu l'importance de la théorie du développement d'une courbe de classe C^1 dans un plan tangent pour la description des caractéristiques locales d'une semi-martingale, nous allons maintenant décrire le développement d'une courbe dans N relativement à la connexion Γ^H.

THEOREME 1.11 : Soit $t \to x_t = (q_t, p_t)$ une courbe de classe C^1 dans N. $t \to \tilde{x}_t$ désigne le développement de $t \to x_t$ dans $T_{x_o}(N)$ pour Γ^H, $t \to \tilde{q}_t$ le développement de $t \to q_t = \pi x_t$ dans $T_{q_o}(M)$. Alors si $\tilde{p}_t = \tau_o^t p_t$ est le transport parallèle le long de $s \to q_s$ de $p_t \in T^\star_{q_t}(M)$ dans $T^\star_{q_o}(M)$, on a

(1.48) $$\tilde{x}_t = \tilde{q}_t^H + (\tilde{p}_t - p_o)^V$$

Preuve : Par la Proposition III-4.1 de [40], on sait que si X_t est le transport parallèle pour Γ^H de $\frac{dx}{dt}$ le long de $s \to x_s$ de $T_{x_t}(N)$ dans $T_{x_o}(N)$, alors on a

(1.49) $$\frac{d\tilde{x}}{dt} = X_t$$

Or du Théorème 1.9, il résulte immédiatement qu'on a

(1.50) $$X_t = [\tau_o^t (\frac{dx}{dt})^{H'}]^H + [\tau_o^t (\frac{dx}{dt})^{V'}]^V$$

où τ_o^t est l'opérateur de transport parallèle pour la connexion Γ le long de $s \to q_s$. Or on a

$$(1.51) \qquad \left(\frac{dx}{dt}\right)^{H'} = \frac{dq}{dt}$$

et donc

$$(1.52) \qquad \tau_o^t \left(\frac{dx}{dt}\right)^{H'} = \frac{d\tilde{q}}{dt} .$$

Or, en coordonnées locales, on a, grâce à (1.13)

$$(1.53) \qquad \left(\frac{dx}{dt}\right)^{V'} = \left(\frac{dp_k}{dt} - p_j \Gamma_{\ell k}^j \frac{dq^l}{dt}\right) dq^k$$

ce qui s'écrit aussi

$$(1.54) \qquad \left(\frac{dx}{dt}\right)^{V'} = \frac{Dp}{Dt}$$

Alors, trivialement, on a

$$(1.55) \qquad \tau_o^t \left(\frac{dx}{dt}\right)^{V'} = \left(\tau_o^t \frac{Dp}{Dt}\right) = \frac{d}{dt} \tau_o^t p_t = \frac{d}{dt} \tilde{p}_t$$

On déduit de (1.49),(1.50),(1.52),(1.55)

$$(1.56) \qquad \ddot{x}_t = \int_o^t X_s \, ds = (\tilde{q}_t)^H + \left[\int_o^t \left(\frac{d}{ds} \tilde{p}_s\right) ds\right]^V = (\tilde{q}_r)^H + (\tilde{p}_t - \tilde{p}_o)^V$$

Le résultat est bien démontré. □

<u>Remarque 3</u> : De la Proposition 1.10, il résulte en particulier que si $\omega \in T^*_{q_t} M$, alors le transport parallèle de $\pi^{*-1}\omega$ le long de $t \to x_t$ pour Γ^H est égal à $\pi^{*-1} \tau_t^o \omega$, où τ_t^o est l'opérateur de transport parallèle le long de $s \to q_s$ pour Γ . Dans l'énoncé du Théorème 1.11, on peut donc écrire au lieu de $\tilde{p}_t = \tau_o^t p_t$

$$(1.59) \qquad \pi^{*-1} \tilde{p}_t = (\tau_o^t)^H \pi^{*-1} p_t .$$

2. Relèvement d'une diffusion géométrique de Ito dans un fibré cotangent

Nous avons vu la section I-1, que le flot $\varphi.(\omega,.)$ associé à une équation différentielle de Stratonovitch est p.s. dérivable. Nous avons étendu ce résultat dans la section I-6 aux diffusions de Ito à valeurs dans R^d, quand les coefficients de la diffusion sont suffisamment réguliers.

Si $\varphi.(\omega,.)$ est un flot de difféomorphismes d'une variété M on peut relever ce flot en un flot $\tilde{\varphi}.(\omega,.)$ dans $N = T^* M$ défini par

$$\tilde{\varphi}_t(\omega,(q,p)) = (\varphi_t(\omega,q),\varphi^*_t(\omega, q)\, p) \tag{2.1}$$

Nous allons ici exprimer l'équation de ce flot à partir de ses caractéristiques locales relativement à l'une des connexions Γ^C ou Γ^H définies dans la section précédente.

On reprend les hypothèses et notations de la section I-1 ou de la I-4. On suppose que la variété M sur laquelle agit le flot $\varphi.(\omega,.)$ est telle que son fibré des repères $L(M)$ est muni d'une connexion sans torsion Γ. On conserve l'ensemble des notations de la section 1 de ce chapitre.

Rappelons que grâce au corollaire du Théorème VIII-2.5, on sait qu'en posant

$$\overset{o}{X}(t,q) = X_o(t,q) + \frac{1}{2}\nabla_{X_i} X_i\,(t,q) \tag{2.2}$$

alors $\overset{o}{X}, X_1, \ldots X_m$ sont les caractéristiques locales du flot $\varphi.(\omega,.)$ relativement à la connexion Γ, i.e. si $q_t = \varphi_t(\omega,q)$ on a

$$dq = \overset{o}{X}(t,q)\, dt + X_i(t,q).\overset{\Gamma}{\delta}\vec{w}^i \tag{2.3}$$

Rappelons que R est le tenseur de courbure de la connexion Γ. On a alors

<u>THEOREME 2.1</u>: Les caractéristiques locales du flot $\tilde{\varphi}.(\omega,.)$ sur $N = T^*M$ relativement à la connexion Γ^C (resp. la connexion Γ^H) sont données par

$$(2.4)\qquad \overset{o}{Y} = \overset{o}{X}{}^{C} + \gamma\,(\nabla_{\nabla.X_i} X_i + R(.,X_i)X_i)$$

$$Y_1 = X_1^C$$

$$\vdots$$

$$Y_m = X_m^C$$

(resp.

$$(2.5)\qquad \overset{o}{Y}{}' = \overset{o}{X}{}^{H} + \gamma\,(\nabla_{\nabla.X_i} X_i + \frac{1}{2} R\,(.,X_i)\,X_i - \nabla.\overset{o}{X})$$

$$Y_1 = X_1^C = X_1^H - \gamma\,(\nabla.X_1)$$

$$\vdots$$

$$Y_m = X_m^C = X_m^H - \gamma\,(\nabla.X_m)$$

où $\nabla.\overset{o}{X}, \nabla.X_i, \nabla_{\nabla X_i} X_i$ et $R(.,X_i)X_i$ désignent les tenseurs de type (1, 1) $Z \to \nabla_Z \overset{o}{X}$, $Z \to \nabla_Z X_i$, $Z \to \nabla_{\nabla_Z X_i} X_i$, $Z \to R\,(Z,X_i)X_i$.

<u>Preuve</u> : Par les résultats de l'exemple 2 de la section V-2, nous savons que le flot $\tilde{\varphi}.(\omega,.)$ a pour caractéristiques locales de Stratonovitch les champs de vecteurs tangents à N $X_o^C, X_1^C, \ldots X_m^C$, i.e. si $x = (q,p) \in N$, le flot $\tilde{\varphi}.(\omega,.)$ est associé à l'équation différentielle de Stratonovitch

$$(2.6)\qquad dx = X_o^C(t,x)dt + X_i^C(t,x).d\,w^i$$

Par le corollaire du Théorème VIII-2.5 , les caractéristiques locales du flot $\tilde{\varphi}.(\omega,.)$ relativement à la connexion Γ^C (resp. la connexion Γ^H) sont données par $\overset{o}{Y} = X_o^C + \frac{1}{2} \nabla^C_{X_i} X_i^C$, $X_1^C , \ldots X_m^C$ (resp. $\overset{o}{Y}{}' = X_o^C + \frac{1}{2} \nabla^H_{X_i^C} X_i^C$, $X_1^C \ldots X_m^C$). Nous allons donc calculer $X_o^C + \frac{1}{2} \nabla^C_{X_i^C} X_i^C$ et $X_o^C + \frac{1}{2} \nabla^H_{X_i^C} X_i^C$ en fonction de $\overset{o}{X}, X_1 \ldots X_m$. Par la formule VII-(10.4) de [61], on a

$$(2.7)\qquad \nabla^C_{X_i^C} X_i^C = (\nabla_{X_i} X_i)^C + 2\,\gamma\,(\nabla_{\nabla.X_i} X_i + R\,(.,X_i)X_i)$$

Donc

(2.8) $$X_o^C + \frac{1}{2}\nabla^C_{X_i^C} X_i^C = (X_o + \frac{1}{2}\nabla_{X_i} X_i)^C + \gamma(\nabla_{\nabla . X_i} X_i + R(.,X_i)X_i) = \overset{o}{X}{}^C + \gamma(\nabla_{\nabla X_i} X_i + R(.,X_i)X_i)$$

La formule (2.4) est bien démontrée. De plus par la formule (1.22), on a

(2.9) $$\nabla^H_{X_i^C} X_i^C = \nabla^C_{X_i^C} X_i^C - \gamma(R(.,X_i)X_i)$$

donc

(2.10) $$X_o^C + \frac{1}{2}\nabla^H_{X_i^C} X_i^C = \overset{o}{X}{}^C + \gamma(\nabla_{\nabla . X_i} X_i + \frac{1}{2}R(.,X_i)X_i)$$

De plus, par la formule (1.11), si X est un champ C^∞ de vecteurs tangents à M, on a

(2.12) $$X^H = X^C + \gamma(\nabla . X) .$$

On obtient ainsi les formules (2.5). □

Remarque 1 : les formules (2.5) donnent les décompositions de $\overset{o}{Y}', Y_1 \ldots Y_m$ suivant les distributions horizontales et verticales. Notons enfin que $\overset{o}{Y}$ et $\overset{o}{Y}'$ diffèrent par un vecteur vertical.

Nous allons maintenant donner les caractéristiques locales du relèvement horizontal d'une diffusion dans le fibré cotangent. En effet, soit $\varphi^*_.(\omega,.)$ le flot de difféomorphisme de N défini par $\varphi^*_t(\omega,(q,p)) = (\varphi_t(\omega,q), \overset{o}{\tau}_t\, p)$. On a alors

THEOREME 2.2 : Les caractéristiques locales du flot $\varphi^*_.(\omega,.)$ relativement à la connexion Γ^C (resp. Γ^H) de N sont données par

(2.12) $$\overset{o}{Z} = \overset{o}{X}{}^H + \frac{1}{2}\gamma R(.,X_i)X_i$$

$$Z_i = X_i^H$$

$$\vdots$$

$$Z_m = X_m^H$$

(resp.

(2.13) $\qquad \overset{o}{Z}{}' = \overset{o}{X}{}^H$

$Z_1 = X_1^H$

$\vdots$

$Z_m = X_m^H \qquad)$

<u>Preuve</u> : Si $x_t = \varphi_t^*(\omega,x)$, on a

(2.14) $$dx = X_o^H\, dt + X_i^H \,.\, dw^i \,.$$

Calculons les caractéristiques locales de x_t relativement à Γ^H . On se ramène à calculer $X_o^H + \frac{1}{2} \nabla_{X_i^H} X_i^H$. Or par la Proposition VIII-4.1 de [61], on a

(2.15) $$\nabla^H_{X_i^H} X_i^H = (\nabla_{X_i} X_i)^H \,.$$

donc

(2.16) $$X_o^H + \frac{1}{2} \nabla^H_{X_i^H} X_i^H = (X_o + \frac{1}{2} \nabla_{X_i} X_i)^H = \overset{o}{X}{}^H$$

On a bien montré (2.13). Par la formule (1.2), on a

(2.17) $$\nabla^C_{X_i^H} X_i^H = \nabla^H_{X_i^H} X_i^H + \gamma\, R(\cdot, X_i) X_i$$

et donc

(2.18) $$\overset{o}{Z} = X_o^H + \frac{1}{2} \nabla^C_{X_i^H} X_i^H = \overset{o}{X}{}^H + \frac{1}{2} \gamma\, R(.,X_i)X_i \,.$$

(2.12) est donc bien démontré. □

<u>Remarque 2</u> : Le principal intérêt des Théorèmes 2.1 et 2.2 est de donner les caractéristiques locales des flots $\tilde{\varphi}_\cdot(\omega,.)$ et $\varphi^*_\cdot(\omega,.)$ en fonction de $\overset{o}{X}$, $X_1 \ldots X_m$, et non pas en fonction de $X_o, X_1 \ldots X_m$. En particulier le Théorème 2.2 s'étend immédiatement au relèvement horizontal d'une semi-martingale de Ito, et en particulier aux diffusions markoviennes de Ito qui ne peuvent pas s'écrire sous la forme d'une équation de Stratonovitch. De même, alors qu'on doit demander que $X_1 \ldots X_m$ soient deux fois continûment

dérivables pour que l'équation (2.6) ait un sens, les caractéristiques locales (2.4) ou (2.5) et donc l'équation associée ont un sens lorsque $\overset{o}{X}$, $X_1 \dots X_m$ sont seulement une fois continûment dérivable. Nous renvoyons pour cette question au Théorème 1-6.2 .

3. Caractéristiques locales d'une semi-martingale de Ito à valeurs dans N .

Soit $z_t = (q_t, p_t)$ une semi-martingale de Ito à valeurs dans $N = T^{*}M$ ayant toutes les propriétés indiquées au paragraphe VIII-1 d). Nous allons donner l'interprétation géométrique de ses caractéristiques locales relativement à la connexion Γ^H .

On a en effet

THEOREME 3.1 : Soit $t \to q_t$ la semi-martingale $t \to q_t = \pi\, z_t$ à valeurs dans M et soit $\overset{o}{q}$, $H_1 \dots H_m$ ses caractéristiques locales relativement à la connexion Γ dans $T\,M$. Soit $\tilde{p}_t$ la semi-martingale de Ito à valeurs dans $T^{*}_{q_o}(M)$ définie par

$$\tilde{p}_t = \tau_o^t\, p_t \tag{3.1}$$

où τ_o^t est l'opérateur de transport parallèle relativement à la connexion Γ le long de $s \to q_s$ de $T^{*}_{q_t}(M)$ dans $T^{*}_{q_o}(M)$ et soit

$$\tilde{p}_t = p_o + \int_o^t \dot{\tilde{p}}\, ds + \int_o^t \tilde{H}'_i . \delta \vec{w}^{\,i} \tag{3.2}$$

sa décomposition de Meyer, avec $\dot{\tilde{p}}$, $\tilde{H}'_1 \dots \tilde{H}'_m \in T^{*}_{q_o}(M)$. Alors si $\overset{o}{z}{}'$, $z_1, \dots z_m$ sont les caractéristiques locales de z_t relativement à la connexion Γ^H , on a

$$\overset{o}{z}{}' = \overset{o}{q}{}^H + (\tau_t^o\, \dot{\tilde{p}})^V \tag{3.3}$$

$$z_i = H_i^H + (\tau_t^o\, \tilde{H}'_i)^V$$

Preuve : La vérification de ce résultat ayant essentiellement un caractère algébrique, nous ne ferons ici qu'un raisonnement "approximatif". Un raisonnement correct peut être facilement fait par les techniques d'approximation indiquées au Chapitre VIII. Nous allons essentiellement utiliser le Théorème 1.11. En effet, par approximation, ou par vérification directe sur les équations, on montre facilement que si $\tilde{z}_t$ est le développement de z_t dans $T_{z_o}(N)$ pour Γ^H et si $\tilde{q}_t$ est le développement de q_t dans $T_{q_o}(M)$ pour Γ, on a, par analogie avec (1.48)

$$\tilde{z}_t = \tilde{q}_t^{\,H} + (\tilde{p}_t - p_o)^V \tag{3.4}$$

Par le Théorème VIII-2.8, on a

$$\tilde{z}_t = \int_0^t \tau_o^{Hs} \overset{o}{z}\, ds + \int_0^t \tau_o^{Hs} z_i . \vec{\delta w}^i \tag{3.5}$$

où τ_o^{Hs} est l'opérateur de transport parallèle relativement à la connexion Γ^H de $T_{z_s}(N)$ dans $T_{z_o}(N)$ le long de $u \to z_u$.

Or par les Propositions VIII-6.2 et VIII-6.3. de [61] énoncé pour les courbes de classe C^1 (qu'on étend par approximation ou par le calcul aux semi-martingales), si $X \in T_{z_s}(N)$, on a

$$\tau_o^{Hs} X = (\tau_o^s X^{H'})^H + (\tau_o^s X^{V'})^V \tag{3.6}$$

Or par le théorème VIII-2.8, on a encore

$$\tilde{q}_t = \int_0^t \tau_o^s \overset{o}{q} ds + \int_0^t \tau_o^s H_i \vec{\delta w}^i \tag{3.7}$$

De (3.5) (3.6) et (3.7), on tire

$$\tau_o^s \overset{o}{z}{}^{H'} = \tau_o^s \overset{o}{q} \qquad \tau_o^s \overset{o}{z}{}^{V'} = \dot{\tilde{p}} \tag{3.8}$$

$$\tau_o^s z_i^{H'} = \tau_o^s H_i \qquad \tau_o^s z_i^{V'} = \tilde{H}'_i$$

Le Théorème est bien démontré. □

Exemple : Si $\omega(q)$ est une 1 - forme différentielle de classe C^2 sur M, et si $t \to q_t$ est une semi-martingale de Ito à valeurs dans M de caractéristiques locales $(\overset{o}{q}, H_1 \ldots H_m)$ pour la connexion Γ, déterminons les caractéristiques locales de la semi-martingale $t \to z_t = (q_t, \omega(q_t))$ pour Γ^H. Du Théorème IX-1.2 il résulte, qu'avec les notations de ce Théorème, on a

$$(3.9) \qquad \overset{o}{\tilde{p}}_s = \tau_o^s(\nabla_{\overset{o}{q}} \omega + \frac{1}{2} \nabla_{H_i} B^{\omega}(q_s)(H_i))$$

$$H_{i_s}' = \tau_o^s(\nabla^{\Gamma}_{H_i} \omega(q_s))$$

et donc

$$(3.10) \qquad \overset{o}{z} = \overset{oH}{q} + (\nabla_{\overset{o}{q}} \omega + \frac{1}{2} \nabla_{H_i} B^{\omega}(q_t)(H_i))^V$$

$$z_i = H_i^H + (\nabla_{H_i} \omega)^V$$

On va en particulier appliquer le Théorème 3.1 sous les hypothèses du Théorème 2.1 . On a en effet

THEOREME 3.2 : Sous les hypothèses du Théorème 2.1, si $(q,p) \in T^* M$ et si $(q_t, p_t) = \tilde{\varphi}_t(\omega,(q,p))$, alors si on pose

$$(3.11) \qquad \tilde{p}_t = \tau_o^t \, p_t$$

$\tilde{p}_t$ est une semi-martingale de Ito à valeurs dans $T^*_{q_o} M$ qui s'écrit

$$(3.12) \qquad \tilde{p}_t = p_o + \int_o^t \tau_o^s \, [\nabla_{\nabla . X_i} X_i(s,q_s) + \frac{1}{2} R(.,X_i(s,q_s)) X_i(s,q_s) - \nabla.\overset{o}{X}(s,q_s)]^* \, \tau_s^o \, \tilde{p}_s ds - \int_o^t \tau_o^s [(\nabla . X_i)(s,q_s)]^* \, \tau_s^o \, \tilde{p}_s . \vec{\delta} w^i$$

où $[\nabla_{\nabla . X_i} X_i + \frac{1}{2} R(.,X_i) X_i - \nabla.\overset{o}{X}]^*$ et $[\nabla . X_i]^*$ sont les opérateurs transposés des opérateurs $Y \in T_q(M) \to \nabla_{\nabla_Y X_i} X_i + \frac{1}{2} R(Y, X_i) X_i - \nabla_Y \overset{o}{X}$ et $\nabla_Y X_i$.

Preuve : Il suffit d'appliquer les Théorèmes 2.1 et 3.1 . □

Remarque 1 : Si Γ est la connexion de Levi-Civita associée à une structure riemanienne, comme les τ_t^o sont des isométries, l'écriture de (3.12) sous la forme d'une équation différentielle stochastique dans l'espace vectoriel $T^*_{q_o}(M)$ permet en particulier d'obtenir dans certains cas des estimations sur p .

4. Connexions sur $T\,M$ et sur $TM \oplus T^*M$.

Nous allons tout d'abord brièvement rappeler les principaux résultats sur les relèvements dans le fibré tangent exposés par Yano et Ishihara dans [61] . On fait les mêmes hypothèses sur (M,Γ) que dans la section précédente, dont on conserve les notations.

Soit $(q^1,\ldots,q^d)$ un système de coordonnées locales sur $M,(q^1,\ldots,q^d, y^1,\ldots y^d)$ le système de coordonnées correspondant sur $T\,M$.

Définition 4.1 : Si X est un champ de vecteurs tangents à M qui s'écrit dans un système de coordonnées locales

(4.1) $$X = X^i \frac{\partial}{\partial q^i}$$

X^V désigne le champ de vecteurs tangents à $T\,M$ qui s'écrit

(4.2) $$X^V = X^i \frac{\partial}{\partial y^i}$$

Définition 4.2 : Si X^V est un champ de vecteurs C^∞ tangents à M qui s'écrit en coordonnées locales sous la forme (4.1) , X^C désigne le champ de vecteurs tangents à $T\,M$ qui s'écrit

(4.3) $$X^V = X^i \frac{\partial}{\partial q^i} + (y^j \frac{\partial}{\partial q^j} X^i) \frac{\partial}{\partial y^i}$$

Définition 4.3 : Si A est un tenseur de type $(1,1)$ sur M, on note $\tilde{\gamma} A$ le champ de vecteurs tangents à TM défini par

(4.4) $$(\tilde{\gamma} A)(q,X) = [A(q)(X)]^V$$

Définition 4.4 : Si X est un champ de vecteurs C^∞ tangents à M, X^H désigne le champ de vecteurs tangents à TM défini par

(4.5) $$X^H = X^C - \tilde{\gamma}(\nabla X)$$

En coordonnées locales X^H s'écrit

(4.6) $$X^H = X^i \frac{\partial}{\partial q^i} - y^j \Gamma^i_{\ell j} X^\ell \frac{\partial}{\partial y^i}$$

On définit ainsi des distributions horizontales et verticales $T^H(T(M))$ et $T^V(T(M))$ dans $T(T(M))$ et on a

(4.7) $$T(T(M)) = T^H(T(M)) \oplus T^V(T(M))$$

De plus $T^H_{(q,y)}(TM)$ s'identifie trivialement à $T_q(M)$ et $T^V_{(q,y)}(T(M))$ s'identifie aussi à $T_q(M)$. Si $X \in T_{(q,y)}(TM)$, on note $X = X^H + X^V$ la décomposition de X suivant la somme directe (4.7), et $X^{H'}$ et $X^{V'}$ les images de X^H et X^V dans $T_q(M)$ par l'identification précédente.

Définition 4.5 : On appelle connexion complète sur TM et on note Γ^C la connexion unique dont l'opérateur de dérivation covariante ∇^C est tel que

(4.8) $$\nabla^C_{X^C} Y^C = (\nabla_X Y)^C .$$

Définition 4.6 : On appelle connexion horizontale sur TM la connexion Γ^H dont l'opérateur de dérivation covariante ∇^H est tel que

(4.9) $$\nabla^H_X Y = \nabla^C_X Y - \tilde{\gamma} R(.\pi^* X)\,\pi^* Y$$

Pour la connexion Γ^H sur TM, on a l'équivalent de la Proposition 1.10 et du Théorème 1.11.

Nous travaillerons presque toujours dans la suite avec la connexion Γ^H sur TM. En effet, en calcul variationnel, TM est seulement la variété des variations d'une semi-martingale optimale q_t, et la description intrinsèque de ces semi-martingales variations ne sera qu'un moyen de calcul.

Nous allons maintenant construire rapidement des connexions sur le fibré vectoriel $TM \oplus T^*M$.

<u>Définition 4.7</u> : Soit ρ la projection canonique de $TM \oplus T^*M$ dans TM et ρ' la projection canonique de $TM \oplus T^*M$ dans T^*M. On dit qu'un vecteur X tangent à $TM \oplus T^*M$ est horizontal (resp. vertical) si $\rho^* X \in T^H(TM)$ et si $\rho'^* X \in T^H(T^*M)$ (resp. $\rho^* X \in T^V(TM)$ et $\rho'^* X \in T^V(T^*M)$).

On note $T^H(TM \oplus T^*M)$ le fibré vectoriel des vecteurs horizontaux de $T(TM \oplus T^*M)$ et $T^V(TM \oplus T^*M)$ le fibré vectoriel des vecteurs verticaux de $T(TM \oplus T^*M)$. On a trivialement

$$T(TM \oplus T^*M) = T^H(TM \oplus T^*M)) \oplus T^V(TM \oplus T^*M) \tag{4.10}$$

Soit $X \in T(TM \oplus T^*M)$. On a

$$\begin{aligned} \rho^* X &= (\rho^* X)^H + (\rho^* X)^V \\ \rho'^* Y &= (\rho'^* X)^H + ('^* X)^V \end{aligned} \tag{4.11}$$

Alors si $\tilde{\pi}$ est la projection $TM \oplus T^*M \to M$, on a

$$(\rho^* X)^{H'} = (\rho'^* X)^{H'} = \tilde{\pi}^* X \in T_q M \tag{4.12}$$

On peut donc identifier $T_{(q,Y,p)}(TM \oplus T^*M)$ à $T_q(M) \oplus (T_q(M) \oplus T^*_q(M))$ par l'isomorphisme linéaire défini par $X \to (\tilde{\pi}^* X, (\rho^* X)^{V'}, (\rho'^* X)^{V'})$

On définit alors deux connexions sur $TM \oplus T^{\star}M$.

Définition 4.8 : On note $\Gamma^{H,C}$ (resp. $\Gamma^{H,H}$) la connexion unique telle que l'application ρ de $TM \oplus T^{\star}M$ dans (TM,Γ^{H}) soit affine et que l'application ρ' de $TM \oplus T^{\star}M$ dans $(T^{\star}M,\Gamma^{C})$ (resp. $(T^{\star}M,\Gamma^{H})$) soit affine.

Il va de soi que la distribution horizontale pour $\Gamma^{H,H}$ est exactement donnée par $T^{H}(TM \oplus T^{\star}M)$.

On va montrer l'analogue du Théorème 2.1 pour TM . On reprend l'ensemble des hypothèses de ce Théorème, ainsi que ses notations.

On définit le flot $\tilde{\varphi}_{\cdot}(\omega,.)$ sur TM par

$$\tilde{\varphi}_t(\omega,(q,X)) = (\varphi_t(\omega,q) \ , \quad \varphi^{\star}_t(\omega,q)\, X) \tag{4.13}$$

On a alors

Théorème 4.9 : Les caractéristiques locales du flot $\tilde{\varphi}.(\omega,\cdot)$ relativement à la connexion Γ^{C} (resp. Γ^{H}) de TM s'écrivent

$$\overset{\circ}{Y} = \overset{\circ}{X}{}^{C} \tag{4.14}$$

$$Y_1 = X_1^C$$
$$\vdots$$
$$Y_m = X_m^C$$

(resp.

$$\overset{\circ}{Y}{}' = \overset{\circ}{X}{}^{H} + \tilde{\gamma}\, \nabla.\overset{\circ}{X} - \frac{1}{2}\tilde{\gamma}\, R(.,X_i)X_i \tag{4.15}$$

$$Y_1 = X_1^C = X_1^H + \tilde{\gamma}(\nabla.X_1)$$
$$\vdots$$
$$Y_m = X_m^C = X_m^H + \tilde{\gamma}(\nabla.X_m)$$

Preuve : On procède exactement comme pour le Théorème 2.1 , en utilisant la formule (4.9) au lieu de la formule (2.7) . □

On a alors l'analogue du Théorème 3.2.

THEOREME 4.10 : Sous les hypothèses du Théorème 4.9, si $(q,X) \in T M$ et si $\tilde{\varphi}_t(\omega,(q,X)) = (q_t, X_t)$, si τ_o^t est l'opérateur de transport parallèle de $T_{q_t} M$ dans $T_q M$ le long de $s \to q_s$, on pose

(4.16) $$\tilde{X}_t = \tau_o^t X_t$$

Alors $\tilde{X}_t$ est une semi-martingale de Ito à valeurs dans $T_q(M)$ qui s'écrit

(4.16) $$\tilde{X}_t = X + \int_o^t \tau_o^s [\nabla_{\tau_s^o \tilde{X}_s} \overset{o}{X}(s,q_s) - \frac{1}{2} R(\tau_s^o \tilde{X}_s, X_i(s,q_s)) X_i(s,q_s)]\, ds + \int_o^t \tau_o^s \nabla_{\tau_s^o \tilde{X}_s} X_i(s,q_s) \cdot \vec{\delta} w^i$$

Preuve : On utilise l'analogue du Théorème 3.1 pour TM , le théorème 4.9 et on raisonne comme au Théorème 3.2. □

5. Une formule variationnelle élémentaire.

On fait les mêmes hypothèses sur $\tilde{\Omega}, \check{F}, \tilde{P}, \check{F}_t, w^1, \ldots, w^m$ qu'au paragraphe VIII 1- c) Soit $t \to z_t = (q_t, X_t, p_t)$ une semi-martingalede Ito à valeurs dans $TM \oplus T^*M$.

On identifie dans toute la suite $T_{(q,X,p)}(TM \oplus T^*M)$ à $T_q M \oplus (T_q(M) \oplus T_q^*(M))$ par l'isomorphisme linéaire décrit précédemment .

Cet isomorphisme dépend naturellement de la connexion Γ sur M que nous supposons fixée.

Les caractéristiques locales de z en z_t pour les connexions $\Gamma^{C,H}$ ou $\Gamma^{H,H}$ sont des éléments de $T_{z_t}(TM \oplus T^*M)$. Nous supposons ici que nous identifions ces caractéristiques locales aux éléments de $(T_{q_t} M) \oplus (T_{q_t}(M) \oplus T^*_{q_t}(M))$ qui leur correspondent par l'isomorphisme décrit précédemment.

De même en identifiant $T_{(q,X)}(TM)$ à $T_qM \oplus T_q(M)$ et $T(T^*_{(q,p)}M)$ à $T_qM \oplus T^*_q M$, nous identifierons les caractéristiques locales de semi-martingales de Ito à valeurs dans TM ou T^*M à des éléments de $TM \oplus TM$ ou $TM \oplus T^*M$.

Soit donc $(\overset{o}{Z}, Z_1,\ldots Z_m)$ les caractéristiques locales de z relativement à la connexion $\Gamma^{H,C}$, $(\overset{o}{Z}', Z_1,\ldots Z_m)$ les caractéristiques locales de z relativement à la connexion $\Gamma^{H,H}$. Par la formule de Ito géométrique du Théorème VIII-3-5., on sait effectivement que seuls peut-être $\overset{o}{Z}$ et $\overset{o}{Z}'$ diffèrent.

On écrit

$$\overset{o}{Z} = (\overset{o}{q},\overset{o}{X}',\overset{o}{p}) \tag{5.1}$$

$$\overset{o}{Z}' = (\overset{o}{q},\overset{o}{X}',\overset{o}{p}')$$

$$Z_1 = (H_1, X_1, H_1')$$

$$\vdots$$

$$Z_m = (H_m, X_m, H'_m)$$

On a alors

<u>THEOREME 5.1</u> : Les caractéristiques locales de la semi-martingale à valeurs dans M $q_t = \pi z_t$ relativement à la connexion Γ sont exactement

$$(\overset{o}{q} = \tilde{\pi}^* \overset{o}{Z} = \tilde{\pi}^* \overset{o}{Z}', H_1 = \tilde{\pi}^* Z_1 \ldots H_m = \tilde{\pi}^* Z_m) \tag{5.2}$$

Les caractéristiques locales de la semi-martingale à valeurs dans TM_t $(q_t,X_t) = \rho(z_t)$ relativement à la connexion Γ^H sont exactement

$$(\overset{o}{q},\overset{o}{X}') = \rho^* \overset{o}{Z} = \rho^* \overset{o}{Z}', (H_1,X_1) = \rho^* Z_1, \ldots (H_m,X_m) = \rho^* Z_m \tag{5.3}$$

Les caractéristiques locales de la semi-martingale à valeurs dans T^*M (q_t,p_t) relativement à la connexion Γ^C sont exactement

$$(\overset{o}{q}, \overset{o}{p}) = \rho'^* \overset{o}{Z} \quad (H_1,H_1') = \rho'^* Z_1, \ldots (H_m,H_m') = \rho'^* Z_m . \tag{5.4}$$

Les caractéristiques locales de la semi-martingale à valeurs dans $T^{\star}M$ (q_t,p_t) relativement à la connexion Γ^H , sont exactement

(5.5) $$(\overset{o}{q},\overset{o}{p}') = \rho'^{\star}\ \overset{o}{Z}'\quad (H_1,H'_1) = \rho'^{\star} Z_1\ \ldots (H_m,H'_m) = \rho'^{\star}\ Z_m$$

En particulier, on a

(5.6) $$\overset{o}{p} = \overset{o}{p}' + \frac{1}{2}[\ R(.,H_i)\ H_i]^{\star} p$$

Preuve : La preuve est élémentaire. En effet, l'application $\tilde{\pi}$ $TM \oplus T^{\star}M \to M$ étant affine de $(TM \oplus T^{\star}M,\ \Gamma^{H,C})$ et de $(TM \oplus T^{\star}M,\ \Gamma^{H,H})$ dans (M,Γ) , pour obtenir (5.2) , on applique le corollaire du Théorème VIII-3.5. De même ρ étant affine de $(TM \oplus T^{\star}M,\ \Gamma^{H,C})$ et de $(TM \oplus T^{\star}M,\ \Gamma^{H,H})$ dans $(TM,\ \Gamma^H)$, on a (5.3). ρ' étant affine de $(TM \oplus T^{\star}M,\ \Gamma^{H,C})$ dans $(T^{\star}M,\Gamma^C)$ on a (5.4) . ρ' étant affine de $(TM \oplus T^{\star}M,\ \Gamma^{H,H})$ dans $(T^{\star}M,\ \Gamma^H)$, on a (5.5) . Enfin par (1.2 2) le tenseur de défaut d'affinité de l'identité $(T^{\star}M,\ \Gamma^H) \to (T^{\star}M,\ \Gamma^C)$ étant égal à $(X,Y) \to \gamma R(.,\ \pi^{\star}Y)\ \pi^{\star}\ X$, par le Théorème VIII-3.5, on a bien (5.6). □

On a alors immédiatement

THEOREME 5.2 : Sous les hypothèses du Théorème 5.1, $t \to \langle p_t,X_t\rangle$ est semi-martingale de Ito qui s'écrit

(5.7) $$\langle p_t,X_t\rangle = \langle p_o,X_o\rangle + \int_o^t (\langle \overset{o}{p}',X\rangle + \langle p,\overset{o}{X}\rangle + \langle H'_i,X_i\rangle)\ ds + \int_o^t (\langle p,X_i\rangle + \langle H'_i,X\rangle)\ .\ \vec{\delta}\ w^i$$

Preuve : On a trivialement

(5.8) $$\langle p_t,X_t\rangle = \langle \tau_o^t\ p_t,\tau_o^t\ X_t\rangle$$

Par le Théorème 3.1 pour $\tau_o^t\ p_t$ et son analogue pour $\tau_o^t\ X_t$ on a

(5.9) $$\tau_o^t\ p_t = p_o + \int_o^t \tau_o^t\ \overset{o}{p}'_s\ ds + \int_o^t \tau_o^s H'_i\ .\ \vec{\delta}\ w^i$$

$$\tau_o^t X_t = X_o + \int_o^t \tau_o^s \overset{o}{X'_s} ds + \int_o^t \tau_o^s X_i . \vec{\delta} w^i$$

En appliquant la formule de changement de variable aux deux semi-martingales de Ito dans (5.9), on obtient bien (5.7). □

COROLLAIRE : Sous les hypothèses du Théorème 5.1, si $(\overset{o}{q},\overset{o}{X})$, (H_i, H_i') sont les caractéristiques locales de la semi-martingale $t \to (q_t, X_t)$ à valeurs dans TM relativement à la connexion Γ^C, on a la formule

(5.10) $$<p_t, X_t> = <p_o, X_o> + \int_o^t (<\overset{o}{p}, X> + <p, \overset{o}{X}> - <p, R(X,H_i)H_i> + $$
$$+ <H_i', X_i>) ds + \int_o^t (<p, X_i> + <H_i', X>) \vec{\delta} w^i$$

Preuve : Par la formule (4.9), les caractéristiques locales $(\overset{o}{q},\overset{o}{X})$ s'obtiennent à partir des caractéristiques locales $(\overset{o}{q},\overset{o}{X'})$ par la formule

(5.11) $$\overset{o}{X} = \overset{o}{X'} + \frac{1}{2} R(X,H_i)H_i$$

En utilisant la formule (5.6) et le Théorème 5.2, on a bien montré le corollaire. □

Remarque 1 : Le tenseur de courbure de la connexion jouera un rôle essentiel dans le calcul des variations. Nous le voyons déjà apparaître dans la formule (5.10), mais il apparaîtra aussi de manière très naturelle dans le calcul des variations.

On va maintenant appliquer le Théorème 5.2 lorsque X_t est la variation infinitésimale d'une semi-martingale de Ito q_t à valeurs dans M.

Plus précisément soit q_t^s une famille de semi-martingales de Ito à valeurs dans M adaptées à $\{\tilde{F}_t\}_{t \geq 0}$ dépendant du paramètre $s \in R$. On suppose que q_t^s s'écrit

(5.12) $$q_t^s = q_o^s + \int_o^t \overset{o}{q}_u d^\Gamma u + \int_o^t H_{i_u}^s . \vec{\delta} w^i$$

On suppose de plus que p.s., pour tout t, $s \to q_t^s$ est dérivable à dérivée continue en (s,t). On suppose enfin que p.s., pour tout $t,s \to \overset{o}{q}{}^s_t$, H^{is}_t est dérivable et qu'enfin $\frac{D}{Ds}\overset{o}{q}{}^s_t$, $\frac{D}{Ds}H^s_{i_t}$ sont p.s. continues en (s,t).

On a alors

THEOREME 5.3 : Le processus $(q^s_t, \frac{\partial q^s_t}{\partial s})$ est une semi-martingale de Ito à valeurs dans TM dont les caractéristiques locales relativement à la connexion Γ^C sont données par

(5.13) $$(\overset{o}{q}{}^s, \frac{D}{Ds}\overset{o}{q}{}^s)(H^s_1, \frac{D}{Ds}H^s_1), \ldots (H^s_m, \frac{D}{Ds}H^s_m)$$

et pour la connexion Γ^H par

(5.14) $$(\overset{o}{q}, \frac{D}{Ds}\overset{o}{q}{}^s - \frac{1}{2}R(\frac{\partial q}{\partial s}, H^s_i)H^s_i), (H^s_1, \frac{D}{Ds}H^s_1) \ldots (H^s_m, \frac{D}{Ds}H^s_m)$$

Preuve : On va montrer la propriété cherchée pour $s = 0$. Soit d une distance sur M telle que toute boule fermée bornée soit compacte. On note $\tilde{T}_n$ le temps d'arrêt

(5.15) $$\tilde{T}_n = \inf\{t \geq 0,\ \sup_{s \in [-1+1]} d(q^o_o, q^s_t) \geq n\}$$

Comme $\tilde{T}_n$ tend vers $+\infty$ quand $n \to +\infty$, on peut supposer par arrêt que tous les q^s_t sont à valeurs dans la boule $\bar{B}(q^o_o, n)$.

Soit $U_1 \ldots U_\ell$ un recouvrement fini de $\bar{B}(q_o, n)$ par les ouverts associés aux cartes locales $\varphi_1 \ldots \varphi_\ell$. Pour $\varepsilon > 0$ assez petit, pour tout $q \in \bar{B}(q_o, n)$, la boule fermée $\bar{B}(q, \varepsilon)$ est incluse dans l'un des U_i.

On note T_1 le temps d'arrêt

(5.16) $$T_1 = \inf\{ t \geq 0 ;\ \sup_{|s| \leq 1} d(q^o_o, q^s_t) \geq \varepsilon \}$$

On construit alors une chaîne croissante de temps d'arrêt par récurrence de la manière suivante : on note T_{i+1} le temps d'arrêt

$$(5.17)\qquad T_{i+1} = \inf\{t \geq T_i \; ; \; \sup_{|s| \leq 2^{-i}} d(q^o_{T_i}, q^s_t) \geq \varepsilon\}$$

Alors par la continuité p.s.de $(t,s) \to q^s_t$, on montre facilement que $T_i \to +\infty$ p.s . On va donc montrer que $\frac{\partial q^s_t}{\partial s}$ est une semi-martingale sur chaque intervalle $[T_i, T_{i+1}]$. Par cartes locales, on peut se ramener à raisonner sur $[0, T_1]$. Alors dans une carte locale (U_{i_1}, φ_{i_1}) correspondant à la boule $\overline{B}(q^o_o, \varepsilon)$ pour $|s| \leq 1, t \leq T_1$, on a :

$$(5.18)\qquad q^s_t = q^s_o + \int_0^t (\overset{o}{q}{}^s_u - \frac{1}{2} \tilde{H}^s_{i_u} \Gamma(q^s_u) H^s_{i_u}) du + \int_0^t H^s_{i_u} \cdot \vec{\delta} w^i$$

On peut naturellement supposer les q^s_t arrêtés en T_1 . Le membre de gauche de (5.18) est p.s.dérivable en s pour tout t. On note S_n le temps d'arrêt

$$(5.19)\qquad S_n = \inf\{ t \geq 0 \; ; \; \sup_{|s| \leq 1} (\left|\frac{D\overset{o}{q}{}^s}{Ds}\right|, \left|\frac{DH^s_i}{Ds}\right|, \left|\frac{\partial q^s}{\partial s}\right|) \geq n\} \wedge T_1$$

où les normes sont ici calculées dans la carte (U_{i_1}, φ_{i_1})

Alors pour n assez grand, $S_n = T_1$, puisque $\frac{Dq^s}{Ds}$, $\frac{DH^s_i}{Ds}$ sont continues en (s,t) . On peut donc supposer que les q^s_t sont arrêtés en S_n . Alors par définition on a

$$(5.20)\qquad \frac{\partial \overset{o}{q}{}^s_t}{\partial s} + \frac{\partial q^s_t}{\partial s} \Gamma \overset{o}{q}{}^s_t = \frac{D\overset{o}{q}{}^s}{Ds}$$

$$(5.21)\qquad \frac{\partial H^s_i}{\partial s} + \frac{\partial q^s}{\partial s} \Gamma H^s_i = \frac{DH^s_i}{Ds}$$

Alors on a

$$(5.21)\qquad \frac{1}{2} \frac{d}{ds} |\overset{o}{q}{}^s_t|^2 + \langle \overset{o}{q}{}^s_t, \frac{\partial q^s}{\partial s} \Gamma \overset{o}{q}{}^s_t \rangle = \langle \overset{o}{q}{}^s_t, \frac{D\overset{o}{q}{}^s}{Ds} \rangle$$

Comme q^s_t reste dans la boule compacte $\bar{B}(q^o_o,\varepsilon)$, les $\Gamma(q^s_t)$ sont bornés et donc

(5.22) $$\frac{d}{ds}\, |\overset{o}{q}{}^s_t|^2 \leqslant C\ (1 + |\overset{o}{q}{}^s_t|^2)$$

ce qui implique, par le lemme de Gronwall que pour $|s| \leqslant 1$, on a

(5.23) $$|\overset{o}{q}{}^s_t|^2 \leqslant (1 + |\overset{o}{q}{}^o_t|^2)\ e^{Cs} \leqslant C\ (1 + |\overset{o}{q}{}^o_t|^2)$$

Pour $|s| \leqslant 1$, on a de même

(5.24) $$|H^s_t|^2 \leqslant C\ (1 + |H^o_t|^2)\ .$$

De (5.20) on déduit en particulier

(5.25) $$\left|\frac{\partial}{\partial s}\, \overset{o}{q}{}^s_t\right| \leqslant C\ (1 + |\overset{o}{q}{}^o_t|\ )$$

$$\left|\frac{\partial H^s_{it}}{\partial s}\right| \leqslant C\ (1 + |H^o_{it}|\ )$$

De (5.25), on déduit immédiatement que $\int_o^t \overset{o}{q}{}^s_u\, du$ est dérivable en s. De (5.24) et (5.25) , on tire

(5.26) $$\left|\frac{d}{ds}\, \tilde{H}^s_{i_u}\ \Gamma\ (q^s_u)\ H^s_{i_u}\right| = \Big|2\ \frac{\partial H^s_{iu}}{\partial s}\ \Gamma\ (q^s_u)\ H^s_{i_u} + \tilde{H}^s_{i_u}\ \frac{\partial \Gamma}{\partial q}\ \frac{\partial q^s_u}{\partial s}\ H^s_{i_u})\Big| \leqslant C\ (1 + |H^o_{i_u}|^2)$$

De (5.20), on déduit également que $\int_o^t \frac{1}{2}\tilde{H}^s_{i_u}\ \Gamma\ (q^s_u)\ H^s_{i_u}\ du$ est dérivable en s . Soit S'_n le temps d'arrêt

(5.27) $$S'_n = \inf\ \{\ t \geqslant 0\ ;\ \sup_i \int_o^t |H^o_i|^2\ du \geqslant n\}$$

Comme $S'_n \to +\infty$, on peut supposer les q^s_t arrêtés en S'_n . On va alors montrer que $s \to \int_o^t H^s_i . \vec{\delta}\, w^i$ est dérivable dans L^2 en $s = 0$. En effet,

(5.28) $$\Big\|\ \frac{1}{s}\int_o^t H^s_{i_u}\ \vec{\delta}\ w^i - \frac{1}{s}\int_o^t H^o_{i_u}\ \vec{\delta}\ w^i - \int_o^t \frac{\partial H^o_i}{\partial s} . \vec{\delta}\ w^i\ \Big\|^2 =$$

$$E \int_o^t \left|\frac{H^s_{i_u} - H_{i_u}}{s} - \frac{\partial H_i}{\partial s}{}^o_u\right|^2 du$$

Grâce à (5.25), on peut majorer $\left|\frac{H^s_{i_u} - \overset{o}{H}_{i_u}}{s}\right|$ par $C\,(1 + |\overset{o}{H}_{i_u}|)$

Du Théorème de Lebesgue, il résulte que le membre de droite de (5.28) tend vers 0 quand $s \to 0$. On a donc montré que

$$(5.29) \qquad q^s_t - q^s_o - \int_o^t (\overset{os}{q_t} - \frac{1}{2}\tilde{H}^s_i\, \Gamma\,(q^s_u)\, H^s_{i_u})\, du$$

est dérivable p.s. et dans L_2 . Ces deux dérivés coincident nécessairement. On en déduit

$$(5.30) \qquad \frac{\partial q^s_t}{\partial s} = \frac{\partial q^s_o}{\partial s} + \int_o^t \frac{\partial}{\partial s}[\,\overset{os}{q_u} - \frac{1}{2}\tilde{H}^s_{i_u}\,\Gamma\,(q^s_u)\,H^s_{i_u}]\,du + \int_o^t \frac{\partial H^s_i}{\partial s}\,u.\,\vec{\delta}\,w^i$$

$\frac{\partial q^s_t}{\partial s}$ est bien une semi-martingale. Grâce aux Définitions 4.3 et 4.4 , il est clair que les m dernières caractéristiques locales de $(q^s_t, \frac{\partial q^s_t}{\partial s})$ pour Γ^C ou Γ^H sont exactement $(H_i, \frac{DH^s_i}{Ds})$, puisque la composante verticale de $(H^s_i, \frac{\partial H^s_i}{\partial s})$ s'identifie à $\frac{DH_i}{Ds}$. Pour calculer la première caractéristique locale de $(q^s_t, \frac{\partial q^s}{\partial t})$, on peut en principe utiliser la formule explicite VIII (2.2 I) à partir des coefficients de Cristoffel des connexions Γ^C où Γ^H. Pour éviter ces calculs, on peut remarquer qu'ils ont un caractère essentiellement algébrique, et qu'on peut particulariser la situation au cas où $q^o_t = \varphi_t(\omega,x)$ est une diffusion de Stratonovitch associée aux champs de vecteurs $X_o(t,x)\;\ldots\;X_m(t,x)$ comme aux sections I.1 et I.4, que $s \to x_s$ est une courbe de classe C^1 à valeurs dans M et que $q^s_t = \varphi_t(\omega, x_s)$. Dans ce cas, si $Y = (\frac{dx}{ds})_{s=0}$, $(q^o_t , \frac{\partial q^o_t}{\partial s})$ est donné par $(q_t, \varphi^{\star}_t(\omega,x)\,Y)$ qui, par le Théorème 4.9 a pour caractéristiques locales relativement à Γ^C

$$(5.31) \qquad (\overset{o}{X}{}^C, X^C_1, \ldots X^C_m)$$

Par la formule (4.6) , on voit que les composantes verticales de $\overset{o}{X}{}^C, X^C_1 \ldots X^C_m$ sont exactement $\nabla_{\frac{\partial q^o_t}{\partial s}} \overset{o}{X}$, $\nabla_{\frac{\partial q^o_t}{\partial s}} X_1 \ldots \nabla_{\frac{\partial q^o_t}{\partial s}} X_m$ ou encore $\frac{D}{Ds}\overset{o}{X}$, $\frac{D}{Ds}X_1 \ldots \frac{D}{Ds}X_m$

Par analogie formelle, on a bien montré le résultat cherché pour la connexion Γ^C . On obtient les caractéristiques locales de $(q^s_t, \frac{\partial q^s_t}{\partial s})$ pour Γ^H grâce à la formule (4.9) □

En rassemblant les Théorèmes 5.2 et 5.3, on a immédiatement le résultat fondamental

THEOREME 5.4 : Sous les hypothèses du Théorème 5.3, si $t \to (\overset{o}{q}_t, p_t)$ est une semi-martingale de Ito à valeurs dans $N = T^*M$ de caractéristiques locales $(\overset{oo}{q}_t, \overset{o'}{p}_t), (\overset{o}{H}_{1_t}, H'_{1_t}), \ldots (\overset{o}{H}_{m_t}, H'_{m_t})$ relativement à la connexion Γ^H, alors la semi-martingale de Ito $<p_t, \frac{\partial \overset{o}{q}_t}{\partial s}>$ s'écrit

$$(5.32) \qquad <p_t, \frac{\partial \overset{o}{q}_t}{\partial s}> = <p_o, \frac{\partial \overset{o}{q}_o}{\partial s}> + \int_o^t (<\overset{o'}{p}_u, \frac{\partial \overset{o}{q}}{\partial s} u> + <p_u, \frac{D\overset{o}{q}}{Ds} \overset{o}{u}> + <H'_i, \frac{D\overset{o}{H}_i}{Ds}> - \frac{1}{2} <p, R(\frac{\partial \overset{o}{q}}{\partial s}, \overset{o}{H}_i)\overset{o}{H}_i>)du + \int_o^t (<p_u, \frac{D\overset{o}{H}_i}{Ds} u> + <H'_i, \frac{\partial \overset{o}{q}}{\partial s}>).\vec{\delta} w^i$$

Remarque 2 : Nous allons, à l'aide de la formule (5.32), effectuer un calcul formel qui peut être facilement justifié et qui nous permettra de retrouver une forme de la formule IX (2.9). En effet, supposons que la famille de semi-martingale $t \to z^s_t = (q^s_t, p^s_t)$ à valeurs dans T^*M vérifient les mêmes hypothèses que q^s_t au Théorème 5.4 . Soient $(\overset{o's}{Z_t}, Z^s_{1_t}, \ldots Z^s_{m_t})$ ses caractéristiques locales relativement à Γ^H . Soit $u \to s_u$ une fonction C^∞ définie sur R à valeurs dans R telle que $s_0 = s_1 = 1$, et soit c_t le chemin $u \in [0,1] \to (q^{su}_t, p^{su}_t)$. Alors par la formule (5.32), on a

$$(5.33) \qquad d\int_{c_t} pdq = [\int_0^1 (<p'^s_t, \frac{\partial q^s_t}{\partial s}> + <p^s_t, \frac{D}{Ds} \overset{o}{q}{}^s_t> + <H'^s_i, \frac{D}{Ds} H^s_i> - \frac{1}{2} <p, R(\frac{\partial q^s_t}{\partial s}, H^s_{i_t}) H^s_{i_t}>) \frac{\partial s}{\partial u} du] dt + [\int_o^1 (<p^s_t, \frac{DH^s_{it}}{Ds}> + <H'^s_i, \frac{\partial q^s_t}{\partial s}>) \frac{\partial s}{\partial u} du] .\vec{\delta} w^i$$

Or on a trivialement

$$(5.34)\qquad \int_0^1 \langle p^s_t, \frac{D}{Ds}\overset{o}{q}{}^s_t\rangle \frac{\partial s}{\partial u}\,du = -\int_0^1 \langle \frac{D}{Ds} p^s_t, \overset{o}{q}{}^s_u\rangle \frac{\partial s}{\partial u}\,du$$

$$\int_0^1 \langle p^s_t, \frac{DHi^s_t}{Ds}\rangle \frac{\partial s}{\partial u}\,du = -\int_0^1 \langle \frac{D}{Ds} p^s_t, Hi^s_t\rangle \frac{\partial s}{\partial u}\,du$$

$$\int_0^1 \langle H'^s_i, \frac{DHi^s}{Ds}\rangle \frac{\partial s}{\partial u}\,du = \frac{1}{2}\int_0^1 \left(\langle H'^s_i, \frac{DHi^s}{Ds}\rangle - \langle \frac{DH'^s_i}{Ds}, Hi^s\rangle\right) \frac{\partial s}{\partial u}\,du$$

Par le Théorème 1.5, on a

$$(5.35)\qquad \langle \overset{o}{p}{}'^s_t, \frac{\partial q^s_t}{\partial s}\rangle - \langle \frac{Dp^s_t}{Ds}, \overset{o}{q}{}^s_t\rangle = S\left(\overset{o}{Z}{}^s_t, \frac{\partial Z^s_t}{\partial s}\right)$$

$$\langle H'^s_{i_t}, \frac{\partial q^s_t}{\partial s}\rangle - \langle \frac{D}{Ds} p^s_t, H^s_{i_t}\rangle = S\left(Z^s_{it}, \frac{\partial Z^s}{\partial s}\right)$$

De plus par les Théorèmes 1.5 et 1.9

$$(5.36)\qquad \langle H'_{i_t}, \frac{DHi_t}{Ds}\rangle - \langle \frac{DH'^s_{i_t}}{Ds}, H^s_{i_t}\rangle = S\left(Z^s_{i_t}, \frac{D^H Z^s_{i_t}}{Ds}\right)$$

Par la formule VIII-(4.4) de [61], (qui est correcte) la torsion de la connexion Γ^H est définie par la formule

$$(5.37)\qquad T(X,Y) = -\gamma\,[R(\pi^\star X, \pi^\star Y).]$$

T est donc à valeurs verticales. On en déduit

$$(5.38)\qquad S\left(Z^s_i, T\left(Z^s_i, \frac{\partial z^s}{\partial s}\right)\right) = -\langle T\left(Z^s_{i_t}, \frac{\partial z^s}{\partial s}t\right)^{V'}, H^s_{i_t}\rangle = \langle p^s_t, R\left(H^s_{i_t}, \frac{\partial q^s}{\partial s}t\right) H^s_{i_t}\rangle$$

$$= -\langle p^s_t, R\left(\frac{\partial q^s}{\partial s}t, H^s_{i_t}\right) H^s_{i_t}\rangle$$

De (5.33)-(5.38), on déduit

$$(5.39)\qquad d\int_{c_t} pdq = \left(\int_{c_t} i_{\overset{o}{Z}} S\right) + \frac{1}{2} A_{Z_i}\, i_{Z_i} S)\,dt + \int_{c_t} i_{z_i} S \,.\, \vec{\delta} w^i$$

où A est l'opérateur défini à la Définition IX-2.1 relativement à la connexion Γ^H sur $T^\star M$.

Or dans la formule IX-(2.9) appliquée à la forme S, comme par le Thèorème 1.8, S est parallèle pour Γ^H, on remarque que $i_{\overset{o}{Z}} S + \frac{1}{2} A_{Z_i}\, i_{Z_i} S$

est précisément le membre de droite de IX-(2.9).

C'est parfaitement naturel, puisque par la formule de Stokes (dans les cas où elle s'applique) on a

$$\int_{c_t} P\,dq - \int_{c_o} P\,dq = \int_{(u,s) \in [0,t] \times [0,1] \to z_u^s} S \tag{5.40}$$

et que la formule IX.2.9 est précisément calculée à partir de l'intégrale de pdq écrite dans (5.39).

CHAPITRE XI

APPROXIMATION DES FLOTS ASSOCIES A UNE DIFFUSION DE ITO SUR UNE VARIETE RIEMANIENNE A COURBURE NEGATIVE

Le but de ce chapitre est de généraliser les techniques du chapitre I aux flots associés à des diffusions sur une variété riemanienne à courbure négative.

Par les résultats d'Azencott [4], on sait en effet que sur les variétés riemaniennes à courbure négative dont la courbure ne croit pas trop vite à l'infini, le mouvement brownien associé à l'opérateur de Laplace-Beltrami a une durée de vie infinie. Pour montrer ce résultat, Azencott utilise implicitement l'existence d'une fonction de Lyapounov sur la variété qui empêche effectivement le mouvement brownien de partir trop vite à l'infini. Nous allons reprendre ces techniques pour montrer en particulier qu'on peut utiliser les techniques du chapitre I sur ces variétés pour construire explicitement le flot de difféomorphismes associés à une équation différentielle stochastique. On utilisera en particulier des majorations a priori très proches des majorations a priori du chapitre I.

Dans la section I, on rappelle certains faits élémentaires sur les variétés à courbure négative, en particulier l'instabilité du flot géodésique. Dans la section 2, on étudie la convergence des approximations d'une diffusion par des polygones géodésiques ou des équations différentielles en fonction des caractéristiques locales de la diffusion définies au chapitre VIII relativement à la connexion de Levi-Civita de la variété riemanienne considérée. Ce fait est particulièrement satisfaisant, puisque les caractéristiques locales apparaissent non seulement comme un moyen de calcul, mais aussi permettent effectivement de "calculer" des estimations a priori sur le processus.

1. Rappels sur les variétés à courbure négative.

N désigne une variété connexe de dimension d de classe C^∞, munie d'une structure riemanienne. Γ désigne la connexion de Levi-Civita sur $L(N)$ [40]-IV associée à la structure riemanienne.

R désigne le tenseur de courbure de Γ.

Rappelons que N est dite complète si N est complète pour la distance géodésique associée à la structure riemanienne, ou encore si tout géodésique peut être prolongée jusqu'à l'infini [40]-IV.4.

On rappelle alors la définition suivante :

<u>Définition 1.1.</u> : On dit que N est à courbure négative si pour tout $q \in N$, si X,Y sont deux vecteurs de $T_q(N)$ qui sont orthogonaux, alors la courbure sectionnelle suivant X,Y est négative i.e. :

$$(1.1) \qquad \langle R(X,Y)Y,X\rangle \leq 0$$

On suppose dans toute la suite que N est une variété riemanienne complète à courbure négative.

Rappelons que si $q \in N$, et si $X \in T_q(N)$, $\exp_X t X$, désigne la géodésique $t \to q_t$ telle que $q(o) = q$, $(\frac{dq}{dt})_{t=0} = X$.

On a alors les résultats suivants :

1. - Pour tout $q \in N$, l'application $X \in T_q(N) \to \exp_q X \in N$ est un revêtement. En particulier, si N est simplement connexe, l'application $x \in T_q(N) \to \exp_q X \in N$ est un difféomorphisme de $T_q(N)$ sur N. Pour ce résultat, voir [40]-VIII, Théorème 8.1.

2. - Pour $q \in N$, $X \in T_q(N)$, on identifie $T_X(T_q(N))$ à $T_q(N)$. Alors, l'application dérivée de $\exp_q$ $Y \in T_q(N) \to \exp^*_{(q,X)} Y \in T_{\exp_q X}N$ augmente la distance. Pour ce résultat, voir [40]-VIII.8, Lemme 3.

Rappelons enfin la définition d'un champ de Jacobi :

<u>Définition 1.2.</u> : Soit $t \to q_t$ une géodésique telle que $q_o=q$. On appelle champ de Jacobi tout champ de vecteur $\mathcal{J}_t$ au-dessus de la géodésique q_t vérifiant l'équation différentielle :

$$(1.2) \qquad \frac{D^2}{Dt^2}\mathcal{J} + R(\mathcal{J},\dot{q})\dot{q} = 0$$

Notons alors que par le théorème VIII.1.2 de [40], si $q \in N$ et si $X, Y \in T_q(N)$ alors $\mathcal{J}_t = \exp^*_{(q,tX)}Y$ est exactement champ de Jacobi unique au-dessus de la géodésique $t \to \exp_q tX$ tel que $\mathcal{J}(o) = 0$, $(\frac{D\mathcal{J}}{Dt})_{t=0} = Y$.

On a alors un résultat élémentaire sur les champs de Jacobi.

<u>Proposition 1.3.</u> : Si $\mathcal{J}$ est un champ de Jacobi au-dessus de la géodésique $t \to q_t$, l'application $t \to |\mathcal{J}_t|^2$ est une application convexe. Si $\mathcal{J}_0 = 0$, c'est une application croissante pour $t \geq 0$, décroissante pour $t \leq 0$.

<u>Preuve</u> : On a :

$$(1.3) \qquad \frac{d}{dt}|\mathcal{J}_t|^2 = 2 \langle \mathcal{J}_t , \frac{D\mathcal{J}}{Dt} \rangle$$

$$\frac{d^2}{dt^2}|\mathcal{J}|^2 = 2|\frac{D\mathcal{J}}{Dt}|^2 + 2 \langle \mathcal{J}_t, \frac{D^2\mathcal{J}}{Dt^2} \rangle = 2|\frac{D\mathcal{J}}{Dt}|^2 - 2 \langle R(\mathcal{J},\dot{q})\dot{q},\mathcal{J} \rangle$$

Comme N est à courbure négative, $\frac{d^2}{dt^2}|\mathcal{J}_t|^2$ est ≥ 0, et $t \to |\mathcal{J}_t|^2$ est bien convexe. Si $\mathcal{J}_0 = 0$, la dérivée est nulle en 0. Elle est donc ≥ 0 pour tout $t \geq 0$, pour tout $t \leq 0$.

∎

Rappelons maintenant certains résultats sur les dérivées de la fonction distance. Soit d la distance riemanienne sur N.

On pose en effet la définition suivante :

<u>Définition 1.4.</u> : Si $q \in N$, on désigne par r_q la fonction :

$$(1.4) \qquad q' \to r_q(q') = d(q,q')$$

On a alors :

<u>Proposition 1.5.</u> : Si N est simplement connexe, pour tout $q \in N$, l'application r_q est dérivable en dehors de q. De plus, si $q' \neq q$, si q_u désigne la seule géodésique parcourue à la vitesse 1 telle que $q_o=q$, $q_t=q'$, alors on a, en identifiant $T_{q'}(N)$ et $T^*_{q'}(N)$ à l'aide du produit scalaire riemanien :

$$(1.5) \qquad dr_q(q') = \dot{q}_t$$

<u>Preuve</u> : Par la propriété 1 des variétés simplement connexes à courbure négative, on sait qu'il existe une et une seule géodésique q_u parcourue à la vitesse 1 (i.e. telle que $|\frac{dq}{du}| = 1$) telle que $q_o=q$, $q_t=q'$.

Soit q'_s une fonction C^∞ définie sur R à valeurs dans N telle que $q'_o=q'$. Alors, par le théorème VIII 5.1 de [40], on a :

$$(1.6) \qquad \frac{dr_q}{ds}(q'_s)_{s=0} = \langle \dot{q}_t, \frac{dq'}{ds}_{s=0} \rangle$$

La proposition est bien démontrée.

□

On va maintenant s'intéresser aux dérivées secondes covariantes de la fonction r_q. On a en effet :

<u>Proposition 1.6</u> : Si N est simplement connexe, la fonction r_q possède des dérivées secondes en dehors de q. De plus, si $q' \in N \neq q$, si q_u est l'unique géodésique parcourue à la vitesse 1, telle que $q_o=q$, $q_t=q'$, si X et X' sont des éléments de $T_{q'}(N)$, si enfin $\mathcal{J}$ et $\mathcal{J}'$ sont les champs de Jacobi uniques au-dessus de la géodésique q_u tels que :

$$(1.7) \qquad \mathcal{J}(o) = 0 \qquad \mathcal{J}'(o) = 0 \qquad \mathcal{J}_t = X \qquad \mathcal{J}'_t = X'$$

alors, on a :

$$(1.8) \qquad \langle \nabla_X dr_q(q'), X' \rangle = \langle \nabla_{X'} dr_q(q'), X \rangle = \langle \frac{D}{Dt} \mathcal{J}'^{\perp}, \mathcal{J}^{\perp} \rangle_t = \langle \frac{D}{Dt} \mathcal{J}^{\perp}, \mathcal{J}'^{\perp} \rangle_t$$

où $\mathcal{J}^{\perp}$ et $\mathcal{J}'^{\perp}$ sont les champs de Jacobi projections de $\mathcal{J}$ et $\mathcal{J}'$ sur l'orthogonal à $\dot{q}$.

<u>Preuve</u> : Par le corollaire VIII.2.4. de [40], comme sur une variété à courbure négative, il n'y a pas de points conjugués, les champs J et J' existent bien.

Notons que ce résultat peut être démontré directement en utilisant la Proposition 1.3. Soit $s \to q'_s$ une courbe de classe C^∞ telle que $q'_o = q'$. Soit q^s_u la géodésique unique parcourue à vitesse uniforme telle que $q^s_o = q$, $q^s_t = q'_s$. Par la proposition 1.4., on a :

$$(1.9) \qquad \frac{dr_q}{ds}(q'_s) = \left\langle \frac{\frac{\partial q^s_t}{\partial t}}{\left\|\frac{\partial q^s_t}{\partial t}\right\|}, \frac{dq'_s}{ds} \right\rangle$$

Donc :

$$(1.10) \qquad \frac{d^2 r_q}{ds^2}(q'_s) = \left\langle \frac{D}{Ds} \frac{\frac{\partial q^s_t}{\partial t}}{\left\|\frac{\partial q^s_t}{\partial t}\right\|}, \frac{dq'_s}{ds} \right\rangle + \left\langle \frac{\frac{\partial q^s_t}{\partial t}}{\left\|\frac{\partial q^s_t}{\partial t}\right\|}, \frac{D}{Ds}\frac{dq'_s}{ds} \right\rangle$$

Or, nécessairement :

$$(1.11) \qquad \frac{d^2 r_q}{ds^2}(q'_s) = \frac{d}{ds} \left\langle dr_q(q'_s), \frac{dq'_s}{ds} \right\rangle = \left\langle \nabla_{\frac{dq'_s}{ds}} dr_q(q'_s), \frac{dq'_s}{ds} \right\rangle + \left\langle dr_q(q'_s), \frac{D}{Ds}\frac{dq'_s}{ds} \right\rangle =$$

$$= \left\langle \nabla_{\frac{dq'_s}{ds}} dr_q(q'_s), \frac{dq'_s}{ds} \right\rangle + \left\langle \frac{\frac{\partial q^s_t}{\partial t}}{\left\|\frac{\partial q^s_t}{\partial t}\right\|}, \frac{D}{Ds}\frac{dq'_s}{ds} \right\rangle$$

et donc, de (1.10) et (1.11) on tire :

$$(1.12) \qquad \left\langle \nabla_{\frac{dq'_s}{ds}} dr_q(q'_s), \frac{dq'_s}{ds} \right\rangle = \left\langle \frac{D}{Ds} \frac{\frac{\partial q^s_t}{\partial t}}{\left\|\frac{\partial q^s_t}{\partial t}\right\|}, \frac{dq'_s}{ds} \right\rangle$$

Or, par un calcul trivial, $\frac{D}{D_s} \frac{\frac{\partial q^s_t}{\partial t}}{\left\|\frac{\partial q^s_t}{\partial t}\right\|}$ est égal à la projection sur l'orthogonal de $\frac{\partial q^s_t}{\partial t}$ du vecteur $\frac{1}{\left\|\frac{\partial q^s_t}{\partial t}\right\|} \frac{D}{Ds}\frac{\partial q^s_t}{\partial t}$.

Comme on a :

(1.13) $$\frac{D}{Ds}\frac{\partial q_t^s}{\delta t} = \frac{D}{Dt}\frac{\partial q_t^s}{\delta s} = \frac{D}{Dt}\mathcal{J}_t$$

et comme en s=o, on a $\|\frac{\partial q_t^0}{\delta t}\| = 1$, l'expression (1.12) est égale à $<(\frac{D}{Dt}\mathcal{J}_t)^{\perp},\mathcal{J}_t>$.
Or, de la Proposition VIII.2.1 de [40] on tire :

(1.14) $$(\frac{D}{Dt}\mathcal{J})^{\perp} = \frac{D}{Dt}(\mathcal{J}^{\perp})$$

On a donc l'égalité (1.8) quand X=X'. Or, par la remarque IX.1.2, on sait que :

(1.15) $$(X,X')\to <\nabla_X\, dr_q(q'),X'>$$

est symétrique en (X,X'). De plus, par la Proposition VIII.2.5 de [40], comme $\mathcal{J}_u^{\perp}$ et $\mathcal{J}_u'^{\perp}$ sont nuls en u=o, on a :

(1.16) $$<\mathcal{J}_t^{\perp}, \frac{D\mathcal{J}'^{\perp}}{Dt}_t> = <\mathcal{J}_t'^{\perp}, \frac{D\mathcal{J}^{\perp}}{Dt}_t>$$

Par polarisation, on a bien démontré la proposition .

∎

On déduit des Propositions 1.5 et 1.6 :

__Théorème 1.7.__ : Si N est simplement connexe, pour tout $q \in N$, la fonction r_q^2 est C^{∞} sur N. Si $q' \in N$, $q' \neq q$, si q_u est la géodésique parcourue à la vitesse unité telle que $q_o = q$, $q_t = q'$ si $X,X' \in T_{q'}(N)$ et si $\mathcal{J}$, $\mathcal{J}'$ sont définis comme à la Proposition 1.6, on a :

(1.17) $$dr_q^2(q') = 2\, r_q(q')\dot{q}_t$$

$$<\nabla_X dr_q^2(q'),X'> = 2<X,\dot{q}_t><X',\dot{q}_t> + 2r_q(q')\, <\mathcal{J}_t^{\perp},\frac{D\mathcal{J}'^{\perp}}{Dt}>_t$$

Si X,X' sont des éléments de $T_q(N)$, on a :

(1.18) $$dr_q^2(q) = 0$$

$$<\nabla_X dr_q^2,X'> = 2<X,X'>$$

__Preuve__ : Par la propriété 1. l'application $X\in T_q(N)\to \exp_q X$ est un difféomorphisme de $T_q(N)$ sur N. Or, on a trivialement :

(1.19) $\quad r_q^2(\exp_q X) = |X|^2$

Comme $X \to |X|^2$ est de classe C^∞, r_q est de classe C^∞. Les relations (1.17) résultent immédiatement des Propositions 1.5 et 1.6. De (1.19), on tire en particulier que $dr_q(q)=0$. De plus, dans la carte $q' \to \exp_q^{-1} q'$, il est clair que les coefficients de Cristoffel de la connexion Γ sont nuls en 0. De (1.19), on tire bien la deuxième relation dans (1.18).

∎

Suivant Azencott [4], on pose la définition suivante :

<u>Définition 1.8.</u> : Pour $q \in N$ et $t \geq 0$, on pose :

(1.20) $$k_q(t) = \sup_{r_q(q')=t} \| R_{q'} \|$$

où $\| R_{q'} \|$ est la norme de la forme quadrilinéaire $\langle X,Y,Z,T\rangle \to \langle R_{q'}(Z,T)Y,X\rangle$.

<u>Théorème 1.9.</u> : Si N est simplement connexe, si $q \in N$, si $q' \in N$ et si X, X' sont des éléments de $T_{q'}(N)$, on a les inégalités :

(1.21) $$|\langle dr_q^2(q'),X\rangle| \leqslant 2r_q(q')\|X\|$$

$$|\langle \nabla_X dr_q^2(q'),X'\rangle \leq 2\| X\| \, \|X'\|(2 + r_q(q') \int_0^{r_q(q')} k_q(s)ds)$$

En particulier, le laplacien Δr_q^2 est tel que :

(1.22) $$|\Delta r_q^2(q')| \leq 2d(2 + r_q(q') \int_0^{r_q(q')} k_q(s)ds)$$

<u>Preuve</u> : La première inégalité résulte immédiatement du théorème 1.7, dont on reprend les notations. On a clairement :

(1.23) $$|\langle X,\dot{q}\rangle\langle Y,\dot{q}\rangle| \leq \|X\| \, \|Y\|$$

$$|\langle \mathcal{J}^\perp, \frac{D\mathcal{J}'^\perp}{Dt}\rangle| \leq \|\mathcal{J}^\perp\| \, \|\frac{D\mathcal{J}'^\perp}{Dt}\|$$

Or, comme $\mathcal{J}_t = X$, on a :

(1.24) $$\|\mathcal{J}^\perp\| \leq X$$

De plus, par la propriété 2 des variétés à courbure négative, par une renormalisation convenable, on a :

(1.25) $$\left\|\frac{D\mathcal{J}'^{\perp}}{Dt}0\right\| \leq \frac{\|\mathcal{J}'^{\perp}\|}{t} \leq \frac{\|X'\|}{t}$$

De (1.2), on tire donc :

(1.26) $$\frac{\|D\mathcal{J}'^{\perp}_t\|}{Dt} \leq \frac{\|X'\|}{t} + \int_0^t |R(\mathcal{J}'^{\perp}_s,\dot{q}_s)\dot{q}_s|ds$$

Comme $\dot{q}$ est de module 1, comme q_s est à la distance s de q, on a trivialement

(1.27) $$|R(\mathcal{J}'^{\perp}_s,\dot{q}_s)\overset{\circ}{q}_s| \leqslant k_q(s)\ \|\mathcal{J}'^{\perp}_s\|$$

Or, par la Proposition 1.3, on sait que pour $s \leq t$,

(1.28) $$\|\mathcal{J}'^{\perp}_s\| \leq \|\mathcal{J}'^{\perp}_t\| \leq \|X'\|$$

En notant que dans le théorème 1.7, on a $t = r_q(q')$, on tire de (1.23)-(1.28) :

(1.29) $$|\langle\nabla_X dr_q^2(q'),X'\rangle| \leq 2(\|X\|\ \|X'\| + r_q(q')\|X\|(\frac{\|X'\|}{r_q(q')} + \int_0^{r_q(q')} k_q(s)ds\ \|X'\|))$$

On obtient bien (1.21). En notant que :

$$\Delta r_q^2(q') = \Sigma\langle\nabla_{e_i} dr_q^2,e_i\rangle$$

où $e_1,\dots,e_d$ est une base orthonormale de $T_{q'}(N)$, on a aussi (1.22).

■

2. Approximation des diffusions sur une variété à courbure négative.

Nous allons ici utiliser les majorations a priori établies à la section 1 pour construire les approximations de diffusions ou de flots associés à des diffusions sur des variétés à courbure négative.

Nous suivrons un ordre différent de celui que nous avions choisi au Chapitre I.

Dans le paragraphe a), on approxime le mouvement brownien par des polygones géodésiques, selon la méthode déjà utilisée à la Section I.4 pour le mouvement brownien sur une variété compacte. Dans le paragraphe b), on construit par approximation par des polygones géodésiques les solutions d'une équation différentielle de Ito de caractéristiques locales $(\overset{o}{X}, X_1, \ldots, X_m)$. Dans le paragraphe c), on approche le flot associé à une équation différentielle de Ito par des flots géodésiques. Dans le paragraphe d), on approxime une diffusion de Stratonovitch par des équations différentielles ordinaires. Enfin, dans le paragraphe e), on approche le flot associé à une équation de Stratonovitch par le flot associé à une équation différentielle ordinaire.

a) - Approximation du mouvement brownien.

On suppose que N est une variété connexe de classe C^∞ de dimension d, munie d'une structure riemanienne. On suppose que N est complète et que N est à courbure négative. (Ω, F, F_t, P) désigne l'espace canonique du mouvement brownien d-dimensionnel, i.e. l'espace que nous avons considéré au chapitre I (avec m=d).

On garde par ailleurs les notations du chapitre I, en particulier sur les $\dot{w}^{i,n}$, t_n etc...

Δ désigne le laplacien de N. O(N) est le fibré des repères orthonormaux sur N [40]-I.

On conserve par ailleurs l'ensemble des notations de la section 1, en particulier sur la définition de k_q à la définition 1.8.

$\mathcal{C}(R^+;N)$ désigne l'ensemble des fonctions continues définies sur R^+ à valeurs dans N muni de la topologie de la convergence uniforme sur les compacts de R^+. $\mathcal{C}(R^+;N)$ est un espace métrique polonais.

h désigne une section mesurable de O(N), i.e. une application mesurable $q \to h_q \in O(N)$ telle que pour tout $q \in N$, on ait $\pi h_q = q$.

On a alors le résultat essentiel suivant, qui est l'analogue du théorème I.4.2

pour les variétés à courbure négative.

<u>Théorème 2.1.</u> : Soit $q_0 \in N$. Si N est à courbure uniformément bornée en norme, alors la suite de processus continus y_t^n définis par :

$$(2.1)\qquad y_0^n = q_0$$

$$0 \leq t \leq \frac{1}{2^n} \qquad y_t^n = \exp_{q_0}\{t\, h_q(e_i\, \dot{w}^{i,n}(o))\}$$

$$\frac{1}{2^n} \leq t \leq \frac{2}{2^n} \qquad y_t^n = \exp_{y^n_{\frac{1}{2^n}}}\{(t-\frac{1}{2^n})h_{y^n_{\frac{1}{2^n}}}(e_i\, \dot{w}^{i,n}(\frac{1}{2^n}))\}$$

etc...

converge en loi vers le mouvement brownien sur N d'origine q_0, i.e. la suite des lois $\tilde{P}^n$ de y^n sur $\mathcal{C}(R^+;N)$ converge étroitement vers la loi $\tilde{P}_{q_0}$ du mouvement brownien d'origine q_0.

<u>Preuve</u> : Nous commençons par supposer que N est simplement connexe, ce qui nous permet d'appliquer les résultats de la section 1. On va montrer que pour tout $p > 2$, et tout $\varepsilon > 0$, on a une relation du type :

$$(2.2)\qquad E|d(y_s^n,y_t^n)|^{2p} \leq C(t-s)^{p-\varepsilon}$$

pour $s \leq t \leq T$, où T est une réel > 0 fixé. Comme à la section I.1, cette inégalité avec $p-\varepsilon > 1$ jointe au fait que $y_0^n = q_0$ nous permet de conclure au fait que les $\tilde{P}^n$ forment un ensemble étroitement relativement compact.

On a, en écrivant y au lieu de y^n :

$$(2.3)\qquad d(y_s,y_t)^2 = r^2_{y_s}(y_t) = \int_s^t \langle dr^2_{y_s}(y_u), d\, y_u\rangle$$

Comme $dr^2_{y_s}$ est nul en y_s, on a donc :

$$(2.4)\qquad r^2_{y_s}(y_t) = \int_{s_{n+1}}^{t\vee s_{n+1}} \langle dr^2_{y_s}(y_{u_n}), \frac{dy_{u_n}}{du}\rangle du + \int_s^t du \int_{u_n\vee s}^{u} \langle \nabla_{\frac{dy}{dv}} dr^2_{y_s}(y_v), \frac{dy}{dv}\rangle dv +$$

$$+ \int_s^t du \int_{u_n\vee s}^{u} \langle dr^2_{y_s}(y_v), \frac{D}{Dv}\frac{dy}{dv}\rangle dv$$

Alors, pour $u_n \leq v \leq u_{n+1}$, y_v est une géodésique et donc $\frac{D}{Dv}\frac{dy}{dv} = 0$. Donc, si $\tau_v^{u_n}$ est l'opérateur de transport parallèle le long de cette géodésique, on a $\frac{dy_v}{dv} = \tau_v^{u_n} \frac{dy_{u_n}}{dv}$. Donc, (2.4) s'écrit :

$$(2.5) \qquad r_{y_s}^2(y_t) = \int_{s_{n+1}}^{t \vee s_{n+1}} \langle dr_{y_s}^2(y_{u_n}), h_{y_{u_n}}(e_i)\rangle \, \dot{w}^{i,n} \, du \; +$$

$$+ \int_s^t du \int_{u_n \vee s}^{u} \langle \nabla_{\tau_v^{u_n \vee s}(h_{y_{u_n \vee s}}(e_i))} dr_{y_s}^2(y_v), \tau_v^{u_n \vee s}(h_{y_{u_n \vee s}}(e_j))\rangle \, \dot{w}^{i,n} \dot{w}^{j,n} \, dv$$

On en déduit :

$$(2.6) \qquad E|r_{y_s}^2(y_t)|^p \leq C[E|\int_{s_{n+1}}^{t \vee s_{n+1}} \langle dr_{y_s}^2(y_{u_n}), h_{y_{u_n}}(e_i)\rangle \, \dot{w}^{i,n} \, du|^p \; +$$

$$+ E|\int_s^t du \int_{u_n \vee s}^{u} \langle \nabla_{\tau_v^{u_n \vee s}(h_{y_{u_n \vee s}}(e_i))} dr_{y_s}^2(y_v), \tau_v^{u_n \vee s}(h_{y_{u_n \vee s}}(e_j))\rangle \dot{w}^{i,n} \dot{w}^{j,n} \, dv|^p]$$

Pour $u \geq s_{n+1}$, $u \to \langle dr_{y_s}^2(y_{u_n}), h_{y_{u_n}}(e_i)\rangle$ est adapté à la filtration $\{F_u\}_{u \geq 0}$. Comme w est à accroissant indépendants, en raisonnant comme en I-(1.15), comme p est > 2 :

$$(2.7) \qquad E|\int_{s_{n+1}}^{t \vee s_{n+1}} \langle dr_{y_s}^2(y_{u_n}), h_{y_{u_n}}(e_i)\rangle \, \dot{w}^{i,n} \, du|^p \leq$$

$$\leq CE[\int_{s_{n+1}}^{t \vee s_{n+1}} |\langle dr_{y_s}^2(y_{u_n}), h_{y_{u_n}}(e_i)\rangle|^2 \, du]^{p/2}$$

qu'on majore en utilisant le Théorème 1.9 et le fait que $h_{y_{u_n}}(e_i)$ est de module 1 par :

$$(2.8) \qquad CE[\int_{s_{n+1}}^{t \vee s_{n+1}} |r_{y_s}(y_{u_n})|^2 \, du]^{p/2} \leq C(t-s)^{p/2-1} \int_{s_{n+1}}^{t \vee s_{n+1}} E|r_{y_s}(y_{u_n})|^p \, du$$

De même, en utilisant le théorème 1.9, comme N est de courbure uniformément bornée, on a :

$$(2.9)\qquad E\left|\int_s^t du \int_{u_n\vee s}^{u} \nabla_{\tau_v^{u_n\vee s}(h_{y_{u_n\vee s}}(e_i))}\, dr^2_{y_s}(y_v), \tau_v^{u_n\vee s}(h_{y_{u_n\vee s}}(e_j)) > \dot{w}^{i,n}\, \dot{w}^{j,n}\right|^p \leq$$

$$\leq C(t-s)^{p-1}\, E\int_s^t du\, \left[\int_{u_n\vee s}^{u} (1 + r_{y_s}(y_v) \int_0^{r_{y_s}(y_v)} k_{y_s}(a)da)|\dot{w}^{i,n}|^2\, dv\right]^p \leq$$

$$\leq C(t-s)^{p-1}\, E\int_s^t du\, \left[\int_{u_n\vee s}^{u} (1 + r^2_{y_s}(y_v))|\dot{w}^{i,n}|^2\, dv\right]^p$$

Or, pour $u_n\vee s \leq v \leq u_{n+1}$, il est clair qu'on a, par l'inégalité triangulaire :

$$(2.10)\qquad r_{y_s}(y_v) \leq r_{y_s}(y_{u_n\vee s}) + \frac{|\dot{w}^{i,n}|}{2^n}$$

On peut donc majorer le membre de droite de (2.9) par :

$$(2.11)\qquad C(t-s)^{p-1}\, E\left[\int_s^t du\, (u - u_n)^p[(1 + r^{2p}_{y_s}(y_{u_n\vee s}))|\dot{w}^{i,n}|^{2p} + \frac{|\dot{w}^{i,n}|^{4p}}{2^{2np}}\right]$$

En notant que pour $u \geq s_{n+1}$, $r_{y_s}(y_{u_n})$ et $\dot{w}^{i,n}(u_n)$ sont indépendants, en utilisant les inégalités I-(1.17), on peut majorer (2.11) par :

$$(2.12)\qquad C(t-s)^{p-1}\int_s^t \frac{du}{2^{np}}[(1 + E(r^{2p}_{y_s}(y_{u_n\vee s})))2^{np} + \frac{2^{2np}}{2^{2np}}]du \leq$$

$$\leq C(t-s)^{p-1} \int_s^t du(1 + E(r^{2p}_{y_s}(y_{u_n\vee s}))$$

Des majorations (2.8) et (2.12), on tire :

$$(2.13)\qquad E(r^{2p}_{y_s}(y_t)) \leq C(t-s)^{\frac{p}{2}-1} \int_s^t E|r^p_{y_s}(y_{u_n\vee s})|du +$$

$$+ C(t-s)^{p-1} \int_s^t du(1 + E(r^{2p}_{y_s}(y_{u_n\vee s})))$$

et donc comme s,t restent bornés, on a :

$$(2.14)\qquad E[r^{2p}_{y_s}(y_t)] \leq C \int_s^t du(1 + E[r^{2p}_{y_s}(y_{u_n\vee s})]$$

Posons :

$$(2.15)\qquad \varphi_u = \sup_{s \leq v \leq u} E(r^{2p}_{y_s}(y_v))$$

Comme φ_u est la plus petite fonction croissante $\geq t \to E(r^{2p}_{y_s}(y_t))$, on a :

$$(2.16)\qquad \varphi_t \leq C \int_s^t du(1 + \varphi_u)$$

Par le lemme de Gronwall on a :

$$(2.17)\qquad \varphi_t \leq e^{C(t-s)} - 1$$

et comme s,t restent bornés, il vient :

$$(2.18)\qquad \varphi_t \leq C(t-s)$$

Donc :

$$(2.19)\qquad E(r^{2p}_{y_s}(y_t)) \leq C(t-s)$$

En reportant (2.19) dans (2.13), il vient :

$$(2.20)\qquad E(r^{2p}_{y_s}(y_t)) \leq C(t-s)^{\frac{p}{2}-1} \int_s^t [\, E(r^{2p}_{y_s}(y_{u_n \vee s})]^{\frac{1}{2}} du +$$

$$+ C(t-s)^{p-1} \int_s^t du(1 + E(r^{2p}_{y_s}(y_{u_n \vee s}))) \leq C(t-s)^{\frac{p}{2}+\frac{1}{2}} + C(t-s)^p \leq C(t-s)^{\frac{p}{2}+\frac{1}{2}}$$

En reportant encore (2.20) dans (2.13), et en itérant, on majore $E|r^{2p}_{y_s}(y_t)|$ par $C_m(t-s)^{\frac{p}{2}+\frac{p}{4}+\dots+\frac{p}{2^m}+\frac{1}{2^m}}$, (2.3) est bien démontré. Les mesures $\tilde{P}$ forment donc un ensemble étroitement relativement compact. Soit $\tilde{P}^{n_k}$ une sous-suite extraite convergeant étroitement vers $\tilde{P}$. On va montrer que $\tilde{P}$ est exactement la mesure du mouvement brownien d'origine q_o.

Pour cela, on va montrer que si f est une fonction C^∞ à support compact, alors, si q. est le point générique de $\mathcal{C}(R^+;N)$

$$(2.21)\qquad Z^f_t = f(q_t) - \int_o^t \tfrac{1}{2}\, \Delta f(q_s)ds$$

est une martingale relativement à la filtration naturelle de $\mathcal{C}(R^+;N)$ pour la mesure $\tilde{P}$.

Pour simplifier, on note encore $\tilde{P}^n$ la sous-suite convergeant étroitement vers $\tilde{P}$. On va alors procéder comme au Théorème VIII.4.3. Notons tout d'abord qu'il suffit de montrer la propriété de martingale sur les dyadiques. Soit donc s et t dyadiques tels que $s \leq t$, et φ une fonction continue bornée sur $\mathcal{C}(R^+;N)$, qui est $\mathcal{B}(q_u \mid u \leq s)^+$ mesurable. On va montrer :

$$(2.22) \qquad E^{\tilde{P}}(\varphi\, Z_t^f) = E^{\tilde{P}}(\varphi\, Z_s^f)$$

On précisera toujours dans la suite la mesure par rapport à laquelle on intègre. P reste en particulier la mesure brownienne sur Ω. On a :

$$(2.23) \qquad f(y_t^n) = f(y_s^n) + \int_0^t \langle f'(y_u^n), \frac{dy^n}{du}\rangle du$$

Comme pour $u_n \leq v \leq u_{n+1}$, on a $\frac{D}{Dv}\frac{dy^n}{dv} = 0$, il vient

$$(2.24) \qquad f(y_t^n) = f(y_s^n) + \int_s^t \langle f'(y_{u_n}^n), \frac{dy_{u_n}^n}{du}\rangle du + \int_s^t du \int_{u_n}^u \langle \frac{D}{Dv} f'(y_v^n), \frac{dy^n}{dv}\rangle dv =$$

$$= f(y_s^n) + \int_s^t \langle f'(y_{u_n}^n), h_{y_{u_n}^n}(e_i)\rangle \dot{w}^{i,n}\, du + \int_s^t du(u-u_n) \langle \frac{D}{Du} f'(y_{u_n}^n), \frac{dy_{u_n}^n}{du}\rangle +$$

$$+ \int_s^t du \int_{u_n}^u dv \int_{u_n}^v \frac{D^2}{Ds^2} f'(y_s^n), \frac{dy^n}{ds}\rangle ds$$

On a trivialement :

$$(2.25) \qquad E^P(\varphi(y^n) f(y_t^n)) = E^{\tilde{P}^n} \varphi\, f(q_t) \to E^{\tilde{P}} \varphi\, f(q_t)$$

$$E^P(\varphi(y^n) f(y_s^n)) = E^{\tilde{P}^n} \varphi\, f(q_s) \to E^{\tilde{P}} \varphi\, f(q_s)$$

De plus, comme $\langle f'(y_{u_n}^n), h_{y_{u_n}^n}(e_i)\rangle$ est adapté à $\{F_u\}_{u \geq 0}$, on a :

$$(2.26)\qquad \int_s^t \langle f'(y^n_{u_n}), h_{y^n_{u_n}}(e_i)\rangle \, \dot{w}^{i,n}\, du = \int_s^t \langle f'(y^n_{u_n}), h_{y^n_{u_n}}(e_i)\rangle \,.\, \vec{\delta}\, w^i$$

et par une propriété de martingale il vient :

$$(2.27)\qquad E^P \varphi(y^n) \int_s^t \langle f'(y^n_{u_n}), h_{y^n_{u_n}}(e_i)\rangle \, \dot{w}^{i,n}\, du = 0$$

Par ailleurs, on a :

$$(2.28)\qquad \int_s^t du(u-u_n) \left\langle \frac{D}{Du} f'(y^n_{u_n}), \frac{dy^n_{u_n}}{du}\right\rangle =$$

$$= \int_s^t du(u-u_n) \langle \nabla_{h_{y^n_{u_n}}(e_i)} f'(y^n_{u_n}), h_{y^n_{u_n}}(e_j)\rangle \, \dot{w}^{i,n}\, \dot{w}^{j,n}$$

Par adaptation on a :

$$(2.29)\qquad E^P\varphi(y^n) \int_s^t du(u-u_n) \langle \nabla_{h_{y^n_{u_n}}(e_i)} f'(y^n_{u_n}), h_{y^n_{u_n}}(e_j)\rangle \, \dot{w}^{i,n}\, \dot{w}^{j,n} =$$

$$= 2^n\, E^P \varphi(y^n) \int_s^t du(u-u_n) \langle \nabla_{h_{y^n_{u_n}}(e_i)} f'(y^n_{u_n}), h_{y^n_{u_n}}(e_i)\rangle du$$

Or, comme $h_{y^n_{u_n}}(e_1),\dots,h_{y^n_{u_n}}(e_d)$ est un repère orthonormal de $T_{y^n_{u_n}}(N)$ on a :

$$(2.30)\qquad (\Delta f)(y^n_{u_n}) = \langle \nabla_{h_{y^n_{u_n}}(e_i)} f'(y^n_{u_n}),\ h_{y^n_{u_n}}(e_i)\rangle$$

(2.29) est donc égal à :

$$(2.31)\qquad 2^n E^P \varphi(y^n) \int_s^t du(u-u_n)(\Delta f)(y^n_{u_n})du = 2^n\, E^{\tilde{P}^n} \left[\varphi(q)\int_s^t du(u-u_n)(\Delta f)(q_{u_n})\right]$$

Or, en utilisant en particulier l'équicontinuité des parties compactes de $\mathcal{C}(R^+;N)$, il est clair que la suite de fonctions continues

$$(2.32) \qquad q \to 2^n \varphi(q) \int_s^t du(u-u_n)(\Delta f)(q_{u_n})$$

converge uniformément sur tout compact de $\mathcal{C}(R^+;N)$ en restant uniformément bornée vers la fonction :

$$(2.33) \quad q \to \tfrac{1}{2} \varphi(q) \int_s^t \Delta f(q_u) du$$

On en déduit immédiatement :

$$(2.34) \qquad 2^n E^{\tilde{P}^n} \varphi(q) \int_s^t du(u-u_n)\, \Delta f(q_{u_n}) \to \tfrac{1}{2} E^{\tilde{P}} \varphi(q) \int_s^t \Delta f(q_u) du$$

Pour le dernier terme de (2.24) on raisonne encore comme pour le Théorème VIII.4.3. Considérons le tenseur de type (0,2)

$$(2.35) \qquad B^{f'}(Y,Z) = \langle \nabla_Y f', Z \rangle$$

Alors, pour s compris entre deux dyadiques, on a :

$$(2.36) \qquad \left\langle \frac{D^2}{Ds^2} f'(y_s^n), \frac{dy^n}{ds} \right\rangle = \frac{D}{Ds} \left\langle \frac{D}{Ds} f'(y_s^n), \frac{dy^n}{ds} \right\rangle = \frac{D}{Ds} \left\langle \nabla_{\frac{dy^n}{ds}} f'(y_s^n), \frac{dy^n}{ds} \right\rangle$$

$$= \frac{D}{Ds}\left[B^{f'}\left(\frac{dy^n}{ds}, \frac{dy^n}{ds}\right)\right] = \nabla_{\frac{dy^n}{ds}} B^{f'}\left(\frac{dy^n}{ds}, \frac{dy^n}{ds}\right)$$

Comme f est à support compact, on a trivialement :

$$(2.37) \qquad \left|\nabla_{\frac{dy^n}{ds}} B^{f'}\left(\frac{dy^n}{ds}, \frac{dy^n}{ds}\right)\right| \le C \left|\frac{dy^n}{ds}\right|^3$$

$$\le C |\dot{w}^{i,n}|^3 .$$

Alors,

$$(2.38) \qquad \left| E^P \varphi \int_s^t du \int_{u_n}^u dv \int_{u_n}^v \left\langle \frac{D^2}{Ds^2} f'(y_s^n), \frac{dy^n}{ds} \right\rangle ds \right| \le$$

$$\le C \int_s^t du \int_{u_n}^u dv \int_{u_n}^v E|\dot{w}^{i,n}|^3\, ds \le \frac{C}{2^{2n}} \int_s^t du\, 2^{\frac{3n}{2}} = \frac{C(t-s)}{2^{n/2}}$$

(2.38) tend donc vers 0 quand n tend vers $+\infty$.

En rassemblant (2.25), (2.27), (2.34), (2.38), on en déduit bien (2.21). Z_t^f est donc une martingale pour la mesure $\tilde{P}$.

Montrons que $\tilde{P}$ est déterminée de manière unique comme N par cette propriété. N étant simplement connexe, $q' \in N \to \exp_q^{-1} q'$ est un difféomorphisme de N sur $T_{q_0}(N)$, ou encore une carte globale. Lu dans cette carte, la propriété précédente s'exprime en disant que si $\tilde{f}$ est une fonction C^∞ à support compact sur $T_q(N)$, si $\tilde{q}_t$ est exactement q_t lu dans cette carte, et si $\tilde{\Delta}$ est le laplacien dans cette carte, alors :

$$(2.39) \qquad \tilde{f}(\tilde{q}_t) - \frac{1}{2}\int_0^t \tilde{\Delta}\tilde{f}(\tilde{q}_s)ds$$

est une martingale. Par les résultats de Stroock et Varadhan [53], comme la partie quadratique du laplacien est continue en $\tilde{q}$ et non dégénérée, si T_n est le temps d'arrêt

$$T_n = \inf\{t \geq 0 \ ; \ |\tilde{q}_s| \geq n\}$$

$\tilde{P}$ est déterminé de manière unique jusqu'au temps d'arrêt T_n. Comme T_n tend p.s. vers $\to +\infty$ pour $\tilde{P}$, $\tilde{P}$ est déterminé de manière unique. On en conclut que toute la suite $\tilde{P}^n$ converge étroitement vers la mesure du mouvement brownien sur $\mathcal{C}(R^+;N)$ d'origine q.

Supposons maintenant N non simplement connexe. Soit N^* son revêtement universel [40]I-5.9, muni du produit scalaire riemanien relevé du produit scalaire de N.

Si ρ est la projection canonique $N^* \to N$, on note $h^*_{q^*}$ l'unique repère orthonormal en $q^* \in N^*$ tel que $\rho^* h^*_{q^*} = h_{\rho(q^*)}$. Si $q^*_0 \in N^*$ est tel que $\rho(q^*_0) = q_0$, il existe une unique courbe continue y_t^{*n} telle que $y_0^{*n} = q_0^*$,différentiable sur chaque intervalle $[\frac{k}{2^n}, \frac{k+1}{2^n}]$, dont la projection sur N est exactement y_t^n. Comme le relevé dans N^* d'une géodésique de N est une géodésique de N^*, y^{*n} est exactement l'approximation (2.11) relative à la variété N^* et à la section h^*. De plus, la courbure sectionnelle de N^* est encore trivialement uniformément bornée en module. On peut donc appliquer le résultat précédent à y^*, i.e. y^{*n} converge en loi vers le mouvement brownien q_t^* d'origine q_0^*. Par projection, on en conclut immédiatement que y_t^n converge en loi vers le mouvement brownien de N d'origine q_0 .

■

<u>Remarque 1</u> : Dans [4]-Proposition 7.9., Azencott montre que le mouvement brownien sur N a une durée de vie infinie s'il existe q tel qu'on ait une inégalité du type :

$$(2.40) \qquad \int_0^t k_q(s)ds \leq \mu(1+t)$$

Naturellement, nous pourrions montrer ce résultat en utilisant l'inégalité (1.21). Nous avons besoin de l'hypothèse légèrement plus restrictive que N est à courbure bornée pour montrer la convergence en loi des approximations y^n.

<u>b) Approximation des diffusions de Ito par des polygones géodésiques.</u>

Nous allons maintenant reprendre la technique d'approximation des équations différentielles géométriques de Ito par des polygones géodésiques que nous avions partiellement développée à la section VIII.4 .

Soit $\mathring{X}(x)$, $X_1(x),\ldots,X_m(x)$ une famille de champs de vecteur tangents à N, que nous supposons lipschitziens et uniformément bornés (Ω,F,F_t,P) est l'espace canonique du mouvement brownien m-dimensionnel.

<u>Théorème 2.2.</u> : Soit $x \in N$. Si N est à courbure uniformément bornée en norme, alors la suite de processus continus y^n définis par :

$$(2.41) \qquad y^n(o) = x$$

$$\frac{k}{2^n} \leq t < \frac{k+1}{2^n} \qquad y_t^n = \exp_{y^n_{\frac{k}{2^n}}} \{(t - k/2^n)[\mathring{X}(y^n_{k/2^n}) + X_i(y^n_{k/2^n})\, \dot{w}^{i,n}]\}$$

converge P.U.C. sur $\Omega \times R^+$ vers la solution unique de l'équation différentielle stochastique :

$$(2.42) \qquad dx = \overset{\circ}{X}(x)d^{\Gamma}t + X_i(x) \;.\; \vec{\delta}\, w^i$$

$$x(o) = x$$

<u>Preuve</u> : On suppose encore N simplement connexe. Soit $\widetilde{P}^n$ la loi de y^n sur $\mathcal{C}(R^+;N)$. On va montrer que les $\widetilde{P}^n$ forment une famille étroitement relativement compacte. Pour cela, on va encore montrer une inégalité du type (2.2). Pour simplifier les calculs, on supprime les indices n dans y^n. L'égalité (2.3) reste encore vraie. (2.5) devient :

$$(2.4\ ) \qquad r^2_{y_s}(y_t) = \int_{s_{n+1}}^{t \vee s_{n+1}} \langle dr^2_{y_s}(y_{u_n}), \overset{\circ}{X}(y_{u_n}) + X_i(y_{u_n})\dot{w}^{i,n}\rangle du +$$

$$+ \int_s^t du \int_{u_n \vee s}^{u} \langle \nabla_{\tau_v^{u_n \vee s}(\overset{\circ}{X}(y_{u_n}) + X_i(y_{u_n})\dot{w}^{i,n})} dr^2_{y_s}(y_v), \tau_v^{u_n \vee s}(\overset{\circ}{X}(y_{u_n}) + X_j(y_{u_n})\dot{w}^{j,n})\rangle dv$$

Comme $\overset{\circ}{X}, X_1, \ldots, X_m$ sont bornés, il est facilede procéder comme pour le Théorème 2.1 et d'en déduire une inégalité du type (2.2).

Les mesures $\widetilde{P}^n$ forment un ensemble étroitement relativement compact. Soit $\widetilde{P}^{n_k}$ une sous-suite convergeant étroitement vers une mesure $\widetilde{P}$ sur $\mathcal{C}(R^+;N)$.

Comme en VIII-(4.17), on doit montrer que si f est une fonction C^∞ à support compact, alors :

$$(2.44) \qquad f(x_t) - \int_0^t \langle \overset{\circ}{X}(x_s), \frac{\partial f}{\partial x}(x_s)\rangle ds - \frac{1}{2}\int_0^t \langle \nabla_{X_i(x_s)} df(x_s), X_i(x_s)\rangle ds$$

est une martingale relativement à la filtration naturelle $\mathcal{B}(x_s \mid s \leq t)$ de $\mathcal{C}(R^+;N)$ pour $\widetilde{P}$. La démonstration est au moins formellement identique à la démonstration que nous avons faite au théorème VIII.4.3. On utilise encore le fait que les champs $\overset{\circ}{X}, X_1, \ldots, X_m$ sont bornés et le fait que les opérateurs de transport parallèle préservent la norme dans N.

Considérons alors la carte globale $q' \to \tilde{q}' = \exp_q^{-1} q'$. Soit (Γ_{ij}^k) les coefficients de Cristoffel de la connexion Γ dans cette carte.

Par le Théorème 2.2 de [54], on sait que si x suit la loi $\tilde{P}$, il existe une martingale brownienne $\tilde{w}^1,\ldots,\tilde{w}^m$ sur un espace de probabilité élargi tel qu'on ait :

$$(2.45) \qquad \tilde{x}_t = \int_0^t (\overset{\circ}{X} - \tfrac{1}{2} \tilde{X}_i \, \Gamma \, X_i)(\tilde{x}_s) ds + \int_0^t X_i(\tilde{x}_s) \, . \, \vec{\delta} \, \tilde{w}^i$$

Comme $\overset{\circ}{X}, X_1,\ldots,X_m$, Γ sont localement lipchitziens, si T_n est le temps d'arrêt

$$(2.46) \qquad T_n = \inf \{ t \geq 0 \; |\tilde{x}_t| \geq n \}$$

par les résultats classiques sur les équations différentielles stochastiques, la loi $\tilde{P}$ est déterminée de manière unique jusqu'au temps T_n. Comme pour $\tilde{P}$, $T_n \to +\infty$ p.s., la loi $\tilde{P}$ est déterminée de manière unique. On en déduit en particulier que l'équation différentielle stochastique (2.42) a une solution unique. On montre la convergence P.U.C. de y^n vers q comme au théorème I.1.2.

Supposons maintenant N non simplement connexe. On procède alors comme au Théorème 2.1. Soit N^* le revêtement universel de N muni de sa structure riemanienne canonique. On relève les champs $\overset{\circ}{X}, X_1,\ldots,X_m$ en les champs $\overset{\circ}{X}^*, X_1^*,\ldots,X_m^*$ sur N^*. On raisonne comme au Théorème 2.1, en utilisant en particulier la convergence P.U.C. du relèvement continu y_t^{*n} de y_t^n dans N^* vers la solution x_t^* de l'équation différentielle stochastique x^* relative à $(\overset{\circ}{X}^*, X_1^*,\ldots,X_m^*)$. Par projection la convergence de y_t^n vers x_t est immédiate.

■

c) <u>Approximation du flot associé à une diffusion par des flots géodésiques</u>.

Dans cette section nous allons nous contenter de démontrer la convergence des flots associés aux approximations par des polygones géodésiques vers un flot que l'on peut construire par régularisation des solutions de l'équation (2.42). Notons qu'il n'y a apparemment pas de manière évidente de construire la régularisation des solutions de (2.42) sans utiliser la technique d'approximation, et ceci contrairement à ce que nous avons vu au Théorème I.1.2. On suppose ici $\overset{o}{X},X_1,\dots,X_m$ de classe C^1.

On note en effet par $\varphi_t^n(\omega,x)$ le processus $y_t^n(\omega)$ construite au Théorème 2.2 de point de départ x. L'application $(q',X')\in TN\to \exp_{q'}X'$ étant C^∞, il est clair que pour tout $\omega\in\Omega$ et tout $t\geq 0$, $\varphi_t^n(\omega,x)$ est C^∞ en x et continu en (t,x). On a alors le résultat suivant, qui généralise le théorème I.1.2. aux variétés à courbure négative :

<u>Théorème 2.3.</u> : Si N est à courbure sectionnelle uniformément bornée en module, si les champs $\overset{o}{X},X_1,\dots,X_m$ sont uniformément bornés en module, si les tenseurs $\nabla.\overset{o}{X}$, $\nabla.X_1,\dots,\nabla.X_m$ sont uniformément bornés, alors la suite d'applications $(\omega,t,x)\to\varphi_t^n(\omega,x)$ converge P.U.C. sur $\Omega\times R^+\times N$ vers une application $\varphi\,.\,(\omega,.)$ définie sur $\Omega\times R^+\times N$ à valeurs dans N, qui est p.s. continue sur $R^+\times N$, et telle que pour tout $x\in N$, $t\to\varphi_t(\omega,x)$ est solution de l'équation différentielle (2.42).

<u>Preuve</u> : On va montrer que si t reste uniformément borné , on a une inégalité du type :

$$(2.47)\qquad E(d(\varphi_t^n(\omega,x),\varphi_t^n(\omega,x'))^{2p}\leq C\, d(x,x')^{2p}$$

Nous allons pour cela construire la dérivée de l'application $\varphi_t^n(\omega,.)$. Pour $0\leq t\leq\frac{1}{2^n}$, $\varphi_t^n(\omega,x)$ est la géodésique $\exp_q t(\overset{o}{X}(x)+X_i(x)\,\dot{w}^{i,n})$. Si $X\in T_x(\omega)$, alors $\frac{\partial q^n}{\partial x}t(\omega,x)$ X étant une variation géodésique est nécessairement un champ de Jacobi $\mathcal{J}$. Nécessairement $\mathcal{J}_o=X$. De plus :

$$(2.48)\qquad \frac{D\mathcal{J}}{Dt}_{t=o}=\frac{D}{Dt}\Big[\frac{d}{ds}\varphi_t^n(\omega,\exp_x sX)\Big]_{\substack{s=o\\t=o}}=\Big[\frac{D}{Ds}\frac{d}{dt}\varphi_t^n(\omega,\exp_x sX)\Big]_{\substack{s=o\\t=o}}=$$

$$=\frac{D}{Ds}[\overset{o}{X}(x)+X_i(x)\,\dot{w}^{i,n}]=\nabla_X\overset{o}{X}(x)+\nabla_X X_i(x)\,\dot{w}^{i,n}$$

Par récurrence, on en déduit immédiatement que $\frac{\partial\varphi^n}{\partial x}(\omega,x)X$ est un champ continu de vecteurs tangents au-dessus de $t\to\varphi_t^n(\omega,x)$ tel que $\mathcal{J}_o=X$ et que :

$$(2.49)\qquad \frac{k}{2^n} \leq t \leq \frac{k+1}{2^n} \qquad \frac{D^2 \mathcal{J}}{Dt^2} + R\left(\mathcal{J}, \frac{\partial \varphi_t^n}{\partial t}(\omega,x)\right) \frac{\partial \varphi^n}{\partial t}(\omega,x) = 0$$

$$\frac{D\mathcal{J}}{Dt}{}_{k/2^n} = \nabla_{\mathcal{J}}\, \overset{o}{X}(\varphi^n_{k/2^n}(\omega,x)) + \nabla_{\mathcal{J}}\, X_i(\varphi^n_{k/2^n}(\omega,x))\, \dot{w}^{i,n}$$

Si τ_t^o est l'opérateur de transport parallèle le long de $\varphi_t^n(\omega,x)$ on pose :

$$(2.50)\qquad \tilde{\mathcal{J}}_t = \tau_o^t\, \mathcal{J}_t$$

On a alors immédiatement :

$$(2.51)\qquad \tilde{\mathcal{J}}_t = \mathcal{J}_o + \int_o^t \tau_o^u \frac{D\mathcal{J}_u}{Du}\, du = \mathcal{J}_o + \int_o^t \tau_o^{u_n} \frac{D\mathcal{J}_{u_n}}{Du}\, du + \int_o^t du \int_{u_n}^u \tau_o^v \frac{D^2 \mathcal{J}}{Dv^2}\, dv =$$

$$= \mathcal{J}_o + \int_o^t \tau_o^{u_n}[\nabla_{\mathcal{J}_{u_n}} \overset{o}{X}(\varphi^n_{u_n}(\omega,x))]du + \int_o^t \tau_o^{u_n}[\nabla_{\mathcal{J}_{u_n}} X_i(\varphi^n_{u_n}(\omega,x))]\, \dot{w}^{i,n}\, du -$$

$$- \int_o^t du \int_{u_n}^u \tau_o^v\, R(\mathcal{J}, \tau_v^{u_n}(\overset{o}{X}(\varphi^n_{u_n}(\omega,x)) +$$

$$+ X_i(\varphi^n_{u_n}(\omega,x))\, \dot{w}^{i,n}))\tau_v^{u_n}(\overset{o}{X}(\varphi^n_{u_n}(\omega,x)) + X_j(\varphi^n_{u_n}(\omega,x))\, \dot{w}^{j,n})\, dv$$

ou encore :

$$(2.52)\qquad \tilde{\mathcal{J}}_t = \mathcal{J}_o + \int_o^t \tau_o^{u_n}[\nabla_{\tau^o_{u_n}\tilde{\mathcal{J}}_{u_n}} \overset{o}{X}(\varphi^n_{u_n}(\omega,x))]du +$$

$$+ \int_o^t \tau_o^{u_n}[\nabla_{\tau^o_{u_n}\tilde{\mathcal{J}}_{u_n}} X_i(\varphi^n_{u_n}(\omega,x))]\, \dot{w}^{i,n}\, du -$$

$$- \int_o^t du \int_{u_n}^u \tau_o^v\, R(\tau_v^o \tilde{\mathcal{J}}_v, \tau_v^{u_n}(\overset{o}{X}(\varphi^n_{u_n}(\omega,x)) + X_i(\varphi^n_{u_n}(\omega,x))\, \dot{w}^{i,n}))\tau_v^{u_n}(\overset{o}{X}(\varphi^n_{u_n}(\omega,x))$$

$$X_j(\varphi^n_{u_n}(\omega,x))\, \dot{w}^{j,n})dv$$

Comme $\nabla.\,\overset{o}{X}$ est borné, on a :

$$(2.53)\qquad \left|\int_0^t \tau_0^{u_n} \nabla_{\tau^0_{u_n}\tilde{\mathcal{J}}_{u_n}} \overset{\circ}{X}(\varphi^u_{u_n}(\omega,x))du\right|^{2p} \leq C\ t^{2p}\int_0^t E|\tilde{\mathcal{J}}_{u_n}|^{2p}\ du$$

De plus, en raisonnant comme en I-(1.15), on a :

$$(2.54)\qquad E\left|\int_0^t \tau_0^{u_n} \nabla_{\tau^0_{u_n}\tilde{\mathcal{J}}_{u_n}} X_i(\varphi^n_{u_n}(\omega,x))\ \dot{w}^{i,n}\ du\right|^{2p} \leq C\ t^{p-1}\int_0^t E|\tilde{\mathcal{J}}_{u_n}|^{2p}\ du$$

On a aussi :

$$(2.55)\qquad E\left|\int_0^t du\int_{u_n}^u \tau_0^v\ R(\tau_v^0\ \tilde{\mathcal{J}}_v,\tau_v^{u_n}(\overset{\circ}{X}(\varphi^n_{u_n}(\omega,x)) + X_i(\varphi^n_{u_n}(\omega,x))\dot{w}^{i,n}))\tau_v^{u_n}(\overset{\circ}{X}(\varphi^n_{u_n}(\omega,x)) +\right.$$

$$\left. X_j(\varphi^n_{u_n}(\omega,x))\dot{w}^{j,n})dv\right|^{2p} \leq C\ t^{2p-1}\ E\int_0^t du\left|\int_{u_n}^u|\tilde{\mathcal{J}}_v|(1+|\dot{w}^{i,n}| + |\dot{w}^{i,n}|^2)dv\right|^{2p}$$

De (2.52), on tire que pour $u_n \leq v \leq u_{n+1}$, on a :

$$(2.56)\qquad |\tilde{\mathcal{J}}_v| \leq |\tilde{\mathcal{J}}_{u_n}| + C|\tilde{\mathcal{J}}_{u_n}|(v-u_n)(1+|\dot{w}^{i,n}|) +$$

$$+ C\int_{u_n}^v (v-h)|\tilde{\mathcal{J}}|\ dh\ (1+|\dot{w}^{i,n}| + |\dot{w}^{i,n}|^2)$$

ce qui implique :

$$(2.57)\qquad |\tilde{\mathcal{J}}_v| \leq C|\tilde{\mathcal{J}}_{u_n}|\left(1+\frac{|\dot{w}^{i,n}|}{2^n}\right) + \frac{C}{2^n}\int_{u_n}^v|\tilde{\mathcal{J}}_h|dh\ (1+|\dot{w}^{j,n}|^2)$$

et par le lemme de Gronwall, on a :

$$(2.58)\qquad |\tilde{\mathcal{J}}_v| \leq C|\tilde{\mathcal{J}}_{u_n}|\left(1+\frac{|\dot{w}^{j,n}|}{2^n}\right) e^{\frac{C}{2^n}(1+|\dot{w}^{i,n}|^2)(v-u_n)}$$

On a donc :

$$(2.59)\quad t^{2p-1}\, E\int_0^t du\, \Big|\int_{u_n}^u |\tilde{\mathfrak{z}}_v|(1+|\dot{w}^{i,n}|+|\dot{w}^{i,n}|^2)dv\Big|^{2p} \leq$$

$$\leq C\, t^{2p-1}\, E\int_0^t du (u-u_n)^{2p} |\tilde{\mathfrak{z}}_{u_n}|^{2p}\Big(1+\frac{|\dot{w}^{j,n}|^{2p}}{2^{2np}}\Big)(1+|\dot{w}^{i,n}|^{4p})\exp\Big(\frac{2Cp}{2^{2n}}(1$$

$$+|\dot{w}^{i,n}|^2\Big) \leq \frac{C\, t^{2p-1}}{2^{2np}}\, E\int_0^t du\, |\tilde{\mathfrak{z}}_{u_n}|^{2p}\Big(1+\frac{|\dot{w}^{j,n}|^{2p}}{2^{2np}}+$$

$$+\frac{|\dot{w}^{i,n}|^{6p}}{2^{2np}}+|\dot{w}^{i,n}|^{4p}\Big)\exp\frac{C\, p}{2^{2n}}(1+|\dot{w}^{k,n}|^2)$$

Or, si X est une gaussienne centrée de variance σ^2, on a trivialement pour $0 \leq \alpha < \frac{1^2}{2\sigma^2}$:

$$(2.60)\quad E(e^{\alpha X^2}) = \frac{1}{\sqrt{1-2\alpha\,\sigma^2}}$$

Donc, comme les variables $\dot{w}^{1,n}$ .... $\dot{w}^{m,n}$ sont indépendantes, on a :

$$(2.61)\quad E\Big(e^{\frac{C\,p}{2^{2n}}|\dot{w}^{k,n}|^2}\Big) = \left[\frac{1}{\sqrt{1-\frac{2Cp}{2^{2n}}\,2^n}}\right]^m \leq C$$

Par l'inégalité de Cauchy-Schwarz, il vient :

$$(2.62)\quad E\ \frac{|\dot{w}^{j,n}|^{2p}}{2^{2np}}\ e^{\left(\frac{C\,p}{2^{2n}}|\dot{w}^{k,n}|^2\right)} \leq \frac{C2^{np}}{2^{2np}} = \frac{C}{2^{np}}$$

$$E\ \frac{|\dot{w}^{i,n}|^{6p}}{2^{2np}}\ e^{\left(\frac{C\,p}{2^{2n}}|\dot{w}^{k,n}|^2\right)} \leq \frac{C\ 2^{3np}}{2^{2np}} = C\ 2^{np}$$

$$E\ |\dot{w}^{i,n}|^{4p}\ e^{\left(\frac{C\,p}{2^{2n}}|\dot{w}^{k,n}|^2\right)} \leq C\ 2^{2np}$$

En utilisant l'indépendance de $\tilde{\mathfrak{z}}_{u_n}$ et des $\dot{w}^{i,n}$ dans (2.59), on peut donc majorer le membre de droite de (2.59) par :

$$(2.63)\qquad C\, t^{2p-1} \int_0^t E|\tilde{\mathcal{J}}_{u_n}|^{2p}\, du$$

De (2.53), (2.54), (2.55), (2.59) et (2.63), il résulte que pour t borné, on a :

$$(2.64)\qquad E|\mathcal{J}_t|^{2p} \leqslant C|\tilde{\mathcal{J}}_0|^{2p} + C\int_0^t E|\tilde{\mathcal{J}}_{u_n}|^{2p}\, du$$

En raisonnant comme en (2.14), (2.16), on en déduit :

$$(2.65)\qquad E|\mathcal{J}_t|^{2p} \leqslant C|\tilde{\mathcal{J}}_0|^{2p}$$

(2.65) s'écrit aussi :

$$(2.66)\qquad E|\frac{\partial\varphi^n}{\partial x}t(\omega,x)|^{2p} \leq C|X|^{2p}$$

Montrons maintenant (2.47). Soit en effet x, x' deux éléments de N, et x_s une géodésique minimisante de longueur d et de vitesse 1 joignant x à x'. On a :

$$(2.67)\qquad \varphi_t^n(\omega,x') = \varphi_t^n(\omega,x) + \int_0^d \frac{\partial\varphi^n}{\partial x}t\,(\omega,x_s)dx_s$$

et donc :

$$(2.68)\qquad d(\varphi_t^n(\omega,x),\varphi_t^n(\omega,x')) \leq \int_0^d |\frac{\partial\varphi^n}{\partial x}t\,(\omega,x_s)\,\frac{dx}{ds}s|ds$$

ce qui implique :

$$(2.69)\qquad E|d(\varphi_t^n(\omega,x),\varphi_t^n(\omega,x'))|^{2p} \leq d^{2p-1}\, E\int_0^d E|\frac{\partial\varphi^n}{\partial x}t\,(\omega,x_s)\frac{dx}{ds}|^{2p}\, ds$$

De (2.66) et (2.69) on tire que comme $|\frac{dq}{ds}| = 1$, alors :

$$(2.70)\qquad E\, d(\varphi_t^n(\omega,x),\varphi_t^n(\omega,x'))^{2p} \leq C\, d(q,q')^{2p}$$

Si N est simplement connexe, il résulte de (2.2) et (2.70) que si p est un réel > 2, et si s, t varient dans un compact fixe, pour tout ε > 0, il existe une constante C telle que :

(2.71) $E[d(\varphi^n_s(\omega,x),\varphi^n_t(\omega,x'))]^{2p} \leq C[|t-s|^{p-\varepsilon} + d(x,x')^{2p}]$

En choisissant $p-\varepsilon > d+1$, on voit que les mesures P^{*n} images de P sur l'espace $\mathcal{C}(R^+ \times N \; ; \; N) \times \mathcal{C}(R^+;R^m)$ par l'application $\omega \to (\varphi^n.(\omega,.), \int_0^{\cdot} \dot{w}^{i,n}\, du)$ forment un ensemble étroitement relativement compact. Soit P^{*n_k} une sous-suite extraite convergeant étroitement vers une mesure P^* sur $\mathcal{C}(R^+ \times N \; ; \; N) \times \mathcal{C}(R^+ \; ; \; R^m)$. Si $(\varphi_t(x),\tilde{w}_t)$ est l'élément générique de $\mathcal{C}(R^+ \times N \; ; \; N) \times \mathcal{C}(R^+ \; ; \; R^m)$ par (2.71), on a nécessairement, pour s, t bornés :

(2.72) $E^{P^*} d(\varphi_s(x) \;,\varphi_t(x'))^{2p} \leq C[|t-s|^{p-\varepsilon} + d(x,x')^{2p}]$

De plus, par le théorème 2.2, on voit immédiatement que pour la mesure P^*, si $x_1,\ldots,x_\ell \in N$, alors $(\varphi.(x_1),\ldots, \varphi.(x_\ell),\tilde{w}.)$ a la même loi que $(y_1,\ldots,y_\ell,w)$, où w est le mouvement brownien sur Ω, et $y_1,\ldots,y_\ell$ sont donnés par les solutions du système d'équations différentielles stochastiques :

(2.73)
$$dy_1 = \overset{o}{X}(y_1)d^\Gamma t + X_i(y_1) \, . \, \vec{\delta}\, w^i$$
$$y_1(o) = x_1$$
$$\vdots$$
$$dy_\ell = \overset{o}{X}(y_\ell)d^\Gamma t + X_i(y_\ell) \, . \, \vec{\delta}\, w^i$$
$$y_\ell(o) = x_\ell$$

De (2.72), il résulte qu'il existe une application $\Omega \times R^+ \times N \to N$: $(\omega,t,x) \to \varphi_t(\omega,x)$ essentiellement unique, p.s. continue sur $R^+ \times N$ et telle que pour tout $x \in N$, $t \to \varphi_t(\omega,x)$ est solution de l'équation différentielle stochastique (2.42). On montre la convergence P.U.C. de $\varphi^n(\omega,.)$ vers $\varphi.(\omega,.)$ comme au théorème I.1.2.

Quand N n'est pas simplement connexe, on considère encore son revêtement universel, les flots relevés, et on raisonne sur ces flots comme aux théorèmes 2.1 et 2.2. ■

Remarque 1 : La démonstration de la convergence P.U.C. des dérivées de $\varphi^n(\omega.)$ vers les dérivées de $\varphi.(\omega,.)$ nécessite des calculs encore plus lourds que les calculs précédents. En effet, le calcul de la dérivée seconde d'un flot géodésique, qui permettrait d'obtenir une inégalité du type (2.72) pour les dérivées premières met en jeu la dérivée covariante du tenseur de courbure. Nous laissons ces calculs en exercice au lecteur.

d) Approximation d'une diffusion de Stratonovitch par des équations différentielles ordinaires.

Soit $X_o(x)$, $X_1(x),\dots,X_m(x)$ une famille de champs de vecteurs tangents à N, qu'on suppose localement lipchitziens et uniformément bornés. On considère la suite d'équations différentielles ordinaires :

$$(2.74)\qquad dx^n = (X_o(x^n) + X_i(x^n)\dot{w}^{i,n})dt$$

$$x^n(o) = x$$

où x est un élément de N fixé. Les hypothèses faites sur $X_o,\dots,X_m$ garantissent que (2.74) a une solution unique. On a alors le résultat suivant :

Théorème 2.4. : Si N est à courbure sectionnelle uniformément bornée en module, si $X_1,\dots,X_m$ sont de classe C_1, si les tenseurs $\nabla.X_1,\dots,\nabla.X_m$ sont bornés, alors la suite x_n converge P.U.C. sur $\Omega \times R^+$ vers la solution x_t unique de l'équation différentielle de Stratonovitch :

$$(2.75)\qquad dx = X_o(x)dt + X_i(x) \,.\, dw^i$$

$$x(o) = x$$

qui s'écrit aussi :

$$(2.76)\qquad dx=(X_o + \tfrac{1}{2}\nabla_{X_i}X_i)(x)\, d^\Gamma t + X_i(x) \,.\, \vec{\delta} w^i$$

$$x(o) = x$$

<u>Preuve</u> : On va encore montrer une condition du type (2.2). On supprime l'indice n dans (2.74) pour faire les calculs. On suppose tout d'abord N simplement connexe. Si s,t sont deux réels tels que $0 \leq s \leq t \leq T$,

$$(2.77)\qquad r_{x_s}^2(x_t) = \int_s^t \langle dr_{x_s}^2(x_u), \frac{dx}{du}\rangle du = \int_s^t \langle dr_{x_s}^2(x_u), X_0(x_u) + X_i(x_u)\dot{w}^{i,n}\rangle du =$$

$$\int_s^t \langle dr_{x_s}^2(x_u), X_0(x_u)\rangle du + \int_{s_{n+1}}^{t\vee s_{n+1}} \langle dr_{x_s}^2(x_{u_n}), X_i(x_{u_n})\rangle \dot{w}^{i,n}\, du +$$

$$+ \int_s^t du \int_{u_n\vee s}^{u} (\langle \nabla_{X_0(x_v)+X_i(x_v)\dot{w}^{i,n}}\, dr_{x_s}^2(x_v), X_j(x_v)\rangle \dot{w}^{j,n} +$$

$$+ \langle dr_{x_s}^2(x_v), \nabla_{X_0} X_i(x_v) + \nabla_{X_j} X_i(x_v)\, \dot{w}^{j,n}\rangle\, \dot{w}^{i,n})dv$$

p désigne un réel >2. Par le théorème 1.9, on a :

$$(2.78)\qquad E\left|\int_s^t \langle dr_{x_s}^2(x_u), X_0(x_u)\rangle du\right|^p \leq C(t-s)^{p-1} \int_s^t E|r_{x_s}(x_u)|^p du.$$

En raisonnant comme en (2.7), il vient :

$$(2.79)\qquad E\left|\int_{s_{n+1}}^{t\vee s_{n+1}} \langle dr_{x_s}^2(x_{u_n}), X_i(x_{u_n})\rangle \dot{w}^{i,n} du\right|^p \leq C(t-s)^{\frac{p}{2}-1} \int_{s_{n+1}}^{t\vee s_{n+1}} E|r_{x_s}(x_{u_n})|^p\, du$$

De plus, en réutilisant le théorème 1.9, on a :

$$(2.80)\qquad E\left|\int_s^t du \int_{u_n\vee s}^{u} \langle \nabla_{X_0(x_v)+X_i(x_v)\dot{w}^{i,n}}\, dr_{x_s}^2(x_v), X_j(x_v)\rangle\, \dot{w}^{j,n}\, dv\right|^p \leq$$

$$\leq C(t-s)^{p-1}\, E\int_s^t du\left|\int_{u_n\vee s}^{u} (1 + r_{x_s}^2(x_v))(1 + |\dot{w}^{i,n}|^2)dv\right|^p$$

Or, par inégalité triangulaire, il vient :

$$(2.81)\qquad r_{x_s}(x_v) \leq r_{x_s}(x_{u_n\vee s}) + \frac{C}{2^n}(1 + |\dot{w}^{i,n}|)$$

On peut majorer le membre de droite de (2.80) par :

$$(2.82)\qquad \frac{C(t-s)^{p-1}}{2^{np}} E\int_s^t du\Big(1 + r_{x_s}^{2p}(x_{u_n \vee s}) + \frac{1}{2^{2np}}\,(1+|\dot w^{i,n}|^{2p})(1+|\dot w^{i,n}|^{2p}\Big) \le$$

$$\le \frac{C(t-s)^{p-1}}{2^{np}} \int_s^t du\big[(1+E(r_{x_s}^{2p}(x_{u_n \vee s}))(1+2^{np}) + \frac{1}{2^{2np}}\,(1+2^{2np})\big] \le$$

$$\le C(t-s)^{p-1}\int_s^t du\,\big(1+E(r_{x_s}^{2p}(x_{u_n \vee s}))\big)$$

Enfin, on a :

$$(2.83)\qquad E\Big|\int_s^t du \int_{u_n \vee s}^u \langle dr_{x_s}^2(x_v), \nabla_{X_o} X_i(x_v) + \nabla_{X_j} X_i(x_v)\,\dot w^{j,n}\rangle\, \dot w^{i,n}\,dv\Big|^p$$

$$\le C(t-s)^{p-1}\, E\int_s^t du\,\Big|\int_{u_n}^u r_{x_s}(x_v)(1+|\dot w^{i,n}|^2)dv\Big|^p \le$$

$$\le \frac{C(t-s)^{p-1}}{2^{np}} \int_s^t du\; E\Big[\Big(r_{x_s}(x_{u_n \vee s}) + \frac{C}{2^n}\,(1+|\dot w^{i,n}|)\Big)(1+|\dot w^{i,n}|^2)\Big]^p \le$$

$$\le \frac{C(t-s)^{p-1}}{2^{np}} \int_s^t du\,\Big(E|r_{x_s}(x_{u_n \vee s})|^p\,(1+2^{np}) + \frac{C}{2^{np}}\,(1+2^{2np})\Big) \le$$

$$\le C'(t-s)^{p-1}\int_s^t du\big(1+E(r_{x_s}(x_{u_n \vee s}))^p\big)du$$

En rassemblant (2.77) - (2.83), on trouve :

$$(2.84)\qquad E r_{x_s}^{2p}(x_t) \le C(t-s)^{p-1}\int_s^t E\, r_{x_s}^p(x_u)du + C(t-s)^{\frac{p}{2}-1}\int_s^t E\, r_{x_s}^p(x_{u_n \vee s})du$$

$$+\, C(t-s)^{p-1}\int_s^t \big(1+E\, r_{x_s}^{2p}(x_{u_n \vee s})\big)du$$

De (2.84), on tire :

$$(2.85)\qquad E\, r^{2p}_{x_s}(x_t) \leq C \int_s^t (1 + E\, r^{2p}_{x_s}(x_u) + E\, r^{2p}_{x_s}(x_{u_n \vee s}))\, du$$

En raisonnant comme au Théorème 2.1, il vient :

$$(2.86)\qquad E\; r^{2p}_{x_s}(x_t) \leq C(t-s)$$

En reportant (2.86) dans (2.84), et en itérant, on voit que pour tout $\varepsilon > 0$, il existe C tel que :

$$(2.87)\qquad E|r^{2p}_{x_s}(x_t)| \leq C(t-s)^{p-\varepsilon}$$

Si $p-\varepsilon$ est >1, on trouve ainsi que les lois $\tilde{P}^n$ des x^n sur $\mathcal{C}(R^+;N)$ forment un ensemble étroitement relativement compact. Soit $\tilde{P}^{n_k}$ une sous-suite convergeant étroitement vers $\tilde{P}$. Identifions alors N à R^d par la carte globale $x' \to \tilde{x}' = \exp_x^{-1} x'$ Soit T_n le temps d'arrêt :

$$(2.88)\qquad T_n = \inf\{t \geq 0 \; ; \; d(x,x_t) \geq n\}$$

Alors grâce au théorème 4.1 de [54] qui est précisément établi sur R^d, jusqu'au temps T^n la loi $\tilde{P}$ est déterminée de manière unique, et c'est précisément la loi d'un processus vérifiant l'équation différentielle stochastique

$$(2.89)\qquad dq = X_o(q)dt + X_i(q)d\,\tilde{w}^i$$

où $(\tilde{w}^1,\ldots,\tilde{w}^m)$ est un mouvement brownien m-dimensionnel. Comme $T_n \to \infty$ p.s., $\tilde{P}$ est déterminé de manière unique. Toute la suite converge étroitement vers $\tilde{P}$. On démontre la convergence P.U.C. comme au théorème I.1.2.

∎

e) Approximation du flot associé à une diffusion de Stratonovitch par les flots d'équations différentielles ordinaires.

On considère les équations (2.74). Pour chaque $x \in N$, (2.74) définit une fonction $\varphi_t^n(\omega,x)$. $\varphi_t^n(\omega,x))$ est clairement continue en x. On a alors le résultat suivant :

Théorème 2.5. : Si N est à courbure uniformément bornée en norme, si X_o est de classe C^1, si $X_1,\dots,X_m$ sont de classe C^2 si $\nabla.X_o$, $\nabla.X_1,\dots,\nabla.X_m$ sont des tenseurs bornés, si de plus les dérivées covariantes de ces tenseurs, qui sont notés $\nabla\nabla X_1,\dots,\nabla\nabla X_m$ sont également bornés, alors la famille de fonctions $\varphi^n.(\omega,.)$ converge P.U.C. sur $\Omega \times R^+ \times N$ vers une fonction $\varphi.(\omega,.)$ qui est p.s. continue sur tout $R^+ \times N$, et telle que pour tout $x \in N$, $\varphi.(\omega,x)$ est la solution unique de l'équation (2.75).

Preuve : Comme au théorème 2.3, on va procéder à des estimations sur les dérivées des flots $\varphi^n.(\omega,.)$.

On suppose tout d'abord N simplement connexe. Clairement, les flots $\varphi^n.(\omega,.)$ sont dérivables. Si $(x,X) \in TN$, $(\varphi_t^n(\omega,x),\frac{\partial\varphi_t^n}{\partial x}(\omega,x)X)$ est la solution de l'équation différentielle :

$$(2.90) \qquad dZ = (X_o^C(Z) + X_i^C(Z)\,\dot{w}^{i,n})dt$$

$$Z(o) = (x,X)$$

Si $Z_t = (q_t,X_t)$, et si τ_o^t est l'opérateur de transport parallèle de $T_{x_t}(N)$ dans $T_x(N)$, si $\tilde{X}_t = \tau_o^t\,X_t$, on a par exemple par X-(4.5)

$$(2.91) \qquad \tilde{X}_t = X + \int_o^t \tau_o^u[\nabla_{X_u} X_o(x_u) + \nabla_{X_u} X_i(x_u)\,\dot{w}^{i,n}]du$$

Or, on a :

(2.92) $$\tau_0^u \nabla_{X_u} X_i(x_u) = \tau_0^{u_n} \nabla_{X_{u_n}} X_i(x_{u_n}) + \int_{u_n}^{u} \tau_v^{u_n} \frac{D}{Dv} \nabla_{X_v} X_i(x_v)dv =$$

$$= \tau_0^{u_n} \nabla_{X_{u_n}} X_i(x_{u_n}) + \int_{u_n}^{u} \tau_v^{u_n} [\nabla_{X_v} \nabla_{(X_0+X_j \dot{w}^{j,n})} X_i - R(X_v, X_0+X_j \dot{w}^{j,n})X_i(x_v)]dv$$

et donc :

(2.93) $$\tilde{X}_t = X + \int_0^t \tau_0^u \nabla_{\tau_u^0 \tilde{X}_u} X_0(x_u)du + \int_0^t \tau_0^{u_n} \nabla_{\tau_{u_n}^0 \tilde{X}_{u_n}} X_i(x_{u_n}) \dot{w}^{i,n} du +$$

$$+ \int_0^t du \int_{u_n}^{u} \tau_v^{u_n} [\nabla_{\nabla_{\tau_v^0 \tilde{X}_v}(X_0+X_j \dot{w}^{j,n})} X_i \dot{w}^{i,n} + (\nabla \nabla X_i)(\tau_v^0 \tilde{X}_v, X_0 +$$

$$+ X_j \dot{w}^{j,n})\dot{w}^{i,n}]dv - \int_0^t du \int_{u_n}^{u} \tau_v^{u_n} R(\tau_v^0 \tilde{X}_v, X_0 + X_j \dot{w}^{j,n})X_i \dot{w}^{i,n} dv$$

En utilisant les hypothèses de borne du théorème, on voit facilement qu'au moins formellement, on peut procéder comme pour dans la formule (2.51) et montrer que si t reste borné, on a l'équivalent de la formule (2.65) i.e.

(2.94) $$E\left|\frac{\partial \varphi^n}{\partial x}t (\omega,x)X\right|^{2p} \leq C|X|^{2p}$$

On poursuit le raisonnement comme pour le théorème 2.3, et on montre bien que $\varphi^n_\cdot(\omega,.)$ converge P.U.C. vers un flot $\varphi_\cdot(\omega,.)$ p.s. continu sur $R^+ \times N$ et qui est associé à l'équation (2.75). □

Remarque 2 : Il est intéressant de comparer la formule (2.93) à la formule X (4.16) du théorème X.4.10.

CHAPITRE XII

Calcul variationnel en coordonnées covariantes sur des semi-martingales de Ito

L'objet de ce chapitre est d'utiliser les techniques développées dans les chapitres VIII, IX et X pour développer un calcul des variations intrinsèques sur des semi-martingales de Ito.

L'une des grandes difficultés dans le calcul des variations sur les semi-martingales de Ito est que le drift de la semi-martingale varie dans une variété mal définie, et qu'en conséquence le fibré contangent qui lui correspond est lui-même encore plus inconnu. Comme nous avons réussi, dans les chapitres précédents, à ramener toutes les caractéristiques locales dans le fibré tangent de la variété des états du système considéré à l'aide d'une connexion, l'ensemble $(q,\overset{\circ}{q},H_1 \dots H_m)$ varie donc dans le fibré vectoriel $\overset{m+1}{\underset{1}{\oplus}} T M$. Il est maintenant beaucoup plus aisé d'identifier le fibré cotangent de $\overset{m+1}{\underset{1}{\oplus}} T M$ et d'aboutir à une formulation effectivement intrinsèque des conditions nécessaires et suffisantes d'extrémalité d'un critère.

Dans la section 1 de ce chapitre, on reprend les techniques d'éclatement du fibré cotangent exposées à la section VI-3.

A l'aide de la connexion Γ, on identifie entre eux divers fibrés vectoriels. On construit également une transformation de Legendre qui permet de passer d'une fonction définie sur $\overset{m+1}{\underset{1}{\oplus}} T M$ à une fonction définie sur $\overset{m+1}{\underset{1}{\oplus}} T^*M$. Ces identifications nous seront très utiles à la section 2. En effet, si on veut trouver une semi-martingale de Ito qui s'écrit sous la forme

$$(0.1) \qquad q_t = q_0 + \int_0^t \overset{\circ}{q}\, d^\Gamma s + \int_0^t H_i \,.\, \vec{\delta} w^i$$

minimisant le critère

$$(0.2) \qquad E\left\{\int_0^T L(\omega,t,q,\overset{\circ}{q},H,\dots H_m)dt + \Phi(q_T)\right\}$$

On trouve des conditions nécessaires et suffisantes d'extrémalité du critère (0.2) à l'aide d'un processus à valeurs dans le fibré cotangent T^*M, dont on décrit les caractéristiques locales relativement à l'une des connexions Γ^C ou Γ^H, utilisant en particulier le tenseur de courbure de la connexion Γ. On étudie aussi rapidement le problème d'extrémalité presque sûre d'un critère de la forme

$$(0.3)\qquad \int_0^t L(\omega,t,q,\overset{\circ}{q},H_1\ldots H_m)dt + \int_0^t L_i(\omega,t,q,H_i)\ .\ \vec{\delta}w^i$$

Dans la section 3, on étudie une formulation pseudo-hamiltonienne des conditions nécessaires et suffisantes trouvées à la section 2, en construisant un pseudo-hamiltonien $\mathcal{H}$ sur le fibré $\overset{m+1}{\underset{1}{\oplus}} T^*M$. On vérifie en particulier l'explosion de la structure symplectique de T^*M sous l'effet des termes de diffusion. Dans la section 4, on étudie l'effet d'un changement de connexion sur la variété de base M. On montre en particulier que, bien que le processus (q,p) à valeurs dans T^*M soit le même - ce qui est évidemment naturel - le pseuso-hamiltonien $\mathcal{H}$ change avec la connexion. On donne une formule permettant de calculer le nouvel hamiltonien en fonction de l'ancien hamiltonien, et on explique pourquoi les conditions d'extrémalité de ces deux pseudo-hamiltoniens définissent effectivement le même processus à valeurs dans le fibré cotangent T^*M. On résoud ainsi l'irritant problème exposé dans l'introduction de cet article et que nous avions toujours rencontré dans nos précédents travaux [8], [9] et [14] : le problème de la non invariance par le changement local de coordonnées du pseudo-hamiltonien que nous avions défini. Cela nous empêchait en particulier de pouvoir formuler un principe d'extrémalité global sur une semi-martingale de Ito à valeurs dans une variété M, puisque localement, par changement de cartes la fonction qu'on devrait extrémaliser changeait avec la carte considérée. C'est précisément l'existence d'une connexion sur la variété M qui permet effectivement de formuler un principe d'extrémalité global, puisqu'elle permet de relier entre elles les définitions des moyennes locales d'une semi-martingale de Ito. Un instrument de calcul élémentaire est en particulier l'invariance par changement de connexion sur M de la quantité

$$(0.4)\qquad < p\ ,\ \overset{\circ}{q} > + \frac{1}{2} < H_i'\ ,\ H_i >$$

qu'on associe à la partie "processus croissant" de la décomposition de Meyer de l'intégrale de la forme pdq sur une semi-martingale à valeurs dans T^*M. On étudie également l'existence d'une intégrale de Poincaré-Cartan généralisée qu'on extrémalise.

Dans la section 5, on étudie le problème classique de contrôle d'une semi-martingale de Ito vérifiant une équation différentielle stochastique de la forme

$$(0.5)\qquad \begin{aligned} dq &= f(\omega,t,q,u)d^{\Gamma}t + \sigma_i(\omega,t,q,u)\ .\ \vec{\delta}w^i \\ q(o) &= q \end{aligned}$$

avec un critère du type

$$E\int_0^t L(\omega,t,x,u)dt \tag{0.6}$$

On donne une formulation d'un principe du maximum, qui dépend aussi de la connexion Γ, et qui fait intervenir explicitement le tenseur de courbure de Γ.

1. Retour sur l'éclatement du fibré cotangent

On reprend l'ensemble des hypothèses et notations du chapitre X sur la variété M, la connexion Γ sans torsion sur L(M). On reprend également les notations de ce chapitre.

Au paragraphe a) on identifie les fibres des fibrés $T\left(\overset{m+1}{\underset{1}{\oplus}} TM\right)$ et $T^*\left(\overset{m+1}{\underset{1}{\oplus}} TM\right)$ des sommes directes de fibres tangentes ou cotangentes à M. Au paragraphe b) on fait le même type d'identification pour $T\left(\overset{m+1}{\underset{1}{\oplus}} T^*M\right)$ et $T^*\left(\overset{m+1}{\underset{1}{\oplus}} T^*M\right)$. Au paragraphe c), on donne les formules explicites permettant de calculer ces identifications. Au paragraphe d), on identifie $T^*\left(\overset{m+1}{\underset{1}{\oplus}} TM\right)$ et $\overset{m+1}{\underset{1}{\oplus}} T(T^*M)$. Cette identification sera très importante pour la suite, puisque le fibré $\overset{m+1}{\underset{1}{\oplus}} T(T^*M)$ est exactement le fibré des caractéristi- locales d'une semi-martingale à valeurs dans le fibré cotangent T^*M. Au paragraphe e), on définit la transformation de Legendre de fonctions définies sur le fibré $\overset{m+1}{\underset{1}{\oplus}} TM$ en des fonctions définies sur le fibré $\overset{m+1}{\underset{1}{\oplus}} T^*M$. Cette transformation nous permettra de construire les pseudo-hamiltoniens des problèmes de calcul de variation de Ito.

a) $T\left(\overset{m+1}{\underset{1}{\oplus}} TM\right)$ et $T^*\left(\overset{m+1}{\underset{1}{\oplus}} TM\right)$

On considère le fibré vectoriel $\overset{m+1}{\underset{1}{\oplus}} TM$. On note tout point x de $\overset{m+1}{\underset{1}{\oplus}} TM$ sous la forme

$$x = (q,\overset{\circ}{q},H_1\ldots H_m) \tag{1.1}$$

où $q \in M$, et $\overset{\circ}{q}$, $H_1\ldots H_m \in T_qM$.

Soit $\rho_0,\rho_1\ldots\rho_m$ les projections canoniques de $\overset{m+1}{\underset{1}{\oplus}} TM$ dans TM

$$\rho_0(q,\overset{\circ}{q},H_1\ldots H_m) = (q,\overset{\circ}{q}) \tag{1.2}$$

(1.2) $\rho_i(q,\overset{\circ}{q},H_1\ldots H_m) = (q,H_i)$

Soit π la projection canonique de $\bigoplus_1^{m+1} TM$ dans M

(1.3) $\pi(q,\overset{\circ}{q},H_1\ldots H_m) = q$

On pose alors la définition suivante :

Définition 1.1 : On dit que $X \in T_x(\bigoplus_1^{m+1} TM)$ est horizontal si pour tout $j = 0 \ldots m$, on a :

(1.4) $\overset{*}{\rho_j}(X) \in T^H_{\rho_j(x)}(TM)$

On dit que $X \in T_x(\bigoplus_1^{m+1} TM)$ est vertical si pour tout $j = 0 \ldots m$, on a :

(1.5) $\overset{*}{\rho_j}(X) \in T^V_{\rho_j(x)}(TM)$

On note $T^H(\bigoplus_1^{m+1} TM)$ le fibré vectoriel des vecteurs horizontaux de $T(\bigoplus_1^{m+1} TM)$, $T^V(\bigoplus_1^{m+1} TM)$ le fibré vectoriel des vecteurs verticaux de $T(\bigoplus_1^{m+1} TM)$. On a clairement

(1.6) $T(\bigoplus_1^{m+1} M) = T^H(\bigoplus_1^{m+1} TM) \oplus T^V(\bigoplus_1^{m+1} TM)$

Notons qu'on peut directement obtenir la décomposition (1.6) par la procédure plus naturelle de quotient du fibré principal L(N) [40] - II - 7.

On va alors procéder à des identifications.

Définition 1.2 : Pour tout $x = (q,\overset{\circ}{q},H_1\ldots H_m) \in \bigoplus_1^{m+1} TM$, $T^H_x(\bigoplus_1^{m+1} TM)$ est de dimension d. On l'identifie canoniquement à $T_q(M)$ par l'isomorphisme linéaire

(1.7) $X \in T^H_x(\bigoplus_1^{m+1} TM) \to \overset{*}{\pi} X$.

Définition 1.3 : Pour tout $x = (q,\overset{\circ}{q},H_1\ldots H_m) \in \bigoplus_1^{m+1} TM$, on identifie canoniquement $T^V_x(\bigoplus_1^{m+1} TM)$ à $\bigoplus_1^{m+1} TM$ par l'isomorphisme linéaire

(1.8) $X \in T^V_x(\bigoplus_1^{m+1} TM) \to ((\overset{*}{\rho_o}X)^{V'}, (\overset{*}{\rho_1}X)^{V'} \ldots (\overset{*}{\rho_m}X)^{V'}) \in \bigoplus_1^{m+1} T_qM$.

Ces identifications sont parfaitement naturelles compte tenu de [40] II-7 qui identifie l'espace $T_x^H(\overset{m+1}{\underset{1}{\oplus}} TM)$ à $T_q(M)$ et l'espace $T^V(\overset{m+1}{\underset{1}{\oplus}} TM)$ à l'espace tangent à la fibre $\overset{m+1}{\underset{1}{\oplus}} T_qM$, qui coincide ici avec $\overset{m+1}{\underset{1}{\oplus}} T_qM$.

Compte tenu de (1.6) et des Définitions 1.2 et 1.3, on est fondé à poser la Définition suivante.

Définition 1.4 : *Si $X \in T_x(\overset{m+1}{\underset{1}{\oplus}} TM)$, on note*

$$X = X^H + X^V \tag{1.9}$$

la décomposition de X suivant la somme directe (1.6).

On a alors immédiatement le résultat élémentaire suivant.

Proposition 1.5 : *Pour tout $x = (q, \overset{\circ}{q}, H_1, \ldots H_m) \in \overset{m+1}{\underset{1}{\oplus}} TM$, l'application $X \in T_x(\overset{m+1}{\underset{1}{\oplus}} TM) \to (\pi^* X, (\rho_o^* X)^{V'}, \ldots (\rho_m^* X)^{V'})$ est un isomorphisme linéaire de $T_x(\overset{m+1}{\underset{1}{\oplus}} TM)$ dans $T_qM \oplus (\overset{m+1}{\underset{1}{\oplus}} T_qM)$.*

Preuve : La preuve est immédiate compte tenu des Définitions 1.2 et 1.3. ∎

Il va de soi que X^H est exactement le relèvement horizontal en x du vecteur $\pi^* X \in T_q(M)$, et que pour $j = 0 \ldots m$

$$\rho_j^*(X)^{V'} = [\rho_j^*(X^V)]^{V'} . \tag{1.10}$$

L'isomorphisme défini à la Proposition 1.5 recouvre donc exactement la décomposition de X en la somme d'un vecteur horizontal et d'un vecteur vertical, la première composante de $(\pi^* X, (\rho_o^* X)^{V'} \ldots (\rho_m^* X)^{V'})$ correspondant à X^H et les m + 1 éléments suivants à la composante verticale X^V.

On a alors le résultat élémentaire suivant sur $T^*(\overset{m+1}{\underset{1}{\oplus}} TM)$.

Proposition 1.6 : *On peut identifier tout élément de $T_x^*(\overset{m+1}{\underset{1}{\oplus}} TM)$ à un élément de $T_q^* M \oplus (\overset{m+1}{\underset{1}{\oplus}} T^* M)$ par l'isomorphisme linéaire déduit par dualité de l'isomorphisme construit à la Proposition 1.5.*

Preuve : Les éléments de $T^*_x(\overset{m+1}{\underset{1}{\oplus}} TM)$ étant précisément les formes linéaires sur $T_x(\overset{m+1}{\underset{1}{\oplus}} TM)$, la Proposition est immédiate. ∎

A partir de maintenant, on identifie $T_x(\overset{m+1}{\underset{1}{\oplus}} TM)$ à $T_qM \oplus (\overset{m+1}{\underset{1}{\oplus}} T_qM)$ et on identifie $T^*_x(\overset{m+1}{\underset{1}{\oplus}} TM)$ à $T^*_qM \oplus (\overset{m+1}{\underset{1}{\oplus}} T^*_qM)$.

Il va de soi que cette identification dépend de la connexion Γ.

b) $T(\overset{m+1}{\underset{1}{\oplus}} T^*M)$ et $T^*(\overset{m+1}{\underset{1}{\oplus}} T^*M)$

On peut naturellement effectuer le même type de considérations sur $T(\overset{m+1}{\underset{1}{\oplus}} T^*M)$ que sur $T(\overset{m+1}{\underset{1}{\oplus}} TM)$. Soit en effet $x' = (q,p,H'_1 \dots H'_m)$ un élément de $\overset{m+1}{\underset{1}{\oplus}} T^*M$. On peut effectuer une décomposition de $T_{x'}(\overset{m+1}{\underset{1}{\oplus}} T^*M)$ sous la forme

$$T_{x'}(\overset{m+1}{\underset{1}{\oplus}} T^*M) = T^H_{x'}(\overset{m+1}{\underset{1}{\oplus}} T^*M) \oplus T^V_{x'}(\overset{m+1}{\underset{1}{\oplus}} T^*M) \tag{1.11}$$

On identifie $T^H_{x'}(\overset{m+1}{\underset{1}{\oplus}} T^*M)$ à $T_q(M)$ et $T^V_{x'}(\overset{m+1}{\underset{1}{\oplus}} T^*M)$ à $\overset{m+1}{\underset{1}{\oplus}} T^*_qM$. On peut ainsi identifier $T_{x'}(\overset{m+1}{\underset{1}{\oplus}} T^*M)$ à $T_qM \oplus (\overset{m+1}{\underset{1}{\oplus}} T^*_qM)$. Par l'identification duale, on identifie $T^*_{x'}(\overset{m+1}{\underset{1}{\oplus}} T^*M)$ à $T^*_qM \oplus (\overset{m+1}{\underset{1}{\oplus}} T_qM)$. Toutes ces identifications on un caractère essentiellement trivial.

On sait que le fibré vectoriel $T^*_qM \oplus T_qM$ est muni d'une structure symplectique canonique. Si $u^*_1 \oplus u_1$ et $u^*_2 \oplus u_2$ sont dans $T^*_qM \oplus T_qM$, on pose en effet [58]

$$\tilde{D}(u^*_1 \oplus u_1 \, , \, u^*_2 \oplus u_2) = u^*_1(u_2) - u^*_2(u_1) \tag{1.12}$$

La forme $\tilde{D}$ permet de réaliser un isomorphisme canonique $\mathcal{J}$ de $T^*_qM \oplus T_qM$ sur $T_qM \oplus T^*_qM$ définit par

$$\tilde{D}(u^*_1 \oplus u_1 \, , \, u^*_2 \oplus u_2) = \langle \mathcal{J}(u^*_2 \oplus u_2) \, , \, u^*_1 \oplus u_1 \rangle \tag{1.13}$$

où < > est le crochet de dualité entre $T_qM \oplus T_q^*M$ et $T_q^*M \oplus T_qM$. On a

$$(1.14) \qquad \mathcal{J}(u_2^* \oplus u_2) = (u_2 \oplus (-u_2^*))$$

On pose alors la définition suivante.

Définition 1.7 : On note $\tilde{\mathcal{J}}$ l'isomorphisme linéaire de $T_q^*M \oplus (\bigoplus_1^{m+1} T_qM)$ dans $T_qM \oplus T_q^*M \oplus (\bigoplus_1^m T_qM)$, qui à $(u^*, v, H_1 \ldots H_m)$ associe $(v, -u^*, H_1 \ldots H_m)$.

c) Exemples de calculs

Soit $(q^1 \ldots q^d)$ un système de coordonnées locales sur M . Soit (Γ_{ij}^k) les coefficients de Cristoffel de la connexion Γ relativement à la carte locale considérée.

Soit $(q^1 \ldots q^d, \overset{o}{q}{}^1 \ldots \overset{o}{q}{}^d, H_i^1 \ldots H_i^d)$ le système de coordonnées locales sur $\bigoplus_1^{m+1} TM$ correspondant. On a alors :

Proposition 1.8 : Si $X \in T_q(N)$ s'écrit

$$(1.15) \qquad X = X^k \frac{\partial}{\partial q^k}$$

alors le relèvement horizontal H de X en $x = (q, \overset{o}{q}, H_1 \ldots H_m) \in \bigoplus_1^{m+1} TM$ s'écrit

$$(1.16) \qquad X^H = X^k \frac{\partial}{\partial q^k} - \overset{o}{q}{}^j \, \Gamma_{\ell j}^k(q) \, X^\ell \frac{\partial}{\partial \overset{o}{q}{}^k} - H_i^j \, \Gamma_{\ell j}^k(q) \, X^\ell \frac{\partial}{\partial H_i^k}$$

Preuve : C'est immédiat par la formule X (4.6). ∎

On en déduit immédiatement :

Proposition 1.9 : Si X est un élément de $T(\bigoplus_1^{m+1} TM)_{(q, \overset{o}{q}, H_1 \ldots H_m)}$ qui s'écrit

$$(1.17) \qquad X = X^k \frac{\partial}{\partial q^k} + \overset{o}{Y}{}^j \frac{\partial}{\partial \overset{o}{q}{}^j} + Z_i^j \frac{\partial}{\partial H_i^j}$$

alors l'image $(A, \tilde{X}_o, \tilde{X}_1 \ldots \tilde{X}_m)$ de X dans $T_qM \oplus (\bigoplus_1^{m+1} TM)$ par l'isomorphisme décrit à la Proposition 1.5 s'écrit

$$(1.18) \qquad A = X^k \frac{\partial}{\partial q^k}$$

$$(1.18)\qquad \begin{aligned}\tilde{X}_o &= (\overset{o}{Y}{}^k + \overset{o}{q}{}^j\, \Gamma^k_{\ell j}(q)\, X^\ell)\, \frac{\partial}{\partial q^k}\\ \tilde{X}_i &= (Z^k_i + H^j_i\, \Gamma^k_{\ell j}(q)\, X^\ell)\, \frac{\partial}{\partial q^k} \qquad (1 \leq i \leq m)\end{aligned}$$

Preuve : C'est immédiat par la Proposition 1.8. ∎

De la Proposition 1.9, on tire :

Proposition 1.10 : Si ω *est un élément de* $T^*(\overset{m+1}{\underset{1}{\oplus}} TM)_{(q,\overset{o}{q},H_1\ldots H_m)}$ *qui s'écrit :*

$$(1.19)\qquad \omega = \omega_k\, dq^k + \overset{o}{\omega}_j\, d\overset{o}{q}{}^j + \xi_{ij}\, dH^j_i$$

alors l'image $(\overset{o}{p},p,H'_1,\ldots H'_m)$ *de* ω *dans* $T^*_q M \oplus (\overset{m+1}{\underset{1}{\oplus}} T^* M)$ *par l'isomorphisme canonique décrit à la Proposition 1.6 s'écrit*

$$(1.20)\qquad \begin{aligned}\overset{o}{p} &= (\omega_k - \Gamma^a_{kj}(q)\, \overset{o}{\omega}_a\, \overset{o}{q}{}^j - \Gamma^a_{kj}(q)\, \xi_{ia}\, H^j_i)dq^k\\ p &= \overset{o}{\omega}_k\, dq^k\\ H'_i &= \xi_{ik}\, dq^k\end{aligned}$$

Preuve : La preuve est triviale. Il suffit en effet d'écrire que pour tout $X \in T_x(\overset{m+1}{\underset{1}{\oplus}} TM)$ qui s'écrit comme en (1.17), si $A,\tilde{X}_o,\ldots\tilde{X}_m$ sont donnés par (1.18) on a :

$$(1.21)\qquad < \omega,X > = < \overset{o}{p},A > + < p,\tilde{X}_o > + < H'_i,\tilde{X}_i >$$

On obtient bien (1.19). ∎

On va maintenant faire le même type de calculs pour $T(\overset{m+1}{\underset{1}{\oplus}} T^* M)$ et $T^*(\overset{m+1}{\underset{1}{\oplus}} T^* M)$.

On a en effet :

Proposition 1.11 : Si $X \in T_q(M)$ *s'écrit*

$$(1.22)\qquad X = X^k\, \frac{\partial}{\partial q^k}$$

alors le relèvement horizontal X^H *de* X *en* $x = (q,p,H'_1,\ldots,H'_m) \in \overset{m+1}{\underset{1}{\oplus}} T^* M$ *s'écrit :*

(1.23) $$X^H = X^k \frac{\partial}{\partial q^k} + p_j \Gamma^j_{\ell k}(q)\, X^\ell \frac{\partial}{\partial p_k} + H'_{ij}\, \Gamma^j_{\ell k}(q)\, X^\ell \frac{\partial}{\partial H'_{ik}}$$

<u>Preuve</u> : C'est immédiat par la formule X-(1.13). □

On déduit immédiatement :

<u>Proposition 1.12</u> : <u>Si</u> X' <u>est un élément de</u> $T_{(q,p,H'_1\ldots H'_m)}(\overset{m+1}{\oplus} T^*M)$ *<u>qui s'écrit</u>*

(1.24) $$X' = X'^k \frac{\partial}{\partial q^k} + \overset{o}{Y}{}'_j \frac{\partial}{\partial p_j} + Z'_{ij} \frac{\partial}{\partial H'_{ij}}$$

<u>alors l'image</u> $(A', \tilde{X}'_o, \tilde{X}'_i)$ *<u>de</u> X <u>dans</u>* $T_qM \oplus (\overset{m+1}{\underset{1}{\oplus}} T^*_qM)$ *<u>par l'isomorphisme décrit au paragraphe</u> b) <u>s'écrit</u> :*

$$A' = X'^k \frac{\partial}{\partial q^k}$$

(1.25) $$\tilde{X}'_o = (\overset{o}{Y}{}'_k - p_j\, \Gamma^j_{\ell k}(q)\, X'^\ell)\, dq^k$$

$$\tilde{X}'_i = (Z'_{ik} - H'_{ij}\, \Gamma^j_{\ell k}(q)\, X'^\ell)\, dq^k$$

<u>Proposition 1.13</u> : <u>Si</u> ω' *<u>est un élément de</u>* $T^*_{(q,p,H'_1\ldots H'_m)}(\overset{m+1}{\underset{1}{\oplus}} T^*M)$ *<u>qui s'écrit</u> :*

(1.26) $$\omega' = \omega'_k\, dq^k + \overset{o}{\omega}{}'^j\, dp_j + \xi'^j_i\, dH'_{ij}$$

<u>alors l'image</u> $(\overset{o}{R}, \overset{o}{X}, H_1 \ldots H_m)$ *<u>de</u>* ω' *<u>dans</u>* $T^*_q(M) \oplus (\overset{m+1}{\underset{1}{\oplus}} TM)$ *<u>par l'isomorphisme canonique décrit au paragraphe</u> b) <u>s'écrit</u> :*

$$\overset{o}{R} = (\omega'_k + \overset{o}{\omega}{}'^a\, \Gamma^j_{ka}(q)\, p_j + \xi'^a_i\, H'_{ij}\, \Gamma^j_{ka})\, dq^k$$

(1.27) $$\overset{o}{X} = \overset{o}{\omega}{}'^k \frac{\partial}{\partial q^k}$$

$$H_i = \xi'^k_i \frac{\partial}{\partial q^k}$$

<u>Preuve</u> : On procède comme pour la Proposition 1.10 à partir de la Proposition 1.12. ■

d) Identification de $T^*(\overset{m+1}{\underset{1}{\oplus}} TM)$ et $\overset{m+1}{\underset{1}{\oplus}} T(T^*M)$

Dans la section X-5, nous avons identifié chaque fibre $T_{(q,p)}(T^*M)$ à $T_qM \oplus T_q^*M$.

Soit donc $(q,p) \in T^*M$ (i.e. $p \in T_q^*M$) et $(\overset{\circ}{L},\bar{H}_1\ldots\bar{H}_m)$ un élément de $\overset{m+1}{\underset{1}{\oplus}} T_{(q,p)}(T^*M)$. On identifie $\overset{\circ}{L},\bar{H}_1\ldots\bar{H}_m$ à leurs représentants dans $T_qM \oplus T^*M$, i.e. on écrit

$$(1.28) \qquad \begin{array}{lll} \overset{\circ}{L} = (\overset{\circ}{q},\overset{\circ}{p}) & \overset{\circ}{q} \in T_qM & \overset{\circ}{p} \in T_q^*M \\ \bar{H}_i = (H_i,H_i') & H_i \in T_qM & H_i' \in T_q^*M \end{array}$$

Un élément générique de $\overset{m+1}{\underset{1}{\oplus}} T(T^*M)$ peut donc se représenter sous la forme

$$(1.29) \qquad x = (q,p,\overset{\circ}{q},\overset{\circ}{p},H_1,H_1',\ldots H_m,H_m')$$

où $q \in M$, $p,\overset{\circ}{p},H_1'\ldots H_m' \in T_q^*M$, $\overset{\circ}{q},H_1\ldots H_m \in T_qM$. Pour (q,p) fixé dans T^*M, on représente ainsi linéairement la fibre $\overset{m+1}{\underset{1}{\oplus}} T_{(q,p)}(T^*M)$.

A la Proposition 1.6, nous avons vu que si $z = (q,\overset{\circ}{q},H_1,\ldots H_m) \in \overset{m+1}{\underset{1}{\oplus}} TM$, on peut identifier linéairement chaque fibre $T_z^*(\overset{m+1}{\underset{1}{\oplus}} TM)$ à $T_q^*(M) \oplus (\overset{m+1}{\underset{1}{\oplus}} T_q^*(M)$. Un élément générique x' de $T^*(\overset{m+1}{\underset{1}{\oplus}} TM)$ peut donc s'écrire sous la forme :

$$x' = (q,\overset{\circ}{q},H_1\ldots H_m,\overset{\circ}{p},p,H_1'\ldots H_m')$$

où $z = (q,\overset{\circ}{q},H_1\ldots H_m) \in \overset{m+1}{\underset{1}{\oplus}} TM$, et $(\overset{\circ}{p},p,H_1',\ldots H_m')$ est l'élément de $T_q^*M \oplus (\overset{m+1}{\underset{1}{\oplus}} T_q^*M)$ correspondant à l'élément de la fibre $T_z^*(\overset{m+1}{\underset{1}{\oplus}} TM)$ par l'isomorphisme précédent.

On pose alors la définition suivante.

<u>*Définition 1.14*</u> : <u>*On note i le difféomorphisme de*</u> $\overset{m+1}{\underset{1}{\oplus}} T(T^*M)$ <u>*sur*</u> $T^*(\overset{m+1}{\underset{1}{\oplus}} TM)$ <u>*qui à*</u> $x = (q,p,\overset{\circ}{q},\overset{\circ}{p},H_1,H_1'\ldots H_m,H_m')$ <u>*associe*</u> $x' = (q,\overset{\circ}{q},H_1\ldots H_m,\overset{\circ}{p},p,H_1'\ldots H_m')$.

Il est clair que i est un difféomorphisme.

<u>Remarque 1</u> : Il est essentiel de noter que si m = 0 - ce qui dans notre contexte probabiliste correspond au cas totalement déterministe - l'isomorphisme i de TT^*M

dans T^*TM ne dépend pas de la connexion Γ, ce qui explique qu'en calcul classique des variations, on puisse se passer de connexion pour formuler l'isomorphisme précédent. Il est par contre trivial de vérifier que dans le cas général où m est différent de 0, i dépend effectivement de la connexion Γ.

e) Transformation de Legendre

On va généraliser très simplement la transformation de Legendre sur les fonctions C^∞ définies sur TM à la transformation de Legendre sur les fonctions définies sur $\bigoplus_1^{m+1} TM$.

On pose tout d'abord la définition suivante.

Définition 1.15 : On dit qu'une fonction $C^\infty L$ définie sur $\bigoplus_1^{m+1} TM$ à valeur dans R est hyperrégulière si l'application FL de $\bigoplus_1^{m+1} TM$ dans $\bigoplus_1^{m+1} T^*M$.

$$(1.30) \qquad (q,H_1\ldots H_m) \to (q, \frac{\partial L}{\partial \overset{o}{q}}(q,\overset{o}{q},H_1\ldots H_m), \frac{\partial L}{\partial H_1}(q,\overset{o}{q},H_1\ldots H_m)\ldots\frac{\partial L}{\partial H_m}(q,\overset{o}{q},H_1\ldots H_m))$$

est un difféomorphisme de $\bigoplus_1^{m+1} TM$ sur $\bigoplus_1^{m+1} T^*M$.

On définit alors la transformation de Legendre d'une fonction hyperrégulière.

Définition 1.16 : Si L est une fonction C^∞ hyperrégulière définie sur $\bigoplus_1^{m+1} TM$ à valeurs réelles, on appelle transformée de Legendre de L et on note $\mathcal{H}$ la fonction C^∞ définie sur $\bigoplus_1^{m+1} T^*M$ par la relation

$$(1.31) \; \mathcal{H}(q,p,H'_1\ldots H'_m) = (< \frac{\partial L}{\partial \overset{o}{q}}, \overset{o}{q} > + < \frac{\partial L}{\partial H_i}, H_i > - L)\;(FL)^{-1}\;(q,p,H'_1\ldots H'_m)$$

On peut naturellement définir dans les mêmes conditions la transformation de Legendre inverse de fonctions hyperrégulières sur $\bigoplus_1^{m+1} T^*M$ à valeurs réelles, et montrer que ces opérations sont inverses l'une de l'autre.

Prenons donc L et $\mathcal{H}$ comme à la Définition 1.16. La différentielle dL de L en $(q,\overset{o}{q},H_1\ldots H_m) \in \bigoplus_1^{m+1} TM$ est un élément de $T^*(\bigoplus_1^{m+1} TM)_{(q,\overset{o}{q},H_1\ldots H_m)}$, que nous identifions à l'élément de $T^*_q M \oplus (\overset{m+1}{\underset{1}{\oplus}} T^* M)$ qui lui correspond par l'isomorphisme canonique défini à la Proposition 1.6. On écrira :

$$(1.32) \qquad dL(q,\overset{\circ}{q},H_1 \ldots H_m) = (\partial_q L, \partial_{\overset{\circ}{q}} L, \partial_{H_1} L \ldots \partial_{H_m} L)$$

où $\partial_q L$, $\partial_{\overset{\circ}{q}} L$, $\partial_{H_i} L$ sont des éléments de $T^*_q M$. Notons que grâce à la Proposition 1.10, on a :

$$(1.33) \qquad \begin{aligned} \partial_{\overset{\circ}{q}} L &= \frac{\partial L}{\partial \overset{\circ}{q}} \\ \partial_{H_i} L &= \frac{\partial L}{\partial H_i} \end{aligned}$$

i.e. les m+1 dernières composantes de dL sont effectivement les différentielles de L dans la fibre $\overset{m+1}{\underset{1}{\oplus}} T_q(M)$.

La différentielle $d\mathcal{H}$ de $\mathcal{H}$ en $(q,p,H'_1 \ldots H'_m) \in \overset{m+1}{\underset{1}{\oplus}} T^* M$ est un élément de $T^*_{(q,H_1 \ldots H_m)}(\overset{m+1}{\underset{1}{\oplus}} T^* M)$, que nous identifions à l'élément de $T^*_q M \oplus (\overset{m+1}{\underset{1}{\oplus}} T_q M)$ qui lui correspond par l'isomorphisme canonique défini au paragraphe b). On écrit ainsi :

$$(1.34) \qquad d\mathcal{H}(q,p,H'_1 \ldots H'_m) = (\partial_q \mathcal{H}, \partial_p \mathcal{H}, \partial_{H'_1} \mathcal{H} \ldots \partial_{H'_m} \mathcal{H})$$

où $\partial_q \mathcal{H} \in T^*_q(M)$ et $\partial_p \mathcal{H}$, $\partial_{H'_i} \mathcal{H} \in T_q(M)$. Notons que grâce à la Proposition 1.13, on a :

$$(1.35) \qquad \begin{aligned} \partial_p \mathcal{H} &= \frac{\partial \mathcal{H}}{\partial p} \\ \partial_{H'_i} \mathcal{H} &= \frac{\partial \mathcal{H}}{\partial H'_i} \end{aligned}$$

i.e. les m+1 dernières composantes de $d\mathcal{H}$ coïncident avec la différentielle de $\mathcal{H}$ dans la fibre $\overset{m+1}{\underset{1}{\oplus}} T^*_q M$.

On va maintenant relier dL et $d\mathcal{H}$ entre elles. Rappelons que l'isomorphisme linéaire $\tilde{\mathcal{J}}$ de $T^*_q M \oplus (\overset{m+1}{\underset{1}{\oplus}} T_q M)$ dans $T_q M \oplus T^*_q M \oplus (\overset{m}{\underset{1}{\oplus}} T_q M)$ a été défini à la Définition 1.7.

On a alors :

Théorème 1.17 : *Si* $(q,\overset{o}{q},H_1\dots H_m) \in \overset{m+1}{\underset{1}{\oplus}} TM$, *et si* $(q,p,H'_1\dots H'_m)$ *est donné par :*

$$(q,p,H'_1\dots H'_m) = FL(q,\overset{o}{q},H_1\dots H_m) \tag{1.36}$$

i.e.

$$p = \frac{\partial L}{\partial \overset{o}{q}}(q,\overset{o}{q},H_1\dots H_m) \quad H'_i = \frac{\partial L}{\partial H_i}(q,\overset{o}{q},H_1\dots H_m) \tag{1.37}$$

si on a :

$$dL\,(q,\overset{o}{q},H_1\dots H_m) = (\overset{o}{p},p,H'_1\dots H'_m) \tag{1.38}$$

alors

$$d\mathcal{H}(q,p,H'_1\dots H'_m) = (-\overset{o}{p},\overset{o}{q},H_1\dots H_m) \tag{1.39}$$

qui s'écrit aussi

$$\tilde{\mathcal{J}}\, d\mathcal{H}(q,p,H'_1\dots H'_m) = (\overset{o}{q},\overset{o}{p},H_1\dots H_m)\ . \tag{1.40}$$

Preuve : La preuve est immédiate. En effet, soit $(q^1\dots q^d)$ un système de coordonnées normal en $q_o \in M$. Par la Proposition III-8-4 de [40], les coefficients de Cristoffel Γ^k_{ij} sont nuls en q_o. Il suffit de vérifier (1.39) en coordonnées locales en $(q_o,p,H'_1\dots H'_m)$. Soit donc $L(q,p,H_1\dots H_m)$ une fonction définie sur $O\times(R^d)^{m+1}$ où O est un ouvert contenant q, et représentant L en coordonnées locales. Soit $\mathcal{H}(q,p,H'_1\dots H_m)$ la représentation correspondante de $\mathcal{H}$ en coordonnées locales. Alors il est classique que :

$$\begin{aligned} &\frac{\partial\mathcal{H}}{\partial p}(q,p,H'_1\dots H'_m) = \overset{o}{q} \\ &\frac{\partial\mathcal{H}}{\partial H'_i}(q,p,H'_1\dots H'_m) = H_i \end{aligned} \tag{1.41}$$

De plus, par les propriétés classiques de la transformation de Legendre

$$\frac{\partial\mathcal{H}}{\partial q}(q,p,H'_1\dots H'_m) = -\frac{\partial L}{\partial q}(q,p,H_1\dots H_m) \tag{1.42}$$

Or par la Proposition 1.10, comme les Γ^k_{ij} sont nuls en q_o, la première composante de

$dL(q_0,\overset{\circ}{q},H_1\ldots H_m)$ dans T^*M est exactement donnée par $\frac{\partial L}{\partial q}(q_0,\overset{\circ}{q},H_1\ldots H_m)$. De même par la Proposition 1.13, la première composante de $d\mathcal{H}(q_0,p,H_1'\ldots H_m')$ est exactement donnée par $\frac{\partial \mathcal{H}}{\partial q}(q_0,p,H_1'\ldots H_m')$. De (1.42), on tire bien (1.39). ∎

Remarque 2 : Il est aussi instructif de vérifier (1.39) sans supposer qu'on est en coordonnées normales en q_0, ce qui est naturellement immédiat.

2. Problèmes variationnels sur des semi-martingales de Ito

Soit $(\tilde{\Omega},\tilde{F},\tilde{F}_t,\tilde{P})$ un espace de probabilité vérifiant les propriétés indiquées au paragraphe VIII 1c). $w = (w^1\ldots w^m)$ est en particulier une martingale brownienne adaptée à $\{\tilde{F}_t\}_{t\geq 0}$

Nous considérons une semi-martingale de Ito q_t à valeurs dans M qui s'écrit :

(2.1) $$q_t = q_0 + \int_0^t \overset{\circ}{q}\, d^\Gamma s + \int_o H_i \cdot \vec{\delta} w^i$$

où $q_0 \in M$ est fixé et nous voulons choisir q_t de manière à rendre extrémal un critère de la forme :

(2.2) $$E\int_0^T L(\omega,t,q,\overset{\circ}{q},H_1\ldots H_m)dt + E(\Phi(\omega,q_t))$$

Le problème d'extrémalisation (2.1)-(2.2) est la généralisation naturelle des problèmes de mécanique classique aux semi-martingales de Ito.Pour obtenir des conditions raisonnables d'intégrabilité, nous allons faire des hypothèses très fortes sur la connexion Γ et la fonction L. Toutes ces hypothèses peuvent être considérablement affaiblies.

On suppose donc ici que M est une variété riemanienne. Le tenseur définissant la structure riemanienne est noté g. On rappelle que la structure riemanienne permet de rendre euclidienne chaque fibre $T_q(M)$ et d'identifier T_q^*M et T_qM.

T est un réel > 0. Γ est une connexion sans torsion sur L(M).

L est une fonction définie sur $\tilde{\Omega} X R^+ X \bigoplus_1^{m+1} TM$ à valeurs réelles. On fait alors les hypothèses suivantes :

a) Le tenseur de courbure R de la connexion Γ est borné (relativement à la structure riemanienne considérée).

b) Pour tout $(q,\overset{\circ}{q},H_1\ldots H_m) \in \overset{m+1}{\underset{1}{\oplus}} TM$, le processus $t \to L(\omega,t,q,\overset{\circ}{q},H_1\ldots H_m)$ est mesurable adapté à $\{\tilde{F}_t\}_{t\geq 0}$.

c) La fonction L est bornée, et telle que pour tout $\omega \in \tilde{\Omega}$, la fonction $(q,\overset{\circ}{q},H_1\ldots H_m) \to L(\omega,t,q,\overset{\circ}{q},H_1\ldots H_m)$ soit C^∞ et telle que $dL(\omega,t,q,\overset{\circ}{q},H_1\ldots H_m)$ en tant qu'élément de $T_q^*M \oplus (\overset{m}{\underset{1}{\oplus}} T_q^*M)$ soit uniformément borné.

d) Pour tout $q \in N$, $\omega \to \Phi(\omega,q)$ est F_T mesurable.

e) La fonction Φ est bornée et pour tout $\omega \in \tilde{\Omega}$ $q \to \Phi(\omega,q)$ est C^∞ à dérivée en q uniformément bornée.

Nous allons déterminer des conditions suffisantes d'extrémalité de (2.1). Dans le paragraphe a), nous déterminons l'espace des variations infinitésimales de la semi-martingale q_t. Dans le paragraphe b), on dérive des conditions suffisantes quand $(\tilde{\Omega},\tilde{F},\tilde{P})$ est l'espace de probabilité du mouvement brownien. Dans le paragraphe c) on étend les résultats au cas général. Enfin au paragraphe d) on examine les problèmes d'extrémalité p.s..

a) Variations semi-martingales

Nous devrons limiter la classe des variations d'une semi-martingales donnée qu'aux variations qui permettent effectivement une dérivation du critère (2.2) sous des conditions raisonnables.

Définition 2.1 : Soit q_t une semi-martingale de Ito à valeur dans M qui s'écrit :

$$q_t = q_o + \int_o^t \overset{\circ}{q}\, d^\Gamma u + \int_o^t H_i \,.\, \delta w^i \tag{2.3}$$

On dit qu'une famille de semi-martingales de Ito q_t^s dépendant de $s \in R$ qui s'écrivent :

$$q_t^s = q_o + \int_o^t \overset{\circ}{q}{}_u^s\, d^\Gamma u + \int_o^t H_i^s \,.\, \vec{\delta} w^i \tag{2.4}$$

est une variation admissible de q_t si les conditions suivantes sont vérifiées :

a) On a $q^o = q$.

b) P.s., pour tout t, $s \to q_t$ est dérivable à dérivée $\frac{\partial q_t^s}{\partial s}$ continue en (s,t), et

$$E(\sup_{(s,t)\in R\times[0,T]} \left|\frac{\partial q_t^s}{\partial s}\right|^2) < +\infty .$$

c) P.s. pour tout $t, s \to \overset{\circ}{q}{}_t^s, s \to H_{it}^s$ *est dérivable, et* $\frac{D}{Ds}\overset{\circ}{q}{}_t^s, \frac{D}{Ds}H_{it}^s$ *sont p.s. continues en* (s,t) *et uniformément bornées.*

Dans le cas ou $M = R^d$, et où la structure riemanienne est la structure euclidienne de R^d, il est trivial de fabriquer de telles variations. On se limitera dans la suite au variations admissibles de q_t.

b) Conditions suffisantes d'optimalité pour la filtration brownienne

Nous supposons temporairement que $(\tilde{\Omega},\tilde{F},\tilde{F}_t,\tilde{P})$ est l'espace de probabilité $\mathcal{C}(R^+;R^m)$ muni de la filtration canonique régularisée à droite $\mathcal{B}(w_s|s\leq t)^+$ et de la mesure brownienne. On complètera la filtration par les négligeables de $\mathcal{B}(w_s|s<+\infty)$.

Le fait que $\tilde{\Omega}$ est ainsi choisi nous permet d'affirmer que toute martingale locale est intégrale stochastique (de Ito) par rapport au mouvement brownien $w^1 \ldots w^m$.

On a alors le résultat fondamental de ce paragraphe.

Théorème 2.2 : Une condition suffisante pour qu'une semi-martingale $t \to q_t$ *qui s'écrit sous la forme (2.1) soit telle que pour toute variation admissible* q_t^s *de* q *on ait :*

$$(2.5)\qquad \frac{d}{ds}\Big|_{s=0}\left\{ E\int_0^T L(\omega,t,q_t^s,\overset{\circ}{q}{}_t^s,H_{it}^s)dt + E(\Phi(\omega,q_T^s))\right\} = 0$$

est que :

a) $H_1 \ldots H_m$ *soit des processus uniformément bornés.*

b) Il existe une semi-martingale de Ito $x_t = (q_t,p_t)$ *à valeurs dans* T^*M *dont la projection* πx_t *sur* M *est exactement* q_t, *qui s'écrit relativement à la connexion* Γ^C *de* T^*M

$$(2.6)\qquad x_t = x_o + \int_o^t \overset{\circ}{X}\, d^{\Gamma^C} u + \int_o^t X_i \cdot \vec{\delta} w^i$$

(resp. relativement à la connexion Γ^H *de* T^*M

(2.6') $$x_t = x_o + \int_0^t \overset{\circ}{X}\, d^{\Gamma^H} u + \int_0^t X_i \cdot \vec{\delta}w^i)$$

telle que si on a :

(2.7) $$\overset{\circ}{X} = (\overset{\circ}{q},\overset{\circ}{p}) \qquad X_i = (H_i, H_i')$$

où $\overset{\circ}{p}_t$, H'_{i_t} *sont des éléments de* $T^*_{q_t}M$ *(resp.*

(2.7') $$\overset{\circ}{X} = (\overset{\circ}{q},\overset{\circ}{p}{}') \qquad X_i = (H_i, H_i')$$

où $\overset{\circ}{p}{}'_t$, H'_{i_t} *sont des éléments de* $T^*_{q_t}M$*), alors les conditions suivantes sont vérifiées :*

(2.8) $$\partial_q L(\omega,t,q,\overset{\circ}{q},H_1 \dots H_m) = \overset{\circ}{p} - [R(.,H_i)H_i]^* p \qquad dP \otimes dt \text{ p.s.}$$

$$\partial_{\overset{\circ}{q}} L(\omega,t,q,\overset{\circ}{q},H_1 \dots H_m) = p \qquad dP \otimes dt \text{ p.s.}$$

$$\partial_{H_i} L(\omega,t,q,\overset{\circ}{q},H_1 \dots H_m) = H_i' \qquad dP \otimes dt \text{ p.s.}$$

$$p_T = - \frac{\partial\Phi}{\partial q}(\omega,q_T) \qquad dP \text{ p.s.}$$

(resp.

(2.8') $$\partial_q L(\omega,t,q,\overset{\circ}{q},H_1 \dots H_m) = \overset{\circ}{p}{}' - \frac{1}{2}[R(.,H_i)H_i]^* p \qquad dP \otimes dt \text{ p.s.}$$

$$\partial_{\overset{\circ}{q}} L(\omega,t,q,\overset{\circ}{q},H_1 \dots H_m) = p \qquad dP \otimes dt \text{ p.s.}$$

$$\partial_{H_i} L(\omega,t,q,\overset{\circ}{q},H_1 \dots H_m) = H_i' \qquad dP \otimes dt \text{ p.s.}$$

$$p_T = - \frac{\partial\Phi}{\partial q}(\omega,q_T) \qquad dP \text{ p.s.} \quad)$$

où $[R(.,H_i)H_i]^*$ *est le transposé de l'opérateur* $Y \to R(Y,H_i)H_i$.

Preuve : La preuve est très simple. Par les formules explicites de la Proposition 1.9, il est trivial de voir que $\left(\frac{\partial q_t^s}{\partial s}, \frac{D}{Ds}\overset{\circ}{q}{}_t^s \ \frac{D}{Ds}H^s_{1_t} \dots \frac{D}{Ds}H^s_{m_t} \right)$ est exactement l'image dans $T_{q_t}M \oplus (\overset{m}{\underset{1}{\oplus}} T_{q_t}M)$ du vecteur dérivée de l'application $s \to (q_t^s, \overset{\circ}{q}{}_t^s, H_{1_t}^s \ldots H_{m_t}^s)$ par l'isomorphisme canonique défini à la Proposition 1.5. On en déduit immédiatement :

$$(2.9) \quad \frac{\partial}{\partial s} L(\omega,t,q_t^s,\overset{\circ}{q}{}_t^s,H_{1_t}^s \ldots H_{m_t}^s) = < \partial_q L, \frac{\partial q_t^s}{\partial s} > + < \partial_{\overset{\circ}{q}} L, \frac{D\overset{\circ}{q}{}_t^s}{Ds} > + < \partial_{H_i} L, \frac{DH_{i_t}^s}{Ds} >$$

De plus, on a trivialement

$$(2.10) \quad \frac{\partial}{\partial s} \Phi(\omega,q_T^s) = < \frac{\partial \Phi}{\partial q} (\omega,q_T^s) \ , \ \frac{\partial q_T^s}{\partial s} >$$

Or par hypothèse, dL, $\frac{D\overset{\circ}{q}{}_t^s}{Ds}$, $\frac{DH_{i_t}^s}{Ds}$, $\frac{\partial \Phi}{\partial q}(\omega,.)$ sont uniformément bornés. De plus $\sup\limits_{(s,t) \in R \times [0,T]} \left| \frac{\partial q_t^s}{\partial s} \right| \in L_2$. On peut donc dériver le critère (2.2) et écrire :

$$(2.11) \quad \frac{d}{ds} \left\{ E \int_0^T L(\omega,t,q_t^s,\overset{\circ}{q}{}_t^s,H_{1_t}^s \ldots H_{m_t}^s) dt + E(\Phi(\omega,q_T^s)) \right\} = E \int_0^T (<\partial_q L, \frac{\partial q_t^s}{\partial s} > +$$
$$+ < \partial_{\overset{\circ}{q}} L, \frac{D\overset{\circ}{q}{}_t^s}{Ds} > + < \partial_{H_i} L, \frac{DH_{i_t}^s}{Ds} >) dt + E(< \frac{\partial \Phi}{\partial q} (\omega,q_T^s), \frac{\partial q_T^s}{\partial s} >)$$

Supposons alors que $(q_t, \partial_{\overset{\circ}{q}} L) = (q_t, p_t)$ soit une semi-martingale de Ito à valeurs dans M qui s'écrit sous la forme (2.6) ou (2.6') (notons que c'est ici qu'on utilise le fait que $\tilde{\Omega}$ est l'espace de probabilité du mouvement brownien w, et que dans la partie martingale, il n'y a pas de terme orthogonal à $w^1 \ldots w^m$). Par le Théorème X-5.4, on a :

$$(2.12) \quad < p_T, \frac{\partial q_T^0}{\partial s} > = \int_0^T (< \overset{\circ}{p}{}'_u, \frac{\partial q_u^0}{\partial s} > + < p_u, \frac{D\overset{\circ}{q}{}_u^0}{Ds} > + < H'_{i_u} , \frac{DH_{i_u}^0}{Ds} > - \frac{1}{2}$$
$$< [R(.,H_i^0)H_i^0]^* p_u, \frac{\partial q_u^0}{\partial s} >) du + \int_0^T (< p_u, \frac{DH_{i_u}^0}{Ds} > + < H_{i_u} , \frac{\partial q_u^0}{\partial s} >).\vec{\delta} w^i$$

Comme $\frac{\partial L}{\partial \overset{\circ}{q}} = p$, par l'hypothèse faite sur L, p est borné. Si $\overset{\circ}{p}{}'$, H'_i sont aussi uniformément bornés, comme par hypothèse $\frac{D\overset{\circ}{q}{}^s}{Ds}$, $\frac{DH_i^s}{Ds}$, H_i et le tenseur R sont uniformément bornés, comme $\sup\limits_{t \in [0,T]} \left| \frac{\partial q_T^0}{\partial s} \right|$ est dans L_2, on peut prendre l'espérance dans

(2.12) et écrire

$$(2.13)\quad E < p_T, \frac{\partial q_T^o}{\partial s} > = E\int_0^T (< \overset{\circ\prime}{p}_u, \frac{\partial q_u^o}{\partial s} > + < p_u, \frac{D\overset{\circ}{q}{}_u^o}{Ds} > + < H_i', \frac{DH_{i\,u}^o}{Ds} > - \frac{1}{2}$$

$$< [R(.,H_i)H_i]^* p, \frac{\partial q^o}{\partial s} >)du$$

En utilisant (2.13), on peut égaler (2.11) à

$$(2.14)\quad E\int_0^T [< \partial_q L - \overset{\circ\prime}{p} + \frac{1}{2}[R(.,H_i)H_i]^* p , \frac{\partial q_u^o}{\partial s} > + < \partial_{\overset{\circ}{q}} L - p, \frac{D\overset{\circ}{q}{}^o}{Ds} > + < \partial_{H_i} L - H_i',$$

$$\frac{DH_i^o}{Ds} > + E < \frac{\partial\Phi}{\partial q}(\omega, q_T) + p_T, \frac{\partial q^o}{\partial s}{}_T >$$

Les conditions (2.8') impliquent que (2.11) est nul. On obtient (2.8) à partir de la formule X (5.6). ∎

Remarque 1 : Il faut remarquer que le tenseur de courbure apparaît aussi bien avec la connexion Γ^C qu'avec la connexion Γ^H. Il est aussi intéressant de comparer les calculs faits ici avec les calculs et effectués dans nos précédents travaux [8], [9], [10], [14], [17]. En effet, nous avions systématiquement travaillé sur R^d, et le tenseur R est naturellement nul. Il faut aussi remarquer que les conditions trouvées sont pratiquement aussi des conditions nécessaires.

c) Le cas d'un espace de probabilité "général"

Dans [8]-[9]-[10]-[14]-[17], nous avons considéré un espace de probabilité général et avons accepté que le processus p_t puisse avoir des sauts. Bien que l'introduction de sauts pour une semi-martingale à valeurs dans T^*M ne pose pas de difficultés majeures, compte tenu du fait que le processus de base q_t est continu, nous préférons faire les hypothèses adéquates pour que p_t ne saute pas. Nous laissons au lecteur le problème des sauts comme un exercice.

Nous supposons donc que l'espace de probabilité est tel que sa filtration $\{\tilde{F}_t\}_{t\geq 0}$ n'a pas de temps de discontinuité [20] et que tout temps d'arrêt est prévisible [20]. Cette hypothèse est équivalente au fait que toute martingale locale est continue p.s. [45]. Un espace de probabilité possédant les propriétés précédentes peut être l'espace d'un mouvement brownien à valeurs dans $R^{m'}$ ($m' \geq m$).

Rappelons alors [45] que toute martingale locale continue M peut se décomposer de manière unique sous la forme :

(2.15) $$M_t = \int_0^t H_i \, . \, \vec{\delta} w^i + M'_t$$

où M'_t est une martingale locale orthogonale à $w^1 \ldots w^m$. (i.e. telle que $M'_t w^1_t \ldots M'_t w^m_t$ soient des martingales locales).

Alors si q_t est une semi-martingale de Ito à valeurs dans M du type (2.1), on peut sans difficulté considérer une semi-martingale x_t de Ito à valeurs dans T^*M telle que $\pi x_t = q_t$ et que sur une carte locale, bien que dans l'écriture de q, seules des intégrales de Ito relativement à w apparaissent, dans la décomposition de p apparaît également une partie martingale locale orthogonale à w, i.e., localement

(2.16) $$q_t = q_0 + \int_0^t L ds + \int_0^t H_i \, . \, \vec{\delta} w^i$$

$$p_t = p_0 + \int_0^t L' ds + \int_0^t H'_i \, . \, \vec{\delta} w^i + M'_t$$

où M'_t est une martingale locale orthogonale à w. On peut définir les caractéristiques locales de x relativement à Γ^C ou Γ^H de la même manière que précédemment, en utilisant en particulier le fait que les opérateurs de transport parallèle le long de $t \to q_t$ n'ont dans leurs parties martingale que des intégrales stochastiques relativement à w, et pas de partie orthogonale à w. Le lecteur peut facilement se convaincre de ce fait en supposant que la partie martingale orthogonale M' dans p s'exprime comme une intégrale stochastique relativement à un autre mouvement brownien orthogonal à w.

Alors pour le calcul de $\overset{\circ}{p}$ ou $\overset{\circ}{p}'$ à l'aide de la formule VIII-(2.12), la partie martingale orthogonale de p n'intervient pas. En effet les coefficients de Cristoffel $\Gamma^{i}_{\bar{j}\bar{k}}$ et $\Gamma^{\bar{i}}_{\bar{j}\bar{k}}$ sont nuls, i.e. ces connexions sont plates sur les fibres. Il n'y a donc aucune difficulté à décrire de manière intrinsèque des semi-martingales de Ito à valeurs dans T^*M qui s'écrivent sous la forme :

(2.17) $$x_t = x_0 + \int_0^t \overset{\circ}{X} \, d^{\Gamma^C} ds + \int_0^t X_i \, . \, \vec{\delta} w^i + M'_t$$

ou

(2.17') $$x_t = x_0 + \int_0^t \overset{\circ}{X} \, d^{\Gamma^H} s + \int_0^t X_i \, . \, \vec{\delta} w^i + M'_t$$

et où $q_t = \pi x_t$ s'écrit sous la forme (2.1). dM' peut être considéré formellement comme un élément de T^*M. On dit que M' est une martingale locale orthogonale à w.

Théorème 2.3 : *Une condition suffisante pour qu'une semi-martingale q_t qui s'écrit sous la forme (2.1) soit telle que pour toute variation admissible q_t^s de q on ait :*

$$(2.18) \qquad \frac{d}{ds}_{s=0}\left\{ E\int_0^T L(\omega,t,q_t^s,\overset{o}{q}{}_t^s,H_{i_t}^s)dt + E(\Phi(\omega,q_T^s))\right\} = 0$$

est que

a) $H_1 \ldots H_m$ *soient des processus uniformément bornés.*

b) Il existe une semi-martingale $x_t = (q_t,p_t)$ *à valeurs dans* T^*M *dont la projection* πx_t *sur* M *est exactement* q_t*, qui s'écrit relativement à la connexion* Γ^C *de* T^*M *:*

$$(2.19) \qquad x_t = x_0 + \int_0^t \overset{o}{X}\, d^{\Gamma^C}u + \int_o^t X_i \cdot \vec{\delta}w^i + M_t'$$

(resp. relativement à la connexion Γ^H *de* T^*M

$$(2.19') \qquad x_t = x_0 + \int_0^t \overset{o}{X}\, d^{\Gamma^H}u + \int_o^t X_i \cdot \vec{\delta}w^i + M_t' \;)$$

où M_t' *est une martingale orthogonale à* w*, telle que si on a :*

$$(2.20) \qquad \overset{o}{X} = (\overset{o}{q},\overset{o}{p}) \qquad\qquad X_i = (H_i,H_i')$$

où $\overset{o}{p}_t$, H_{i_t}' *sont des éléments de* $T_{q_t}^*M$ *(resp.*

$$(2.20') \qquad \overset{o}{X} = (\overset{o}{q},\overset{o}{p}{}') \qquad\qquad X_i = (H_i,H_i')$$

où $\overset{o}{p}{}_t'$, H_{i_t}' *sont des éléments de* $T_{q_t}^*M$*), alors les conditions suivantes sont vérifiées :*

$$(2.21) \qquad \partial_q L(\omega,t,q,\overset{o}{q},H_1\ldots H_m) = \overset{o}{p} - [R(.,H_i)H_i]^* p \qquad dP \otimes dt \text{ p.s.}$$

$$\partial_{\overset{o}{q}} L(\omega,t,q,\overset{o}{q},H_1\ldots H_m) = p \qquad dP \otimes dt \text{ p.s.}$$

$$\partial_{H_i} L(\omega,t,q,\overset{o}{q},H_1\ldots H_m) = H_i' \qquad dP \otimes dt \text{ p.s.}$$

$$p_T = -\frac{\partial\Phi}{\partial q}(\omega,q_T) \qquad dP \text{ p.s.}$$

(resp.

(2.21')
$$\partial_q L(\omega,t,q,\overset{o}{q},H_1\ldots H_m) = \overset{o}{p}' - \frac{1}{2}[R(.,H_i)H_i]^* p \qquad dP \otimes dt \ p.s.$$

$$\partial_{\overset{o}{q}} L(\omega,t,q,\overset{o}{q},H_1\ldots H_m) = p \qquad dP \otimes dt \ p.s.$$

$$\partial_{H_i} L(\omega,t,q,\overset{o}{q},H_1\ldots H_m) = H_i' \qquad dP \otimes dt \ p.s.$$

$$p_T = -\frac{\partial\Phi}{\partial q}(\omega,q_T) \qquad dP \ p.s. \ )$$

où $[R(.,H_i)H_i]^*$ *est le transposé de l'opérateur* $Y \to R(Y,H_i)H_i$.

Preuve : La preuve est quasiment identique à la preuve du Théorème 2.2. En effet, on peut sans difficulté modifier la formule (2.12) en la nouvelle formule :

(2.22)
$$< p_t, \frac{\partial q_t^o}{\partial s} > = \int_0^t (< \overset{o}{p}'_u, \frac{\partial q_u^o}{\partial s} > + < p_u, \frac{D}{Ds}\overset{o}{q}{}_u^o >$$

$$+ < H'_{i_u}, \frac{D}{Ds} H^o_{i_u} > - \frac{1}{2} < [R(.,H_i)H_i]^* p_u, \frac{\partial q_u^o}{\partial s} >)du$$

$$+ \int_0^t (< p, \frac{DH_i^o}{Ds} > + < H'_i, \frac{\partial q^o}{\partial s} >). \vec{\delta} w^i + \int_0^t < dM', \frac{\partial q^o}{\partial s} >.$$

Supposons que $H'_1 \ldots H'_m$ soient uniformément bornés. Soit T_n le temps d'arrêt

(2.23)
$$T_n = \inf\{t \geq 0 \ ; |\int_0^t < dM', \frac{\partial q^o}{\partial s} > | \geq n\} \wedge T$$

Alors on peut prendre l'espérance dans (2.22) en T_n et avoir

(2.24)
$$E < p_{T_n}, \frac{\partial q^o}{\partial s} T_n > = E \int_0^{T_n} [< \overset{o}{p}', \frac{\partial q^o}{\partial s} > + < p_u, \frac{D}{Ds}\overset{o}{q}{}_u^o$$

$$+ < H'_i, \frac{D}{Ds} H_i > - \frac{1}{2} < [R(.,H_i)H_i]^* p, \frac{\partial q^o}{\partial s} >]du$$

On obtient l'équivalent de la formule (2.13) par passage à la limite en n sur (2.24) en utilisant en particulier le fait que $< p_t, \frac{\partial q_t^o}{\partial s} >$ est un processus borné dans L_2. On poursuit alors comme pour le Théorème 2.2. ∎

Remarque 2 : Il est naturel d'ajouter le terme M', puisque la partie "martingale" de p n'est pas nécessairement intégrale stochastique relativement à w. Notons aussi que les conditions du Théorème 2.3 sont aussi pratiquement des conditions suffisantes.

d) Problèmes d'extrémalité p.s.

On revient provisoirement aux hypothèses du paragraphe b) i.e. en supposant que $(\tilde{\Omega}, \mathcal{F}, \mathcal{F}_t, P)$ est précisément l'espace de probabilité du mouvement brownien w. On va considérer rapidement l'analogue des problèmes d'extrémalité p.s. examinés au chapitre VI pour les diffusions de Stratonovitch.

On considère en effet sur la classe des semi-martingales qui s'écrivent sous la forme :

$$q_t = q_0 + \int_0^t \overset{\circ}{q}\, d^\Gamma s + \int_0^t H_i \,.\, \vec{\delta} w^i \tag{2.25}$$

et le critère

$$\int_0^T L_0(\omega,t,q,\overset{\circ}{q},H_1\ldots H_m)dt + \int_0^t L_i(\omega,t,q,H_i).\vec{\delta} w^i + \Phi(\omega,q_T) \tag{2.26}$$

où $L_0 \ldots L_m$ sont des fonctions bornées mesurables adaptées en (ω,t) et C^∞ en les autres variables, et où $\Phi(\omega,q)$ est une fonction bornée F_T-mesurable en ω et C^∞ en q.

Sous certaines hypothèses, on montre que la dérivée p.s. en s du critère (2.26) relativement à une variation admissible s'écrit :

$$\frac{d}{ds}_{s=0}\left[\int_0^T L(\omega,t,q^s,\overset{\circ}{q}{}^s,H_1^s\ldots H_m^s)dt + \int_0^T L_i(\omega,t,q^s,H_i).\vec{\delta} w^i + \Phi(\omega,q_T^s)\right] = \tag{2.27}$$

$$\int_0^T\left[< \partial L_q, \frac{\partial q^0}{\partial s} > + < \partial L_{\overset{\circ}{q}}, \frac{D\overset{\circ}{q}{}^0}{Ds} > + < \partial L_{H_i}, \frac{DH_i^0}{Ds} >\right]dt + \int_0^T\left[< \partial_q L_i, \frac{\partial q^0}{\partial s} >\right.$$

$$\left. + < \partial_{H_i} L, \frac{DH_i^0}{Ds} >\right].\vec{\delta} w^i + < \frac{\partial\Phi}{\partial q}(\omega,q_T), \frac{\partial q_T^0}{\partial s} >$$

Si $x_t = (q_t,p_t)$ est une semi-martingale à valeurs dans T^*M qui s'écrit :

$$x_t = x_0 + \int_0^t \overset{\circ}{X}{}' \, d^{\Gamma^H} s + \int_0^t X_i.\vec{\delta} w^i \tag{2.28}$$

avec

$$\overset{\circ}{X}{}' = (\overset{\circ}{q},\overset{\circ}{p}{}') \qquad X_i = (H_i,H_i') \tag{2.29}$$

alors, en utilisant la formule (2.12), on trouve que (2.27) est égal à

$$(2.30)\quad \int_0^T \Big[< \partial_q L - \overset{\circ}{p}{}' + \tfrac{1}{2} (R(.,H_i)H_i)^* p, \frac{\partial q^0}{\partial s} > + < \partial_{\overset{\circ}{q}} L - p , \frac{D\overset{\circ}{q}{}^o}{Ds} > + < \partial_{H_i} L - H_i',$$

$$\frac{DH_i^0}{Ds} > \Big] dt + \int_0^T \Big[< \partial_q L_i - H_i', \frac{\partial q^0}{\partial s} > + < \partial_{H_i} L_i - p, \frac{DH_i^0}{Ds} > \Big] . \vec{\delta} w^i + < \frac{\partial \Phi}{\partial q} (\omega, q_T)$$

$$+ p_T, \frac{\partial q^0}{\partial s}{}_T >$$

Pour égaler (2.30) à 0 il suffit donc que les conditions suivantes soient satisfaites :

$$(2.31)\qquad \begin{aligned} \partial_q L &= \overset{\circ}{p}{}' - \tfrac{1}{2} [R(.,H_i)H_i]^* p \\ \partial_{\overset{\circ}{q}} L &= p \\ \partial_{H_i} L &= H_i' \\ \partial_q L_i &= H_i' \\ \partial_{H_i} L_i &= p \\ p_T &= - \frac{\partial \Phi}{\partial q} (\omega, q_T) \end{aligned}$$

Les conditions (2.31) sont à rapprocher des conditions données à la section VI-4.

3. Formulation pseudo-hamiltonienne des conditions d'extremum

On reprend les hypothèses de la section 1 sur M,Γ. L est maintenant une fonction définie sur $\tilde{\Omega} \times R^+ \times (\overset{m+1}{\underset{1}{\oplus}} TM)$ à valeurs réelles, qu'on suppose bornée, mesurable adaptée en ω,t et C^∞ en les autres variables. On suppose de plus que pour tout (ω,t) $L(\omega,t,.)$ est hyperrégulière et on désigne par $\mathcal{H}(\omega,t,.)$ sa transformée de Legendre, qui est une fonction définie sur $\tilde{\Omega} \times R^+ \times \overset{m+1}{\underset{1}{\oplus}} T^*M$. On considère une semi-martingale $x_t = (q_t,p_t)$ continue à valeurs dans T^*M vérifiant les conditions équivalentes du Théorème 2.2 (2.8) -(2.8') relativement à L. Notons que nous ne reprenons les conditions du Théorème 2.2 que formellement, puisque dans les hypothèses de ce Théorème, on a supposé que dL était bornée relativement à une structure riemanienne de M, ce qui est incompatible avec l'hyperrégularité de L. Ceci n'est pas un inconvénient, puisque dans les cas classiques, on peut affaiblir les hypothèses de borne [9]-[12]-[14]-[17].

On suppose donc que

$$(3.1) \qquad x_t = x_0 + \int_0^t \overset{\circ}{X}{}' \, d^{\Gamma^H} s + \int_0^t X_i \cdot \vec{\delta} w^i$$

et on suppose que $\overset{\circ}{X}{}'$, X_i s'écrivent sous la forme

$$(3.2) \qquad \overset{\circ}{X}{}' = (\overset{\circ}{q}, \overset{\circ}{p}{}') \qquad X_i = (H_i, H_i')$$

et que les conditions suivantes sont satisfaites $dP \otimes dt$ p.s.

$$(3.3) \qquad \partial_q L(\omega,t,q,\overset{\circ}{q},H_1 \ldots H_m) = \overset{\circ}{p}{}' - \frac{1}{2} [R(.,H_i)H_i]^* p$$

$$\partial_{\overset{\circ}{q}} L(\omega,t,q,\overset{\circ}{q},H_1 \ldots H_m) = p$$

$$\partial_{H_i} L(\omega,t,q,\overset{\circ}{q},H_1 \ldots H_m) = H_i'$$

On a alors le résultat suivant :

Théorème 3.1 : On a les formules

$$(3.4) \qquad \overset{\circ}{q} = \partial_p \mathcal{H}(\omega,t,q,p,H_1' \ldots H_m')$$

$$\overset{\circ}{p}{}' - \frac{1}{2} [R(.,H_i)H_i]^* p = - \partial_q \mathcal{H}(\omega,t,q,p,H_1' \ldots H_m')$$

$$H_i = \partial_{H_i'} \mathcal{H}(\omega,t,q,p,H_1' \ldots H_m') \ .$$

Preuve : C'est immédiat par les formules (1.38) et (1.39) du Théorème 1.17. ■

Remarque 1 : Dans le Théorème 3.1 on utilise implicitement l'identification de $\overset{m+1}{\underset{1}{\oplus}} T(T^*M)$ et $T^*(\overset{m+1}{\underset{1}{\oplus}} TM)$ définie à la Définition 1.14. Notons aussi que la structure symplectique de T^*M n'apparaît plus que de manière très indirecte dans les formules (3.4) où on utilise plus directement la structure symplectique du fibré vectoriel $TM \oplus T^*M$, et implicitement la transformation $\tilde{\mathcal{J}}$ de la Définition 1.7. Notons aussi que les conditions (3.4) dépendent fondamentalement de la connexion Γ

Remarquons que ce résultat a été énoncé et utilisé par nous dans nos précédents travaux [9]-[14]-[17] quand $M = R^d$.

4. Changement de connexion

On reprend les hypothèses de la section 3. On va tenter de cerner les rapports entre la description du processus (q,p) relativement à une nouvelle connexion Γ' et la description initiale du processus (q,p).

On suppose en effet que $\tilde{\Gamma}$ désigne une nouvelle connexion sans torsion sur L(M). On désigne par $\tilde{\nabla}$ l'opérateur de dérivation covariante relativement à la connexion $\tilde{\Gamma}$.

Par la Proposition III-7.10 de [40], on sait que si X et Y sont des champs de vecteurs C^∞ tangents à M, il existe un tenseur du type (1,2), noté S, tel que

$$\tilde{\nabla}_X Y - \nabla_X Y = S(X,Y) \tag{4.1}$$

De plus, comme Γ et Γ' sont sans torsion, S est un tenseur symétrique i.e.

$$S(X,Y) = S(Y,X) \tag{4.2}$$

a) Transformation des caractéristiques locales dans T^*M

Soit donc $x_t = (q_t,p_t)$ une semi-martingale de Ito à valeurs dans T^*M qui s'écrit :

$$x_t = x_0 + \int_0^t \overset{\circ}{X}\, d^{\Gamma^C} s + \int_0^t X_i \,.\, \vec{\delta} w^i \tag{4.3}$$

où on a

$$\overset{\circ}{X} = (\overset{\circ}{q},\overset{\circ}{p}) \qquad\qquad X_i = (H_i,H_i') \tag{4.4}$$

Rappelons que dans (4.4) l'identification de $T_{(q,p)}(T^*M)$ à $T_q(M) \oplus T_q^*(M)$ dépend de la connexion Γ.

On va tout d'abord chercher à écrire x_t sous la forme

$$x_t = x_0 + \int_0^t \overset{\circ}{\tilde{X}}\, d^{\tilde{\Gamma}^C} s \int_0^t \tilde{X}_i \,.\, \vec{\delta} w^i \tag{4.5}$$

où

$$\overset{\circ}{\tilde{X}} = (\overset{\circ}{\tilde{q}},\overset{\circ}{\tilde{p}}) \qquad\qquad \tilde{X}_i = (\tilde{H}_i,\tilde{H}_i') \tag{4.6}$$

avec une identification en (4.6) qui dépend de la connexion $\tilde{\Gamma}$.

Théorème 4.1 : Si R et $\tilde{R}$ sont les tenseurs de courbure relativement aux connexions Γ et $\tilde{\Gamma}$, on a les formules :

$$(4.7)\qquad \overset{o}{\tilde{q}} = \overset{o}{q} + \frac{1}{2} S(H_i,H_i)$$

$$\tilde{H}_i = H_i$$

$$\tilde{H}_i' = H_i' - [S(.,H_i)]^* p$$

$$\overset{o}{\tilde{p}} - [\tilde{R}(.,H_i)H_i]^* p = \overset{o}{p} - [R(.,H_i)H_i]^* p - \frac{1}{2} [\nabla S\,(H_i,H_i)]^* p - [S(.,\overset{o}{\tilde{q}})]^* p$$

$$- [S(.,H_i)]^* \tilde{H}_i'$$

Preuve : La preuve résulte de calculs longs et fastidieux. Il faut en effet calculer le tenseur de défaut d'affinité de l'application identité $(T^*M,\Gamma^C) \to (T^*M,\tilde{\Gamma}^C)$. Ce calcul est laissé au lecteur. Une façon plus rapide de procéder consiste à remarquer que les conditions d'extremum du Théorème 2.2 doivent caractériser le même processus (q,p) lorsqu'on travaille avec les connexions Γ et $\tilde{\Gamma}$. Comme par la formule géométrique de Ito du Théorème VIII-3.5, on a :

$$(4.8)\qquad \overset{o}{\tilde{q}} = \overset{o}{q} + \frac{1}{2} S(H_i,H_i)$$

la nouvelle fonction $\tilde{L}$ des caractéristiques locales relativement à la connexion $\tilde{\Gamma}$ s'écrit :

$$(4.9)\qquad \tilde{L}(\omega,t,q,\overset{o}{\tilde{q}},H_i) = L(\omega,t,q,\overset{o}{\tilde{q}} - \frac{1}{2} S(H_j,H_j),H_i) .$$

Par la formule (2.8), on a

$$(4.10)\qquad \partial^{o}_{\tilde{q}} L = p$$

ce qui est naturel vu que (q_t,p_t) est le même processus pour les deux connexions. De même, on a :

$$(4.11)\qquad \tilde{H}_i' = \partial_{H_i}\tilde{L} = \partial_{H_i} L - < \partial^{o}_{q} L,\ S(.,H_i) >$$

$$= H_i' - [S(.,H_i)]^* p.$$

Enfin la dernière condition de (2.8) s'écrit :

(4.12) $$\overset{\circ}{\tilde p} - [\tilde R(.,H_i)H_i]^* p = \partial_q^{\tilde\Gamma}\tilde L$$

où nous avons délibérément noté $\partial_q^{\tilde\Gamma}\tilde L$, pour rappeler qu'il sagit de la composante de dL qui est calculée à l'aide de la connexion $\tilde\Gamma$ par la formule (1.20) de la Proposition 1.10. En utilisant cette formule, on montre facilement qu'on a :

(4.13) $$\partial_q^{\Gamma}\tilde L(q,\overset{\circ}{\tilde q},H_1 \dots H_m) = \partial_q L(q,\overset{\circ}{q},H_1 \dots H_m) - \frac{1}{2} < \frac{\partial L}{\partial \overset{\circ}{q}} , (\tilde\nabla.S)\ (H_i,H_i) > =$$

$$= \partial_q L - \frac{1}{2}\,[\nabla.S(H_i,H_i)]^* p$$

En réappliquant la formule (1.20), on trouve facilement que l'on a

(4.14) $$\partial_q^{\tilde\Gamma}\tilde L = \partial_q^{\Gamma} L - \frac{1}{2}\,(\nabla.S\ )\ (H_i,H_i)^* p - [S(.,\overset{\circ}{\tilde q})]^* p - [S(.,H_i)]^* \tilde H_i' \ .$$

En utilisant les conditions (2.8) pour Γ et $\tilde\Gamma$, on trouve bien (4.7). ∎

b) Transformation des hamiltoniens

Considérons la transformation utilisée en (4.9) qui à une fonction L C^∞ définie sur $\overset{m+1}{\underset{1}{\oplus}}$ TM associe la fonction $\tilde L$ définie par

(4.15) $$\tilde L(q,\overset{\circ}{q},H_1,H_2 \dots H_m) = L(q,\overset{\circ}{q} - \frac{1}{2}\,S(H_i,H_i),\ H_1 \dots H_m)$$

Si les transformées de Legendre $\mathcal{H}$ et $\tilde{\mathcal{H}}$ de L et $\tilde L$ sont définies simultanément, il n'existe à priori aucune manière simple de décrire directement la transformation $\mathcal{H} \to \tilde{\mathcal{H}}$.

On a cependant le résultat suivant qui est très simple :

Théorème 4.2 : *Si les transformées de Legendre $\mathcal{H}$ et $\tilde{\mathcal{H}}$ de L et $\tilde L$ sont définies simultanément, si de plus pour tout $q \in M$ et $(H_1 \dots H_m) \in \overset{m}{\underset{1}{\oplus}} T_q(M)$, l'application $\overset{\circ}{q} \in T_q(M) \to \frac{\partial L}{\partial \overset{\circ}{q}}(\omega,t,q,\overset{\circ}{q},H_1 \dots H_m) \in T_q^*(M)$ est injective, alors si $q \in M$ et si $p,\ H_1' \dots H_m',\ \tilde H_1' \dots \tilde H_m' \in T_q^*(M)$ sont tels que :*

(4.16) $$\frac{\partial\mathcal{H}}{\partial H_i'}(q,p,H_1' \dots H_m') = \frac{\partial\tilde{\mathcal{H}}}{\partial H_i'}(q,p,\tilde H_1' \dots \tilde H_m')$$

alors on a l'égalité :

$$(4.17)\quad \mathcal{H}(q,p,H'_1\ldots H'_m) - \frac{1}{2} < \frac{\partial\mathcal{H}}{\partial H'_i}(q,p,H'_1\ldots H'_m),\ H'_i > =$$
$$= \tilde{\mathcal{H}}(q,p,\tilde{H}'_1\ldots\tilde{H}'_m) - \frac{1}{2} < \frac{\partial\tilde{\mathcal{H}}}{\partial H'_i}(q,p,\tilde{H}'_1\ldots\tilde{H}'_m),\ \tilde{H}'_i >$$

Preuve : Par la propriété fondamentale de la transformation de Legendre, comme $\frac{\partial\mathcal{H}}{\partial H'_i} = H_i$, on a

$$(4.18)\quad \mathcal{H}(q,p,H'_1\ldots H'_m) = < p,\overset{\circ}{q} > + < H'_i,H_i > - L(q,\overset{\circ}{q},H_1\ldots H_m)$$

avec

$$(4.19)\quad \frac{\partial L}{\partial \overset{\circ}{q}}(q,\overset{\circ}{q},H_1\ldots H_m) = p$$
$$\frac{\partial L}{\partial H_i}(q,\overset{\circ}{q},H_1\ldots H_m) = H'_i$$

De même, on a aussi

$$(4.20)\quad \tilde{\mathcal{H}}(q,p,\tilde{H}'_1\ldots\tilde{H}'_m) = < p,\overset{\circ}{\tilde{q}} > + < \tilde{H}'_i,H_i > - \tilde{L}(q,\overset{\circ}{\tilde{q}},H_1\ldots H_m)$$

avec

$$(4.21)\quad \frac{\partial \tilde{L}}{\partial \overset{\circ}{\tilde{q}}}(q,\overset{\circ}{\tilde{q}},H_1\ldots H_m) = p$$
$$\frac{\partial \tilde{L}}{\partial H_i}(q,\overset{\circ}{\tilde{q}},H_1\ldots H_m) = \tilde{H}'_i$$

Or on a trivialement

$$(4.22)\quad \frac{\partial \tilde{L}}{\partial \overset{\circ}{\tilde{q}}}(q,\overset{\circ}{\tilde{q}},H_1\ldots H_m) = \frac{\partial L}{\partial \overset{\circ}{q}}(q,\overset{\circ}{\tilde{q}} - \frac{1}{2}S(H_i,H_i),\ H_1\ldots H_m)$$

De (4.19)-(4.22), on tire de l'injectivité de l'application $\overset{\circ}{q} \to \frac{\partial L}{\partial \overset{\circ}{q}}$ que nécessairement

$$(4.23)\quad \overset{\circ}{\tilde{q}} = \overset{\circ}{q} + \frac{1}{2}S(H_i,H_i)$$

Alors, trivialement, on a

$$(4.24)\quad \frac{\partial \tilde{L}}{\partial H_i}(q,\overset{\circ}{\tilde{q}},H_1\ldots H_m) = \frac{\partial L}{\partial H_i}(q,\overset{\circ}{q},H_1\ldots H_m) - [S(.,H_i)]^* \frac{\partial L}{\partial \overset{\circ}{q}}$$

ce qui s'écrit

$$(4.25) \qquad \tilde{H}'_i = H'_i - [S(.,H_i)]^* p$$

Donc

$$(4.26) \qquad \tilde{\mathcal{H}}(q,p,\tilde{H}'_1 \ldots \tilde{H}'_m) = < p, \overset{o}{q} + \frac{1}{2} S(H_i,H_i) > + < \tilde{H}'_i, H_i > - L(q,\overset{o}{q},H_1 \ldots H_m)$$

et ainsi

$$(4.27) \quad \tilde{\mathcal{H}}(q,p,\tilde{H}'_1 \ldots \tilde{H}'_m) - \frac{1}{2} < \tilde{H}'_i, H_i > = < p,\overset{o}{q} > + \frac{1}{2} < p, S(H_i,H_i) > + \frac{1}{2} < H'_i -$$

$$- [S(.,H_i)]^* p, H_i > - L(q,\overset{o}{q},H_1 \ldots H_m) = < p,\overset{o}{q} > + \frac{1}{2} < H'_i, H_i > - L(q,\overset{o}{q},H_1 \ldots H_m)$$

$$= \mathcal{H}(q,p,H_1 \ldots H_m) - \frac{1}{2} < H'_i, H_i >$$

ce qui est exactement (4.16). ∎

c) Un invariant fondamental

La correspondance $\mathcal{H} \to \tilde{\mathcal{H}}$ est de caractère profondément non linéaire. L'explication de la non invariance de $\mathcal{H}$ lorsqu'on change de connexion vient du fait que l'expression

$$(4.28) \qquad < p,\overset{o}{q} > + < H'_i, H_i >$$

n'est pas invariante par changement de connexion. Le véritable invariant en diffère légèrement. On a en effet un résultat élémentaire d'invariance.

Théorème 4.3 : *Sous les hypothèses du Théorème 4.1, on a :*

$$(4.29) \quad < p,\overset{o}{\tilde{q}} > + \frac{1}{2} < \tilde{H}'_i, \tilde{H}_i > = < p,\overset{o}{q} > + \frac{1}{2} < H'_i, H_i >$$

Preuve : $< p,\overset{o}{\tilde{q}} > + \frac{1}{2} < \tilde{H}'_i, \tilde{H}_i > = < p,\overset{o}{q} + \frac{1}{2} S(H_i,H_i) > + \frac{1}{2} < H'_i - S(.,H_i)^* p, H_i >$

$$= < p,\overset{o}{q} > + \frac{1}{2} < H'_i \; H_i > \quad ∎$$

Remarque 1 : La démonstration qui vient d'être donnée est mauvaise. En effet par le Théorème IV-2.9 et la formule IX-(2.9) on peut remarquer que si α_0 est la 1-forme pdq, alors l'intégrale de α_0 le long de $u \to q_u$ s'écrit :

$$(4.30) \quad \int_{u\in[0,t]\to x_u} pdq = \int_0^t (< p,\overset{o}{q} > + \frac{1}{2} < \nabla_{H_i} p, H_i >)ds + \int_0^t < p, H_i > \vec{\delta} w^i$$

et que $\nabla_{H_i} p$ s'interprête immédiatement comme la composante verticale de X_i, i.e. H_i'. Il est clair que $\int_{u\in[0,t]\to x_u} pdq$ étant un invariant, $< p,\overset{\circ}{q} > + \frac{1}{2} < H_i',H_i >$ est aussi un invariant.

L'invariance de l'expression (4.17) par changement de connexion devient tout à fait claire. En effet

$$(4.31) \quad \mathcal{H}(q,p,H_1'\ldots H_m') - \frac{1}{2} < \frac{\partial \mathcal{H}}{\partial H_i'}(q,p,H_1'\ldots H_m'),H_i' > = < p,\overset{\circ}{q} > + \frac{1}{2} < H_i',H_i >$$
$$- L(q,\overset{\circ}{q},H_1\ldots H_m)$$

étant la somme de deux termes invariants est bien invariant.

d) Intégrale de Poincaré - Cartan généralisée

Nous allons montrer rapidement, sans être rigoureux comment les formules (3.4) du Théorème 3.1 définissent un processus qui rend extrémal une certaine action. Soit $x_0 \in T^*M$ fixé.

Considérons en effet une semi-martingale $x_t = (q_t,p_t)$ à valeurs dans T^*M qui s'écrit :

$$(4.32) \qquad x_t = x_0 + \int_0^t \overset{\circ}{X}\, d^{\Gamma^C} s + \int_0^t X_i \cdot \vec{\delta} w^i$$

dont les caractéristiques locales s'expriment sous la forme

$$(4.33) \qquad \overset{\circ}{X} = (\overset{\circ}{q},\overset{\circ}{p}) \qquad\qquad X_i = (H_i,H_i')$$

On considère le critère

$$(4.34) \quad E\int_0^T [< p,\overset{\circ}{q} > + < H_i',H_i > - \mathcal{H}(\omega,t,q,p,H_1'\ldots H_m')]dt + E(\Phi(\omega,q_T))$$

où $\mathcal{H}$ est supposé borné, mesurable adapté en (q,p), et C^∞ en les autres variables. Aux conditions d'intégrabilité près que nous n'approfondirons pas, on va montrer que si x_t est tel que :

$$(4.35) \qquad \overset{\circ}{q} = \partial_p \mathcal{H}(\omega,t,q,p,H_1'\ldots H_m')$$
$$\overset{\circ}{p} - [R(.,H_i)H_i]^* p = - \partial_q \mathcal{H}(\omega,t,q,p,H_1'\ldots H_m')$$

$$H_i = \partial_{H'_i} \mathcal{H}(\omega,t,q,p,H'_1 \ldots H'_m)$$

$$p_T = - \frac{\partial \Phi}{\partial q} (\omega, q_T)$$

alors x_t rend extrémal (4.34) dans la classe des semi-martingales y_t qui s'écrivent sous la forme (4.32) et qui sont telles que $\pi y_0 = q_0$. En effet, soit x_t^s une variation de x, telle que $x^{(o)} = x$. Alors on a

$$(4.36) \quad \frac{d}{ds} E\left[\int_0^T (< p^s, \overset{\circ}{q}{}^s > + < H'^s_i, H^s_i > - \mathcal{H}(\omega,t,q^s,p,H'^s_1 \ldots H'^s_m))dt + \Phi(\omega, q_T^s)\right] =$$

$$E\int_0^T \left[< \frac{Dp^s}{Ds}, \overset{\circ}{q}{}^s > + < p^s, \frac{D\overset{\circ}{q}{}^s}{Ds} > + < H'^s_i, \frac{DH^s_i}{Ds} > + < H^s_i, \frac{DH'^s_i}{Ds} >\right.$$

$$\left. - < \partial_q \mathcal{H}, \frac{\partial q^s}{\partial s} > - < \partial_p \mathcal{H}, \frac{Dp^s}{Ds} > - < \partial_{H'_i} \mathcal{H}, \frac{DH'^s_i}{Ds} >\right] dt + E < \frac{\partial \Phi}{\partial q}, \frac{\partial q_T^s}{\partial s} >.$$

En utilisant le Théorème X-5.4 et aux questions d'intégrabilité près, comme $p_T^o = - \frac{\partial \Phi}{\partial q} (\omega, q_T^o)$, on peut égaler (4.37) à :

$$(4.37) \quad E\int_0^T \left[< \frac{Dp}{Ds}, \overset{\circ}{q} - \partial_p \mathcal{H} > - < \overset{\circ}{p} - [R(.,H_i)H_i]^* p + \partial_q \mathcal{H}, \frac{\partial q^o}{\partial s} >\right.$$

$$\left. + < H_i - \partial_{H'_i} \mathcal{H}, \frac{DH'^o_i}{Ds} >\right] dt .$$

De (4.35), on tire bien que (4.37) est nul.

Il va de soi que ceci n'est pas une démonstration mais seulement un guide pour la compréhension des calculs. Notons que grâce à (4.17) et (4.31), (4.34) est bien intrinsèque.

5. Principe du maximum pour des équations de Ito

Dans nos précédents travaux, [9]-[14]-[17] nous avons obtenu un principe du maximum généralisé pour le contrôle d'équations différentielles stochastiques de Ito à valeurs dans R^d. Nous allons chercher à formuler ce principe du maximum de manière intrinsèque relativement à la connexion Γ que nous avons sur M.

Γ désigne donc une connexion C^∞ sans torsion sur L(M). U désigne une sous-variété compacte de R^k. U sera l'espace des contrôles.

(Ω,F,F_t,P) désigne l'espace canonique du mouvement brownien m-dimensionnel $w^1\ldots w^m$.

$f(\omega,t,q,u)$, $\sigma_1(\omega,t,q,u)\ldots\sigma_m(\omega,t,q,u)$ sont des fonctions définies sur $\Omega\times R^+\times M\times R^k$ à valeurs dans TM, i.e. telles que si $q\in M$, $f(\omega,t,q,u)$, $\sigma_1(\omega,t,q,u)$ $\ldots\sigma_m(\omega,t,q,u)\in T_qM$.

On fait alors les hypothèses suivantes, notées H1 :

a) Pour tout $(q,u)\in M\times R^k$, $(\omega,t)\to f(\omega,t,q,u)$, $\sigma_i(\omega,t,q,u)$ définissent des processus mesurables adaptés.

b) Pour tout $(\omega,t)\in\Omega\times R^+$, l'application de $M\times R^k$ dans $\overset{m+1}{\underset{1}{\oplus}}TM$ définie par (q,u) $\to(q,f(\omega,t,q,u),\ \sigma_1(\omega,t,q,u)\ldots\sigma_m(\omega,t,q,u))$ est de classe C^∞.

On considère alors l'équation différentielle stochastique

$$
(5.1)\qquad \begin{aligned} dq &= f(\omega,t,q,u)d^\Gamma t+\sigma_i(\omega,t,q,u)\,.\,\vec{\delta}w^i \\ q(o)&=q_o \end{aligned}
$$

pour u mesurable adapté à valeurs dans R^k.

a) Dérivabilité du système

On suppose provisoirement que $M=R^d$. Si (Γ_{ij}^k) sont les coefficients de Cristoffel de la connexion Γ relativement à la carte globale $M\to R^d$, (5.1) s'écrit aussi :

$$
(5.2)\qquad dq=[f(\omega,t,q,u)-\tfrac{1}{2}\tilde{\sigma}_i(\omega,t,q,u)\Gamma(q)\sigma_i(\omega,t,q,u)]dt+\sigma_i(\omega,t,q,u)\ .\ \vec{\delta}w^i
$$

On peut alors mettre très simplement des conditions sur $b(\omega,t,q,u)$ défini par

$$
(5.3)\qquad b(\omega,t,q,u)=f(\omega,t,q,u)-\tfrac{1}{2}\tilde{\sigma}_i(\omega,t,q,u)\Gamma(q)\sigma_i(\omega,t,q,u)
$$

et sur $\sigma_1\ldots\sigma_m$ de manière que (5.2) ait une solution unique.

On va faire en fait les hypothèses très fortes suivantes, notées H2 :

les fonctions b, $\sigma_1 \ldots \sigma_m$ sont bornées ainsi que leurs dérivées en q et u jusqu'à l'ordre 2.

On pose alors la définition suivante :

Définition 5.1 : Pour $1 \leq p < +\infty$, on note C_p^T l'ensemble des processus continus adaptés x_t tels qu'on ait :

$$(5.4) \qquad \|x\|_p = \left[E(\sup_{0 \leq t \leq T} |x_t|^p)\right]^{1/p} < +\infty$$

C_p^T est naturellement un espace de Banach pour la norme (5.4). On a alors le résultat élémentaire suivant.

Théorème 5.2 : Si u est un processus mesurable adapté à valeur dans U, l'équation (5.2) a une solution unique q^u, telle que pour tout $p(1 \leq p < +\infty)$, q^u est dans C_p^T. De plus si h est un processus adapté borné à valeurs dans R^k, alors l'application de R dans C_p^T : $\lambda \to q^{u+\lambda h}$ est dérivable et sa dérivée en 0 est donnée par la solution $y^{u,h}$ de l'équation

$$(5.5) \qquad dy^{u,h} = \left[b_q(\omega,t,q^u,u)y^{u,h} + b_u(\omega,t,q,u)h\right]dt + \left[\sigma_{i_q}(\omega,t,q^u,u)y^{u,h} + \sigma_{i_u}(\omega,t,q^u,u)h\right] \cdot \vec{\delta w}^i$$

$$y^{u,h}(0) = 0$$

Enfin $y^{u,h}$ est dans C_p^T.

Preuve : Il est trivial de montrer que (5.2) a une solution unique, qui est dans C_p^T. On a de plus immédiatement, en utilisant le fait que les dérivées de b et σ_i sont bornées

$$(5.6) \qquad E|q_t^v - q_t^u|^{2p} \leq C\left[E\int_0^t (|q_s^v - q_s^u|^{2p} + |v_s - u_s|^{2p})ds\right]$$

Par le lemme de Gronwall, on a donc :

$$(5.7) \qquad E|q_t^v - q_t^u|^{2p} \leq C\, e^{Ct} \int_0^t e^{-Cs} |v - u|^{2p}\, ds$$

Soit maintenant λ un réel différent de 0. Si y^u est la solution unique de (5.5), on a :

$$(5.8)\qquad E\left|\frac{q_t^{u+\lambda h}-q_t^u}{\lambda}-y^{u,h}\right|^{2p}\leqslant C\,E\left\{\int_0^t\left[\left|\frac{b(q^{u+\lambda h},u+\lambda h)-b(q^u,u)}{\lambda}\right.\right.\right.$$

$$\left.-\,b_q(q^u,u)y^{u,h}-b_u(q^u,u)h\right|^{2p}+\left|\frac{\sigma(q^{u+\lambda h},u+\lambda h)-\sigma(q^u,u)}{\lambda}\right.-$$

$$\left.\left.\left.-\,\sigma_q(q^u,u)y^{u,h}-\sigma_u(q^u,u)h\right|^{2p}\right]ds\right\}$$

En utilisant le théorème des accroissements finis et en majorant les dérivées secondes de b, $\sigma_1\ldots\sigma_m$, on peut majorer (5.8) par :

$$(5.9)\qquad C\,E\left\{\int_0^t\left|b_q(q^u,u)\left[\frac{q^{u+\lambda h}-q^u}{\lambda}-y^{u,h}\right]\right|^{2p}+\left|\sigma_q(u,q^u)\left[\frac{q^{u+\lambda h}-q^u}{\lambda}\right.\right.\right.$$

$$\left.\left.\left.-\,y^{u,h}\right]\right|^{2p}+\frac{|q^{u+\lambda h}-q^u|^{4p}}{|\lambda|^{2p}}+\frac{\lambda^{4p}|h|^{4p}}{|\lambda|^{2p}}\right]ds\right\}$$

En majorant b_q et σ_q et en utilisant (5.7) appliqué pour p' = 2p, on a donc :

$$(5.10)\qquad E\left|\frac{q_t^{u+\lambda h}-q_t^u}{\lambda}-y^{u,h}\right|^{2p}\leqslant C\,E\int_0^t\left[\left|\frac{q^{u+\lambda h}-q^u}{\lambda}-y^{u,h}\right|^{2p}\right.$$

$$\left.+\,\lambda^{2p}\,|h|^{4p}\right]ds$$

Du lemme de Gronwall on déduit encore :

$$(5.11)\qquad E\left|\frac{q_t^{u+\lambda h}-q_t^u}{\lambda}-y^{u,h}\right|^{2p}\leqslant C\,e^{Ct}\left[\int_0^t e^{-Cs}\,E|h|^{4p}\right]|\lambda|^{2p}$$

De plus par l'inégalité de Doob - Davis, on peut majorer $\left\|\frac{q_\cdot^{u+\lambda h}-q_\cdot^u}{\lambda}-y^u\right\|_{2p}$ par le membre de droite de (5.8) à une constante multiplicative près - i.e.

$$(5.12)\qquad \left\|\frac{q_t^{u+\lambda h}-q_t^u}{\lambda}-y^{u,h}\right\|_{2p}^{2p}\leqslant C\,E\int_0^T\left[\left|\frac{q^{u+\lambda h}-q^u}{\lambda}-y^{u,h}\right|^{2p}\right.$$

$$\left.+\,|\lambda|^{2p}\,|h|^{4p}\right]ds\leqslant C\,E\left[\int_0^T |h|^{4p}\,ds\right]|\lambda|^{2p}$$

(5.12) implique bien la dérivabilité recherchée en $\lambda = 0$. On la montre de même en tout λ. ∎

b) Dérivabilité du critère

On fait les mêmes hypothèses qu'au paragraphe a). $K(\omega,t,q,u)$ désigne maintenant une fonction définie sur $\Omega \times R^+ \times M \times R^k$ à valeurs réelles telle que

a) Pour tout $(q,u) \in M \times R^k$, $K(\omega,t,q^u)$ est un processus mesurable adapté.

b) K est une fonction bornée, et pour tout $(\omega,t) \in \Omega \times R^+$, K est C^∞ en (q,u).

c) Les dérivées de K en (q,u) sont uniformément bornées.

Φ désigne enfin une fonction définie sur $\Omega \times M$ à valeurs réelles telle que

a) Pour tout $q \in N$, $\Phi(\omega,q)$ est une fonction F_T-mesurable.

b) Pour tout $\omega \in \Omega$, $q \to \Phi(\omega,q)$ est une fonction C^∞, dont les deux premières dérivées en q sont uniformément bornées.

Pour u mesurable adapté à valeurs dans U, on considère la solution q^u de (5.1) et le critère

$$(5.13) \qquad \mathcal{J}(u) = E\int_0^T K(\omega,t,q^u,u)dt + E(\Phi(\omega,q_T^u))$$

On a alors :

Théorème 5.3 : Si h est un processus adapté borné à valeurs dans R^k alors l'application de R dans R

$$(5.14) \qquad \lambda \to \mathcal{J}(u+\lambda h)$$

est dérivable et sa dérivée en 0 s'écrit

$$(5.15) \qquad \frac{d}{d\lambda}\mathcal{J}(u+\lambda h)\Big|_{\lambda=0} = E\int_0^T \left(<\frac{\partial K}{\partial q}(\omega,t,q^u,u),y^{u,h}> + <\frac{\partial K}{\partial u}(\omega,t,q^u,u),h>\right)dt$$
$$+ E\left(<\frac{\partial \Phi}{\partial q}(\omega,q_T^u),y_T^{u,h}>\right)$$

où $y^{u,h}$ est exactement la solution de l'équation (5.5).

Preuve : A l'équation (5.1) on rajoute l'équation

$$(5.16) \qquad dz^u = K(\omega,t,q^u,u)dt \qquad z(o)=o.$$

Alors par le Théorème 5.2, on sait que l'application $\lambda \to z^{u+\lambda h}$ est dérivable de R dans C_p^T et que de plus sa dérivée en 0 $z'^{u,h}$ est solution de l'équation

$$(5.17) \quad dz'^{u,h} = \left(< \frac{\partial K}{\partial q}(\omega,t,q^u,u), y^{u,h} > + < \frac{\partial K}{\partial u}(\omega,t,q^u,u), h >\right)dt$$

Comme l'application $z \to z_T$ est continue de C_p^T dans $L_1(\Omega)$ on conclut immédiatement que l'application $\lambda \to E(z_T^{u+\lambda h})$ est dérivable et que sa dérivée en 0 est exactement $E(z_T'^{u,h})$. On raisonne de même pour dériver

$$(5.18) \quad E(\Phi(\omega, q_T^{u+\lambda h})) . \quad \square$$

c) Stationnarité du critère

On va maintenant redéfinir les différents objets que nous avons étudié sur R^d de manière à pouvoir effectuer des calculs sur une variété M générale. En particulier nous ne nous préoccupons plus de savoir si le critère que nous allons utiliser est effectivement dérivable, mais nous allons poser directement une définition de stationnarité du critère considéré.

On suppose donc que M est une variété connexe métrisable générale.

Pour pouvoir effectuer des estimations à priori, on suppose que N est une variété riemanienne et que Γ désigne la connexion de Levi-Civita [40]-IV qui lui est associée.

On fait alors l'hypothèse H3 :

Le tenseur de courbure R est borné, i.e

$$(5.19) \quad |<R(X_3,X_4)X_2,X_1>| \leqslant C\|X_1\| \, \|X_2\| \, \|X_3\| \, \|X_4|) .$$

On suppose désormais que $f(\omega,t,q,u)$, $\sigma_i(\omega,t,q,u)$ sont définis sur $\Omega \times R^+ \times M \times R^k$ à valeurs dans TM(i.e. tels que pour $q \in M$, $f(\omega,t,q,u)$, $\sigma_i(\omega,t,q,u) \in T_qM$)et qu'ils vérifient les hypothèses suivantes :

a) $f(\omega,t,q,u)$, $\sigma_i(\omega,t,q,u)$ sont uniformément bornés, mesurables adaptés en (ω,t) et C^∞ en les variables (q,u).

b) Les dérivées $\frac{\partial f}{\partial u}(\omega,t,q,u)$, $\frac{\partial \sigma_i}{\partial u}(\omega,t,q,u)$ sont uniformément bornées.

c) Les opérateurs $X \to \nabla_X f_i(\omega,t,q,u)$ et $X \to \nabla_X \sigma_i(\omega,t,q,u)$ sont uniformément bornés de $T_q(M)$ dans $T_q(M)$.

d) Pour tout u mesurable adapté, (5.1) a une solution unique.

Ecrivons l'analogue de l'équation (5.5) en coordonnées covariantes. En utilisant en particulier le Théorème X-4.9, il est facile de voir, en raisonnant par exemple en coordonnées locales que l'équation de la semi-martingale de Ito à valeurs dans TM : $x_t^{u,h} = (q_t^u, y_t^{u,h})$ s'écrit maintenant :

(5.20) $$x_t^{u,h} = x_0 + \int_0^t \overset{\circ}{X}{}^{u,h} \, d^{\Gamma^H} s + \int_0^t X_i^{u,h} \, . \, \vec{\delta} w^i$$

$$\overset{\circ}{X}{}_t^{u,h} = [f(\omega,t,q^u,u),\ \nabla_{y^{u,h}} f(\omega,t,q^u,u) + \frac{\partial f}{\partial u}(\omega,t,q^u,u)h - \frac{1}{2}$$

$$R(y^{u,h},\ \sigma_i(\omega,t,q^u,u))\ \sigma_i(\omega,t,q^u,u)]$$

$$X_{i_t}^{u,h} = [\sigma_i(\omega,t,q^u,u),\ \nabla_{y^{u,h}} \sigma_i(\omega,t,q^u,u) + \frac{\partial \sigma_i}{\partial u}(\omega,t,q^u,u)h]$$

En raisonnant comme au Théorème X-4.10, on voit sans difficulté que si τ_0^t est l'opérateur de transport parallèle de $T_{q_t^u} M$ dans $T_{q_0} M$ le long de $s \to q_s^u$, alors si on pose

(5.21) $$\tilde{y}_t^{u,h} = \tau_0^t \, y_t^{u,h}$$

$\tilde{y}_t^{u,h}$ est solution de :

(5.22) $$\tilde{y}_t^{u,h} = \int_0^t \tau_0^s \, [\nabla_{\tau_s^0 \tilde{y}_s^{u,h}} f(\omega,s,q^u,u) + \frac{\partial f}{\partial u}(\omega,s,q^s,u)h - \frac{1}{2} R(\tau_s^0 \tilde{y}_s^{u,h}\ ,$$

$$\sigma_i(\omega,s,q^u,u))\ \sigma_i(\omega,s,q^u,u)]ds + \int_0^t \tau_0^s \, [\nabla_{\tau_s^0 \tilde{y}_s^{u,h}} \sigma_i(\omega,s,q^u,u) + \frac{\partial \sigma_i}{\partial u}$$

$$(\omega,s,q^u,u)h] \, . \, \vec{\delta} w^i \, .$$

Pour pouvoir effectuer des estimations sur $y_t^{u,h}$, on pose la définition suivante.

Définition 5.4 : *On dit qu'un processus continu adapté (q,y) à valeurs dans TM* *(resp. un processus continu adapté (q,p) à valeurs dans T^*M) est dans C_2^T (resp. C^{*2}_T) si on a :*

(5.23) $$E(\sup_{0\leq t\leq T} |y_t|^2) < +\infty$$

(resp.

(5.24) $$E(\sup_{0\leq t\leq T} |p_t|^2) < +\infty\ )$$

Définition 5.5 : On dit qu'un processus mesurable adapté (q,H) à valeurs dans TM (resp. un processus, mesurable adapté (q,H') à valeurs dans T^*M) est dans L_{22}^T (resp. L_{22}^{*T}) si on a :

(5.25) $$E\int_0^T |H|^2\, ds < +\infty$$

(resp.

(5.26) $$E\int_0^T |H'|^2\, ds < +\infty\ )$$

On a alors immédiatement :

Proposition 5.6 : Si (u,h) est mesurable adapté à valeurs dans TU et si h est uniformément borné, alors si $y^{u,h}$ est donné par (5.20)-(5.21), $(q^u, y^{u,h})$ est dans C_2^T.

Preuve : Il suffit de raisonner sur l'équation (5.22). Les opérateurs τ_0^t conservent le produit scalaire riemanien. De plus $X \to \nabla_X f$, $X \to \nabla_X \sigma_i$, $X \to R(X,\sigma_i)\sigma_i$ sont des opérateurs bornés. Enfin $\frac{\partial f}{\partial u} h$, $\frac{\partial \sigma_i}{\partial u} h$ sont bornés. Par un raisonnement élémentaire sur l'équation de Ito (5.22), on en déduit que :

(5.27) $$E(\sup_{0\leq t\leq T} |\tilde{y}_t^{u,h}|^2) < +\infty$$

et donc que

(5.28) $$E(\sup_{0\leq t\leq T} |y_t^{u,h}|^2) < +\infty .$$ ∎

K désigne maintenant une fonction définie sur $\Omega \times R^+ \times M \times U$ à valeurs dans R vérifiant les hypothèses suivantes :

a) Pour tout $(q,u) \in M \times U$, $K(\omega,t,q,u)$ est un processus mesurable adapté.

b) K est bornée, et pour tout $(\omega,t) \in \Omega \times R^+$, K est C^∞ en (q,u) et telle que $\left(\frac{\partial K}{\partial q}, \frac{\partial K}{\partial u}\right)$ est uniformément borné.

Φ désigne une fonction définie sur $\Omega \times M$ à valeurs dans R telle que :

a) Pour tout $q \in N$, $\omega \to \Phi(\omega,q)$ est F_T mesurable.

b) Φ est uniformément bornée et pour tout ω, $q \to \Phi(\omega,q)$ est C^∞ et telle que $\frac{\partial \Phi}{\partial q}(\omega,q)$ est uniformément bornée.

On considère le critère :

(5.29)
$$\mathcal{J}(u) = E\int_0^T K(\omega,t,q^u,u)dt + E(\Phi(\omega,t,q^u,u))$$

On pose alors la définition suivante.

Définition 5.7 : On dit qu'une fonction u mesurable adaptée à valeurs dans U rend stationnaire le critère (5.29) si pour toute fonction mesurable adaptée bornée h à valeur dans TU telle que $h(\omega,t) \in T_{u(\omega,t)}U$, alors si $y^{u,h}$ est la solution de (5.20) associée à u, h, on a :

(5.30)
$$E\int_0^T\left(< \frac{\partial K}{\partial q}(\omega,t,q^u,u), y_t^{u,h} > + < \frac{\partial K}{\partial u}(\omega,t,q^u,u), h >\right)dt + E < \frac{\partial \Phi}{\partial q}(\omega,q_T^u), y_T^{u,h} >) = 0$$

d) Conditions suffisantes d'optimalité relativement à une connexion.

On va maintenant dériver des conditions suffisantes de stationnarité du critère au sens de la Définition 5.7.

u désigne un processus mesurable adapté à valeur dans U.

Théorème 5.8 : Soit x_t une semi-martingale de Ito à valeurs dans T^*M, telle que $\pi x_t = q_t^u$, qui s'écrit :

(5.31)
$$x_t = x_0 + \int_0^t \overset{o}{X}{}' \, d^{\Gamma^H} s + \int_0^t X_i \cdot \delta w^i$$

avec

(5.32)
$$\overset{o}{X} = (\overset{o}{q}, \overset{o}{p}{}') \qquad X_i = (H_i, H_i')$$

Alors si h est choisi comme à la Proposition 5.6, la semi-martingale de Ito $< p_t, y_t^{u,h} >$ *s'écrit :*

(5.33) $$< p_t, y_t^{u,h} > = \int_0^t < \overset{o\prime}{p}_s - \frac{1}{2} [R(., \sigma_i(\omega,s,q^u,u))\sigma_i(\omega,s,q^u,u)]^* p,\ y_s^{u,h} > ds$$

$$+ \int_0^t (< p_s, (\nabla_{y_s^{u,h}} f)(\omega,s,q^u,u) + \frac{\partial}{\partial u} f(\omega,s,q^u,u)h > + < H_i', (\nabla_{y_s^{u,h}} \sigma_i)$$

$$(\omega,s,q^u,u) + \frac{\partial}{\partial u} \sigma_i(\omega,s,q^u,u)h >)ds + \int_0^t [<p, \nabla_{y_s^{u,h}} \sigma_i(\omega,s,q^u,u) + \frac{\partial}{\partial u}$$

$$\sigma_i(\omega,s,q^u,u)h > + < H_i', y_s^{u,h} >] \,.\, \vec{\delta w}^i \,.$$

Preuve : On raisonne comme au Théorème X-5.2, en utilisant l'équation (5.22). ■

On a alors le résultat fondamental suivant.

Théorème 5.9 : Une condition suffisante d'extrémalité en u du critère $\mathcal{J}$ *au sens de la Définition 5.7 est qu'il existe une semi-martingale de Ito* $x_t = (q_t^u, p_t)$ *à valeurs dans* T^*M *telle que* $\pi x_t = q_t^u$ *, qui s'écrit :*

(5.34) $$x_t = x_o + \int_0^t \overset{o}{X}\, d^{\Gamma^C} s + \int_0^t X_i \,.\, \vec{\delta w}^i$$

avec

(5.35) $$\overset{o}{X} = (\overset{o}{q}, \overset{o}{p}) \qquad X_i = (H_i, H_i')$$

(resp.

(5.34') $$x_t = x_o + \int_0^t \overset{o\prime}{X}\, d^{\Gamma^H} s + \int_0^t X_i \,.\, \vec{\delta w}^i$$

avec

(5.35') $$\overset{o\prime}{X} = (\overset{o}{q}, \overset{o\prime}{p}) \qquad X_i = (H_i, H_i')\ )$$

telle que $(q, \overset{o}{p})$ *(resp.* $(q, \overset{o\prime}{p})$*),* $(q, H_i') \in L_{22}^{*T}$ *et que les conditions suivantes soient réalisées.*

(5.36) $$\overset{o}{p} - [R(., \sigma_i(\omega,t,q^u,u))\, \sigma_i(\omega,t,q^u,u)]^* p = - [\nabla f(\omega,t,q^u,u)]^* p -$$

(5.36) $$- [\nabla\cdot \sigma_i(\omega,t,q^u,u)]^* H_i' + \frac{\partial K}{\partial q}(\omega,t,q^u,u) \qquad dP \otimes dt \ p.s.$$

$$\frac{\partial K}{\partial u}(\omega,t,q^u,u) - < p, \frac{\partial f}{\partial u}(\omega,t,q^u,u) > - < H_i', \frac{\partial \sigma}{\partial u}(\omega,t,q^u,u) > = 0 \ dP\otimes dt \ p.s.$$

$$p_T = - \frac{\partial \Phi}{\partial q}(\omega,q_u^T) \qquad dP \ p.s.$$

(*resp*.

(5.36') $$\overset{\circ}{p}{}' - \frac{1}{2}[R(.,\sigma_i(\omega,t,q^u,u))\,\sigma_i(\omega,t,q^u,u)]^* p = - [\nabla\cdot f(\omega,t,q^u,u)]^* p$$

$$- [\nabla\cdot \sigma_i(\omega,t,q^u,u)]^* H_i' + \frac{\partial K}{\partial q}(\omega,t,q^u,u) \qquad dP \otimes dt \ p.s.$$

$$\frac{\partial K}{\partial u}(\omega,t,q^u,u) - < p, \frac{\partial f}{\partial u}(\omega,t,q^u,u) > - < H_i', \frac{\partial \sigma}{\partial u}(\omega,t,q^u,u) > = 0 \ dP\otimes dt \ p.s.$$

$$p_T = - \frac{\partial \Phi}{\partial q}(\omega,q_T^u) \qquad dP \ p.s. \ )$$

<u>Preuve</u> : Soit x_t une semi-martingale de Ito à valeurs dans T^*M s'écrivant comme en (5.34)-(5.34') telle que $\pi x_t = q_t^u$. On suppose que $(q,\overset{\circ}{p}{}')$, $(q,H_1')\ldots(q,H_m')$ appartiennent à L_{22}^{*T}. Alors par le Théorème X-3.1, $\tau_0^t\, p_t$ s'écrit :

(5.37) $$\tau_0^t\, p_t = p_0 + \int_0^t \tau_0^s\, \overset{\circ}{p}{}'\, ds + \int_0^t \tau_0^s\, H_i' \cdot \delta w^i$$

De (5.37), il résulte immédiatement que $E(\sup_{0\leq t\leq T} |\tau_0^t\, p_t|^2) < +\infty$ et donc que $(q,p) \in C_2^{*T}$. Par la Proposition 5.6 on sait que $(q^u, y^{u,h})$ est dans C_2^T. $< p_t, y_t^{u,h} >$ est donc un processus uniformément intégrable. Comme $(q^u,\overset{\circ}{p}{}' - \frac{1}{2}[R(.,\sigma_i)\sigma_i]^* p)$, $(q^u,H_i') \in L_{22}^{*T}$, comme $(q^u,\nabla_{y^{u,h}} f + \frac{\partial}{\partial u} fh)$, $(q^u,\nabla_{y^{u,h}} \sigma_i + \frac{\partial}{\partial u}\sigma_i\, h) \in L_{22}^{*T}$, on peut prendre l'espérance de $< p_T, y_T^{u,h} >$ dans (5.33) et écrire :

(5.38) $$E < p_T, y_T^{u,h} > = E\int_0^T < \overset{\circ}{p}{}' - \frac{1}{2}[R(.,\sigma_i(\omega,t,q^u,u))\,\sigma_i(\omega,t,q^u,u)]^* p, y_s^{u,h} >$$

$$+ < p, (\nabla_{y_t^{u,h}} f)(\omega,t,q^u,u) + \frac{\partial}{\partial u} f(\omega,t,q^u,u)h > + < H_i', (\nabla_{y_t^{u,h}} \sigma)$$

$(\omega,t,q^u,u) + \frac{\partial}{\partial u}\sigma_i(\omega,t,q^u,u)h >)ds$

Donc, si $p_T = -\frac{\partial\Phi}{\partial q}(\omega,q_T^u)$, on a immédiatement :

$$(5.39)\quad E\int_0^T (< \frac{\partial K}{\partial q}(\omega,t,q^u,u),\, y_t^{u,h} > + < \frac{\partial K}{\partial u}(\omega,t,q^u,u),\, h >)dt + E < \frac{\partial\Phi}{\partial q}(\omega,q_T^u),$$

$$y_T^{u,h} > = E\int_0^T\Big[< \frac{\partial K}{\partial q} - \Big[(\nabla\cdot f)(\omega,t,q^u,u)\Big]^* p - \Big[\nabla\cdot\sigma(\omega,t,q^u,u)\Big]^* H_i' ,$$

$$-\overset{\circ}{p}{}' + \frac{1}{2}\Big[R(.,\sigma_i(\omega,t,q^u,u))\,\sigma_i(\omega,t,q^u,u)\Big]^* p,\, y^{u,h} > + < \frac{\partial K}{\partial u} - < p, \frac{\partial f}{\partial u}$$

$$(\omega,t,q^u,u) > - < H_i', \frac{\partial\sigma_i}{\partial u}(\omega,t,q^u,u) > , h >\Big] ds .$$

Si les conditions (5.36') sont vérifiées, il est clair que (5.39) est nul pour tout h choisi comme à la Définition 5.7.(5.36) est équivalent à (5.36') grâce à la formule X-(5.6). □

Remarque 1 : Dans le cas d'une filtration vérifiant les propriétés du paragraphe 2c), on peut "rajouter" à x_t un terme M_t orthogonal à $w^1\ldots w^m$ et n'agissant que sur la composante p comme nous l'avons déjà fait au Théorème 2.3. Notons que pour une filtration générale, i.e. comportant des temps de discontinuité ou des temps d'arrêt non prévisibles, on doit aussi rajouter un terme M orthogonal à $w^1\ldots w^m$ qui peut alors avoir des sauts. L'introduction de ces sauts ne pose encore aucune difficulté dès lors que q lui-même ne saute pas.

e) Formulation pseudo-hamiltonienne des conditions suffisantes.

On définit la fonction $\mathcal{H}$ sur $\Omega \times R^+ \times (\overset{m+1}{\underset{1}{\oplus}} T^*M) \times U$ par la définition suivante.

Définition 5.10 : On note $\mathcal{H}(\omega,t,q,p,H_1'\ldots H_m',u)$ la fonction définie sur $\Omega\times R^+ \times (\overset{m+1}{\underset{1}{\oplus}} T^*M)\times U$ par la relation :

$$(5.40)\quad \mathcal{H}(\omega,t,q,p,H_1'\ldots H_m',u) = < p,f(\omega,t,q,u) > + < H_i', \sigma_i(\omega,t,q,u) > - K(\omega,t,q,u)$$

Notons alors que pour $u \in U$ fixé, $\partial_q\mathcal{H}$, $\partial_p\mathcal{H}$, $\partial_{H_i'}\mathcal{H}$ gardent bien un sens.

On a alors immédiatement.

Théorème 5.11 : Les formules (5.36) et (5.36') s'écrivent respectivement sous la forme :

(5.41)
$$\overset{o}{q} = \partial_p \mathcal{H}(\omega,t,q^u,p,H_1'\dots H_m') \qquad dP \otimes dt \ p.s.$$

$$\overset{o}{p} - [R(.,\sigma_i(\omega,t,q^u,u))\ \sigma_i(\omega,t,q^u,u)]^* p = -\partial_q \mathcal{H}(\omega,t,q^u,p,H_1'\dots H_m',u) \qquad dP \otimes dt \ p.s.$$

$$\sigma_i(\omega,t,q^u,u) = \partial_{H_i'} \mathcal{H}_i(\omega,t,q^u,p,H_1'\dots H_m',u) \qquad dP \otimes dt \ p.s.$$

$$\frac{\partial}{\partial u} \mathcal{H}(\omega,t,q^u,p,H_1'\dots H_m',u) = 0 \qquad dP \otimes dt \ p.s.$$

$$p_T = -\frac{\partial \Phi}{\partial q}(\omega,q_T^u) \qquad dP \ p.s.$$

(*resp.*

(5.41')
$$\overset{o}{q} = \partial_p \mathcal{H}(\omega,t,q^u,p,H_1'\dots H_m',u) \qquad dP \otimes dt \ p.s.$$

$$\overset{o\prime}{p} - \frac{1}{2}[R(.,\sigma_i(\omega,t,q^u,u))\ \sigma_i(\omega,t,q^u,u)]^* p = -\partial_q \mathcal{H}(\omega,t,q^u,p,H_1'\dots H_m') \qquad dP \otimes dt \ p.s.$$

$$\frac{\partial \mathcal{H}}{\partial u}(\omega,t,q^u,p,H_1'\dots H_m',u) = 0 \qquad dP \otimes dt \ p.s.$$

$$p_T = -\frac{\partial \Phi}{\partial q}(\omega,q_T^u) \qquad dP \ p.s. \ )$$

Preuve : Il suffit de raisonner en coordonnées locales. Soit $t \in R$ et considérons un système de coordonnées locales normal en q_t. Les coefficients de Cristoffel Γ_{ij}^k sont nuls en q_t. Alors en coordonnées locales, par la Proposition 1.13, en q_t, $\frac{\partial \mathcal{H}}{\partial q}$ et $\partial_q \mathcal{H}$ coincident. De plus en q_t, $\frac{\partial f}{\partial q}$ et $\nabla\cdot f$, coincident, ainsi que $\frac{\partial \sigma_i}{\partial q}$ et $\nabla\cdot\sigma_i$. Il est alors trivial de vérifier que les conditions (5.41) et (4.41') sont identiques aux conditions (5.36) et (5.36'). ■

Remarque 2 : Il faut noter la similitude des conditions (5.41) avec les conditions (3.4).

Remarque 3 : Ce résultat a été donné pour la première fois dans le cas de $M = R^d$ dans [9]. Notons que dans [14] nous avions tenté de donner une forme "symétrique" en (q,p) aux conditions (5.41)-(5.41') comme si implicitement il restait quelque chose de la structure symplectique de T^*M dans de telles équations. Il en reste peu de choses.

f) Changement de connexion

Nous allons maintenant reprendre les conditions du Théorème 5.11 et étudier sur ces conditions l'effet d'un changement de connexion. Il sera beaucoup plus facile à étudier directement que dans le problème examiné à la section 4.

Soit en effet $\tilde{\Gamma}$ une nouvelle connexion sans torsion sur L(N). Par [40] III- Proposition 7.10, il existe un tenseur de type (1,2) tel que si $\tilde{\nabla}$ est l'opérateur de dérivation covariante pour $\tilde{\Gamma}$ on ait :

$$(5.42) \qquad \tilde{\nabla} = \nabla + S$$

Alors, par la formule de Ito géométrique du Théorème VIII-3.5, les caractéristiques locales de q^u défini par (5.2) relativement à la connexion $\tilde{\Gamma}$ s'écrivent :

$$(5.43) \qquad \tilde{f}(\omega,t,q^u,u) = f(\omega,t,q^u,u) + \frac{1}{2} S(\sigma_i(\omega,t,q^u,u),\ \sigma_i(\omega,t,q^u,u))$$

$$\tilde{\sigma}_i(\omega,t,q^u,u) = \sigma_i(\omega,t,q^u,u)$$

Calculons alors l'hamiltonien $\tilde{\mathcal{H}}$ du système relativement à la connexion $\tilde{\Gamma}$ comme nous avons calculé $\mathcal{H}$ relativement à la connexion Γ à la Définition 5.10. On a :

$$(5.44) \qquad \tilde{\mathcal{H}}(\omega,t,q,p,\tilde{H}'_1\ldots\tilde{H}'_m,u) = \langle p,\tilde{f}(\omega,t,q^u,u)\rangle + \langle H'_i\ ,\ \sigma_i(\omega,t,q^u,u)\rangle$$

$$- K(\omega,t,q,u)$$

Or il est naturel d'admettre que l'application du Théorème 5.11 à la connexion $\tilde{\Gamma}$ et à l'hamiltonien $\tilde{\mathcal{H}}$ définit le même processus (q,p), car seules les caractéristiques locales changent (le fait que Γ ait été choisie comme la connexion de Levi-Civita associée à une structure riemanienne était liée à des considérations analytiques).

Par le Théorème 4.1, on a :

$$(5.45) \qquad \tilde{H}'_i = H'_i - [S(\cdot,\sigma_i)]^* p$$

Par la formule (5.41), on doit avoir

$$(5.46) \qquad \overset{\circ}{\tilde{q}} = \partial_p^{\tilde{\Gamma}} \tilde{\mathcal{H}}(\omega,t,q,p,H'_1\ldots H'_m,u)$$

qui est trivialement vérifiée. De plus, on a :

$$(5.47)\qquad \overset{\circ}{\tilde{p}} - [\tilde{R}(.,\sigma_i)\sigma_i]^* p = - \partial_q^{\tilde{\Gamma}} \tilde{\mathcal{H}} = - [\tilde{\nabla}.\tilde{f}]^* p - [\tilde{\nabla}.\sigma_i]^* \tilde{H}'_i + \frac{\partial K}{\partial q}$$

$$= - [\tilde{\nabla}.f]^* p - \frac{1}{2} [\tilde{\nabla}.S(\sigma_i,\sigma_i)]^* p - [\tilde{\nabla}.\sigma_i]^* \tilde{H}'_i + \frac{\partial K}{\partial q}$$

$$= - [\nabla.f]^* p - [S(.,f)]^* p - \frac{1}{2} [(\nabla.S)\ (\sigma_i,\sigma_i)]^* p - [S(\nabla.\sigma_i,\sigma_i)]^* p$$

$$- \frac{1}{2} [S(.,S(\sigma_i,\sigma_i))]^* p - (\nabla.\sigma_i)^* \tilde{H}'_i - [S(.,\sigma_i)]^* \tilde{H}'_i + \frac{\partial K}{\partial q}$$

$$= - [\nabla.f]^* p - [\nabla.\sigma_i]^* H'_i + \frac{\partial K}{\partial q} - \frac{1}{2} (\nabla.S)(\sigma_i,\sigma_i)^* p -$$

$$- [S(.,\tilde{f})]^* p - [S(.,\sigma_i)]^* \tilde{H}'_i$$

(5.47) s'écrit donc :

$$(5.48)\qquad \overset{\circ}{\tilde{p}} - [\tilde{R}(.,\sigma_i)\sigma_i]^* p = \overset{\circ}{p} - [R(.,\sigma_i)\sigma_i]^* p - \frac{1}{2} (\nabla.S\ )\ (\sigma_i,\sigma_i)^* p$$

$$- [S(\cdot,\tilde{f})]^* p - [S(.,\sigma_i)]^* \tilde{H}'_i$$

On retrouve la dernière égalité dans (4.7). Il reste à expliquer pourquoi on a encore $\frac{\partial \mathcal{H}}{\partial u} = 0$. Or on a :

$$(5.49)\qquad \frac{\partial \tilde{\mathcal{H}}}{\partial u} (\omega,t,q,p,\tilde{H}'_1 \dots \tilde{H}'_m ,u) = < p, \frac{\partial \tilde{f}}{\partial u} > + < \tilde{H}'_i, \frac{\partial \sigma_i}{\partial u} >- \frac{\partial K}{\partial u} = < p, \frac{\partial f}{\partial u} >$$

$$+ < H'_i, \frac{\partial \sigma}{\partial u} > - \frac{\partial K}{\partial u} + < p, S(\sigma_i, \frac{\partial \sigma_i}{\partial u}) > - < S(.,\sigma_i)^* p, \frac{\partial \sigma_i}{\partial u} >$$

$$= \frac{\partial \mathcal{H}}{\partial u} (\omega,t,q,p,H'_1 \dots H'_m ,u) + < p, S(\sigma_i, \frac{\partial \sigma_i}{\partial u}) > - < p, S(\sigma_i, \frac{\partial \sigma_i}{\partial u}) >$$

$$= \frac{\partial \mathcal{H}}{\partial u} (\omega,t,q,p,H'_1 \dots H'_m ,u)$$

On voit donc que si on effectue la transformation qui permet de passer d'une description du système à l'aide de la connexion Γ à une autre description à l'aide à l'aide de la connexion $\tilde{\Gamma}$, les dérivées $\frac{\partial \mathcal{H}}{\partial u}$ et $\frac{\partial \tilde{\mathcal{H}}}{\partial u}$ sont égales. Elles sont donc naturellement nulles simultanément.

g) <u>Calcul de p</u>

Comme dans [16], nous allons voir qu'il est possible de donner une formule explicite pour p.

On a en effet :

Théorème 5.12 : Soit u et p choisis comme au Théorème 5.9. Alors pour tout $X \in T_{q_o}M$ *l'équation différentielle stochastique*

$$(5.50) \qquad \begin{aligned} dx &= f^C(\omega,t,x,u)d^{\Gamma^C}t + \sigma_i^C(\omega,t,x,u) . \vec{\delta}w^i \\ x(o) &= (q_o,X) \end{aligned}$$

a une solution unique. Si on pose $x_t = (q_t^u, X_t)$ *avec* $X_t \in T_{q_t^u}M$, *(5.50) définit un processus d'opérateurs linéaires* $Z_t : X \to X_t$ *de* $T_{q_o}M$ *dans* $T_{q_t^u}(M)$ *qui est p.s. continu et à valeurs inversibles et tel que* $E(\sup_{0\leq t\leq T} |Z_t|^2) < +\infty$. *Enfin on a la relation :*

$$(5.51) \qquad p_t = - \tilde{Z}_t^{-1} E^{F_t}\left[\int_t^T \tilde{Z}_s \frac{\partial K}{\partial q}(\omega,s,q^u,u)ds + \tilde{Z}_T \frac{\partial \Phi}{\partial q}(\omega,q_T^u)\right].$$

Preuve : Si on pose $\tilde{X}_t = \tau_0^t X_t$, en raisonnant comme en (5.22) on voit qu'on a :

$$(5.52) \qquad d\tilde{X}_t = \tau_0^t\left[\nabla_{\tau_t^0 \tilde{X}_t} f(\omega,t,q^u,u) - \frac{1}{2} R(\tau_t^0 \tilde{X}_t, \sigma_i(\omega,t,q^u,u))\, \sigma_i(\omega,t,q^u,u)\right]dt$$

$$+ \tau_0^t\left[\nabla_{\tau_t^0 \tilde{X}_t} \sigma_i(\omega,t,q^u,u)\right] . \vec{\delta} w^i$$

(5.52) est une équation linéaire. Il est clair qu'on a $E(\sup_{0\leq t\leq T} |\tilde{X}_t|^2) < +\infty$. Si $\ell_1 \ldots \ell_d$ est une base orthonormale de $T_{q_o}M$ en considérant les solutions de (5.52) correspondant à $X = \ell_1$ $X = \ell_2 \ldots$ $X = \ell_d$, on définit ainsi un processus d'opérateurs $Z_t = \tau_t^0 \tilde{Z}_t$. On montre l'inversibilité de $\tilde{Z}_t$ (donc de Z_t) en utilisant le Théorème I-4 de [13] sur les équations linéaires. Montrons maintenant la formule (5.51). Soit $X \in T_q M$ et (q_t^u, X_t) la solution de (5.50). Si p est choisi comme au Théorème 5.9, on a par le Théorème 5.8, appliqué avec h = 0 :

$$(5.53) \qquad \langle p_t, X_t \rangle = \langle p_o, X_o \rangle + \int_0^t \Big[\langle \frac{\partial K}{\partial q}(\omega,s,q^u,u) - (\nabla.f)^*(\omega,s,q^u,u)p - (\nabla.\sigma_i)^*$$

$$(\omega,s,q^u,u) H_i', X_s \rangle + \langle p, (\nabla_{X_s} f)(\omega,s,q^u,u) \rangle + \langle H_i', (\nabla_{X_s}\sigma_i)(\omega,s,q^u,u) \rangle \Big]ds$$

$$+ \int_0^t \Big[\langle p, \nabla_{X_s} \sigma_i(\omega,s,q^u,u) \rangle + \langle H_i', X_s \rangle\Big].\vec{\delta}w^i$$

$$= \langle p_o, X_o \rangle + \int_0^t \langle \frac{\partial K}{\partial q}(\omega,s,q^u,u), X_s \rangle\, ds + \int_0^t (\langle p, \nabla_{X_s} \sigma_i(\omega,s,q^u,u) \rangle$$

$+ < H_i', X_s >) . \vec{\delta}w^i$

Or $(q^u, X_t) \in C_2^T$ et $(q^u, p) \in C_2^{*T}$. Par un argument d'intégrabilité uniforme, on voit que la partie martingale locale de $< p_t, X_t >$ est une vraie martingale et que donc :

$$(5.54) \qquad < p_t, X_t > = E^{F_t}\left[< p_T, X_T > - \int_t^T (< \frac{\partial K}{\partial q}(\omega, s, q^u, u), X_s >) \right] ds$$

ou encore

$$(5.55) \qquad < p_t, X_t > = - E^{F_t}\left[\int_t^T < \frac{\partial K}{\partial q}(\omega, s, q^u, u), X_s > ds + < \frac{\partial \Phi}{\partial q}(\omega, q_T), X_T > \right]$$

En notant que $X_s = Z_s X$, et en utilisant l'inversibilité de Z, on a bien (5.51).

∎

BIBLIOGRAPHIE

(1) Abraham R.: Foundations of Mechanics. New-York-Amsterdam: Benjamin 1967.

(2) Abraham R. and Marsden J.: Foundations of Mechanics, 2nd Edition. London-Amsterdam: Benjamin-Cummings 1978.

(3) Arnold V.: Méthodes Mathématiques de la Mécanique Classique. Moscou Editions Mir 1976.

(4) Azencott R. Behavior of Diffusion Semi-groups at Infinity. Bull.Soc.Math.France, 102, 193-240 (1974).

(5) Baxendale P.: Measures and Markov Processes on Function Spaces. Bull.Soc.Math. France, Mémoire n° 46, 131-141 (1976).

(6) Baxendale P.: Wiener Processes on Manifold of Maps. A Paraître.

(7) Billingsley P.: Convergence of Probability Measures. New-York: Wiley 1968.

(8) Bismut J.M.: Analyse Convexe et Probabilités. Thèse.Université Paris VI. 1973.

(9) Bismut J.M.: Conjugate Convex Functions in Optimal Stochastic Control. J.Math. Anal. and Appl. 44, 384-404 (1973).

(10) Bismut J.M.: Linear-quadratic Optimal Stochastic Control with Random Coefficients SIAM J. of Control, 14, 419-444 (1976).

(11) Bismut J.M.: Théorie Probabiliste du Contrôle des Diffusions. Memoir of A.M.S. 4, 167, pp 1-130 (1976).

(12) Bismut J.M.: On Optimal Control of Linear Stochastic Equations with a Linear-quadratic Criterion. SIAM J. of Control 15, 1-4 (1977).

(13) Bismut J.M.: Contrôle des Systèmes Linéaires Quadratiques. Applications de l'intégrale Stochastique. Séminaire de Probabilité n° XII, pp 180-264. Lecture Notes in Mathematics n° 649. Berlin-Heidelberg-New-York: Springer 1978.

(14) Bismut J.M.: An Introductory Approach to Duality in Optimal Stochastic Control. SIAM Review 20, 62-78 (1978).

(15) Bismut J.M.: Duality Methods in the Control of Densities. SIAM J. of Control 16, 771-777 (1978).

(16) Bismut J.M.: Duality Methods in the Control of Semi-martingales. Proceedings of the International Conference on the Analysis and Optimization of Stochastic Systems (Oxford 1978), pp 49-72. Acad. Press (1980).

(17) Bismut J.M.: An Introduction to Duality in Random Mechanics. In "Stochastic Control Theory and Stochastic Differential Systems." M.Kohlmann and W. Vogel Editors. pp 42-60. Lecture Notes in Control and Information Sciences n° 16. Berlin-Heidelberg-New-York:Springer 1979.

(18) Cairoli R. and Walsh J.: Stochastic Integrals in the Plane. Acta Math. 134, 111-183 (1975).

(19) Clark J.M.C.: An Introduction to Stochastic Differential Equations on Manifolds. Geometric Methods in System Theory. D.Q. Mayne and R.W. Brockett Ed. pp 131-149. Dordrecht: Reidel 1973.

(20) Dellacherie C. et Meyer P.A.: Probabilités et Potentiels. 2° ed. Paris: Hermann 1975.

(21) Dohrn D. and Guerra F.: Geodesic Correction to Stochastic Parallel Displacement of Tensors. In "Stochastic Behavior in Classical and Quasi-hamiltonian Systems." G. Casati and J. Ford Ed. pp 241-250. Lecture Notes in Physics n° 93. Berlin-Heidelberg-New-York: Springer 1979.

(22) Dynkin E.B.: Diffusion of Tensors. Soviet Math.Dokla. 9, 532-535 (1968).

(23) Eells J. and Elworthy K.D.: Wiener Integration on Certain Manifolds. Some Problems in Non-linear Analysis. C.I.M.E. IV. pp 69-94 Rome: Ed. Cremonese 1971.

(24) Eells J. and Elworthy K.D.: Stochastic Dynamical Systems. Control Theory and Topics in Functional Analysis. Vol. III. International Atomic Energy Agency, pp 179-185. Vienne: 1976.

(25) Elworthy K.D.: Measure on Infinite Dimensional Manifolds. Functional Integration and Its Applications, A.M. Arthurs Ed. pp 60-68. Oxford: Clarendon Press 1975.

(26) Elworthy K.D.: Stochastic Dynamical Systems and Their Flows. Stochastic Analysis, A. Friedman and M. Pinsky Ed., pp 79-95. New-York: Acad. Press 1978.

(27) Emery M.: Equations Différentielles Lipchitziennes. Etude de la Stabilité. Séminaire de Probabilités n° 13, pp 281-293. Lecture Notes in Mathematics n° 721. Berlin-Heidelberg-New-York: Springer 1979.

(28) Fleming W. and Rishel R.: Deterministic and Stochastic Optimal Control. Berlin-Heidelberg-New-York: Springer 1975.

(29) Gangolli R.: On the Construction of Certain Diffusions on a Differentiable Manifold. Z. Wahrscheinlichkeitstheorie verw. Geb.2, 406-419 (1964).

(30) Gaveau B.: Principe de Moindre Action, Propagation de la Chaleur et Estimées Sous-elliptiques sur Certains Groupes Nilpotents. Acta Math. 139, 95-153 (1977).

(31) Gaveau B.: Systèmes Dynamiques Associés à Certains Opérateurs Hypoelliptiques. Bull.Sc.Math. 2° série, 102,203-229 (1978).

(32) Golubitsky M. and Guillemin V.: Stable Mappings and Their Singularities. Berlin-Heidelberg-New-York: Springer 1973.

(33) Hermann R.: Geometric Structure of Systems-Control. Theory and Physics. Part B. Brookline: Math.Sci. Press 1976.

(34) Ikeda N. and Manabe S.: Stochastic Integrals of Differential Froms and its Applications. Stochastic Analysis, A. Friedman and M. Pinsky Ed. pp 17 5-185. New-York and London: Acad. Press 1978.

(35) Ito K.: Stochastic Differential Equations in a Differentiable Manifold. Nagoya Math.J. 1, 35-47 (1950).

(36) Ito K.: Stochastic Parallel Displacement. Probabilistic Methods in Differential Equations, pp 1-7. Lecture Notes in Mathematics n° 451. Berlin-Heidelberg-New-York: Springer 1975.

(37) Ito K.: Extension of Stochastic Integrals. Proceedings of the International Symposium on Stochastic Differential Equations of Kyoto (1976), pp 95-109. Tokyo: Kinokuniya and New-York: Wiley 1978.

(38) Ito K. and Watanabe S.: Introduction to Stochastic Differential Equations. Proceedings of the International Sysmposium on Stochastic Differential Equations of Kyoto (1976), pp i-xxx. Tokyo: Kinokuniya and New-York: Wiley 1978.

(39) Jorgensen E.: Construction of the Brownian Motion and the Ornstein-Uhlenbeck Process in a Riemaniann Manifold on Basis of the Gangolli-McKean Injection Scheme. Z. Wahrscheinlichkeitstheorie und verw. Geb. 44, 71-87 (1978).

(40) Kobayashi S. and Nomizu K.: Foundations of Differential Geomety. Vol. I, New-York and London: Interscience 1963: Vol. II, New-York and London: Interscience 1969.

(41) Krylov N.: Contrôle des Diffusions. Moscou: Nauka 1977.

(42) Malliavin P.: Formule de la Moyenne, Calcul de Perturbations et Théorèmes D'Annulation pour les Formes Harmoniques. J. of Funct.Anal. 17, 274-291 (1974).

(43) Malliavin P.: Stochastic Calculus of Variations and Hypoelleptic Operators. Proceedings of the International Conference on Stochastic Differential Equations of Kyoto (1976). pp 195-263. Tokyo: Kinokuniya and New-York: Wiley 1978.

(44) Malliavin P.: C^k-hypoellipticity with Degeneracy. Stochastic Analysis, A. Friedman and M. Pinsky Ed. pp 199-214, New-York-London: Acad.Press 1978.

(45) Meyer P.A.: Un Cours Sur les Intégrales Stochastiques. Séminaire de Probabilités n° 10, pp 245-400. Lecture Notes in Mathemeatics n° 511. Berlin-Heidelberg-New-York: Springer 1976.

(46) Michel D.: Formule de Stokes Stochastique. C.R.A.S. Série A, 286, 627-630 (1978).

(47) Michel D.: Formule de Stokes Stochastique. Bul.Sci.Math. 103, 193-240 (1979).

(48) Milnor J.: Morse Theory. Princeton: Princeton Unviersity Press 1963.

(49) Molchanov S.: Diffusion Processes and Riemannian Geometry. Russian Math.Surveys 30, 1, 1-63 (1975).

(50) Schwartz L.: Semi-martingales à Valeurs sur des Variétés et Martingales Conformes sur des Variétés Analytiques Complexes. Centre de Mathématiques de L'Ecole Polytechnique (1978). A Paraître.

(51) Schwartz L.: Relèvement d'une Semi-martingale par une Connexion. A Paraître.

(52) Stroock D.: On Certain Systems of Parabolic Equations. Comm.Pure and Appl. Math. 23, 447-457 (1970).

(53) Stroock D. and Varadhan S.R.S.: Diffusion Processes with Continuous Coefficients. Com. Pure and Appl.Math. 22, 345-400, 479-530 (1969).

[54] Stroock D and Varadhan S.R.S. : On the Support of Diffusion Processes with Applications to the Strong Maximum Principle. Sixth Berkeley Symposium on Probability and Statistics, Vol. III, pp 333-359. Berkeley-Los Angeles : Univ. of Calif. Press : 1972.

[55] Sussmann H.J. : On the Gap Between Deterministic and Stochastic Ordinary Differential Equations. Annals of Probability 6, 19-41 (1978).

[56] Veretenikov : Exposé à la Conférence sur les Equations Différentielles Stochastiques de Vilnius. 1978.

[57] Walsh J. : The Perfection of Multiplicative Functionals. Séminaire de Probabilités n° VI, pp 233-242. Lecture Notes in Mathematics n° 258. Berlin-Heidelberg-New-York : Springer 1972.

[58] Weinstein A. : Lectures on Symplectic Manifolds. Regional Conference Series in Mathematics n° 29, pp 1-48. Providence : A.M.S. 1977.

[59] Westenholz C. Von : Differential Forms in Physics. Amsterdam-New-York-Oxford North-Holland 1978.

[60] Wong E. and Zakai M. : Riemann-Stieljes Approximation of Stochastic Integrals. Z. Wahrscheinlichkeitstheorie und vers. Geb., 12, 87-97 (1969).

[61] Yano K. and Ishihara S. : Tangent and Cotangent Bundles : Differential Geometry. New-York : Marcel Dekker 1973.

[62] Meyer P.A. : Sur un Théorème de C. Stricker. Séminaire de Probabilité n° XI, p 482-489. Lecture Notes in Mathematics n° 581. Berlin-Heidelberg-New-York : Springer 1977.

[63] Doss H. : Liens entre équations différentielles stochastiques et ordinaires. Annales Inst. Henri-Poincaré XIII, 99-125 (1977).

[64] Bensoussan A. : Filtrage optimal des systèmes linéaires. Paris : Dunod 1971.

[65] Ikeda N., Watanabe S. : Diffusions on manifolds. A paraître.

[66] Kunita H. : On the decomposition of solutions of stochastic differential equations. Proceedings of the Durham Conference on Probability (1980). A paraître.

[67] Kunita H. : On an extension of Ito's formula. A paraître.

[68] Landau L.et Lifchitz E.: Théorie des champs. Editions Mir : Moscou 1970.

[69] Liptser R.S., Shiryayev A.N. : Statistics of random processes I,II. Berlin-Heidelberg-New-York : Springer 1977-1978.

[70] Mitter S.K. : A paraître.

[71] Bismut J.M. : Formulation géométrique du calcul de Ito, relèvement de con-

nexions et calcul des variations. C.R.A.S. 290, série A, 427-429 (1980)

[72] Bismut K.M. : Flots stochastiques et formule de Ito-Stratonovitch généralisée. C.R.A.S. 290, série A, 483-486 (1980).

[73] Bismut J.M. : Intégrales stochastiques non monotones et calcul différentiel stochastique. C.R.A.S. 290, Série A, 625-628 (1980).

[74] Bismut J.M. : Diffusions hamiltoniennes, optimalité stochastique et équations de Hamilton-Jacobi. C.R.A.S. 290, Série A, 669-672 (1980).

[75] Bismut J.M. : Mécanique aléatoire. Cours de l'Ecole d'été de Probabilités de Saint-Flour. A paraître.

[76] Bismut J.M. : A generalized formula of Ito on stochastic flows. Z. Wahrscheinlichkeitstheorie und verw. Gebiete. A paraître.

[77] Bismut J.M. : The onto property of stochastic flows. Z. Wahrscheinlichkeitstheorie und verw. Gebiete. A paraître (en un article avec [76]).

[78] Bismut J.M. : Martingales, the Malliavin calculus and hypoellipticity under general Hörmander's conditions. Z. Wahrscheinlichkeitstheorie und verw. Gebiete. A paraître.

[79] Bismut J.M. : Martingales, the Malliavin calculus and Hörmander's theorem. Proceedings of the Durham Conference in Probability (1980). A paraître.

[80] Meyer P.A. : Géométrie différentielle stochastique sans larmes. Séminaire de probabilités n° XV.

INDEX

La page indiquée est celle où le mot cité apparaît pour la première fois.

E

F

G

H

I

I

J

L

M

O

P

R

S

T

V